T0175411

Mathematische Formelsammlung

Das sechsbändige Lehr- und Lernsystem *Mathematik für Ingenieure und Natur-wissenschaftler* umfasst neben der Mathematischen Formelsammlung die folgenden Bände:

Papula, Lothar

Mathematik für Ingenieure und Naturwissenschaftler Band 1

Ein Lehr- und Arbeitsbuch für das Grundstudium

Mit 643 Abbildungen, 500 Beispielen aus Naturwissenschaft und Technik sowie 352 Übungsaufgaben mit ausführlichen Lösungen

Mathematik für Ingenieure und Naturwissenschaftler Band 2

Ein Lehr- und Arbeitsbuch für das Grundstudium

Mit 345 Abbildungen, 300 Beispielen aus Naturwissenschaft und Technik sowie 324 Übungsaufgaben mit ausführlichen Lösungen

Mathematik für Ingenieure und Naturwissenschaftler Band 3

Vektoranalysis, Wahrscheinlichkeitsrechnung, Mathematische Statistik, Fehler- und Ausgleichsrechnung

Mit 550 Abbildungen, zahlreichen Beispielen aus Naturwissenschaft und Technik und 295 Übungsaufgaben mit ausführlichen Lösungen

Mathematik für Ingenieure und Naturwissenschaftler Klausur- und Übungsaufgaben

632 Aufgaben mit ausführlichen Lösungen zum Selbststudium und zur Prüfungs-vorbereitung

Mathematik für Ingenieure und Naturwissenschaftler – Anwendungsbeispiele

222 Aufgabenstellungen aus Naturwissenschaft und Technik mit ausführlich kommentierten Lösungen

Mit 369 Bildern und einem Anhang mit Physikalischen Grundlagen

Lothar Papula

Mathematische Formelsammlung

Für Ingenieure und Naturwissenschaftler

12., überarbeitete Auflage

Mit über 400 Abbildungen, zahlreichen
Rechenbeispielen und einer ausführlichen
Integraltafel

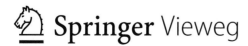 Springer Vieweg

Lothar Papula
Wiesbaden, Deutschland

ISBN 978-3-658-16194-1 ISBN 978-3-658-16195-8 (eBook)
DOI 10.1007/978-3-658-16195-8

Die Deutsche Nationalbibliothek verzeichnet diese Publikation in der Deutschen Nationalbibliografie; detaillierte bibliografische Daten sind im Internet über http://dnb.d-nb.de abrufbar.

Springer Vieweg
© Springer Fachmedien Wiesbaden GmbH 1986, 1988, 1990, 1994, 1998, 2000, 2001, 2003, 2006, 2009, 2014, 2017
Das Werk einschließlich aller seiner Teile ist urheberrechtlich geschützt. Jede Verwertung, die nicht ausdrücklich vom Urheberrechtsgesetz zugelassen ist, bedarf der vorherigen Zustimmung des Verlags. Das gilt insbesondere für Vervielfältigungen, Bearbeitungen, Übersetzungen, Mikroverfilmungen und die Einspeicherung und Verarbeitung in elektronischen Systemen.
Die Wiedergabe von Gebrauchsnamen, Handelsnamen, Warenbezeichnungen usw. in diesem Werk berechtigt auch ohne besondere Kennzeichnung nicht zu der Annahme, dass solche Namen im Sinne der Warenzeichen- und Markenschutz-Gesetzgebung als frei zu betrachten wären und daher von jedermann benutzt werden dürften. Der Verlag, die Autoren und die Herausgeber gehen davon aus, dass die Angaben und Informationen in diesem Werk zum Zeitpunkt der Veröffentlichung vollständig und korrekt sind. Weder der Verlag noch die Autoren oder die Herausgeber übernehmen, ausdrücklich oder implizit, Gewähr für den Inhalt des Werkes, etwaige Fehler oder Äußerungen.

Lektorat: Thomas Zipsner
Bilder: Graphik & Text Studio, Dr. Wolfgang Zettlmeier, Barbing
Satz: Beltz Bad Langensalza GmbH, Bad Langensalza

Gedruckt auf säurefreiem und chlorfrei gebleichtem Papier.

Springer Vieweg ist Teil von Springer Nature
Die eingetragene Gesellschaft ist Springer Fachmedien Wiesbaden GmbH
Die Anschrift der Gesellschaft ist: Abraham-Lincoln-Strasse 46, 65189 Wiesbaden, Germany

Vorwort

Das Studium der Ingenieur- und Naturwissenschaften verlangt nach *rasch* zugänglichen Informationen. Die vorliegende **Mathematische Formelsammlung für Ingenieure und Naturwissenschaftler** wurde dementsprechend gestaltet.

Zur Auswahl des Stoffes

Ausgehend von der elementaren Schulmathematik (z. B. Bruchrechnung, Gleichungen mit einer Unbekannten, Lehrsätze aus der Geometrie) werden alle für den Ingenieur und Naturwissenschaftler wesentlichen mathematischen Stoffgebiete behandelt. Dabei wurde der bewährte Aufbau des dreibändigen Lehrbuches **Mathematik für Ingenieure und Naturwissenschaftler** konsequent beibehalten. Der Benutzer wird dies sicherlich als hilfreich empfinden.

Im Anhang dieser Formelsammlung befinden sich eine ausführliche **Integraltafel** mit über 400 in den naturwissenschaftlich-technischen Anwendungen besonders häufig auftretenden Integralen (Teil A) sowie wichtige **Tabellen** zur *Wahrscheinlichkeitsrechnung* und *Statistik* (Teil B). Der Druck erfolgte hier auf eingefärbtem Papier, um einen raschen Zugriff zu ermöglichen.

Behandelt werden folgende Stoffgebiete:

- Allgemeine Grundlagen aus Algebra, Arithmetik und Geometrie
- Vektorrechnung
- Funktionen und Kurven
- Differentialrechnung
- Integralrechnung
- Unendliche Reihen, Taylor- und Fourier-Reihen
- Lineare Algebra
- Komplexe Zahlen und Funktionen
- Differential- und Integralrechnung für Funktionen von mehreren Variablen
- Gewöhnliche Differentialgleichungen
- Fehler- und Ausgleichsrechnung
- Fourier-Transformationen
- Laplace-Transformationen
- Vektoranalysis
- Wahrscheinlichkeitsrechnung
- Grundlagen der mathematischen Statistik

Zur Darstellung des Stoffes

Die Darstellung der mathematischen Begriffe, Formeln und Sätze erfolgt in anschaulicher und allgemeinverständlicher Form. Wichtige Formeln wurden gerahmt und grau unterlegt und zusätzlich durch Bilder verdeutlicht. Zahlreiche **Beispiele** helfen, die Formeln treffsicher auf eigene Problemstellungen anzuwenden. Die in einigen Beispielen benötigten Integrale wurden der **Integraltafel** im Anhang (ab Seite 476) entnommen (Angabe der laufenden Nummer und der Parameterwerte). Ein ausführliches Inhalts- und Sachwortverzeichnis ermöglicht ein rasches Auffinden der gewünschten Informationen.

Eine Bitte des Autors

Für sachliche und konstruktive Hinweise und Anregungen bin ich stets dankbar. Sie sind eine unverzichtbare Voraussetzung und Hilfe für die stetige Verbesserung dieser Formelsammlung.

Ein Wort des Dankes ...

... an alle Fachkollegen und Studierende, die durch Anregungen und Hinweise zur Verbesserung dieses Werkes beigetragen haben,

... an den Cheflektor des Verlages, Herrn Thomas Zipsner, für die hervorragende Zusammenarbeit,

... an Frau Diane Schulz vom Druck- und Satzhaus Beltz (Bad Langensalza) für den ausgezeichneten mathematischen Satz,

... an Herrn Dr. Wolfgang Zettlmeier für die hervorragende Qualität der Abbildungen.

Wiesbaden, Frühjahr 2017   *Lothar Papula*

Lothar Papula, ehemaliger Professor für Mathematik an der Fachhochschule Wiesbaden, veröffentlichte 1983 beim Vieweg Verlag den ersten Band „Mathematik für Ingenieure und Naturwissenschaftler." Bestätigt durch den großen Erfolg bei Studenten, folgen im Laufe der Jahre Band 2 und 3, eine Formelsammlung, ein Buch mit Anwendungsbeispielen und der letzte Band des Lehrwerks – ein Klausurentrainer mit über 600 Aufgaben zum Selbststudium und zur Prüfungsvorbereitung.

Dass man mit der Mathematik von PAPULA ausgezeichnet lernen kann, wissen alle Studenten. Dass dies auch auszeichnungswürdig ist, belegt der Preis des Mathematikums in Gießen. In der Jurybegründung heißt es: „Herr Professor Dr. Lothar Papula ist mit seinem sechsbändigen Lehrwerk „Mathematik für Ingenieure und Naturwissenschaftler" ein besonderes, didaktisches Konzept gelungen, das das Fach Mathematik einfach, verständlich und auführlich vermittelt. Zuweilen unter Verzicht auf mathematische Strenge und mit großem methodischen Geschick hilft er unzähligen Studienanfängern, die Hürden der Mathematik erfolgreich zu meistern."

Mehr als 1.000.000 verkaufte Exemplare sind ein klarer Beweis dafür.

Inhaltsverzeichnis

III Funktionen und Kurven 67

1 Grundbegriffe 67

2 Allgemeine Funktionseigenschaften 68

3 Grenzwert und Stetigkeit einer Funktion 71

4 Ganzrationale Funktionen (Polynomfunktionen) 76

Anhang   Teil A

Anhang   Teil B

I Allgemeine Grundlagen aus Algebra, Arithmetik und Geometrie

1 Grundlegende Begriffe über Mengen

1.1 Definition und Darstellung einer Menge

Menge

Unter einer *Menge M* versteht man die Zusammenfassung gewisser wohlunterschiedener Objekte, *Elemente* genannt, zu einer Einheit.

$a \in M$: a ist ein Element von M (a *gehört* zur Menge M)

$a \notin M$: a ist *kein* Element von M (a gehört *nicht* zur Menge M)

Beschreibende Darstellungsform:

$M = \{x \mid x$ besitzt die Eigenschaften $E_1, E_2, E_3, \ldots\}$

Aufzählende Darstellungsform:

$M = \{a_1, a_2, \ldots, a_n\}$: *Endliche* Menge mit n Elementen

$M = \{a_1, a_2, a_3, \ldots\}$: *Unendliche* Menge

Leere Menge

Eine Menge heißt *leer*, wenn sie *kein* Element enthält. Symbolische Schreibweise: { }, $\emptyset$

Teilmenge

Eine Menge A heißt *Teilmenge* einer Menge B, wenn *jedes* Element von A auch zur Menge B gehört. Symbolische Schreibweise: $A \subset B$. A heißt *Untermenge*, B *Obermenge*.

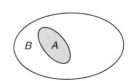

Gleichheit von Mengen

Zwei Mengen A und B heißen *gleich*, wenn *jedes* Element von A auch Element von B ist *und umgekehrt*. Symbolische Schreibweise: $A = B$

1.2 Mengenoperationen

Durchschnitt zweier Mengen (Schnittmenge)

Die *Schnittmenge* $A \cap B$ zweier Mengen A
und B ist die Menge aller Elemente, die *sowohl* zu A *als auch* zu B gehören:

$$A \cap B = \{x \mid x \in A \quad \text{und} \quad x \in B\}$$

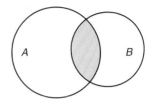

Vereinigung zweier Mengen (Vereinigungsmenge)

Die *Vereinigungsmenge* $A \cup B$ zweier Mengen A und B ist die Menge aller Elemente,
die zu A *oder* zu B *oder* zu *beiden* Mengen gehören:

$$A \cup B = \{x \mid x \in A \quad \text{oder} \quad x \in B\}$$

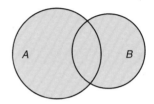

Differenz zweier Mengen (Differenzmenge, Restmenge)

Die *Differenz-* oder *Restmenge* $A \setminus B$ zweier Mengen A und B ist die Menge aller
Elemente, die zu A, *nicht* aber zu B gehören:

$$A \setminus B = \{x \mid x \in A \quad \text{und} \quad x \notin B\}$$

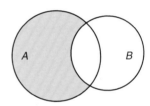

2 Rechnen mit reellen Zahlen

2.1 Reelle Zahlen und ihre Eigenschaften

2.1.1 Natürliche und ganze Zahlen

$\mathbb{N} = \{0, 1, 2, \ldots\}$	Menge der *natürlichen* Zahlen
$\mathbb{N}^* = \{1, 2, 3, \ldots\}$	Menge der *positiven* ganzen Zahlen

Hinweis: Die Zahl 0 gehört nach DIN 5473 zu den *natürlichen* Zahlen. $\mathbb{N}^*$ ist die Menge der natürlichen Zahlen *ohne* 0, d. h. $\mathbb{N}^* = \mathbb{N} \setminus \{0\}$.

Eigenschaften: Addition und Multiplikation sind in der Menge $\mathbb{N}$ *unbeschränkt* durchführbar.

Primzahl p

Natürliche Zahl größer als 1, die nur durch 1 und sich selbst teilbar ist.

■ **Beispiele**

Die ersten Primzahlen lauten: 2, 3, 5, 7, 11, 13, ...

■

Zerlegung in Primfaktoren

Jede natürliche Zahl $n \geq 2$ lässt sich eindeutig in ein *Produkt* aus *Primzahlen* zerlegen.

■ **Beispiel**

$140 = 2 \cdot 70 = 2 \cdot 2 \cdot 35 = 2 \cdot 2 \cdot 5 \cdot 7 = 2^2 \cdot 5 \cdot 7$

■

Größter gemeinsamer Teiler (ggT)

ggT mehrerer Zahlen: *größte* Zahl, die *gemeinsamer* Teiler der gegebenen Zahlen ist.

Regel: Man zerlegt die Zahlen in *Primfaktoren* und bildet das Produkt der *höchsten* Potenzen von Primfaktoren, die *allen* gegebenen Zahlen *gemeinsam* sind.

■ **Beispiel**

$$\left. \begin{array}{l} 60 = 2^2 \cdot 3^1 \cdot 5^1 \\ 72 = 2^3 \cdot 3^2 \\ \hline \mathrm{ggT} = 2^2 \cdot 3^1 = 12 \end{array} \right\} \Rightarrow \quad 12 \text{ ist die } \textit{größte} \text{ Zahl, durch die } 60 \text{ und } 72 \textit{ gemeinsam} \text{ teilbar sind.}$$

■

Kleinstes gemeinsames Vielfaches (kgV)

kgV mehrerer Zahlen: *kleinste* Zahl, die *alle* gegebenen Zahlen als *Teiler* enthält.

Regel: Man zerlegt die Zahlen in *Primfaktoren* und bildet das Produkt der jeweils *höchsten* Potenzen von Primfaktoren, die in *mindestens einer* der gegebenen Zahlen auftreten.

■ **Beispiel**

$$\left. \begin{array}{l} 60 = 2^2 \cdot 3^1 \cdot 5^1 \\ 72 = 2^3 \cdot 3^2 \\ \hline \mathrm{kgV} = 2^3 \cdot 3^2 \cdot 5^1 = 360 \end{array} \right\} \Rightarrow \quad 360 \text{ ist die } \textit{kleinste} \text{ Zahl, die durch } 60 \textit{ und } 72 \text{ teilbar ist.}$$

■

Einige Teilbarkeitsregeln

Eine natürliche Zahl ist teilbar durch …	wenn …
2	die *letzte* Ziffer durch 2 teilbar ist,
3	die *Quersumme* durch 3 teilbar ist,
4	die aus den *beiden letzten* Ziffern gebildete Zahl durch 4 teilbar ist,
5	die *letzte* Ziffer eine 5 oder 0 ist.

Ganze Zahlen

$$\mathbb{Z} = \{0, \pm 1, \pm 2, \pm 3, \ldots\} \qquad \text{Menge der } \textit{ganzen} \text{ Zahlen}$$

Eine weitere übliche Schreibweise: $\mathbb{Z} = \{\ldots, -3, -2, -1, 0, 1, 2, 3, \ldots\}$

Addition, Subtraktion und Multiplikation sind in der Menge $\mathbb{Z}$ *unbeschränkt* durchführbar.

2.1.2 Rationale, irrationale und reelle Zahlen

Die Menge $\mathbb{Q}$ der *rationalen* Zahlen enthält alle *endlichen* und *unendlichen periodischen* Dezimalbrüche (Dezimalzahlen):

$$\mathbb{Q} = \left\{ x \mid x = \frac{a}{b} \quad \text{mit} \quad a \in \mathbb{Z} \quad \text{und} \quad b \in \mathbb{N}^* \right\} \qquad \text{Menge der } \textit{rationalen} \text{ Zahlen}$$

Die *irrationalen* Zahlen bestehen aus allen *unendlichen nichtperiodischen* Dezimalbrüchen (Dezimalzahlen).

Die Menge $\mathbb{R}$ der *reellen* Zahlen enthält die *rationalen* und *irrationalen* Zahlen und somit *sämtliche* (endlichen und unendlichen) Dezimalbrüche (Dezimalzahlen).

■   **Beispiele**

(1) $\dfrac{33}{8} = 4{,}125$ *endliche* Dezimalzahl (*rational*)

(2) $\dfrac{1}{3} = 0{,}333333\ldots$ *unendliche periodische* Dezimalzahl (*rational*)

(3) $\sqrt{2} = 1{,}414213\ldots$ *unendliche nichtperiodische* Dezimalzahl (*irrational*)

■

2.1.3 Rundungsregeln für reelle Zahlen

In der *Praxis* wird mit *endlich* vielen Dezimalstellen nach dem Komma gerechnet. Bei Rundung auf n Dezimalstellen nach dem Komma gelten dann folgende *Regeln*:

(1)   Es wird *abgerundet*, wenn in der $(n + 1)$-ten Dezimalstelle nach dem Komma eine 0, 1, 2, 3 oder 4 steht.

(2)   Es wird *aufgerundet*, wenn in der $(n + 1)$-ten Dezimalstelle nach dem Komma eine 5, 6, 7, 8 oder 9 steht.

(3)   *Rundungsfehler:* $\leq 0{,}5 \cdot 10^{-n}$

■   **Beispiele**

Wir runden die nachfolgenden Zahlen auf 3 Dezimalstellen nach dem Komma (die in der 4. Dezimalstelle nach dem Komma stehende Ziffer (Pfeil) entscheidet dabei über Ab- oder Aufrundung):

$4{,}517863 \ldots \approx 4{,}518$ Fehler: $\leq 0{,}5 \cdot 10^{-3} = 0{,}0005$
$\downarrow$
Aufrundung

$0{,}417346 \ldots \approx 0{,}417$ Fehler: $\leq 0{,}5 \cdot 10^{-3} = 0{,}0005$
$\downarrow$
Abrundung

■

2.1.4 Darstellung der reellen Zahlen auf der Zahlengerade

Zahlengerade

Die *bildliche* Darstellung einer *reellen* Zahl erfolgt durch einen *Punkt* auf einer *Zahlengerade*, wobei *positive* Zahlen nach *rechts* und *negative* Zahlen nach *links*, jeweils vom Nullpunkt aus, abgetragen werden:

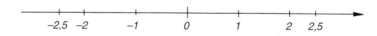

Anordnung der reellen Zahlen auf der Zahlengerade

$a < b$ (*a kleiner b*)

$a = b$ (*a gleich b*)

$a > b$ (*a größer b*)

Weitere Ungleichungen:

$a \leq b$ (*a* kleiner oder gleich *b*)

$a \geq b$ (*a* größer oder gleich *b*)

Betrag einer reellen Zahl

Der *Betrag* $|a|$ einer reellen Zahl a ist der *Abstand* des Bildpunktes vom Nullpunkt:

$$|a| = \left\{ \begin{array}{ccc} a & a > 0 \\ 0 & \text{für} & a = 0 \\ -a & a < 0 \end{array} \right\} \quad (|a| \geq 0)$$

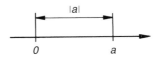

Rechenregeln für Beträge

(1) $|a \pm b| \leq |a| + |b|$ (Dreiecksungleichung)

(2) $|a| - |b| \leq |a| + |b|$

(3) $|a_1 + a_2 + a_3 + \ldots + a_n| \leq |a_1| + |a_2| + |a_3| + \ldots + |a_n|$

(4) $|a\,b| = |a| \cdot |b|$

(5) $\left|\dfrac{a}{b}\right| = \dfrac{|a|}{|b|}$ $(b \neq 0)$

Beachte: $|x| = a \quad \Leftrightarrow \quad x_{1/2} = \pm a \quad (a > 0)$

Signum (Vorzeichen) einer reellen Zahl

$$\text{sgn}\,(a) = \left\{ \begin{array}{ccc} 1 & a > 0 \\ 0 & \text{für} & a = 0 \\ -1 & a < 0 \end{array} \right\}$$

2.1.5 Grundrechenarten

Es sind vier *Grundrechenarten* erklärt:

1. *Addition* $\rightarrow$ Summe $a + b$ (a, b: Summanden)

2. *Subtraktion* $\rightarrow$ Differenz $a - b$ (a, b: Minuend bzw. Subtrahend)

3. *Multiplikation* $\rightarrow$ Produkt $a \cdot b$ (a, b: Faktoren)

4. *Division* $\rightarrow$ Quotient $\dfrac{a}{b}$ (a, b: Dividend bzw. Divisor; $b \neq 0$)

Summen, Differenzen, Produkte und Quotienten zweier reeller Zahlen ergeben wieder *reelle* Zahlen. *Ausnahme:* Die Division durch die Zahl 0 ist *verboten*!

Andere Schreibweisen für Produkte bzw. Quotienten: $a \cdot b$ oder $a\,b$ bzw. $\dfrac{a}{b}$ oder a / b oder $a : b$.

Rechenregeln

Kommutativgesetze	$a + b = b + a$
	$ab = ba$
Assoziativgesetze	$a + (b + c) = (a + b) + c$
	$a(bc) = (ab)c$
Distributivgesetz	$a(b + c) = ab + ac$

2.2 Zahlensysteme

Dezimalsystem (dekadisches oder Zehnersystem)

Basis: $a = 10$ $\qquad$ Zehn Ziffern: 0, 1, 2, ..., 9

Die Darstellung einer (reellen) Zahl erfolgt durch Entwicklung nach *fallenden* Potenzen der Basis $a = 10$. Es handelt sich dabei um ein *Stellenwert-* oder *Positionssystem*, d. h. der Wert einer Ziffer hängt von der Position (Stelle) ab.

■ **Beispiel**

$$1998 = 1000 + 900 + 90 + 8 = 1 \cdot 10^3 + 9 \cdot 10^2 + 9 \cdot 10^1 + 8 \cdot 10^0$$

$$\downarrow \qquad \downarrow \qquad \downarrow \qquad \downarrow$$

$$1 \qquad 9 \qquad 9 \qquad 8$$

Schreibweise: $(1998)_{10}$, wobei der Index 10 die Basis des Systems kennzeichnet. Sind Mißverständnisse ausgeschlossen, darf der Index weggelassen werden.

■

Dualsystem (binäres oder Zweiersystem)

Basis: $a = 2$ $\qquad$ Zwei Ziffern: 0, 1

Die Entwicklung einer (reellen) Zahl erfolgt hier nach *fallenden* Potenzen der Basis $a = 2$ (Rechenbasis der Computersysteme).

■ **Beispiele**

(1) $\quad (1001.1)_2 = 1 \cdot 2^3 + 0 \cdot 2^2 + 0 \cdot 2^1 + 1 \cdot 2^0 + 1 \cdot 2^{-1} =$

$$= 8 + 0 + 0 + 1 + \frac{1}{2} = (9{,}5)_{10}$$

(2) $\quad$ Wir stellen die Zahl $(11)_{10}$ aus dem Dezimalsystem im Dualsystem dar:

$$(11)_{10} = 11 = 8 + 2 + 1 = 1 \cdot 2^3 + 0 \cdot 2^2 + 1 \cdot 2^1 + 1 \cdot 2^0$$

$$\downarrow \qquad \downarrow \qquad \downarrow \qquad \downarrow$$

$$1 \qquad 0 \qquad 1 \qquad 1$$

Ergebnis: $(11)_{10} = (1011)_2$

■

2.3 Intervalle

Intervalle sind spezielle Teilmengen von $\mathbb{R}$, die auf der Zahlengerade durch zwei Randpunkte a und b begrenzt werden $(a < b)$.

Endliche Intervalle

$$[a, b] = \{x \mid a \leq x \leq b\} \quad \text{oder} \quad a \leq x \leq b \qquad \text{abgeschlossenes Intervall}$$

$$\left.\begin{array}{l} [a, b) = \{x \mid a \leq x < b\} \quad \text{oder} \quad a \leq x < b \\[2mm] (a, b] = \{x \mid a < x \leq b\} \quad \text{oder} \quad a < x \leq b \end{array}\right\} \quad \text{halboffene Intervalle}$$

$$(a, b) = \{x \mid a < x < b\} \quad \text{oder} \quad a < x < b \qquad \text{offenes Intervall}$$

Unendliche Intervalle

$$[a, \infty) \quad = \{x \mid a \leq x < \infty) \quad \text{oder} \quad a \leq x < \infty \quad \text{oder} \quad x \geq a$$

$$(a, \infty) \quad = \{x \mid a < x < \infty) \quad \text{oder} \quad a < x < \infty \quad \text{oder} \quad x > a$$

$$(-\infty, b] = \{x \mid -\infty < x \leq b\} \quad \text{oder} \quad -\infty < x \leq b \quad \text{oder} \quad x \leq b$$

$$(-\infty, b) = \{x \mid -\infty < x < b\} \quad \text{oder} \quad -\infty < x < b \quad \text{oder} \quad x < b$$

$$(-\infty, 0) \equiv \mathbb{R}^- \quad \text{oder} \quad -\infty < x < 0 \quad \text{oder} \quad x < 0$$

$$(0, \infty) \quad \equiv \mathbb{R}^+ \quad \text{oder} \quad 0 < x < \infty \quad \text{oder} \quad x > 0$$

$$(-\infty, \infty) \equiv \mathbb{R} \quad \text{oder} \quad -\infty < x < \infty \quad \text{oder} \quad |x| < \infty$$

2.4 Bruchrechnung

Hinweis: Die nachfolgenden Begriffe und Regeln lassen sich sinngemäß auch auf *mathematische Ausdrücke* übertragen.

Ein Bruch a/b heißt *echt*, wenn $|a| < |b|$ ist, sonst *unecht*.

Kehrwert einer Zahl

$$\text{Der } \textit{Kehrwert} \text{ von } \left\{\begin{array}{cc} a & 1/a \\ & \text{ist} \\ a/b & b/a \end{array}\right\} \quad (\text{mit } a \neq 0 \text{ und } b \neq 0)$$

Regel: Bei der *Kehrwertbildung* werden Zähler und Nenner miteinander *vertauscht*.

■   **Beispiel**

Der *Kehrwert* von 2 ist $\dfrac{1}{2} = 0{,}5$, der *Kehrwert* von $\dfrac{3}{4}$ ist $\dfrac{4}{3}$.   ■

Erweitern eines Bruches mit einer Zahl $k \neq 0$

$$\frac{a}{b} = \frac{a \cdot k}{b \cdot k}$$

Regel: Zähler *und* Nenner werden mit derselben Zahl $k \neq 0$ *multipliziert.*

■ **Beispiel**

Wir *erweitern* den Bruch $\frac{2}{5}$ mit der Zahl 3:

$$\frac{2}{5} = \frac{2 \cdot 3}{5 \cdot 3} = \frac{6}{15}$$

■

Kürzen eines Bruches durch eine Zahl $k \neq 0$

$$\frac{a}{b} = \frac{a/k}{b/k} = \frac{c}{d} \quad \text{bzw.} \quad \frac{a}{b} = \frac{k \cdot c}{k \cdot d} = \frac{c}{d} \qquad \text{(Kürzen des gemeinsamen Faktors } k\text{)}$$

Regel: Zähler *und* Nenner werden durch dieselbe Zahl $k \neq 0$ *dividiert.*

■ **Beispiel**

Wir *kürzen* den Bruch $\frac{15}{25}$ durch 5:

$$\frac{15}{25} = \frac{15/5}{25/5} = \frac{3}{5} \quad \text{bzw.} \quad \frac{15}{25} = \frac{5 \cdot 3}{5 \cdot 5} = \frac{3}{5}$$

■

Addition und Subtraktion zweier Brüche

$$\frac{a}{b} \pm \frac{c}{d} = \frac{a \cdot d \pm b \cdot c}{b \cdot d}$$

Regel: Die Brüche werden *gleichnamig* gemacht, d. h. auf einen *gemeinsamen* Nenner, den sog. *Hauptnenner*, gebracht. Der Hauptnenner ist das *kleinste gemeinsame Vielfache* der Einzelnenner.

■ **Beispiel**

$$\frac{3}{4} + \frac{2}{5} = \frac{3 \cdot 5 + 2 \cdot 4}{4 \cdot 5} = \frac{15 + 8}{20} = \frac{23}{20} \qquad \text{(Hauptnenner: } 4 \cdot 5 = 20\text{)}$$

■

Multiplikation zweier Brüche

$$\frac{a}{b} \cdot \frac{c}{d} = \frac{a \cdot c}{b \cdot d}$$

Regel: Zwei Brüche werden *multipliziert*, indem man ihre Zähler und ihre Nenner miteinander *multipliziert*.

■ **Beispiel**

$$\frac{3}{4} \cdot \frac{5}{7} = \frac{3 \cdot 5}{4 \cdot 7} = \frac{15}{28}$$

■

Division zweier Brüche (Doppelbruch)

$$\frac{a}{b} : \frac{c}{d} = \frac{a}{b} \cdot \frac{d}{c} = \frac{a \cdot d}{b \cdot c}$$

Regel: Zwei Brüche werden *dividiert*, indem man mit dem *Kehrwert* des Divisors (Kehrwert des Nennerbruches) *multipliziert*.

■ **Beispiel**

$$\frac{4}{3} : \frac{5}{7} = \frac{4}{3} \cdot \frac{7}{5} = \frac{4 \cdot 7}{3 \cdot 5} = \frac{28}{15} \qquad \left(\text{Divisor}: \frac{5}{7}\right)$$

■

2.5 Potenzen und Wurzeln

Potenz a^n

Unter einer *Potenz* a^n versteht man ein *Produkt* mit n *gleichen* Faktoren a:

$$a^n = \underbrace{a \cdot a \cdot a \ldots a}_{n \text{ gleiche Faktoren}}$$

a: *Basis* oder *Grundzahl* $(a \in \mathbb{R})$

n: *Exponent* oder *Hochzahl* $(n \in \mathbb{N}^*)$

Ferner (für $a \neq 0$): $a^0 = 1$, $a^{-n} = \dfrac{1}{a^n}$

■ **Beispiele**

(1) $5^4 = 5 \cdot 5 \cdot 5 \cdot 5 = 625$

(2) $2^{-3} = \dfrac{1}{2^3} = \dfrac{1}{2 \cdot 2 \cdot 2} = \dfrac{1}{8}$

■

Rechenregeln für Potenzen

$$
\left.
\begin{array}{ll}
(1) & a^m \cdot a^n = a^{m+n} \\[2mm]
(2) & \dfrac{a^m}{a^n} = a^{m-n} \qquad (a \neq 0) \\[4mm]
(3) & (a^m)^n = (a^n)^m = a^{m \cdot n} \\[2mm]
(4) & a^n \cdot b^n = (a \cdot b)^n \\[3mm]
(5) & \dfrac{a^n}{b^n} = \left(\dfrac{a}{b}\right)^n \qquad (b \neq 0)
\end{array}
\right\} \quad m,\, n \in \mathbb{N}^*;\ a,\, b \in \mathbb{R}
$$

Im Falle $a > 0$, $b > 0$ gelten die *Potenzregeln* sogar für *beliebige* reelle Exponenten.
Ferner (für $a > 0$): $a^b = \mathrm{e}^{b \cdot \ln a}$ ($\ln a$: natürlicher Logarithmus von a)

■ **Beispiele**

(1) $3^2 \cdot 3^3 = 3^{2+3} = 3^5 = 243$

(2) $(2^3)^2 = 2^{3 \cdot 2} = 2^6 = 64$

(3) $5^2 \cdot 3^2 = (5 \cdot 3)^2 = 15^2 = 225$

(4) $(5^4)^{\frac{1}{2}} = 5^{4 \cdot \frac{1}{2}} = 5^2 = 25$

(5) $\dfrac{6^4}{6^2} = 6^{4-2} = 6^2 = 36$

(6) $\dfrac{20^3}{5^3} = \left(\dfrac{20}{5}\right)^3 = 4^3 = 64$

■

Wurzel $\sqrt[n]{a}$

Die eindeutig bestimmte *nichtnegative* Lösung x der Gleichung $x^n = a$ mit $a \geq 0$
heißt *n-te Wurzel* aus a ($n = 2,\, 3,\, 4,\, \ldots$). Symbolische Schreibweise:

$$
x = \sqrt[n]{a} \quad \text{oder} \quad x = a^{\frac{1}{n}} \qquad
\begin{array}{l}
a: \text{Radikand } (a \geq 0) \\[2mm]
n: \text{Wurzelexponent } (n = 2,\, 3,\, 4,\, \ldots)
\end{array}
$$

Anmerkungen

(1) $\sqrt[n]{a}$ ist diejenige *nichtnegative* Zahl, deren n-te Potenz gleich a ist.

(2) $\sqrt[n]{a}$ lässt sich auch als Potenz der Basis a mit dem *rationalem* Exponenten $1/n$
darstellen: $\sqrt[n]{a} = a^{1/n}$. Es gelten die *Potenzregeln* (1) bis (5).

(3) $\sqrt[2]{a} = \sqrt{a}$: *Quadratwurzel* aus a (der Wurzelexponent wird meist *weggelassen*)
$\sqrt[3]{a}$: *Kubikwurzel* aus a

(4) Man beachte: $\sqrt{a^2} = |a|$

(5) Das Wurzelziehen oder Radizieren ist die zum Potenzieren *inverse* Operation:
$b = a^n \ \Leftrightarrow\ a = \sqrt[n]{b}$ (nur für $a \geq 0$, $b \geq 0$)

Rechenregeln für Wurzeln

$$(1) \quad \sqrt[n]{a^m} = (a^m)^{\frac{1}{n}} = \left(a^{\frac{1}{n}}\right)^m = a^{\frac{m}{n}} = \left(\sqrt[n]{a}\right)^m$$

$$(2) \quad \sqrt[m]{\sqrt[n]{a}} = \sqrt[m]{a^{\frac{1}{n}}} = \left(a^{\frac{1}{n}}\right)^{\frac{1}{m}} = a^{\frac{1}{m \cdot n}} = \sqrt[m \cdot n]{a}$$

$$(3) \quad \sqrt[n]{a} \cdot \sqrt[n]{b} = \left(a^{\frac{1}{n}}\right) \cdot \left(b^{\frac{1}{n}}\right) = (ab)^{\frac{1}{n}} = \sqrt[n]{ab}$$

$$(4) \quad \frac{\sqrt[n]{a}}{\sqrt[n]{b}} = \frac{a^{\frac{1}{n}}}{b^{\frac{1}{n}}} = \left(\frac{a}{b}\right)^{\frac{1}{n}} = \sqrt[n]{\frac{a}{b}} \quad (b > 0)$$

$$m, n \in \mathbb{N}^*; \ a \geq 0, b \geq 0$$

Merke: $\sqrt[n]{a \pm b} \neq \sqrt[n]{a} \pm \sqrt[n]{b}$

■ **Beispiele**

(1) $\sqrt[2]{9} = \sqrt{9} = 3$, $\sqrt[3]{21} = 2{,}7589$, $\sqrt[4]{256} = \sqrt[4]{2^8} = (2^8)^{\frac{1}{4}} = 2^{8 \cdot \frac{1}{4}} = 2^2 = 4$

(2) $\sqrt[6]{2{,}5^2} = 2{,}5^{\frac{2}{6}} = 2{,}5^{\frac{1}{3}} = \sqrt[3]{2{,}5} = 1{,}3572$

(3) $\sqrt[4]{\sqrt[3]{6}} = \sqrt[4]{6^{\frac{1}{3}}} = (6^{\frac{1}{3}})^{\frac{1}{4}} = 6^{\frac{1}{3} \cdot \frac{1}{4}} = 6^{\frac{1}{12}} = \sqrt[12]{6} = 1{,}1610$

■

2.6 Logarithmen

Logarithmus $\log_a r$

Jede *positive* Zahl $r > 0$ ist als Potenz einer beliebigen *positiven* Basis $a > 0$, $a \neq 1$ in der Form $r = a^x$ darstellbar. Die eindeutig bestimmte *Lösung* x der Gleichung $r = a^x$ heißt *Logarithmus* von r zur Basis a. Symbolische Schreibweise:

$$x = \log_a r \qquad \begin{aligned} &r: \text{Numerus } (r > 0) \\ &a: \text{Basis } (a > 0, \ a \neq 1) \end{aligned}$$

Anmerkungen

(1) Logarithmen können nur von *positiven* Zahlen gebildet werden und sind noch von der *Basis* abhängig!

(2) Für jede (zulässige) Basis a gilt: $\log_a a = 1$, $\log_a 1 = 0$

(3) $\log_a (a^x) = x$ (für $a > 0$, $a \neq 1$ und $x \in \mathbb{R}$)

(4) $a^{\log_a x} = x$ (für $a > 0$, $a \neq 1$ und $x > 0$)

■ **Beispiele**

(1) $5^x = 125 \ \Rightarrow \ x = \log_5 125 = 3$ (wegen $125 = 5^3$)

(2) $\log_4 64 = \log_4 4^3 = 3$ (wegen $64 = 4^3$)

(3) $\log_{10} \dfrac{1}{100} = \log_{10} 10^{-2} = -2$ $\left(\text{wegen } \dfrac{1}{100} = \dfrac{1}{10^2} = 10^{-2}\right)$

■

Rechenregeln für Logarithmen

$$\left.\begin{array}{ll}
(1) & \log_a (u \cdot v) = \log_a u + \log_a v \\[2mm]
(2) & \log_a \left(\dfrac{u}{v}\right) = \log_a u - \log_a v \\[2mm]
(3) & \log_a (u^k) = k \cdot \log_a u \\[2mm]
(4) & \log_a \sqrt[n]{u} = \left(\dfrac{1}{n}\right) \cdot \log_a u
\end{array}\right\} \quad \begin{array}{l} a > 0,\ u > 0,\ v > 0;\ k \in \mathbb{R} \\[2mm] n = 2, 3, 4, \ldots \end{array}$$

Spezielle Logarithmen

1. *Zehnerlogarithmus (Briggscher oder dekadischer Logarithmus):* $\log_{10} r \equiv \lg r$

2. *Zweierlogarithmus (binärer Logarithmus):* $\log_2 r \equiv \operatorname{lb} r$

3. *Natürlicher Logarithmus (Logarithmus naturalis):* $\log_e r \equiv \ln r$

   (e $= 2{,}718281 \ldots = $ Eulersche Zahl)

■ **Beispiele**

(1) $\log_2 \dfrac{1}{8} = \log_2 1 - \log_2 8 = 0 - 3 = -3$ (wegen $1 = 2^0$ und $8 = 2^3$)

(2) $\ln 104 = 4{,}6444$

(3) $\lg \sqrt[3]{24} = \lg (24^{\frac{1}{3}}) = \dfrac{1}{3} \cdot \lg 24 = \dfrac{1}{3} \cdot 1{,}3802 = 0{,}4601$

■

Umrechnung von der Basis a in die Basis b (mit $a > 0,\ b > 0,\ a \neq 1,\ b \neq 1$)

$$\log_b r = \frac{\log_a r}{\log_a b} = \frac{1}{\log_a b} \cdot \log_a r = K \cdot \log_a r \qquad (r > 0)$$

Regel: Beim Basiswechsel $a \rightarrow b$ werden die Logarithmen mit einer *Konstanten* K (dem *Kehrwert* von $\log_a b$) multipliziert.

Sonderfälle

(1) *Basiswechsel* $10 \rightarrow$ e:

$$\ln r = \frac{\lg r}{\lg e} = \frac{\lg r}{0{,}4343} = 2{,}3026 \cdot \lg r$$

(2) *Basiswechsel* e $\rightarrow 10$:

$$\lg r = \frac{\ln r}{\ln 10} = \frac{\ln r}{2{,}3026} = 0{,}4343 \cdot \ln r$$

2.7 Binomischer Lehrsatz

n-Fakultät

$n!$ (gelesen: „n Fakultät") ist definitionsgemäß das *Produkt* der ersten n *positiven ganzen* Zahlen:

$$n! = 1 \cdot 2 \cdot 3 \ldots (n-1)\,n = \prod_{k=1}^{n} k \qquad (n \in \mathbb{N}^*)$$

Ergänzend definiert man: $0! = 1$

Zerlegung: $(n+1)! = \underbrace{1 \cdot 2 \cdot 3 \ldots n}_{n!} \cdot (n+1) = n!\,(n+1)$

Der Binomische Lehrsatz

Die *Potenzen* eines *Binoms* $a + b$ lassen sich nach dem *Binomischen Lehrsatz* wie folgt entwickeln $(n \in \mathbb{N}^*)$:

$$(a+b)^n = a^n + \binom{n}{1} a^{n-1} \cdot b^1 + \binom{n}{2} a^{n-2} \cdot b^2 + \binom{n}{3} a^{n-3} \cdot b^3 +$$

$$+ \binom{n}{4} a^{n-4} \cdot b^4 + \ldots + \binom{n}{n-1} a^1 \cdot b^{n-1} + b^n =$$

$$= \sum_{k=0}^{n} \binom{n}{k} a^{n-k} \cdot b^k = \sum_{k=0}^{n} \binom{n}{k} a^k \cdot b^{n-k}$$

Die Koeffizienten $\binom{n}{k}$ (gelesen: „n über k") heißen *Binomialkoeffizienten*, ihr Bildungsgesetz lautet:

$$\binom{n}{k} = \frac{n(n-1)(n-2)\ldots[n-(k-1)]}{k!} = \frac{n!}{k!\,(n-k)!} \qquad (k \leq n)$$

Entwicklung für $(a-b)^n$: Im Binomischen Lehrsatz wird b formal durch $-b$ ersetzt (*Vorzeichenwechsel* bei den *ungeraden* Potenzen von b).

Anmerkung

Lässt man für den Exponenten n auch *reelle* Werte zu, so erhält man die *allgemeine* (unendliche) *Binomische Reihe* (siehe Tabelle in VI.3.4). Das Bildungsgesetz der Binomialkoeffizienten bleibt dabei *erhalten*.

Einige Eigenschaften der Binomialkoeffizienten

$$\binom{n}{0} = \binom{n}{n} = 1 \qquad \binom{n}{k} = 0 \quad \text{für} \quad k > n$$

$$\binom{n}{k} = \binom{n}{n-k} \qquad \binom{n}{k} + \binom{n}{k+1} = \binom{n+1}{k+1} \qquad \binom{n}{1} = \binom{n}{n-1} = n$$

Pascalsches Dreieck zur Bestimmung der Binomialkoeffizienten

Der Binomialkoeffizient $\binom{n}{k}$ steht in der $(n+1)$-ten Zeile an $(k+1)$-ter Stelle.

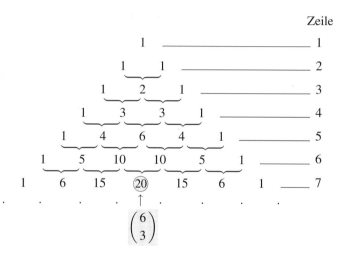

■ Beispiel

$\binom{6}{3} = 20$ (7. Zeile, 4. Stelle von links; eingekreiste Zahl im obigen Pascalschen Dreieck)

Die ersten binomischen Formeln

$$(a+b)^2 = a^2 + 2ab + b^2 \qquad \text{(1. Binom)}$$
$$(a+b)^3 = a^3 + 3a^2b + 3ab^2 + b^3$$
$$(a+b)^4 = a^4 + 4a^3b + 6a^2b^2 + 4ab^3 + b^4$$

$$(a-b)^2 = a^2 - 2ab + b^2 \qquad \text{(2. Binom)}$$
$$(a-b)^3 = a^3 - 3a^2b + 3ab^2 - b^3$$
$$(a-b)^4 = a^4 - 4a^3b + 6a^2b^2 - 4ab^3 + b^4$$

$$(a+b)(a-b) = a^2 - b^2 \qquad \text{(3. Binom)}$$

3 Elementare (endliche) Reihen

3.1 Definition einer (endlichen) Reihe

Unter einer *endlichen Reihe* versteht man die Summe

$$a_1 + a_2 + a_3 + \ldots + a_n = \sum_{k=1}^{n} a_k$$

a_1: *Anfangsglied* a_n: *Endglied* a_k: *allgemeines Reihenglied* $(k = 1, 2, \ldots, n)$

3.2 Arithmetische Reihen

Die *Differenz* zweier aufeinanderfolgender Glieder ist *konstant*: $a_{k+1} - a_k = $ const. $= d$.
Die Reihe besitzt den Summenwert

$$a + (a + d) + (a + 2d) + \ldots + [a + (n - 1)d] = \sum_{k=1}^{n} [a + (k - 1)d] =$$
$$= \frac{n}{2}\left(2a + (n - 1)d\right)$$

a: *Anfangsglied* $a_n = a + (n - 1)d$: *Endglied*

Bildungsgesetz der *arithmetischen* Reihe: $a_k = a + (k - 1)d$ $(k = 1, 2, \ldots, n)$

3.3 Geometrische Reihen

Der *Quotient* zweier aufeinanderfolgender Glieder ist *konstant*: $\dfrac{a_{k+1}}{a_k} = $ const. $= q$. Die
Reihe besitzt den Summenwert

$$a + aq + aq^2 + \ldots + aq^{n-1} = \sum_{k=1}^{n} aq^{k-1} = \frac{a(q^n - 1)}{q - 1} \qquad (q \neq 1)$$

a: *Anfangsglied* $a_n = aq^{n-1}$: *Endglied*

Bildungsgesetz der *geometrischen* Reihe: $a_k = aq^{k-1}$ $(k = 1, 2, \ldots, n)$

Für $q = 1$ hat die geometrische Reihe den Summenwert na

3.4 Spezielle Zahlenreihen

$$(1) \quad 1 + 2 + 3 + \ldots + n = \sum_{k=1}^{n} k = \frac{n(n + 1)}{2}$$

$$(2) \quad 1 + 3 + 5 + \ldots + (2n - 1) = \sum_{k=1}^{n} (2k - 1) = n^2$$

$$(3) \quad 2 + 4 + 6 + \ldots + 2n = \sum_{k=1}^{n} 2k = n(n+1)$$

$$(4) \quad 1^2 + 2^2 + 3^2 + \ldots + n^2 = \sum_{k=1}^{n} k^2 = \frac{n(n+1)(2n+1)}{6}$$

$$(5) \quad 1^2 + 3^2 + 5^2 + \ldots + (2n-1)^2 = \sum_{k=1}^{n} (2k-1)^2 = \frac{n(2n-1)(2n+1)}{3}$$

$$(6) \quad 1^3 + 2^3 + 3^3 + \ldots + n^3 = \sum_{k=1}^{n} k^3 = \frac{n^2(n+1)^2}{4}$$

4 Gleichungen mit einer Unbekannten

4.1 Algebraische Gleichungen n-ten Grades

4.1.1 Allgemeine Vorbetrachtungen

Eine *algebraische* Gleichung n-ten Grades besitzt die allgemeine Form

$$a_n x^n + a_{n-1} x^{n-1} + \ldots + a_1 x + a_0 = 0 \qquad (a_n \neq 0, \ a_k \in \mathbb{R})$$

Eigenschaften

(1) Die Gleichung besitzt *höchstens n reelle* Wurzeln oder Lösungen. Lässt man auch *komplexe* Lösungen zu, so gibt es *genau n* Lösungen, wobei grundsätzlich mehrfache Werte entsprechend oft gezählt werden (*Fundamentalsatz der Algebra*, siehe auch VIII.4).

(2) Für *ungerades n* hat die Gleichung *mindestens eine* reelle Lösung, für *gerades n* dagegen braucht die Gleichung keine reelle Lösung zu haben.

(3) *Komplexe* Lösungen treten (wenn überhaupt) stets *paarweise* auf, nämlich in *konjugiert komplexer* Form (siehe auch VIII.1.1).

Allgemeine Lösungsformeln existieren nur für $n \leq 4$. Für $n > 4$ ist man auf *Näherungsverfahren* angewiesen (z. B. auf das *Tangentenverfahren von Newton*, siehe Abschnitt 4.5). Ist eine reelle Lösung x_1 der algebraischen Gleichung n-ten Grades bekannt (eine solche Lösung lässt sich häufig durch *Erraten* oder *Probieren* finden), so kann der Grad der Gleichung durch *Abspalten* des zugehörigen *Linearfaktors* $x - x_1$ um 1 *erniedrigt* werden (siehe *Horner-Schema*, III.4.5).

4.1.2 Lineare Gleichungen

Allgemeine Form einer *linearen* Gleichung (mit Lösung):

$$a_1 x + a_0 = 0 \quad \Rightarrow \quad x_1 = -\frac{a_0}{a_1} \quad (a_1 \neq 0)$$

4.1.3 Quadratische Gleichungen

Allgemeine Form

$$a_2 x^2 + a_1 x + a_0 = 0 \quad (a_2 \neq 0)$$

Normalform mit Lösungen (sog. „p, q-Formel")

$$x^2 + px + q = 0 \quad \Rightarrow \quad x_{1/2} = -\frac{p}{2} \pm \sqrt{\left(\frac{p}{2}\right)^2 - q} = -\frac{p}{2} \pm \sqrt{D}$$

Die *Diskriminante* $D = \left(\dfrac{p}{2}\right)^2 - q$ entscheidet dabei über die *Art* der Lösungen:

$D > 0$:   Zwei *verschiedene reelle* Lösungen

$D = 0$:   Eine *doppelte reelle* Lösung

$D < 0$:   Zwei zueinander *konjugiert komplexe* Lösungen (siehe auch VIII.1.1)

Vietascher Wurzelsatz

$$x_1 + x_2 = -p, \qquad x_1 x_2 = q$$

x_1, x_2:   *Wurzeln (Lösungen)* der quadratischen Gleichung $x^2 + px + q = 0$

■   **Beispiel**

$x^2 - 4x - 5 = 0 \quad (p = -4, \, q = -5)$

$D = \left(\dfrac{p}{2}\right)^2 - q = \left(\dfrac{-4}{2}\right)^2 + 5 = (-2)^2 + 5 = 4 + 5 = 9 > 0 \quad \Rightarrow$

Zwei *verschiedene* reelle Lösungen:

$x_{1/2} = 2 \pm \sqrt{9} = 2 \pm 3$, d. h. $x_1 = 5$, $\quad x_2 = -1$

$x_1 + x_2 = 5 - 1 = 4 = -p$

$x_1 x_2 = 5 \cdot (-1) = -5 = q$ ■

4.1.4 Kubische Gleichungen

Allgemeine Form

$$a_3 x^3 + a_2 x^2 + a_1 x + a_0 = 0 \quad (a_3 \neq 0)$$

Normalform mit Lösungen

$$x^3 + ax^2 + bx + c = 0$$

Die Diskriminante $D = \left(\dfrac{p}{3}\right)^3 + \left(\dfrac{q}{2}\right)^2$ mit $p = \dfrac{3b - a^2}{3}$ und $q = \dfrac{2a^3}{27} - \dfrac{ab}{3} + c$

entscheidet dabei über die *Art* der Lösungen:

$D > 0$:   Eine *reelle* und zwei zueinander *konjugiert komplexe Lösungen*

$D = 0$:   Drei *reelle* Lösungen, darunter eine *doppelte* Lösung [1]

$D < 0$:   Drei *reelle* Lösungen

Cardanische Lösungsformel

$$\left. \begin{aligned} x_1 &= u + v - \frac{a}{3} \\[2mm] x_2 &= -\frac{u+v}{2} - \frac{a}{3} + \frac{u-v}{2}\,\sqrt{3}\,j \\[2mm] x_3 &= -\frac{u+v}{2} - \frac{a}{3} - \frac{u-v}{2}\,\sqrt{3}\,j \end{aligned} \right\} \quad \begin{aligned} u &= \sqrt[3]{-\frac{q}{2} + \sqrt{D}} \\[2mm] v &= \sqrt[3]{-\frac{q}{2} - \sqrt{D}} \end{aligned}$$

j: Imaginäre Einheit mit $j^2 = -1$

Hinweis: Numerische Lösungsmethoden führen meist schneller zum Ziel.

Sonderfall $D < 0$

Für $D < 0$ erhält man die drei reellen Lösungen meist bequemer mit Hilfe des folgenden *trigonometrischen* Lösungsansatzes:

$$\left. \begin{aligned} x_1 &= 2 \cdot \sqrt{\frac{|p|}{3}} \cdot \cos\left(\frac{\varphi}{3}\right) - \frac{a}{3} \\[2mm] x_2 &= 2 \cdot \sqrt{\frac{|p|}{3}} \cdot \cos\left(\frac{\varphi}{3} + 120°\right) - \frac{a}{3} \\[2mm] x_3 &= 2 \cdot \sqrt{\frac{|p|}{3}} \cdot \cos\left(\frac{\varphi}{3} + 240°\right) - \frac{a}{3} \end{aligned} \right\} \quad \cos\varphi = -\frac{q}{2 \cdot \sqrt{\left(\dfrac{|p|}{3}\right)^3}}$$

Der Hilfswinkel φ wird aus der angegebenen Gleichung berechnet.

Vietascher Wurzelsatz

$$x_1 + x_2 + x_3 = -a, \quad x_1 x_2 + x_2 x_3 + x_3 x_1 = b, \quad x_1 x_2 x_3 = -c$$

x_1, x_2, x_3: *Wurzeln (Lösungen)* der kubischen Gleichung $x^3 + ax^2 + bx + c = 0$

---

[1] Für den Spezialfall $p = q = 0$ erhält man eine *dreifache* Lösung: $x_{1/2/3} = -a/3$.

■ **Beispiel**

$$x^3 + x^2 - 8x - 12 = 0 \qquad (a = 1; \ b = -8; \ c = -12)$$

$$p = \frac{3b - a^2}{3} = \frac{3(-8) - 1^2}{3} = -\frac{25}{3}$$

$$q = \frac{2a^3}{27} - \frac{ab}{3} + c = \frac{2 \cdot 1^3}{27} - \frac{1(-8)}{3} - 12 = \frac{2}{27} + \frac{8}{3} - 12 = \frac{2 + 8 \cdot 9 - 12 \cdot 27}{27} = -\frac{250}{27}$$

Diskriminante: $D = \left(\frac{p}{3}\right)^3 + \left(\frac{q}{2}\right)^2 = \left(-\frac{25}{9}\right)^3 + \left(-\frac{125}{27}\right)^2 = -\left(\frac{5^2}{3^2}\right)^3 + \left(\frac{5^3}{3^3}\right)^2 = \frac{-5^6 + 5^6}{3^6} = 0$

Es gibt also drei *reelle* Lösungen, darunter eine *Doppellösung*. Wegen $D = 0$ ist ferner $u = v$:

$$u = v = \sqrt[3]{-\frac{q}{2}} = \sqrt[3]{\frac{125}{27}} = \sqrt[3]{\left(\frac{5}{3}\right)^3} = \frac{5}{3}$$

Lösungen nach der *Cardanischen Lösungsformel* unter Beachtung von $u + v = 2u$ und $u - v = 0$:

$$x_1 = 2u - \frac{a}{3} = \frac{10}{3} - \frac{1}{3} = \frac{9}{3} = 3$$

$$x_{2/3} = -\frac{2u}{2} - \frac{a}{3} = -u - \frac{a}{3} = -\frac{5}{3} - \frac{1}{3} = -\frac{6}{3} = -2$$

■

Sonderfall: $x^3 + ax^2 + bx = 0$ (Absolutglied $c = 0$)

Die Gleichung zerfällt in eine *lineare* Gleichung mit der Lösung $x_1 = 0$ und in eine *quadratische* Gleichung mit möglicherweise zwei weiteren Lösungen:

$$x^3 + ax^2 + bx = x(x^2 + ax + b) = 0 \ \big\langle \ \begin{array}{l} x = 0 \ \Rightarrow \ x_1 = 0 \\[2mm] x^2 + ax + b = 0 \end{array}$$

■ **Beispiel**

$$x^3 - 2x^2 - 15x = 0$$

$$x(x^2 - 2x - 15) = 0 \ \big\langle \ \begin{array}{l} x = 0 \ \Rightarrow \ x_1 = 0 \\[2mm] x^2 - 2x - 15 = 0 \ \Rightarrow \ x_{2/3} = 1 \pm 4 \end{array}$$

Lösungen: $x_1 = 0, \ x_2 = 5, \ x_3 = -3$

■

4.1.5 Biquadratische Gleichungen

Eine algebraische Gleichung *4. Grades* mit ausschließlich *geraden* Exponenten heißt *biquadratisch*:

$$a_4 x^4 + a_2 x^2 + a_0 = 0 \quad \text{oder} \quad x^4 + ax^2 + b = 0 \qquad (a_4 \neq 0)$$

Sie lässt sich mit Hilfe der *Substitution* $u = x^2$ in eine *quadratische* Gleichung überführen. Aus den beiden Wurzeln dieser Gleichung erhält man durch *Rücksubstitution* die (reellen) Lösungen der *biquadratischen* Gleichung[2].

---

[2] *Allgemeines* Lösungsverfahren für eine beliebige Gleichung *4. Grades*: siehe Bronstein-Semendjajew

■ **Beispiel**

$x^4 - 10x^2 + 9 = 0$

Substitution $u = x^2$:

$u^2 - 10u + 9 = 0 \;\Rightarrow\; u_{1/2} = 5 \pm 4, \qquad u_1 = 9, \qquad u_2 = 1$

Rücksubstitution mittels $x^2 = u$:

$x^2 = u_1 = 9 \;\Rightarrow\; x_{1/2} = \pm 3$

$x^2 = u_2 = 1 \;\Rightarrow\; x_{3/4} = \pm 1$

Lösungen: $x_1 = 3, \; x_2 = -3, \; x_3 = 1, \; x_4 = -1$

■

4.2 Allgemeine Lösungshinweise für Gleichungen

Für viele Gleichungen wie beispielsweise *Wurzelgleichungen, trigonometrische* oder *goniometrische* Gleichungen, *Exponential-* und *logarithmische* Gleichungen gibt es *kein* allgemeines Lösungsverfahren. Sie lassen sich daher meist nur mit *Näherungsmethoden* behandeln (siehe *graphische* und *numerische* Lösungsverfahren). In *Sonderfällen* gelingt es, die Gleichung mit Hilfe *elementarer Umformungen* oder einer geeigneten *Substitution* in eine *algebraische Gleichung n-ten Grades* zu überführen, die dann mit den in Abschnitt 4.1 dargelegten Methoden gelöst werden kann.

Wichtiger Hinweis: Der Übergang von der gegebenen Gleichung zu einer algebraischen Gleichung *n*-ten Grades ist oft nur mit Hilfe *nichtäquivalenter Umformungen*[3] möglich (Beispiel: *Quadrieren von Wurzelausdrücken,* siehe nachfolgendes Beispiel (1)). Dabei *kann* sich die Lösungsmenge der Gleichung *verändern,* d. h. es können sog. *„Scheinlösungen"* auftreten. Es ist daher stets durch Einsetzen der gefundenen Werte in die *Ausgangsgleichung* zu prüfen, ob auch eine Lösung dieser Gleichung vorliegt oder nicht.

■ **Beispiele**

(1) **Wurzelgleichung** $\sqrt{4x + 1} + 1 = 2x$

Die Wurzel wird zunächst *isoliert* und anschließend durch *Quadrieren* (also eine nichtäquivalente Umformung) beseitigt:

$\sqrt{4x + 1} = 2x - 1 \;|\;$ quadrieren

$4x + 1 = (2x - 1)^2 = 4x^2 - 4x + 1$

$4x^2 - 8x = 0 \,|\, :4 \;\Rightarrow\; x^2 - 2x = x(x - 2) = 0 \;\Rightarrow\; x_1 = 0, \qquad x_2 = 2$

Wir prüfen durch Einsetzen in die *Ausgangsgleichung (Wurzelgleichung),* ob diese Werte auch die Wurzelgleichung lösen:

$\boxed{x_1 = 0}$ $\quad \sqrt{4 \cdot 0 + 1} + 1 = 2 \cdot 0 \;\Rightarrow\; \sqrt{1} + 1 = 1 + 1 = 2 = 0$

Widerspruch: $x_1 = 0$ ist somit *keine* Lösung der Wurzelgleichung

$\boxed{x_1 = 2}$ $\quad \sqrt{4 \cdot 2 + 1} + 1 = 2 \cdot 2 \;\Rightarrow\; \sqrt{9} + 1 = 3 + 1 = 4 = 4$

$x_2 = 2$ ist eine (und zwar die einzige) *Lösung* der Wurzelgleichung

Lösung der Wurzelgleichung: $x = 2$

---

[3] Bei einer *äquivalenten* Umformung bleibt die Lösungsmenge einer Gleichung *erhalten.* Umformungen, die zu einer *Veränderung* der Lösungsmenge führen *können* (aber nicht müssen), heißen *nichtäquivalente* Umformungen.

(2)   **Trigonometrische Gleichung** $\cos^2 x = \sin x + 0{,}25$

Unter Verwendung der Beziehung $\cos^2 x = 1 - \sin^2 x$ („trigonometrischer Pythagoras") und der sich anschließenden *Substitution* $u = \sin x$ erhalten wir zunächst eine quadratische Gleichung mit zwei verschiedenen reellen Lösungen:

$1 - \sin^2 x = \sin x + 0{,}25$ oder $\sin^2 x + \sin x - 0{,}75 = 0$

$u^2 + u - 0{,}75 = 0$ $\Rightarrow$ $u_1 = 0{,}5$, $u_2 = -1{,}5$

Rücksubstitution mittels $\sin x = u$:

$\sin x = u_1 = 0{,}5$ $\Rightarrow$

$\left. \begin{array}{l} x_{1k} = \dfrac{\pi}{6} + k \cdot 2\pi \\[2ex] x_{2k} = \dfrac{5}{6}\pi + k \cdot 2\pi \end{array} \right\}$ $(k \in \mathbb{Z})$

(Schnittstellen von $y = \sin x$ mit der Geraden $y = 0{,}5$)

$\sin x = u_2 = -1{,}5$ $\Rightarrow$ *Keine* Lösungen

Lösungen: $x_{1k} = \dfrac{\pi}{6} + k \cdot 2\pi$,

$x_{2k} = \dfrac{5}{6}\pi + k \cdot 2\pi$

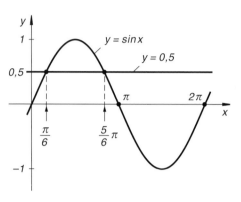

4.3 Graphisches Lösungsverfahren

Die Lösungen der Gleichung $f(x) = 0$ sind die *Nullstellen* der Funktion $y = f(x)$. Um diese zu bestimmen, erstellt man eine *Wertetabelle*, zeichnet die *Funktion* und liest die Nullstellen aus der Zeichnung ab. Meist ist es jedoch günstiger, die Gleichung $f(x) = 0$ zunächst durch Termumstellungen auf die Form $f_1(x) = f_2(x)$ zu bringen. Die gesuchten Lösungen sind dann die Abszissen der *Schnittpunkte* der beiden (meist wesentlich einfacheren) Kurven $y = f_1(x)$ und $y = f_2(x)$.

Nachteil der graphischen Methode: Geringe Ablesegenauigkeit

■   **Beispiel**

$e^{-x} + x^2 - 4 = 0$

Aufspalten durch Termumstellungen:

$\underbrace{e^{-x}}_{f_1(x)} = \underbrace{4 - x^2}_{f_2(x)}$

Lösungen nach nebenstehendem Bild
(Schnittstellen der Parabel $y = 4 - x^2$
mit der Exponentialfunktion $y = e^{-x}$):

$x_1 \approx -1{,}05$; $x_2 \approx 1{,}95$

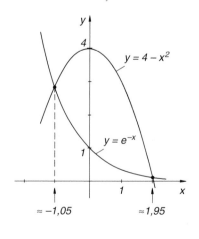

4.4 Regula falsi

Es werden zunächst zwei *Näherungswerte* (Startwerte) x_1 und x_2 für die gesuchte Lösung ξ der Gleichung $f(x) = 0$ so bestimmt, dass sie auf *verschiedenen* Seiten der Lösung ξ liegen. Dies ist bei einer *stetigen* Funktion der Fall, wenn $f(x_1) \cdot f(x_2) < 0$ ist, d. h. die Funktion muss in den beiden Startpunkten ein *unterschiedliches* Vorzeichen haben. Die gesuchte Lösung ξ liegt somit im Intervall $[x_1, x_2]$. Einen *besseren* Näherungswert erhält man dann aus der Gleichung

$$x_3 = x_2 - \frac{x_2 - x_1}{y_2 - y_1}\, y_2 \quad \text{mit} \quad y_1 = f(x_1), \quad y_2 = f(x_2)$$

Dann wiederholt man das beschriebene Verfahren mit den Startwerten x_1, x_3 oder x_2, x_3, je nachdem, ob $f(x_1) \cdot f(x_3) < 0$ oder $f(x_2) \cdot f(x_3) < 0$ ist usw.

Geometrische Deutung

Die Kurve $y = f(x)$ wird zwischen x_1 und x_2 durch die dortige *Sekante* ersetzt. Der Schnittpunkt dieser Sekante mit der x-Achse liefert einen *verbesserten* Näherungswert für die gesuchte Lösung (Nullstelle ξ). Dann wird das Verfahren mit den Startwerten x_1, x_3 oder x_2, x_3 wiederholt (siehe weiter oben).

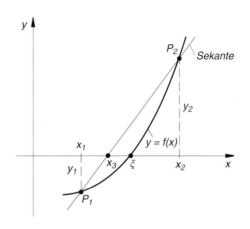

■ **Beispiel**

Nullstellenberechnung der Funktion $f(x) = x^3 - 0,1x - 1$: $x^3 - 0,1x - 1 = 0$ oder $x^3 = 0,1x + 1$

Startwerte: $x_1 = 0,95$ und $x_2 = 1,05$
(aus der Skizze entnommen, die gesuchte Lösung liegt in der Nähe von $x = 1$):

$$f(x_1) \cdot f(x_2) = f(0,95) \cdot f(1,05) =$$
$$= (-0,2376) \cdot (0,0526) < 0$$

Verbesserter Wert nach der *Regula Falsi*:

$$x_3 = x_2 - \frac{x_2 - x_1}{y_2 - y_1} \cdot y_2 =$$

$$= 1,05 - \frac{1,05 - 0,95}{0,0526 - (-0,2376)} \cdot 0,0526 =$$

$$= 1,0319 \approx 1,032$$

Kontrolle: $f(1,0319) = -0,0044 \approx 0$

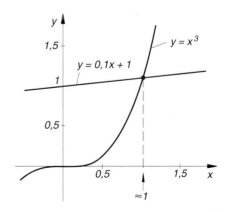

■

4.5 Tangentenverfahren von Newton

Ausgehend von einem geeigneten *Startwert* x_0 (auch Roh-, Näherungs- oder Anfangswert genannt) erhält man nach der *Iterationsvorschrift*

$$x_n = x_{n-1} - \frac{f(x_{n-1})}{f'(x_{n-1})} \qquad (n = 1, 2, 3, \ldots)$$

eine Folge von *Näherungswerten* $x_0, x_1, x_2, \ldots$ für die gesuchte Lösung ξ der Gleichung $f(x) = 0$. Im Falle der Konvergenz *verdoppelt* sich mit jedem Iterationsschritt die Anzahl der gültigen Dezimalstellen.

Konvergenzbedingung

Die Folge der Näherungswerte $x_0, x_1, x_2, \ldots$ *konvergiert* gegen die gesuchte Lösung ξ der Gleichung $f(x) = 0$, wenn im Intervall $[a, b]$, in dem *alle* Näherungswerte liegen, die folgende Bedingung erfüllt ist:

$$\left| \frac{f(x) \cdot f''(x)}{[f'(x)]^2} \right| < 1$$

Geometrische Deutung

Die Kurve $y = f(x)$ wird an der Stelle x_0 durch die dortige *Tangente* ersetzt. Der Schnittpunkt der Tangente mit der x-Achse liefert dann einen *verbesserten* Näherungswert x_1 für die gesuchte Lösung (Nullstelle ξ). Dann wird das beschriebene Verfahren mit x_1 als Startwert *wiederholt* usw..

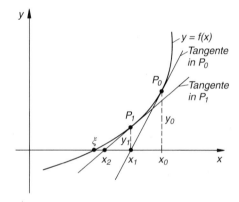

■ **Beispiel**

$\ln x + x - 2{,}8 = 0$ oder $\ln x = -x + 2{,}8$

Startwert nach nebenstehendem Bild: $x_0 = 2$

$f(x) = \ln x + x - 2{,}8$

$f'(x) = \dfrac{1}{x} + 1, \qquad f''(x) = -\dfrac{1}{x^2}$

Konvergenzbedingung für den Startwert $x_0 = 2$:

$f(2) = -0{,}10685, \qquad f'(2) = 1{,}5, \qquad f''(2) = -0{,}25$

$$\left| \frac{f(2) \cdot f''(2)}{[f'(2)]^2} \right| = \left| \frac{(-0{,}10685) \cdot (-0{,}25)}{1{,}5^2} \right| =$$

$$= 0{,}01187 < 1$$

Die Konvergenzbedingung ist somit erfüllt.

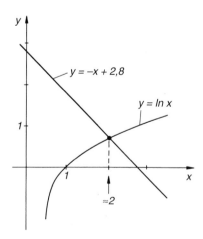

Newton-Iteration (zwei Schritte):

n	x_{n-1}	$f(x_{n-1})$	$f'(x_{n-1})$	x_n
1	2	$-0{,}106\,85$	1,5	$2{,}071\,23$
2	$2{,}071\,23$	$-0{,}000\,63$	$1{,}482\,80$	$2{,}071\,65$

Lösung: $\quad x = 2{,}071\,65 \quad$ (Kontrolle: $\quad f(2{,}071\,65) = -0{,}000\,005 \approx 0$)   ∎

5 Ungleichungen mit einer Unbekannten

Ungleichungen mit *einer* Unbekannten x entstehen, wenn man zwei Terme $T_1(x)$ und $T_2(x)$ durch eines der Relationszeichen „<", „>", „$\leq$", „$\geq$", miteinander verbindet. Sie lassen sich in vielen Fällen (ähnlich wie Gleichungen) durch sog. *„äquivalente Umformungen"* lösen. Zu diesen gehören:

1. Die Seiten einer Ungleichung dürfen miteinander *vertauscht* werden, wenn gleichzeitig das Relationszeichen *umgedreht* wird.

2. Auf beiden Seiten einer Ungleichung darf ein *beliebiger* Term $T(x)$ *addiert* oder *subtrahiert* werden.

3. Eine Ungleichung darf mit einem beliebigen *positiven* Term $T(x) > 0$ *multipliziert* oder durch einen solchen Term *dividiert* werden.

4. Eine Ungleichung darf mit einem beliebigen *negativen* Term $T(x) < 0$ *multipliziert* oder durch einen solchen Term *dividiert* werden, wenn gleichzeitig das Relationszeichen *umgedreht* wird.

Anmerkungen

(1) Bei der Multiplikation bzw. Division mit einem Term $T(x)$ muss $T(x) \neq 0$ vorausgesetzt werden. Kann $T(x)$ sowohl *positiv* als auch *negativ* werden, so ist eine *Fallunterscheidung* durchzuführen.

(2) Die Lösungsmengen von Ungleichungen sind in der Regel *Intervalle* bzw. *Vereinigungen von Intervallen.*

∎ **Beispiel**

$x^2 < x \quad$ oder $\quad x^2 - x = x(x - 1) < 0$

Wir lösen diese Ungleichung wie folgt durch *Fallunterscheidung* (das Produkt kann nur *negativ* sein, wenn die Faktoren x und $x - 1$ ein *unterschiedliches* Vorzeichen haben).

1. Fall: $\quad \left.\begin{array}{l} x > 0 \\ x - 1 < 0 \end{array}\right\} \quad \Rightarrow \quad x > 0 \text{ und } x < 1 \quad \Rightarrow \quad 0 < x < 1$

2. Fall: $\quad \left.\begin{array}{l} x < 0 \\ x - 1 > 0 \end{array}\right\} \quad \Rightarrow \quad x < 0 \text{ und } x > 1 \quad \Rightarrow \quad \text{Widerspruch}$

Lösungsintervall: $\quad 0 < x < 1$ ∎

Häufig lassen sich Ungleichungen mit Hilfe einer Skizze anschaulich lösen, wie wir am soeben behandelten Beispiel zeigen wollen.

■ **Beispiel**

Die Lösungen der Ungleichung $x^2 < x$ liegen dort, wo die Parabel $y = x^2$ *unterhalb* der Geraden $y = x$ verläuft. *Lösungsweg:* Kurvenschnittpunkte berechnen, Skizze anfertigen und das Lösungsintervall „ablesen".

Kurvenschnittpunkte:

$x^2 = x$ oder $x(x - 1) = 0$ $\Rightarrow$

$x_1 = 0,\quad x_2 = 1$

Aus der Skizze folgt: $\mathbb{L} = (0,1)$

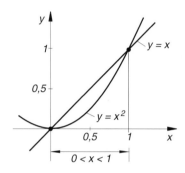

■

6 Lehrsätze aus der elementaren Geometrie

6.1 Satz des Pythagoras

In einem *rechtwinkligen* Dreieck gilt:

$$c^2 = a^2 + b^2$$

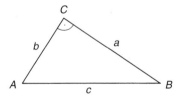

a, b: Katheten
c: Hypotenuse

6.2 Höhensatz

In einem *rechtwinkligen* Dreieck gilt:

$$h^2 = p \cdot q$$

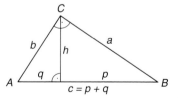

a, b: Katheten
h: Höhe
c: Hypotenuse $(c = p + q)$
p, q: Hypotenusenabschnitte

6.3 Kathetensatz (Euklid)

In einem *rechtwinkligen* Dreieck gilt:

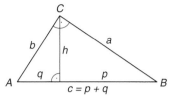

$$a^2 = c \cdot p \quad \text{und} \quad b^2 = c \cdot q$$

a, b: Katheten

c: Hypotenuse $(c = p + q)$

p, q: Hypotenusenabschnitte

6.4 Satz des Thales

Jeder Peripheriewinkel über einem Kreisdurchmesser $\overline{AB}$ ist ein *rechter* Winkel. Die Winkel bei C_1, C_2 und C_3 sind jeweils *rechte* Winkel.

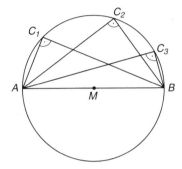

6.5 Strahlensätze

1. Strahlensatz

Werden zwei von einem gemeinsamen Punkt S ausgehende Strahlen von *Parallelen* geschnitten, so verhalten sich die Abschnitte auf dem einen Strahl wie die *entsprechenden* Abschnitte auf dem anderen Strahl:

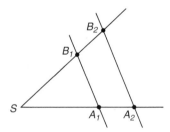

$$\frac{\overline{SA_1}}{\overline{SA_2}} = \frac{\overline{SB_1}}{\overline{SB_2}} \quad \text{bzw.} \quad \frac{\overline{SA_1}}{\overline{A_1 A_2}} = \frac{\overline{SB_1}}{\overline{B_1 B_2}}$$

2. Strahlensatz

Werden zwei von einem gemeinsamen Punkt S ausgehende Strahlen von *Parallelen* geschnitten, so verhalten sich die Abschnitte auf den beiden *Parallelen* wie die *entsprechenden* Abschnitte auf *einem* Strahl, vom *Schnittpunkt S* aus gemessen:

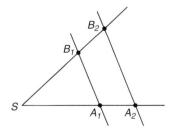

$$\frac{\overline{A_1 B_1}}{\overline{A_2 B_2}} = \frac{\overline{SA_1}}{\overline{SA_2}} = \frac{\overline{SB_1}}{\overline{SB_2}}$$

6.6 Sinussatz

In einem *beliebigen* Dreieck gilt:

$$\frac{a}{\sin \alpha} = \frac{b}{\sin \beta} = \frac{c}{\sin \gamma}$$

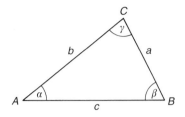

6.7 Kosinussatz

In einem *beliebigen* Dreieck gilt:

$$a^2 = b^2 + c^2 - 2bc \cdot \cos \alpha$$
$$b^2 = a^2 + c^2 - 2ac \cdot \cos \beta$$
$$c^2 = a^2 + b^2 - 2ab \cdot \cos \gamma$$

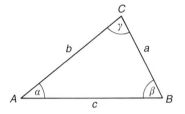

7 Ebene geometrische Körper (Planimetrie)

Bezeichnungen

A: Fläche d: Diagonale h: Höhe r, R: Radius U: Umfang

7.1 Dreiecke

7.1.1 Allgemeine Beziehungen

$$\alpha + \beta + \gamma = 180°$$

$$A = \frac{1}{2}\,ch = \frac{1}{2}\,bc \cdot \sin \alpha =$$

$$= \sqrt{s(s-a)(s-b)(s-c)} \quad (s = U/2)$$

$$U = a + b + c$$

Schwerpunkt S:

Schnittpunkt der Seitenhalbierenden

Sinussatz: $\dfrac{a}{\sin \alpha} = \dfrac{b}{\sin \beta} = \dfrac{c}{\sin \gamma}$

Kosinussatz: $a^2 = b^2 + c^2 - 2bc \cdot \cos \alpha$
$$b^2 = a^2 + c^2 - 2ac \cdot \cos \beta$$
$$c^2 = a^2 + b^2 - 2ab \cdot \cos \gamma$$

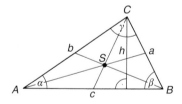

Der Schwerpunkt S teilt die Seitenhalbierenden jeweils im Verhältnis 2 : 1 (von der jeweiligen Ecke aus betrachtet).

Inkreis eines Dreiecks

> *Mittelpunkt M* des Inkreises:
> Schnittpunkt der Winkelhalbierenden
>
> $$r = \sqrt{\frac{(s - a)\,(s - b)\,(s - c)}{s}}$$
>
> $(s = U/2)$

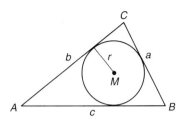

Umkreis eines Dreiecks

> *Mittelpunkt M* des Umkreises:
> Schnittpunkt der Mittelsenkrechten
>
> $$R = \frac{abc}{4\sqrt{s(s - a)\,(s - b)\,(s - c)}}$$
>
> $(s = U/2)$

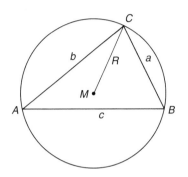

7.1.2 Spezielle Dreiecke

7.1.2.1 Rechtwinkliges Dreieck

> $\gamma = 90°$ und $\alpha + \beta = 90°$
>
> $A = \dfrac{1}{2}\,hc = \dfrac{1}{2}\,ab$
>
> *Pythagoras:* $c^2 = a^2 + b^2$
>
> *Höhensatz:* $h^2 = p \cdot q$
>
> *Kathetensatz:* $a^2 = c \cdot p, \quad b^2 = c \cdot q$

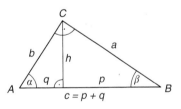

$p,\ q$: Hypotenusenabschnitte

7.1.2.2 Gleichschenkliges Dreieck

> $a = b, \qquad \alpha = \beta, \qquad \gamma = 180° - 2\alpha$
>
> $A = \dfrac{1}{2}\,hc = \dfrac{1}{4}\,c\,\sqrt{4a^2 - c^2}$
>
> $U = 2a + c$
>
> $h = \dfrac{1}{2}\,\sqrt{4a^2 - c^2}$

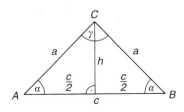

7.1.2.3 Gleichseitiges Dreieck

$a = b = c$

$\alpha = \beta = \gamma = 60°$

$A = \dfrac{1}{2}\, ah = \dfrac{1}{4}\, a^2 \sqrt{3}$

$U = 3a$

$h = \dfrac{1}{2}\, a \sqrt{3}$

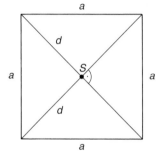

Der Schwerpunkt S hat von jeder Seite den Abstand $h/3$.

7.2 Quadrat

$A = a^2$

$U = 4a$

$d = a \sqrt{2}$

Schwerpunkt S:
Schnittpunkt der Diagonalen

Die Diagonalen *halbieren* sich in S und stehen *senkrecht* aufeinander.

7.3 Rechteck

$A = ab$

$U = 2a + 2b$

$d = \sqrt{a^2 + b^2}$

Schwerpunkt S:
Schnittpunkt der Diagonalen

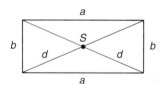

Die Diagonalen *halbieren* sich in S.

Sonderfall: $a = b \;\Rightarrow\;$ Quadrat

7.4 Parallelogramm

Parallelogramm: Viereck, dessen gegenüberliegende Seiten *parallel* und *gleichlang* sind.

$$A = a h = a b \cdot \sin \alpha$$

$$U = 2 a + 2 b$$

$$h = b \cdot \sin \alpha$$

$$d_{1/2} = \sqrt{a^2 + b^2 \pm 2 a \sqrt{b^2 - h^2}}$$

Schwerpunkt S:
Schnittpunkt der Diagonalen

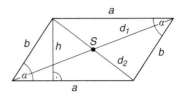

a: Grundlinie

b: Seitenlinie

Die Diagonalen *halbieren* sich in S.
Sonderfall: $\alpha = 90° \Rightarrow$ Rechteck

7.5 Rhombus oder Raute

Rhombus oder Raute: Parallelogramm mit vier gleichlangen Seiten $(a = b)$.

$$A = a h = a^2 \cdot \sin \alpha = \frac{1}{2} d_1 d_2$$

$$U = 4 a$$

$$h = a \cdot \sin \alpha$$

$$d_1 = 2 a \cdot \cos (\alpha/2)$$

$$d_2 = 2 a \cdot \sin (\alpha/2)$$

Schwerpunkt S:
Schnittpunkt der Diagonalen

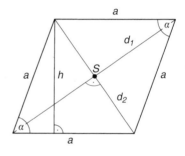

Die Diagonalen *halbieren* sich in S und stehen *senkrecht* aufeinander.
Sonderfall: $\alpha = 90° \Rightarrow$ Quadrat

7.6 Trapez

Trapez: Viereck mit zwei gegenüberliegenden *parallelen* Seiten (Seitenlängen: a, b).

$$m = \frac{1}{2} (a + b)$$

$$A = m h = \frac{1}{2} (a + b) h$$

Schwerpunkt S:
Auf der Verbindungslinie der Mitten der beiden parallelen Grundlinien im Abstand
$$\frac{h (a + 2 b)}{3 (a + b)} \text{ von der Grundlinie } a$$

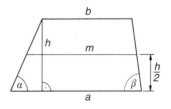

a, b: Grundlinien $(a \parallel b)$

m: Mittellinie

7.7 Reguläres *n*-Eck

Reguläres *n*-Eck: *Regelmäßiges* Vieleck (*n*-Eck) mit *n* *gleichlangen* Seiten der Länge *a* und dem Zentriwinkel $\varphi = 2\pi/n$ bzw. $\varphi = 360°/n$. Die *n* Ecken liegen auf einem *Kreis* mit dem Radius *r* (Umkreis).

$$A = \frac{1}{4} n a^2 \cdot \cot (\pi/n)$$

$$U = n a$$

$$r = \frac{a}{2 \cdot \sin (\varphi/2)} = \frac{a}{2 \cdot \sin (\pi/n)}$$

Schwerpunkt S:
Mittelpunkt *M* des Umkreises

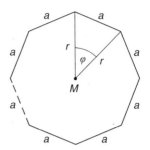

7.8 Kreis

$$A = \pi r^2$$

$$U = 2 \pi r$$

Schwerpunkt S: Kreismittelpunkt *M*

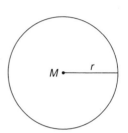

7.9 Kreissektor oder Kreisausschnitt

$$\left. \begin{array}{l} A = \dfrac{1}{2} r^2 \varphi = \dfrac{1}{2} r b \\[2mm] b = r \varphi \end{array} \right\} \quad \varphi \text{ in rad}$$

Schwerpunkt S:
Auf der Symmetrieachse im Abstand
$$\frac{4 r \cdot \sin (\varphi/2)}{3 \varphi} \quad \text{vom Kreismittelpunkt } M$$

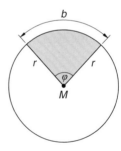

φ: Zentriwinkel

7.10 Kreissegment oder Kreisabschnitt

$$A = \frac{1}{2} r^2 (\varphi - \sin \varphi) \quad (\varphi \text{ in rad})$$

$$x = 2 r \cdot \sin (\varphi/2)$$

$$y = r [1 - \cos (\varphi/2)] = 2 r \cdot \sin^2 (\varphi/4)$$

Schwerpunkt S:
Auf der Symmetrieachse im Abstand
$$\frac{4 r \cdot \sin^3 (\varphi/2)}{3 (\varphi - \sin \varphi)} \quad \text{vom Kreismittelpunkt } M$$

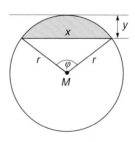

φ: Zentriwinkel

7.11 Kreisring

$$A = \pi(R^2 - r^2)$$

$$U = 2\pi(r + R)$$

Schwerpunkt S:

Mittelpunkt M der beiden konzentrischen Kreise

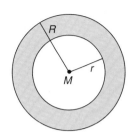

r, R: Innen- bzw. Außenradius

7.12 Ellipse

$$A = \pi ab$$

$$U \approx \pi\left[1,5(a + b) - \sqrt{ab}\right]$$

Schwerpunkt S:

Mittelpunkt M der Ellipse

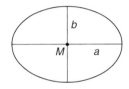

a, b: Große bzw. kleine Halbachse

8 Räumliche geometrische Körper (Stereometrie)

Bezeichnungen

A: Grundfläche	d: Raumdiagonale	h: Höhe	M: Mantelfläche
O: Oberfläche	r, R: Radius	s: Mantellinie	V: Volumen

8.1 Prisma

Die beiden Grundflächen eines *schiefen Prismas* liegen in *parallelen* Ebenen und sind *kongruente n*-Ecke (*grau* unterlegt), die n Seitenflächen sind *Parallelogramme*.

$$A_o = A_u$$

$$V = A_o h = A_u h$$

Schwerpunkt S:

Liegt auf der Verbindungslinie der Schwerpunkte der beiden Grundflächen und halbiert diese Linie

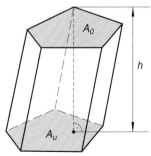

Spat oder *Parallelepiped:* Die Grundflächen sind *Parallelogramme,* der Schwerpunkt *S* liegt im Schnittpunkt der Raumdiagonalen (diese *halbieren* sich in *S*).

Gerades Prisma: Die Kanten stehen *senkrecht* auf den beiden Grundflächen (*Sonderfälle:* Quader und Würfel).

Reguläres Prisma: Ein *gerades* Prisma, dessen Grundflächen *reguläre n*-Ecke sind.

8.2 Würfel

$$V = a^3$$

$$O = 6a^2$$

$$d = a\sqrt{3}$$

Schwerpunkt S:
Schnittpunkt der Raumdiagonalen

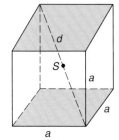

a: Kantenlänge

8.3 Quader

$$V = abc$$

$$O = 2(ab + ac + bc)$$

$$d = \sqrt{a^2 + b^2 + c^2}$$

Schwerpunkt S:
Schnittpunkt der Raumdiagonalen

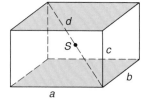

a, b, c: Kantenlängen

Sonderfall: $a = b = c \Rightarrow$ Würfel

8.4 Pyramide

Die Grundfläche ist ein *Vieleck* (Dreieck, Viereck usw.), die Seitenflächen sind *Dreiecke,* die in der Spitze zusammenlaufen.

$$V = \frac{1}{3}Ah$$

Schwerpunkt S:
Auf der Verbindungslinie der Spitze mit dem Schwerpunkt der Grundfläche im Abstand $h/4$ von der Grundfläche

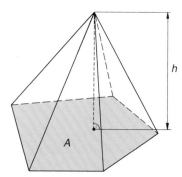

Reguläre oder *gleichseitige* Pyramide:

Die Grundfläche ist ein *regelmäßiges* Vieleck, die Pyramidenspitze liegt *senkrecht* über dem Schwerpunkt der Grundfläche.

8.5 Pyramidenstumpf

Die Schnittflächen A_u und A_o sind *parallel*, die Seitenflächen sind *Trapeze*.

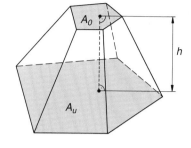

$$V = \frac{h}{3}\left(A_u + \sqrt{A_u A_o} + A_o\right)$$

Schwerpunkt S:

Auf der Verbindungslinie der Schwerpunkte der beiden Schnittflächen A_u und A_o im Abstand

$$\frac{h\left(A_u + 2\sqrt{A_u A_o} + 3A_o\right)}{4\left(A_u + \sqrt{A_u A_o} + A_o\right)}$$

von der Schnittfläche A_u (Grundfläche)

A_u: Grundfläche

A_o: Deckfläche

h: Höhe

8.6 Tetraeder oder dreiseitige Pyramide

Das Tetraeder ist ein Spezialfall der Pyramide, die Grundfläche ist ein *Dreieck*.

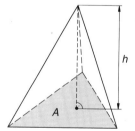

$$V = \frac{1}{3}\,A\,h$$

Schwerpunkt S:

Auf der Verbindungslinie der Spitze mit dem Schwerpunkt der Grundfläche im Abstand $h/4$ von der Grundfläche

A: Grundfläche

h: Höhe

Reguläres Tetraeder: Die vier Flächen sind *gleichseitige* Dreiecke mit der Seitenlänge a. Volumen und Oberfläche berechnen sich wie folgt:

$$V = \frac{1}{12}\,a^3\,\sqrt{2}$$

$$O = a^2\,\sqrt{3}$$

8.7 Keil

Die Grundfläche ist ein *Rechteck*, die vier Seitenflächen *gleichschenklige* Dreiecke bzw. gleichschenklige Trapeze.

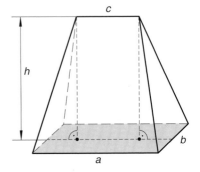

$$V = \frac{1}{6}\, b h \,(2 a + c)$$

a, b: Grundseiten
c: Obere Kantenlinie

8.8 Gerader Kreiszylinder

$V = \pi r^2 h$

$M = 2 \pi r h$

$O = 2 \pi r (r + h)$

Schwerpunkt S:

Auf der Symmetrieachse im Abstand $h/2$ von der Grundfläche

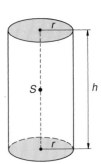

8.9 Gerader Kreiskegel

$V = \dfrac{1}{3}\, \pi r^2 h$

$M = \pi r s$

$O = \pi r (r + s)$

$s = \sqrt{r^2 + h^2}$

Schwerpunkt S:

Auf der Symmetrieachse im Abstand $h/4$ von der Grundfläche

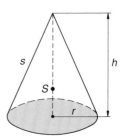

8.10 Gerader Kreiskegelstumpf

Die beiden kreisförmigen Schnittflächen mit den Radien r und R sind *parallel*.

$$V = \frac{1}{3}\,\pi h\,(R^2 + Rr + r^2)$$

$$M = \pi\,(R + r)\,s$$

$$O = \pi\,[R^2 + r^2 + (R + r)\,s]$$

$$s = \sqrt{h^2 + (R - r)^2}$$

Schwerpunkt S:
Auf der Symmetrieachse im Abstand

$$\frac{h\,(R^2 + 2Rr + 3r^2)}{4\,(R^2 + Rr + r^2)}$$

von der Grundfläche (Radius R)

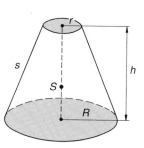

h: Höhe des Kegelstumpfes
s: Seitenlinie (Mantellinie)

Sonderfall: $r = 0 \quad \Rightarrow \quad$ Kreiskegel

8.11 Kugel

$$V = \frac{4}{3}\,\pi R^3$$

$$O = 4\,\pi R^2$$

Schwerpunkt S:
Kugelmittelpunkt M

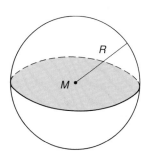

8.12 Kugelausschnitt oder Kugelsektor

$$V = \frac{2}{3}\,\pi R^2 h$$

$$O = \pi R\,(2h + \varrho)$$

$$\varrho = \sqrt{h\,(2R - h)}$$

Schwerpunkt S:
Auf der Symmetrieachse im Abstand

$$\frac{3}{8}\,(2R - h) \text{ vom Kugelmittelpunkt } M$$

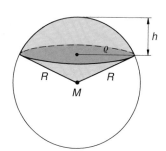

h: Höhe des Kugelausschnitts

Sonderfälle: $h = R \quad \Rightarrow \quad$ Halbkugel
$ h = 2R \quad \Rightarrow \quad$ Kugel

8.13 Kugelschicht oder Kugelzone

$$V = \frac{1}{6}\,\pi h\,(3\varrho_1^2 + 3\varrho_2^2 + h^2)$$

$$M = 2\pi R h$$

$$O = \pi(2Rh + \varrho_1^2 + \varrho_2^2)$$

Schwerpunkt S:

Auf der Symmetrieachse im Abstand

$$\frac{3\,(\varrho_2^4 - \varrho_1^4)}{2h\,(3\varrho_1^2 + 3\varrho_2^2 + h^2)}$$

vom Kugelmittelpunkt M

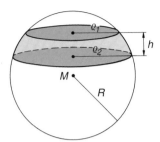

$\varrho_1,\ \varrho_2$: Radien der kreisförmigen Grundflächen

h: Höhe der Kugelschicht (Schichtdicke)

Sonderfälle: $h = 2R \quad \Rightarrow \quad$ Kugel

$\qquad\qquad \varrho_1 = 0 \quad \Rightarrow \quad$ Kugelabschnitt

8.14 Kugelabschnitt, Kugelsegment, Kugelkappe oder Kalotte

$$V = \frac{1}{3}\,\pi h^2\,(3R - h) =$$

$$= \frac{1}{6}\,\pi h\,(3\varrho^2 + h^2)$$

$$M = 2\pi R h$$

$$O = \pi(2Rh + \varrho^2) = \pi h\,(4R - h)$$

$$\varrho = \sqrt{h\,(2R - h)}$$

Schwerpunkt S:

Auf der Symmetrieachse im Abstand

$$\frac{3\,(2R - h)^2}{4\,(3R - h)}$$

vom Kugelmittelpunkt M

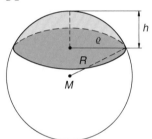

ϱ: Radius der kreisförmigen Grundfläche

h: Höhe der Kugelkappe

Sonderfälle: $h = \varrho = R \quad \Rightarrow \quad$ Halbkugel

$\qquad\qquad h = 2R \quad \Rightarrow \quad$ Kugel

8.15 Ellipsoid

$$V = \frac{4}{3}\,\pi a b c$$

Schwerpunkt S:

Mittelpunkt M des Ellipsoids

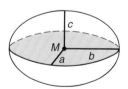

$a,\ b,\ c$: Halbachsen des Ellipsoids

Sonderfall: $a = b = c \quad \Rightarrow \quad$ Kugel mit dem Radius $R = a$

Rotationsellipsoid $(a = b)$

Rotationsachse: Achse $2c$

$$V = \frac{4}{3}\, \pi a^2 c$$

8.16 Rotationsparaboloid

$$V = \frac{1}{2}\, \pi \varrho^2 h$$

Schwerpunkt S:

Auf der Symmetrieachse im Abstand

$\dfrac{2}{3}\, h$ vom Scheitelpunkt

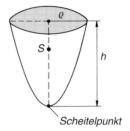

ϱ: Radius der kreisförmigen Deckfläche

h: Höhe des Rotationsparaboloids

8.17 Tonne oder Fass

Der Rotationskörper wird erzeugt durch Drehung einer Kurve mit *sphärischer, elliptischer* oder *parabolischer* Krümmung. Die beiden parallelen Grundflächen sind Kreise vom Radius r.

Sphärische oder elliptische Krümmung

$$V = \frac{1}{3}\, \pi h (2R^2 + r^2)$$

Parabolische Krümmung

$$V = \frac{1}{15}\, \pi h (8R^2 + 4Rr + 3r^2)$$

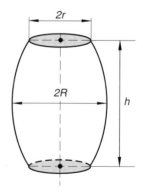

8.18 Torus

Die in Bild a) skizzierte Kreisfläche erzeugt bei Drehung um die eingezeichnete Achse den in Bild b) dargestellten *Torus* (Ring mit einem kreisförmigen Querschnitt; $r < R$).

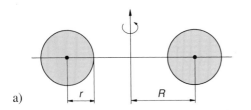

$$V = 2\pi^2 r^2 R$$
$$O = 4\pi^2 r R$$

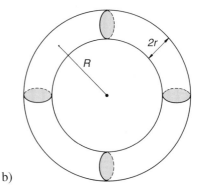

a)   b)

8.19 Guldinsche Regeln für Rotationskörper

Mantelfläche eines Rotationskörpers (1. Guldinsche Regel)

Die *Mantelfläche* eines Rotationskörpers ist gleich dem Produkt aus der *Länge* der rotierenden Kurve, die diesen Körper erzeugt, und dem *Umfang* des Kreises, den der Schwerpunkt der Kurve bei der Rotation beschreibt:

$$M = s\,(2\pi x_0) = 2\pi x_0\, s$$

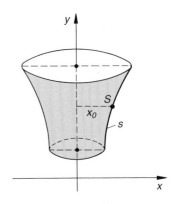

s: Länge der rotierenden Kurve

x_0: Abstand des Schwerpunktes S der rotierenden Kurve von der Rotationsachse

■ **Beispiel**

Für den *Torus* gilt (siehe Abschnitt 8.18):

$s = 2\pi r$ (Umfang des rotierenden Kreises)
$x_0 = R$ (Abstand Kreislinienschwerpunkt – Rotationsachse)

Somit ist

$$M = 2\pi x_0\, s = 2\pi \cdot R \cdot 2\pi r = 4\pi^2 r R$$

die Mantelfläche (Oberfläche) des Torus.

■

Volumen eines Rotationskörpers (2. Guldinsche Regel)

Das *Volumen* eines Rotationskörpers ist gleich dem Produkt aus dem *Flächeninhalt* des rotierenden Flächenstücks, das diesen Körper erzeugt, und dem *Umfang* des Kreises, den der Schwerpunkt des Flächenstücks bei der Rotation beschreibt:

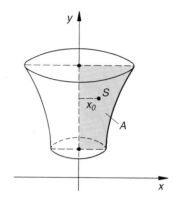

$$V = A\,(2\,\pi\,x_0) = 2\,\pi\,x_0\,A$$

A: Flächeninhalt des rotierenden Flächenstücks

x_0: Abstand des Schwerpunktes S des rotierenden Flächenstücks von der Rotationsachse

■ **Beispiel**

Für den *Torus* gilt (siehe Abschnitt 8.18):

$A = \pi\,r^2$ (Fläche des rotierenden Kreises)

$x_0 = R$ (Abstand Kreisflächenschwerpunkt – Rotationsachse)

Somit ist

$$V = 2\,\pi\,x_0\,A = 2\,\pi\cdot R\cdot\pi\,r^2 = 2\,\pi^2\,r^2\,R$$

das Volumen des Torus.

■

9 Koordinatensysteme

9.1 Ebene Koordinatensysteme

9.1.1 Rechtwinklige oder kartesische Koordinaten

Die beiden Koordinatenachsen stehen *senkrecht* aufeinander, die Lage des Punktes P wird durch zwei mit einem Vorzeichen versehene *Abstandskoordinaten* x und y, die sog. *rechtwinkligen* oder *kartesischen* Koordinaten, beschrieben:

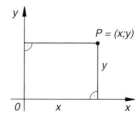

O: Ursprung, Nullpunkt

x: Abszisse $\Big\}$ des Punktes P
y: Ordinate

$|x|, |y|$: Abstand des Punktes P von der y- bzw. x-Achse

9.1.2 Polarkoordinaten

Die Lage des Punktes P wird durch eine *Abstandskoordinate* $r \geq 0$ und eine *Winkelkoordinate* φ, die sog. *Polarkoordinaten*, beschrieben (siehe hierzu auch XIV.6.1):

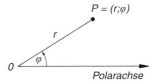

O:	Pol
r:	*Abstand* des Punktes P vom Pol O
φ:	*Winkel* zwischen dem Strahl $\overline{OP}$ und der Polarachse

Der Winkel φ wird *positiv* gemessen bei Drehung im *Gegenuhrzeigersinn*, *negativ* bei Drehung im *Uhrzeigersinn*. Er ist nur bis auf *ganzzahlige Vielfache* von 2π bzw. $360°$ bestimmt. Man beschränkt sich daher bei der Winkelangabe meist auf den im Intervall $0 \leq \varphi < 2\pi$ gelegenen *Hauptwert* (im *Gradmaß*: $0° \leq \varphi < 360°$)[4]. Für den Pol selbst ist $r = 0$, der Winkel φ dagegen ist *unbestimmt*.

9.1.3 Koordinatentransformationen

9.1.3.1 Parallelverschiebung eines kartesischen Koordinatensystems

Das *neue* u, v-System geht durch *Parallelverschiebung* aus dem *alten* x, y-System hervor:

$(x; y)$: Koordinaten des Punktes P im *alten* System (x, y-System)

$(u; v)$: Koordinaten des Punktes P im *neuen* System (u, v-System)

$(a; b)$: Koordinaten des *Nullpunktes* O' des neuen u, v-Systems, bezogen auf das *alte* x,y-System

a: Verschiebung der y-Achse ($a > 0$: nach *rechts*; $a < 0$: nach *links*)

b: Verschiebung der x-Achse ($b > 0$: nach *oben*; $b < 0$: nach *unten*)

$$x = u + a \qquad u = x - a$$
$$\text{bzw.}$$
$$y = v + b \qquad v = y - b$$

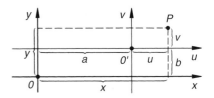

9.1.3.2 Zusammenhang zwischen den kartesischen und den Polarkoordinaten

Bezeichnungen:

Pol: Koordinatenursprung O

Polarachse: x-Achse

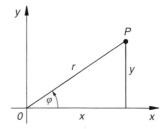

---

[4] Unter dem *Hauptwert* wird häufig auch der im Intervall $-\pi < \varphi \leq \pi$ gelegene Wert verstanden.

Polarkoordinaten → Kartesische Koordinaten

$$x = r \cdot \cos \varphi, \quad y = r \cdot \sin \varphi$$

Kartesische Koordinaten → Polarkoordinaten

$$r = \sqrt{x^2 + y^2}, \quad \sin \varphi = \frac{y}{r}, \quad \cos \varphi = \frac{x}{r}, \quad \tan \varphi = \frac{y}{x}$$

Die Berechnung des Winkels φ erfolgt am bequemsten anhand einer *Lageskizze* (siehe nachfolgendes Beispiel) oder nach der folgenden vom jeweiligen Quadrant abhängigen Formel (φ im Bogenmaß; im Gradmaß muss π durch $180°$ ersetzt werden):

Quadrant	I	II, III	IV
$\varphi =$	$\arctan(y/x)$	$\arctan(y/x) + \pi$	$\arctan(y/x) + 2\pi$

Sonderfall: $x = 0 \quad \Rightarrow \quad \varphi = \pi/2$ für $y > 0$, $\varphi = 3\pi/2$ für $y < 0$

■ **Beispiel**

Gegeben: $P = (-4; 3)$, d. h. $x = -4$, $y = 3$

Gesucht: Polarkoordinaten r, φ des Punktes P

Lösung: Der Punkt P liegt im 2. Quadrant. Aus dem eingezeichneten rechtwinkligen Dreieck mit den Katheten der Längen 3 und 4 und der Hypotenuse r berechnen wir der Reihe nach r, den *Hilfswinkel* α und daraus φ:

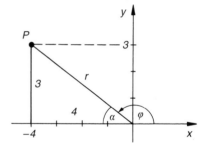

$$r = \sqrt{4^2 + 3^2} = 5$$

$$\tan \alpha = \frac{3}{4} \quad \Rightarrow \quad \alpha = \arctan \frac{3}{4} = 36{,}87° \quad \Rightarrow$$

$$\varphi = 180° - \alpha = 143{,}13°$$

Zum gleichen Ergebnis führt auch die obige Formel (2. Quadrant):

$$\varphi = \arctan(y/x) + \pi = \arctan(3/-4) + \pi = \arctan(-3/4) + \pi = 2{,}4981 = 143{,}13° \quad ■$$

9.1.3.3 Drehung eines kartesischen Koordinatensystems

Das *neue* u, v-System geht durch *Drehung* um den Winkel φ um den Nullpunkt aus dem *alten* x, y-System hervor.

$(x; y)$: Koordinaten des Punktes P im *alten* System

$(u; v)$: Koordinaten des Punktes P im *neuen* System

$$u = y \cdot \sin \varphi + x \cdot \cos \varphi$$
$$v = y \cdot \cos \varphi - x \cdot \sin \varphi$$

$$x = u \cdot \cos \varphi - v \cdot \sin \varphi$$
$$y = u \cdot \sin \varphi + v \cdot \cos \varphi$$

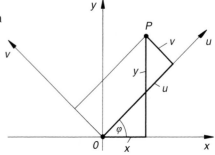

9.2 Räumliche Koordinatensysteme

9.2.1 Rechtwinklige oder kartesische Koordinaten

Die drei Koordinatenachsen (x, y- und z-Achse) stehen *paarweise senkrecht* aufeinander und besitzen die *gleiche* Orientierung wie Daumen, Zeige- und Mittelfinger der *rechten* Hand (*rechtshändiges* System). Die Lage des Raumpunktes P wird durch drei *Abstandskoordinaten* x, y und z, die sog. *rechtwinkligen* oder *kartesischen* Koordinaten, beschrieben:

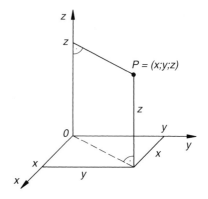

O: *Ursprung, Nullpunkt*

x, y, z: *Senkrechte* (mit einem Vorzeichen versehene) *Abstände des Raumpunktes* P von den drei *Koordinatenebenen*

$x, y, z \in \mathbb{R}$

z: Höhenkoordinate

9.2.2 Zylinderkoordinaten

Die Lage des Raumpunktes P wird durch zwei *Abstandskoordinaten* ϱ, z und eine *Winkelkoordinate* φ, die sog. *Zylinderkoordinaten*, beschrieben (siehe hierzu auch XIV.6.2)[5]:

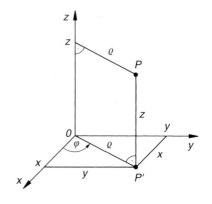

O: *Ursprung, Nullpunkt*

ϱ, φ: *Polarkoordinaten* des Projektionspunktes P' in der x, y-Ebene ($\varrho \geq 0$, $0 \leq \varphi < 2\pi$)

z: *Höhenkoordinate* (entspricht der *kartesischen* Koordinate z mit $z \in \mathbb{R}$)

ϱ: *Senkrechter* Abstand des Punktes P von der z-Achse

9.2.3 Zusammenhang zwischen den kartesischen und den Zylinderkoordinaten

Zylinderkoordinaten $(\varrho; \varphi; z)$ $\rightarrow$ Kartesische Koordinaten $(x; y; z)$

$$x = \varrho \cdot \cos \varphi, \quad y = \varrho \cdot \sin \varphi, \quad z = z$$

---

[5] Statt ϱ verwendet man häufig auch r (wenn Verwechslungen mit der Kugelkoordinate r auszuschließen sind).

Kartesische Koordinaten $(x; y; z)$ $\rightarrow$ Zylinderkoordinaten $(\varrho; \varphi; z)$

$$\varrho = \sqrt{x^2 + y^2}, \quad \sin\varphi = \frac{y}{\varrho}, \quad \cos\varphi = \frac{x}{\varrho}, \quad \tan\varphi = \frac{y}{x}, \quad z = z$$

Sonderfall: $x = 0 \;\Rightarrow\; \varphi = \pi/2$ für $y > 0$, $\varphi = 3\pi/2$ für $y < 0$

9.2.4 Kugelkoordinaten

Die Lage des Raumpunktes P wird durch eine Abstandskoordinate r und zwei Winkelkoordinaten ϑ und φ, die sog. *Kugelkoordinaten*, beschrieben (siehe hierzu auch XIV.6.3):

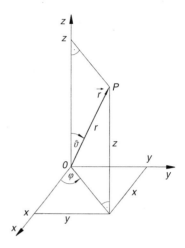

O: Ursprung, Nullpunkt

r: Abstand des Punktes P vom Nullpunkt (Länge des Ortsvektors $\vec{r} = \overrightarrow{OP}$; $r \geq 0$)

ϑ: Winkel zwischen dem Ortsvektor $\vec{r}$ und der positiven z-Achse (*Breitenkoordinate* mit $0 \leq \vartheta \leq \pi$)

φ: Winkel zwischen der Projektion des Ortsvektors $\vec{r}$ auf die x, y-Ebene und der positiven x-Achse (*Längenkoordinate* mit $0 \leq \varphi < 2\pi$)

9.2.5 Zusammenhang zwischen den kartesischen und den Kugelkoordinaten

Kugelkoordinaten $(r; \vartheta; \varphi)$ $\rightarrow$ Kartesische Koordinaten $(x; y; z)$

$$x = r \cdot \sin\vartheta \cdot \cos\varphi, \quad y = r \cdot \sin\vartheta \cdot \sin\varphi, \quad z = r \cdot \cos\vartheta$$

Kartesische Koordinaten $(x; y; z)$ $\rightarrow$ Kugelkoordinaten $(r; \vartheta; \varphi)$

$$r = \sqrt{x^2 + y^2 + z^2}, \quad \vartheta = \arccos\left(\frac{z}{\sqrt{x^2 + y^2 + z^2}}\right), \quad \tan\varphi = \frac{y}{x}$$

Hinweis: Berechnung der Längenkoordinate φ unter Verwendung der in Abschnitt 9.1.3.2 angegebenen Formeln.

II Vektorrechnung

1 Grundbegriffe

1.1 Vektoren und Skalare

Vektoren sind *gerichtete* Größen, die durch eine Maßzahl und eine Richtung vollständig beschrieben und in symbolischer Form durch einen Pfeil dargestellt werden (Bild a)). Die Länge des Pfeils heißt *Betrag* $|\vec{a}| = a$ des Vektors $\vec{a}$, die Pfeilspitze legt die *Richtung* (Orientierung) des Vektors fest.

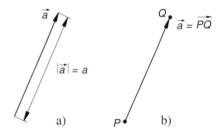

Ein Vektor $\vec{a}$ lässt sich auch eindeutig durch einen *Anfangs-* und *Endpunkt* festlegen: $\vec{a} = \overrightarrow{PQ}$ (Bild b)). Bei einer *physikalisch-technischen* Vektorgröße gehört zur vollständigen Beschreibung noch die Angabe der *Maßeinheit*.

Skalare dagegen sind Größen *ohne* Richtungseigenschaft. Sie sind durch Angabe einer *Maßzahl* (bzw. einer Maßzahl *und* einer Maßeinheit) eindeutig beschrieben.

In den Anwendungen unterscheidet man:

1. *Freie Vektoren:* Sie dürfen *parallel* zu sich selbst verschoben werden.

2. *Linienflüchtige Vektoren:* Sie sind längs ihrer *Wirkungslinie* verschiebbar.

3. *Gebundene Vektoren:* Sie werden von einem *festen* Punkt aus abgetragen.

1.2 Spezielle Vektoren

Nullvektor $\vec{0}$: Vektor der Länge 0 (seine Richtung ist *unbestimmt*)

Einheitsvektor $\vec{e}$: Vektor der Länge 1

Ortsvektor $\vec{r}(P) = \overrightarrow{OP}$: Vom Nullpunkt O zum Punkt P gerichteter Vektor

1.3 Gleichheit von Vektoren

Zwei Vektoren heißen *gleich*, wenn sie sich durch Parallelverschiebung zur *Deckung* bringen lassen. Sie stimmen in *Betrag* und *Richtung* und somit auch in ihren *Komponenten* überein (siehe II.2.1).

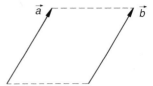

$$\vec{a} = \vec{b} \Leftrightarrow a_x = b_x, \ a_y = b_y, \ a_z = b_z$$

a_x, a_y, a_z: *Skalare* Komponenten von $\vec{a}$

b_x, b_y, b_z: *Skalare* Komponenten von $\vec{b}$

1.4 Kollineare, parallele und antiparallele Vektoren, inverser Vektor

Kollineare Vektoren lassen sich stets durch *Parallelverschiebung* in eine *gemeinsame* Linie bringen (Bild a)).

Parallele Vektoren haben *gleiche* Richtung (Bild b)). Symbolische Schreibweise: $\vec{a} \uparrow\uparrow \vec{b}$.

Antiparallele Vektoren haben *entgegengesetzte* Richtung (Bild c)). Symbolische Schreibweise: $\vec{a} \uparrow\downarrow \vec{b}$.

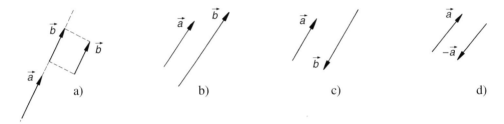

a)   b)   c)   d)

Parallele bzw. *anti-parallele* Vektoren sind demnach *kollinear.*

Zu jedem Vektor $\vec{a}$ gibt es einen *inversen* oder *Gegenvektor* $-\vec{a}$ (Bild d)). Er entsteht aus dem Vektor $\vec{a}$ durch *Richtungsumkehr*. Die Vektoren $\vec{a}$ und $-\vec{a}$ sind somit *gleichlang*, ihre Komponenten unterscheiden sich lediglich im *Vorzeichen*.

2 Komponentendarstellung eines Vektors

2.1 Komponentendarstellung in einem kartesischen Koordinatensystem

Die *Einheitsvektoren* $\vec{e}_x$, $\vec{e}_y$ und $\vec{e}_z$, auch *Basisvektoren* genannt, stehen paarweise *senkrecht* aufeinander und bilden in dieser Reihenfolge ein Rechtssystem (rechtshändiges System), d. h. sie haben *dieselbe* Orientierung wie Daumen, Zeige- und Mittelfinger der *rechten* Hand (Bild a)). Statt $\vec{e}_x$, $\vec{e}_y$, $\vec{e}_z$ verwendet man auch die Symbole $\vec{e}_1$, $\vec{e}_2$, $\vec{e}_3$ oder $\vec{i}$, $\vec{j}$, $\vec{k}$.

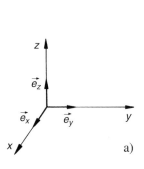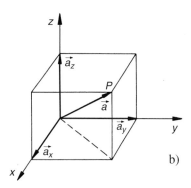

In diesem System besitzt ein Vektor $\vec{a}$ die folgende *Komponentendarstellung* (Bild b))[1]:

$$
\vec{a} = \vec{a}_x + \vec{a}_y + \vec{a}_z = a_x\,\vec{e}_x + a_y\,\vec{e}_y + a_z\,\vec{e}_z = \begin{pmatrix} a_x \\ a_y \\ a_z \end{pmatrix}
$$

$\vec{a}_x$, $\vec{a}_y$, $\vec{a}_z$: *Vektorkomponenten* von $\vec{a}$

a_x, a_y, a_z: *Vektorkoordinaten* oder *skalare* Vektorkomponenten von $\vec{a}$

$\begin{pmatrix} a_x \\ a_y \\ a_z \end{pmatrix}$: Schreibweise in Form eines sog. *Spaltenvektors*

Schreibweise als *Zeilenvektor*: $\vec{a} = (a_x\ a_y\ a_z)$

2.2 Komponentendarstellung spezieller Vektoren

Vektor $\overrightarrow{P_1P_2}$: $\overrightarrow{P_1P_2} = (x_2 - x_1)\,\vec{e}_x + (y_2 - y_1)\,\vec{e}_y + (z_2 - z_1)\,\vec{e}_z = \begin{pmatrix} x_2 - x_1 \\ y_2 - y_1 \\ z_2 - z_1 \end{pmatrix}$

Ortsvektor von P: $\vec{r}(P) = \overrightarrow{OP} = x\,\vec{e}_x + y\,\vec{e}_y + z\,\vec{e}_z = \begin{pmatrix} x \\ y \\ z \end{pmatrix}$

---

[1] Bei *ebenen* Vektoren verschwindet die dritte Komponente.

Nullvektor: $\vec{0} = 0\,\vec{e}_x + 0\,\vec{e}_y + 0\,\vec{e}_z = \begin{pmatrix} 0 \\ 0 \\ 0 \end{pmatrix}$

Basisvektoren: $\vec{e}_x = 1\,\vec{e}_x + 0\,\vec{e}_y + 0\,\vec{e}_z = \begin{pmatrix} 1 \\ 0 \\ 0 \end{pmatrix}$; analog: $\vec{e}_y = \begin{pmatrix} 0 \\ 1 \\ 0 \end{pmatrix}$, $\vec{e}_z = \begin{pmatrix} 0 \\ 0 \\ 1 \end{pmatrix}$

2.3 Betrag und Richtungswinkel eines Vektors

Betrag (Länge) eines Vektors

$$|\vec{a}| = a = \sqrt{a_x^2 + a_y^2 + a_z^2} = \sqrt{\vec{a} \cdot \vec{a}} \qquad (|\vec{a}| \geq 0)$$

Richtungswinkel eines Vektors (Richtungskosinus)

Für die *Richtungswinkel* α, β und γ, die der Vektor $\vec{a} \neq \vec{0}$ mit den drei Koordinatenachsen (Basisvektoren) bildet, gelten folgende Beziehungen:

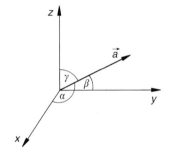

$$\cos \alpha = \frac{a_x}{|\vec{a}|}, \quad \cos \beta = \frac{a_y}{|\vec{a}|}, \quad \cos \gamma = \frac{a_z}{|\vec{a}|}$$

$$\cos^2 \alpha + \cos^2 \beta + \cos^2 \gamma = 1$$

Hinweis: Für den *Nullvektor* $\vec{0}$ lassen sich keine Richtungswinkel angeben.

Umgekehrt lassen sich die Vektorkoordinaten aus dem Betrag und den drei Richtungswinkeln (Richtungskosinus) des Vektors berechnen:

$$a_x = |\vec{a}| \cdot \cos \alpha, \quad a_y = |\vec{a}| \cdot \cos \beta, \quad a_z = |\vec{a}| \cdot \cos \gamma$$

■ **Beispiel**

Wir berechnen den *Betrag* und die drei *Richtungswinkel* des Vektors $\vec{a} = 4\,\vec{e}_x - 2\,\vec{e}_y + 5\,\vec{e}_z$:

$$|\vec{a}| = \sqrt{4^2 + (-2)^2 + 5^2} = \sqrt{45} = 6{,}71, \qquad \cos \alpha = \frac{4}{\sqrt{45}} = 0{,}5963 \quad \Rightarrow \quad \alpha = 53{,}4°$$

$$\cos \beta = \frac{-2}{\sqrt{45}} = -0{,}2981 \quad \Rightarrow \quad \beta = 107{,}3°, \qquad \cos \gamma = \frac{5}{\sqrt{45}} = 0{,}7454 \quad \Rightarrow \quad \gamma = 41{,}8°$$

Kontrolle: $\cos^2 \alpha + \cos^2 \beta + \cos^2 \gamma = 0{,}5963^2 + (-0{,}2981)^2 + 0{,}7454^2 = 1$

■

3 Vektoroperationen

3.1 Addition und Subtraktion von Vektoren

Geometrische Darstellung

Addition und *Subtraktion* zweier Vektoren erfolgen nach der *Parallelogrammregel.*

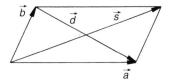

Summenvektor $\vec{s} = \vec{a} + \vec{b}$	
Differenzvektor $\vec{d} = \vec{a} - \vec{b}$	

Differenzvektor: Zu $\vec{a}$ wird der *inverse* Vektor von $\vec{b}$ addiert: $\vec{d} = \vec{a} - \vec{b} = \vec{a} + \left(-\vec{b}\right)$.

Die Addition *mehrerer* Vektoren erfolgt nach der *Polygonregel (Vektorpolygon).*

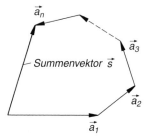

$$\vec{s} = \vec{a}_1 + \vec{a}_2 + \vec{a}_3 + \dots + \vec{a}_n$$

Hinweis: Das Vektorpolygon liegt i. Allg. nicht in einer Ebene.

Komponentendarstellung

Addition und *Subtraktion* zweier Vektoren erfolgen *komponentenweise:*

$$\vec{a} \pm \vec{b} = \begin{pmatrix} a_x \\ a_y \\ a_z \end{pmatrix} \pm \begin{pmatrix} b_x \\ b_y \\ b_z \end{pmatrix} = \begin{pmatrix} a_x \pm b_x \\ a_y \pm b_y \\ a_z \pm b_z \end{pmatrix}$$

Rechenregeln

Kommutativgesetz $\vec{a} + \vec{b} = \vec{b} + \vec{a}$

Assoziativgesetz $\vec{a} + \left(\vec{b} + \vec{c}\right) = \left(\vec{a} + \vec{b}\right) + \vec{c}$

3.2 Multiplikation eines Vektors mit einem Skalar

Geometrische Darstellung

$\lambda\,\vec{a}$: Vektor mit der Länge $|\lambda| \cdot |\vec{a}|$ und der Richtung oder Gegenrichtung des Vektors $\vec{a}$:

$$\lambda > 0: \quad \lambda\,\vec{a} \uparrow\uparrow \vec{a}$$

$$\text{für} \quad \lambda < 0: \quad \lambda\,\vec{a} \uparrow\downarrow \vec{a}$$

$$\lambda = 0: \quad \lambda\,\vec{a} = \vec{0}$$

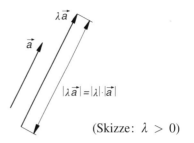

$$|\lambda\,\vec{a}| = |\lambda| \cdot |\vec{a}|$$

(Skizze: $\lambda > 0$)

Komponentendarstellung

Die *Multiplikation* eines Vektors mit einem reellen *Skalar* erfolgt *komponentenweise*:

$$\lambda\,\vec{a} = \lambda \begin{pmatrix} a_x \\ a_y \\ a_z \end{pmatrix} = \begin{pmatrix} \lambda\,a_x \\ \lambda\,a_y \\ \lambda\,a_z \end{pmatrix} \qquad (\lambda \in \mathbb{R})$$

Rechenregeln

Assoziativgesetz $\qquad \lambda(\mu\,\vec{a}) = \mu(\lambda\,\vec{a}) = (\lambda\,\mu)\,\vec{a}$ $\left.\begin{array}{l} \\ \\ \\ \end{array}\right\}$ $\lambda, \mu \in \mathbb{R}$

Distributivgesetze $\quad \lambda(\vec{a} + \vec{b}) = \lambda\,\vec{a} + \lambda\,\vec{b}$

$\qquad\qquad\qquad\quad (\lambda + \mu)\,\vec{a} = \lambda\,\vec{a} + \mu\,\vec{a}$

Normierung eines Vektors

Für den in Richtung des Vektors $\vec{a} \neq \vec{0}$ weisenden *Einheitsvektor* $\vec{e}_a$ gilt:

$$\vec{e}_a = \frac{\vec{a}}{|\vec{a}|} = \begin{pmatrix} a_x/|\vec{a}| \\ a_y/|\vec{a}| \\ a_z/|\vec{a}| \end{pmatrix}, \quad |\vec{e}_a| = 1$$

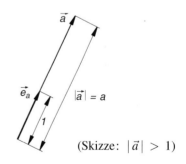

$$|\vec{a}| = a$$

(Skizze: $|\vec{a}| > 1$)

3.3 Skalarprodukt (inneres Produkt)

Definition eines Skalarproduktes

Das *Skalarprodukt* $\vec{a} \cdot \vec{b}$ zweier Vektoren $\vec{a}$ und $\vec{b}$ ist der wie folgt definierte *Skalar*:

$$\vec{a} \cdot \vec{b} = |\vec{a}| \cdot |\vec{b}| \cdot \cos\varphi$$

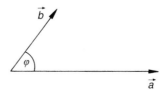

φ: Winkel zwischen den beiden Vektoren mit $0° \leq \varphi \leq 180°$

Skalarprodukt in der Komponentendarstellung

$$\vec{a} \cdot \vec{b} = \begin{pmatrix} a_x \\ a_y \\ a_z \end{pmatrix} \cdot \begin{pmatrix} b_x \\ b_y \\ b_z \end{pmatrix} = a_x b_x + a_y b_y + a_z b_z$$

Regel: *Komponentenweise* multiplizieren, die Produkte aufaddieren.

Sonderfälle

(1) $\vec{a} \cdot \vec{a} = a_x^2 + a_y^2 + a_z^2 = |\vec{a}|^2$

(2) $\vec{a} \cdot \vec{b} = \left\{ \begin{array}{l} |\vec{a}| \cdot |\vec{b}| \\ -|\vec{a}| \cdot |\vec{b}| \end{array} \right.$ für $\left. \begin{array}{l} \vec{a} \uparrow\uparrow \vec{b} \\ \vec{a} \uparrow\downarrow \vec{b} \end{array} \right\}$

(3)   Die *Einheitsvektoren* $\vec{e}_x$, $\vec{e}_y$, $\vec{e}_z$ bilden eine *orthonormierte* Basis[2]:

$$\vec{e}_x \cdot \vec{e}_x = \vec{e}_y \cdot \vec{e}_y = \vec{e}_z \cdot \vec{e}_z = 1, \qquad \vec{e}_x \cdot \vec{e}_y = \vec{e}_y \cdot \vec{e}_z = \vec{e}_z \cdot \vec{e}_x = 0$$

Rechenregeln

Kommutativgesetz $\vec{a} \cdot \vec{b} = \vec{b} \cdot \vec{a}$

Distributivgesetz $\vec{a} \cdot (\vec{b} + \vec{c}) = \vec{a} \cdot \vec{b} + \vec{a} \cdot \vec{c}$

Assoziativgesetz $\lambda (\vec{a} \cdot \vec{b}) = (\lambda \vec{a}) \cdot \vec{b} = \vec{a} \cdot (\lambda \vec{b})$ $(\lambda \in \mathbb{R})$

Schnittwinkel zweier Vektoren

Den Schnittwinkel φ zweier vom Nullvektor verschiedener Vektoren $\vec{a}$ und $\vec{b}$ berechnet man aus der folgenden Gleichung $(0° \leq \varphi \leq 180°)$:

$$\cos\varphi = \frac{\vec{a} \cdot \vec{b}}{|\vec{a}| \cdot |\vec{b}|} = \frac{a_x b_x + a_y b_y + a_z b_z}{\sqrt{a_x^2 + a_y^2 + a_z^2} \cdot \sqrt{b_x^2 + b_y^2 + b_z^2}}$$

$\cos\varphi = 0 \quad \Rightarrow \quad$ rechter Winkel

$\cos\varphi > 0 \quad \Rightarrow \quad$ spitzer Winkel (strumpfer Winkel bei $\cos\varphi < 0$)

■ **Beispiel**

Wir bestimmen den *Schnittwinkel* φ der Vektoren $\vec{a} = \begin{pmatrix} 1 \\ 2 \\ -3 \end{pmatrix}$ und $\vec{b} = \begin{pmatrix} 5 \\ -1 \\ -5 \end{pmatrix}$:

$$|\vec{a}| = \sqrt{1^2 + 2^2 + (-3)^2} = \sqrt{14}, \qquad |\vec{b}| = \sqrt{5^2 + (-1)^2 + (-5)^2} = \sqrt{51}$$

$$\vec{a} \cdot \vec{b} = \begin{pmatrix} 1 \\ 2 \\ -3 \end{pmatrix} \cdot \begin{pmatrix} 5 \\ -1 \\ -5 \end{pmatrix} = 5 - 2 + 15 = 18, \qquad \cos\varphi = \frac{\vec{a} \cdot \vec{b}}{|\vec{a}| \cdot |\vec{b}|} = \frac{18}{\sqrt{14} \cdot \sqrt{51}} = 0{,}6736 \quad \Rightarrow$$

$\varphi = \arccos 0{,}6736 = 47{,}7°$ ■

---

[2] Orthonormierte Vektoren sind *Einheitsvektoren*, die paarweise aufeinander *senkrecht* stehen.

Orthogonalität zweier Vektoren

Zwei vom Nullvektor verschiedene Vektoren $\vec{a}$ und $\vec{b}$ stehen genau dann *senkrecht* aufeinander, wenn ihr Skalarprodukt *verschwindet*:

$$\vec{a} \cdot \vec{b} = 0 \quad \Leftrightarrow \quad \vec{a} \perp \vec{b} \qquad \text{(orthogonale Vektoren)}$$

Projektion eines Vektors auf einen zweiten Vektor

Durch Projektion des Vektors $\vec{b}$ auf den Vektor $\vec{a} \neq \vec{0}$ entsteht der folgende Vektor (*Komponente* von $\vec{b}$ in Richtung von $\vec{a}$):

$$\vec{b}_a = \left(\frac{\vec{a} \cdot \vec{b}}{|\vec{a}|^2} \right) \vec{a} = (\vec{b} \cdot \vec{e}_a)\, \vec{e}_a$$

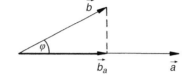

$\vec{e}_a$: Einheitsvektor in Richtung von $\vec{a}$ mit

$$\vec{e}_a = \frac{\vec{a}}{|\vec{a}|}$$

3.4 Vektorprodukt (äußeres Produkt, Kreuzprodukt)

Definition eines Vektorproduktes

Das *Vektorprodukt* $\vec{c} = \vec{a} \times \vec{b}$ zweier Vektoren $\vec{a}$ und $\vec{b}$ ist der eindeutig bestimmte *Vektor* $\vec{c}$ mit den folgenden Eigenschaften:

(1) $|\vec{c}| = |\vec{a}| \cdot |\vec{b}| \cdot \sin\varphi$

(2) $\vec{c} \perp \vec{a}$ und $\vec{c} \perp \vec{b}$

    $(\vec{c} \cdot \vec{a} = \vec{c} \cdot \vec{b} = 0)$

(3) $\vec{a},\ \vec{b},\ \vec{c}$: Rechtssystem

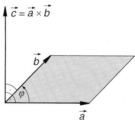

φ: Winkel zwischen den Vektoren $\vec{a}$ und $\vec{b}$ mit $0° \leq \varphi \leq 180°$

Geometrische Deutung: Der *Betrag* des Vektorproduktes $\vec{c} = \vec{a} \times \vec{b}$ ist gleich dem *Flächeninhalt* des von den Vektoren $\vec{a}$ und $\vec{b}$ aufgespannten *Parallelogramms*:

$$A_{\text{Parallelogramm}} = |\vec{c}| = |\vec{a} \times \vec{b}| = |\vec{a}| \cdot |\vec{b}| \cdot \sin\varphi \qquad (0° \leq \varphi \leq 180°)$$

Das Vektorprodukt $\vec{c} = \vec{a} \times \vec{b}$ steht *senkrecht* auf der Parallelogrammfläche.

Vektorprodukt in der Komponentendarstellung

$$\vec{a} \times \vec{b} = \begin{pmatrix} a_x \\ a_y \\ a_z \end{pmatrix} \times \begin{pmatrix} b_x \\ b_y \\ b_z \end{pmatrix} = \begin{pmatrix} a_y b_z - a_z b_y \\ a_z b_x - a_x b_z \\ a_x b_y - a_y b_x \end{pmatrix}$$

Anmerkung

Durch *zyklisches* Vertauschen der Indizes erhält man
aus der ersten Komponente die zweite und aus dieser
schließlich die dritte Komponente.

■ **Beispiel**

Wir berechnen mit Hilfe des Vektorproduktes den *Flächeninhalt A* des von den Vektoren $\vec{a} = \begin{pmatrix} 1 \\ 4 \\ 0 \end{pmatrix}$ und

$\vec{b} = \begin{pmatrix} -2 \\ 5 \\ 3 \end{pmatrix}$ aufgespannten *Parallelogramms*:

$$\vec{a} \times \vec{b} = \begin{pmatrix} 1 \\ 4 \\ 0 \end{pmatrix} \times \begin{pmatrix} -2 \\ 5 \\ 3 \end{pmatrix} = \begin{pmatrix} 4 \cdot 3 - 0 \cdot 5 \\ 0 \cdot (-2) - 1 \cdot 3 \\ 1 \cdot 5 - 4 \cdot (-2) \end{pmatrix} = \begin{pmatrix} 12 - 0 \\ 0 - 3 \\ 5 + 8 \end{pmatrix} = \begin{pmatrix} 12 \\ -3 \\ 13 \end{pmatrix} \Rightarrow$$

$$A = |\vec{a} \times \vec{b}| = \sqrt{12^2 + (-3)^2 + 13^2} = 17{,}94$$

■

Vektorprodukt in der Determinantenschreibweise

$$\vec{a} \times \vec{b} = \begin{vmatrix} \vec{e}_x & \vec{e}_y & \vec{e}_z \\ a_x & a_y & a_z \\ b_x & b_y & b_z \end{vmatrix}$$

Die dreireihige Determinante lässt sich *formal* nach der Regel von *Sarrus* berechnen (siehe
VII.2.2).

Sonderfälle

(1)   Für *kollineare* Vektoren ist $\vec{a} \times \vec{b} = \vec{0}$ und umgekehrt (*entartetes* Parallelogramm).

(2) $\vec{a} \times \vec{a} = \vec{0}$

(3)   Für die Einheitsvektoren $\vec{e}_x$, $\vec{e}_y$, $\vec{e}_z$ gilt (sie bilden
       in dieser Reihenfolge ein Rechtssystem):

$$\vec{e}_x \times \vec{e}_x = \vec{e}_y \times \vec{e}_y = \vec{e}_z \times \vec{e}_z = \vec{0}$$

$$\vec{e}_x \times \vec{e}_y = \vec{e}_z, \quad \vec{e}_y \times \vec{e}_z = \vec{e}_x, \quad \vec{e}_z \times \vec{e}_x = \vec{e}_y$$

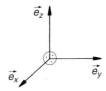

Rechenregeln

Antikommutativgesetz $\qquad \vec{a} \times \vec{b} = - \left(\vec{b} \times \vec{a} \right)$

Distributivgesetze $\qquad \vec{a} \times \left(\vec{b} + \vec{c} \right) = \vec{a} \times \vec{b} + \vec{a} \times \vec{c}$

$\qquad\qquad\qquad\quad \left(\vec{a} + \vec{b} \right) \times \vec{c} = \vec{a} \times \vec{c} + \vec{b} \times \vec{c}$

Assoziativgesetz $\qquad \lambda \left(\vec{a} \times \vec{b} \right) = (\lambda \vec{a}) \times \vec{b} = \vec{a} \times \left(\lambda \vec{b} \right) \qquad (\lambda \in \mathbb{R})$

Kollineare Vektoren

Zwei vom Nullvektor verschiedene Vektoren $\vec{a}$ und $\vec{b}$ sind genau dann *kollinear*, wenn ihr Vektorprodukt *verschwindet*:

$$\vec{a} \times \vec{b} = \vec{0} \quad \Leftrightarrow \quad \vec{a} \uparrow\uparrow \vec{b} \quad \text{oder} \quad \vec{a} \uparrow\downarrow \vec{b} \qquad \text{(kollineare Vektoren)}$$

3.5 Spatprodukt (gemischtes Produkt)

Definition eines Spatproduktes

Das *Spatprodukt* $\left[\vec{a}\,\vec{b}\,\vec{c} \right]$ dreier Vektoren $\vec{a}$, $\vec{b}$ und $\vec{c}$ ist das *skalare* Produkt aus den Vektoren $\vec{a}$ und $\vec{b} \times \vec{c}$:

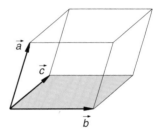

$$\left[\vec{a}\,\vec{b}\,\vec{c} \right] = \vec{a} \cdot \left(\vec{b} \times \vec{c} \right)$$

Das Spatprodukt $\left[\vec{a}\,\vec{b}\,\vec{c} \right]$ ist *positiv*, wenn die Vektoren $\vec{a}$, $\vec{b}$ und $\vec{c}$ in dieser Reihenfolge ein *Rechtssystem* bilden, sonst *negativ*.

Geometrische Deutung: Der *Betrag* des Spatproduktes $\left[\vec{a}\,\vec{b}\,\vec{c} \right]$ ist das *Volumen* des von den Vektoren $\vec{a}$, $\vec{b}$ und $\vec{c}$ aufgespannten *Spats* (auch *Parallelepiped* genannt):

$$V_{\text{Spat}} = \left| \left[\vec{a}\,\vec{b}\,\vec{c} \right] \right|$$

Spatprodukt in der Komponentendarstellung

$$\left[\vec{a}\,\vec{b}\,\vec{c} \right] = a_x (b_y c_z - b_z c_y) + a_y (b_z c_x - b_x c_z) + a_z (b_x c_y - b_y c_x)$$

Spatprodukt in der Determinantenschreibweise

$$\left[\vec{a}\,\vec{b}\,\vec{c} \right] = \begin{vmatrix} a_x & a_y & a_z \\ b_x & b_y & b_z \\ c_x & c_y & c_z \end{vmatrix}$$

Rechenregeln

(1) $\vec{a}$, $\vec{b}$ und $\vec{c}$ dürfen *zyklisch* vertauscht werden: $\begin{bmatrix} \vec{a}\,\vec{b}\,\vec{c} \end{bmatrix} = \begin{bmatrix} \vec{b}\,\vec{c}\,\vec{a} \end{bmatrix} = \begin{bmatrix} \vec{c}\,\vec{a}\,\vec{b} \end{bmatrix}$

(2) Vertauschen *zweier* Vektoren bewirkt einen *Vorzeichenwechsel* des Spatproduktes:

   z. B. $\begin{bmatrix} \vec{a}\,\vec{b}\,\vec{c} \end{bmatrix} = -\begin{bmatrix} \vec{a}\,\vec{c}\,\vec{b} \end{bmatrix}$ (die Vektoren $\vec{b}$ und $\vec{c}$ wurden vertauscht)

Komplanare Vektoren

Drei Vektoren sind genau dann *komplanar*, wenn ihr Spatprodukt *verschwindet*:

$$\begin{bmatrix} \vec{a}\,\vec{b}\,\vec{c} \end{bmatrix} = 0 \quad \Leftrightarrow \quad \vec{a},\ \vec{b},\ \vec{c} \ \text{ sind } komplanar \text{ (d. h. sie liegen in einer } Ebene)$$

■   **Beispiel**

Das Spatprodukt der Vektoren $\vec{a} = \begin{pmatrix} 1 \\ -2 \\ 4 \end{pmatrix}$, $\vec{b} = \begin{pmatrix} 4 \\ 1 \\ 2 \end{pmatrix}$ und $\vec{c} = \begin{pmatrix} -2 \\ -5 \\ 6 \end{pmatrix}$ verschwindet:

$$\begin{bmatrix} \vec{a}\vec{b}\vec{c} \end{bmatrix} = \begin{vmatrix} 1 & -2 & 4 \\ 4 & 1 & 2 \\ -2 & -5 & 6 \end{vmatrix} = 6 + 8 - 80 + 8 + 10 + 48 = 0 \ \Rightarrow \ \vec{a},\ \vec{b},\ \vec{c} \ \text{ sind } komplanar$$
■

3.6 Formeln für Mehrfachprodukte

(1) *Entwicklungssätze:*

$$\vec{a} \times (\vec{b} \times \vec{c}) = (\vec{a} \cdot \vec{c})\,\vec{b} - (\vec{a} \cdot \vec{b})\,\vec{c}$$

$$(\vec{a} \times \vec{b}) \times \vec{c} = (\vec{a} \cdot \vec{c})\,\vec{b} - (\vec{b} \cdot \vec{c})\,\vec{a}$$

(2) $(\vec{a} \times \vec{b}) \cdot (\vec{c} \times \vec{d}) = (\vec{a} \cdot \vec{c})\,(\vec{b} \cdot \vec{d}) - (\vec{a} \cdot \vec{d})\,(\vec{b} \cdot \vec{c})$

   Spezialfall $\vec{c} = \vec{a}$, $\vec{d} = \vec{b}$:

$$(\vec{a} \times \vec{b}) \cdot (\vec{a} \times \vec{b}) = (\vec{a} \cdot \vec{a})\,(\vec{b} \cdot \vec{b}) - (\vec{a} \cdot \vec{b})^2$$

4 Anwendungen

4.1 Arbeit einer konstanten Kraft

Eine *konstante* Kraft $\vec{F}$ verrichtet beim Verschieben eines Massenpunktes m um den Vektor $\vec{s}$ die folgende *Arbeit* (Skalarprodukt aus Kraft- und Verschiebungsvektor):

$$W = \vec{F} \cdot \vec{s} = |\vec{F}| \cdot |\vec{s}| \cdot \cos \varphi = F_s\, s$$

F_s: Kraftkomponente in Wegrichtung

$s = |\vec{s}|$:   Verschiebung

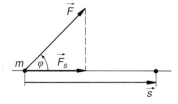

4.2 Vektorielle Darstellung einer Geraden

4.2.1 Punkt-Richtungs-Form

In der Parameterdarstellung

Gegeben: Ein Punkt P_1 auf der Geraden g mit dem Ortsvektor $\vec{r}_1$ und ein Richtungsvektor $\vec{a}$ der Geraden

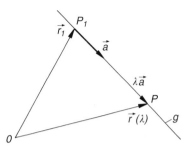

$$\vec{r}(\lambda) = \vec{r}_1 + \lambda\,\vec{a}$$

λ: Parameter; $\lambda \in \mathbb{R}$; $\vec{a} \neq \vec{0}$

■ **Beispiel**

Die Vektorgleichung der durch den Punkt $P_1 = (1;\ -2;\ 5)$ verlaufenden Geraden mit dem Richtungsvektor

$\vec{a} = \begin{pmatrix} 2 \\ -4 \\ 2 \end{pmatrix}$ lautet:

$$\vec{r}(\lambda) = \vec{r}_1 + \lambda\vec{a} = \begin{pmatrix} 1 \\ -2 \\ 5 \end{pmatrix} + \lambda \begin{pmatrix} 2 \\ -4 \\ 2 \end{pmatrix} = \begin{pmatrix} 1 + 2\lambda \\ -2 - 4\lambda \\ 5 + 2\lambda \end{pmatrix} \qquad (\lambda \in \mathbb{R})$$

■

In der Determinantenschreibweise

$$\begin{vmatrix} \vec{e}_x & \vec{e}_y & \vec{e}_z \\ a_x & a_y & a_z \\ x - x_1 & y - y_1 & z - z_1 \end{vmatrix} = 0$$

$\vec{e}_x,\ \vec{e}_y,\ \vec{e}_z$: Einheitsvektoren (Basisvektoren)

$a_x,\ a_y,\ a_z$: *Skalare* Vektorkomponenten des Richtungsvektors $\vec{a}$

$x_1,\ y_1,\ z_1$: Koordinaten des festen Punktes P_1 der Geraden

$x,\ y,\ z$: Koordinaten des *laufenden* Punktes P der Geraden

4.2.2 Zwei-Punkte-Form

Gegeben: Zwei *verschiedene* Punkte P_1 und P_2 auf der Geraden g mit den Ortsvektoren $\vec{r}_1$ und $\vec{r}_2$

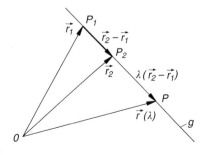

$$\vec{r}(\lambda) = \vec{r}_1 + \lambda\,\overrightarrow{P_1P_2} = \vec{r}_1 + \lambda\,(\vec{r}_2 - \vec{r}_1)$$

λ: Parameter; $\lambda \in \mathbb{R}$

$\vec{r}_2 - \vec{r}_1$: Richtungsvektor der Geraden

■ **Beispiel**

Die Vektorgleichung der Geraden durch die beiden Punkte $P_1 = (-1;\ 5;\ 0)$ und $P_2 = (1;\ -3;\ 2)$ lautet:

$$\vec{r}(\lambda) = \vec{r}_1 + \lambda(\vec{r}_2 - \vec{r}_1) = \begin{pmatrix} -1 \\ 5 \\ 0 \end{pmatrix} + \lambda \begin{pmatrix} 1+1 \\ -3-5 \\ 2-0 \end{pmatrix} = \begin{pmatrix} -1+2\lambda \\ 5-8\lambda \\ 2\lambda \end{pmatrix} \qquad (\lambda \in \mathbb{R})$$

■

4.2.3 Abstand eines Punktes von einer Geraden

Gegeben: Eine Gerade g mit der Gleichung
$\vec{r}(\lambda) = \vec{r}_1 + \lambda\,\vec{a}$ und ein Punkt Q
mit dem Ortsvektor $\vec{r}_Q$

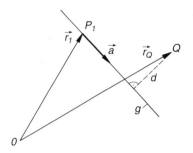

$$d = \frac{|\vec{a} \times (\vec{r}_Q - \vec{r}_1)|}{|\vec{a}|}$$

$\vec{a}$: Richtungsvektor der Geraden

$d = 0 \quad \Rightarrow \quad Q$ liegt auf der Geraden.

■ **Beispiel**

Wir berechnen den Abstand d des Punktes $Q = (1;\ 5;\ 3)$ von der Geraden mit der Vektorgleichung

$$\vec{r}(\lambda) = \vec{r}_1 + \lambda\,\vec{a} = \begin{pmatrix} 1 \\ 1 \\ 4 \end{pmatrix} + \lambda \begin{pmatrix} 2 \\ -3 \\ 5 \end{pmatrix}:$$

$$\vec{a} \times (\vec{r}_Q - \vec{r}_1) = \begin{pmatrix} 2 \\ -3 \\ 5 \end{pmatrix} \times \begin{pmatrix} 1-1 \\ 5-1 \\ 3-4 \end{pmatrix} = \begin{pmatrix} 2 \\ -3 \\ 5 \end{pmatrix} \times \begin{pmatrix} 0 \\ 4 \\ -1 \end{pmatrix} = \begin{pmatrix} 3-20 \\ 0+2 \\ 8-0 \end{pmatrix} = \begin{pmatrix} -17 \\ 2 \\ 8 \end{pmatrix}$$

$$|\vec{a} \times (\vec{r}_Q - \vec{r}_1)| = \sqrt{(-17)^2 + 2^2 + 8^2} = \sqrt{357}, \qquad |\vec{a}| = \sqrt{2^2 + (-3)^2 + 5^2} = \sqrt{38}$$

$$d = \frac{|\vec{a} \times (\vec{r}_Q - \vec{r}_1)|}{|\vec{a}|} = \frac{\sqrt{357}}{\sqrt{38}} = 3{,}065$$

■

4.2.4 Abstand zweier paralleler Geraden

Gegeben: Zwei *parallele* Geraden g_1 und
g_2 mit den Gleichungen

$$\vec{r}(\lambda_1) = \vec{r}_1 + \lambda_1\,\vec{a}_1 \text{ und}$$
$$\vec{r}(\lambda_2) = \vec{r}_2 + \lambda_2\,\vec{a}_2$$

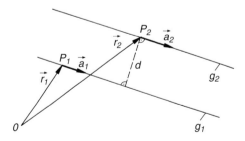

$$d = \frac{|\vec{a}_1 \times (\vec{r}_2 - \vec{r}_1)|}{|\vec{a}_1|}$$

Die Geraden g_1 und g_2 mit den Richtungsvektoren $\vec{a}_1$ und $\vec{a}_2$ sind genau dann *parallel*, wenn die beiden Richtungsvektoren *kollinear* sind, d. h. $\vec{a}_1 \times \vec{a}_2 = \vec{0}$ ist. In der Abstandsformel darf der Vektor $\vec{a}_1$ durch den Vektor $\vec{a}_2$ ersetzt werden.

$d = 0 \quad \Rightarrow \quad$ Die Geraden g_1 und g_2 fallen zusammen.

■ **Beispiel**

$P_1 = (1;\ 0;\ 5)$ ist ein Punkt der Geraden g_1, $P_2 = (0;\ 2;\ 1)$ ein solcher der Geraden g_2. Der *gemeinsame* Richtungsvektor ist $\vec{a}_1 = \vec{a}_2 = \begin{pmatrix} 2 \\ 1 \\ 1 \end{pmatrix}$. Wir bestimmen den Abstand d dieser *parallelen* Geraden:

$$\vec{a}_1 \times (\vec{r}_2 - \vec{r}_1) = \begin{pmatrix} 2 \\ 1 \\ 1 \end{pmatrix} \times \begin{pmatrix} 0-1 \\ 2-0 \\ 1-5 \end{pmatrix} = \begin{pmatrix} 2 \\ 1 \\ 1 \end{pmatrix} \times \begin{pmatrix} -1 \\ 2 \\ -4 \end{pmatrix} = \begin{pmatrix} -4-2 \\ -1+8 \\ 4+1 \end{pmatrix} = \begin{pmatrix} -6 \\ 7 \\ 5 \end{pmatrix}$$

$$|\vec{a}_1 \times (\vec{r}_2 - \vec{r}_1)| = \sqrt{(-6)^2 + 7^2 + 5^2} = \sqrt{110}, \qquad |\vec{a}_1| = \sqrt{2^2 + 1^2 + 1^2} = \sqrt{6}$$

$$d = \frac{|\vec{a}_1 \times (\vec{r}_2 - \vec{r}_1)|}{|\vec{a}_1|} = \frac{\sqrt{110}}{\sqrt{6}} = 4{,}282$$

■

4.2.5 Abstand zweier windschiefer Geraden

Gegeben: Zwei *windschiefe* Geraden g_1 und g_2 mit den Gleichungen

$$\vec{r}(\lambda_1) = \vec{r}_1 + \lambda_1 \vec{a}_1 \quad \text{und}$$

$$\vec{r}(\lambda_2) = \vec{r}_2 + \lambda_2 \vec{a}_2$$

$$\boxed{d = \frac{|[\vec{a}_1\, \vec{a}_2\, (\vec{r}_2 - \vec{r}_1)]|}{|\vec{a}_1 \times \vec{a}_2|}}$$

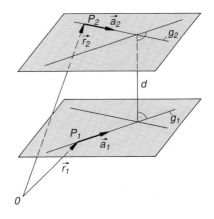

Die Geraden g_1 und g_2 sind genau dann *windschief* (d. h. nicht parallel und kommen nicht zum Schnitt), wenn die Bedingungen $\vec{a}_1 \times \vec{a}_2 \neq \vec{0}$ und $[\vec{a}_1\, \vec{a}_2\, (\vec{r}_2 - \vec{r}_1)] \neq 0$ erfüllt sind.

■ **Beispiel**

$\vec{r}(\lambda_1) = \vec{r}_1 + \lambda_1 \vec{a}_1 = \begin{pmatrix} 5 \\ 2 \\ 1 \end{pmatrix} + \lambda_1 \begin{pmatrix} 1 \\ 1 \\ 3 \end{pmatrix}$ und $\vec{r}(\lambda_2) = \vec{r}_2 + \lambda_2 \vec{a}_2 = \begin{pmatrix} 2 \\ -1 \\ 0 \end{pmatrix} + \lambda_2 \begin{pmatrix} 3 \\ 2 \\ 1 \end{pmatrix}$ sind die Gleichungen zweier *windschiefer* Geraden g_1 und g_2, deren Abstand d wir berechnen wollen:

$$[\vec{a}_1\, \vec{a}_2\, (\vec{r}_2 - \vec{r}_1)] = \begin{vmatrix} 1 & 1 & 3 \\ 3 & 2 & 1 \\ (2-5) & (-1-2) & (0-1) \end{vmatrix} = \begin{vmatrix} 1 & 1 & 3 \\ 3 & 2 & 1 \\ -3 & -3 & -1 \end{vmatrix} =$$

$$= -2 - 3 - 27 + 18 + 3 + 3 = -8$$

$$\vec{a}_1 \times \vec{a}_2 = \begin{pmatrix} 1 \\ 1 \\ 3 \end{pmatrix} \times \begin{pmatrix} 3 \\ 2 \\ 1 \end{pmatrix} = \begin{pmatrix} 1-6 \\ 9-1 \\ 2-3 \end{pmatrix} = \begin{pmatrix} -5 \\ 8 \\ -1 \end{pmatrix}, \quad |\vec{a}_1 \times \vec{a}_2| = \sqrt{(-5)^2 + 8^2 + (-1)^2} = \sqrt{90}$$

$$d = \frac{|[\vec{a}_1\, \vec{a}_2\, (\vec{r}_2 - \vec{r}_1)]|}{|\vec{a}_1 \times \vec{a}_2|} = \frac{|-8|}{\sqrt{90}} = 0{,}843$$

■

4.2.6 Schnittpunkt und Schnittwinkel zweier Geraden

Unter dem Schnittwinkel φ zweier Geraden versteht man den Winkel zwischen den zugehörigen *Richtungsvektoren* (auch dann, wenn sich die Geraden *nicht* schneiden).

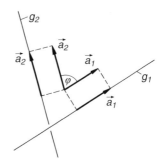

Gegeben: Zwei Geraden g_1 und g_2 mit den Richtungsvektoren $\vec{a}_1$ und $\vec{a}_2$

$$\varphi = \arccos\left(\frac{\vec{a}_1 \cdot \vec{a}_2}{|\vec{a}_1| \cdot |\vec{a}_2|} \right)$$

Die Geraden g_1: $\vec{r} = \vec{r}_1 + \lambda_1 \vec{a}_1$ und g_2: $\vec{r} = \vec{r}_2 + \lambda_2 \vec{a}_2$ schneiden sich genau dann in einem Punkt, wenn die Bedingungen

$$\vec{a}_1 \times \vec{a}_2 \neq \vec{0} \quad \text{und} \quad [\vec{a}_1 \, \vec{a}_2 \, (\vec{r}_2 - \vec{r}_1)] = 0$$

erfüllt sind. Ihren Schnittpunkt S erhält man durch Gleichsetzen der beiden Ortsvektoren:

$$\vec{r}_1 + \lambda_1 \vec{a}_1 = \vec{r}_2 + \lambda_2 \vec{a}_2$$

Diese Vektorgleichung führt (*komponentenweise* geschrieben) zu einem *linearen Gleichungssystem* mit drei Gleichungen und den beiden Unbekannten λ_1 und λ_2. Die (eindeutige) Lösung liefert die zum Schnittpunkt S gehörigen Parameterwerte. Den Ortsvektor $\vec{r}_S$ des gesuchten Schnittpunktes S erhält man dann durch Einsetzen des Parameterwertes λ_1 in die Gleichung der Geraden g_1 (alternativ: λ_2 in die Gleichung der Geraden g_2 einsetzen).

■ **Beispiel**

Die beiden Geraden g_1 und g_2 mit den Richtungsvektoren $\vec{a}_1 = \begin{pmatrix} 3 \\ 1 \\ -2 \end{pmatrix}$ und $\vec{a}_2 = \begin{pmatrix} 2 \\ 5 \\ 3 \end{pmatrix}$ schneiden sich unter dem folgenden Winkel:

$$\varphi = \arccos\left(\frac{\vec{a}_1 \cdot \vec{a}_2}{|\vec{a}_1| \cdot |\vec{a}_2|} \right) = \arccos\left(\frac{3 \cdot 2 + 1 \cdot 5 + (-2) \cdot 3}{\sqrt{3^2 + 1^2 + (-2)^2} \cdot \sqrt{2^2 + 5^2 + 3^2}} \right) = \arccos 0{,}2168 = 77{,}5°$$

                                                                                            ■

4.3 Vektorielle Darstellung einer Ebene

4.3.1 Punkt-Richtungs-Form

In der Parameterdarstellung

Gegeben: Ein Punkt P_1 der Ebene E mit dem Ortsvektor $\vec{r}_1$ und zwei *nichtkollineare* Richtungsvektoren $\vec{a} \neq \vec{0}$ und $\vec{b} \neq \vec{0}$ der Ebene

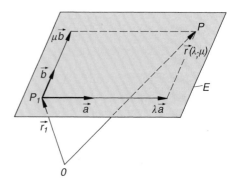

$$\vec{r}(\lambda; \mu) = \vec{r}_1 + \lambda \vec{a} + \mu \vec{b}$$

λ, μ: Parameter; $\lambda, \mu \in \mathbb{R}$

$\vec{a} \times \vec{b}$:   Normalenvektor der Ebene

■ **Beispiel**

Eine Ebene E enthalte den Punkt $P_1 = (1;\ 3;\ 5)$ und besitze die beiden Richtungsvektoren $\vec{a} = \begin{pmatrix} 8 \\ 1 \\ 3 \end{pmatrix}$

und $\vec{b} = \begin{pmatrix} 1 \\ -2 \\ 4 \end{pmatrix}$. Ihre Vektorgleichung lautet dann:

$$\vec{r}(\lambda;\ \mu) = \vec{r}_1 + \lambda\,\vec{a} + \mu\,\vec{b} = \begin{pmatrix} 1 \\ 3 \\ 5 \end{pmatrix} + \lambda\begin{pmatrix} 8 \\ 1 \\ 3 \end{pmatrix} + \mu\begin{pmatrix} 1 \\ -2 \\ 4 \end{pmatrix} = \begin{pmatrix} 1 + 8\lambda + \mu \\ 3 + \lambda - 2\mu \\ 5 + 3\lambda + 4\mu \end{pmatrix} \qquad (\lambda,\ \mu \in \mathbb{R})$$

■

In der Determinantenschreibweise

$$\begin{vmatrix} a_x & a_y & a_z \\ b_x & b_y & b_z \\ x - x_1 & y - y_1 & z - z_1 \end{vmatrix} = 0$$

$\left.\begin{array}{l} a_x,\ a_y,\ a_z: \\ b_x,\ b_y,\ b_z: \end{array}\right\}$ *Skalare* Vektorkomponenten der Richtungsvektoren $\vec{a}$ und $\vec{b}$

$x_1,\ y_1,\ z_1:$ Koordinaten des festen Punktes P_1 der Ebene

$x,\ y,\ z:$ Koordinaten des *laufenden* Punktes P der Ebene

4.3.2 Drei-Punkte-Form

In der Parameterdarstellung

Gegeben: Drei *verschiedene* Punkte P_1, P_2 und P_3 der Ebene E mit den Ortsvektoren $\vec{r}_1$, $\vec{r}_2$ und $\vec{r}_3$

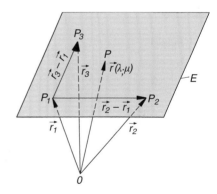

$$\vec{r}(\lambda;\ \mu) = \vec{r}_1 + \lambda\,\overrightarrow{P_1 P_2} + \mu\,\overrightarrow{P_1 P_3} =$$
$$= \vec{r}_1 + \lambda\,(\vec{r}_2 - \vec{r}_1) + \mu\,(\vec{r}_3 - \vec{r}_1)$$

$\lambda,\ \mu:$ Parameter; $\lambda,\ \mu \in \mathbb{R}$

Die Ebene ist *eindeutig* bestimmt, wenn die drei Punkte *nicht* in einer Geraden liegen. Dies ist der Fall, wenn $(\vec{r}_2 - \vec{r}_1) \times (\vec{r}_3 - \vec{r}_1) \neq \vec{0}$ ist. Die Vektoren $\vec{r}_2 - \vec{r}_1$ und $\vec{r}_3 - \vec{r}_1$ sind *Richtungsvektoren*, ihr Vektorprodukt somit ein *Normalenvektor* der Ebene.

■ **Beispiel**

Die Gleichung der Ebene durch die drei Punkte $P_1 = (1;\ 1;\ 2)$, $P_2 = (0;\ 4;\ -5)$ und $P_3 = (-3;\ 4;\ 9)$ lautet wie folgt:

$$\vec{r}(\lambda;\ \mu) = \vec{r}_1 + \lambda\,(\vec{r}_2 - \vec{r}_1) + \mu\,(\vec{r}_3 - \vec{r}_1) = \begin{pmatrix} 1 \\ 1 \\ 2 \end{pmatrix} + \lambda\begin{pmatrix} 0 - 1 \\ 4 - 1 \\ -5 - 2 \end{pmatrix} + \mu\begin{pmatrix} -3 - 1 \\ 4 - 1 \\ 9 - 2 \end{pmatrix} =$$

$$= \begin{pmatrix} 1 \\ 1 \\ 2 \end{pmatrix} + \lambda\begin{pmatrix} -1 \\ 3 \\ -7 \end{pmatrix} + \mu\begin{pmatrix} -4 \\ 3 \\ 7 \end{pmatrix} = \begin{pmatrix} 1 - \lambda - 4\mu \\ 1 + 3\lambda + 3\mu \\ 2 - 7\lambda + 7\mu \end{pmatrix} \qquad (\lambda,\ \mu \in \mathbb{R})$$

■

In der Determinantenschreibweise

$$
\begin{vmatrix}
1 & x & y & z \\
1 & x_1 & y_1 & z_1 \\
1 & x_2 & y_2 & z_2 \\
1 & x_3 & y_3 & z_3
\end{vmatrix} = 0
$$

$x_i,\ y_i,\ z_i$:   Koordinaten des festen Punktes P_i der Ebene $(i = 1,\ 2,\ 3)$

$x,\ y,\ z$:   Koordinaten des *laufenden* Punktes der Ebene

4.3.3 Ebene senkrecht zu einem Vektor

Gegeben: Ein Punkt P_1 der Ebene E mit dem Ortsvektor $\vec{r}_1$ und ein *Normalenvektor* $\vec{n}$ der Ebene (steht *senkrecht* auf der Ebene)

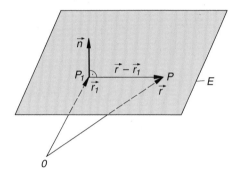

$$
\vec{n} \cdot (\vec{r} - \vec{r}_1) = 0 \quad \text{oder} \quad \vec{n} \cdot \vec{r} = \vec{n} \cdot \vec{r}_1
$$

Koordinatendarstellung der Ebene:

$$
ax + by + cz + d = 0
$$

■ **Beispiel**

Die Gleichung einer Ebene durch den Punkt $P_1 = (10;\ -3;\ 2)$ und *senkrecht* zum Vektor $\vec{n} = \begin{pmatrix} 2 \\ 1 \\ 5 \end{pmatrix}$ (*Normalenvektor*) lautet wie folgt:

$$
\vec{n} \cdot (\vec{r} - \vec{r}_1) = \begin{pmatrix} 2 \\ 1 \\ 5 \end{pmatrix} \cdot \begin{pmatrix} x - 10 \\ y + 3 \\ z - 2 \end{pmatrix} = 2(x - 10) + 1(y + 3) + 5(z - 2) = 0 \quad \Rightarrow
$$

$$
2x + y + 5z = 27
$$

■

4.3.4 Abstand eines Punktes von einer Ebene

Gegeben: Eine Ebene E mit der Gleichung $\vec{n} \cdot (\vec{r} - \vec{r}_1) = 0$ und ein Punkt Q mit dem Ortsvektor $\vec{r}_Q$

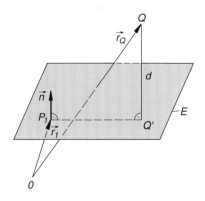

$$
d = \frac{|\vec{n} \cdot (\vec{r}_Q - \vec{r}_1)|}{|\vec{n}|}
$$

Q':   Fußpunkt des Lotes von Q auf die Ebene E

$d = 0 \quad \Rightarrow \quad Q$ liegt in der Ebene.

■ **Beispiel**

Eine Ebene verläuft durch den Punkt $P_1 = (3;\ 1;\ 8)$ und steht *senkrecht* zum Vektor $\vec{n} = \begin{pmatrix} -1 \\ 5 \\ 3 \end{pmatrix}$. Wir berechnen den Abstand d des Punktes $Q = (1;\ 2;\ 0)$ von dieser Ebene:

$$\vec{n} \cdot (\vec{r}_Q - \vec{r}_1) = \begin{pmatrix} -1 \\ 5 \\ 3 \end{pmatrix} \cdot \begin{pmatrix} 1-3 \\ 2-1 \\ 0-8 \end{pmatrix} = \begin{pmatrix} -1 \\ 5 \\ 3 \end{pmatrix} \cdot \begin{pmatrix} -2 \\ 1 \\ -8 \end{pmatrix} = 2 + 5 - 24 = -17$$

$$|\vec{n}| = \sqrt{(-1)^2 + 5^2 + 3^2} = \sqrt{35}, \qquad d = \frac{|\vec{n} \cdot (\vec{r}_Q - \vec{r}_1)|}{|\vec{n}|} = \frac{|-17|}{\sqrt{35}} = 2{,}874$$

■

4.3.5 Abstand einer Geraden von einer Ebene

Gegeben: Eine Ebene E mit der Gleichung $\vec{n} \cdot (\vec{r} - \vec{r}_0) = 0$ und eine zu dieser Ebene *parallele* Gerade g mit der Gleichung $\vec{r}(\lambda) = \vec{r}_1 + \lambda\,\vec{a}$

$$d = \frac{|\vec{n} \cdot (\vec{r}_1 - \vec{r}_0)|}{|\vec{n}|}$$

Eine Gerade mit dem Richtungsvektor $\vec{a}$ verläuft genau dann *parallel* zu einer Ebene mit dem Normalenvektor $\vec{n}$, wenn das Skalarprodukt $\vec{a} \cdot \vec{n}$ *verschwindet*. Die Gerade g^* liegt in der Ebene E und verläuft *parallel* zur Geraden g.

$d = 0 \quad \Rightarrow \quad$ Gerade g liegt in der Ebene E.

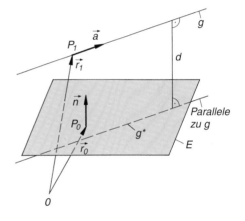

■ **Beispiel**

Die Ebene E verlaufe durch den Punkt $P_0 = (1;\ 3;\ 2)$ und *senkrecht* zum Vektor $\vec{n} = \begin{pmatrix} 2 \\ -1 \\ 5 \end{pmatrix}$, die

Gerade g gehe durch den Punkt $P_1 = (0;\ 7;\ -3)$ und besitze den Richtungsvektor $\vec{a} = \begin{pmatrix} 2 \\ -1 \\ -1 \end{pmatrix}$. Wegen

$$\vec{a} \cdot \vec{n} = \begin{pmatrix} 2 \\ -1 \\ -1 \end{pmatrix} \cdot \begin{pmatrix} 2 \\ -1 \\ 5 \end{pmatrix} = 4 + 1 - 5 = 0$$

gilt $g \parallel E$. Wir berechnen den Abstand d zwischen Gerade und Ebene:

$$\vec{n} \cdot (\vec{r}_1 - \vec{r}_0) = \begin{pmatrix} 2 \\ -1 \\ 5 \end{pmatrix} \cdot \begin{pmatrix} 0-1 \\ 7-3 \\ -3-2 \end{pmatrix} = \begin{pmatrix} 2 \\ -1 \\ 5 \end{pmatrix} \cdot \begin{pmatrix} -1 \\ 4 \\ -5 \end{pmatrix} = -2 - 4 - 25 = -31$$

$$|\vec{n}| = \sqrt{2^2 + (-1)^2 + 5^2} = \sqrt{30}, \qquad d = \frac{|\vec{n} \cdot (\vec{r}_1 - \vec{r}_0)|}{|\vec{n}|} = \frac{|-31|}{\sqrt{30}} = 5{,}660$$

■

4.3.6 Abstand zweier paralleler Ebenen

Gegeben: Zwei *parallele* Ebenen E_1 und
E_2 mit den Gleichungen

$$\vec{n}_1 \cdot (\vec{r} - \vec{r}_1) = 0 \quad \text{und}$$

$$\vec{n}_2 \cdot (\vec{r} - \vec{r}_2) = 0$$

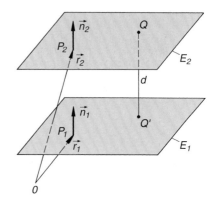

$$\boxed{d = \frac{|\vec{n}_1 \cdot (\vec{r}_1 - \vec{r}_2)|}{|\vec{n}_1|} = \frac{|\vec{n}_2 \cdot (\vec{r}_1 - \vec{r}_2)|}{|\vec{n}_2|}}$$

Q : Beliebiger Punkt der Ebene E_2

Q': Fußpunkt des Lotes von Q auf die
zweite Ebene E_1

Zwei Ebenen sind genau dann *parallel*, wenn ihre Normalenvektoren $\vec{n}_1$ und $\vec{n}_2$ *kollinear*
sind, d. h. $\vec{n}_1 \times \vec{n}_2 = \vec{0}$ ist.

$d = 0 \quad \Rightarrow \quad$ Die beiden Ebenen fallen zusammen.

■   **Beispiel**

Gegeben sind zwei Ebenen E_1 und E_2 mit den folgenden Eigenschaften:

Ebene E_1: $P_1 = (3;\ 1;\ -2)$, Normalenvektor $\vec{n}_1 = \begin{pmatrix} 2 \\ -1 \\ 4 \end{pmatrix}$

Ebene E_2: $P_2 = (-4;\ 3;\ 0)$, Normalenvektor $\vec{n}_2 = \begin{pmatrix} -4 \\ 2 \\ -8 \end{pmatrix}$

Die Ebenen sind *parallel*, da $\vec{n}_2 = -2\,\vec{n}_1$ und somit $\vec{n}_1 \times \vec{n}_2 = \vec{0}$ ist:

$$\vec{n}_2 = \begin{pmatrix} -4 \\ 2 \\ -8 \end{pmatrix} = -2 \underbrace{\begin{pmatrix} 2 \\ -1 \\ 4 \end{pmatrix}}_{\vec{n}_1} = -2\,\vec{n}_1 \quad \Rightarrow \quad \vec{n}_1 \times \vec{n}_2 = \vec{n}_1 \times (-2\,\vec{n}_1) = -2\,\underbrace{(\vec{n}_1 \times \vec{n}_2)}_{\vec{0}} = \vec{0}$$

Wir berechnen den Abstand d der Ebenen:

$$\vec{n}_1 \cdot (\vec{r}_1 - \vec{r}_2) = \begin{pmatrix} 2 \\ -1 \\ 4 \end{pmatrix} \cdot \begin{pmatrix} 3 + 4 \\ 1 - 3 \\ -2 - 0 \end{pmatrix} = \begin{pmatrix} 2 \\ -1 \\ 4 \end{pmatrix} \cdot \begin{pmatrix} 7 \\ -2 \\ -2 \end{pmatrix} = 14 + 2 - 8 = 8$$

$$|\vec{n}_1| = \sqrt{2^2 + (-1)^2 + 4^2} = \sqrt{21}$$

$$d = \frac{|\vec{n}_1 \cdot (\vec{r}_1 - \vec{r}_2)|}{|\vec{n}_1|} = \frac{8}{\sqrt{21}} = 1{,}746$$

■

4.3.7 Schnittpunkt und Schnittwinkel einer Geraden mit einer Ebene

Gegeben: Eine Gerade g mit der Gleichung $\vec{r}(\lambda) = \vec{r}_1 + \lambda\,\vec{a}$ und eine Ebene E mit der Gleichung $\vec{n}\cdot(\vec{r}-\vec{r}_0) = 0$

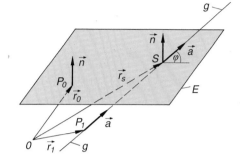

Ortsvektor des Schnittpunktes S:

$$\vec{r}_S = \vec{r}_1 + \frac{\vec{n}\cdot(\vec{r}_0-\vec{r}_1)}{\vec{n}\cdot\vec{a}}\,\vec{a}$$

Schnittwinkel φ:

$$\varphi = \arcsin\left(\frac{|\vec{n}\cdot\vec{a}|}{|\vec{n}|\cdot|\vec{a}|}\right)$$

Eine Gerade mit dem Richtungsvektor $\vec{a}$ und eine Ebene mit dem Normalenvektor $\vec{n}$ kommen genau dann zum *Schnitt*, wenn $\vec{n}\cdot\vec{a}\neq 0$ ist.

■ **Beispiel**

Gegeben sind eine Gerade g und eine Ebene E:

$$g:\quad \vec{r}(\lambda) = \vec{r}_1 + \lambda\,\vec{a} = \begin{pmatrix} 2 \\ 0 \\ 5 \end{pmatrix} + \lambda \begin{pmatrix} 3 \\ -4 \\ -1 \end{pmatrix}, \qquad E:\quad \vec{n}\cdot(\vec{r}-\vec{r}_0) = \begin{pmatrix} 2 \\ 1 \\ 1 \end{pmatrix}\cdot\begin{pmatrix} x-1 \\ y-1 \\ z-2 \end{pmatrix} = 0$$

Wir berechnen den *Schnittpunkt S* sowie den *Schnittwinkel φ*.

Schnittpunkt S:

$$\vec{n}\cdot(\vec{r}_0-\vec{r}_1) = \begin{pmatrix} 2 \\ 1 \\ 1 \end{pmatrix}\cdot\begin{pmatrix} 1-2 \\ 1-0 \\ 2-5 \end{pmatrix} = \begin{pmatrix} 2 \\ 1 \\ 1 \end{pmatrix}\cdot\begin{pmatrix} -1 \\ 1 \\ -3 \end{pmatrix} = -2+1-3 = -4$$

$$\vec{n}\cdot\vec{a} = \begin{pmatrix} 2 \\ 1 \\ 1 \end{pmatrix}\cdot\begin{pmatrix} 3 \\ -4 \\ -1 \end{pmatrix} = 6-4-1 = 1 \neq 0 \quad\Rightarrow\quad \text{Gerade und Ebene schneiden sich}$$

$$\vec{r}_S = \vec{r}_1 + \frac{\vec{n}\cdot(\vec{r}_0-\vec{r}_1)}{\vec{n}\cdot\vec{a}}\,\vec{a} = \begin{pmatrix} 2 \\ 0 \\ 5 \end{pmatrix} + \frac{-4}{1}\begin{pmatrix} 3 \\ -4 \\ -1 \end{pmatrix} = \begin{pmatrix} 2 \\ 0 \\ 5 \end{pmatrix} - 4\begin{pmatrix} 3 \\ -4 \\ -1 \end{pmatrix} = \begin{pmatrix} 2 \\ 0 \\ 5 \end{pmatrix} + \begin{pmatrix} -12 \\ 16 \\ 4 \end{pmatrix} =$$

$$= \begin{pmatrix} 2-12 \\ 0+16 \\ 5+4 \end{pmatrix} = \begin{pmatrix} -10 \\ 16 \\ 9 \end{pmatrix} \quad\Rightarrow\quad S = (-10;\ 16;\ 9)$$

Schnittwinkel φ:

$$|\vec{n}| = \sqrt{2^2+1^2+1^2} = \sqrt{6}, \qquad |\vec{a}| = \sqrt{3^2+(-4)^2+(-1)^2} = \sqrt{26}$$

$$\varphi = \arcsin\left(\frac{|\vec{n}\cdot\vec{a}|}{|\vec{n}|\cdot|\vec{a}|}\right) = \arcsin\left(\frac{1}{\sqrt{6}\cdot\sqrt{26}}\right) = \arcsin 0{,}0801 = 4{,}6°$$

■

4.3.8 Schnittwinkel zweier Ebenen

Unter dem Schnittwinkel φ zweier Ebenen
versteht man den Winkel zwischen den zugehörigen *Normalenvektoren* der beiden Ebenen.

Gegeben: Zwei Ebenen E_1 und E_2 mit
den Normalenvektoren $\vec{n}_1$ und $\vec{n}_2$

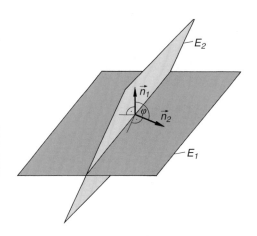

$$\varphi = \arccos\left(\frac{\vec{n}_1 \cdot \vec{n}_2}{|\vec{n}_1| \cdot |\vec{n}_2|}\right)$$

Voraussetzung: $\vec{n}_1 \times \vec{n}_2 \neq \vec{0}$

■ **Beispiel**

Wir bestimmen den Schnittwinkel φ zweier Ebenen E_1 und E_2 mit den Normalenvektoren

$$\vec{n}_1 = \begin{pmatrix} 3 \\ -2 \\ 3 \end{pmatrix} \quad \text{und} \quad \vec{n}_2 = \begin{pmatrix} 2 \\ 1 \\ -1 \end{pmatrix}:$$

$$\vec{n}_1 \cdot \vec{n}_2 = \begin{pmatrix} 3 \\ -2 \\ 3 \end{pmatrix} \cdot \begin{pmatrix} 2 \\ 1 \\ -1 \end{pmatrix} = 6 - 2 - 3 = 1$$

$$|\vec{n}_1| = \sqrt{3^2 + (-2)^2 + 3^2} = \sqrt{22}, \qquad |\vec{n}_2| = \sqrt{2^2 + 1^2 + (-1)^2} = \sqrt{6}$$

$$\varphi = \arccos\left(\frac{\vec{n}_1 \cdot \vec{n}_2}{|\vec{n}_1| \cdot |\vec{n}_2|}\right) = \arccos\left(\frac{1}{\sqrt{22} \cdot \sqrt{6}}\right) = \arccos 0{,}0870 = 85{,}0°$$

■

4.3.9 Schnittgerade zweier Ebenen

Gegeben: Zwei Ebenen E_1 und E_2 mit den Vektorgleichungen $\vec{n}_1 \cdot (\vec{r} - \vec{r}_1) = 0$ und
$\vec{n}_2 \cdot (\vec{r} - \vec{r}_2) = 0$

Gleichung der Schnittgeraden g:

$$r(\lambda) = \vec{r}_0 + \lambda\,\vec{a} \qquad (\lambda \in \mathbb{R})$$

Richtungsvektor der Schnittgeraden: $\vec{a} = \vec{n}_1 \times \vec{n}_2$

Der *Ortsvektor* $\vec{r}_0$ eines (noch unbekannten) Punktes $P_0 = (x_0;\, y_0;\, z_0)$ der Schnittgeraden g wird aus dem linearen Gleichungssystem

$$\vec{n}_1 \cdot (\vec{r}_0 - \vec{r}_1) = 0, \qquad \vec{n}_2 \cdot (\vec{r}_0 - \vec{r}_2) = 0$$

bestimmt, wobei eine der drei Unbekannten x_0, y_0, z_0 *frei wählbar* ist (z. B. $x_0 = 0$
setzen).

Voraussetzung: $\vec{n}_1 \times \vec{n}_2 \neq \vec{0}$

III Funktionen und Kurven

1 Grundbegriffe

1.1 Definition einer Funktion

Unter einer *Funktion* von *einer* Variablen versteht man eine Vorschrift, die jedem Element $x \in D$ genau ein Element $y \in W$ zuordnet. Symbolische Schreibweise: $y = f(x)$.

Bezeichnungen:

x: *Unabhängige* Veränderliche (Variable) oder Argument

y: *Abhängige* Veränderliche (Variable) oder Funktionswert

D: Definitionsbereich der Funktion

W: Wertebereich oder Wertevorrat der Funktion

In den naturwissenschaftlich-technischen Anwendungen sind x und y in der Regel *reelle* Variable, $y = f(x)$ ist dann eine reellwertige Funktion der reellen Variablen x.

1.2 Darstellungsformen einer Funktion

1.2.1 Analytische Darstellung

Die Funktion wird durch eine *Funktionsgleichung* dargestellt:

    Explizite Form: $y = f(x)$

    Implizite Form: $F(x; y) = 0$

1.2.2 Parameterdarstellung

Die Variablen (Koordinaten) x und y hängen von einem (reellen) *Parameter* t ab, sind somit (stetige) Funktionen von t:

$$\left. \begin{array}{l} x = x(t) \\ y = y(t) \end{array} \right\} \quad t_1 \le t \le t_2$$

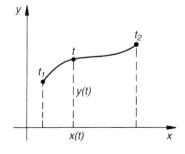

1.2.3 Kurvengleichung in Polarkoordinaten

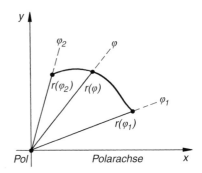

$$r = r(\varphi) \qquad (\varphi_1 \leq \varphi \leq \varphi_2)$$

Pol: Koordinatenursprung

Polarachse: x-Achse

φ: Polarwinkel

r: Abstand vom Pol $(r \geq 0)$

1.2.4 Graphische Darstellung

Die Funktion $y = f(x)$ wird in einem rechtwinkligen Koordinatensystem durch eine Punktmenge dargestellt (*Funktionskurve*, *Schaubild* oder *Funktionsgraph* genannt). Dem Wertepaar $(x_0; y_0)$ mit $y_0 = f(x_0)$ entspricht dabei der Kurvenpunkt $P = (x_0; y_0)$.

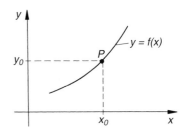

x_0, y_0:   Kartesische Koordinaten von P

x_0:   Abszisse $\Big\}$ von P

y_0:   Ordinate

Jede Parallele zur y-Achse schneidet die Kurve höchstens einmal.

2 Allgemeine Funktionseigenschaften

2.1 Nullstellen

Schnitt- bzw. *Berührungspunkte* der Funktionskurve mit der x-Achse:

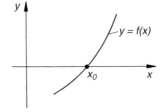

$$f(x_0) = 0$$

Doppelte Nullstelle: Berührungspunkt mit der x-Achse

2.2 Symmetrie

Gerade Funktion

Die Kurve verläuft *spiegelsymmetrisch* zur y-Achse:

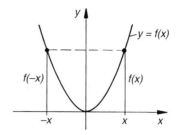

$$f(-x) = f(x)$$

(für alle x mit $x \in D \Leftrightarrow -x \in D$)

Ungerade Funktion

Die Kurve verläuft *punktsymmetrisch* zum Koordinatenursprung:

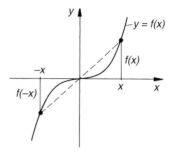

$$f(-x) = -f(x)$$

(für alle x mit $x \in D \Leftrightarrow -x \in D$)

2.3 Monotonie

Monoton wachsende Funktion

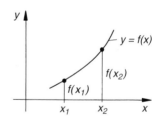

$$f(x_1) \leq f(x_2)$$

(für alle $x_1, x_2 \in D$ mit $x_1 < x_2$)

Monoton fallende Funktion

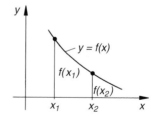

$$f(x_1) \geq f(x_2)$$

(für alle $x_1, x_2 \in D$ mit $x_1 < x_2$)

Gilt nur das Zeichen $<$ oder $>$, so heißt die Funktion *streng* monoton wachsend bzw. *streng* monoton fallend.

Viele Funktionen zeigen ein bestimmtes Monotonieverhalten nur in Teilintervallen ihres Definitionsbereiches.

2.4 Periodizität

Die Funktionswerte *wiederholen* sich, wenn man in der x-Richtung um eine *Periode p* fortschreitet:

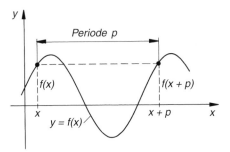

$$f(x \pm p) = f(x)$$

(für alle $x \in D$)

Mit p ist auch $\pm k \cdot p$ eine Periode der Funktion $(k \in \mathbb{N}^*)$. Die *kleinste* (positive) Periode heißt *primitive* Periode.

2.5 Umkehrfunktion (inverse Funktion)

Definition

Eine Funktion $y = f(x)$ heißt *umkehrbar*, wenn aus $x_1 \neq x_2$ stets $f(x_1) \neq f(x_2)$ folgt (zu *verschiedenen* Abszissen gehören *verschiedene* Ordinaten).
Die *Umkehrfunktion* von $y = f(x)$ wird durch das Symbol $y = f^{-1}(x)$ oder besser $y = g(x)$ gekennzeichnet.

Bestimmung der Funktionsgleichung der Umkehrfunktion

Jede *streng* monoton fallende oder wachsende Funktion ist *umkehrbar*. Bei der Umkehrung werden *Definitions-* und *Wertebereich* miteinander *vertauscht*. In vielen Fällen lässt sich die Funktionsgleichung der Umkehrfunktion schrittweise wie folgt ermitteln:

1. Die Funktionsgleichung $y = f(x)$ wird zunächst nach der Variablen x *aufgelöst*: $x = g(y)$[1].
2. Durch formales *Vertauschen* der beiden Variablen erhält man hieraus die *Umkehrfunktion* $y = g(x)$ von $y = f(x)$.

Die Rechenschritte dürfen auch in der umgekehrten Reihenfolge ausgeführt werden.

Zeichnerische Konstruktion der Umkehrfunktion

Die Kurve $y = f(x)$ wird Punkt für Punkt an der Winkelhalbierenden des 1. Quadranten, d. h. an der Geraden $y = x$ *gespiegelt*.

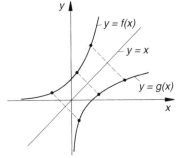

---

[1] Die Auflösung muss *möglich* und *eindeutig* sein. $x = g(y)$ heißt auch „die nach x aufgelöste Form von $y = f(x)$".

■ **Beispiel**

$$y = f(x) = \frac{x + 2}{x}, \quad x \neq 0$$

Auflösen der Gleichung nach x: $\quad xy = x + 2 \quad \Rightarrow \quad xy - x = x(y - 1) = 2 \quad \Rightarrow \quad x = g(y) = \frac{2}{y - 1}$

Vertauschen der beiden Variablen führt zur *Umkehrfunktion*: $\quad y = g(x) = \frac{2}{x - 1}, \quad x \neq 1$

■

3 Grenzwert und Stetigkeit einer Funktion

3.1 Grenzwert einer Folge

Definition einer Zahlenfolge

Unter einer (reellen) *Zahlenfolge* (kurz als Folge bezeichnet) versteht man eine *geordnete* Menge reeller Zahlen. Jeder positiven ganzen Zahl n wird dabei in eindeutiger Weise eine reelle Zahl a_n zugeordnet.

Symbolische Schreibweise:

$$\langle a_n \rangle = a_1, a_2, a_3, \ldots, a_n, \ldots \qquad (n \in \mathbb{N}^*)$$

$a_1, a_2, a_3, \ldots$:   *Glieder* der Folge a_n: allgemeines Glied der Folge (n-tes Glied)

Grenzwert einer Zahlenfolge

Die reelle Zahl g heißt *Grenzwert* oder *Limes* der Zahlenfolge $\langle a_n \rangle$, wenn es zu *jedem* $\varepsilon > 0$ eine positive ganze Zahl n_0 gibt, so dass für alle $n \geq n_0$ stets $|a_n - g| < \varepsilon$ ist.

Eine Folge $\langle a_n \rangle$ heißt *konvergent*, wenn sie einen *Grenzwert* g besitzt. Symbolische Schreibweise:

$$\lim_{n \to \infty} a_n = g$$

Eine Folge $\langle a_n \rangle$, die *keinen* Grenzwert besitzt, heißt *divergent*. Eine Folge hat höchstens einen Grenzwert.

■ **Beispiel**

Die Folge $\langle a_n \rangle = \left\langle \dfrac{1}{n} \right\rangle = 1, \dfrac{1}{2}, \dfrac{1}{3}, \ldots, \dfrac{1}{n}, \ldots$ ist *konvergent* mit dem *Grenzwert* $g = \lim\limits_{n \to \infty} \dfrac{1}{n} = 0$

(sog. *Nullfolge*).

■

3.2 Grenzwert einer Funktion

3.2.1 Grenzwert für $x \to x_0$

Eine Funktion $y = f(x)$ sei in einer Umgebung von x_0 definiert. Gilt dann für *jede* im Definitionsbereich der Funktion liegende und gegen die Stelle x_0 konvergierende Zahlenfolge $\langle x_n \rangle$ mit $x_n \neq x_0$ stets $\lim\limits_{n \to \infty} f(x_n) = g$, so heißt g der *Grenzwert* von $y = f(x)$ für $x \to x_0$ (Grenzwert an der Stelle x_0). Symbolische Schreibweise:

$$\lim_{x \to x_0} f(x) = g$$

Man beachte, dass die Funktion an der Stelle x_0 *nicht* definiert sein muss. Der Grenzwert an dieser Stelle (Definitionslücke) kann trotzdem *vorhanden* sein.

■   **Beispiel**

$$\lim_{x \to 1} \frac{x^2 - 1}{x - 1} = \lim_{x \to 1} \frac{(x + 1)(x - 1)}{x - 1} = \lim_{x \to 1} (x + 1) = 2$$

Kürzen des gemeinsamen Faktors $x - 1$ ist erlaubt, da dieser wegen $x \neq 1$ von 0 verschieden ist!

                                                                                                ■

3.2.2 Grenzwert für $x \to \pm \infty$

Besitzt eine Funktion $y = f(x)$ die Eigenschaft, dass die Folge ihrer Funktionswerte für *jede* über alle Grenzen hinaus wachsende Zahlenfolge $\langle x_n \rangle$ $(x_n \in D)$ gegen eine Zahl g strebt, so heißt g der *Grenzwert* von $y = f(x)$ für $x \to \infty$ (Grenzwert im „Unendlichen"). Symbolische Schreibweise:

$$\lim_{x \to \infty} f(x) = g$$

Analog wird der Grenzwert $\lim\limits_{x \to -\infty} f(x)$ erklärt.

■   **Beispiel**

$$\lim_{x \to \infty} \frac{x}{1 + x^2} = \lim_{x \to \infty} \left(\frac{1}{\dfrac{1}{x} + x} \right) = 0 \qquad (\text{Zähler} = 1 \,; \quad \text{Nenner} \to \infty)$$

                                                                                                ■

3.3 Rechenregeln für Grenzwerte

Voraussetzung: Alle auftretenden Grenzwerte sind vorhanden.

(1) $\lim\limits_{x \to x_0} C \cdot f(x) = C \cdot \left(\lim\limits_{x \to x_0} f(x) \right)$	$(C \in \mathbb{R})$
(2) $\lim\limits_{x \to x_0} [f(x) \pm g(x)] = \lim\limits_{x \to x_0} f(x) \pm \lim\limits_{x \to x_0} g(x)$	
(3) $\lim\limits_{x \to x_0} [f(x) \cdot g(x)] = \left(\lim\limits_{x \to x_0} f(x) \right) \cdot \left(\lim\limits_{x \to x_0} g(x) \right)$	

$$(4) \quad \lim_{x \to x_0} \left(\frac{f(x)}{g(x)} \right) = \frac{\displaystyle\lim_{x \to x_0} f(x)}{\displaystyle\lim_{x \to x_0} g(x)} \qquad \text{(Voraussetzung:} \quad \lim_{x \to x_0} g(x) \neq 0)$$

$$(5) \quad \lim_{x \to x_0} \sqrt[n]{f(x)} = \sqrt[n]{\lim_{x \to x_0} f(x)}$$

$$(6) \quad \lim_{x \to x_0} [f(x)]^n = \left[\lim_{x \to x_0} f(x) \right]^n$$

$$(7) \quad \lim_{x \to x_0} \left(a^{f(x)} \right) = a^{\left(\lim_{x \to x_0} f(x) \right)}$$

$$(8) \quad \lim_{x \to x_0} [\log_a f(x)] = \log_a \left(\lim_{x \to x_0} f(x) \right) \qquad (f(x) > 0)$$

Diese Regeln gelten sinngemäß auch für Grenzübergänge vom Typ $x \to +\infty$ bzw. $x \to -\infty$.

3.4 Grenzwertregel von Bernoulli und de l'Hospital

Für Grenzwerte, die auf einen *unbestimmten Ausdruck* der Form $\frac{,,0``}{,,0``}$ oder $\frac{,,\infty``}{,,\infty``}$ führen, gilt die sog. *Bernoulli-de l'Hospitalsche Regel*:

$$\lim_{x \to x_0} \frac{f(x)}{g(x)} = \lim_{x \to x_0} \frac{f'(x)}{g'(x)}$$

Voraussetzung: $f(x)$ und $g(x)$ sind in einer Umgebung von x_0 stetig *differenzierbar* und der Grenzwert auf der rechten Seite *existiert*.

Anmerkungen

(1) In einigen Fällen ist die Regel *mehrmals* anzuwenden, ehe man zu einem Ergebnis kommt; es gibt jedoch auch Fälle, in denen die Regel *versagt*.

(2) Die Regel gilt auch für Grenzübergänge vom Typ $x \to \pm\infty$.

■ **Beispiel**

$$\lim_{x \to 0} \frac{\sin^2 x}{1 - \cos x} \to \frac{0}{0} \qquad \text{(Zähler und Nenner streben jeweils gegen 0)}$$

Regel von Bernoulli-de l'Hospital:

$$\lim_{x \to 0} \frac{\sin^2 x}{1 - \cos x} = \lim_{x \to 0} \frac{(\sin^2 x)'}{(1 - \cos x)'} = \lim_{x \to 0} \frac{2 \cdot \sin x \cdot \cos x}{\sin x} = \lim_{x \to 0} (2 \cdot \cos x) = 2 \cdot \cos 0 = 2 \cdot 1 = 2$$

■

Unbestimmte Ausdrücke der Form $0 \cdot \infty$, $\infty - \infty$, 0^0, 1^∞ oder ∞^0 lassen sich in vielen Fällen wie folgt durch *elementare Umformungen* auf den Typ $\dfrac{0}{0}$ oder $\dfrac{\infty}{\infty}$ zurückführen:

Funktion $\varphi(x)$	$\lim\limits_{x \to x_0} \varphi(x)$	Elementare Umformung
(A) $u(x) \cdot v(x)$	$0 \cdot \infty$ $\infty \cdot 0$	$\dfrac{u(x)}{\dfrac{1}{v(x)}}$ oder $\dfrac{v(x)}{\dfrac{1}{u(x)}}$
(B) $u(x) - v(x)$	$\infty - \infty$	$\dfrac{\dfrac{1}{v(x)} - \dfrac{1}{u(x)}}{\dfrac{1}{u(x) \cdot v(x)}}$
(C) $u(x)^{v(x)}$ $(u(x) > 0)$	$0^0,\ \infty^0,\ 1^\infty$	$e^{v(x) \cdot \ln u(x)}$

■   **Beispiel**

$\lim\limits_{x \to 0} (x \cdot \ln x) \to 0 \cdot \infty$ (vom Vorzeichen abgesehen; $x > 0$)

Elementare Umformung (Typ (A) mit $u(x) = x$ und $v(x) = \ln x$; 2. Version):

$$\lim_{x \to 0} (x \cdot \ln x) = \lim_{x \to 0} \left(\frac{\ln x}{\dfrac{1}{x}} \right) \to \frac{\infty}{\infty}$$

Regel von Bernoulli-de L'Hospital:

$$\lim_{x \to 0} (x \cdot \ln x) = \lim_{x \to 0} \left(\frac{\ln x}{\dfrac{1}{x}} \right) = \lim_{x \to 0} \frac{(\ln x)'}{\left(\dfrac{1}{x}\right)'} = \lim_{x \to 0} \left(\frac{\dfrac{1}{x}}{-\dfrac{1}{x^2}} \right) = \lim_{x \to 0} (-x) = 0$$

■

3.5 Stetigkeit einer Funktion

Eine in x_0 und einer gewissen Umgebung von x_0 definierte Funktion $y = f(x)$ heißt an der Stelle x_0 *stetig*, wenn der Grenzwert der Funktion für $x \to x_0$ vorhanden ist und mit dem dortigen Funktionswert übereinstimmt:

$$\lim_{x \to x_0} f(x) = f(x_0)$$

Eine Funktion, die an *jeder* Stelle ihres Definitionsbereiches *stetig* ist, heißt eine *stetige Funktion*.

Eine Funktion $y = f(x)$ heißt an der Stelle x_0 *unstetig*, wenn $f(x_0)$ *nicht* vorhanden ist oder $f(x_0)$ vom Grenzwert *verschieden* ist oder dieser *nicht* existiert. Es gibt dabei verschiedene Arten von Unstetigkeitsstellen (z. B. Lücken, Pole oder Unendlichkeitsstellen, Sprünge; siehe hierzu auch Abschnitt 5.2).

Unstetigkeiten (in Beispielen)

(1) Hebbare Lücke

$$f(x) = \frac{x^3 + x}{x}, \qquad x \neq 0$$

Diese Funktion ist an der Stelle $x = 0$ *nicht* definiert und daher zunächst *unstetig*. Der Grenzwert jedoch *existiert*:

$$\lim_{x \to 0} f(x) = \lim_{x \to 0} \frac{x^3 + x}{x} = \lim_{x \to 0} \frac{\cancel{x}\,(x^2 + 1)}{\cancel{x}} = \lim_{x \to 0} (x^2 + 1) = 1$$

(wegen $x \neq 0$ darf gekürzt werden)

Die Definitionslücke bei $x = 0$ lässt sich jedoch durch die nachträgliche Festlegung

$$f(0) = \lim_{x \to 0} f(x) = \lim_{x \to 0} \frac{x^3 + x}{x} = 1$$

(Funktionswert = Grenzwert) beheben. Damit ist $f(x)$ *überall* stetig und kann durch die Gleichung $f(x) = x^2 + 1$ beschrieben werden (Parabel).

(2) Pol oder Unendlichkeitsstelle

$$f(x) = \frac{1}{(1 - x)^2}, \qquad x \neq 1$$

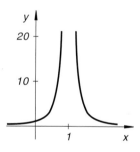

Der Grenzwert an der Stelle $x = 1$ ist *nicht* vorhanden:

$$\lim_{x \to 1} f(x) = \lim_{x \to 1} \frac{1}{(1 - x)^2} = \infty$$

Die Definitionslücke bei $x = 1$ lässt sich daher *nicht* beheben, die Funktion bleibt somit an dieser Stelle *unstetig*.

(3) Sprungunstetigkeit (endlicher Sprung)

$$f(x) = \sigma(x) = \left\{ \begin{array}{ll} 1 & x \geq 0 \\ & \text{für} \\ 0 & x < 0 \end{array} \right\}$$

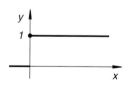

Diese Funktion ist an der Sprungstelle $x = 0$ zwar definiert, $f(0) = \sigma(0) = 1$, jedoch *unstetig*, da sich der linksseitige Grenzwert vom rechtsseitigen Grenzwert unterscheidet und $f(x)$ daher an dieser Stelle *keinen* Grenzwert besitzt:

$$\left. \begin{array}{l} \lim\limits_{\substack{x \to 0 \\ (x < 0)}} f(x) = \lim\limits_{\substack{x \to 0 \\ (x < 0)}} 0 = 0 \\[2em] \lim\limits_{\substack{x \to 0 \\ (x > 0)}} f(x) = \lim\limits_{\substack{x \to 0 \\ (x > 0)}} 1 = 1 \end{array} \right\} \Rightarrow \text{Grenzwert an der Stelle } x = 0 \text{ ist nicht vorhanden!}$$

4 Ganzrationale Funktionen (Polynomfunktionen)

4.1 Definition der ganzrationalen Funktionen (Polynomfunktionen)

$$f(x) = a_n x^n + a_{n-1} x^{n-1} + \ldots + a_1 x + a_0 \qquad (a_n \neq 0)$$

n: Polynomgrad $(n \in \mathbb{N})$

$a_0, a_1, \ldots a_n$: Reelle Polynomkoeffizienten

Ganzrationale Funktionen oder Polynomfunktionen sind *überall* definiert und stetig. Sie werden in der Regel nach *fallenden* Potenzen geordnet (siehe hierzu III.4.5, Horner-Schema).

Sonderfall: $n = 0 \quad \Rightarrow \quad$ Konstante Funktion $f(x) = a_0 = $ const.

4.2 Lineare Funktionen (Geraden)

4.2.1 Allgemeine Geradengleichung

$$Ax + By + C = 0 \qquad (A^2 + B^2 \neq 0)$$

4.2.2 Hauptform einer Geraden

Gegeben: Steigung m und Achsenabschnitt b (Schnittpunkt mit der y-Achse)

$$y = mx + b$$

$m = \tan \alpha \quad (\alpha$: Steigungswinkel)

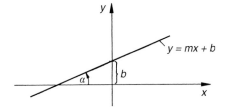

4.2.3 Punkt-Steigungsform einer Geraden

Gegeben: Ein Punkt $P_1 = (x_1; y_1)$ und die Steigung m oder der Steigungswinkel α $(m = \tan \alpha)$

$$\frac{y - y_1}{x - x_1} = m$$

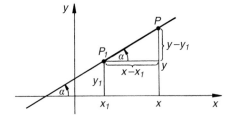

4.2.4 Zwei-Punkte-Form einer Geraden

Gegeben: Zwei *verschiedene* Punkte
$$P_1 = (x_1; y_1) \quad \text{und} \quad P_2 = (x_2; y_2)$$

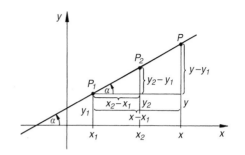

$$\frac{y - y_1}{x - x_1} = \frac{y_2 - y_1}{x_2 - x_1} \qquad (x_1 \neq x_2)$$

4.2.5 Achsenabschnittsform einer Geraden

Gegeben: Achsenabschnitte a und b auf
der x- und y-Achse

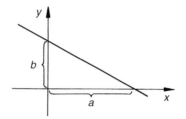

$$\frac{x}{a} + \frac{y}{b} = 1 \qquad (a \neq 0, \; b \neq 0)$$

a, b können auch negativ sein!

4.2.6 Hessesche Normalform einer Geraden

Gegeben: p: Senkrechter Abstand des Nullpunktes O von der Geraden

α: Winkel zwischen dem Lot vom
Nullpunkt O auf die Gerade
und der positiven x-Achse

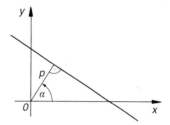

$$x \cdot \cos \alpha + y \cdot \sin \alpha = p$$

4.2.7 Abstand eines Punktes von einer Geraden

Gegeben: Gerade $Ax + By + C = 0$
und ein Punkt $P_1 = (x_1; y_1)$
der Ebene

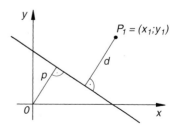

$$d = \left| \frac{Ax_1 + By_1 + C}{\sqrt{A^2 + B^2}} \right| \qquad (A^2 + B^2 \neq 0)$$

4.2.8 Schnittwinkel zweier Geraden

Gegeben: Zwei Geraden g_1 und g_2 mit
den Gleichungen $y = m_1 x + b_1$
und $y = m_2 x + b_2$

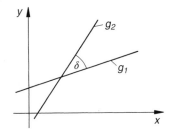

$$\tan \delta = \left| \frac{m_2 - m_1}{1 + m_1 \cdot m_2} \right| \quad (0° \leq \delta \leq 90°)$$

Voraussetzung: $m_1 \cdot m_2 \neq -1$

Sonderfälle:

(1) $g_1 \parallel g_2$: $m_1 = m_2$ und $\delta = 0°$

(2) $g_1 \perp g_2$: $m_1 \cdot m_2 = -1$ und $\delta = 90°$

4.3 Quadratische Funktionen (Parabeln)

Hinweis: Die nach rechts bzw. nach links geöffneten Parabeln werden in Abschnitt 13.5 behandelt.

4.3.1 Hauptform einer Parabel

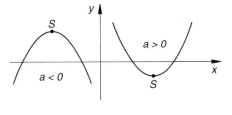

$$y = ax^2 + bx + c \qquad (a \neq 0)$$

$a \neq 0$: Öffnungsparameter

$a > 0$: nach *oben* geöffnete Parabel

$a < 0$: nach *unten* geöffnete Parabel

Scheitelpunkt: $S = \left(-\dfrac{b}{2a}; \dfrac{4ac - b^2}{4a} \right)$

Sonderfall: $a = 1$, $b = c = 0$

Normalparabel

$$y = x^2$$

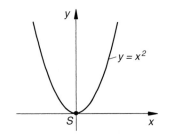

4.3.2 Produktform einer Parabel

$$y = a(x - x_1)(x - x_2)$$

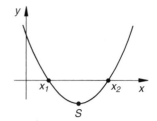

$a \neq 0$:   Öffnungsparameter

$x_1; x_2$:   Nullstellen der Parabel

$\left. \begin{array}{l} x - x_1 \\ x - x_2 \end{array} \right\}$ Linearfaktoren

Sonderfall: $x_1 = x_2 \Rightarrow y = a(x - x_1)^2 \Rightarrow$ Die Parabel *berührt* die x-Achse im Scheitelpunkt $S = (x_1; 0)$ („doppelte Nullstelle").

4.3.3 Scheitelpunktsform einer Parabel

$$y - y_0 = a(x - x_0)^2$$

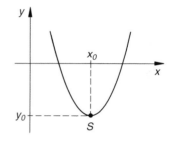

$a \neq 0$:   Öffnungsparameter

x_0, y_0:   Koordinaten des Scheitelpunktes S

4.4 Polynomfunktionen höheren Grades (n-ten Grades)

4.4.1 Abspaltung eines Linearfaktors

Ist x_1 eine *Nullstelle* der Polynomfunktion $f(x)$ vom Grade n, d. h. $f(x_1) = 0$, so ist $f(x)$ in der Produktform

$$f(x) = (x - x_1) \cdot f_1(x)$$

darstellbar. Der Faktor $(x - x_1)$ heißt *Linearfaktor*, $f_1(x)$ ist das sog. *1. reduzierte Polynom* vom Grade $n - 1$.

4.4.2 Nullstellen einer Polynomfunktion

Eine Polynomfunktion n-ten Grades besitzt *höchstens n reelle* Nullstellen (*Fundamentalsatz der Algebra*, siehe hierzu auch VIII.4).

4.4.3 Produktdarstellung einer Polynomfunktion

$$f(x) = a_n(x - x_1)(x - x_2) \ldots (x - x_n) \qquad (a_n \neq 0)$$

$x_1, x_2, \ldots, x_n$:   Nullstellen von $f(x)$

Die Faktoren $(x - x_1)$, $(x - x_2)$, $\ldots$, $(x - x_n)$ heißen *Linearfaktoren*, die Produktdarstellung daher auch *Zerlegung der Polynomfunktion in Linearfaktoren*. Ist zum Beispiel x_1 eine *k-fache* Nullstelle von $f(x)$, so tritt der Linearfaktor $(x - x_1)$ *k-mal* auf.

Ist die Anzahl k der (reellen) Nullstellen *kleiner* als der Polynomgrad n, so lautet die Zerlegung wie folgt:

$$f(x) = a_n (x - x_1)(x - x_2) \ldots (x - x_k) \cdot f^*(x) \qquad (a_n \neq 0)$$

$f^*(x)$:   Polynomfunktion vom Grade $n - k$ *ohne* (reelle) Nullstellen

■ **Beispiel**

$y = 3x^3 + 18x^2 + 9x - 30$

Nullstellen: $x_1 = -5$, $x_2 = -2$, $x_3 = 1$

Produktdarstellung: $y = 3(x + 5)(x + 2)(x - 1)$

■

4.5 Horner-Schema

Für eine Polynomfunktion 3. Grades vom Typ

$$f(x) = a_3 x^3 + a_2 x^2 + a_1 x + a_0 \qquad (a_3 \neq 0)$$

erfolgt die Berechnung des Funktionswertes an der Stelle x_0 nach dem folgenden Schema *(Horner-Schema)*:

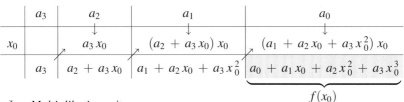

$\nearrow$: *Multiplikation* mit x_0

$\downarrow$: *Addition* der in der 1. und 2. Zeile untereinander stehenden Werte

Anmerkungen

(1) Das Horner-Schema gilt sinngemäß auch für Polynomfunktionen *höheren* Grades ($n > 3$). Das Polynom muss dabei nach *fallenden* Potenzen geordnet sein.

(2) *Fehlt* in der Funktionsgleichung eine Potenz, so ist im Horner-Schema der entsprechende Koeffizient gleich *null* zu setzen!

■ **Beispiel**

$f(x) = 3{,}2x^3 - 2x^2 + 5{,}1x + 10$, $f(2) = ?$

	3,2	−2	5,1	10
$x_0 = 2$		6,4	8,8	27,8
	3,2	4,4	13,9	37,8

Ergebnis: $f(2) = 37{,}8$

■

4.6 Reduzierung einer Polynomfunktion (Nullstellenberechnung)

Ist x_1 eine *Nullstelle* von $f(x) = a_3 x^3 + a_2 x^2 + a_1 x + a_0$, so gilt (Abschnitt 4.4.1):

$$f(x) = (x - x_1) \cdot f_1(x) = (x - x_1)(b_2 x^2 + b_1 x + b_0)$$

Dabei ist $f_1(x) = b_2 x^2 + b_1 x + b_0$ das *1. reduzierte Polynom* von $f(x)$ vom Grade 2, dessen Koeffizienten man wie folgt aus dem *Horner-Schema* erhält:

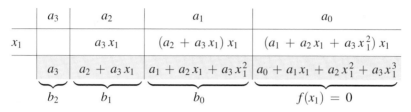

	a_3	a_2	a_1	a_0
x_1		$a_3 x_1$	$(a_2 + a_3 x_1) x_1$	$(a_1 + a_2 x_1 + a_3 x_1^2) x_1$
	a_3	$a_2 + a_3 x_1$	$a_1 + a_2 x_1 + a_3 x_1^2$	$a_0 + a_1 x_1 + a_2 x_1^2 + a_3 x_1^3$
	b_2	b_1	b_0	$f(x_1) = 0$

Die *restlichen* (reellen) Nullstellen von $f(x)$ sind dann (falls überhaupt vorhanden) die Lösungen der *quadratischen* Gleichung $f_1(x) = 0$.

Anmerkungen

(1) Die Reduzierung einer Polynomfunktion 3. Grades setzt die Kenntnis *einer* Nullstelle x_1 voraus. Diese lässt sich oft durch *Probieren, Erraten* oder durch *graphische* oder *numerische* Rechenverfahren ermitteln (siehe hierzu I.4.3, I.4.4 und I.4.5).

(2) Bei Polynomfunktionen 4. und höheren Grades erfolgt die Nullstellenberechnung analog durch *mehrmalige* Reduzierung, bis man auf eine *quadratische* Gleichung stößt.

(3) Bei der Reduzierung spielt die Reihenfolge, in der die Nullstellen bestimmt werden, *keine* Rolle. Die Produktdarstellung der Polynomfunktion ist davon *unabhängig*.

■ **Beispiel**

$$f(x) = -x^3 + 5x^2 - 3x - 9$$

Durch *Probieren* findet man eine Nullstelle bei $x_1 = 3$. *Abspaltung* des zugehörigen Linearfaktors $(x - 3)$ mit Hilfe des Horner-Schemas führt zu:

	-1	5	-3	-9
$x_1 = 3$		-3	6	9
	-1	2	3	0
	b_2	b_1	b_0	$f(3)$

1. reduziertes Polynom: $f_1(x) = -x^2 + 2x + 3$

Weitere Nullstellen: $-x^2 + 2x + 3 = 0$ oder $x^2 - 2x - 3 = 0$ $\Rightarrow$ $x_2 = -1$, $x_3 = 3$

Produktdarstellung: $f(x) = -(x - 3)(x + 1)(x - 3) = -(x - 3)^2 (x + 1)$

■

4.7 Interpolationspolynome

4.7.1 Allgemeine Vorbetrachtungen

Von einer *unbekannten* Funktion $y = f(x)$ sind $n + 1$ *verschiedene* Kurvenpunkte (sog. *Stützpunkte*) bekannt:

$$P_0 = (x_0; y_0), \quad P_1 = (x_1; y_1), \quad P_2 = (x_2; y_2), \quad \ldots, \quad P_n = (x_n; y_n)$$

Die Abszissen $x_0, x_1, x_2, \ldots, x_n$ heißen *Stützstellen*, die zugehörigen Ordinaten $y_0, y_1, y_2, \ldots, y_n$ *Stützwerte*. Wir setzen dabei voraus, dass die Stützstellen x_i *paarweise voneinander verschieden* sind. Es gibt dann *genau eine* Polynomfunktion n-ten (oder auch niedrigeren) Grades, die durch diese Punkte verläuft.

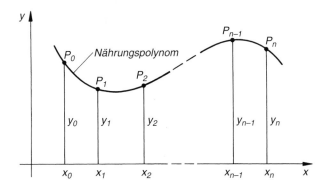

Diese Näherungsfunktion wird als *Interpolationspolynom* bezeichnet, da man mit ihr z. B. beliebige *Zwischenwerte* der (unbekannten) Funktion im Intervall $x_0 \leq x \leq x_n$ näherungsweise berechnen kann.

In der Praxis erweist sich der *direkte* Lösungsansatz

$$y = a_0 + a_1 x + a_2 x^2 + \ldots + a_n x^n$$

als *wenig* geeignet. Setzt man nämlich der Reihe nach die Koordinaten der $n + 1$ Stützpunkte $P_0, P_1, P_2, \ldots, P_n$ in diesen Ansatz ein, so erhält man ein *lineares Gleichungssystem* mit $n + 1$ Gleichungen und ebenso vielen unbekannten Koeffizienten $a_0, a_1, a_2, \ldots, a_n$, das sich jedoch nur mit *erheblichem* Rechenaufwand (Gaußscher Algorithmus!) lösen lässt.

4.7.2 Interpolationsformel von Lagrange

Das *Lagrangesche* Interpolationspolynom durch $n + 1$ *verschiedene* Punkte besitzt die Form

$$y = y_0 \cdot L_0(x) + y_1 \cdot L_1(x) + y_2 \cdot L_2(x) + \ldots + y_n \cdot L_n(x)$$

$x_0, x_1, x_2, \ldots, x_n$:   Stützstellen

$y_0, y_1, y_2, \ldots, y_n$:   Stützwerte

$L_0(x), L_1(x), L_2(x), \ldots, L_n(x)$:   Lagrangesche Koeffizientenfunktionen

Die *Lagrangeschen Koeffizientenfunktionen* $L_k(x)$ sind Polynome n-ten Grades und wie folgt definiert:

$$L_0(x) = \frac{(x - x_1)\,(x - x_2)\,(x - x_3)\,\ldots\,(x - x_n)}{(x_0 - x_1)\,(x_0 - x_2)\,(x_0 - x_3)\,\ldots\,(x_0 - x_n)}$$

$$L_1(x) = \frac{(x - x_0)\,(x - x_2)\,(x - x_3)\,\ldots\,(x - x_n)}{(x_1 - x_0)\,(x_1 - x_2)\,(x_1 - x_3)\,\ldots\,(x_1 - x_n)}$$

$$L_2(x) = \frac{(x - x_0)\,(x - x_1)\,(x - x_3)\,\ldots\,(x - x_n)}{(x_2 - x_0)\,(x_2 - x_1)\,(x_2 - x_3)\,\ldots\,(x_2 - x_n)}$$

$$\vdots$$

$$L_n(x) = \frac{(x - x_0)\,(x - x_1)\,(x - x_2)\,\ldots\,(x - x_{n-1})}{(x_n - x_0)\,(x_n - x_1)\,(x_n - x_2)\,\ldots\,(x_n - x_{n-1})}$$

Anmerkungen

(1) In der Koeffizientenfunktion $L_k(x)$ *fehlt* genau der Faktor $(x - x_k)$. Der Nenner ist dabei stets der Wert des Zählers an der Stelle x_k $(k = 0, 1, \ldots, n)$.

(2) *Nachteil* der Interpolationsformel von Lagrange (z. B. gegenüber der Newton-Interpolation, siehe Abschnitt 4.7.3): Soll ein weiterer Stützpunkt hinzugenommen werden, um den Grad des Näherungspolynoms um 1 zu erhöhen, so müssen *sämtliche* Koeffizientenfunktionen *neu* berechnet werden.

■ **Beispiel**

k	0	1	2	3
x_k	0	2	5	7
y_k	12	-16	-28	54

Das *Lagrangesche Näherungspolynom* durch diese vier Stützpunkte ist von *höchstens* 3. Grade.

Lösungsansatz: $y = y_0 \cdot L_0(x) + y_1 \cdot L_1(x) + y_2 \cdot L_2(x) + y_3 \cdot L_3(x)$

Bestimmung der Koeffizientenfunktionen:

$$L_0(x) = \frac{(x - x_1)\,(x - x_2)\,(x - x_3)}{(x_0 - x_1)\,(x_0 - x_2)\,(x_0 - x_3)} = \frac{(x - 2)\,(x - 5)\,(x - 7)}{(0 - 2)\,(0 - 5)\,(0 - 7)} = -\frac{1}{70}\,(x^3 - 14x^2 + 59x - 70)$$

$$L_1(x) = \frac{(x - x_0)\,(x - x_2)\,(x - x_3)}{(x_1 - x_0)\,(x_1 - x_2)\,(x_1 - x_3)} = \frac{(x - 0)\,(x - 5)\,(x - 7)}{(2 - 0)\,(2 - 5)\,(2 - 7)} = \frac{1}{30}\,(x^3 - 12x^2 + 35x)$$

$$L_2(x) = \frac{(x - x_0)\,(x - x_1)\,(x - x_3)}{(x_2 - x_0)\,(x_2 - x_1)\,(x_2 - x_3)} = \frac{(x - 0)\,(x - 2)\,(x - 7)}{(5 - 0)\,(5 - 2)\,(5 - 7)} = -\frac{1}{30}\,(x^3 - 9x^2 + 14x)$$

$$L_3(x) = \frac{(x - x_0)\,(x - x_1)\,(x - x_2)}{(x_3 - x_0)\,(x_3 - x_1)\,(x_3 - x_2)} = \frac{(x - 0)\,(x - 2)\,(x - 5)}{(7 - 0)\,(7 - 2)\,(7 - 5)} = \frac{1}{70}\,(x^3 - 7x^2 + 10x)$$

Näherungspolynom nach Lagrange:

$$y = y_0 \cdot L_0(x) + y_1 \cdot L_1(x) + y_2 \cdot L_2(x) + y_3 \cdot L_3(x) =$$

$$= 12 \cdot \left(-\frac{1}{70}\right)(x^3 - 14x^2 + 59x - 70) - 16 \cdot \left(\frac{1}{30}\right)(x^3 - 12x^2 + 35x) -$$

$$- 28 \cdot \left(-\frac{1}{30}\right)(x^3 - 9x^2 + 14x) + 54 \cdot \left(\frac{1}{70}\right)(x^3 - 7x^2 + 10x) =$$

$$= x^3 - 5x^2 - 8x + 12$$

∎

4.7.3 Interpolationsformel von Newton

Das *Newtonsche* Interpolationspolynom durch $n + 1$ *verschiedene* Punkte besitzt die Form

$$y = a_0 + a_1(x - x_0) + a_2(x - x_0)(x - x_1) + a_3(x - x_0)(x - x_1)(x - x_2) + \ldots$$
$$\ldots + a_n(x - x_0)(x - x_1)(x - x_2) \ldots (x - x_{n-1})$$

$x_0, x_1, x_2, \ldots, x_n$:   Stützstellen

$y_0, y_1, y_2, \ldots, y_n$:   Stützwerte

$P_k = (x_k; y_k)$: k-ter Stützpunkt $(k = 0, 1, 2, \ldots, n)$

Die Berechnung der Koeffizienten $a_0, a_1, a_2, \ldots, a_n$ erfolgt zweckmäßigerweise nach dem sog. *Steigungs-* oder *Differenzenschema:*

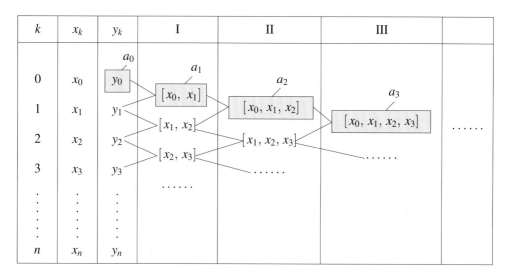

Die Größen $[x_0, x_1]$, $[x_0, x_1, x_2]$, $[x_0, x_1, x_2, x_3]$, ... heißen *dividierte Differenzen* 1., 2., 3., ... Ordnung und sind wie folgt definiert:

Dividierte Differenzen 1. Ordnung (Spalte I)

Sie werden aus *zwei* aufeinanderfolgenden Stützpunkten gebildet:

$$[x_0, x_1] = \frac{y_0 - y_1}{x_0 - x_1}$$

$$[x_1, x_2] = \frac{y_1 - y_2}{x_1 - x_2}$$

$\vdots$

Dividierte Differenzen 2. Ordnung (Spalte II)

Sie werden aus *drei* aufeinanderfolgenden Stützpunkten gebildet:

$$[x_0, x_1, x_2] = \frac{[x_0, x_1] - [x_1, x_2]}{x_0 - x_2}$$

$$[x_1, x_2, x_3] = \frac{[x_1, x_2] - [x_2, x_3]}{x_1 - x_3}$$

$\vdots$

Dividierte Differenzen 3. Ordnung (Spalte III)

Sie werden aus *vier* aufeinanderfolgenden Stützpunkten gebildet:

$$[x_0, x_1, x_2, x_3] = \frac{[x_0, x_1, x_2] - [x_1, x_2, x_3]}{x_0 - x_3}$$

$$[x_1, x_2, x_3, x_4] = \frac{[x_1, x_2, x_3] - [x_2, x_3, x_4]}{x_1 - x_4}$$

$\vdots$

Entsprechend sind die dividierten Differenzen *höherer* Ordnung definiert.

Anmerkung

Vorteil der Interpolationsformel von Newton (z. B. gegenüber der Lagrange-Interpolation, siehe Abschnitt 4.7.2): Die Anzahl der Stützpunkte kann *beliebig* vergrößert (oder auch verkleinert) werden, *ohne* dass die Koeffizienten neu berechnet werden müssen (das Rechenschema ist nur entsprechend zu ergänzen).

■ **Beispiel**

k	0	1	2	3
x_k	0	2	5	7
y_k	12	-16	-28	54

Das *Newtonsche Näherungspolynom* durch diese vier Stützpunkte ist von *höchstens* 3. Grade.

Lösungsansatz: $y = a_0 + a_1(x - x_0) + a_2(x - x_0)(x - x_1) + a_3(x - x_0)(x - x_1)(x - x_2)$

Berechnung der Koeffizienten nach dem Steigungs- oder Differenzenschema:

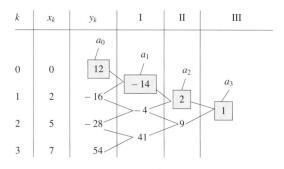

$a_0 = 12, \quad a_1 = -14, \quad a_2 = 2, \quad a_3 = 1$

Näherungspolynom nach Newton:

$$y = a_0 + a_1(x - x_0) + a_2(x - x_0)(x - x_1) + a_3(x - x_0)(x - x_1)(x - x_2) =$$
$$= 12 - 14(x - 0) + 2(x - 0)(x - 2) + 1(x - 0)(x - 2)(x - 5) =$$
$$= 12 - 14x + 2x(x - 2) + x(x - 2)(x - 5) =$$
$$= 12 - 14x + 2x^2 - 4x + x(x^2 - 7x + 10) =$$
$$= 12 - 14x + 2x^2 - 4x + x^3 - 7x^2 + 10x =$$
$$= x^3 - 5x^2 - 8x + 12$$

■

5 Gebrochenrationale Funktionen

5.1 Definition der gebrochenrationalen Funktionen

$$f(x) = \frac{g(x)}{h(x)} = \frac{a_m x^m + a_{m-1} x^{m-1} + \ldots + a_1 x + a_0}{b_n x^n + b_{n-1} x^{n-1} + \ldots + b_1 x + b_0} \qquad (a_m \neq 0; \ b_n \neq 0)$$

$g(x)$:   Zählerpolynom vom Grade m

$h(x)$:   Nennerpolynom vom Grade n

$n > m$: *Echt* gebrochenrationale Funktion (sonst *unecht* gebrochen)

Definitionsbereich: $x \in \mathbb{R}$ mit Ausnahme der Nullstellen des Nennerpolynoms $h(x)$

5.2 Nullstellen, Definitionslücken, Pole

Nullstelle x_0

Es gilt $f(x_0) = 0$, d. h. $g(x_0) = 0$ und $h(x_0) \neq 0$.

Definitionslücke x_0

Der *Nenner* der gebrochenrationalen Funktion verschwindet an der Stelle x_0, also gilt $h(x_0) = 0$. Die *Definitionslücken* fallen daher mit den (reellen) Nullstellen des Nenners zusammen. Es gibt somit *höchstens* n (reelle) Definitionslücken, ermittelt aus der Gleichung $h(x) = 0$.

Pol oder Unendlichkeitsstelle x_0

Ein *Pol* x_0 ist eine Definitionslücke besonderer Art: Nähert man sich der Stelle x_0, so strebt der Funktionswert gegen $+\infty$ oder $-\infty$. In einer Polstelle gilt somit $h(x_0) = 0$ und $g(x_0) \neq 0$, falls Zähler und Nenner *keine* gemeinsamen Nullstellen haben (siehe auch weiter unten). Die in einem Pol errichtete Parallele zur y-Achse heißt *Polgerade (senkrechte Asymptote)*. Verhält sich die Funktion bei Annäherung an den Pol von beiden Seiten her *gleichartig*, so liegt ein Pol *ohne* Vorzeichenwechsel, anderenfalls ein Pol *mit* Vorzeichenwechsel vor.

Ist x_0 eine k-fache Nullstelle des Nennerpolynoms $h(x)$, so liegt ein *Pol k-ter Ordnung* vor:

$$k = \text{gerade} \quad \Rightarrow \quad \text{Pol } \textit{ohne } \text{Vorzeichenwechsel}$$

$$k = \text{ungerade} \quad \Rightarrow \quad \text{Pol } \textit{mit } \text{Vorzeichenwechsel}$$

Berechnung der Nullstellen und Pole

Falls Zähler und Nenner *gemeinsame* Nullstellen und somit auch *gemeinsame* Linearfaktoren haben, geht man wie folgt vor:

1. Man zerlegt zunächst das Zähler- und Nennerpolynom jeweils in *Linearfaktoren* und kürzt *gemeinsame* Faktoren heraus.

2. Die im *Zähler* verbliebenen Linearfaktoren liefern dann die *Nullstellen*, die im *Nenner* verbliebenen Linearfaktoren die *Pole* der gebrochenrationalen Funktion.

Durch das Herauskürzen *gemeinsamer* Linearfaktoren können u. U. Definitionslücken *behoben* und somit der Definitionsbereich der Funktion *erweitert* werden.

■ **Beispiel**

$$y = \frac{3x^4 - 12x^3 - 9x^2 + 42x - 24}{x^3 + x^2 - x - 1} = \frac{3(x+2)(x-1)^2(x-4)}{(x-1)(x+1)^2} \qquad (x \neq 1, -1)$$

Zähler und Nenner wurden in *Linearfaktoren* zerlegt, *gemeinsame* Linearfaktoren *herausgekürzt*:

$$y = \frac{3(x+2)(x-1)(x-4)}{(x+1)^2}$$

Nullstellen: $x_1 = -2$, $x_2 = 1$, $x_3 = 4$

Pole: $\qquad x_4 = -1$ (Pol *ohne* Vorzeichenwechsel)

Polgerade: $\quad x = -1$ (Parallele zur y-Achse)

Die ursprünglich vorhandene Definitionslücke bei $x = 1$ wurde somit *behoben*.

■

5.3 Asymptotisches Verhalten im Unendlichen

Echt gebrochenrationale Funktion

Eine *echt* gebrochenrationale Funktion nähert sich im Unendlichen (d. h. für $x \to \pm\infty$) stets der *x-Achse*:

> *Asymptote im Unendlichen:* $\quad y = 0$

Unecht gebrochenrationale Funktion

Eine *unecht* gebrochenrationale Funktion $f(x)$ wird zunächst durch *Polynomdivision* in eine *ganzrationale* Funktion (Polynomfunktion) $p(x)$ und eine *echt* gebrochenrationale Funktion $r(x)$ zerlegt: $f(x) = p(x) + r(x)$. Im *Unendlichen* verschwindet $r(x)$ und die Funktion $f(x)$ nähert sich daher *asymptotisch* der Polynomfunktion $p(x)$:

> *Asymptote im Unendlichen:* $\quad y = p(x) \qquad$ (Polynom vom Grade $m - n$)

■ **Beispiel**

$$y = \frac{3x^4 - 12x^3 - 9x^2 + 42x - 24}{x^3 + x^2 - x - 1} \qquad (unecht \text{ gebrochenrationale Funktion; } m = 4, \ n = 3)$$

Polynomdivision:

$$(3x^4 - 12x^3 - 9x^2 + 42x - 24) : (x^3 + x^2 - x - 1) = \underbrace{3x - 15}_{p(x)} + \underbrace{\frac{9x^2 + 30x - 39}{x^3 + x^2 - x - 1}}_{r(x)}$$

$$\underline{-(3x^4 + 3x^3 - 3x^2 - 3x)}$$
$$-15x^3 - 6x^2 + 45x - 24$$
$$\underline{-(-15x^3 - 15x^2 + 15x + 15)}$$
$$9x^2 + 30x - 39$$

Asymptote im Unendlichen: $\quad y = 3x - 15 \quad$ (Polynom vom Grade 1 $\to$ Gerade)

■

6 Potenz- und Wurzelfunktionen

6.1 Potenzfunktionen mit ganzzahligen Exponenten

Potenzfunktionen mit positiv-ganzzahligen Exponenten

> $y = x^n, \quad -\infty < x < \infty \qquad (n \in \mathbb{N}^*)$

(sog. Parabel n-ter Ordnung)

Eigenschaften

(1)   *Symmetrie:* Für *gerades* n erhält man *gerade* Funktionen (Bild a)), für *ungerades* n *ungerade* Funktionen (Bild b)).

(2)   *Nullstelle:* $x_1 = 0$ (n-fache Nullstelle)

Bild a) zeigt die *gerade* Funktion $y = x^2$ (*Normalparabel*), Bild b) die *ungerade* Funktion $y = x^3$ (*kubische Parabel*).

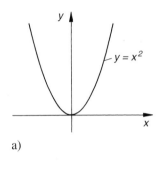

a)

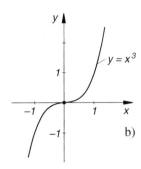

b)

Potenzfunktionen mit negativ-ganzzahligen Exponenten

$$y = x^{-n} = \frac{1}{x^n}, \quad x \neq 0 \qquad (n \in \mathbb{N}^*)$$

Eigenschaften

(1)   *Symmetrie:* Für *gerades* n erhält man *gerade* Funktionen (Bild a)), für *ungerades* n *ungerade* Funktionen (Bild b)).

(2)   *Pol:* $x_1 = 0$ (Pol n-ter Ordnung)

      Polgerade: $x = 0$ (y-Achse)

(3)   *Asymptote im Unendlichen:* $y = 0$ (x-Achse)

Bild a) zeigt die *gerade* Funktion $y = x^{-2}$, Bild b) die *ungerade* Funktion $y = x^{-1}$.

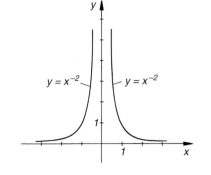

a)

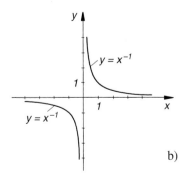

b)

6.2 Wurzelfunktionen

Die *Wurzelfunktionen* $y = \sqrt[n]{x}$ sind die *Umkehrfunktionen* der auf das Intervall $x \geq 0$ beschränkten *Potenzfunktionen* $y = x^n$ $(n = 2, 3, 4, \dots)$:

$$y = \sqrt[n]{x}, \qquad x \geq 0 \qquad (n = 2, 3, 4, \dots)$$

Eigenschaften

(1) *Monotonie:* Streng monoton *wachsend*

(2) *Nullstelle:* $x_1 = 0$

Bild a) zeigt die *Wurzelfunktion* $y = \sqrt{x}$ (*Umkehrfunktion* von $y = x^2$, $x \geq 0$),

Bild b) die *Wurzelfunktion* $y = \sqrt[3]{x}$ (*Umkehrfunktion* von $y = x^3$, $x \geq 0$).

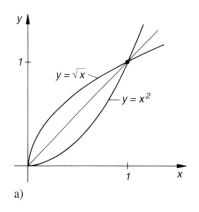

a)

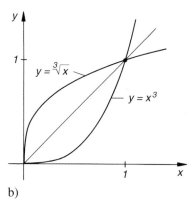

b)

6.3 Potenzfunktionen mit rationalen Exponenten

Unter einer *Potenzfunktion* mit *rationalem* Exponenten versteht man die *Wurzelfunktion*

$$y = x^{\frac{m}{n}} = \sqrt[n]{x^m}, \qquad x > 0 \qquad (m \in \mathbb{Z}, \ n \in \mathbb{N}^*)$$

(n-te Wurzel aus x^m)

Eigenschaften

(1) *Monotonie:* Bei *positivem* Exponenten streng monoton *wachsend* (Bild a)), bei *negativem* Exponenten streng monoton *fallend* (Bild b)).

(2) *Definitionsbereich:* $x > 0$, bei *positivem* Exponenten $x \geq 0$.

(3) *Erweiterung* auf *beliebige* reelle Exponenten a:

$$y = x^a = \mathrm{e}^{\ln x^a} = \mathrm{e}^{a \cdot \ln x} \qquad (x > 0; \ \ln x: \ \text{natürlicher Logarithmus von } x)$$

Bild a) zeigt die streng monoton *wachsende* Funktion $y = x^{2/3}$ $(x \geq 0)$, Bild b) die streng monoton *fallende* Funktion $y = x^{-1/2}$ $(x > 0)$.

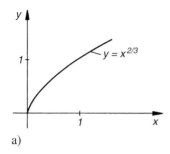

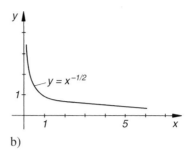

a)   b)

7 Trigonometrische Funktionen

Weitere Bezeichnungen: Winkelfunktionen, Kreisfunktionen

7.1 Winkelmaße

Winkel werden im *Grad-* oder *Bogenmaß* gemessen.

Bogenmaß eines Winkels

Bogenmaß x: Maßzahl der Länge des Kreisbogens, der im *Einheitskreis* dem Winkel α gegenüberliegt[2].

Einer vollen Umdrehung entsprechen im *Gradmaß* 360° (Altgrad), im *Bogenmaß* 2π rad (gelesen: Radiant)[3].

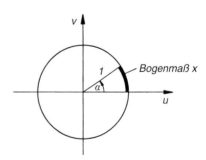

Umrechnung der Winkelmaße

Vom *Grad-* ins *Bogenmaß:* $x = \dfrac{\pi}{180°}\alpha$

Vom *Bogen-* ins *Gradmaß:* $\alpha = \dfrac{180°}{\pi}x$

$1° \approx 0{,}017\,453$ rad;   1 rad $\approx 57{,}2958°$

---

[2] In einem beliebigen Kreis ist x das Verhältnis aus der Kreisbogenlänge b und dem Radius r $(x = b/r)$.

[3] Das *Bogenmaß* ist eine *dimensionslose* Größe, man lässt daher die Einheit rad meist weg. Neben dem *Altgrad* gibt es noch den *Neugrad.* Einer vollen Umdrehung entsprechen dabei 400 gon.

Drehsinn eines Winkels

Die Winkel erhalten wie folgt ein *Vorzeichen*: Im *Gegenuhrzeigersinn* überstrichene Winkel werden *positiv*, im *Uhrzeigersinn* überstrichene Winkel *negativ* gezählt.

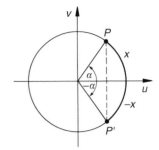

7.2 Definition der trigonometrischen Funktionen

Darstellung im rechtwinkeligen Dreieck

α ist ein *spitzer* Winkel in einem *rechtwinkeligen* Dreieck $(0° \leq \alpha \leq 90°)$. Definitionsgemäß gilt dann:

$$\sin \alpha = \frac{\text{Gegenkathete}}{\text{Hypotenuse}} = \frac{a}{c}$$

$$\cos \alpha = \frac{\text{Ankathete}}{\text{Hypotenuse}} = \frac{b}{c}$$

$$\tan \alpha = \frac{\text{Gegenkathete}}{\text{Ankathete}} = \frac{a}{b}$$

$$\cot \alpha = \frac{\text{Ankathete}}{\text{Gegenkathete}} = \frac{b}{a}$$

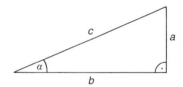

a, b: Katheten
c: Hypotenuse

Darstellung im Einheitskreis

Für einen *beliebigen* (positiven oder negativen) Winkel α gilt definitionsgemäß (P ist dabei der zum Winkel α gehörende Kreispunkt):

$\sin \alpha$ = Ordinate von P

$\cos \alpha$ = Abszisse von P

$\tan \alpha$ = Abschnitt auf der „rechten Kreistangente"

$\cot \alpha$ = Abschnitt auf der „oberen Kreistangente"

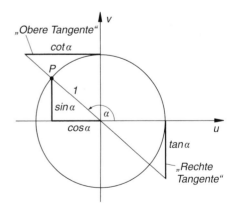

Quadrantenregel (Vorzeichenregel)

Quadrant	I	II	III	IV
Sinus	+	+	−	−
Kosinus	+	−	−	+
Tangens	+	−	+	−
Kotangens	+	−	+	−

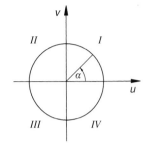

7.3 Sinus- und Kosinusfunktion

Die *trigonometrischen* Funktionen $y = \sin x$ und $y = \cos x$ zeigen den folgenden Verlauf (x: Winkel im *Bogenmaß*):

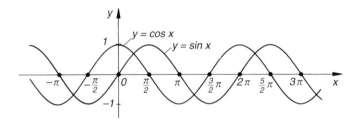

Eigenschaften ($k \in \mathbb{Z}$)	$y = \sin x$	$y = \cos x$
Definitionsbereich	$-\infty < x < \infty$	$-\infty < x < \infty$
Wertebereich	$-1 \leq y \leq 1$	$-1 \leq y \leq 1$
Periode (primitive)	2π	2π
Symmetrie	ungerade	gerade
Nullstellen	$x_k = k \cdot \pi$	$x_k = \dfrac{\pi}{2} + k \cdot \pi$
Relative Maxima	$x_k = \dfrac{\pi}{2} + k \cdot 2\pi$	$x_k = k \cdot 2\pi$
Relative Minima	$x_k = \dfrac{3}{2}\pi + k \cdot 2\pi$	$x_k = \pi + k \cdot 2\pi$

7.4 Tangens- und Kotangensfunktion

Die *trigonometrischen* Funktionen $y = \tan x$ und $y = \cot x$ zeigen den in den Bildern a) und b) dargestellten Verlauf (x: Winkel im *Bogenmaß*):

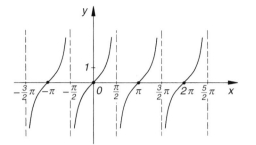
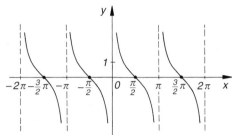

a) Tangensfunktion   b) Kotangensfunktion

Eigenschaften ($k \in \mathbb{Z}$)	$y = \tan x$	$y = \cot x$
Definitionsbereich	$x \in \mathbb{R}$ mit Ausnahme der Stellen $x_k = \dfrac{\pi}{2} + k \cdot \pi$	$x \in \mathbb{R}$ mit Ausnahme der Stellen $x_k = k \cdot \pi$
Wertebereich	$-\infty < y < \infty$	$-\infty < y < \infty$
Periode (primitive)	π	π
Symmetrie	ungerade	ungerade
Nullstellen	$x_k = k \cdot \pi$	$x_k = \dfrac{\pi}{2} + k \cdot \pi$
Pole	$x_k = \dfrac{\pi}{2} + k \cdot \pi$	$x_k = k \cdot \pi$
Senkrechte Asymptoten	$x = \dfrac{\pi}{2} + k \cdot \pi$	$x = k \cdot \pi$

Beide Funktionen besitzen keine relativen Extremwerte.

7.5 Wichtige Beziehungen zwischen den trigonometrischen Funktionen

Zusammenhang zwischen $\sin x$ und $\cos x$

$\cos x = \sin \left(x + \dfrac{\pi}{2} \right)$	$\sin x = \cos \left(x - \dfrac{\pi}{2} \right)$

Der Kosinus läuft dem Sinus um $\pi/2$ voraus, der Sinus läuft dem Kosinus um $\pi/2$ hinterher.

Trigonometrischer Pythagoras

$$\sin^2 x + \cos^2 x = 1$$

Weitere elementare Beziehungen

$$\tan x = \frac{\sin x}{\cos x} = \frac{1}{\cot x} \qquad\qquad \cot x = \frac{\cos x}{\sin x} = \frac{1}{\tan x}$$

Umrechnungen zwischen den trigonometrischen Funktionen

	$\sin x$	$\cos x$	$\tan x$	$\cot x$
$\sin x$	——	$\pm\sqrt{1 - \cos^2 x}$	$\pm\dfrac{\tan x}{\sqrt{1 + \tan^2 x}}$	$\pm\dfrac{1}{\sqrt{1 + \cot^2 x}}$
$\cos x$	$\pm\sqrt{1 - \sin^2 x}$	——	$\pm\dfrac{1}{\sqrt{1 + \tan^2 x}}$	$\pm\dfrac{\cot x}{\sqrt{1 + \cot^2 x}}$
$\tan x$	$\pm\dfrac{\sin x}{\sqrt{1 - \sin^2 x}}$	$\pm\dfrac{\sqrt{1 - \cos^2 x}}{\cos x}$	——	$\dfrac{1}{\cot x}$
$\cot x$	$\pm\dfrac{\sqrt{1 - \sin^2 x}}{\sin x}$	$\pm\dfrac{\cos x}{\sqrt{1 - \cos^2 x}}$	$\dfrac{1}{\tan x}$	——

Das Vorzeichen wird nach der *Quadrantenregel* bestimmt (siehe Abschnitt 7.2).

7.6 Trigonometrische Formeln

7.6.1 Additionstheoreme

$$\sin (x_1 \pm x_2) = \sin x_1 \cdot \cos x_2 \pm \cos x_1 \cdot \sin x_2$$

$$\cos (x_1 \pm x_2) = \cos x_1 \cdot \cos x_2 \mp \sin x_1 \cdot \sin x_2$$

$$\tan (x_1 \pm x_2) = \frac{\tan x_1 \pm \tan x_2}{1 \mp \tan x_1 \cdot \tan x_2}$$

$$\cot (x_1 \pm x_2) = \frac{\cot x_1 \cdot \cot x_2 \mp 1}{\cot x_2 \pm \cot x_1}$$

7.6.2 Formeln für halbe Winkel

$$\sin\left(\frac{x}{2}\right) = \pm\sqrt{\frac{1-\cos x}{2}}$$

$$\cos\left(\frac{x}{2}\right) = \pm\sqrt{\frac{1+\cos x}{2}}$$

$$\tan\left(\frac{x}{2}\right) = \pm\sqrt{\frac{1-\cos x}{1+\cos x}} = \frac{\sin x}{1+\cos x} = \frac{1-\cos x}{\sin x}$$

Das Vorzeichen wird nach der *Quadrantenregel* bestimmt (siehe Abschnitt 7.2).

7.6.3 Formeln für Winkelvielfache

Formeln für doppelte Winkel

$$\sin(2x) = 2 \cdot \sin x \cdot \cos x$$

$$\cos(2x) = \cos^2 x - \sin^2 x = 1 - 2 \cdot \sin^2 x = 2 \cdot \cos^2 x - 1$$

$$\tan(2x) = \frac{2 \cdot \tan x}{1 - \tan^2 x}$$

Formeln für dreifache Winkel

$$\sin(3x) = 3 \cdot \sin x - 4 \cdot \sin^3 x$$

$$\cos(3x) = 4 \cdot \cos^3 x - 3 \cdot \cos x$$

$$\tan(3x) = \frac{3 \cdot \tan x - \tan^3 x}{1 - 3 \cdot \tan^2 x}$$

Formeln für *n*-fache Winkel ($n = 2, 3, 4, \ldots$)

$$\sin(nx) = \binom{n}{1} \cdot \sin x \cdot \cos^{n-1} x - \binom{n}{3} \cdot \sin^3 x \cdot \cos^{n-3} x +$$

$$+ \binom{n}{5} \cdot \sin^5 x \cdot \cos^{n-5} x - + \ldots$$

$$\cos(nx) = \cos^n x - \binom{n}{2} \cdot \sin^2 x \cdot \cos^{n-2} x + \binom{n}{4} \cdot \sin^4 x \cdot \cos^{n-4} x - + \ldots$$

$\binom{n}{k}$:   Binomialkoeffizient (siehe I.2.7)

7.6.4 Formeln für Potenzen

$$\sin^2 x = \frac{1}{2} \left[1 - \cos(2x) \right]$$

$$\sin^3 x = \frac{1}{4} \left[3 \cdot \sin x - \sin(3x) \right]$$

$$\sin^4 x = \frac{1}{8} \left[\cos(4x) - 4 \cdot \cos(2x) + 3 \right]$$

$$\cos^2 x = \frac{1}{2} \left[1 + \cos(2x) \right]$$

$$\cos^3 x = \frac{1}{4} \left[3 \cdot \cos x + \cos(3x) \right]$$

$$\cos^4 x = \frac{1}{8} \left[\cos(4x) + 4 \cdot \cos(2x) + 3 \right]$$

7.6.5 Formeln für Summen und Differenzen

$$\sin x_1 + \sin x_2 = 2 \cdot \sin\left(\frac{x_1 + x_2}{2}\right) \cdot \cos\left(\frac{x_1 - x_2}{2}\right)$$

$$\sin x_1 - \sin x_2 = 2 \cdot \cos\left(\frac{x_1 + x_2}{2}\right) \cdot \sin\left(\frac{x_1 - x_2}{2}\right)$$

$$\cos x_1 + \cos x_2 = 2 \cdot \cos\left(\frac{x_1 + x_2}{2}\right) \cdot \cos\left(\frac{x_1 - x_2}{2}\right)$$

$$\cos x_1 - \cos x_2 = -2 \cdot \sin\left(\frac{x_1 + x_2}{2}\right) \cdot \sin\left(\frac{x_1 - x_2}{2}\right)$$

$$\tan x_1 \pm \tan x_2 = \frac{\sin(x_1 \pm x_2)}{\cos x_1 \cdot \cos x_2}$$

$$\sin(x_1 + x_2) + \sin(x_1 - x_2) = 2 \cdot \sin x_1 \cdot \cos x_2$$

$$\sin(x_1 + x_2) - \sin(x_1 - x_2) = 2 \cdot \cos x_1 \cdot \sin x_2$$

$$\cos(x_1 + x_2) + \cos(x_1 - x_2) = 2 \cdot \cos x_1 \cdot \cos x_2$$

$$\cos(x_1 + x_2) - \cos(x_1 - x_2) = -2 \cdot \sin x_1 \cdot \sin x_2$$

7.6.6 Formeln für Produkte

$$\sin x_1 \cdot \sin x_2 = \frac{1}{2} \left[\cos (x_1 - x_2) - \cos (x_1 + x_2)\right]$$

$$\cos x_1 \cdot \cos x_2 = \frac{1}{2} \left[\cos (x_1 - x_2) + \cos (x_1 + x_2)\right]$$

$$\sin x_1 \cdot \cos x_2 = \frac{1}{2} \left[\sin (x_1 - x_2) + \sin (x_1 + x_2)\right]$$

$$\tan x_1 \cdot \tan x_2 = \frac{\tan x_1 + \tan x_2}{\cot x_1 + \cot x_2}$$

7.7 Anwendungen in der Schwingungslehre

7.7.1 Allgemeine Sinus- und Kosinusfunktion

Allgemeine Sinusfunktion

$$y = a \cdot \sin (b x + c) \qquad (a > 0, b > 0)$$

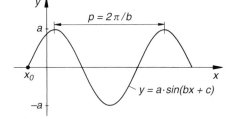

Eigenschaften

(1) *Periode:* $p = 2\pi/b$

(2) *Wertebereich:* $-a \leq y \leq a$

(3) *Verschiebung auf der x-Achse,* bezogen auf die elementare Sinusfunktion $y = \sin x$ („Startpunkt"): $x_0 = -c/b$ (für $c > 0$ ist die Kurve nach *links*, für $c < 0$ nach *rechts* verschoben)

Allgemeine Kosinusfunktion

$$y = a \cdot \cos (b x + c) \qquad (a > 0, b > 0)$$

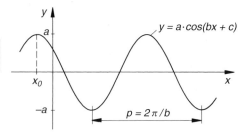

Eigenschaften

(1) *Periode:* $p = 2\pi/b$

(2) *Wertebereich:* $-a \leq y \leq a$

(3) *Verschiebung auf der x-Achse,* bezogen auf die elementare Kosinusfunktion $y = \cos x$ („Startpunkt"): $x_0 = -c/b$ (für $c > 0$ ist die Kurve nach *links*, für $c < 0$ nach *rechts* verschoben)

7.7.2 Harmonische Schwingungen (Sinusschwingungen)

7.7.2.1 Gleichung einer harmonischen Schwingung

Auslenkung y eines Federpendels (Feder-Masse-Schwingers) in Abhängigkeit von der Zeit t:

$$y = A \cdot \sin(\omega t + \varphi) \qquad (A, \omega > 0)$$

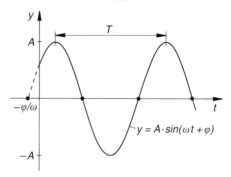

A: *Amplitude* (maximale Auslenkung)

ω: *Kreisfrequenz* der Schwingung

φ: *Phase, Phasenwinkel* oder
Nullphasenwinkel

T: *Schwingungsdauer* oder *Periode*

f: *Frequenz*

$\quad T = 2\pi/\omega, \quad f = 1/T = \omega/2\pi$

$\quad \omega = 2\pi f = 2\pi/T$

Eine in der *Kosinusform* $y = A \cdot \cos(\omega t + \varphi)$ dargestellte harmonische Schwingung lässt sich wie folgt in die Sinusform umschreiben:

$$y = A \cdot \cos(\omega t + \varphi) = A \cdot \sin\left(\omega t + \underbrace{\varphi + \frac{\pi}{2}}_{\text{Nullphasenwinkel } \varphi^*}\right) = A \cdot \sin(\omega t + \varphi^*)$$

Regel: Nullphasenwinkel φ um $\pi/2$ vergrößern

7.7.2.2 Darstellung einer harmonischen Schwingung im Zeigerdiagramm

Eine *harmonische Schwingung* $y = A \cdot \sin(\omega t + \varphi)$ lässt sich in einem *Zeigerdiagramm* durch einen *rotierenden* Zeiger der Länge A darstellen.[4] Die Rotation erfolgt dabei aus der durch den Nullphasenwinkel φ eindeutig bestimmten Anfangslage heraus um den Nullpunkt mit der Winkelgeschwindigkeit ω im *Gegenuhrzeigersinn*. Die Ordinate der Zeigerspitze entspricht dabei dem augenblicklichen Funktionswert der Schwingung (Bild a)).

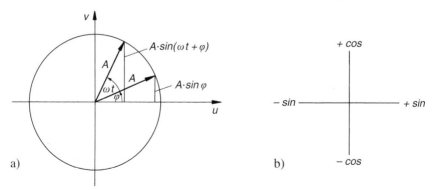

a)   b)

---

[4] Darstellung durch *komplexe* Zeiger: siehe VIII.8.1.

Bei der bildlichen Darstellung einer Schwingung im Zeigerdiagramm zeichnet man verabredungsgemäß nur die *Anfangslage* (Zeiger der Länge A unter dem Winkel φ gegen die Horizontale). Lässt man auch einen *negativen* „Amplitudenfaktor" A zu, so gelten für das Abtragen der *unverschobenen* Schwingungen $(\varphi = 0)$ die folgenden Regeln ($A < 0$ bedeutet eine *Vergrößerung* des Phasenwinkels um π, d. h. eine *zusätzliche* Drehung des Zeigers um $180°$ (Bild b)):

Schwingungstyp	$A > 0$	$A < 0$
$y = A \cdot \sin(\omega t)$	Zeiger nach rechts abtragen	Zeiger nach links abtragen
$y = A \cdot \cos(\omega t)$	Zeiger nach oben abtragen	Zeiger nach unten abtragen

Liegen die Schwingungen in der „phasenverschobenen" Form $y = A \cdot \sin(\omega t + \varphi)$ bzw. $y = A \cdot \cos(\omega t + \varphi)$ vor, so erfolgt eine *zusätzliche* Drehung um den Nullphasenwinkel φ (für $\varphi > 0$ im *Gegenuhrzeigersinn*, für $\varphi < 0$ im *Uhrzeigersinn*).

■ **Beispiel**

Das nebenstehende Bild zeigt die Anfangslage der folgenden Zeiger:

$$y_1 = 4 \cdot \sin\left(\omega t + \frac{\pi}{4}\right)$$

$$y_2 = -3 \cdot \sin\left(\omega t - \frac{\pi}{3}\right)$$

$$y_3 = 3 \cdot \cos\left(\omega t - \frac{3}{4}\pi\right)$$

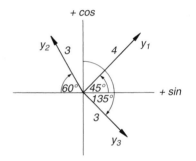

■

7.7.3 Superposition (Überlagerung) gleichfrequenter harmonischer Schwingungen

Die *ungestörte Überlagerung* zweier *gleichfrequenter* harmonischer Schwingungen $y_1 = A_1 \cdot \sin(\omega t + \varphi_1)$ und $y_2 = A_2 \cdot \sin(\omega t + \varphi_2)$ führt zu einer resultierenden Schwingung der *gleichen* Frequenz *(Superpositionsprinzip der Physik)*. Im Zeigerdiagramm werden die Zeiger von y_1 und y_2 nach der aus der Vektorrechnung bekannten *Parallelogrammregel* zu einem resultierenden Zeiger $y = A \cdot \sin(\omega t + \varphi)$ zusammengesetzt. *Amplitude* A und *Nullphasenwinkel* φ können direkt abgelesen oder nach den folgenden Formeln berechnet werden ($A_1 > 0$, $A_2 > 0$):

$y = y_1 + y_2 = A \cdot \sin(\omega t + \varphi)$
$A = \sqrt{A_1^2 + A_2^2 + 2A_1A_2 \cdot \cos(\varphi_2 - \varphi_1)}$
$\tan\varphi = \dfrac{A_1 \cdot \sin\varphi_1 + A_2 \cdot \sin\varphi_2}{A_1 \cdot \cos\varphi_1 + A_2 \cdot \cos\varphi_2}$

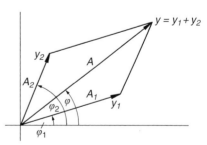

Anmerkungen

(1) Bei der Berechnung des Nullphasenwinkels φ aus der angegebenen Gleichung ist die Lage des resultierenden Zeigers zu berücksichtigen (Skizze anfertigen und den Quadranten des Winkels bestimmen).

(2) Die Formeln für Amplitude A und Phasenwinkel φ gelten auch dann, wenn *beide* Einzelschwingungen in der *Kosinusform* vorliegen. Die resultierende Schwingung ist dann ebenfalls eine (gleichfrequente) *Kosinusschwingung* vom Typ $y = A \cdot \cos(\omega t + \varphi)$.

■ **Beispiel**

Ungestörte Überlagerung zweier Sinusschwingungen:

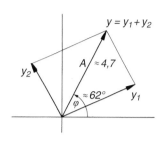

$$y_1 = 4 \cdot \sin\left(\omega t + \frac{\pi}{8}\right), \qquad y_2 = 3 \cdot \sin\left(\omega t + \frac{2}{3}\pi\right)$$

$$A_1 = 4, \qquad A_2 = 3, \qquad \varphi_1 = \frac{\pi}{8}, \qquad \varphi_2 = \frac{2}{3}\pi$$

$$A = \sqrt{4^2 + 3^2 + 2 \cdot 4 \cdot 3 \cdot \cos\left(\frac{2}{3}\pi - \frac{\pi}{8}\right)} =$$

$$= \sqrt{16 + 9 + 24 \cdot \cos\left(\frac{13}{24}\pi\right)} = 4{,}68$$

$$\tan \varphi = \frac{4 \cdot \sin\left(\frac{\pi}{8}\right) + 3 \cdot \sin\left(\frac{2}{3}\pi\right)}{4 \cdot \cos\left(\frac{\pi}{8}\right) + 3 \cdot \cos\left(\frac{2}{3}\pi\right)} = 1{,}8806 \quad \Rightarrow \quad \varphi = \arctan 1{,}8806 = 1{,}082 = 62°$$

Resultierende Schwingung: $y = y_1 + y_2 = 4{,}68 \cdot \sin(\omega t + 1{,}082)$

■

8 Arkusfunktionen

Die *Umkehrfunktionen* der auf bestimmte Intervalle beschränkten trigonometrischen Funktionen heißen *Arkus-* oder *zyklometrische Funktionen*. Die Intervalle müssen dabei so gewählt werden, dass die trigonometrischen Funktionen dort in streng monotoner Weise sämtliche Funktionswerte durchlaufen und somit *umkehrbar* sind. Der Funktionswert einer Arkusfunktion ist ein im Bogen- oder Gradmaß dargestellter *Winkel*.

8.1 Arkussinus- und Arkuskosinusfunktion

Arkussinusfunktion

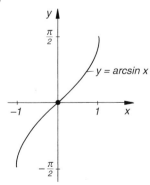

> $y = \arcsin x$ mit $-1 \leq x \leq 1$ ist die *Umkehrfunktion* der auf das Intervall $-\pi/2 \leq x \leq \pi/2$ beschränkten Sinusfunktion.

Der Arkussinus liefert nur Winkel aus dem 1. und 4. Quadrant.

Arkuskosinusfunktion

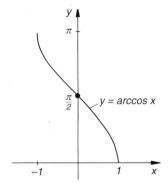

$y = \arccos x$ mit $-1 \leq x \leq 1$ ist die *Umkehrfunktion* der auf das Intervall $0 \leq x \leq \pi$ beschränkten Kosinusfunktion.

Der Arkuskosinus liefert nur Winkel aus dem 1. und 2. Quadrant.

Eigenschaften	$y = \arcsin x$	$y = \arccos x$
Definitionsbereich	$-1 \leq x \leq 1$	$-1 \leq x \leq 1$
Wertebereich	$-\dfrac{\pi}{2} \leq y \leq \dfrac{\pi}{2}$	$0 \leq y \leq \pi$
Symmetrie[5]	ungerade	
Nullstellen	$x_1 = 0$	$x_1 = 1$
Monotonie	streng monoton wachsend	streng monoton fallend

8.2 Arkustangens- und Arkuskotangensfunktion

Arkustangensfunktion

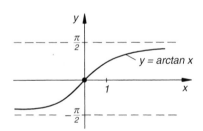

$y = \arctan x$ mit $-\infty < x < \infty$ ist die *Umkehrfunktion* der auf das Intervall $-\pi/2 < x < \pi/2$ beschränkten Tangensfunktion.

Der Arkustangens liefert nur Winkel aus dem 1. und 4. Quadrant.

Arkuskotangensfunktion

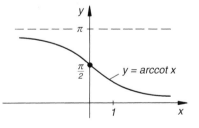

$y = \text{arccot}\, x$ mit $-\infty < x < \infty$ ist die *Umkehrfunktion* der auf das Intervall $0 < x < \pi$ beschränkten Kotangensfunktion.

Der Arkuskotangens liefert nur Winkel aus dem 1. und 2. Quadrant.

---

[5] $y = \arccos x$ verläuft *punktsymmetrisch* zum Symmetriezentrum $P = (0;\ \pi/2)$ auf der y-Achse.

Eigenschaften	$y = \arctan x$	$y = \text{arccot } x$
Definitionsbereich	$-\infty < x < \infty$	$-\infty < x < \infty$
Wertebereich	$-\dfrac{\pi}{2} < y < \dfrac{\pi}{2}$	$0 < y < \pi$
Symmetrie[6]	ungerade	
Nullstellen	$x_1 = 0$	
Monotonie	streng monoton wachsend	streng monoton fallend
Asymptoten	$y = \pm \dfrac{\pi}{2}$	$y = 0, \quad y = \pi$

Die Berechnung der Funktionswerte von $y = \text{arccot } x$ erfolgt nach der Formel

$$\text{arccot } x = \frac{\pi}{2} - \arctan x$$

Bei Verwendung des Gradmaßes muss $\pi/2$ durch $90°$ ersetzt werden.

8.3 Wichtige Beziehungen zwischen den Arkusfunktionen

$$\arcsin x + \arccos x = \pi/2 \qquad\qquad \arctan x + \text{arccot } x = \pi/2$$

$$\arcsin x = \arctan\left(\frac{x}{\sqrt{1 - x^2}}\right) \qquad \arctan x = \arcsin\left(\frac{x}{\sqrt{1 + x^2}}\right)$$

$$\arccos x = \text{arccot}\left(\frac{x}{\sqrt{1 - x^2}}\right) \qquad \text{arccot } x = \arccos\left(\frac{x}{\sqrt{1 + x^2}}\right)$$

$$\text{arccot } x = \left\{ \begin{array}{ll} \arctan(1/x) & x > 0 \\ & \text{für} \\ \arctan(1/x) + \pi & x < 0 \end{array} \right\}$$

Formeln für negative Argumente

$\arcsin(-x) = -\arcsin x$	$\arccos(-x) = \pi - \arccos x$
$\arctan(-x) = -\arctan x$	$\text{arccot}(-x) = \pi - \text{arccot } x$

---

[6] $y = \text{arccot } x$ verläuft *punktsymmetrisch* zum Symmetriezentrum $P = (0; \pi/2)$ auf der y-Achse.

9 Exponentialfunktionen

9.1 Definition der Exponentialfunktionen

e-Funktion (Basis e)

$$y = e^x, \quad -\infty < x < \infty$$

Basis: Eulersche Zahl e

$$e = \lim_{n \to \infty} \left(1 + \frac{1}{n}\right)^n = 2{,}718\,281 \ldots$$

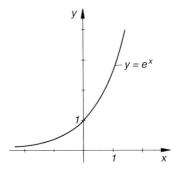

Allgemeine Exponentialfunktion (Basis a)

$$y = a^x, \quad -\infty < x < \infty$$

Basis: $a > 0, \ a \neq 1$

Das Bild zeigt die Exponentialfunktionen $y = 2^x$ (streng monoton *wachsend*) und $y = \left(\dfrac{1}{3}\right)^x$ (streng monoton *fallend*).

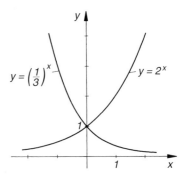

$y = a^x$ ist auch als e-Funktion darstellbar:

$$y = a^x = e^{\lambda x} \qquad (\lambda = \ln a)$$

Eigenschaften

(1)   *Definitionsbereich:* $\ -\infty < x < \infty$

(2)   *Wertebereich:* $\ 0 < y < \infty$ *(keine* Nullstellen!)

(3)   *Monotonie:* $\ \lambda > 0$ (d. h. $a > 1$): Streng monoton *wachsend*
           $\lambda < 0$ (d. h. $0 < a < 1$): Streng monoton *fallend*

(4)   *Asymptote:* $\ y = 0$ (*x*-Achse)

(5) $y(0) = 1$ (alle Kurven schneiden die *y*-Achse bei $y = 1$)

(6) $y = a^{-x}$ entsteht durch *Spiegelung* von $y = a^x$ an der *y*-Achse.

9.2 Spezielle Exponentialfunktionen aus den Anwendungen

In den naturwissenschaftlich-technischen Anwendungen treten Exponentialfunktionen meist in der *zeitabhängigen* Form auf, z. B. bei *Abkling-* und *Sättigungsfunktionen* (*t*: Zeit).

9.2.1 Abklingfunktion

$$y = a \cdot e^{-\lambda t} + b$$

oder

$$y = a \cdot e^{-t/\tau} + b$$

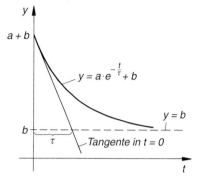

$$a > 0, \quad \lambda > 0, \quad \tau = 1/\lambda > 0; \quad t \geq 0$$

Eigenschaften

(1) Streng monoton *fallende* Funktion.

(2) *Asymptote* für $t \to \infty$: $y = b$

(3) *Tangente* in $t = 0$ schneidet die Asymptote an der Stelle $\tau = 1/\lambda$.

Sonderfall: $b = 0$

$$y = a \cdot e^{-\lambda t}$$

oder

$$y = a \cdot e^{-t/\tau}$$

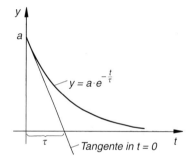

9.2.2 Sättigungsfunktion

$$y = a(1 - e^{-\lambda t}) + b$$

oder

$$y = a\left(1 - e^{-t/\tau}\right) + b$$

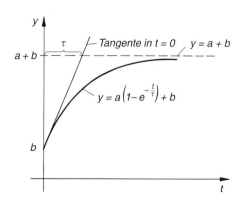

$$a > 0, \quad \lambda > 0, \quad \tau = 1/\lambda > 0; \quad t \geq 0$$

Eigenschaften

(1) Streng monoton *wachsende* Funktion.

(2) *Asymptote* für $t \to \infty$: $y = a + b$

(3) *Tangente* in $t = 0$ schneidet die Asymptote an der Stelle $\tau = 1/\lambda$.

Sonderfall: $b = 0$

$$y = a\left(1 - e^{-\lambda t}\right)$$

oder

$$y = a\left(1 - e^{-t/\tau}\right)$$

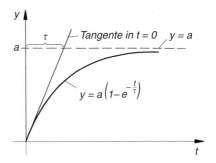

9.2.3 Wachstumsfunktion

$$y = y_0 \cdot e^{\alpha t}, \qquad t \geq 0$$

$y_0 > 0$:   Anfangsbestand (zur Zeit $t = 0$)

$\alpha > 0$:   Wachstumsrate

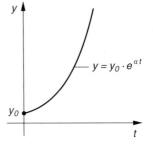

9.2.4 Gauß-Funktion (Gaußsche Glockenkurve)

$$y = a \cdot e^{-b(x - x_0)^2}, \qquad -\infty < x < \infty$$

$a > 0, \quad b > 0$

Eigenschaften

(1)   *Maximum* bei x_0: $y(x_0) = a$

(2)   *Symmetrieachse:* $x = x_0$ (Parallele zur y-Achse durch das Maximum)

(3)   *Asymptote* im Unendlichen: $y = 0$ (x-Achse)

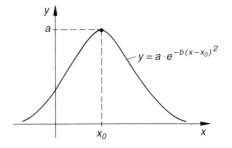

9.2.5 Kettenlinie

Eine an zwei Punkten P_1 und P_2 in gleicher Höhe befestigte, *freihängende* Kette nimmt unter dem Einfluss der Schwerkraft die geometrische Form einer *Kettenlinie* an ($a > 0$):

$$y = a \cdot \cosh\left(\frac{x}{a}\right) = \frac{a}{2}\left(e^{x/a} + e^{-x/a}\right)$$

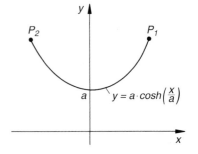

10 Logarithmusfunktionen

10.1 Definition der Logarithmusfunktionen

Die *Logarithmusfunktionen* sind die *Umkehrfunktionen* der Exponentialfunktionen.

Allgemeine Logarithmusfunktion

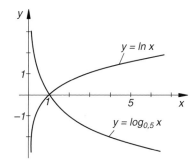

> $y = \log_a x$ mit $x > 0$ ist die *Umkehrfunktion* der Exponentialfunktion $y = a^x$ ($a > 0$, $a \neq 1$).

Das nebenstehende Bild zeigt die Funktionen $y = \log_e x \equiv \ln x$ (streng monoton *wachsend*) und $y = \log_{0,5} x$ (streng monoton *fallend*).

Eigenschaften

(1) *Definitionsbereich:* $x > 0$

(2) *Wertebereich:* $-\infty < y < \infty$

(3) *Nullstellen:* $x_1 = 1$

(4) *Monotonie:* $0 < a < 1$: Streng monoton *fallend*

$\qquad\qquad\qquad a > 1$: Streng monoton *wachsend*

(5) *Asymptote:* $x = 0$ (*y*-Achse)

(6) Für jede (zulässige) Basis a gilt: $\log_a 1 = 0$, $\log_a a = 1$

(7) Die Funktionskurve von $y = \log_a x$ erhält man durch *Spiegelung* von $y = a^x$ an der Winkelhalbierenden des 1. Quadranten.

10.2 Spezielle Logarithmusfunktionen

Natürlicher Logarithmus ($a = e$)

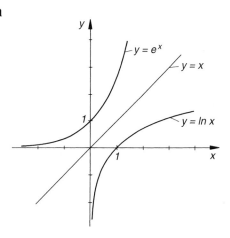

> $y = \log_e x \equiv \ln x,\qquad x > 0$

(*Umkehrfunktion* von $y = e^x$)

Das nebenstehende Bild zeigt, wie man $y = \ln x$ durch Spiegelung von $y = e^x$ an der Winkelhalbierenden $y = x$ erhält.

Zehnerlogarithmus (Dekadischer oder Briggscher Logarithmus, $a = 10$)

$$y = \log_{10} x \equiv \lg x, \qquad x > 0$$

Zweierlogarithmus (Binärlogarithmus, $a = 2$)

$$y = \log_2 x \equiv \text{lb}\, x, \qquad x > 0$$

11 Hyperbelfunktionen

11.1 Definition der Hyperbelfunktionen

$y = \sinh x$ und $y = \cosh x$

$$y = \sinh x = \frac{e^x - e^{-x}}{2}$$

$$y = \cosh x = \frac{e^x + e^{-x}}{2}$$

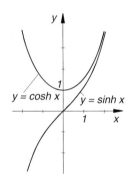

Für *großes* x gilt:

$$\sinh x \approx \cosh x \approx \frac{1}{2} \cdot e^x$$

Eigenschaften	$y = \sinh x$	$y = \cosh x$
Definitionsbereich	$-\infty < x < \infty$	$-\infty < x < \infty$
Wertebereich	$-\infty < y < \infty$	$1 \leq y < \infty$
Symmetrie	ungerade	gerade
Nullstellen	$x_1 = 0$	
Extremwerte		$x_1 = 0$ (Minimum)
Monotonie	streng monoton wachsend	

$\cosh x$ verläuft im Intervall $x < 0$ streng monoton *fallend*, im Intervall $x \geq 0$ dagegen streng monoton *wachsend*.

$y = \tanh x$ und $y = \coth x$

$$y = \tanh x = \frac{e^x - e^{-x}}{e^x + e^{-x}}$$

$$y = \coth x = \frac{e^x + e^{-x}}{e^x - e^{-x}}$$

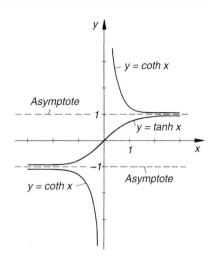

Für *großes* x gilt:

$\tanh x \approx \coth x \approx 1$

Eigenschaften	$y = \tanh x$	$y = \coth x$
Definitionsbereich	$-\infty < x < \infty$	$|x| > 0$
Wertebereich	$-1 < y < 1$	$|y| > 1$
Symmetrie	ungerade	ungerade
Nullstellen	$x_1 = 0$	
Pole		$x_1 = 0$
Monotonie	streng monoton wachsend	
Asymptoten	$y = \pm 1$	$x = 0$ (y-Achse) $y = \pm 1$

$\coth x$ verläuft in den Intervallen $x < 0$ und $x > 0$ jeweils streng monoton *fallend*.

11.2 Wichtige Beziehungen zwischen den Hyperbelfunktionen

Hyperbolischer Pythagoras

$$\cosh^2 x - \sinh^2 x = 1$$

Weitere elementare Beziehungen

$\tanh x = \dfrac{\sinh x}{\cosh x}$	$\coth x = \dfrac{\cosh x}{\sinh x} = \dfrac{1}{\tanh x}$

Umrechnungen zwischen den Hyperbelfunktionen

	$\sinh x$	$\cosh x$	$\tanh x$	$\coth x$
$\sinh x$	——	$\pm \sqrt{\cosh^2 x - 1}$	$\dfrac{\tanh x}{\sqrt{1 - \tanh^2 x}}$	$\pm \dfrac{1}{\sqrt{\coth^2 x - 1}}$
$\cosh x$	$\sqrt{\sinh^2 x + 1}$	——	$\dfrac{1}{\sqrt{1 - \tanh^2 x}}$	$\pm \dfrac{\coth x}{\sqrt{\coth^2 x - 1}}$
$\tanh x$	$\dfrac{\sinh x}{\sqrt{\sinh^2 x + 1}}$	$\pm \dfrac{\sqrt{\cosh^2 x - 1}}{\cosh x}$	——	$\dfrac{1}{\coth x}$
$\coth x$	$\dfrac{\sqrt{\sinh^2 x + 1}}{\sinh x}$	$\pm \dfrac{\cosh x}{\sqrt{\cosh^2 x - 1}}$	$\dfrac{1}{\tanh x}$	——

Oberes Vorzeichen für $x \geq 0$, *unteres* Vorzeichen für $x < 0$.

11.3 Formeln

11.3.1 Additionstheoreme

$$\sinh (x_1 \pm x_2) = \sinh x_1 \cdot \cosh x_2 \pm \cosh x_1 \cdot \sinh x_2$$

$$\cosh (x_1 \pm x_2) = \cosh x_1 \cdot \cosh x_2 \pm \sinh x_1 \cdot \sinh x_2$$

$$\tanh (x_1 \pm x_2) = \frac{\tanh x_1 \pm \tanh x_2}{1 \pm \tanh x_1 \cdot \tanh x_2}$$

$$\coth (x_1 \pm x_2) = \frac{1 \pm \coth x_1 \cdot \coth x_2}{\coth x_1 \pm \coth x_2}$$

11.3.2 Formeln für halbe Argumente

$$\sinh \left(\frac{x}{2}\right) = \pm \sqrt{\frac{\cosh x - 1}{2}} \qquad (\textit{Oberes} \text{ Vorzeichen für } x \geq 0, \textit{ unteres} \text{ für } x < 0)$$

$$\cosh \left(\frac{x}{2}\right) = \sqrt{\frac{\cosh x + 1}{2}}$$

$$\tanh \left(\frac{x}{2}\right) = \frac{\sinh x}{\cosh x + 1} = \frac{\cosh x - 1}{\sinh x}$$

11.3.3 Formeln für Vielfache des Arguments

Formeln für doppelte Argumente

$$\sinh(2x) = 2 \cdot \sinh x \cdot \cosh x$$

$$\cosh(2x) = \cosh^2 x + \sinh^2 x = 2 \cdot \cosh^2 x - 1$$

$$\tanh(2x) = \frac{2 \cdot \tanh x}{1 + \tanh^2 x}$$

Formeln für dreifache Argumente

$$\sinh(3x) = 3 \cdot \sinh x + 4 \cdot \sinh^3 x$$

$$\cosh(3x) = 4 \cdot \cosh^3 x - 3 \cdot \cosh x$$

$$\tanh(3x) = \frac{3 \cdot \tanh x + \tanh^3 x}{1 + 3 \cdot \tanh^2 x}$$

Formeln für n-fache Argumente $(n = 2, 3, 4, \ldots)$

$$\sinh(nx) = \binom{n}{1} \cdot \cosh^{n-1} x \cdot \sinh x + \binom{n}{3} \cdot \cosh^{n-3} x \cdot \sinh^3 x +$$

$$+ \binom{n}{5} \cdot \cosh^{n-5} x \cdot \sinh^5 x + \ldots$$

$$\cosh(nx) = \cosh^n x + \binom{n}{2} \cdot \cosh^{n-2} x \cdot \sinh^2 x + \binom{n}{4} \cdot \cosh^{n-4} x \cdot \sinh^4 x + \ldots$$

$\binom{n}{k}$:   Binomialkoeffizient (siehe I.2.7)

11.3.4 Formeln für Potenzen

$$\sinh^2 x = \frac{1}{2} \left[\cosh(2x) - 1\right]$$

$$\sinh^3 x = \frac{1}{4} \left[\sinh(3x) - 3 \cdot \sinh x\right]$$

$$\sinh^4 x = \frac{1}{8} \left[\cosh(4x) - 4 \cdot \cosh(2x) + 3\right]$$

$$\cosh^2 x = \frac{1}{2} \left[\cosh(2x) + 1\right]$$

$$\cosh^3 x = \frac{1}{4} \left[\cosh(3x) + 3 \cdot \cosh x\right]$$

$$\cosh^4 x = \frac{1}{8} \left[\cosh(4x) + 4 \cdot \cosh(2x) + 3\right]$$

11.3.5 Formeln für Summen und Differenzen

$$\sinh x_1 + \sinh x_2 = 2 \cdot \sinh\left(\frac{x_1 + x_2}{2}\right) \cdot \cosh\left(\frac{x_1 - x_2}{2}\right)$$

$$\sinh x_1 - \sinh x_2 = 2 \cdot \cosh\left(\frac{x_1 + x_2}{2}\right) \cdot \sinh\left(\frac{x_1 - x_2}{2}\right)$$

$$\cosh x_1 + \cosh x_2 = 2 \cdot \cosh\left(\frac{x_1 + x_2}{2}\right) \cdot \cosh\left(\frac{x_1 - x_2}{2}\right)$$

$$\cosh x_1 - \cosh x_2 = 2 \cdot \sinh\left(\frac{x_1 + x_2}{2}\right) \cdot \sinh\left(\frac{x_1 - x_2}{2}\right)$$

$$\tanh x_1 \pm \tanh x_2 = \frac{\sinh(x_1 \pm x_2)}{\cosh x_1 \cdot \cosh x_2}$$

11.3.6 Formeln für Produkte

$$\sinh x_1 \cdot \sinh x_2 = \frac{1}{2}\left[\cosh(x_1 + x_2) - \cosh(x_1 - x_2)\right]$$

$$\cosh x_1 \cdot \cosh x_2 = \frac{1}{2}\left[\cosh(x_1 + x_2) + \cosh(x_1 - x_2)\right]$$

$$\sinh x_1 \cdot \cosh x_2 = \frac{1}{2}\left[\sinh(x_1 + x_2) + \sinh(x_1 - x_2)\right]$$

$$\tanh x_1 \cdot \tanh x_2 = \frac{\tanh x_1 + \tanh x_2}{\coth x_1 + \coth x_2}$$

11.3.7 Formel von Moivre

$$(\cosh x \pm \sinh x)^n = \cosh(nx) \pm \sinh(nx) = e^{\pm nx} \qquad (n \in \mathbb{N}^*)$$

Sonderfall: $n = 1$

$$e^x = \cosh x + \sinh x$$
$$e^{-x} = \cosh x - \sinh x$$

12 Areafunktionen

12.1 Definition der Areafunktionen

Die *Umkehrfunktionen* der Hyperbelfunktionen heißen *Areafunktionen*, wobei die Umkehrung von $y = \cosh x$ im Intervall $x \geq 0$ vorgenommen wird. Die Areafunktionen lassen sich durch *logarithmische* Funktionen ausdrücken.

$y = \text{arsinh}\, x$ und $y = \text{arcosh}\, x$

$$y = \text{arsinh}\, x = \ln\left(x + \sqrt{x^2 + 1}\right)$$

$$(-\infty < x < \infty)$$

$$y = \text{arcosh}\, x = \ln\left(x + \sqrt{x^2 - 1}\right)$$

$$(x \geq 1)$$

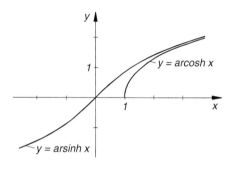

Eigenschaften	$y = \text{arsinh}\, x$	$y = \text{arcosh}\, x$
Definitionsbereich	$-\infty < x < \infty$	$x \geq 1$
Wertebereich	$-\infty < y < \infty$	$y \geq 0$
Symmetrie	ungerade	
Nullstellen	$x_1 = 0$	$x_1 = 1$
Monotonie	streng monoton wachsend	streng monoton wachsend

$y = \text{artanh}\, x$ und $y = \text{arcoth}\, x$

$$y = \text{artanh}\, x = \frac{1}{2} \cdot \ln\left(\frac{1 + x}{1 - x}\right)$$

$$(|x| < 1)$$

$$y = \text{arcoth}\, x = \frac{1}{2} \cdot \ln\left(\frac{x + 1}{x - 1}\right)$$

$$(|x| > 1)$$

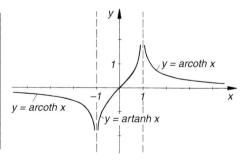

Eigenschaften	$y = \text{artanh } x$	$y = \text{arcoth } x$
Definitionsbereich	$-1 < x < 1$	$|x| > 1$
Wertebereich	$-\infty < y < \infty$	$|y| > 0$
Symmetrie	ungerade	ungerade
Nullstellen	$x_1 = 0$	
Pole	$x_{1/2} = \pm 1$	$x_{1/2} = \pm 1$
Monotonie	streng monoton wachsend	
Asymptoten	$x = \pm 1$	$x = \pm 1$ $y = 0$ (x-Achse)

arcoth x verläuft in den Intervallen $x < -1$ und $x > 1$ jeweils streng monoton *fallend*.

12.2 Wichtige Beziehungen zwischen den Areafunktionen

Umrechnungen zwischen den Areafunktionen

	arsinh x	arcosh x	artanh x	arcoth x
arsinh x	———	$\pm \text{arcosh } \sqrt{x^2 + 1}$	$\text{artanh}\left(\dfrac{x}{\sqrt{x^2+1}}\right)$	$\text{arcoth}\left(\dfrac{\sqrt{x^2+1}}{x}\right)$
arcosh x	$\text{arsinh } \sqrt{x^2 - 1}$	———	$\text{artanh}\left(\dfrac{\sqrt{x^2-1}}{x}\right)$	$\text{arcoth}\left(\dfrac{x}{\sqrt{x^2-1}}\right)$
artanh x	$\text{arsinh}\left(\dfrac{x}{\sqrt{1-x^2}}\right)$	$\pm\text{arcosh}\left(\dfrac{1}{\sqrt{1-x^2}}\right)$	———	$\text{arcoth}\left(\dfrac{1}{x}\right)$
arcoth x	$\text{arsinh}\left(\dfrac{1}{\sqrt{x^2-1}}\right)$	$\pm\text{arcosh}\left(\dfrac{x}{\sqrt{x^2-1}}\right)$	$\text{artanh}\left(\dfrac{1}{x}\right)$	———

Oberes Vorzeichen für $x > 0$, *unteres* Vorzeichen für $x < 0$.

Additionstheoreme

$$\text{arsinh } x_1 \pm \text{arsinh } x_2 = \text{arsinh}\left(x_1\sqrt{1 + x_2^2} \pm x_2\sqrt{1 + x_1^2}\right)$$

$$\text{arcosh } x_1 \pm \text{arcosh } x_2 = \text{arcosh}\left(x_1 x_2 \pm \sqrt{(x_1^2 - 1)(x_2^2 - 1)}\right)$$

$$\text{artanh } x_1 \pm \text{artanh } x_2 = \text{artanh}\left(\frac{x_1 \pm x_2}{1 \pm x_1 x_2}\right)$$

$$\text{arcoth } x_1 \pm \text{arcoth } x_2 = \text{arcoth}\left(\frac{1 \pm x_1 x_2}{x_1 \pm x_2}\right)$$

13 Kegelschnitte

13.1 Allgemeine Gleichung eines Kegelschnittes

Kegelschnitte sind ebene Kurven, die beim Schnitt eines geraden Kreiskegels mit Ebenen entstehen. Zu ihnen gehören *Kreis, Ellipse, Hyperbel* und *Parabel*.

Gleichung eines Kegelschnittes in achsenparalleler Lage

$$A x^2 + B y^2 + C x + D y + E = 0 \qquad (A^2 + B^2 \neq 0)$$

Verlaufen die Symmetrieachsen der Kegelschnitte nicht parallel zu den Koordinatenachsen, so enthält die Kegelschnittgleichung noch ein *gemischtes* Glied (x, y-Glied). Durch eine Drehung des x, y-Systems lässt sich dann stets die *achsenparallele* Lage erzeugen (siehe I.9.1.3.3).

Art des Kegelschnittes

Kreis: $\quad A = B$	Ellipse: $\quad A \cdot B > 0$ und $\quad A \neq B$
Hyperbel: $\quad A \cdot B < 0$	Parabel: $\quad A = 0, B \neq 0$ oder $\quad B = 0, A \neq 0$

13.2 Kreis

13.2.1 Geometrische Definition

$$\overline{MP} = \text{const.} = r$$

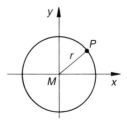

M: Mittelpunkt des Kreises

r: Radius des Kreises $(r > 0)$

Symmetrieachsen: Durchmesser, d. h. jede Gerade durch den Kreismittelpunkt M

13.2.2 Mittelpunktsgleichung eines Kreises (Ursprungsgleichung)

$$x^2 + y^2 = r^2$$

$M = (0; 0)$

Symmetrieachsen: Jeder Durchmesser

Tangente in $P_1 = (x_1; y_1)$: $\quad x x_1 + y y_1 = r^2$

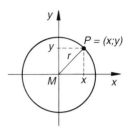

13.2.3 Kreis in allgemeiner Lage (Hauptform, verschobener Kreis)

$$(x - x_0)^2 + (y - y_0)^2 = r^2$$

$M = (x_0; y_0)$

Tangente in $P_1 = (x_1; y_1)$:

$$(x - x_0)(x_1 - x_0) + (y - y_0)(y_1 - y_0) = r^2$$

Der verschobene Kreis kann durch eine Parallelverschiebung des Koordinatensystems auf den
Mittelpunktskreis (Ursprungskreis) zurückgeführt
werden ($M = (x_0; y_0)$ als Nullpunkt wählen).

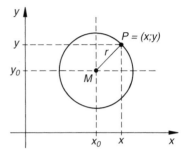

13.2.4 Gleichung eines Kreises in Polarkoordinaten

$$r^2 - 2 r_0 r \cdot \cos(\varphi - \varphi_0) + r_0^2 = R^2$$

$M = (r_0; \varphi_0)$ (in Polarkoordinaten)

R: Radius des Kreises

Pol: $O = (0; 0)$

Polarachse: x-Achse

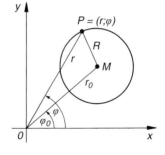

13.2.5 Parameterdarstellung eines Kreises

$$\begin{aligned} x &= x_0 + r \cdot \cos t \\ y &= y_0 + r \cdot \sin t \end{aligned} \qquad (0 \leq t < 2\pi)$$

$M = (x_0; y_0)$

t: Winkelparameter

r: Radius des Kreises

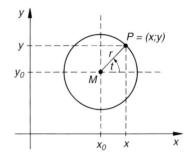

13.3 Ellipse

13.3.1 Geometrische Definition

$$\overline{F_1 P} + \overline{F_2 P} = \text{const.} = 2a$$

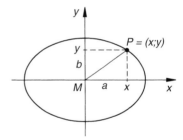

M: Mittelpunkt

F_1, F_2:   Brennpunkte

$2a$:   Große Achse (Hauptachse)

$2b$:   Kleine Achse (Nebenachse)

$e > 0$:   Brennweite $\left(\overline{F_1 M} = \overline{F_2 M} = e \right)$

            $e^2 = a^2 - b^2 \quad (a > b > 0)$

$\varepsilon = e/a$: Numerische Exzentrizität $(\varepsilon < 1)$

Symmetrieachsen: Koordinatenachsen

Sonderfall $b > a$: Die Brennpunkte liegen jetzt auf der y-Achse (um $90°$ *gedrehte* Ellipse mit der Hauptachse $2b$, der Nebenachse $2a$ und $e^2 = b^2 - a^2$).

Sonderfall $a = b$:   Kreis mit dem Radius $r = a$

13.3.2 Mittelpunktsgleichung einer Ellipse (Ursprungsgleichung)

$$\frac{x^2}{a^2} + \frac{y^2}{b^2} = 1$$

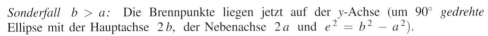

$M = (0; 0)$

Symmetrieachsen: Koordinatenachsen

Tangente in $P_1 = (x_1; y_1)$: $\dfrac{x\,x_1}{a^2} + \dfrac{y\,y_1}{b^2} = 1$

13.3.3 Ellipse in allgemeiner Lage (Hauptform, verschobene Ellipse)

$$\frac{(x - x_0)^2}{a^2} + \frac{(y - y_0)^2}{b^2} = 1$$

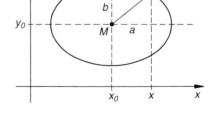

$M = (x_0; y_0)$

Symmetrieachsen: Parallelen zu den Koordinatenachsen durch den Mittelpunkt M

Tangente in $P_1 = (x_1; y_1)$:

$$\frac{(x - x_0)(x_1 - x_0)}{a^2} + \frac{(y - y_0)(y_1 - y_0)}{b^2} = 1$$

Die verschobene Ellipse kann durch eine Parallelverschiebung des Koordinatensystems auf die Ursprungsellipse zurückgeführt werden $(M = (x_0; y_0)$ als Nullpunkt wählen).

13.3.4 Gleichung einer Ellipse in Polarkoordinaten

Pol im Mittelpunkt

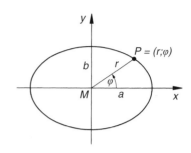

$$r = \frac{b}{\sqrt{1 - \varepsilon^2 \cdot \cos^2 \varphi}} \qquad (\varepsilon < 1)$$

Pol: $M = (0; 0)$
Polarachse: Große Achse (x-Achse)

$$\varepsilon = \frac{\sqrt{a^2 - b^2}}{a}$$

Pol im linken Brennpunkt

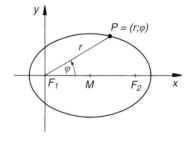

$$r = \frac{p}{1 - \varepsilon \cdot \cos \varphi} \qquad (\varepsilon < 1)$$

Pol: $F_1 = (0; 0)$ (*linker* Brennpunkt)
Polarachse: Große Achse (x-Achse)

$$\varepsilon = \frac{\sqrt{a^2 - b^2}}{a}, \qquad p = \frac{b^2}{a}$$

Pol im rechten Brennpunkt

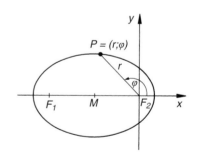

$$r = \frac{p}{1 + \varepsilon \cdot \cos \varphi} \qquad (\varepsilon < 1)$$

Pol: $F_2 = (0; 0)$ (*rechter* Brennpunkt)
Polarachse: Große Achse (x-Achse)

$$\varepsilon = \frac{\sqrt{a^2 - b^2}}{a}, \qquad p = \frac{b^2}{a}$$

13.3.5 Parameterdarstellung einer Ellipse

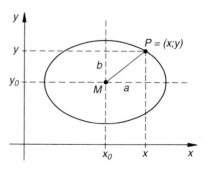

$$\begin{aligned} x &= x_0 + a \cdot \cos t \\ y &= y_0 + b \cdot \sin t \end{aligned} \qquad (0 \le t < 2\pi)$$

$M = (x_0; y_0)$

t: Parameter

a, b: Große bzw. kleine Halbachse

13.4 Hyperbel

13.4.1 Geometrische Definition

$$\left| \overline{F_1 P} - \overline{F_2 P} \right| = \text{const.} = 2a$$

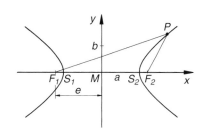

M:	Mittelpunkt
F_1, F_2:	Brennpunkte
S_1, S_2:	Scheitelpunkte
$2a$:	Große oder reelle Achse
$2b$:	Kleine oder imaginäre Achse

$e > 0$: Brennweite $\left(\overline{F_1 M} = \overline{F_2 M} = e \right)$; $e^2 = a^2 + b^2$ $(a > 0, \ b > 0)$

$\varepsilon = e/a$: Numerische Exzentrizität $(\varepsilon > 1)$

Symmetrieachsen: Koordinatenachsen

13.4.2 Mittelpunktsgleichung einer Hyperbel (Ursprungsgleichung)

$$\frac{x^2}{a^2} - \frac{y^2}{b^2} = 1$$

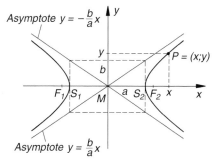

$M = (0; 0)$

Symmetrieachsen: Koordinatenachsen

Asymptoten: $y = \pm \dfrac{b}{a} x$

Tangente in $P_1 = (x_1; y_1)$: $\dfrac{x x_1}{a^2} - \dfrac{y y_1}{b^2} = 1$

13.4.3 Hyperbel in allgemeiner Lage (Hauptform, verschobene Hyperbel)

$$\frac{(x - x_0)^2}{a^2} - \frac{(y - y_0)^2}{b^2} = 1$$

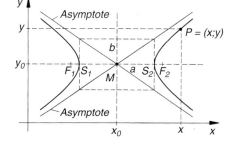

$M = (x_0; y_0)$

Symmetrieachsen: Parallelen zu den Koordinatenachsen durch den Mittelpunkt M

Asymptoten: $y = y_0 \pm \dfrac{b}{a} (x - x_0)$

Tangente in $P_1 = (x_1; y_1)$:

$$\frac{(x - x_0)(x_1 - x_0)}{a^2} - \frac{(y - y_0)(y_1 - y_0)}{b^2} = 1$$

Die verschobene Hyperbel kann durch eine Parallelverschiebung des Koordinatensystems auf die Ursprungshyperbel zurückgeführt werden ($M = (x_0; y_0)$ als Nullpunkt wählen).

13.4.4 Gleichung einer Hyperbel in Polarkoordinaten

Pol im Mittelpunkt

$$r = \frac{b}{\sqrt{\varepsilon^2 \cdot \cos^2 \varphi - 1}} \qquad (\varepsilon > 1)$$

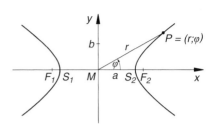

Pol: $M = (0; 0)$

Polarachse: Große Achse (x-Achse)

$$\varepsilon = \frac{\sqrt{a^2 + b^2}}{a}$$

Pol im linken Brennpunkt

$$r = \frac{p}{\varepsilon \cdot \cos \varphi \pm 1} \qquad (\varepsilon > 1)$$

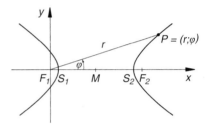

$M = (e; 0)$

Pol: $F_1 = (0; 0)$ (*linker* Brennpunkt)

Polarachse: Große Achse (x-Achse)

$$\varepsilon = \frac{\sqrt{a^2 + b^2}}{a}, \qquad p = \frac{b^2}{a}$$

Oberes Vorzeichen: *Linker* Ast
Unteres Vorzeichen: *Rechter* Ast

Pol im rechten Brennpunkt

$$r = \frac{-p}{\varepsilon \cdot \cos \varphi \pm 1} \qquad (\varepsilon > 1)$$

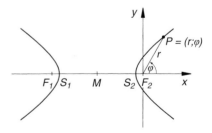

$M = (-e; 0)$

Pol: $F_2 = (0; 0)$ (*rechter* Brennpunkt)

Polarachse: Große Achse (x-Achse)

$$\varepsilon = \frac{\sqrt{a^2 + b^2}}{a}, \qquad p = \frac{b^2}{a}$$

Oberes Vorzeichen: *Linker* Ast
Unteres Vorzeichen: *Rechter* Ast

13.4.5 Parameterdarstellung einer Hyperbel

$$x = x_0 \pm a \cdot \cosh t$$
$$y = y_0 + b \cdot \sinh t \qquad (-\infty < t < \infty)$$

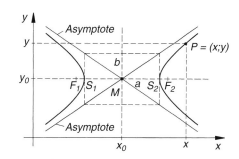

$M = (x_0; y_0)$

t: Parameter

Oberes Vorzeichen: *Rechter* Ast
Unteres Vorzeichen: *Linker* Ast

13.4.6 Gleichung einer um 90° gedrehten Hyperbel

$$\frac{y^2}{a^2} - \frac{x^2}{b^2} = 1 \qquad M = (0; 0)$$

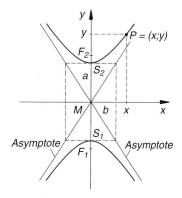

Große Achse: y-Achse (Länge $2a$)
Kleine Achse: x-Achse (Länge $2b$)

Symmetrieachsen: Koordinatenachsen

Asymptoten: $y = \pm \dfrac{a}{b} x$

Verschobene Hyperbel

$$\frac{(y - y_0)^2}{a^2} - \frac{(x - x_0)^2}{b^2} = 1$$

$M = (x_0; y_0)$

13.4.7 Gleichung einer gleichseitigen oder rechtwinkeligen Hyperbel $(a = b)$

$$\frac{x^2}{a^2} - \frac{y^2}{a^2} = 1 \quad \text{oder} \quad x^2 - y^2 = a^2 \qquad M = (0; 0)$$

Asymptoten: $y = \pm x$ (stehen aufeinander *senkrecht*)

Legt man die Koordinatenachsen in Richtung der *Asymptoten*, so lautet die Gleichung der *gleichseitigen* Hyperbel $x y = a^2/2$.

Verschobene Hyperbel

$$\frac{(x - x_0)^2}{a^2} - \frac{(y - y_0)^2}{a^2} = 1 \quad \text{oder} \quad (x - x_0)^2 - (y - y_0)^2 = a^2 \qquad M = (x_0; y_0)$$

Asymptoten: $y = y_0 \pm (x - x_0)$ (stehen aufeinander *senkrecht*)

13.5 Parabel

Hinweis: Gleichungen der nach *oben* bzw. *unten* geöffneten Parabel siehe Abschnitt 4.3.

13.5.1 Geometrische Definition

$$\overline{AP} = \overline{FP}$$

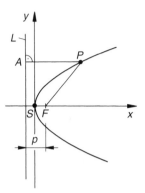

S: Scheitelpunkt
F: Brennpunkt
L: Leitlinie
p: Parameter (Abstand des Brennpunktes von der Leitlinie: $|p| = 2\,e$)
e: Brennweite $\left(\overline{SF} = e = \dfrac{|p|}{2}\right)$

$p > 0$: Nach *rechts* geöffnete Parabel
$p < 0$: Nach *links* geöffnete Parabel
Symmetrieachse: x-Achse

13.5.2 Scheitelgleichung einer Parabel

$$y^2 = 2\,p\,x$$

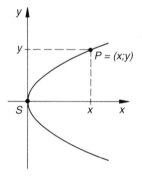

$S = (0; 0)$
Symmetrieachse: x-Achse
Tangente in $P_1 = (x_1; y_1)$: $y\,y_1 = p(x + x_1)$

13.5.3 Parabel in allgemeiner Lage (Hauptform, verschobene Parabel)

$$(y - y_0)^2 = 2\,p\,(x - x_0)$$

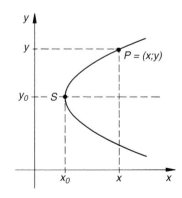

$S = (x_0; y_0)$
Symmetrieachse: Parallele zur x-Achse durch den Scheitelpunkt S
Tangente in $P_1 = (x_1; y_1)$:

$$(y - y_0)(y_1 - y_0) = p(x + x_1 - 2x_0)$$

Die verschobene Parabel kann durch eine Parallelverschiebung des Koordinatensystems auf die Scheitelgleichung zurückgeführt werden ($S = (x_0; y_0)$ als Nullpunkt wählen).

13.5.4 Gleichung einer Parabel in Polarkoordinaten

Pol im Scheitelpunkt

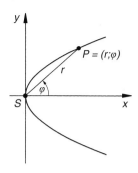

$$r = 2p \cdot \cos \varphi (1 + \cot^2 \varphi)$$

$S = (0; 0)$

Pol: $S = (0; 0)$

Polarachse: Symmetrieachse (x-Achse)

Pol im Brennpunkt

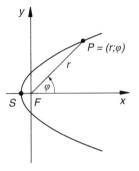

$$r = \frac{p}{1 - \cos \varphi}$$

$S = (-p/2; 0)$

Pol: $F = (0; 0)$

Polarachse: Symmetrieachse (x-Achse)

13.5.5 Parameterdarstellung einer Parabel

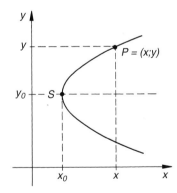

$$\begin{aligned} x &= x_0 + ct^2 \\ y &= y_0 + t \end{aligned} \qquad (-\infty < t < \infty)$$

c: Reelle Konstante $(c = 1/2p)$

$S = (x_0; y_0)$

Symmetrieachse: Parallele zur x-Achse
durch den Scheitelpunkt S

14 Spezielle Kurven

Hinweis: Die Kurvengleichungen liegen in der Parameterform $x = x(t)$, $y = y(t)$ oder in der Polarkoordinatenform $r = r(\varphi)$ vor.

14.1 Gewöhnliche Zykloide (Rollkurve)

Ein Punkt $P = (x; y)$ auf dem *Umfang* eines Kreises, der auf einer *Geraden* (*x*-Achse) abrollt (ohne zu gleiten), beschreibt eine als *Rollkurve* oder *gewöhnliche Zykloide* bezeichnete *periodische* Bahnkurve:

$$x = R(t - \sin t)$$
$$y = R(1 - \cos t) \qquad (-\infty < t < \infty)$$

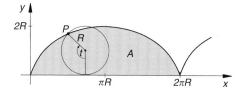

R: Radius des Kreises

t: Parameter („Wälzwinkel") im Bogenmaß

Eigenschaften

(1) *Periode* der Bahnkurve: $p = 2\pi R$ (Kreisumfang!)

(2) *Fläche* unter einem Bogen (grau unterlegt): $A = 3\pi R^2$

(3) *Länge* (Umfang) eines Bogens: $s = 8R$

14.2 Epizykloide

Ein Punkt $P = (x; y)$ auf dem *Umfang* eines Kreises, der auf der *Außenseite* eines zweiten (festen) Kreises abrollt (ohne zu gleiten), beschreibt eine als *Epizykloide* bezeichnete Bahnkurve:

$$x = (R_0 + R)\cos t - R \cdot \cos\left(\frac{R_0 + R}{R} \cdot t\right)$$

$$y = (R_0 + R)\sin t - R \cdot \sin\left(\frac{R_0 + R}{R} \cdot t\right)$$

$$(-\infty < t < \infty)$$

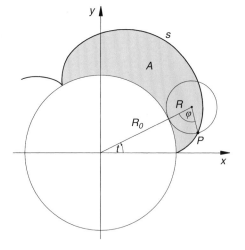

R_0: Radius des *festen* Kreises

R: Radius des *abrollenden* Kreises

t: Winkelparameter (Polarwinkel des Punktes, in dem sich die beiden Kreise berühren)

φ: Wälzwinkel ($\varphi = R_0 t/R$)

Eigenschaften

(1) Die *Gestalt* der Kurve hängt vom Verhältnis $m = R_0/R$ der beiden Radien ab. Die Epizykloide ist in sich *geschlossen*, wenn m *rational* ist. Ist m *ganzzahlig*, so besteht die Epizykloide aus genau m Bögen. Für den *Spezialfall* $R = R_0$ erhält man eine *Kardioide* (siehe Abschnitt 14.5).

(2) *Länge* eines Bogens: $\quad s = \dfrac{8R(R_0 + R)}{R_0} = \dfrac{8(R_0 + R)}{m}$

(3) *Fläche* zwischen einem Bogen und dem festen Kreis (grau unterlegt):

$$A = \frac{\pi R^2(3R_0 + 2R)}{R_0} = \frac{\pi R(3R_0 + 2R)}{m}$$

14.3 Hypozykloide

Ein Punkt $P = (x; y)$ auf dem *Umfang* eines Kreises, der auf der *Innenseite* eines zweiten (festen) Kreises abrollt (ohne zu gleiten), beschreibt eine als *Hypozykloide* bezeichnete Bahnkurve:

$$
\begin{aligned}
x &= (R_0 - R)\cos t + R \cdot \cos\left(\frac{R_0 - R}{R} \cdot t\right) \\
y &= (R_0 - R)\sin t - R \cdot \sin\left(\frac{R_0 - R}{R} \cdot t\right) \\
&(-\infty < t < \infty;\ R_0 > R)
\end{aligned}
$$

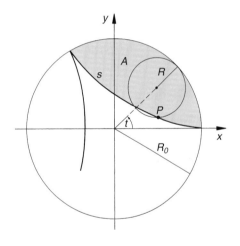

R_0:   Radius des *festen* Kreises

R: Radius des *abrollenden* Kreises

t: Winkelparameter

Eigenschaften

(1) Die *Gestalt* der Kurve hängt vom Verhältnis $m = R_0/R$ der beiden Radien ab. Die Hypozykloide ist in sich *geschlossen*, wenn m *rational* ist. Ist m *ganzzahlig*, so besteht die Hypozykloide aus genau m Bögen. Für den *Spezialfall* $R_0 = 4R$ erhält man eine *Astroide* (siehe Abschnitt 14.4).

(2) *Länge* eines Bogens: $\quad s = \dfrac{8R(R_0 - R)}{R_0} = \dfrac{8(R_0 - R)}{m}$

(3) *Fläche* zwischen einem Bogen und dem festen Kreis (grau unterlegt):

$$A = \frac{\pi R^2(3R_0 - 2R)}{R_0} = \frac{\pi R(3R_0 - 2R)}{m}$$

14.4 Astroide (Sternkurve)

Die *Astroide* oder *Sternkurve* ist ein Spezialfall der Hypozykloide für $R_0 = 4R = a$ (siehe Abschnitt 14.3):

$$\left. \begin{array}{l} x = a \cdot \cos^3 t \\ y = a \cdot \sin^3 t \end{array} \right\} \quad \begin{array}{l} a > 0 \\ 0 \le t < 2\pi \end{array}$$

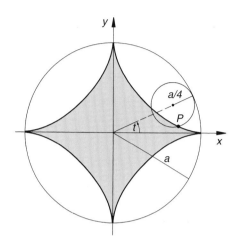

Eigenschaften

(1) Gleichung der Kurve in *kartesischen* Koordinaten: $x^{2/3} + y^{2/3} = a^{2/3}$

(2) Die Kurve ist *spiegelsymmetrisch* zu beiden Koordinatenachsen.

(3) *Fläche* (grau unterlegt): $A = \dfrac{3}{8}\pi a^2$

(4) *Länge* (Umfang) der Kurve: $s = 6a$

(5) Die Schnittpunkte einer jeden Tangente mit den beiden Koordinatenachsen haben den Abstand a (*Ausnahme:* Tangenten in den vier Spitzen).

14.5 Kardioide (Herzkurve)

Die *Kardioide* oder *Herzkurve* ist ein Spezialfall der Epizykloide für $R = R_0 = a/2$ (siehe Abschnitt 14.2). Die Kurvengleichung lautet in *Polarkoordinaten*:

$$r = a(1 + \cos\varphi)$$
$$(a > 0;\ 0 \le \varphi < 2\pi)$$

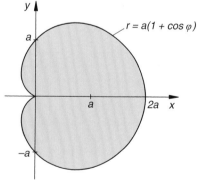

Eigenschaften

(1) Die Kurve ist *spiegelsymmetrisch* zur x-Achse.

(2) Gleichung in kartesischen Koordinaten: $(x^2 + y^2)(x^2 + y^2 - 2ax) = a^2 y^2$

(3) Parameterdarstellung der Kurve:
$x = a(1 + \cos\varphi)\cos\varphi, \quad y = a(1 + \cos\varphi)\sin\varphi$

(4) *Fläche* (grau unterlegt): $A = \dfrac{3}{2}\pi a^2$

(5) *Länge* (Umfang) der Kurve: $s = 8a$

14.6 Lemniskate (Schleifenkurve)

$$r = a \cdot \sqrt{\cos(2\varphi)} \qquad (a > 0)$$

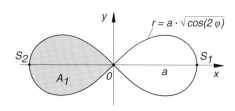

Beachte: Kurvenpunkte existieren nur für Winkel φ mit $\cos(2\varphi) \geq 0$!

Eigenschaften

(1) Gleichung der Kurve in kartesischen Koordinaten:

$$(x^2 + y^2)^2 = a^2(x^2 - y^2)$$

(2) Die Kurve ist *spiegelsymmetrisch* zur *x-* und *y*-Achse.

(3) *Scheitelpunkte:* $S_{1/2} = (\pm a; 0)$;   *Doppelpunkt* (Wendepunkt): $O = (0; 0)$

(4) Gleichungen der *Tangenten* in O: $y = \pm x$

(5) Fläche einer Schleife (grau unterlegt): $A_1 = a^2/2$;   *Gesamtfläche:* $A = a^2$

14.7 Strophoide

$$\left.\begin{aligned} x &= \frac{a(t^2 - 1)}{t^2 + 1} \\[2mm] y &= \frac{a t(t^2 - 1)}{t^2 + 1} \end{aligned}\right\} \quad \begin{aligned} &a > 0 \\ &-\infty < t < \infty \end{aligned}$$

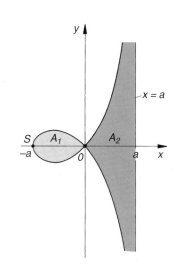

Beachte: $y = t \cdot x$

Eigenschaften

(1) Gleichung der Kurve in *kartesischen* Koordinaten:

$$(x + a)\, x^2 + (x - a)\, y^2 = 0$$

(2) Gleichung der Kurve in *Polarkoordinaten*:

$$r = -\frac{a \cdot \cos(2\varphi)}{\cos\varphi}$$

(3) Die Kurve ist *spiegelsymmetrisch* zur *x*-Achse.

(4) *Scheitelpunkt:* $S = (-a; 0)$;   *Doppelpunkt:* $O = (0; 0)$

(5) Gleichungen der *Tangenten* in O: $y = \pm x$

(6) Gleichung der *Asymptote:* $x = a$

(7) Fläche der *Schleife* (hellgrau unterlegt): $A_1 = \dfrac{a^2}{2}(4 - \pi)$

(8) Fläche zwischen *Kurve* und *Asymptote* (dunkelgrau unterlegt): $A_2 = \dfrac{a^2}{2}(4 + \pi)$

(9) *Gesamtfläche:* $A = A_1 + A_2 = 4a^2$

14.8 Cartesisches Blatt

$$x = \frac{3\,a\,t}{1 + t^3}$$
$$\left.\begin{array}{c} \\ \\ \end{array}\right\} \quad a > 0; \; t \neq -1$$
$$y = \frac{3\,a\,t^2}{1 + t^3}$$

Beachte: $y = t \cdot x$

Eigenschaften

(1) Gleichung der Kurve in *kartesischen* Koordinaten: $x^3 + y^3 = 3\,a\,x\,y$

(2) Kurvengleichung in Polarkoordinaten:

$$r = \frac{3\,a \cdot \sin\varphi \cdot \cos\varphi}{\sin^3\varphi + \cos^3\varphi}$$

(3) Symmetrieachse: $y = x$ (Winkelhalbierende des 1. und 3. Quadranten)

(4) *Scheitelpunkt:* $S = \left(\dfrac{3}{2}\,a;\; \dfrac{3}{2}\,a\right)$; *Doppelpunkt:* $O = (0;\,0)$

(5) Gleichungen der *Tangenten* in O: $y = 0$ (*x*-Achse) und $x = 0$ (*y*-Achse)

(6) Gleichung der *Asymptote:* $y = -x - a$

(7) Fläche der *Schleife* (hellgrau unterlegt): $A_1 = \dfrac{3}{2}\,a^2$

(8) Fläche zwischen *Kurve* und *Asymptote* (dunkelgrau unterlegt): $A_2 = \dfrac{3}{2}\,a^2$

(9) Gesamtfläche: $A = A_1 + A_2 = 3\,a^2$

14.9 „Kleeblatt" mit *n* bzw. 2*n* Blättern

$$r = a \cdot \cos(n\varphi) \qquad (a > 0; \; n \in \mathbb{N}^*)$$

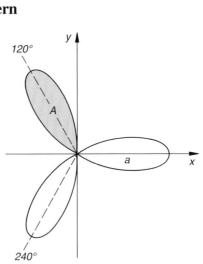

Eigenschaften

(1) Symmetrieachse: *x*-Achse

(2) Die Kurve umschließt *n* Blätter. Das nebenstehende Bild zeigt ein „3-blättriges Kleeblatt".

(3) *Fläche* eines Blattes (grau unterlegt):

$$A = \frac{\pi a^2}{4\,n}$$

(4) Die Gleichung $r = |a \cdot \cos(n\varphi)|$ beschreibt ein „Kleeblatt" mit $2n$ Blättern (Verdoppelung der Blattzahl).

(5) Parameterdarstellung: $x = a \cdot \cos\varphi \cdot \cos(n\varphi)$, $y = a \cdot \sin\varphi \cdot \cos(n\varphi)$

14.10 Spiralen

14.10.1 Archimedische Spirale

Archimedische Spirale: Bahnkurve eines Massenpunktes, der sich mit der konstanten Geschwindigkeit v auf einem Strahl radial nach außen bewegt, wobei sich dieser zugleich mit der konstanten Winkelgeschwindigkeit ω im Gegenuhrzeigersinn um den Nullpunkt dreht. Der Bahnradius r wächst dabei *proportional* zum Drehwinkel φ.

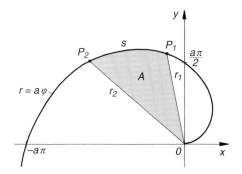

$r = a\varphi \quad (a > 0;\ 0 \leq \varphi < \infty)$

Polarwinkel φ im Bogenmaß

φ_1, φ_2: Polarwinkel der Punkte P_1 und P_2

Eigenschaften

(1) *Fläche* des Sektors $P_1 O P_2$ (grau unterlegt):

$$A = \frac{1}{6} a^2 (\varphi_2^3 - \varphi_1^3)$$

(2) *Länge* des Bogens $\overset{\frown}{P_1 P_2}$: $s = \dfrac{a}{2}\left[\varphi\sqrt{\varphi^2 + 1} + \ln\left(\varphi + \sqrt{\varphi^2 + 1}\right)\right]_{\varphi_1}^{\varphi_2}$

14.10.2 Logarithmische Spirale

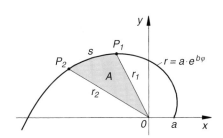

$r = a \cdot e^{b\varphi} \quad (a > 0,\ b > 0;\ 0 \leq \varphi < \infty)$

Polarwinkel φ im Bogenmaß

φ_1, φ_2: Polarwinkel der Punkte P_1 und P_2

Eigenschaften

(1) *Fläche* des Sektors $P_1 O P_2$ (grau unterlegt):

$$A = \frac{r_2^2 - r_1^2}{4b} = \frac{a^2}{4b}\left[e^{2b\varphi}\right]_{\varphi_1}^{\varphi_2}$$

(2) *Länge* des Bogens $\overset{\frown}{P_1 P_2}$: $s = \dfrac{\sqrt{1 + b^2}}{b}(r_2 - r_1) = \dfrac{a\sqrt{1 + b^2}}{b}\left[e^{b\varphi}\right]_{\varphi_1}^{\varphi_2}$

(3) Alle vom Nullpunkt ausgehenden Strahlen schneiden die Kurve unter dem *gleichen* Tangentenwinkel $\alpha = \cot b$.

IV Differentialrechnung

1 Differenzierbarkeit einer Funktion

1.1 Differenzenquotient

$$\frac{\Delta y}{\Delta x} = \frac{f(x_0 + \Delta x) - f(x_0)}{\Delta x}$$

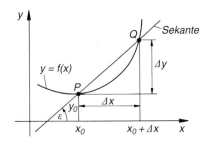

Geometrische Deutung

Steigung der *Sekante* durch P und Q:

$$m_s = \tan \varepsilon = \frac{\Delta y}{\Delta x}$$

1.2 Differentialquotient oder 1. Ableitung

$$\left.\frac{dy}{dx}\right|_{x=x_0} = \lim_{\Delta x \to 0} \frac{\Delta y}{\Delta x} = \lim_{\Delta x \to 0} \frac{f(x_0 + \Delta x) - f(x_0)}{\Delta x}$$

Geometrische Deutung

Steigung der *Kurventangente* im Punkt P:

$$m_t = \tan \alpha = \left.\frac{dy}{dx}\right|_{x=x_0}$$

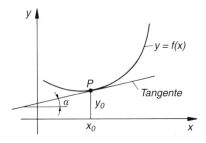

Ist der Grenzwert $\displaystyle\lim_{\Delta x \to 0} \frac{\Delta y}{\Delta x}$ *vorhanden*, so heißt
die Funktion $y = f(x)$ an der Stelle x_0 *differen-
zierbar*. Der Grenzwert selbst wird als *1. Ableitung*
von $f(x)$ an der Stelle x_0 bezeichnet.

Schreibweisen: $\quad y'(x_0), \quad f'(x_0), \quad \left.\dfrac{dy}{dx}\right|_{x=x_0}$

1.3 Ableitungsfunktion

Die *Ableitungsfunktion* $y' = f'(x)$ ordnet jeder Stelle x aus einem Intervall I den *Stei-
gungswert* der dortigen Kurventangente als Funktionswert zu. Man spricht dann kurz von
der (ersten) *Ableitung* oder dem *Differentialquotienten* von $y = f(x)$.

Schreibweisen: $\quad y', \quad f'(x), \quad \dfrac{dy}{dx}$

Eine *differenzierbare* Funktion ist immer *stetig* (die Umkehrung gilt nicht). Eine Funktion
mit einer stetigen (ersten) Ableitung wird als *stetig differenzierbar* bezeichnet.

Differentialoperator

Der *Differentialoperator* $\dfrac{d}{dx}$ erzeugt durch „Einwirken" auf die Funktion $y = f(x)$ die *1. Ableitung* $y' = f'(x)$:

$$\frac{d}{dx}\,[f(x)] = f'(x) = \frac{dy}{dx} = y'$$

■ **Beispiel**

$$y = 5x^3 - 2 \cdot \sin x - 7 \quad \Rightarrow \quad y' = \frac{d}{dx}\,[5x^3 - 2 \cdot \sin x - 7] = 15x^2 - 2 \cdot \cos x$$

■

1.4 Höhere Ableitungen

Die *höheren* Ableitungen sind wie folgt definiert:

$$2.\ Ableitung: \qquad y'' = f''(x) = \frac{d^2y}{dx^2} = \frac{d}{dx}\,[f'(x)]$$

$$3.\ Ableitung: \qquad y''' = f'''(x) = \frac{d^3y}{dx^3} = \frac{d}{dx}\,[f''(x)]$$

$$\vdots \qquad\qquad \vdots$$

$$n\text{-}te\ Ableitung: \quad y^{(n)} = f^{(n)}(x) = \frac{d^ny}{dx^n} = \frac{d}{dx}\,[f^{(n-1)}(x)]$$

$\qquad\qquad\qquad\qquad\quad \llcorner$ Differentialquotient n-ter Ordnung

1.5 Differential einer Funktion

Zuwachs des Funktionswertes bzw. der Ordinate auf der *Kurve*:

$$\Delta y = f(x_0 + \Delta x) - f(x_0)$$

Zuwachs des Funktionswertes bzw. der Ordinate auf der *Kurventangente*:

$$dy = f'(x_0)\, dx \qquad (dx = \Delta x)$$

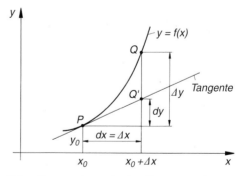

Δx und Δy sind die Koordinatenänderungen auf der *Kurve*, dx und dy die entsprechenden Koordinatenänderungen auf der in P errichteten *Kurventangente*, jeweils bezogen auf den Berührungspunkt P. Die Größe $dy = f'(x_0)\, dx$ heißt *Differential* von $f(x)$ und beschreibt die *Änderung* der Ordinate auf der *Kurventangente*, wenn man in der x-Richtung um $dx = \Delta x$ fortschreitet. Für *kleine* Änderungen $dx = \Delta x$ gilt dann:

$$\Delta y \approx dy = f'(x_0)\, dx = f'(x_0)\, \Delta x$$

2 Erste Ableitung der elementaren Funktionen (Tabelle)

Funktion $f(x)$		Ableitung $f'(x)$
Potenzfunktion	x^n	$n x^{n-1}$
Trigonometrische Funktionen	$\sin x$	$\cos x$
	$\cos x$	$-\sin x$
	$\tan x$	$\dfrac{1}{\cos^2 x} = 1 + \tan^2 x$
	$\cot x$	$-\dfrac{1}{\sin^2 x} = -1 - \cot^2 x$
Arkusfunktionen	$\arcsin x$	$\dfrac{1}{\sqrt{1 - x^2}}$
	$\arccos x$	$-\dfrac{1}{\sqrt{1 - x^2}}$
	$\arctan x$	$\dfrac{1}{1 + x^2}$
	$\text{arccot } x$	$-\dfrac{1}{1 + x^2}$
Exponentialfunktionen	e^x	e^x
	a^x	$(\ln a) \cdot a^x$
Logarithmusfunktionen	$\ln x$	$\dfrac{1}{x}$
	$\log_a x$	$\dfrac{1}{(\ln a) \cdot x}$
Hyperbelfunktionen	$\sinh x$	$\cosh x$
	$\cosh x$	$\sinh x$
	$\tanh x$	$\dfrac{1}{\cosh^2 x} = 1 - \tanh^2 x$
	$\coth x$	$-\dfrac{1}{\sinh^2 x} = 1 - \coth^2 x$
Areafunktionen	$\text{arsinh } x$	$\dfrac{1}{\sqrt{x^2 + 1}}$
	$\text{arcosh } x$	$\dfrac{1}{\sqrt{x^2 - 1}}$
	$\text{artanh } x$	$\dfrac{1}{1 - x^2}$
	$\text{arcoth } x$	$\dfrac{1}{1 - x^2}$

3 Ableitungsregeln

3.1 Faktorregel

Ein *konstanter* Faktor C bleibt beim Differenzieren erhalten:

$$y = C \cdot f(x) \quad \Rightarrow \quad y' = C \cdot f'(x)$$

3.2 Summenregel

Eine *endliche* Summe von Funktionen darf *gliedweise* differenziert werden:

$$y = f_1(x) + f_2(x) + \ldots + f_n(x) \quad \Rightarrow \quad y' = f_1'(x) + f_2'(x) + \ldots + f_n'(x)$$

Linearkombinationen von Funktionen, z. B. ganzrationale Funktionen (Polynomfunktionen) werden mit Hilfe der Faktor- und Summenregel differenziert.

3.3 Produktregel

Bei *zwei* Faktorfunktionen:

$$y = u(x) \cdot v(x) \quad \Rightarrow \quad y' = u'(x) \cdot v(x) + v'(x) \cdot u(x)$$

■ **Beispiel**

$$y = \underbrace{(x^2 - 3x)}_{u} \cdot \underbrace{\sin x}_{v} \qquad (u' = 2x - 3, \quad v' = \cos x)$$

$$y' = u'v + v'u = (2x - 3) \cdot \sin x + \cos x \cdot (x^2 - 3x)$$

■

Bei *drei* Faktorfunktionen:

$$y = u(x) \cdot v(x) \cdot w(x) \quad \Rightarrow$$
$$y' = u'(x) \cdot v(x) \cdot w(x) + u(x) \cdot v'(x) \cdot w(x) + u(x) \cdot v(x) \cdot w'(x)$$

■ **Beispiel**

$$y = \underbrace{x^3}_{u} \cdot \underbrace{e^x}_{v} \cdot \underbrace{\arctan x}_{w} \qquad \left(u' = 3x^2, \quad v' = e^x, \quad w' = \frac{1}{1 + x^2}\right)$$

$$y' = u'vw + uv'w + uvw' = 3x^2 \cdot e^x \cdot \arctan x + x^3 \cdot e^x \cdot \arctan x + x^3 \cdot e^x \cdot \frac{1}{1 + x^2} =$$

$$= x^2 \cdot e^x \left((3 + x) \cdot \arctan x + \frac{x}{1 + x^2}\right)$$

■

3.4 Quotientenregel

$$y = \frac{u(x)}{v(x)} \quad \Rightarrow \quad y' = \frac{u'(x) \cdot v(x) - v'(x) \cdot u(x)}{[v(x)]^2} \qquad (v(x) \neq 0)$$

Gebrochenrationale Funktionen werden nach dieser Regel differenziert.

■ **Beispiel**

$$y = \frac{3x^2 - x}{\sin x} \qquad (u = 3x^2 - x, \quad v = \sin x, \quad u' = 6x - 1, \quad v' = \cos x)$$

$$y' = \frac{u'v - v'u}{v^2} = \frac{(6x - 1) \cdot \sin x - \cos x \cdot (3x^2 - x)}{\sin^2 x}$$

■

3.5 Kettenregel

Die Ableitung einer aus den beiden (elementaren) Funktionen $y = F(u)$ und $u = u(x)$ *zusammengesetzten* (*verketteten*) Funktion $y = F(u(x)) = f(x)$ ist das *Produkt* aus der *äußeren* und der *inneren* Ableitung (sog. *Kettenregel*):

$$\frac{dy}{dx} = \frac{dy}{du} \cdot \frac{du}{dx} \quad \text{oder} \quad f'(x) = F'(u) \cdot u'(x)$$

Bezeichnungen:

$\left. \begin{array}{ll} y = F(u): & \text{\textit{Äußere} Funktion} \\ u = u(x): & \text{\textit{Innere} Funktion} \end{array} \right\} \quad y = F(u(x)) = f(x)$

$\dfrac{dy}{du} = F'(u):$ *Äußere* Ableitung (Ableitung der *äußeren* Funktion)

$\dfrac{du}{dx} = u'(x):$ *Innere* Ableitung (Ableitung der *inneren* Funktion)

Zur Anwendung der Kettenregel

Die vorgegebene (*nicht* elementar differenzierbare) Funktion $y = f(x)$ wird zunächst mit Hilfe einer möglichst einfachen *Substitution* $u = u(x)$ in eine von der „Hilfsvariablen" u abhängige (elementare) Funktion $y = F(u)$ übergeführt:

$$y = f(x) \xrightarrow[\; u = u(x) \;]{\text{Substitution}} y = F(u)$$

Die Substitution $u = u(x)$ ist dabei die *innere* Funktion, $y = F(u)$ die *äußere* Funktion. *Beide* Funktionen müssen elementar nach der jeweiligen unabhängigen Variablen (d. h. nach x bzw. nach u) differenzierbar sein. Die beiden Ableitungen (innere und äußere Ableitung) werden dann miteinander multipliziert, anschließend wird die Hilfsvariable u durch „Rücksubstitution" beseitigt.

■   **Beispiel**

Gegeben: $y = f(x) = \ln(1 + x^2)$

Gesucht: $y' = f'(x)$

„Grundform": Logarithmusfunktion $\ln u$

Substitution: $u = u(x) = 1 + x^2$

Äußere und innere Funktion: $y = F(u) = \ln u$ mit $u = u(x) = 1 + x^2$

Kettenregel (mit nachträglicher Rücksubstitution):

$$y' = \frac{dy}{dx} = \frac{dy}{du} \cdot \frac{du}{dx} = \frac{d}{du}(\ln u) \cdot \frac{d}{dx}(1 + x^2) = \frac{1}{u} \cdot 2x = \frac{2x}{u} = \frac{2x}{1 + x^2}$$

■

Kettenregel für zweifach verschachtelte Funktionen

Gegeben ist die Funktion

$$y = F(v) \quad \text{mit} \quad v = v(u) \quad \text{und} \quad u = u(x).$$

Die Ableitung der *mittelbar* von der Variablen x abhängigen (verketteten) Funktion $y = F(v(u(x))) = f(x)$ nach der Variablen x wird wie folgt gebildet:

$$y' = \frac{dy}{dx} = \frac{dy}{dv} \cdot \frac{dv}{du} \cdot \frac{du}{dx} \quad \text{oder} \quad f'(x) = F'(v) \cdot v'(u) \cdot u'(x)$$

Die vorgegebene Funktion $y = f(x)$ wird mit Hilfe *zweier* Substitutionen in eine elementar differenzierbare Funktion der „Hilfsvariablen" v übergeführt (die Substitutionen werden von innen nach außen ausgeführt). Dabei müssen die äußere Funktion $y = F(v)$ und die beiden inneren Funktionen $v = v(u)$ und $u = u(x)$ nach der jeweiligen unabhängigen Variablen elementar differenzierbar sein.

Regel: y zunächst nach v, dann v nach u und schließlich u nach x differenzieren und die drei Ableitungen dann miteinander *multiplizieren.*

■   **Beispiel**

$$y = f(x) = \sin^3(x^2 + x); \quad y' = f'(x) = ?$$

Schrittweise Zerlegung der nicht elementaren Funktion von innen nach außen mit Hilfe zweier Substitutionen.

1. Substitution: $u = x^2 + x \quad \Rightarrow \quad y = \sin^3 u = (\sin u)^3$

2. Substitution: $v = \sin u \quad \Rightarrow \quad y = v^3$

Somit gilt: $y = v^3$ mit $v = \sin u$ und $u = x^2 + x$

Kettenregel (erst y nach v differenzieren, dann v nach u und schließlich u nach x):

$$y' = \frac{dy}{dx} = \frac{dy}{dv} \cdot \frac{dv}{du} \cdot \frac{du}{dx} = 3v^2 \cdot \cos u \cdot (2x + 1) = 3(2x + 1)v^2 \cdot \cos u$$

Rücksubstitution (in der Reihenfolge $v \to u \to x$):

$$y' = 3(2x + 1) \cdot (\sin u)^2 \cdot \cos u = 3(2x + 1)[\sin(x^2 + x)]^2 \cdot \cos(x^2 + x)$$

■

3.6 Logarithmische Differentiation

Bei der *logarithmischen* Differentiation wird die Funktion $y = f(x)$ zunächst beiderseits *logarithmiert* und anschließend unter Verwendung der Kettenregel *differenziert*. Die Ableitung der *logarithmierten* Funktion $\ln y = \ln f(x)$ heißt *logarithmische Ableitung* von $y = f(x)$. Es gilt:

$$\frac{d}{dx}(\ln y) = \frac{1}{y} \cdot y' = \frac{f'(x)}{f(x)}$$

Anwendung findet die logarithmische Differentiation z. B. bei Funktionen vom Typ $y = [u(x)]^{v(x)}$ mit $u(x) > 0$.

■ **Beispiel**

$y = f(x) = x^{\cos x}, \quad x > 0$

Logarithmieren: $\ln y = \ln x^{\cos x} = \cos x \cdot \ln x$

Differenzieren: $\dfrac{d}{dx}(\ln y) = \dfrac{d}{dx}(\cos x \cdot \ln x)$

Die *linke* Seite wird nach der *Kettenregel*, die *rechte* Seite nach der *Produktregel* differenziert:

$$\frac{1}{y} \cdot y' = -\sin x \cdot \ln x + \cos x \cdot \frac{1}{x} = \frac{-x \cdot \sin x \cdot \ln x + \cos x}{x} \quad \Rightarrow$$

$$y' = y\left(\frac{-x \cdot \sin x \cdot \ln x + \cos x}{x}\right) = x^{\cos x}\left(\frac{-x \cdot \sin x \cdot \ln x + \cos x}{x}\right)$$

■

3.7 Ableitung der Umkehrfunktion

$y = f(x)$ sei eine *umkehrbare* Funktion, $x = g(y)$ die nach der Variablen x aufgelöste Form von $y = f(x)$ $(y = f(x) \Leftrightarrow x = g(y))$. Zwischen den Ableitungen $f'(x)$ und $g'(y)$ besteht dann die Beziehung

$$f'(x) \cdot g'(y) = 1 \quad \text{oder} \quad g'(y) = \frac{1}{f'(x)} \qquad (f'(x) \neq 0)$$

aus der sich die Ableitung $g'(x)$ der *Umkehrfunktion* $y = g(x)$ bestimmen lässt, indem man zunächst in der Ableitung $f'(x)$ die Variable x durch $g(y)$ *ersetzt* und anschließend auf beiden Seiten die Variablen x und y miteinander *vertauscht*.

■ **Beispiel**

Gegeben: $y = f(x) = \tan x, \qquad f'(x) = \dfrac{1}{\cos^2 x} = 1 + \tan^2 x$

Gesucht: Ableitung der Umkehrfunktion $g(x) = \arctan x$

$$y = f(x) = \tan x \quad \Leftrightarrow \quad x = g(y) = \arctan y \quad \Rightarrow \quad g'(y) = \frac{1}{f'(x)} = \frac{1}{1 + \tan^2 x} = \frac{1}{1 + y^2}$$

Nach *Vertauschen* der beiden Variablen folgt hieraus: $g'(x) = \dfrac{d}{dx}(\arctan x) = \dfrac{1}{1 + x^2}$

■

3.8 Implizite Differentiation

Die Gleichung der Funktion (Kurve) liege in der *impliziten* Form $F(x; y) = 0$ vor. Die *Ableitung* lässt sich dann nach einer der beiden folgenden Methoden bestimmen.

1. Methode: Implizite Differentiation unter Verwendung der Kettenregel

Die Funktionsgleichung $F(x; y) = 0$ wird *gliedweise* nach der Variablen x differenziert, wobei y als eine von x abhängige Funktion zu betrachten ist. Daher ist *jeder* die Variable y enthaltende Term unter Verwendung der *Kettenregel* zu differenzieren. Anschließend wird die Gleichung nach y' aufgelöst (falls überhaupt möglich).

■ **Beispiel**

Kreis: $x^2 + y^2 = 16$ oder $F(x; y) = x^2 + y^2 - 16 = 0$

$$\frac{d}{dx}(x^2 + y^2 - 16) = 2x + 2y \cdot y' = 0 \quad \Rightarrow \quad y' = -\frac{x}{y}$$

Der Term y^2 wurde dabei nach der *Kettenregel* differenziert (Ergebnis: $2y \cdot y'$).

■

2. Methode: Implizite Differentiation unter Verwendung partieller Ableitungen

Die *linke* Seite der impliziten Funktionsgleichung $F(x; y) = 0$ wird als eine von den beiden Variablen x und y abhängige Funktion $z = F(x; y)$ betrachtet.

$$y' = -\frac{F_x(x; y)}{F_y(x; y)} \qquad (F_y(x; y) \neq 0)$$

$F_x(x; y)$, $F_y(x; y)$: *Partielle Ableitungen* 1. Ordnung von $z = F(x; y)$ (siehe IX.2.1)

Die Ableitung y' wird i. Allg. von *beiden* Variablen, d. h. von x *und* y abhängen.

■ **Beispiel**

Kreis: $x^2 + y^2 = 16$ oder $F(x; y) = x^2 + y^2 - 16 = 0$

$$F_x(x; y) = 2x, \qquad F_y(x; y) = 2y \quad \Rightarrow \quad y' = -\frac{F_x(x; y)}{F_y(x; y)} = -\frac{2x}{2y} = -\frac{x}{y}$$

■

3.9 Ableitungen einer in der Parameterform dargestellten Funktion (Kurve)

Erste Ableitung (Kurvenanstieg) und *zweite* Ableitung einer in der *Parameterform* $x = x(t)$, $y = y(t)$ dargestellten Funktion (Kurve) lassen sich wie folgt bilden:

$$y' = \frac{dy}{dx} = \frac{\dot{y}}{\dot{x}} \qquad\qquad y'' = \frac{d^2y}{dx^2} = \frac{\dot{x}\ddot{y} - \dot{y}\ddot{x}}{\dot{x}^3} \qquad (\dot{x} \neq 0)$$

Die Punkte kennzeichnen dabei die Ableitungen nach dem *Parameter t*.

■ **Beispiel**

Mittelpunktsellipse: $x = a \cdot \cos t, \qquad y = b \cdot \sin t, \qquad 0 \le t < 2\pi$

$\dot{x} = -a \cdot \sin t, \qquad \dot{y} = b \cdot \cos t \quad \Rightarrow \quad y' = \dfrac{\dot{y}}{\dot{x}} = \dfrac{b \cdot \cos t}{-a \cdot \sin t} = -\dfrac{b}{a} \cdot \cot t$

■

3.10 Ableitungen einer in Polarkoordinaten dargestellten Kurve

Eine in *Polarkoordinaten* dargestellte Kurve mit der Gleichung $r = r(\varphi)$ lautet in der *Parameterform* wie folgt:

$$x(\varphi) = r(\varphi) \cdot \cos \varphi, \quad y(\varphi) = r(\varphi) \cdot \sin \varphi$$

Für die *erste* Ableitung (Kurvenanstieg) und die *zweite* Ableitung gelten dann:

$$y' = \frac{dy}{dx} = \frac{\dot{r} \cdot \sin \varphi + r \cdot \cos \varphi}{\dot{r} \cdot \cos \varphi - r \cdot \sin \varphi} \qquad y'' = \frac{d^2 y}{dx^2} = \frac{r^2 + 2\dot{r}^2 - r\ddot{r}}{(\dot{r} \cdot \cos \varphi - r \cdot \sin \varphi)^3}$$

Die Punkte kennzeichnen dabei die Ableitungen nach dem *Winkelparameter* φ.

■ **Beispiel**

Wir bestimmen den Anstieg (die Steigung) der *Kardioide* $r = 1 + \cos \varphi$ (mit $0 \le \varphi < 2\pi$) in dem zum Polarwinkel $\varphi = \pi/4$ gehörenden Kurvenpunkt:

$r = 1 + \cos \varphi, \qquad \dot{r} = \dfrac{dr}{d\varphi} = -\sin \varphi$

$y' = \dfrac{\dot{r} \cdot \sin \varphi + r \cdot \cos \varphi}{\dot{r} \cdot \cos \varphi - r \cdot \sin \varphi} = \dfrac{-\sin \varphi \cdot \sin \varphi + (1 + \cos \varphi) \cdot \cos \varphi}{-\sin \varphi \cdot \cos \varphi - (1 + \cos \varphi) \cdot \sin \varphi} = \dfrac{-\sin^2 \varphi + \cos \varphi + \cos^2 \varphi}{-2 \cdot \sin \varphi \cdot \cos \varphi - \sin \varphi} =$

$= \dfrac{-(1 - \cos^2 \varphi) + \cos \varphi + \cos^2 \varphi}{-\sin \varphi (1 + 2 \cdot \cos \varphi)} = \dfrac{2 \cdot \cos^2 \varphi + \cos \varphi - 1}{-\sin \varphi (1 + 2 \cdot \cos \varphi)} \quad \Rightarrow$

$y'(\varphi = \pi/4) = -0{,}414$

■

4 Anwendungen der Differentialrechnung

4.1 Geschwindigkeit und Beschleunigung einer geradlinigen Bewegung

Geschwindigkeit v und *Beschleunigung* a einer *geradlinigen* Bewegung erhält man als 1. bzw. 2. *Ableitung* des Weg-Zeit-Gesetzes $s = s(t)$ nach der Zeit t:

Geschwindigkeit-Zeit-Gesetz: $v(t) = \dot{s}(t)$

Beschleunigung-Zeit-Gesetz: $a(t) = \dot{v}(t) = \ddot{s}(t)$

4.2 Tangente und Normale

Tangente und *Normale* im Kurvenpunkt $P = (x_0; y_0)$ einer Kurve $y = f(x)$ stehen *senkrecht* aufeinander. Ihre Gleichungen lauten (in der Punkt-Steigungs-Form):

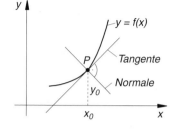

$$\text{Tangente:} \quad \frac{y - y_0}{x - x_0} = f'(x_0)$$

$$\text{Normale:} \quad \frac{y - y_0}{x - x_0} = -\frac{1}{f'(x_0)}$$

$f'(x_0) \neq 0$

■ **Beispiel**

$y = f(x) = x^3 - 3x^2 + 4; \quad x_0 = 1, \quad y_0 = f(1) = 2; \quad P = (1; 2)$

$y' = f'(x) = 3x^2 - 6x \quad \Rightarrow \quad f'(1) = -3$

Tangente: $\dfrac{y - 2}{x - 1} = -3 \quad \Rightarrow \quad y - 2 = -3(x - 1) = -3x + 3 \quad \Rightarrow \quad y = -3x + 5$

Normale: $\dfrac{y - 2}{x - 1} = -\dfrac{1}{-3} = \dfrac{1}{3} \quad \Rightarrow \quad y - 2 = \dfrac{1}{3}(x - 1) = \dfrac{1}{3}x - \dfrac{1}{3} \quad \Rightarrow \quad y = \dfrac{1}{3}x + \dfrac{5}{3}$

■

4.3 Linearisierung einer Funktion

Eine nichtlineare Funktion $y = f(x)$ lässt sich in der unmittelbaren Umgebung des Kurvenpunktes $P = (x_0; y_0)$ (in den Anwendungen meist als *Arbeitspunkt* bezeichnet) durch die dortige *Kurventangente*, d. h. durch eine *lineare* Funktion approximieren. Die Gleichung der *linearisierten* Funktion lautet:

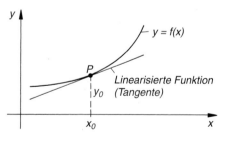

Linearisierte Funktion (Tangente)

$$y - y_0 = f'(x_0) \cdot (x - x_0)$$

oder

$$\Delta y = f'(x_0) \cdot \Delta x$$

Δx, Δy: *Relativkoordinaten* bezüglich des Arbeitspunktes $P = (x_0; y_0)$
$(\Delta x = x - x_0, \ \Delta y = y - y_0)$

■ **Beispiel**

Wir *linearisieren* die Funktion $y = (x + 1) \cdot e^x$ in der Umgebung der Stelle $x_0 = 0$:

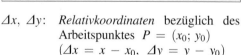

$y_0 = y(0) = 1 \quad \Rightarrow \quad$ Arbeitspunkt: $P = (0; 1)$

$y' = 1 \cdot e^x + e^x \cdot (x + 1) = (x + 2) \cdot e^x \quad \Rightarrow \quad y'(0) = 2$

Linearisierte Funktion: $y - 1 = 2(x - 0) = 2x \quad$ oder $\quad y = 2x + 1$

Bei Verwendung von *Relativkoordinaten* bezüglich des Arbeitspunktes P: $\Delta y = 2\Delta x$

■

4.4 Monotonie und Krümmung einer Kurve

4.4.1 Geometrische Deutung der 1. und 2. Ableitung

Das Verhalten einer (differenzierbaren) Funktion $y = f(x)$ in einem Intervall I wird im Wesentlichen durch die *ersten beiden* Ableitungen bestimmt.

Monotonie-Verhalten

Die 1. Ableitung $y' = f'(x)$ ist die *Steigung* der Kurventangente und bestimmt somit das *Monotonie*-Verhalten der Funktion:

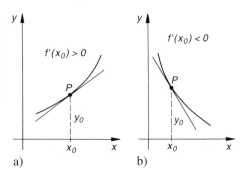

$y' = f'(x_0) > 0$:   streng monoton *wachsend* (Bild a))

$y' = f'(x_0) < 0$:   streng monoton *fallend* (Bild b))

$f'(x_0) \geq 0$:   monoton *wachsend*

$f'(x_0) \leq 0$:   monoton *fallend*

a)   b)

Krümmungs-Verhalten

Die 2. Ableitung $y'' = f''(x)$ bestimmt das *Krümmungs*-Verhalten der Funktion:

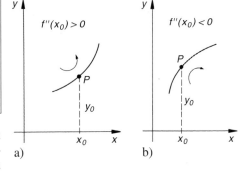

$y'' = f''(x_0) > 0$:   *Linkskrümmung* (*konvexe* Krümmung, Bild a))

$y'' = f''(x_0) < 0$:   *Rechtskrümmung* (*konkave* Krümmung, Bild b))

Der Drehpfeil in den nebenstehenden Bildern kennzeichnet den *Drehsinn* der Kurventangente beim Durchlaufen des Punktes P in positiver x-Richtung.

a)   b)

Hinweis: Siehe hierzu auch XIV.1.5

4.4.2 Krümmung einer ebenen Kurve

Kurvenkrümmung

Die *Krümmung* κ einer ebenen Kurve $y = f(x)$ im Kurvenpunkt $P = (x; y)$ ist ein *quantitatives* Maß dafür, wie stark der Kurvenverlauf in der unmittelbaren Umgebung dieses Punktes von dem einer *Geraden* abweicht:

$$\kappa = \frac{y''}{[1 + (y')^2]^{3/2}}$$

$\kappa > 0$ bzw. $y'' > 0 \quad \Leftrightarrow \quad$ Linkskrümmung

$\kappa < 0$ bzw. $y'' < 0 \quad \Leftrightarrow \quad$ Rechtskrümmung

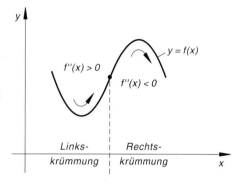

Krümmungskreis

Der *Krümmungskreis* einer Kurve $y = f(x)$ im Kurvenpunkt $P = (x; y)$ berührt dort die Kurve von 2. Ordnung (gemeinsame Tangente, gleiche Krümmung). Der Radius ϱ dieses Kreises heißt *Krümmungsradius*, der Mittelpunkt $M = (x_0; y_0)$ *Krümmungsmittelpunkt*.

Krümmungsradius ϱ

$$\varrho = \frac{1}{|\kappa|} = \frac{[1 + (y')^2]^{3/2}}{|y''|}$$

Krümmungsmittelpunkt $M = (x_0; y_0)$

$$x_0 = x - y' \cdot \frac{1 + (y')^2}{y''}$$

$$y_0 = y + \frac{1 + (y')^2}{y''}$$

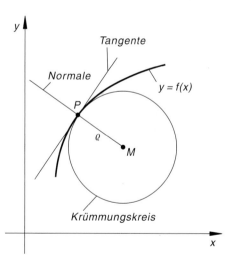

x, y: Koordinaten des Kurvenpunktes P

y', y'':   1. bzw. 2. Ableitung von $y = f(x)$ im Kurvenpunkt P

Der *Krümmungsmittelpunkt* M liegt stets auf der *Kurvennormale* des Berührungspunktes P. Die Verbindungslinie aller Krümmungsmittelpunkte einer Kurve heißt *Evolute*, die Kurve selbst wird als *Evolvente* bezeichnet. Die Koordinaten x_0 und y_0 des Krümmungsmittelpunktes sind dabei Funktionen der x-Koordinate des laufenden Kurvenpunktes P und bilden daher eine *Parameterdarstellung* der zur Kurve $y = f(x)$ gehörenden Evolute.

Sonderfälle

Gerade: $\kappa = 0$, $\varrho = \infty$;   Kreis: $|\kappa| = 1/r$, $\varrho = r$ (r: Kreisradius)

■   **Beispiel**

Wir bestimmen die *Krümmung* und den *Krümmungskreis* der Sinusfunktion an der Stelle $x = \pi/2$, d. h. im Punkt $P = (\pi/2; 1)$:

$$y = \sin x, \qquad y' = \cos x, \qquad y'' = -\sin x$$

$$\kappa = \frac{y''}{[1 + (y')^2]^{3/2}} = \frac{-\sin x}{[1 + \cos^2 x]^{3/2}} \quad \Rightarrow \quad \kappa(\pi/2) = \frac{-\sin(\pi/2)}{[1 + \cos^2(\pi/2)]^{3/2}} = \frac{-1}{(1 + 0^2)^{3/2}} = -1$$

Krümmungsradius:

$$\varrho(\pi/2) = \frac{1}{|\kappa(\pi/2)|} = \frac{1}{|-1|} = 1$$

Krümmungsmittelpunkt: $M = (\pi/2; 0)$

Begründung: Im Punkt P verläuft die Tangente *waagerecht*, die Normale somit parallel zur y-Achse. Der Krümmungsmittelpunkt M liegt im Abstand $\varrho = 1$ unterhalb von P und somit auf der x-Achse.

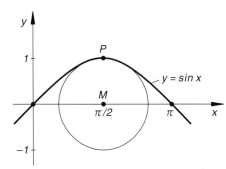

Die Gleichungen für die Koordinaten x_0 und y_0 des Krümmungsmittelpunktes M (siehe Seite 141) führen natürlich zum gleichen Ergebnis:

$$x = \pi/2, \qquad y = \sin(\pi/2) = 1; \qquad y' = \cos(\pi/2) = 0; \qquad y'' = -\sin(\pi/2) = -1$$

$$\left. \begin{array}{l} x_0 = x - y' \cdot \dfrac{1 + (y')^2}{y''} = \dfrac{\pi}{2} - 0 \cdot \dfrac{1 + 0^2}{-1} = \dfrac{\pi}{2} \\[3mm] y_0 = y + \dfrac{1 + (y')^2}{y''} = 1 + \dfrac{1 + 0^2}{-1} = 0 \end{array} \right\} \quad \Rightarrow \quad M = (x_0; y_0) = (\pi/2; 0)$$

■

4.5 Relative Extremwerte (relative Maxima, relative Minima)

Eine Funktion $y = f(x)$ besitzt an der Stelle x_0 ein *relatives Maximum* bzw. ein *relatives Minimum*, wenn in einer gewissen Umgebung von x_0 stets

$$f(x_0) > f(x) \qquad \text{bzw.} \qquad f(x_0) < f(x)$$

ist ($x \neq x_0$). Die folgenden Bedingungen sind *hinreichend* (Voraussetzung: $f(x)$ ist mindestens zweimal differenzierbar):

Relatives Maximum (Hochpunkt)

Die Kurve besitzt an der Stelle x_0 eine *waagerechte* Tangente und *Rechtskrümmung*:

$$\boxed{f'(x_0) = 0 \quad \text{und} \quad f''(x_0) < 0}$$

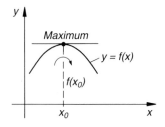

Relatives Minimum (Tiefpunkt)

Die Kurve besitzt an der Stelle x_0 eine *waagerechte* Tangente und *Linkskrümmung*:

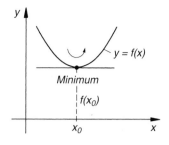

$$f'(x_0) = 0 \quad \text{und} \quad f''(x_0) > 0$$

■ **Beispiel**

Wir bestimmen die *relativen Extremwerte* der Funktion $y = x^2 \cdot e^{-x}$. Die dabei benötigten Ableitungen y' und y'' erhalten wir jeweils mit Hilfe der *Produkt-* und *Kettenregel*:

$$y = \underbrace{x^2}_{u} \cdot \underbrace{e^{-x}}_{v} \;\Rightarrow\; y' = u'v + v'u = 2x \cdot e^{-x} + e^{-x} \cdot (-1) \cdot x^2 = (2x - x^2) \cdot e^{-x}$$

$$y' = \underbrace{(2x - x^2)}_{u} \cdot \underbrace{e^{-x}}_{v} \;\Rightarrow$$

$$y'' = u'v + v'u = (2 - 2x) \cdot e^{-x} + e^{-x} \cdot (-1) \cdot (2x - x^2) = (2 - 4x + x^2) \cdot e^{-x}$$

$$y' = 0 \;\Rightarrow\; (2x - x^2) \cdot \underbrace{e^{-x}}_{\neq 0} = 0 \;\Rightarrow\; 2x - x^2 = x(2 - x) = 0 \;\Rightarrow\; x_1 = 0, \quad x_2 = 2$$

$$x_1 = 0 \;\Rightarrow\; y_1 = 0; \quad x_2 = 2 \;\Rightarrow\; y_2 = 0{,}541$$

$$y''(x_1 = 0) = 2 > 0 \;\Rightarrow\; \text{Min} = (0; 0)$$

$$y''(x_2 = 2) = -2 \cdot e^{-2} < 0 \;\Rightarrow\; \text{Max} = (2; 0{,}541)$$

■

Allgemeines Kriterium für einen relativen Extremwert

In einigen Fällen *versagen* die oben genannten Kriterien, wenn nämlich neben $f'(x_0)$ auch $f''(x_0)$ verschwindet. Dann entscheidet die *nächstfolgende, nichtverschwindende* Ableitung $f^{(n)}(x_0)$ wie folgt über *Existenz* und *Art* eines Extremwertes:

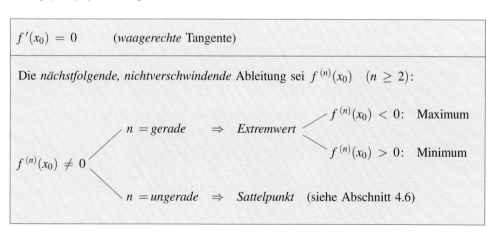

■ **Beispiel**

Wir untersuchen die Funktion $y = x^4$ auf *relative Extremwerte*:

$y = x^4, \qquad y' = 4x^3, \qquad y'' = 12x^2$

$y' = 4x^3 = 0 \quad \Rightarrow \quad x_0 = 0$

$y''(0) = 0 \qquad \Rightarrow \quad$ Kriterium *versagt*

$y''' = 24x \qquad \Rightarrow \quad y'''(0) = 0$

$y^{(4)} = 24 \qquad \Rightarrow \quad y^{(4)}(0) = 24 \neq 0$

Es ist $n = 4$, d. h. *gerade* und $y^{(4)}(0) > 0$. Die Funktion $y = x^4$ besitzt somit an der Stelle $x_0 = 0$ ein (sogar absolutes) *Minimum*.

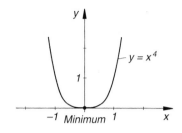

■

4.6 Wendepunkte, Sattelpunkte

Wendepunkt

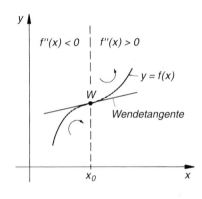

In einem *Wendepunkt* ändert sich die *Art* der Kurvenkrümmung, d. h. die Kurve geht dort von einer *Links-* in eine *Rechtskurve* über *oder umgekehrt*. In einem Wendepunkt ändert sich somit der *Drehsinn* der Kurventangente. Die folgende Bedingung ist *hinreichend*:

$$f''(x_0) = 0 \quad \text{und} \quad f'''(x_0) \neq 0$$

Wendetangente: Tangente im Wendepunkt

Sattelpunkt

Ein *Sattelpunkt* (auch Terrassenpunkt genannt) ist ein *Wendepunkt* mit *waagerechter* Tangente. Die *hinreichende* Bedingung lautet daher:

$$f'(x_0) = 0, \quad f''(x_0) = 0 \quad \text{und} \quad f'''(x_0) \neq 0$$

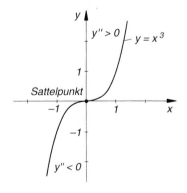

■ **Beispiel**

Die kubische Parabel $y = x^3$ besitzt an der Stelle $x_0 = 0$ einen *Sattelpunkt*:

$y' = 3x^2, \qquad y'' = 6x, \qquad y''' = 6$

$y'(0) = y''(0) = 0, \qquad y'''(0) = 6 \neq 0$

Sattelpunkt: $(0; 0)$

Wendetangente: $y = 0$ (*x*-Achse)

■

4.7 Kurvendiskussion

Feststellung der *Eigenschaften* einer Funktion nach dem folgenden Schema (*Funktionsanalyse*):

- Definitionsbereich/Definitionslücken
- Symmetrie (gerade, ungerade Funktion)
- Nullstellen, Schnittpunkte mit der y-Achse
- Pole, Polgeraden (bei gebrochenrationalen Funktionen)
- Ableitungen (in der Regel bis zur 3. Ordnung)
- Relative Extremwerte (Maxima, Minima)
- Wendepunkte, Sattelpunkte
- Verhalten der Funktion im Unendlichen (Asymptote im Unendlichen)
- Wertebereich
- Zeichnung der Funktion (Kurve) in einem geeigneten Maßstab

Eventuell: Monotonie- und Krümmungsverhalten

■ **Beispiel**

$y = x^2 \cdot e^{-x}$

Definitionsbereich: $-\infty < x < \infty$ oder $x \in \mathbb{R}$

Symmetrie: keine

Nullstellen: $y = 0 \ \Rightarrow \ x^2 \cdot e^{-x} = 0 \ \Rightarrow \ x^2 = 0$ (wegen $e^{-x} > 0$ und somit $e^{-x} \neq 0$) $\Rightarrow$ $x_{1/2} = 0$ (doppelte Nullstelle und somit Berührungspunkt)

Ableitungen (unter Verwendung der *Produkt-* und *Kettenregel*):

$y' = 2x \cdot e^{-x} + e^{-x} \cdot (-1) \cdot x^2 = (2x - x^2) \cdot e^{-x}$

$y'' = (2 - 2x) \cdot e^{-x} + e^{-x} \cdot (-1) \cdot (2x - x^2) \cdot e^{-x} = (x^2 - 4x + 2) \cdot e^{-x}$

$y''' = (2x - 4) \cdot e^{-x} + e^{-x} \cdot (-1) \cdot (x^2 - 4x + 2) = (-x^2 + 6x - 6) \cdot e^{-x}$

Relative Extremwerte: $y' = 0$, $\quad y'' \neq 0$

$y' = 0 \ \Rightarrow \ (2x - x^2) \cdot e^{-x} = 0 \ \Rightarrow \ 2x - x^2 = x(2 - x) = 0 \ \Rightarrow \ x_3 = 0, \qquad x_4 = 2$

$y''(0) = 2 > 0 \ \Rightarrow \ $ Min; $\quad y''(2) = -2 \cdot e^{-2} < 0 \ \Rightarrow \ $ Max

Ordinaten an den Stellen $x_3 = 0$ und $x_4 = 2$: $y_3 = 0$, $\ y_4 = 0{,}541$

Minimum: $(0; 0)$; Maximum: $(2; 0{,}541)$

Wendepunkte: $y'' = 0$, $\quad y''' \neq 0$

$y'' = 0 \ \Rightarrow \ (x^2 - 4x + 2) \cdot e^{-x} = 0 \ \Rightarrow \ x^2 - 4x + 2 = 0 \ \Rightarrow \ x_{5/6} = 2 \pm \sqrt{2} \ \Rightarrow$

$x_5 = 3{,}414$; $\quad x_6 = 0{,}586$

$\left. \begin{aligned} y'''(3{,}414) &= 0{,}093 \neq 0 \\ y''' = (0{,}586) &= -1{,}574 \neq 0 \end{aligned} \right\} \ \Rightarrow \ $ Wendepunkte

Ordinaten an den Stellen $x_{5/6} = 2 \pm \sqrt{2}$: $y_5 = 0{,}384$, $\ y_6 = 0{,}191$

Wendepunkte: $W_1 = (0{,}586; 0{,}191)$; $\quad W_2 = (3{,}414; 0{,}384)$ (keine Sattelpunkte, da jeweils $y' \neq 0$)

Verhalten der Funktion im Unendlichen: $\lim\limits_{x \to \infty} x^2 \cdot e^{-x} = 0$ $\Rightarrow$ Asymptote: $y = 0$ (x-Achse)

Wertebereich: $y \geq 0$

Monotonieverhalten: $y' = \underbrace{(2x - x^2)}_{u} \cdot e^{-x} = u \cdot e^{-x}$

Wegen $e^{-x} > 0$ hängt das Vorzeichen der 1. Ableitung y' nur vom Vorzeichen des 1. Faktors, d. h. der „Hilfsfunktion" $u = 2x - x^2 = x(2 - x)$ ab. Diese beschreibt eine nach unten geöffnete *Parabel* mit folgenden Eigenschaften (siehe Bild a)):

Nullstellen bei $x = 0$ und $x = 2$

Scheitelpunkt: $S = (1; 1)$

Im Intervall $0 < x < 2$ gilt $u > 0$ und somit auch $y' > 0$, dort verläuft die Funktion $y = x^2 \cdot e^{-x}$ daher *streng monoton wachsend* (Bereich zwischen den beiden Extremwerten der Funktion). Im übrigen Definitionsbereich, d. h. in den Intervallen $x < 0$ und $x > 2$ ist der Kurvenverlauf wegen $u < 0$ und damit auch $y' < 0$ dagegen *streng monoton fallend*.

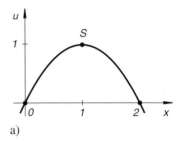

a)

Krümmungsverhalten: $y'' = \underbrace{(x^2 - 4x + 2)}_{v} \cdot e^{-x} = v \cdot e^{-x}$

Wegen $e^{-x} > 0$ hängt das Vorzeichen der 2. Ableitung y'' nur vom Vorzeichen des 1. Faktors, d. h. der „Hilfsfunktion" $v = x^2 - 4x + 2$ ab. Diese beschreibt eine nach oben geöffnete *Parabel* mit folgenden Eigenschaften (siehe Bild b)):

Nullstellen bei $x = 2 \pm \sqrt{2}$

Scheitelpunkt: $S = (2; -2)$

Im Intervall $2 - \sqrt{2} < x < 2 + \sqrt{2}$ gilt $v < 0$ und somit auch $y'' < 0$, dort besitzt die Funktion $y = x^2 \cdot e^{-x}$ daher *Rechtskrümmung* (Bereich zwischen den beiden Wendepunkten der Funktion). Im übrigen Definitionsbereich ist die Kurve wegen $v > 0$ und somit auch $y'' > 0$ nach *links* gekrümmt.

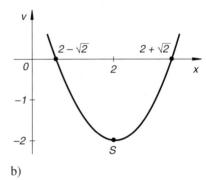

b)

Verlauf der Kurve $y = x^2 \cdot e^{-x}$:

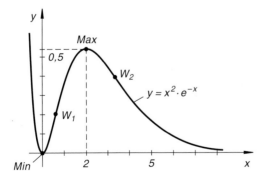

V Integralrechnung

1 Bestimmtes Integral

1.1 Definition eines bestimmten Integrals

Das *bestimmte Integral* $\int_a^b f(x)\,dx$ lässt sich in anschaulicher Weise als *Flächeninhalt A* zwischen der *stetigen* Funktion $y = f(x)$, der x-Achse und den beiden zur y-Achse parallelen Geraden $x = a$ und $x = b$ deuten, sofern die Kurve im gesamten Intervall $a \leq x \leq b$ *oberhalb* der x-Achse verläuft.

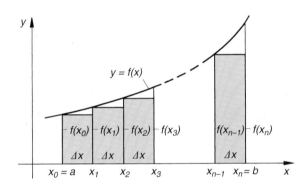

Wir zerlegen zunächst die Fläche in n Streifen *gleicher* Breite $\Delta x = \dfrac{b - a}{n}$, ersetzen jeden Streifen in der aus der Abbildung ersichtlichen Weise durch ein *Rechteck* (im Bild grau unterlegt) und summieren dann über alle Rechtecksflächen. Dies führt (bei einer monoton wachsenden Funktion) zu der sog. *Untersumme*

$$U_n = f(x_0)\,\Delta x + f(x_1)\,\Delta x + f(x_2)\,\Delta x + \ldots + f(x_{n-1})\,\Delta x = \sum_{k=1}^{n} f(x_{k-1})\,\Delta x$$

die einen *Näherungswert* für den gesuchten Flächeninhalt darstellt. Beim Grenzübergang $n \to \infty$ (und somit $\Delta x \to 0$) strebt die Untersumme U_n gegen einen *Grenzwert*, der als *bestimmtes Integral* von $f(x)$ in den Grenzen von $x = a$ bis $x = b$ bezeichnet wird und geometrisch als *Flächeninhalt A* unter der Kurve $y = f(x)$ im Intervall $a \leq x \leq b$ interpretiert werden darf.

Symbolische Schreibweise:

$$\int_a^b f(x)\, dx = \lim_{n \to \infty} U_n = \lim_{n \to \infty} \sum_{k=1}^{n} f(x_{k-1})\, \Delta x$$

Bezeichnungen:

x: Integrationsvariable

$f(x)$:   Integrandfunktion (kurz: Integrand)

a, b: Untere bzw. obere Integrationsgrenze

Das Integral existiert, wenn $f(x)$ *stetig* ist oder aber *beschränkt* ist und nur *endlich* viele Unstetigkeiten im Integrationsintervall enthält.

1.2 Berechnung eines bestimmten Integrals

$$\int_a^b f(x)\, dx = \left[F(x) \right]_a^b = F(b) - F(a) \qquad \text{(\textit{Hauptsatz der Integralrechnung})}$$

$F(x)$ ist dabei irgendeine *Stammfunktion* von $f(x)$ ($F'(x) = f(x)$, siehe Abschnitt 2.2).

■   **Beispiele**

(1) $\displaystyle\int_0^{\pi/2} \cos x\, dx = \left[\sin x \right]_0^{\pi/2} = \sin(\pi/2) - \sin 0 = 1 - 0 = 1$

Denn $F(x) = \sin x$ ist wegen $F'(x) = \dfrac{d}{dx}(\sin x) = \cos x$ eine *Stammfunktion* von $f(x) = \cos x$.

(2) $\displaystyle\int_{-3}^{3} (x^2 - 4x + 1)\, dx = ?$

$F(x) = \dfrac{1}{3}x^3 - 2x^2 + x$ ist eine Stammfunktion des Integranden $f(x) = x^2 - 4x + 1$, da

$$F'(x) = \frac{d}{dx}\left(\frac{1}{3}x^3 - 2x^2 + x \right) = x^2 - 4x + 1 = f(x)$$

gilt. Somit:

$$\int_{-3}^{3} (x^2 - 4x + 1)\, dx = \left[\frac{1}{3}x^3 - 2x^2 + x \right]_{-3}^{3} = (9 - 18 + 3) - (-9 - 18 - 3) = 24$$

■

1.3 Elementare Integrationsregeln für bestimmte Integrale

Regel 1: Faktorregel

Ein *konstanter* Faktor C darf *vor* das Integral gezogen werden:

$$\int_a^b C \cdot f(x)\, dx = C \cdot \int_a^b f(x)\, dx \qquad (C \in \mathbb{R})$$

Regel 2: Summenregel

Eine *endliche* Summe von Funktionen darf *gliedweise* integriert werden:

$$\int_a^b [f_1(x) + \ldots + f_n(x)]\, dx = \int_a^b f_1(x)\, dx + \ldots + \int_a^b f_n(x)\, dx$$

Regel 3: Vertauschungsregel

Vertauschen der Integrationsgrenzen bewirkt einen *Vorzeichenwechsel* des Integrals:

$$\int_b^a f(x)\, dx = - \int_a^b f(x)\, dx$$

Regel 4: Fallen die Integrationsgrenzen *zusammen* $(a = b)$, so ist der Integralwert gleich *null:*

$$\int_a^a f(x)\, dx = 0$$

Geometrische Deutung: Flächeninhalt unter der Kurve $= 0$

Regel 5: Für jede Stelle c aus dem Integrationsintervall gilt:

$$\int_a^b f(x)\, dx = \int_a^c f(x)\, dx + \int_c^b f(x)\, dx \qquad (a \leq c \leq b)$$

Geometrische Deutung: Zerlegung der Fläche in zwei Teilflächen

2 Unbestimmtes Integral

2.1 Definition eines unbestimmten Integrals

Das *unbestimmte Integral* $I(x) = \int\limits_a^x f(t)\, dt$ beschreibt den *Flächeninhalt* A zwischen der *stetigen* Kurve $y = f(t)$ und der t-Achse im Intervall $a \le t \le x$ in Abhängigkeit von der *oberen* (variabel gehaltenen) Grenze x und wird daher auch als *Flächenfunktion* bezeichnet (*Voraussetzung* für diese geometrische Interpretation: $f(t) \ge 0$ und $x \ge a$).

$$I(x) = \int\limits_a^x f(t)\, dt$$

Man beachte: Ein *bestimmtes* Integral ist eine *Zahl* (*Flächeninhalt* A), ein *unbestimmtes* *Integral dagegen eine Funktion* der oberen Grenze x (*Flächenfunktion* $I(x)$)!

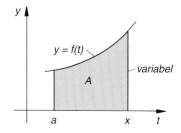

2.2 Allgemeine Eigenschaften der unbestimmten Integrale

1. Zu jeder *stetigen* Funktion $f(x)$ gibt es *unendlich* viele unbestimmte Integrale, die sich in ihrer *unteren* Integrationsgrenze voneinander unterscheiden.

2. Die *Differenz* zweier unbestimmter Integrale von $f(x)$ ist eine *Konstante*.

3. *Differenziert* man ein unbestimmtes Integral $I(x) = \int\limits_a^x f(t)\, dt$ nach der *oberen* Grenze x, so erhält man die *Integrandfunktion* $f(x)$ (sog. *Fundamentalsatz der Differential- und Integralrechnung*):

$$I(x) = \int\limits_a^x f(t)\, dt \quad \Rightarrow \quad \frac{dI}{dx} = I'(x) = f(x)$$

Allgemein wird eine differenzierbare Funktion $F(x)$ mit der Eigenschaft $F'(x) = f(x)$ als eine *Stammfunktion* von $f(x)$ bezeichnet. In diesem Sinne lässt sich der *Fundamental-satz* auch wie folgt formulieren: Jedes *unbestimmte* Integral $I(x) = \int\limits_a^x f(t)\, dt$ von $f(x)$ ist eine *Stammfunktion* von $f(x)$.

4. Ist $F(x)$ *irgendeine* Stammfunktion von $f(x)$ und C_1 eine geeignete reelle Konstante, so gilt

$$I(x) = \int_a^x f(t)\, dt = F(x) + C_1$$

Die Konstante C_1 lässt sich aus der Bedingung $I(a) = F(a) + C_1 = 0$ berechnen: $C_1 = -F(a)$.

5. Die Menge *aller* Funktionen vom Typ $I(x) + K = \int_a^x f(t)\, dt + K$ wird als *unbestimmtes Integral* von $f(x)$ bezeichnet und durch das Symbol $\int f(x)\, dx$ gekennzeichnet (die Integrationsgrenzen werden *weggelassen*):

$$\int f(x)\, dx \equiv \int_a^x f(t)\, dt + K \qquad (K \in \mathbb{R})$$

Die Begriffe „Stammfunktion von $f(x)$" und „unbestimmtes Integral von $f(x)$" sind somit *gleichwertig*. Das *unbestimmte* Integral $\int f(x)\, dx$ von $f(x)$ ist daher in der Form

$$\int f(x)\, dx = F(x) + C \qquad (F'(x) = f(x))$$

darstellbar, wobei $F(x)$ *irgendeine* Stammfunktion zu $f(x)$ bedeutet und die Integrationskonstante C *alle* reellen Werte durchläuft. Das Aufsuchen *sämtlicher* Stammfunktionen $F(x)$ zu einer vorgegebenen Funktion $f(x)$ heißt *unbestimmte Integration*:

$$f(x) \xrightarrow[\text{Integration}]{\text{unbestimmte}} F(x) \quad \text{mit} \quad F'(x) = f(x)$$

Geometrische Deutung der Stammfunktionen: Die Stammfunktionen (oder Integralkurven) zu einer stetigen Funktion $f(x)$ bilden eine *einparametrige Kurvenschar*. Jede Integralkurve entsteht dabei aus jeder anderen durch *Parallelverschiebung* in der y-Richtung.

6. *Faktor-* und *Summenregel* für *bestimmte* Integrale gelten sinngemäß auch für *unbestimmte* Integrale (siehe Abschnitt 1.3).

■ **Beispiel**

$\int (2x - \sin x)\, dx = ?$

Stammfunktion zu $f(x) = 2x - \sin x$: $F(x) = x^2 + \cos x$, da $F'(x) = 2x - \sin x = f(x)$ ist.

Lösung: $\int (2x - \sin x)\, dx = F(x) + C = x^2 + \cos x + C \qquad (C \in \mathbb{R})$

■

2.3 Tabelle der Grund- oder Stammintegrale

C, C_1, C_2: Reelle Integrationskonstanten

$\int 0\,dx = C$	$\int 1\,dx = \int dx = x + C$
$\int x^n\,dx = \dfrac{x^{n+1}}{n+1} + C \qquad (n \neq -1)$	$\int \dfrac{1}{x}\,dx = \ln|x| + C$
$\int e^x\,dx = e^x + C$	$\int a^x\,dx = \dfrac{a^x}{\ln a} + C$
$\int \sin x\,dx = -\cos x + C$	$\int \cos x\,dx = \sin x + C$
$\int \dfrac{1}{\cos^2 x}\,dx = \tan x + C$	$\int \dfrac{1}{\sin^2 x}\,dx = -\cot x + C$
$\int \dfrac{1}{\sqrt{1-x^2}}\,dx = \begin{Bmatrix} \arcsin x + C_1 \\ -\arccos x + C_2 \end{Bmatrix}$	$\int \dfrac{1}{1+x^2}\,dx = \begin{Bmatrix} \arctan x + C_1 \\ -\operatorname{arccot} x + C_2 \end{Bmatrix}$
$\int \sinh x\,dx = \cosh x + C$	$\int \cosh x\,dx = \sinh x + C$
$\int \dfrac{1}{\cosh^2 x}\,dx = \tanh x + C$	$\int \dfrac{1}{\sinh^2 x}\,dx = -\coth x + C$
$\int \dfrac{1}{\sqrt{x^2+1}}\,dx = \operatorname{arsinh} x + C = \ln\left|x + \sqrt{x^2+1}\right| + C$	
$\int \dfrac{1}{\sqrt{x^2-1}}\,dx = \operatorname{sgn}(x)\cdot\operatorname{arcosh}|x| + C = \ln\left|x + \sqrt{x^2-1}\right| + C \qquad (|x| > 1)$	
$\int \dfrac{1}{1-x^2}\,dx = \begin{cases} \operatorname{artanh} x + C_1 = \dfrac{1}{2}\cdot\ln\left(\dfrac{1+x}{1-x}\right) + C_1 & |x| < 1 \\[2mm] & \text{für} \\[2mm] \operatorname{arcoth} x + C_2 = \dfrac{1}{2}\cdot\ln\left(\dfrac{x+1}{x-1}\right) + C_2 & |x| > 1 \end{cases}$	

Hinweis: Im **Anhang, Teil A** befindet sich eine ausführliche *Integraltafel* mit über 400 weitere Integralen (gedruckt auf gelbem Papier).

3 Integrationsmethoden

3.1 Integration durch Substitution

3.1.1 Allgemeines Verfahren

Das vorgegebene Integral $\int f(x)\, dx$ wird mit Hilfe einer geeigneten *Substitution* wie folgt in ein *Grund-* oder *Stammintegral* übergeführt[1] :

1. *Aufstellung der Substitutionsgleichungen:*

$$u = g(x), \quad \frac{du}{dx} = g'(x), \quad dx = \frac{du}{g'(x)}$$

2. *Durchführung der Integralsubstitution:*

$$\int f(x)\, dx = \int \varphi(u)\, du$$

Das neue Integral enthält nur die „Hilfsvariable" u und deren Differential du.

3. *Integration (Berechnung des neuen Integrals):*

$$\int \varphi(u)\, du = \Phi(u) \qquad (\text{mit } \Phi'(u) = \varphi(u))$$

4. *Rücksubstitution:*

$$\int f(x)\, dx = \int \varphi(u)\, du = \Phi(u) = \Phi(g(x)) = F(x)$$

Anmerkungen

(1) In bestimmten Fällen ist es günstiger, die „Hilfsvariable" u durch eine Substitution vom Typ $x = h(u)$ einzuführen. Die Substitutionsgleichungen lauten dann:

$$x = h(u), \quad \frac{dx}{du} = h'(u), \quad dx = h'(u)\, du$$

(2) Die Substitutionen $u = g(x)$ und $x = h(u)$ müssen monotone und stetig differenzierbare Funktionen sein.

(3) Bei einem *bestimmten* Integral kann auf die Rücksubstitution *verzichtet* werden, wenn man die Integrationsgrenzen mit Hilfe der Substitutionsgleichung $u = g(x)$ bzw. $x = h(u)$ *mitsubstituiert*.

---

[1] Dies gelingt nicht immer im 1. Schritt. Gegebenenfalls muss das neue Integral nach einer *anderen* Integrationstechnik weiterbehandelt werden.

3.1.2 Spezielle Integralsubstitutionen (Tabelle)

Integraltyp	Substitution	Neues Integral bzw. Lösung	Beispiel
(A) $\displaystyle\int f(ax + b)\,dx$	$u = ax + b$ $$dx = \frac{du}{a}$$	$\displaystyle\frac{1}{a} \cdot \int f(u)\,du$	$\displaystyle\int \sqrt{4x + 5}\,dx$ $(u = 4x + 5)$
(B) $\displaystyle\int f(x) \cdot f'(x)\,dx$	$u = f(x)$ $$dx = \frac{du}{f'(x)}$$	$\displaystyle\frac{1}{2}\,[f(x)]^2 + C$	$\displaystyle\int \sin x \cdot \cos x\,dx$ $(u = \sin x)$
(C) $\displaystyle\int [f(x)]^n \cdot f'(x)\,dx$ $(n \neq -1)$	$u = f(x)$ $$dx = \frac{du}{f'(x)}$$	$\displaystyle\frac{1}{n + 1}\,[f(x)]^{n+1} + C$	$\displaystyle\int (\ln x)^2 \cdot \frac{1}{x}\,dx$ $(u = \ln x)$
(D) $\displaystyle\int f[g(x)] \cdot g'(x)\,dx$	$u = g(x)$ $$dx = \frac{du}{g'(x)}$$	$\displaystyle\int f(u)\,du$	$\displaystyle\int x \cdot e^{x^2}\,dx$ $(u = x^2)$
(E) $\displaystyle\int \frac{f'(x)}{f(x)}\,dx$	$u = f(x)$ $$dx = \frac{du}{f'(x)}$$	$\ln |f(x)| + C$	$\displaystyle\int \frac{2x - 3}{x^2 - 3x + 1}\,dx$ $(u = x^2 - 3x + 1)$
(F) $\displaystyle\int R\left(x; \sqrt{a^2 - x^2}\right)dx$ R: Rationale Funktion von x und $\sqrt{a^2 - x^2}$	$x = a \cdot \sin u$ $dx = a \cdot \cos u\,du$ $\sqrt{a^2 - x^2} = a \cdot \cos u$		$\displaystyle\int \frac{x^3}{\sqrt{4 - x^2}}\,dx$ $(x = 2 \cdot \sin u)$
(G) $\displaystyle\int R\left(x; \sqrt{x^2 + a^2}\right)dx$ R: Rationale Funktion von x und $\sqrt{x^2 + a^2}$	$x = a \cdot \sinh u$ $dx = a \cdot \cosh u\,du$ $\sqrt{x^2 + a^2} = a \cdot \cosh u$		$\displaystyle\int \frac{x^2}{\sqrt{x^2 + 9}}\,dx$ $(x = 3 \cdot \sinh u)$
(H) $\displaystyle\int R\left(x; \sqrt{x^2 - a^2}\right)dx$ R: Rationale Funktion von x und $\sqrt{x^2 - a^2}$	$x = a \cdot \cosh u$ $dx = a \cdot \sinh u\,du$ $\sqrt{x^2 - a^2} = a \cdot \sinh u$		$\displaystyle\int \frac{1}{\sqrt{x^2 - 25}}\,dx$ $(x = 5 \cdot \cosh u)$

Tabelle (Fortsetzung)

Integraltyp	Substitution	Neues Integral bzw. Lösung	Beispiel
(I) $\int R\,(\sin x;\,\cos x)\,dx$ R: Rationale Funktion von $\sin x$ und $\cos x$	$u = \tan\,(x/2)$ $dx = \dfrac{2}{1+u^2}\,du$ $\sin x = \dfrac{2u}{1+u^2}$ $\cos x = \dfrac{1-u^2}{1+u^2}$		$\int \dfrac{1+\cos x}{\sin x}\,dx$
(J) $\int R\,(\sinh x;\,\cosh x)\,dx$ R: Rationale Funktion von $\sinh x$ und $\cosh x$	$u = \mathrm{e}^x,\quad dx = \dfrac{du}{u}$ $\sinh x = \dfrac{u^2-1}{2u}$ $\cosh x = \dfrac{u^2+1}{2u}$		$\int \dfrac{\sinh x + 1}{\cosh x}\,dx$

■ **Beispiel**

$$\int_0^{\pi/2} \sin^4 x \cdot \cos x\,dx = ?$$

Integraltyp (C): $\int [f(x)]^n \cdot f'(x)\,dx$ mit $f(x) = \sin x,\quad f'(x) = \cos x$ und $n = 4$

Substitution: $u = \sin x,\quad \dfrac{du}{dx} = \cos x,\quad dx = \dfrac{du}{\cos x}$

Untere Grenze: $x = 0 \quad \Rightarrow \quad u = \sin 0 = 0$

Obere Grenze: $x = \pi/2 \quad \Rightarrow \quad u = \sin\,(\pi/2) = 1$

Integration:
$$\int_0^{\pi/2} \sin^4 x \cdot \cos x\,dx = \int_0^1 u^4 \cdot \cos x\,\frac{du}{\cos x} = \int_0^1 u^4\,du = \left[\frac{1}{5}u^5\right]_0^1 = \frac{1}{5} - 0 = \frac{1}{5}$$

Alternative: Die Integrationsgrenzen werden *nicht* mitsubstituiert, die Integration zunächst *unbestimmt* vorgenommen (Substitution $u = \sin x$ wie oben). Dann wird rücksubstituiert und mit der gewonnenen Stammfunktion das bestimmte Integral berechnet (die Integrationskonstante darf weggelassen werden).

$$\int \sin^4 x \cdot \cos x\,dx = \int u^4 \cdot \cos x\,\frac{du}{\cos x} = \int u^4\,du = \frac{1}{5}u^5 + C = \frac{1}{5}\,(\sin x)^5 + C$$

$$\int_0^{\pi/2} \sin^4 x \cdot \cos x\,dx = \frac{1}{5}\left[(\sin x)^5\right]_0^{\pi/2} = \frac{1}{5}\left[\underbrace{(\sin \pi/2)^5}_{1} - \underbrace{(\sin 0)^5}_{0}\right] = \frac{1}{5}\,(1-0) = \frac{1}{5}$$

■

3.2 Partielle Integration (Produktintegration)

Die Formel der *partiellen Integration* lautet:

$$\int u(x) \cdot v'(x)\, dx = u(x) \cdot v(x) - \int u'(x) \cdot v(x)\, dx$$

In vielen Fällen lässt sich ein (unbestimmtes) Integral $\int f(x)\, dx$ mit Hilfe dieser Formel wie folgt lösen. Der Integrand $f(x)$ wird in „geeigneter" Weise in ein *Produkt* aus zwei Funktionen $u(x)$ und $v'(x)$ zerlegt: $f(x) = u(x) \cdot v'(x)$. Dabei ist $v'(x)$ die erste Ableitung einer zunächst noch *unbekannten* Funktion $v(x)$. Dann gilt nach obiger Formel:

$$\int \underbrace{f(x)}\, dx = \int \underbrace{u(x) \cdot v'(x)}\, dx = u(x) \cdot v(x) - \int u'(x) \cdot v(x)\, dx$$

Zerlegung in ein Produkt

Die Integration gelingt, wenn sich eine *Stammfunktion* zum „kritischen" Faktor $v'(x)$ angeben lässt *und* das neue „Hilfsintegral" der rechten Seite *elementar lösbar* ist.

Anmerkungen

(1) In einigen Fällen muss man *mehrmals* hintereinander partiell integrieren, ehe man auf ein *Grundintegral* stößt.

(2) Die Formel der *partiellen Integration* gilt sinngemäß auch für *bestimmte* Integrale:

$$\int_a^b u(x) \cdot v'(x)\, dx = \left[u(x) \cdot v(x) \right]_a^b - \int_a^b u'(x) \cdot v(x)\, dx$$

■ **Beispiel**

$$\int_0^{\pi/2} x \cdot \cos x\, dx = ?$$

Zerlegung des Integranden $f(x) = x \cdot \cos x$ in zwei Faktoren $u(x)$ und $v'(x)$:

$$u(x) = x, \qquad v'(x) = \cos x \quad \Rightarrow \quad u'(x) = 1, \qquad v(x) = \sin x$$

Partielle Integration (zunächst unbestimmt):

$$\int \underbrace{x}_{u} \cdot \underbrace{\cos x}_{v'}\, dx = \underbrace{x}_{u} \cdot \underbrace{\sin x}_{v} - \int \underbrace{1}_{u'} \cdot \underbrace{\sin x}_{v}\, dx = x \cdot \sin x - \underbrace{\int \sin x\, dx}_{\text{Grundintegral}} =$$

$$= x \cdot \sin x - (-\cos x) + C = x \cdot \sin x + \cos x + C$$

Berechnung des bestimmten Integrals ($C = 0$ gesetzt):

$$\int_0^{\pi/2} x \cdot \cos x\, dx = \left[x \cdot \sin x + \cos x \right]_0^{\pi/2} = \frac{\pi}{2} \cdot \underbrace{\sin\left(\pi/2\right)}_{1} + \underbrace{\cos\left(\pi/2\right)}_{0} - 0 - \underbrace{\cos 0}_{1} = \frac{\pi}{2} - 1$$

■

3.3 Integration einer gebrochenrationalen Funktion durch Partialbruchzerlegung des Integranden

Die Integration einer *gebrochenrationalen* Funktion $f(x)$ geschieht nach dem folgenden Schema:

1. Ist die Funktion $f(x)$ *unecht* gebrochenrational, so wird sie zunächst durch Polynomdivision in eine *ganzrationale* Funktion $p(x)$ und eine *echt* gebrochenrationale Funktion $r(x)$ zerlegt (siehe III.5.3):

$$f(x) = p(x) + r(x)$$

Diese Zerlegung *entfällt* natürlich bei einer *echt* gebrochenrationalen Funktion $f(x)$.

2. Der *echt* gebrochenrationale Anteil $r(x)$ wird in *Partialbrüche* zerlegt (siehe Partialbruchzerlegung, Abschnitt 3.3.1).

3. Anschließend erfolgt die *Integration* des ganzrationalen Anteils $p(x)$ sowie sämtlicher Partialbrüche (siehe Abschnitt 3.3.2).

Die *echt* gebrochenrationale Funktion $r(x)$ ist dann als *Summe* sämtlicher Partialbrüche darstellbar. Besitzt der Nenner $N(x)$ z. B. ausschließlich n *verschiedene einfache* Nullstellen $x_1, x_2, \ldots, x_n$, so lautet die Partialbruchzerlegung wie folgt:

$$r(x) = \frac{Z(x)}{N(x)} = \frac{A_1}{x - x_1} + \frac{A_2}{x - x_2} + \ldots + \frac{A_n}{x - x_n}$$

$N(x), Z(x)$:   Nenner- bzw. Zählerpolynom der echt gebrochenrationalen Funktion $r(x)$

$A_1, A_2, \ldots, A_n$:   Reelle Konstanten (noch unbekannt)

3.3.1 Partialbruchzerlegung

Die *Partialbruchzerlegung* einer *echt* gebrochenrationalen Funktion $r(x) = \dfrac{Z(x)}{N(x)}$ hängt noch von der *Art* der Nennernullstellen ab. Wir unterscheiden *zwei* Fälle:

1. Fall: Der Nenner $N(x)$ besitzt ausschließlich reelle Nullstellen

Jeder Nullstelle x_1 des Nenners $N(x)$ wird nach dem folgenden Schema in eindeutiger Weise ein *Partialbruch* zugeordnet:

x_1:	*Einfache* Nullstelle	$\rightarrow \quad \dfrac{A}{x - x_1}$
x_1:	*Zweifache* Nullstelle	$\rightarrow \quad \dfrac{A_1}{x - x_1} + \dfrac{A_2}{(x - x_1)^2}$
$\vdots$		
x_1:	*r-fache* Nullstelle	$\rightarrow \quad \dfrac{A_1}{x - x_1} + \dfrac{A_2}{(x - x_1)^2} + \ldots + \dfrac{A_r}{(x - x_1)^r}$

Berechnung der in den Partialbrüchen auftretenden Konstanten:

Alle Brüche werden zunächst auf einen *gemeinsamen* Nenner gebracht (*Hauptnenner*) und dann mit diesem Hauptnenner *multipliziert*. Durch Einsetzen bestimmter x-Werte (z. B. der *Nullstellen* des Nenners) erhält man ein *lineares Gleichungssystem*, aus dem sich die noch unbekannten Konstanten berechnen lassen. Eine weitere Methode zur Bestimmung der Konstanten ist der *Koeffizientenvergleich.*

■ **Beispiel**

$$r(x) = \frac{Z(x)}{N(x)} = \frac{-x^2 + 2x - 17}{x^3 - 7x^2 + 11x - 5} \qquad (echt \text{ gebrochenrationale Funktion})$$

Nullstellen des Nenners: $\quad x^3 - 7x^2 + 11x - 5 = 0 \quad \Rightarrow \quad x_{1/2} = 1, \qquad x_3 = 5$

Zuordnung der Partialbrüche:

$x_{1/2} = 1$ (*zweifache* Nullstelle): $\qquad \dfrac{A_1}{x - 1} + \dfrac{A_2}{(x - 1)^2}$

$x_3 = 5 \quad$ (*einfache* Nullstelle): $\qquad \dfrac{B}{x - 5}$

Ansatz für die Partialbruchzerlegung:

$$\frac{-x^2 + 2x - 17}{x^3 - 7x^2 + 11x - 5} = \frac{-x^2 + 2x - 17}{(x - 1)^2 (x - 5)} = \frac{A_1}{x - 1} + \frac{A_2}{(x - 1)^2} + \frac{B}{x - 5}$$

Berechnung der Konstanten A_1, A_2 *und* B (Hauptnenner bilden):

$$\frac{-x^2 + 2x - 17}{(x - 1)^2 (x - 5)} = \frac{A_1(x - 1)(x - 5) + A_2(x - 5) + B(x - 1)^2}{(x - 1)^2 (x - 5)}$$

Zähler gleichsetzen:

$$-x^2 + 2x - 17 = A_1(x - 1)(x - 5) + A_2(x - 5) + B(x - 1)^2$$

Wir setzen für x zweckmäßigerweise der Reihe nach die Werte 1, 5 und 0 ein:

$\boxed{x = 1} \quad \Rightarrow \quad -16 = -4A_2 \qquad\qquad \Rightarrow \quad A_2 = \quad 4$

$\boxed{x = 5} \quad \Rightarrow \quad -32 = 16B \qquad\qquad \Rightarrow \quad B = -2$

$\boxed{x = 0} \quad \Rightarrow \quad -17 = 5A_1 - 5A_2 + B \quad \Rightarrow \quad -17 = 5A_1 - 5 \cdot 4 - 2 \quad \Rightarrow$

$\qquad\qquad\qquad\qquad -17 = 5A_1 - 22 \qquad\qquad \Rightarrow \quad 5A_1 = 5 \quad \Rightarrow \quad A_1 = 1$

Partialbruchzerlegung:

$$\frac{-x^2 + 2x - 17}{x^3 - 7x^2 + 11x - 5} = \frac{A_1}{x - 1} + \frac{A_2}{(x - 1)^2} + \frac{B}{x - 5} = \frac{1}{x - 1} + \frac{4}{(x - 1)^2} - \frac{2}{x - 5}$$

■

2. Fall: Der Nenner $N(x)$ besitzt neben reellen auch komplexe Nullstellen

Die *komplexen* Lösungen der Gleichung $N(x) = 0$ treten immer *paarweise*, d. h. in *konjugiert komplexer* Form auf. Für zwei *einfache* konjugiert komplexe Nennernullstellen x_1 und x_2 lautet der *Partialbruchansatz* wie folgt:

$$\frac{Bx + C}{(x - x_1)(x - x_2)} = \frac{Bx + C}{x^2 + px + q}$$

Dabei sind x_1 und x_2 die *konjugiert komplexen* Lösungen der quadratischen Gleichung $x^2 + px + q = 0$. Entsprechend lautet der Ansatz für *mehrfache* konjugiert komplexe Nullstellen:

$$\frac{B_1 x + C_1}{x^2 + px + q} + \frac{B_2 x + C_2}{(x^2 + px + q)^2} + \ldots + \frac{B_r x + C_r}{(x^2 + px + q)^r}$$

(der Nenner $N(x)$ besitzt die jeweils *r-fach* auftretenden *konjugiert komplexen* Nullstellen x_1 und x_2; Sie sind die Lösungen der quadratischen Gleichung $x^2 + px + q = 0$). Die Berechnung der Konstanten erfolgt wie im 1. Fall.

■ **Beispiel**

$$r(x) = \frac{Z(x)}{N(x)} = \frac{3x^2 - 11x + 15}{x^3 - 4x^2 + 9x - 10} \qquad (echt \text{ gebrochenrationale Funktion})$$

Nullstellen des Nenners: $N(x) = x^3 - 4x^2 + 9x - 10 = 0 \;\Rightarrow\; x_1 = 2, \qquad x_{2/3} = 1 \pm 2j$

Zuordnung der Partialbrüche:

$x_1 = 2$ (*reell*, einfach): $\quad \dfrac{A}{x - 2}$

$x_{2/3} = 1 \pm 2j$ (*konjugiert komplex*, einfach): $\quad \dfrac{Bx + C}{x^2 - 2x + 5}$

Hinweis: $x_{2/3} = 1 \pm 2j$ sind die *konjugiert komplexen* Lösungen der quadratischen Gleichung $x^2 - 2x + 5 = 0$, die man durch Reduzieren der kubischen Gleichung erhält: $N(x) = x^3 - 4x^2 + 9x - 10 = (x - 2)(x^2 - 2x + 5) = 0$

Ansatz für die Partialbruchzerlegung:

$$\frac{3x^2 - 11x + 15}{x^3 - 4x^2 + 9x - 10} = \frac{3x^2 - 11x + 15}{(x - 2)(x^2 - 2x + 5)} = \frac{A}{x - 2} + \frac{Bx + C}{x^2 - 2x + 5}$$

Berechnung der Konstanten A, B und C (Brüche auf den Hauptnenner bringen):

$$\frac{3x^2 - 11x + 15}{(x - 2)(x^2 - 2x + 5)} = \frac{A(x^2 - 2x + 5) + (Bx + C)(x - 2)}{(x - 2)(x^2 - 2x + 5)}$$

Zähler gleichsetzen:

$$3x^2 - 11x + 15 = A(x^2 - 2x + 5) + (Bx + C)(x - 2)$$

Wir setzen für x zweckmäßigerweise der Reihe nach die Werte 2, 1 und 0 ein:

$\boxed{x = 2} \;\Rightarrow\; 5 = 5A \qquad\qquad \Rightarrow\; A = 1$

$\left.\begin{aligned}\boxed{x = 1} \;&\Rightarrow\; 7 = 4A - B - C \\ \boxed{x = 0} \;&\Rightarrow\; 15 = 5A - 2C\end{aligned}\right\} \Rightarrow\; B = 2, \qquad C = -5$

Partialbruchzerlegung:

$$r(x) = \frac{3x^2 - 11x + 15}{x^3 - 4x^2 + 9x - 10} = \frac{A}{x - 2} + \frac{Bx + C}{x^2 - 2x + 5} = \frac{1}{x - 2} + \frac{2x - 5}{x^2 - 2x + 5}$$

■

3.3.2 Integration der Partialbrüche

Bei der *Integration* der Partialbrüche treten insgesamt vier verschiedene Integraltypen auf.

Bei reellen Nullstellen des Nenners $N(x)$

$$\int \frac{dx}{x - x_1} = \ln|x - x_1| + C_1$$

$$\int \frac{dx}{(x - x_1)^r} = \frac{1}{(1 - r)(x - x_1)^{r-1}} + C_2 \qquad (r \geq 2)$$

jeweils gelöst durch die Substitution

$$u = x - x_1,$$
$$du = dx$$

■ **Beispiel**

$$\int \frac{-x^2 + 2x - 17}{x^3 - 7x^2 + 11x - 5}\, dx = ? \qquad \text{(der Integrand ist eine } echt \text{ gebrochenrationale Funktion)}$$

Partialbruchzerlegung des Integranden (siehe 1. Beispiel aus Abschnitt 3.3.1):

$$\frac{-x^2 + 2x - 17}{x^3 - 7x^2 + 11x - 5} = \frac{1}{x - 1} + \frac{4}{(x - 1)^2} - \frac{2}{x - 5}$$

Integration der Partialbrüche:

$$\int \frac{-x^2 + 2x - 17}{x^3 - 7x^2 + 11x - 5}\, dx = \int \frac{dx}{x - 1} + 4 \cdot \int \frac{dx}{(x - 1)^2} - 2 \cdot \int \frac{dx}{x - 5} =$$

$$= \int \frac{du}{u} + 4 \cdot \int \frac{du}{u^2} - 2 \cdot \int \frac{dv}{v} = \ln|u| - \frac{4}{u} - 2 \cdot \ln|v| + C =$$

$$= \ln|x - 1| - \frac{4}{x - 1} - 2 \cdot \ln|x - 5| + C$$

(die Substitutionen $u = x - 1$, $du = dx$ bzw. $v = x - 5$, $dv = dx$ wurden grau unterlegt)   ■

Bei konjugiert komplexen Nullstellen des Nenners $N(x)$

Im Falle *einfacher* konjugiert komplexer Nullstellen:

$$\int \frac{Bx + C}{x^2 + px + q}\, dx = \frac{B}{2} \cdot \ln|x^2 + px + q| +$$

$$+ \left(\frac{2C - Bp}{\sqrt{4q - p^2}} \right) \cdot \arctan \left(\frac{2x + p}{\sqrt{4q - p^2}} \right) + C_3$$

Die bei *mehrfachen* konjugiert komplexen Nullstellen des Nenners auftretenden Integrale vom

Typ $\displaystyle\int \frac{dx}{(x^2 + px + q)^r}$ bzw. $\displaystyle\int \frac{x\, dx}{(x^2 + px + q)^r}$ mit $r \geq 2$ entnimmt man der

Integraltafel im Anhang, Teil A (falls $p \neq 0 \;\rightarrow\;$ Integrale 63 bis 70; falls $p = 0 \;\rightarrow\;$ Integrale 29 bis 34).

3.4 Integration durch Potenzreihenentwicklung des Integranden

Der Integrand $f(x)$ des bestimmten oder unbestimmten Integrals wird in eine *Potenzreihe* entwickelt und anschließend *gliedweise* integriert (Voraussetzung: Der Integrationsbereich liegt *innerhalb* des Konvergenzbereiches der Reihe).

■ **Beispiel**

$$\int\limits_0^1 \cos\left(\sqrt{x}\right) dx = ?$$

Potenzreihe (Mac Laurinsche Reihe) für $\cos z$ (siehe VI.3.4):

$$\cos z = 1 - \frac{z^2}{2!} + \frac{z^4}{4!} - \frac{z^6}{6!} + - \dots \qquad (|z| < \infty)$$

Substitution $z = \sqrt{x}$:

$$\cos\left(\sqrt{x}\right) = 1 - \frac{x}{2!} + \frac{x^2}{4!} - \frac{x^3}{6!} + - \dots \qquad (x \geq 0)$$

Gliedweise Integration:

$$\int\limits_0^1 \cos\left(\sqrt{x}\right) dx = \int\limits_0^1 \left(1 - \frac{x}{2!} + \frac{x^2}{4!} - \frac{x^3}{6!} + - \dots\right) dx = \left[x - \frac{x^2}{2 \cdot 2!} + \frac{x^3}{3 \cdot 4!} - \frac{x^4}{4 \cdot 6!} + - \dots\right]_0^1 =$$

$$= 1 - \frac{1}{2 \cdot 2!} + \frac{1}{3 \cdot 4!} - \frac{1}{4 \cdot 6!} + - \dots \approx 0{,}763 \quad \text{(auf drei Nachkommastellen genau)}$$

■

3.5 Numerische Integration

3.5.1 Trapezformel

Die Fläche unter der Kurve $y = f(x)$ wird zunächst in n Streifen *gleicher* Breite h zerlegt, dann wird in jedem Streifen die krummlinige Begrenzung durch die *Sekante* ersetzt (der „Ersatzstreifen" besitzt die Form eines *Trapezes*, im Bild grau unterlegt):

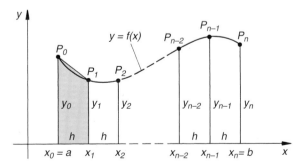

Die nachfolgende Trapezformel gilt unabhängig von dieser geometrischen Deutung (sofern das Integral existiert).

$$\int_a^b f(x)\,dx \approx \left(\frac{1}{2}\,y_0 + y_1 + y_2 + \dots + y_{n-1} + \frac{1}{2}\,y_n\right) h =$$

$$= \left(\frac{1}{2}\,\underbrace{(y_0 + y_n)}_{\Sigma_1} + \underbrace{(y_1 + y_2 + \dots + y_{n-1})}_{\Sigma_2}\right) h = \left(\frac{1}{2}\cdot \Sigma_1 + \Sigma_2\right) h$$

Streifenbreite (Schrittweite): $h = (b - a)/n$

Stützstellen: $x_k = a + k \cdot h$ $\left.\begin{array}{c} \\ \\ \end{array}\right\}$ $k = 0, 1, 2, \dots, n$

Stützwerte: $y_k = f(x_k)$

3.5.2 Simpsonsche Formel

Die Fläche unter der Kurve $y = f(x)$ wird in $2n$, d. h. in eine *gerade* Anzahl „einfacher" Streifen *gleicher* Breite h zerlegt. In jedem der insgesamt n „Doppelstreifen" (er besteht aus *zwei aufeinanderfolgenden* „einfachen" Streifen, die im Bild *grau* unterlegt sind) ersetzt man dann die krummlinige Begrenzung durch eine *Parabel*:

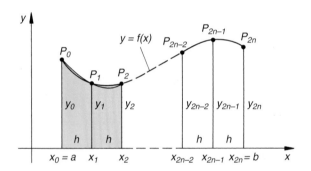

$$\int_a^b f(x)\,dx \approx (y_0 + 4y_1 + 2y_2 + 4y_3 + \dots + 2y_{2n-2} + 4y_{2n-1} + y_{2n})\,\frac{h}{3} =$$

$$= \left(\underbrace{(y_0 + y_{2n})}_{\Sigma_0} + 4\,\underbrace{(y_1 + y_3 + \dots + y_{2n-1})}_{\Sigma_1} + 2\,\underbrace{(y_2 + y_4 + \dots + y_{2n-2})}_{\Sigma_2}\right)\frac{h}{3} =$$

$$= \left(\Sigma_0 + 4\cdot \Sigma_1 + 2\cdot \Sigma_2\right)\frac{h}{3}$$

Breite eines *einfachen* Streifens (Schrittweite): $h = (b - a)/2n$

Stützstellen: $x_k = a + k \cdot h$ $\left.\begin{array}{c} \\ \\ \end{array}\right\}$ $k = 0, 1, 2, \dots, 2n$

Stützwerte: $y_k = f(x_k)$

Beim Simpsonverfahren muss die Anzahl der Stützpunkte $P_k = (x_k; y_k)$ *ungerade* sein ($2n + 1$ Stützpunkte; $2n$ einfache und somit n Doppelstreifen). Die Simpsonsche Formel gilt unabhängig von der geometrischen Deutung (sofern das Integral existiert).

Fehlerabschätzung

Voraussetzung: $2n$ ist durch 4 teilbar (und n damit gerade)

$$\Delta I \approx \frac{1}{15} \, (I_h - I_{2h})$$

I_h: Näherungswert bei der Streifenbreite h

I_{2h}:   Näherungswert bei *doppelter* Streifenbreite $2h$

Gegenüber I_h *verbesserter* Wert:

$$I_v = I_h + \Delta I$$

■ **Beispiel**

$\int_0^1 e^{-x^2} \, dx = ?$ (Fläche unter der Gaußkurve im Intervall $0 \leq x \leq 1$)

Wir wählen $2n = 4$ und somit $h = 0{,}25$.

k	x_k	**Erstrechnung** $(h = 0{,}25)$ $y_k = e^{-x_k^2}$			**Zweitrechnung** $(h^* = 2h = 0{,}5)$ $y_k = e^{-x_k^2}$		
0	0	1			1		
1	0,25		0,939 413				
2	0,5			0,778 801		0,778 801	
3	0,75		0,569 783				
4	1	0,367 879			0,367 879		
		1,367 879	1,509 196	0,778 801	1,367 879	0,778 801	0
		Σ_0	Σ_1	Σ_2	Σ_0^*	Σ_1^*	Σ_2^*

$$I_h = (\Sigma_0 + 4 \cdot \Sigma_1 + 2 \cdot \Sigma_2) \, \frac{h}{3} = (1{,}367\,879 + 4 \cdot 1{,}509\,196 + 2 \cdot 0{,}778\,801) \, \frac{0{,}25}{3} = 0{,}746\,855$$

$$I_{2h} = I_{h^*} = (\Sigma_0^* + 4 \cdot \Sigma_1^* + 2 \cdot \Sigma_2^*) \, \frac{h^*}{3} = (1{,}367\,879 + 4 \cdot 0{,}778\,801 + 2 \cdot 0) \, \frac{0{,}5}{3} = 0{,}747\,181$$

Fehlerabschätzung: $\Delta I = \frac{1}{15} \, (I_h - I_{2h}) = \frac{1}{15} \, (0{,}746\,855 - 0{,}747\,181) = -0{,}000\,022$

Verbesserter Integralwert: $\int_0^1 e^{-x^2} \, dx \approx I_v = I_h + \Delta I = 0{,}746\,855 - 0{,}000\,022 = 0{,}746\,833$

■

3.5.3 Romberg-Verfahren

Romberg-Schema

Nach bestimmten (weiter unten beschriebenen) Rechenvorschriften werden für das gesuchte bestimmte Integral $\int_a^b f(x)\, dx$ zunächst Folgen von *Näherungswerten* $T_{i,k}$ berechnet und wie folgt im sog. *Romberg-Schema* angeordnet:

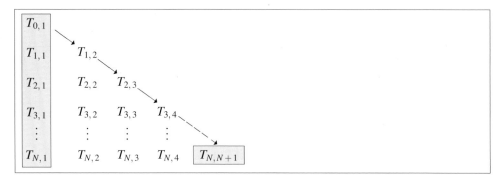

1. Index: Zeilenindex

2. Index: Spaltenindex

Dann gilt *näherungsweise*:

$$\int_b^a f(x)\, dx = T_{N,N+1}$$

Anmerkungen

(1)   *Jede* der Spalten konvergiert für $N \to \infty$ gegen den gesuchten Integralwert, ebenso die durch Pfeile gekennzeichnete Diagonalfolge.

(2)   Die Rechnung ist abzubrechen, wenn sich zwei *benachbarte* Elemente einer Spalte innerhalb der gewünschten Stellenzahl nicht mehr voneinander unterscheiden.

Berechnung der Elemente $T_{i,1}$ aus Spalte 1 ($i = 0, 1, \ldots, N$)

Das Integrationsintervall $a \le x \le b$ wird der Reihe nach in $1, 2, 4, 8, \ldots, 2^N$ Teilintervalle *gleicher* Länge zerlegt (Prinzip der fortlaufenden *Halbierung* der Schrittweite). Mit der *Trapezformel* aus Abschnitt 3.5.1 werden dann für diese Zerlegungen *Näherungswerte* $T_{i,1}$ für das Integral $\int_a^b f(x)\, dx$ berechnet, die die Elemente der 1. Spalte bilden (*grau* unterlegt). Der Zeilenindex i kennzeichnet dabei die *Anzahl* der Teilintervalle (2^i Teilintervalle).

Die Berechnungsformeln lauten:

$$T_{0,1} = \frac{b-a}{2}\left[f(a) + f(b)\right]$$

$$T_{1,1} = \frac{1}{2}\left[T_{0,1} + (b-a)\cdot f\left(a + \frac{b-a}{2}\right)\right]$$

$$T_{2,1} = \frac{1}{2}\left[T_{1,1} + \frac{b-a}{2}\left\{f\left(a + \frac{b-a}{4}\right) + f\left(a + \frac{3(b-a)}{4}\right)\right\}\right]$$

$$\vdots$$

$$T_{i,1} = \frac{1}{2}\left[T_{i-1,1} + \frac{b-a}{2^{(i-1)}}\cdot \sum_{j=1}^{2^{(i-1)}} f\left(a + \frac{(2j-1)(b-a)}{2^i}\right)\right] \quad (i = 1, 2, \ldots, N)$$

Aus diesen Elementen lassen sich alle übrigen Elemente berechnen.

Berechnung der Elemente $T_{i,2}$ aus Spalte 2 $(i = 1, 2, \ldots, N)$

Die Berechnung dieser Elemente erfolgt aus den Elementen der 1. Spalte nach der Formel

$$T_{i,2} = \frac{4\cdot T_{i,1} - T_{i-1,1}}{3} \quad (i = 1, 2, \ldots, N)$$

Berechnung der Elemente $T_{i,3}$ aus Spalte 3 $(i = 2, 3, \ldots, N)$

Die Berechnung dieser Elemente erfolgt aus den Elementen der 2. Spalte nach der Formel

$$T_{i,3} = \frac{16\cdot T_{i,2} - T_{i-1,2}}{15} \quad (i = 2, 3, \ldots, N)$$

Berechnung der Elemente $T_{i,k}$ aus Spalte k $(k = 2, 3, \ldots, N+1; \; i = k-1, k, \ldots, N)$

Die Berechnung dieser Elemente erfolgt aus den Elementen der $(k-1)$-ten Spalte nach der Formel

$$T_{i,k} = \frac{4^{(k-1)}\cdot T_{i,k-1} - T_{i-1,k-1}}{4^{(k-1)} - 1} \quad (k = 2, 3, \ldots, N+1; \; i = k-1, k, \ldots, N)$$

(allgemeine *Romberg-Formel*).

■ **Beispiel**

Wir berechnen das Integral $\int\limits_0^1 e^{-x^2}\, dx$ für $N = 3$, d. h. für Zerlegungen in 1, 2, 4 und 8 Teilintervalle.

Mit $a = 0$, $b = 1$ und $f(x) = e^{-x^2}$ erhalten wir:

Berechnung der Elemente $T_{i,1}$ $(i = 0, 1, 2, 3)$

$$T_{0,1} = \frac{1}{2}\left[f(0) + f(1)\right] = \frac{1}{2}\left(e^0 + e^{-1}\right) = 0{,}683\,940$$

$$T_{1,1} = \frac{1}{2}\left[T_{0,1} + f(0{,}5)\right] = \frac{1}{2}\left(0{,}683\,940 + e^{-0{,}25}\right) = 0{,}731\,370$$

$$T_{2,1} = \frac{1}{2}\left[T_{1,1} + \frac{1}{2}\left\{f(0{,}25) + f(0{,}75)\right\}\right] = \frac{1}{2}\left[0{,}731\,370 + \frac{1}{2}\left(e^{-0{,}0625} + e^{-0{,}5625}\right)\right] = 0{,}742\,984$$

$$T_{3,1} = \frac{1}{2}\left[T_{2,1} + \frac{1}{4}\left\{f(0{,}125) + f(0{,}375) + f(0{,}625) + f(0{,}875)\right\}\right] =$$

$$= \frac{1}{2}\left[0{,}742\,984 + \frac{1}{4}\left(e^{-0{,}015\,625} + e^{-0{,}140\,625} + e^{-0{,}390\,625} + e^{-0{,}765\,625}\right)\right] = 0{,}745\,866$$

Berechnung der Elemente $T_{i,2}$ $(i = 1, 2, 3)$

$$T_{1,2} = \frac{4 \cdot T_{1,1} - T_{0,1}}{3} = \frac{4 \cdot 0{,}731\,370 - 0{,}683\,940}{3} = 0{,}747\,180$$

$$T_{2,2} = \frac{4 \cdot T_{2,1} - T_{1,1}}{3} = \frac{4 \cdot 0{,}742\,984 - 0{,}731\,370}{3} = 0{,}746\,855$$

$$T_{3,2} = \frac{4 \cdot T_{3,1} - T_{2,1}}{3} = \frac{4 \cdot 0{,}745\,866 - 0{,}742\,984}{3} = 0{,}746\,827$$

Berechnung der Elemente $T_{i,3}$ $(i = 2, 3)$

$$T_{2,3} = \frac{16 \cdot T_{2,2} - T_{1,2}}{15} = \frac{16 \cdot 0{,}746\,855 - 0{,}747\,180}{15} = 0{,}746\,833$$

$$T_{3,3} = \frac{16 \cdot T_{3,2} - T_{2,2}}{15} = \frac{16 \cdot 0{,}746\,827 - 0{,}746\,855}{15} = 0{,}746\,825$$

Berechnung des Elementes $T_{3,4}$

$$T_{3,4} = \frac{64 \cdot T_{3,3} - T_{2,3}}{63} = \frac{64 \cdot 0{,}746\,825 - 0{,}746\,833}{63} = 0{,}746\,825$$

Romberg-Schema

i \ k	1	2	3	4
0	0,683 940			
1	0,731 370	0,747 180		
2	0,742 984	0,746 855	0,746 833	
3	0,745 866	0,746 827	0,746 825	0,746 825

$$\int_0^1 e^{-x^2}\,dx \approx T_{3,4} = 0{,}746\,825$$

Exakter Wert (auf 6 Dezimalstellen nach dem Komma genau):   0,746 824   ∎

4 Uneigentliche Integrale

Uneigentliche Integrale werden durch *Grenzwerte* erklärt. Ist der jeweilige Grenzwert vorhanden, so heißt das uneigentliche Integral *konvergent*, sonst *divergent*.

4.1 Unendliches Integrationsintervall

Die Integration erfolgt über ein *unendliches* Intervall. Man setzt (falls der Grenzwert vorhanden ist; $\lambda > a$):

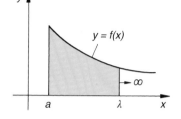

$$\int\limits_a^\infty f(x)\, dx = \lim_{\lambda \to \infty} \int\limits_a^\lambda f(x)\, dx$$

$$\int\limits_{-\infty}^a f(x)\, dx = \lim_{\lambda \to -\infty} \int\limits_\lambda^a f(x)\, dx \qquad (\lambda < a)$$

$$\int\limits_{-\infty}^\infty f(x)\, dx = \lim_{\lambda \to -\infty} \int\limits_\lambda^c f(x)\, dx + \lim_{\mu \to \infty} \int\limits_c^\mu f(x)\, dx$$

(Integral aufspalten; *beide* Grenzwerte müssen existieren; c: beliebige Stelle)

■ **Beispiel**

$\int\limits_0^\infty e^{-x}\, dx = ?$

Integration von 0 *bis* λ $(\lambda > 0)$: $I(\lambda) = \int\limits_0^\lambda e^{-x}\, dx = [-e^{-x}]_0^\lambda = -e^{-\lambda} + e^0 = 1 - e^{-\lambda}$

Grenzübergang $\lambda \to \infty$: $\lim_{\lambda \to \infty} I(\lambda) = \lim_{\lambda \to \infty} \int\limits_0^\lambda e^{-x}\, dx = \lim_{\lambda \to \infty} (1 - e^{-\lambda}) = 1 - 0 = 1$

Das uneigentliche Integral ist somit *konvergent* und besitzt den Wert 1.

■

4.2 Integrand mit einer Unendlichkeitsstelle (Pol)

Der Integrand $f(x)$ besitzt an der oberen Integrationsgrenze $x = b$ einen *Pol*. Man setzt (falls der Grenzwert vorhanden ist; $\lambda > 0$):

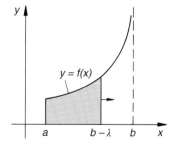

$$\int\limits_a^b f(x)\, dx = \lim_{\lambda \to 0} \int\limits_a^{b-\lambda} f(x)\, dx$$

Pol an der *unteren* Integrationsgrenze $x = a$:

$$\int_a^b f(x)\,dx = \lim_{\lambda \to 0} \int_{a+\lambda}^b f(x)\,dx \qquad (\text{mit } \lambda > 0)$$

Pol im *Innern* des Integrationsintervalls (Stelle $x = c$ mit $a < c < b$):

$$\int_a^b f(x)\,dx = \lim_{\lambda \to 0} \int_a^{c-\lambda} f(x)\,dx + \lim_{\mu \to 0} \int_{c+\mu}^b f(x)\,dx$$

(Integral aufspalten; *beide* Grenzwerte müssen existieren; $x = c$: Polstelle; $\lambda > 0$, $\mu > 0$)

■ **Beispiel**

$$\int_0^1 \frac{dx}{\sqrt{1 - x^2}} = ? \qquad \text{(Pol an der oberen Grenze } x = 1, \text{ der Nenner des Integranden verschwindet an dieser Stelle)}$$

Integration von $x = 0$ *bis* $x = 1 - \lambda$ $(\lambda > 0)$:

$$I(\lambda) = \int_0^{1-\lambda} \frac{dx}{\sqrt{1 - x^2}} = [\arcsin x]_0^{1-\lambda} = \arcsin(1 - \lambda) - \underbrace{\arcsin 0}_{0} = \arcsin(1 - \lambda)$$

Grenzübergang $\lambda \to 0$: $\lim_{\lambda \to 0} I(\lambda) = \lim_{\lambda \to 0} \int_0^{1-\lambda} \frac{dx}{\sqrt{1 - x^2}} = \lim_{\lambda \to 0} (\arcsin(1 - \lambda)) = \arcsin 1 = \frac{\pi}{2}$

Das uneigentliche Integral ist somit *konvergent* und hat den Wert $\pi/2$.

■

5 Anwendungen der Integralrechnung

5.1 Integration der Bewegungsgleichung

Aus der Beschleunigungs-Zeit-Funktion $a = a(t)$ einer *geradlinigen* Bewegung erhält man durch *ein-* bzw. *zweimalige Integration* bezüglich der Zeitvariablen t den zeitlichen Verlauf von Geschwindigkeit v und Weg s:

$v = v(t) = \int a(t)\,dt$	$s = s(t) = \int v(t)\,dt$

Die Integrationskonstanten werden i. Allg. durch *Anfangswerte* festgelegt:

$s(0) = s_0$: *Anfangsweg* (Wegmarke zur Zeit $t = 0$)

$v(0) = v_0$: *Anfangsgeschwindigkeit* (Geschwindigkeit zur Zeit $t = 0$)

5.2 Arbeit einer ortsabhängigen Kraft (Arbeitsintegral)

Ein Massenpunkt m wird durch eine *ortsabhängige* Kraft $\vec{F} = \vec{F}(s)$ *geradlinig* von s_1 nach s_2 verschoben. Die dabei verrichtete *Arbeit* beträgt:

$$W = \int_{s_1}^{s_2} \vec{F} \cdot d\vec{s} = \int_{s_1}^{s_2} F_s(s)\, ds$$

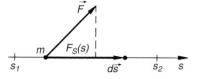

$F_s(s)$: *Skalare* ortsabhängige Kraftkomponente in Richtung des Weges

s: Ortskoordinate (Wegmarke); ds: Wegelement

5.3 Lineare und quadratische Mittelwerte einer Funktion

5.3.1 Linearer Mittelwert

$$\bar{y}_{\text{linear}} = \frac{1}{b - a} \cdot \int_{a}^{b} f(x)\, dx$$

Geometrische Deutung: Die Fläche unter der Kurve $y = f(x)$ im Intervall $a \leq x \leq b$ entspricht dem Flächeninhalt eines Rechtecks mit den Seitenlängen $b - a$ und $\bar{y}_{\text{linear}}$ (*Voraussetzung:* Die Kurve verläuft *oberhalb* der x-Achse). Allgemein ist der *lineare Mittelwert* eine Art *mittlere Ordinate* der Kurve $y = f(x)$ im Intervall $a \leq x \leq b$.

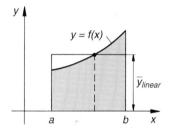

5.3.2 Quadratischer Mittelwert

$$\bar{y}_{\text{quadratisch}} = \sqrt{\frac{1}{b - a} \cdot \int_{a}^{b} [f(x)]^2\, dx}$$

5.3.3 Zeitliche Mittelwerte einer periodischen Funktion

$y = f(t)$ ist eine zeitabhängige *periodische* Funktion mit der *Periode T.*

$$\bar{y}_{\text{linear}} = \frac{1}{T} \cdot \int_{(T)} f(t)\, dt \qquad\qquad \bar{y}_{\text{quadratisch}} = \sqrt{\frac{1}{T} \cdot \int_{(T)} [f(t)]^2\, dt}$$

(T): Integration über eine Periode T

Hinweis: Bei Wechselströmen und Wechselspannungen werden die *quadratischen* Mittelwerte als *Effektivwerte* (von Strom bzw. Spannung) bezeichnet.

5.4 Flächeninhalt

In kartesischen Koordinaten

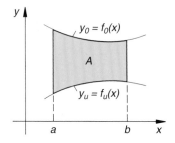

$$A = \int_a^b (y_o - y_u)\, dx$$

$y_o = f_o(x)$:   *Obere* Randkurve
$y_u = f_u(x)$:   *Untere* Randkurve

Hinweis: Die Integralformel gilt nur unter der Voraussetzung, dass sich die beiden Rand-kurven im Intervall $a \leq x \leq b$ *nicht* durchschneiden ($y_o \geq y_u$). Anderenfalls muss die Fläche (z. B. anhand einer Skizze) so in Teilflächen zerlegt werden, dass die Formel für jeden Teilbereich anwendbar ist.

Sonderfall: $y_u = f_u(x) = 0$ (*x*-Achse)

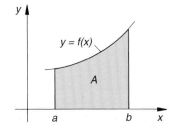

$$A = \int_a^b y\, dx = \int_a^b f(x)\, dx$$

$y = f(x)$:   *Obere* Randkurve

In der Parameterform

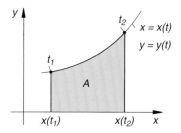

$$A = \int_{t_1}^{t_2} y\dot{x}\, dt$$

$\left.\begin{array}{l} x = x(t) \\ y = y(t) \end{array}\right\}$ Parametergleichungen
               der oberen Randkurve

$\dot{x} = \dfrac{dx}{dt}$

Leibnizsche Sektorformel

$$A = \frac{1}{2} \cdot \left| \int_{t_1}^{t_2} (x\,\dot{y} - y\,\dot{x})\,dt \right|$$

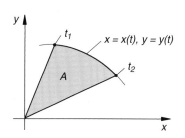

$\left. \begin{array}{l} x = x(t) \\ y = y(t) \end{array} \right\}$ Parametergleichungen der oberen Randkurve

$$\dot{x} = \frac{dx}{dt}, \quad \dot{y} = \frac{dy}{dt}$$

In Polarkoordinaten

$$A = \frac{1}{2} \cdot \int_{\varphi_1}^{\varphi_2} r^2\,d\varphi$$

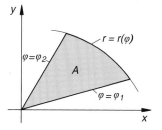

$r = r(\varphi)$: Randkurve in Polarkoordinaten

5.5 Schwerpunkt einer homogenen ebenen Fläche

$$x_S = \frac{1}{A} \cdot \int_a^b x\,(y_o - y_u)\,dx \qquad\qquad y_S = \frac{1}{2A} \cdot \int_a^b (y_o^2 - y_u^2)\,dx$$

$y_o = f_o(x)$: *Obere* Randkurve

$y_u = f_u(x)$: *Untere* Randkurve

A: Flächeninhalt (siehe Abschnitt 5.4)

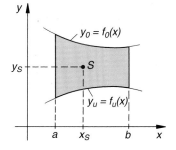

Multipliziert man die Formeln mit der Fläche A, so erhält man die *statischen Momente* M_x und M_y der Fläche bezogen auf die x- bzw. y-Achse:

$$M_x = A \cdot y_s = \frac{1}{2} \cdot \int_a^b (y_o^2 - y_u^2)\,dx \qquad\qquad M_y = A \cdot x_s = \int_a^b x\,(y_o - y_u)\,dx$$

Teilschwerpunktsatz

Der Schwerpunkt S der Fläche A liegt auf der *Verbindungslinie* der beiden Teilflächen-schwerpunkte S_1 und S_2:

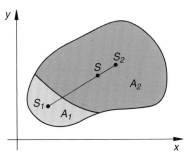

$$A x_S = A_1 x_{S_1} + A_2 x_{S_2}$$

$$A y_S = A_1 y_{S_1} + A_2 y_{S_2}$$

$A = A_1 + A_2$:   Fläche

A_1, A_2:   Teilflächen von A

$S = (x_S; y_S)$:   Schwerpunkt der Fläche A

$S_1 = (x_{S_1}; y_{S_1})$:   Schwerpunkt der Teilfläche A_1

$S_2 = (x_{S_2}; y_{S_2})$:   Schwerpunkt der Teilfläche A_2

5.6 Flächenträgheitsmomente (Flächenmomente 2. Grades)

I_x, I_y: *Axiale* oder *äquatoriale* Flächenmomente 2. Grades bezüglich der x- bzw. y-Achse

I_p: *Polares* Flächenmoment 2. Grades bezüglich des Nullpunktes

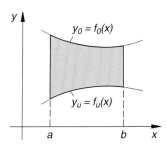

$$I_x = \frac{1}{3} \cdot \int_a^b (y_o^3 - y_u^3)\, dx$$

$$I_y = \int_a^b x^2 (y_o - y_u)\, dx$$

$$I_p = I_x + I_y$$

$y_o = f_o(x)$:   *Obere* Randkurve

$y_u = f_u(x)$:   *Untere* Randkurve

Satz von Steiner

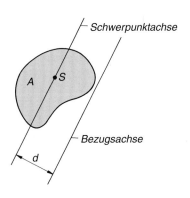

$$I = I_S + A d^2$$

I: Flächenmoment bezüglich der gewählten *Bezugsachse*

I_S: Flächenmoment bezüglich der zur Be-zugsachse parallelen *Schwerpunktachse*

A: Fläche

d: *Abstand* zwischen Bezugs- und Schwer-punktachse

5.7 Bogenlänge einer ebenen Kurve

In kartesischen Koordinaten

$$s = \int_a^b \sqrt{1 + (y')^2}\, dx$$

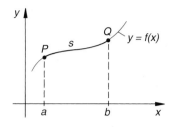

$y = f(x)$: Gleichung der Kurve

$$y' = \frac{dy}{dx} = f'(x)$$

In der Parameterform

$$s = \int_{t_1}^{t_2} \sqrt{(\dot{x})^2 + (\dot{y})^2}\, dt$$

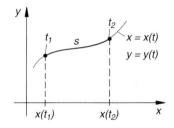

$\left.\begin{array}{l} x = x(t) \\ y = y(t) \end{array}\right\}$ Parametergleichungen der Kurve

$$\dot{x} = \frac{dx}{dt}, \quad \dot{y} = \frac{dy}{dt}$$

In Polarkoordinaten

$$s = \int_{\varphi_1}^{\varphi_2} \sqrt{r^2 + (\dot{r})^2}\, d\varphi$$

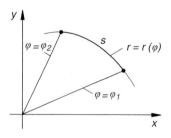

$r = r(\varphi)$: Kurve in Polarkoordinaten

$$\dot{r} = \frac{dr}{d\varphi}$$

5.8 Volumen eines Rotationskörpers (Rotationsvolumen)

In kartesischen Koordinaten

Rotation um die x-Achse

$$V_x = \pi \cdot \int_a^b y^2\, dx$$

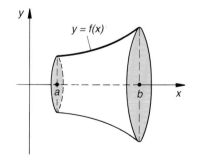

$y = f(x)$: Rotierende Kurve

Rotation um die y-Achse

$$V_y = \pi \cdot \int_c^d x^2 \, dy$$

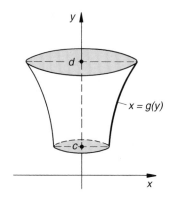

$x = g(y)$:   Rotierende Kurve (in der nach
                 x aufgelösten Form)

In der Parameterform

Rotation um die x-Achse

$$V_x = \pi \cdot \int_{t_1}^{t_2} y^2 \, \dot{x} \, dt$$

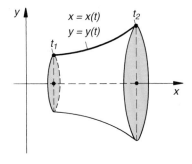

$\left.\begin{array}{l} x = x(t) \\ y = y(t) \end{array}\right\}$ Parametergleichungen
                               der rotierenden Kurve

$$\dot{x} = \frac{dx}{dt}$$

Rotation um die y-Achse

$$V_y = \pi \cdot \int_{t_1}^{t_2} x^2 \, \dot{y} \, dt$$

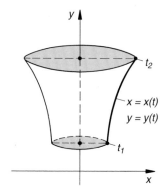

$\left.\begin{array}{l} x = x(t) \\ y = y(t) \end{array}\right\}$ Parametergleichungen
                               der rotierenden Kurve

$$\dot{y} = \frac{dy}{dt}$$

5.9 Mantelfläche eines Rotationskörpers (Rotationsfläche)

Rotation um die x-Achse

$$M_x = 2\pi \cdot \int_a^b y \sqrt{1 + (y')^2}\, dx$$

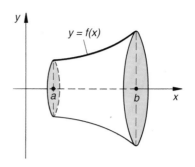

$y = f(x)$:   Rotierende Kurve

$$y' = \frac{dy}{dx} = f'(x)$$

Rotation um die y-Achse

$$M_y = 2\pi \cdot \int_c^d x \sqrt{1 + (x')^2}\, dy$$

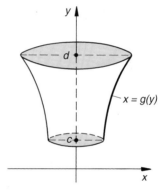

$x = g(y)$:   Rotierende Kurve (in der nach x aufgelösten Form)

$$x' = \frac{dx}{dy} = g'(y)$$

5.10 Schwerpunkt eines homogenen Rotationskörpers

Rotation um die x-Achse

$$x_S = \frac{\pi}{V_x} \cdot \int_a^b x y^2\, dx$$

$$y_S = 0, \quad z_S = 0$$

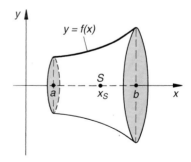

$y = f(x)$:   Rotierende Kurve

V_x: Rotationsvolumen (siehe Abschnitt 5.8)

Rotation um die y-Achse

$$y_S = \frac{\pi}{V_y} \cdot \int_c^d y\,x^2\,dy$$

$$x_S = 0, \quad z_S = 0$$

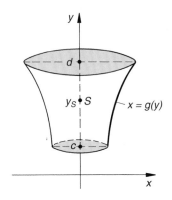

$x = g(y)$:   Rotierende Kurve (in der nach x aufgelösten Form)

V_y: Rotationsvolumen (siehe Abschnitt 5.8)

5.11 Massenträgheitsmoment eines homogenen Körpers

Allgemeine Definition

$$J = \int_{(m)} r^2\,dm = \varrho \cdot \int_{(V)} r^2\,dV$$

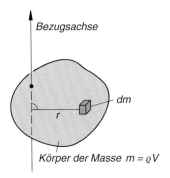

dm: Massenelement $\left.\begin{array}{l}\\\\\end{array}\right\}\ dm = \varrho\,dV$

dV: Volumenelement

r: Senkrechter Abstand des Massen- bzw. Volumenelementes von der gewählten Bezugsachse

ϱ: Konstante Dichte des homogenen Körpers

Hinweis: Siehe hierzu auch IX.3.2.5.3 (Dreifachintegral)

Satz von Steiner

$$J = J_S + m\,d^2$$

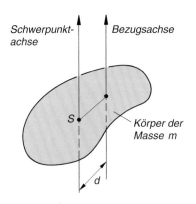

J: Massenträgheitsmoment bezüglich der gewählten *Bezugsachse*

J_S: Massenträgheitsmoment bezüglich der zur Bezugsachse parallelen *Schwerpunktachse*

m: Masse des homogenen Körpers

d: *Abstand* zwischen Bezugs- und Schwerpunktachse

Massenträgheitsmoment eines Rotationskörpers

Rotation um die x-Achse (= Bezugsachse)

$$J_x = \frac{1}{2}\pi\varrho \cdot \int_a^b y^4\,dx$$

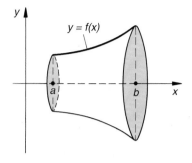

$y = f(x)$: Rotierende Kurve

ϱ: Konstante Dichte des homogenen Rotationskörpers

Rotation um die y-Achse (= Bezugsachse)

$$J_y = \frac{1}{2}\pi\varrho \cdot \int_c^d x^4\,dy$$

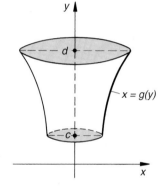

$x = g(y)$: Rotierende Kurve (in der nach x aufgelösten Form)

ϱ: Konstante Dichte des homogenen Rotationskörpers

VI Unendliche Reihen, Taylor- und Fourier-Reihen

1 Unendliche Reihen

1.1 Grundbegriffe

1.1.1 Definition einer unendlichen Reihe

Aus den Gliedern einer *unendlichen* Zahlenfolge $\langle a_n \rangle = a_1, a_2, a_3, \ldots, a_n, \ldots$ werden wie folgt *Partial-* oder *Teilsummen* s_n gebildet:

$$s_n = a_1 + a_2 + a_3 + \ldots + a_n = \sum_{k=1}^{n} a_k \qquad \text{(n-te Partialsumme)}$$

Die *Folge* $\langle s_n \rangle$ dieser Partialsummen heißt „*Unendliche Reihe*". Symbolische Schreibweise:

$$\sum_{n=1}^{\infty} a_n = a_1 + a_2 + a_3 + \ldots + a_n + \ldots$$

Bildungsgesetz einer unendlichen Reihe: $a_n = f(n)$ mit $n \in \mathbb{N}^*$

1.1.2 Konvergenz und Divergenz einer unendlichen Reihe

Besitzt die Folge der Partialsummen s_n einen *Grenzwert* s, $\lim\limits_{n \to \infty} s_n = s$, so heißt die unendliche Reihe $\sum\limits_{n=1}^{\infty} a_n$ *konvergent* mit dem *Summenwert* s. Symbolische Schreibweise:

$$\sum_{n=1}^{\infty} a_n = a_1 + a_2 + a_3 + \ldots + a_n + \ldots = s$$

Besitzt die Partialsummenfolge *keinen* Grenzwert, so heißt die unendliche Reihe *divergent*.

Eine unendliche Reihe $\sum\limits_{n=1}^{\infty} a_n$ heißt *absolut konvergent*, wenn die aus den *Beträgen* ihrer Glieder gebildete Reihe $\sum\limits_{n=1}^{\infty} |a_n|$ *konvergiert*. Eine *absolut* konvergente Reihe ist immer konvergent. Eine Reihe mit dem „Summenwert" $s = +\infty$ oder $s = -\infty$ heißt *bestimmt divergent*.

1.2 Konvergenzkriterien

Die Bedingung $\lim\limits_{n \to \infty} a_n = 0$ ist zwar *notwendig*, nicht aber hinreichend für die Konvergenz der Reihe $\sum\limits_{n=1}^{\infty} a_n$. Die Reihenglieder einer konvergenten Reihe müssen also (notwendigerweise) eine *Nullfolge* bilden.

■ **Beispiel**

Die unendliche Reihe $\sum\limits_{n=1}^{\infty} (1 + 0{,}1^n)$ *divergiert*, da die Reihenglieder wegen

$$\lim_{n \to \infty} (1 + 0{,}1^n) = 1 \neq 0$$

keine Nullfolge bilden.

■

Die nachfolgenden Kriterien stellen *hinreichende* (aber nicht notwendige) Konvergenzbedingungen dar. Sie ermöglichen in vielen Fällen eine Entscheidung darüber, ob eine vorgegebene Reihe *konvergiert* oder *divergiert*. Der *Summenwert* einer konvergenten Reihe lässt sich jedoch nur in einfachen Fällen exakt bestimmen. *Näherungswerte* erhält man (wenn auch meist sehr mühsam) durch *gliedweises* Aufaddieren der Reihenglieder bis zum Erreichen der gewünschten Genauigkeit.

1.2.1 Quotientenkriterium

$$\lim_{n \to \infty} \left| \frac{a_{n+1}}{a_n} \right| = q < 1 \qquad \text{(Konvergenz; } a_n \neq 0\text{)}$$

Für $q > 1$ *divergiert* die Reihe, für $q = 1$ *versagt* das Kriterium, d. h. eine Entscheidung über Konvergenz oder Divergenz ist anhand dieses Kriteriums *nicht* möglich.

■ **Beispiel**

Wir zeigen mit Hilfe des *Quotientenkriteriums*, dass die folgende Reihe *konvergiert*:

$$1 + \frac{1}{1!} + \frac{1}{2!} + \frac{1}{3!} + \ldots + \frac{1}{n!} + \frac{1}{(n+1)!} + \ldots$$

Mit $a_n = \dfrac{1}{n!}$ und $a_{n+1} = \dfrac{1}{(n+1)!}$ folgt unter Beachtung von $(n+1)! = n!\,(n+1)$:

$$\lim_{n \to \infty} \left| \frac{a_{n+1}}{a_n} \right| = \lim_{n \to \infty} \frac{\dfrac{1}{(n+1)!}}{\dfrac{1}{n!}} = \lim_{n \to \infty} \frac{n!}{(n+1)!} = \lim_{n \to \infty} \frac{n!}{n!\,(n+1)} = \lim_{n \to \infty} \frac{1}{n+1} = 0$$

Wegen $q = 0 < 1$ *konvergiert* die Reihe.

■

1.2.2 Wurzelkriterium

$$\lim_{n \to \infty} \sqrt[n]{|a_n|} = q < 1 \qquad \text{(Konvergenz)}$$

Für $q > 1$ *divergiert* die Reihe, für $q = 1$ *versagt* das Kriterium, d. h. eine Entscheidung über Konvergenz oder Divergenz ist anhand dieses Kriteriums *nicht* möglich.

■   **Beispiel**

Wir untersuchen die unendliche Reihe $\sum\limits_{n=1}^{\infty} \left(\dfrac{2}{n}\right)^n$ mit Hilfe des *Wurzelkriteriums* auf *Konvergenz:*

$$\lim_{n \to \infty} \sqrt[n]{|a_n|} = \lim_{n \to \infty} \sqrt[n]{\left(\frac{2}{n}\right)^n} = \lim_{n \to \infty} \left(\frac{2}{n}\right) = 0$$

Die Reihe ist somit wegen $q = 0 < 1$ *konvergent.*

■

1.2.3 Vergleichskriterien

Das Konvergenzverhalten einer unendlichen Reihe $\sum\limits_{n=1}^{\infty} a_n$ mit positiven Gliedern kann oft mit Hilfe einer geeigneten (konvergenten bzw. divergenten) *Vergleichsreihe* $\sum\limits_{n=1}^{\infty} b_n$ (mit ebenfalls positiven Gliedern) bestimmt werden. Mit dem *Majorantenkriterium* kann die *Konvergenz*, mit dem *Minorantenkriterium* die *Divergenz* einer Reihe festgestellt werden.

Majorantenkriterium

Die vorliegende Reihe *konvergiert*, wenn die Vergleichsreihe *konvergiert* und zwischen den Gliedern beider Reihen die Beziehung (Ungleichung)

$a_n \leq b_n$ (für alle $n \in \mathbb{N}^*$)

besteht.

Die konvergente Vergleichsreihe wird als *Majorante* (Oberreihe) bezeichnet. Es genügt, wenn die angegebene Bedingung $a_n \leq b_n$ von einem gewissen n_0 an, d. h. für alle Reihenglieder mit $n \geq n_0$ erfüllt wird.

Minorantenkriterium

Die vorliegende Reihe *divergiert*, wenn die Vergleichsreihe *divergiert* und zwischen den Gliedern beider Reihen die Beziehung (Ungleichung)

$a_n \geq b_n$ (für alle $n \in \mathbb{N}^*$)

besteht.

Die divergente Vergleichsreihe wird als *Minorante* (Unterreihe) bezeichnet. Es genügt, wenn die angegebene Bedingung $a_n \geq b_n$ von einem gewissen n_0 an, d. h. für alle Reihenglieder mit $n \geq n_0$ erfüllt wird.

1.2.4 Leibnizsches Konvergenzkriterium für alternierende Reihen

Eine *alternierende* Reihe

$$\sum_{n=1}^{\infty} (-1)^{n+1} \cdot a_n = a_1 - a_2 + a_3 - a_4 + - \ldots \qquad (\text{alle} \quad a_i > 0)$$

konvergiert, wenn sie die folgenden (hinreichenden) Bedingungen erfüllt:

$$a_1 > a_2 > a_3 > \ldots > a_n > a_{n+1} > \ldots \qquad \text{und} \qquad \lim_{n \to \infty} a_n = 0$$

Die Glieder einer konvergenten alternierenden Reihe bilden dem Betrage nach eine *monoton fallende Nullfolge*. Die Reihe konvergiert auch dann, wenn die erste der beiden Bedingungen erst von einem bestimmten Glied an erfüllt ist.

■   **Beispiel**

Die sog. *alternierende harmonische* Reihe (auch *Leibnizsche* Reihe genannt) $1 - \dfrac{1}{2} + \dfrac{1}{3} - \dfrac{1}{4} + - \ldots$

mit dem Bildungsgesetz $a_n = (-1)^{n+1} \cdot \dfrac{1}{n}$ *konvergiert*, da ihre Glieder dem Betrage nach eine *monoton fallende Nullfolge* bilden:

$$1 > \frac{1}{2} > \frac{1}{3} > \ldots > \frac{1}{n} > \frac{1}{n+1} > \ldots \qquad \text{und} \qquad \lim_{n \to \infty} \left(\frac{1}{n} \right) = 0$$

■

1.2.5 Eigenschaften konvergenter bzw. absolut konvergenter Reihen

(1)   Eine *konvergente* Reihe bleibt *konvergent*, wenn man *endlich viele* Glieder weglässt oder hinzufügt oder abändert. Dabei kann sich jedoch der Summenwert ändern. Klammern dürfen i. Allg. *nicht* weggelassen werden, ebenso wenig darf die Reihenfolge der Glieder verändert werden.

(2)   Aufeinander folgende Glieder einer *konvergenten* Reihe dürfen durch eine Klammer zusammengefasst werden; der Summenwert der Reihe bleibt dabei erhalten.

(3)   Eine *konvergente* Reihe darf *gliedweise* mit einer Konstanten multipliziert werden, wobei sich auch der Summenwert der Reihe mit dieser Konstanten multipliziert.

(4)   *Konvergente* Reihen dürfen *gliedweise* addiert und subtrahiert werden, wobei sich ihre Summenwerte addieren bzw. subtrahieren.

(5)   Eine *absolut konvergente* Reihe ist stets *konvergent*. Für solche Reihen gelten sinngemäß die gleichen Rechenregeln wie für (endliche) *Summen* (gliedweise Addition, Subtraktion und Multiplikation, beliebige Anordnung der Reihenglieder usw.).

1.3 Spezielle konvergente Reihen

Geometrische Reihe

$$\sum_{n=1}^{\infty} a q^{n-1} = a + a q^1 + a q^2 + \ldots + a q^{n-1} + \ldots = \frac{a}{1 - q} \qquad (|q| < 1)$$

$q = \text{const.:}$ Quotient zweier aufeinanderfolgender Glieder

Für $|q| \geq 1$ *divergiert* die geometrische Reihe.

Wichtige konvergente Reihen

(1) $\quad 1 + \dfrac{1}{1!} + \dfrac{1}{2!} + \dfrac{1}{3!} + \ldots + \dfrac{1}{n!} + \ldots = e \quad$ (*Eulersche* Zahl)

(2) $\quad 1 - \dfrac{1}{2} + \dfrac{1}{3} - \dfrac{1}{4} + - \ldots + (-1)^{n+1} \cdot \dfrac{1}{n} + \ldots = \ln 2$

$\quad$ (*alternierende harmonische* Reihe)

(3) $\quad 1 - \dfrac{1}{3} + \dfrac{1}{5} - \dfrac{1}{7} + - \ldots + (-1)^{n+1} \cdot \dfrac{1}{2n-1} + \ldots = \dfrac{\pi}{4}$

(4) $\quad \dfrac{1}{1^2} + \dfrac{1}{2^2} + \dfrac{1}{3^2} + \dfrac{1}{4^2} + \ldots + \dfrac{1}{n^2} + \ldots = \dfrac{\pi^2}{6}$

(5) $\quad \dfrac{1}{1^2} - \dfrac{1}{2^2} + \dfrac{1}{3^2} - \dfrac{1}{4^2} + - \ldots + (-1)^{n+1} \cdot \dfrac{1}{n^2} = \dfrac{\pi^2}{12}$

(6) $\quad \dfrac{1}{1 \cdot 2} + \dfrac{1}{2 \cdot 3} + \dfrac{1}{3 \cdot 4} + \dfrac{1}{4 \cdot 5} + \ldots + \dfrac{1}{n(n+1)} + \ldots = 1$

2 Potenzreihen

2.1 Definition einer Potenzreihe

Entwicklung um die Stelle x_0

$$P(x) = \sum_{n=0}^{\infty} a_n(x - x_0)^n = a_0 + a_1(x - x_0)^1 + a_2(x - x_0)^2 + \ldots + a_n(x - x_0)^n + \ldots$$

$a_0, a_1, a_2, \ldots, a_n, \ldots$: Reelle Koeffizienten der Potenzreihe

Entwicklung um den Nullpunkt

Sonderfall der allgemeinen Entwicklung für $x_0 = 0$:

$$P(x) = \sum_{n=0}^{\infty} a_n x^n = a_0 + a_1 x^1 + a_2 x^2 + \ldots + a_n x^n + \ldots$$

■ **Beispiele**

(1) $\quad P(x) = \sum\limits_{n=0}^{\infty} \dfrac{x^n}{n!} = 1 + \dfrac{x^1}{1!} + \dfrac{x^2}{2!} + \ldots + \dfrac{x^n}{n!} + \ldots \quad$ (Entwicklungszentrum: $x_0 = 0$)

(2) $\quad P(x) = \sum\limits_{n=1}^{\infty} (-1)^{n+1} \cdot \dfrac{(x-1)^n}{n} = \dfrac{(x-1)^1}{1} - \dfrac{(x-1)^2}{2} + \dfrac{(x-1)^3}{3} - + \ldots$

$\quad$ (Entwicklungszentrum: $x_0 = 1$)

2.2 Konvergenzradius und Konvergenzbereich einer Potenzreihe

Der *Konvergenzbereich* einer Potenzreihe $\sum\limits_{n=0}^{\infty} a_n x^n$ besteht aus dem offenen Intervall $|x| < r$, zu dem gegebenenfalls noch *ein* oder gar *beide* Randpunkte hinzukommen. Die *positive* Zahl r heißt Konvergenzradius. Für $|x| > r$ *divergiert* die Potenzreihe.

Berechnung des Konvergenzradius r (bei lückenloser Potenzfolge)

$$r = \lim_{n \to \infty} \left| \frac{a_n}{a_{n+1}} \right| \quad \text{oder} \quad r = \frac{1}{\lim\limits_{n \to \infty} \sqrt[n]{|a_n|}}$$

Diese Formeln gelten auch für eine um die Stelle x_0 entwickelte Potenzreihe. Die Reihe *konvergiert* dann im Intervall $|x - x_0| < r$, zu dem gegebenenfalls noch *ein* oder gar *beide* Randpunkte hinzukommen.

Sonderfälle:

$r = 0$:   Potenzreihe konvergiert nur für $x = x_0$

$r = \infty$:   Potenzreihe konvergiert *beständig* (d. h. für jedes $x \in \mathbb{R}$)

■   **Beispiel**

$P(x) = 1 + x + x^2 + x^3 + \ldots + x^n + x^{n+1} + \ldots \qquad (a_n = a_{n+1} = 1)$

Konvergenzradius: $r = \lim\limits_{n \to \infty} \left| \dfrac{a_n}{a_{n+1}} \right| = \lim\limits_{n \to \infty} \left(\dfrac{1}{1} \right) = \lim\limits_{n \to \infty} 1 = 1$

Verhalten in den beiden *Randpunkten:*

$\boxed{x_1 = -1}$ $1 - 1 + 1 - 1 + - \ldots$ divergent (divergente alternierende Reihe)

$\boxed{x_2 = 1}$ $1 + 1 + 1 + 1 + \ldots$ divergent („Summenwert" $= \infty$)

Konvergenzbereich der Potenzreihe: $-1 < x < 1$ oder $|x| < 1$

■

2.3 Wichtige Eigenschaften der Potenzreihen

(1)   Eine Potenzreihe konvergiert *innerhalb* ihres Konvergenzbereiches *absolut*.

(2)   Eine Potenzreihe darf *innerhalb* ihres Konvergenzbereiches *gliedweise* differenziert und integriert werden. Die neuen Potenzreihen haben dabei *denselben* Konvergenzradius r wie die ursprüngliche Reihe.

(3)   Zwei Potenzreihen dürfen im *gemeinsamen* Konvergenzbereich der Reihen *gliedweise* addiert, subtrahiert und multipliziert werden. Die neuen Potenzreihen konvergieren dann *mindestens* im *gemeinsamen* Konvergenzbereich der beiden Ausgangsreihen.

3 Taylor-Reihen

3.1 Taylorsche und Mac Laurinsche Formel

3.1.1 Taylorsche Formel

Eine $(n + 1)$-mal differenzierbare Funktion $f(x)$ lässt sich um das „Entwicklungszentrum" x_0 wie folgt *entwickeln* (sog. *Taylorsche Formel*):

$$f(x) = \underbrace{f(x_0) + \frac{f'(x_0)}{1!}(x - x_0)^1 + \frac{f''(x_0)}{2!}(x - x_0)^2 + \ldots + \frac{f^{(n)}(x_0)}{n!}(x - x_0)^n}_{\text{Taylorsches Polynom } f_n(x) \text{ vom Grade } n} + \underbrace{R_n(x)}_{\text{Restglied}}$$

Somit: $f(x) = f_n(x) + R_n(x)$

Restglied nach Lagrange

$$R_n(x) = \frac{f^{(n+1)}(\xi)}{(n+1)!}(x - x_0)^{n+1} \qquad (\xi \text{ liegt zwischen } x \text{ und } x_0)$$

3.1.2 Mac Laurinsche Formel

Die *Mac Laurinsche Formel* ist ein *Spezialfall* der allgemeinen Taylorschen Formel für das Entwicklungszentrum $x_0 = 0$ (Nullpunkt):

$$f(x) = \underbrace{f(0) + \frac{f'(0)}{1!}x^1 + \frac{f''(0)}{2!}x^2 + \ldots + \frac{f^{(n)}(0)}{n!}x^n}_{\text{Mac Laurinsches Polynom } f_n(x) \text{ vom Grade } n} + \underbrace{R_n(x)}_{\text{Restglied}}$$

Somit: $f(x) = f_n(x) + R_n(x)$

Restglied nach Lagrange

$$R_n(x) = \frac{f^{(n+1)}(\vartheta x)}{(n+1)!}x^{n+1} \qquad (0 < \vartheta < 1)$$

3.2 Taylorsche Reihe

$$f(x) = f(x_0) + \frac{f'(x_0)}{1!}(x - x_0)^1 + \frac{f''(x_0)}{2!}(x - x_0)^2 + \ldots = \sum_{n=0}^{\infty} \frac{f^{(n)}(x_0)}{n!}(x - x_0)^n$$

x_0: Entwicklungszentrum oder Entwicklungspunkt

Voraussetzung: $f(x)$ ist in der Umgebung von x_0 *beliebig* oft differenzierbar und das Restglied $R_n(x)$ in der Taylorschen Formel *verschwindet* für $n \to \infty$.

■ **Beispiel**

Wir entwickeln die Sinusfunktion um die Stelle $x_0 = \pi/2$:

$f(x) = \sin x \qquad \Rightarrow \quad f(\pi/2) = \sin(\pi/2) = 1$

$f'(x) = \cos x \qquad \Rightarrow \quad f'(\pi/2) = \cos(\pi/2) = 0$

$f''(x) = -\sin x \qquad \Rightarrow \quad f''(\pi/2) = -\sin(\pi/2) = -1$

$f'''(x) = -\cos x \qquad \Rightarrow \quad f'''(\pi/2) = -\cos(\pi/2) = 0$

$f^{(4)}(x) = \sin x \qquad \Rightarrow \quad f^{(4)}(\pi/2) = \sin(\pi/2) = 1$

$\vdots$

Die Taylorreihe lautet damit wie folgt (die Sinusfunktion verläuft *spiegelsymmetrisch* zur Geraden $x = \pi/2$, daher verschwinden die Koeffizienten der *ungeraden* Potenzen):

$$\sin x = 1 - \frac{1}{2!}(x - \pi/2)^2 + \frac{1}{4!}(x - \pi/2)^4 - + \ldots = 1 - \frac{(x - \pi/2)^2}{2!} + \frac{(x - \pi/2)^4}{4!} - + \ldots =$$

$$= \sum_{n=0}^{\infty} (-1)^n \cdot \frac{(x - \pi/2)^{2n}}{(2n)!}$$

■

3.3 Mac Laurinsche Reihe

Die *Mac Laurinsche Reihe* ist eine *spezielle* Form der Taylorschen Reihe für das Entwicklungszentrum $x_0 = 0$ (Nullpunkt):

$$f(x) = f(0) + \frac{f'(0)}{1!}x^1 + \frac{f''(0)}{2!}x^2 + \ldots = \sum_{n=0}^{\infty} \frac{f^{(n)}(0)}{n!}x^n$$

Bei einer *geraden* Funktion treten nur *gerade* Potenzen auf, bei einer *ungeraden* Funktion nur *ungerade* Potenzen.

■ **Beispiel**

Wir bestimmen die Mac Laurinsche Reihe von $f(x) = e^x$:

$f(x) = f'(x) = f''(x) = \ldots = f^{(n)}(x) = \ldots = e^x$

$f(0) = f'(0) = f''(0) = \ldots = f^{(n)}(0) = \ldots = e^0 = 1$

$$e^x = 1 + \frac{x^1}{1!} + \frac{x^2}{2!} + \ldots + \frac{x^n}{n!} + \ldots = \sum_{n=0}^{\infty} \frac{x^n}{n!}$$

Die Reihe konvergiert *beständig*, d. h. für jedes reelle x.

■

3.4 Spezielle Potenzreihenentwicklungen (Tabelle)

Funktion	Potenzreihenentwicklung	Konvergenzbereich
Allgemeine Binomische Reihe [1)		
$(1 \pm x)^n$	$1 \pm \binom{n}{1} x^1 + \binom{n}{2} x^2 \pm \binom{n}{3} x^3 + \binom{n}{4} x^4 \pm \ldots$	$n > 0 : \lvert x \rvert \leq 1$ $n < 0 : \lvert x \rvert < 1$
$(a \pm x)^n$	$a^n \pm \binom{n}{1} a^{n-1} \cdot x^1 + \binom{n}{2} a^{n-2} \cdot x^2 \pm \binom{n}{3} a^{n-3} \cdot x^3 + \ldots$	$n > 0 : \lvert x \rvert \leq \lvert a \rvert$ $n < 0 : \lvert x \rvert < \lvert a \rvert$
Spezielle Binomische Reihen		
$(1 \pm x)^{\frac{1}{4}}$	$1 \pm \dfrac{1}{4} x^1 - \dfrac{1 \cdot 3}{4 \cdot 8} x^2 \pm \dfrac{1 \cdot 3 \cdot 7}{4 \cdot 8 \cdot 12} x^3 - \dfrac{1 \cdot 3 \cdot 7 \cdot 11}{4 \cdot 8 \cdot 12 \cdot 16} x^4 \pm \ldots$	$\lvert x \rvert \leq 1$
$(1 \pm x)^{\frac{1}{3}}$	$1 \pm \dfrac{1}{3} x^1 - \dfrac{1 \cdot 2}{3 \cdot 6} x^2 \pm \dfrac{1 \cdot 2 \cdot 5}{3 \cdot 6 \cdot 9} x^3 - \dfrac{1 \cdot 2 \cdot 5 \cdot 8}{3 \cdot 6 \cdot 9 \cdot 12} x^4 \pm \ldots$	$\lvert x \rvert \leq 1$
$(1 \pm x)^{\frac{1}{2}}$	$1 \pm \dfrac{1}{2} x^1 - \dfrac{1 \cdot 1}{2 \cdot 4} x^2 \pm \dfrac{1 \cdot 1 \cdot 3}{2 \cdot 4 \cdot 6} x^3 - \dfrac{1 \cdot 1 \cdot 3 \cdot 5}{2 \cdot 4 \cdot 6 \cdot 8} x^4 \pm \ldots$	$\lvert x \rvert \leq 1$
$(1 \pm x)^{\frac{3}{2}}$	$1 \pm \dfrac{3}{2} x^1 + \dfrac{3 \cdot 1}{2 \cdot 4} x^2 \mp \dfrac{3 \cdot 1 \cdot 1}{2 \cdot 4 \cdot 6} x^3 + \dfrac{3 \cdot 1 \cdot 1 \cdot 3}{2 \cdot 4 \cdot 6 \cdot 8} x^4 \mp \ldots$	$\lvert x \rvert \leq 1$
$(1 \pm x)^{-\frac{1}{4}}$	$1 \mp \dfrac{1}{4} x^1 + \dfrac{1 \cdot 5}{4 \cdot 8} x^2 \mp \dfrac{1 \cdot 5 \cdot 9}{4 \cdot 8 \cdot 12} x^3 + \dfrac{1 \cdot 5 \cdot 9 \cdot 13}{4 \cdot 8 \cdot 12 \cdot 16} x^4 \mp \ldots$	$\lvert x \rvert < 1$
$(1 \pm x)^{-\frac{1}{3}}$	$1 \mp \dfrac{1}{3} x^1 + \dfrac{1 \cdot 4}{3 \cdot 6} x^2 \mp \dfrac{1 \cdot 4 \cdot 7}{3 \cdot 6 \cdot 9} x^3 + \dfrac{1 \cdot 4 \cdot 7 \cdot 10}{3 \cdot 6 \cdot 9 \cdot 12} x^4 \mp \ldots$	$\lvert x \rvert < 1$
$(1 \pm x)^{-\frac{1}{2}}$	$1 \mp \dfrac{1}{2} x^1 + \dfrac{1 \cdot 3}{2 \cdot 4} x^2 \mp \dfrac{1 \cdot 3 \cdot 5}{2 \cdot 4 \cdot 6} x^3 + \dfrac{1 \cdot 3 \cdot 5 \cdot 7}{2 \cdot 4 \cdot 6 \cdot 8} x^4 \mp \ldots$	$\lvert x \rvert < 1$
$(1 \pm x)^{-1}$	$1 \mp x^1 + x^2 \mp x^3 + x^4 \mp \ldots$	$\lvert x \rvert < 1$
$(1 \pm x)^{-\frac{3}{2}}$	$1 \mp \dfrac{3}{2} x^1 + \dfrac{3 \cdot 5}{2 \cdot 4} x^2 \mp \dfrac{3 \cdot 5 \cdot 7}{2 \cdot 4 \cdot 6} x^3 + \dfrac{3 \cdot 5 \cdot 7 \cdot 9}{2 \cdot 4 \cdot 6 \cdot 8} x^4 \mp \ldots$	$\lvert x \rvert < 1$
$(1 \pm x)^{-2}$	$1 \mp 2x^1 + 3x^2 \mp 4x^3 + 5x^4 \mp \ldots$	$\lvert x \rvert < 1$
$(1 \pm x)^{-3}$	$1 \mp \dfrac{1}{2} (2 \cdot 3x^1 \mp 3 \cdot 4x^2 + 4 \cdot 5x^3 \mp 5 \cdot 6x^4 + \ldots)$	$\lvert x \rvert < 1$
Reihen der Exponentialfunktionen		
e^x	$1 + \dfrac{x^1}{1!} + \dfrac{x^2}{2!} + \dfrac{x^3}{3!} + \dfrac{x^4}{4!} + \ldots$	$\lvert x \rvert < \infty$
e^{-x}	$1 - \dfrac{x^1}{1!} + \dfrac{x^2}{2!} - \dfrac{x^3}{3!} + \dfrac{x^4}{4!} - + \ldots$	$\lvert x \rvert < \infty$
a^x	$1 + \dfrac{(\ln a)^1}{1!} x^1 + \dfrac{(\ln a)^2}{2!} x^2 + \dfrac{(\ln a)^3}{3!} x^3 + \dfrac{(\ln a)^4}{4!} x^4 + \ldots$	$\lvert x \rvert < \infty$

[1) Für den Spezialfall $n \in \mathbb{N}^*$ erhält man ein *Polynom n-ten Grades*. Die Entwicklungskoeffizienten $\binom{n}{k}$ sind die *Binomialkoeffizienten* (siehe I.2.7).

Tabelle (Fortsetzung)

Funktion	Potenzreihenentwicklung	Konvergenzbereich
Reihen der logarithmischen Funktionen		
$\ln x$	$(x-1)^1 - \dfrac{1}{2}(x-1)^2 + \dfrac{1}{3}(x-1)^3 - \dfrac{1}{4}(x-1)^4 + - \dots$	$0 < x \leq 2$
$\ln x$	$2\left[\left(\dfrac{x-1}{x+1}\right)^1 + \dfrac{1}{3}\left(\dfrac{x-1}{x+1}\right)^3 + \dfrac{1}{5}\left(\dfrac{x-1}{x+1}\right)^5 + \dfrac{1}{7}\left(\dfrac{x-1}{x+1}\right)^7 + \dots\right]$	$x > 0$
$\ln(1+x)$	$x^1 - \dfrac{x^2}{2} + \dfrac{x^3}{3} - \dfrac{x^4}{4} + - \dots$	$-1 < x \leq 1$
$\ln(1-x)$	$-\left[x^1 + \dfrac{x^2}{2} + \dfrac{x^3}{3} + \dfrac{x^4}{4} + \dots\right]$	$-1 \leq x < 1$
$\ln\left(\dfrac{1+x}{1-x}\right)$	$2\left[x^1 + \dfrac{x^3}{3} + \dfrac{x^5}{5} + \dfrac{x^7}{7} + \dots\right]$	$|x| < 1$
Reihen der trigonometrischen Funktionen		
$\sin x$	$x^1 - \dfrac{x^3}{3!} + \dfrac{x^5}{5!} - \dfrac{x^7}{7!} + - \dots$	$|x| < \infty$
$\cos x$	$1 - \dfrac{x^2}{2!} + \dfrac{x^4}{4!} - \dfrac{x^6}{6!} + - \dots$	$|x| < \infty$
$\tan x$	$x^1 + \dfrac{1}{3}x^3 + \dfrac{2}{15}x^5 + \dfrac{17}{315}x^7 + \dfrac{62}{2835}x^9 + \dots$	$|x| < \dfrac{\pi}{2}$
$\cot x$	$\dfrac{1}{x} - \dfrac{1}{3}x^1 - \dfrac{1}{45}x^3 - \dfrac{2}{945}x^5 - \dots$	$0 < |x| < \pi$
Reihen der Arkusfunktionen		
$\arcsin x$	$x^1 + \dfrac{1}{2\cdot 3}x^3 + \dfrac{1\cdot 3}{2\cdot 4\cdot 5}x^5 + \dfrac{1\cdot 3\cdot 5}{2\cdot 4\cdot 6\cdot 7}x^7 + \dots$	$|x| < 1$
$\arccos x$	$\dfrac{\pi}{2} - \left[x^1 + \dfrac{1}{2\cdot 3}x^3 + \dfrac{1\cdot 3}{2\cdot 4\cdot 5}x^5 + \dfrac{1\cdot 3\cdot 5}{2\cdot 4\cdot 6\cdot 7}x^7 + \dots\right]$	$|x| < 1$
$\arctan x$	$x^1 - \dfrac{x^3}{3} + \dfrac{x^5}{5} - \dfrac{x^7}{7} + - \dots$	$|x| \leq 1$
$\operatorname{arccot} x$	$\dfrac{\pi}{2} - \left[x^1 - \dfrac{x^3}{3} + \dfrac{x^5}{5} - \dfrac{x^7}{7} + - \dots\right]$	$|x| \leq 1$
Reihen der Hyperbelfunktionen		
$\sinh x$	$x^1 + \dfrac{x^3}{3!} + \dfrac{x^5}{5!} + \dfrac{x^7}{7!} + \dots$	$|x| < \infty$
$\cosh x$	$1 + \dfrac{x^2}{2!} + \dfrac{x^4}{4!} + \dfrac{x^6}{6!} + \dots$	$|x| < \infty$

Tabelle (Fortsetzung)

Funktion	Potenzreihenentwicklung	Konvergenzbereich
$\tanh x$	$x^1 - \dfrac{1}{3}\,x^3 + \dfrac{2}{15}\,x^5 - \dfrac{17}{315}\,x^7 + \dfrac{62}{2835}\,x^9 - + \ldots$	$\lvert x\rvert < \dfrac{\pi}{2}$
$\coth x$	$\dfrac{1}{x} + \dfrac{1}{3}\,x^1 - \dfrac{1}{45}\,x^3 + \dfrac{2}{945}\,x^5 - + \ldots$	$0 < \lvert x\rvert < \pi$
Reihen der Areafunktionen		
$\operatorname{arsinh} x$	$x^1 - \dfrac{1}{2\cdot 3}\,x^3 + \dfrac{1\cdot 3}{2\cdot 4\cdot 5}\,x^5 - \dfrac{1\cdot 3\cdot 5}{2\cdot 4\cdot 6\cdot 7}\,x^7 + - \ldots$	$\lvert x\rvert < 1$
$\operatorname{arcosh} x$	$\ln(2x) - \dfrac{1}{2\cdot 2\,x^2} - \dfrac{1\cdot 3}{2\cdot 4\cdot 4\,x^4} - \dfrac{1\cdot 3\cdot 5}{2\cdot 4\cdot 6\cdot 6\,x^6} - \ldots$	$x > 1$
$\operatorname{artanh} x$	$x^1 + \dfrac{x^3}{3} + \dfrac{x^5}{5} + \dfrac{x^7}{7} + \ldots$	$\lvert x\rvert < 1$
$\operatorname{arcoth} x$	$\dfrac{1}{x} + \dfrac{1}{3\,x^3} + \dfrac{1}{5\,x^5} + \dfrac{1}{7\,x^7} + \ldots$	$\lvert x\rvert > 1$

3.5 Näherungspolynome einer Funktion (mit Tabelle)

Bricht man die Potenzreihenentwicklung einer Funktion $f(x)$ nach der *n-ten* Potenz ab, so erhält man ein *Näherungspolynom* $f_n(x)$ vom Grade n für $f(x)$ (sog. *Mac Laurinsches* bzw. *Taylorsches Polynom*). Funktion $f(x)$ und Näherungspolynom $f_n(x)$ stimmen an der Entwicklungsstelle x_0 in ihrem *Funktionswert* und in ihren *ersten n Ableitungen* miteinander überein.

Fehlerabschätzung

Der durch den Abbruch der Potenzreihe entstandene *Fehler* lässt sich i. Allg. anhand der *Lagrangeschen* Restgliedformel *abschätzen* (siehe Abschnitt 3.1). Er liegt in der *Größenordnung* des *größten* Reihengliedes, das in der Näherung *nicht* mehr berücksichtigt wurde.

Näherungspolynome spezieller Funktionen (Tabelle)

1. Näherung: Abbruch nach dem *ersten* nichtkonstanten Glied

2. Näherung: Abbruch nach dem *zweiten* nichtkonstanten Glied

Diese Näherungen liefern in der Umgebung des *Nullpunktes* sehr brauchbare und nützliche Ergebnisse.

Funktion	1. Näherung	2. Näherung
$(1 \pm x)^n$	$1 \pm nx$	$1 \pm nx + \dfrac{n(n-1)}{2}\,x^2$
e^x	$1 + x$	$1 + x + \dfrac{1}{2}\,x^2$

Tabelle (Fortsetzung)

Funktion	1. Näherung	2. Näherung
e^{-x}	$1 - x$	$1 - x + \dfrac{1}{2}x^2$
a^x	$1 + (\ln a)\,x$	$1 + (\ln a)\,x + \dfrac{(\ln a)^2}{2}x^2$
$\ln(1+x)$	x	$x - \dfrac{1}{2}x^2$
$\ln(1-x)$	$-x$	$-x - \dfrac{1}{2}x^2$
$\ln\left(\dfrac{1+x}{1-x}\right)$	$2x$	$2x + \dfrac{2}{3}x^3$
$\sin x$	x	$x - \dfrac{1}{6}x^3$
$\cos x$	$1 - \dfrac{1}{2}x^2$	$1 - \dfrac{1}{2}x^2 + \dfrac{1}{24}x^4$
$\tan x$	x	$x + \dfrac{1}{3}x^3$
$\arcsin x$	x	$x + \dfrac{1}{6}x^3$
$\arccos x$	$\dfrac{\pi}{2} - x$	$\dfrac{\pi}{2} - x - \dfrac{1}{6}x^3$
$\arctan x$	x	$x - \dfrac{1}{3}x^3$
$\operatorname{arccot} x$	$\dfrac{\pi}{2} - x$	$\dfrac{\pi}{2} - x + \dfrac{1}{3}x^3$
$\sinh x$	x	$x + \dfrac{1}{6}x^3$
$\cosh x$	$1 + \dfrac{1}{2}x^2$	$1 + \dfrac{1}{2}x^2 + \dfrac{1}{24}x^4$
$\tanh x$	x	$x - \dfrac{1}{3}x^3$
$\operatorname{arsinh} x$	x	$x - \dfrac{1}{6}x^3$
$\operatorname{artanh} x$	x	$x + \dfrac{1}{3}x^3$

4 Fourier-Reihen

4.1 Fourier-Reihe einer periodischen Funktion

Eine *periodische* Funktion $f(x)$ mit der Periode $p = 2\pi$ lässt sich unter bestimmten Voraussetzungen (siehe weiter unten) in eine *unendliche trigonometrische* Reihe der Form

$$f(x) = \frac{a_0}{2} + \sum_{n=1}^{\infty} \left[a_n \cdot \cos(nx) + b_n \cdot \sin(nx) \right]$$

entwickeln (sog. *Fourier-Reihe* von $f(x)$ in reeller Form).

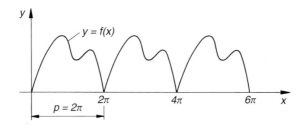

Berechnung der Fourier-Koeffizienten a_n und b_n

$$a_0 = \frac{1}{\pi} \cdot \int_0^{2\pi} f(x)\, dx$$

$$a_n = \frac{1}{\pi} \cdot \int_0^{2\pi} f(x) \cdot \cos(nx)\, dx, \qquad b_n = \frac{1}{\pi} \cdot \int_0^{2\pi} f(x) \cdot \sin(nx)\, dx \qquad (n \in \mathbb{N}^*)$$

Anmerkungen

(1) Voraussetzung ist, dass die folgenden *Dirichletschen* Bedingungen erfüllt sind:
   1. Das *Periodenintervall* lässt sich in *endlich* viele Teilintervalle zerlegen, in denen $f(x)$ *stetig* und *monoton* ist.
   2. Besitzt die Funktion $f(x)$ im Periodenintervall *Unstetigkeitsstellen* (es kommen nur *Sprungunstetigkeiten* mit *endlichen* Sprüngen infrage), so existiert in ihnen sowohl der *links-* als auch der *rechtsseitige* Grenzwert.

(2) In den *Sprungstellen* der Funktion $f(x)$ liefert die Fourier-Reihe von $f(x)$ das *arithmetische* Mittel aus dem links- und rechtsseitigen Grenzwert der Funktion.

Symmetriebetrachtungen

$f(x)$ ist eine *gerade* Funktion:

$$f(x) = \frac{a_0}{2} + \sum_{n=1}^{\infty} a_n \cdot \cos(nx) \qquad (b_n = 0 \quad \text{für} \quad n \in \mathbb{N}^*)$$

$f(x)$ ist eine *ungerade* Funktion:

$$f(x) = \sum_{n=1}^{\infty} b_n \cdot \sin(nx) \qquad (a_n = 0 \quad \text{für} \quad n \in \mathbb{N})$$

■ **Beispiel**

Wir bestimmen die Fourier-Reihe der im Bild dargestellten periodischen Funktion mit der Periodendauer $p = 2\pi$:

$$f(x) = \frac{1}{2\pi} x, \qquad 0 \le x < 2\pi$$

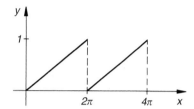

Berechnung der Fourier-Koeffizienten $(n \in \mathbb{N}^*)$:

$$a_0 = \frac{1}{\pi} \cdot \int_0^{2\pi} f(x)\, dx = \frac{1}{\pi} \cdot \frac{1}{2\pi} \cdot \int_0^{2\pi} x\, dx = \frac{1}{2\pi^2} \left[\frac{1}{2} x^2\right]_0^{2\pi} = \frac{1}{2\pi^2} \cdot 2\pi^2 = 1$$

$$a_n = \frac{1}{\pi} \cdot \int_0^{2\pi} f(x) \cdot \cos(nx)\, dx = \frac{1}{\pi} \cdot \frac{1}{2\pi} \cdot \underbrace{\int_0^{2\pi} x \cdot \cos(nx)\, dx}_{\text{Integral 232 mit } a=n} = \frac{1}{2\pi^2}\left[\frac{\cos(nx)}{n^2} + \frac{x \cdot \sin(nx)}{n}\right]_0^{2\pi} =$$

$$= \frac{1}{2\pi^2}\left[\frac{\cos(n2\pi)}{n^2} + \frac{2\pi \cdot \sin(n2\pi)}{n} - \frac{\cos 0}{n^2} - \frac{0 \cdot \sin 0}{n}\right] = \frac{1}{2\pi^2}\left(\frac{1}{n^2} + 0 - \frac{1}{n^2} - 0\right) = 0$$

$$b_n = \frac{1}{\pi} \cdot \int_0^{2\pi} f(x) \cdot \sin(nx)\, dx = \frac{1}{\pi} \cdot \frac{1}{2\pi} \cdot \underbrace{\int_0^{2\pi} x \cdot \sin(nx)\, dx}_{\text{Integral 208 mit } a=n} = \frac{1}{2\pi^2}\left[\frac{\sin(nx)}{n^2} - \frac{x \cdot \cos(nx)}{n}\right]_0^{2\pi} =$$

$$= \frac{1}{2\pi^2}\left[\frac{\sin(n2\pi)}{n^2} - \frac{2\pi \cdot \cos(n2\pi)}{n} - \frac{\sin 0}{n^2} + \frac{0 \cdot \cos 0}{n}\right] = \frac{1}{2\pi^2}\left(0 - \frac{2\pi}{n} - 0 + 0\right) =$$

$$= \frac{1}{2\pi^2} \cdot \frac{-2\pi}{n} = -\frac{1}{\pi} \cdot \frac{1}{n}$$

Hinweis: $\cos(n2\pi) = \cos 0 = 1$, $\sin(n2\pi) = \sin 0 = 0$

Die *Fourier-Reihe* beginnt daher wie folgt:

$$f(x) = \frac{1}{2} - \frac{1}{\pi} \cdot \sum_{n=1}^{\infty} \frac{1}{n} \cdot \sin(nx) = \frac{1}{2} - \frac{1}{\pi}\left(\sin x + \frac{1}{2} \cdot \sin(2x) + \frac{1}{3} \cdot \sin(3x) + \ldots\right)$$

■

Komplexe Darstellung der Fourier-Reihe

$$f(x) = \sum_{n=-\infty}^{\infty} c_n \cdot \mathrm{e}^{\mathrm{j}nx} \quad \text{mit} \quad c_n = \frac{1}{2\pi} \cdot \int_0^{2\pi} f(x) \cdot \mathrm{e}^{-\mathrm{j}nx} \, dx \qquad (n \in \mathbb{Z})$$

Die komplexe Fourier-Reihe lässt sich auch wie folgt aufspalten:

$$f(x) = \sum_{n=-\infty}^{\infty} c_n \cdot \mathrm{e}^{\mathrm{j}nx} = c_0 + \sum_{n=1}^{\infty} c_{-n} \cdot \mathrm{e}^{-\mathrm{j}nx} + \sum_{n=1}^{\infty} c_n \cdot \mathrm{e}^{\mathrm{j}nx}$$

Der Koeffizient c_{-n} ist dabei *konjugiert komplex* zu c_n, d. h. $c_{-n} = c_n^*$.

Zusammenhang zwischen den Koeffizienten a_n, b_n und c_n

1. Übergang von der reellen zur komplexen Form

$$c_0 = \frac{1}{2} a_0, \qquad c_n = \frac{1}{2}(a_n - \mathrm{j}b_n), \qquad c_{-n} = c_n^* = \frac{1}{2}(a_n + \mathrm{j}b_n) \qquad (n \in \mathbb{N}^*)$$

2. Übergang von der komplexen zur reellen Form

$$a_0 = 2c_0, \qquad a_n = c_n + c_{-n}, \qquad b_n = \mathrm{j}(c_n - c_{-n}) \qquad (n \in \mathbb{N}^*)$$

■   **Beispiel**

Die *reelle* Form der Fourier-Reihe von $f(x) = \dfrac{1}{2\pi} x$, $0 \le x \le 2\pi$ lautet (siehe vorheriges Beispiel):

$$f(x) = \frac{1}{2} - \frac{1}{\pi} \cdot \sum_{n=1}^{\infty} \frac{1}{n} \cdot \sin(nx)$$

Aus den reellen Fourier-Koeffizienten

$$a_0 = 1, \qquad a_n = 0, \qquad b_n = -\frac{1}{\pi} \cdot \frac{1}{n} \qquad (n \in \mathbb{N}^*)$$

berechnen wir mit Hilfe der Transformationsgleichungen die Koeffizienten der *komplexen* Darstellungsform:

$$c_0 = \frac{1}{2} a_0 = \frac{1}{2} \cdot 1 = \frac{1}{2}, \qquad c_n = \frac{1}{2}(a_n - \mathrm{j}b_n) = \frac{1}{2}\left(0 + \mathrm{j}\frac{1}{\pi} \cdot \frac{1}{n}\right) = \mathrm{j}\frac{1}{2\pi} \cdot \frac{1}{n},$$

$$c_{-n} = c_n^* = \left(\mathrm{j}\frac{1}{2\pi} \cdot \frac{1}{n}\right)^* = -\mathrm{j}\frac{1}{2\pi} \cdot \frac{1}{n}$$

Die komplexe Form der Fourier-Reihe lautet damit wie folgt:

$$f(x) = c_0 + \sum_{n=1}^{\infty} c_n \cdot \mathrm{e}^{\mathrm{j}nx} + \sum_{n=1}^{\infty} c_{-n} \cdot \mathrm{e}^{-\mathrm{j}nx} = c_0 + \sum_{n=1}^{\infty} (c_n \cdot \mathrm{e}^{\mathrm{j}nx} + c_{-n} \cdot \mathrm{e}^{-\mathrm{j}nx}) =$$

$$= \frac{1}{2} + \sum_{n=1}^{\infty} \left(\mathrm{j}\frac{1}{2\pi} \cdot \frac{1}{n} \cdot \mathrm{e}^{\mathrm{j}nx} - \mathrm{j}\frac{1}{2\pi} \cdot \frac{1}{n} \cdot \mathrm{e}^{-\mathrm{j}nx}\right) = \frac{1}{2} + \mathrm{j}\frac{1}{2\pi} \cdot \sum_{n=1}^{\infty} \frac{1}{n} (\mathrm{e}^{\mathrm{j}nx} - \mathrm{e}^{-\mathrm{j}nx})$$

Alternative Lösung: Direkte Berechnung der komplexen Fourier-Koeffizienten mit der angegebenen Integralformel:

$$c_0 = \frac{1}{2\pi} \cdot \int\limits_0^{2\pi} f(x) \cdot e^{-j0x} \, dx = \frac{1}{2\pi} \cdot \int\limits_0^{2\pi} \frac{1}{2\pi} x \cdot 1 \, dx = \frac{1}{(2\pi)^2} \cdot \int\limits_0^{2\pi} x \, dx = \frac{1}{(2\pi)^2} \left[\frac{1}{2} x^2\right]_0^{2\pi} =$$

$$= \frac{1}{(2\pi)^2} \left[\frac{1}{2}(2\pi)^2 - 0\right] = \frac{1}{(2\pi)^2} \cdot \frac{1}{2}(2\pi)^2 = \frac{1}{2}$$

$$c_n = \frac{1}{2\pi} \cdot \int\limits_0^{2\pi} f(x) \cdot e^{-jnx} \, dx = \frac{1}{2\pi} \cdot \int\limits_0^{2\pi} \frac{1}{2\pi} x \cdot e^{-jnx} \, dx = \frac{1}{(2\pi)^2} \cdot \underbrace{\int\limits_0^{2\pi} x \cdot e^{-jnx} \, dx}_{\text{Integral Nr. 313 mit } a = -jn} =$$

$$= \frac{1}{(2\pi)^2} \left[\frac{jnx+1}{n^2} \cdot e^{-jnx}\right]_0^{2\pi} = \frac{1}{(2\pi n)^2} \left[(jnx+1) \cdot e^{-jnx}\right]_0^{2\pi} =$$

$$= \frac{(jn2\pi+1) \cdot e^{-jn2\pi} - 1 \cdot e^{-0}}{(2\pi n)^2} = \frac{(jn2\pi+1) \cdot 1 - 1 \cdot 1}{(2\pi n)^2} = \frac{j(2\pi n) + 1 - 1}{(2\pi n)^2} =$$

$$= \frac{j(2\pi n)}{(2\pi n)^2} = \frac{j}{2\pi n} = j\frac{1}{2\pi} \cdot \frac{1}{n} \qquad (n \neq 0)$$

Somit: $\quad c_0 = \dfrac{1}{2}, \quad c_n = j\dfrac{1}{2\pi} \cdot \dfrac{1}{n}, \quad c_{-n} = c_n^* = -j\dfrac{1}{2\pi} \cdot \dfrac{1}{n} \qquad (n \in \mathbb{N}^*)$

4.2 Fourier-Zerlegung einer nichtsinusförmigen Schwingung

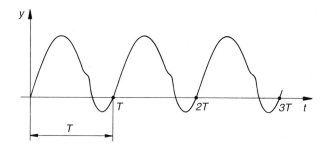

Eine *nichtsinusförmig* verlaufende Schwingung $y = y(t)$ wie im obigen Bild mit der Kreisfrequenz ω_0 und der Schwingungsdauer (Periode) $T = 2\pi/\omega_0$ lässt sich nach *Fourier* wie folgt in ihre *harmonischen* Bestandteile (*Grundschwingung* und *Oberschwingungen*) zerlegen (Fourier-Zerlegung in reeller Form):

$$y(t) = \frac{a_0}{2} + \sum_{n=1}^{\infty} \left[a_n \cdot \cos(n\omega_0 t) + b_n \cdot \sin(n\omega_0 t)\right]$$

ω_0:   Kreisfrequenz der *Grundschwingung* $(\omega_0 = 2\pi/T)$

$n\omega_0$:   Kreisfrequenzen der *harmonischen Oberschwingungen* $(n = 2, 3, 4, \ldots)$

Berechnung der Fourier-Koeffizienten a_n und b_n

$$a_0 = \frac{2}{T} \cdot \int\limits_{(T)} y(t)\, dt$$

$$a_n = \frac{2}{T} \cdot \int\limits_{(T)} y(t) \cdot \cos\,(n\,\omega_0\,t)\, dt\,, \quad b_n = \frac{2}{T} \cdot \int\limits_{(T)} y(t) \cdot \sin\,(n\,\omega_0\,t)\, dt \quad (n \in \mathbf{N}^*)$$

(T):   Integration über ein *beliebiges* Periodenintervall der Länge T

Fourier-Zerlegung in phasenverschobene Sinusschwingungen

$$y(t) = \frac{a_0}{2} + \sum_{n=1}^{\infty} [a_n \cdot \cos\,(n\,\omega_0\,t) + b_n \cdot \sin\,(n\,\omega_0\,t)] =$$

$$= A_0 + \sum_{n=1}^{\infty} A_n \cdot \sin\,(n\,\omega_0\,t + \varphi_n)$$

Berechnung von Amplitude A_n und Nullphasenwinkel φ_n aus den Fourier-Koeffizienten a_n und b_n:

$$A_0 = \frac{a_0}{2}\,, \qquad A_n = \sqrt{a_n^2 + b_n^2}\,, \qquad \tan \varphi_n = \frac{a_n}{b_n} \qquad (n \in \mathbf{N}^*)$$

A_n, φ_n: Amplituden- bzw. Phasenspektrum (sog. Linienspektren)

Fourier-Zerlegung in komplexer Form

$$y(t) = \sum_{n=-\infty}^{\infty} c_n \cdot e^{j n \omega_0 t}$$

Berechnung der komplexen Fourier-Koeffizienten c_n:

$$c_n = \frac{1}{T} \cdot \int\limits_{0}^{T} y(t) \cdot e^{-j n \omega_0 t}\, dt \qquad (n \in \mathbf{Z})$$

$T = 2\pi/\omega_0$:   Schwingungsdauer

$|c_n|$:   Amplitudenspektrum (Linienspektrum)

4.3 Spezielle Fourier-Reihen (Tabelle)

Hinweis: T: Periode (Schwingungsdauer)

ω_0: Kreisfrequenz $(\omega_0 = 2\pi/T)$

---

1. Rechteckskurve

$$y(t) = \begin{cases} \hat{y} & 0 \le t \le \dfrac{T}{2} \\[2mm] & \text{für} \\[2mm] 0 & \dfrac{T}{2} < t < T \end{cases}$$

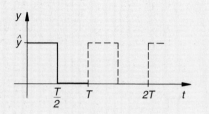

$$y(t) = \frac{\hat{y}}{2} + \frac{2\hat{y}}{\pi}\left(\sin(\omega_0 t) + \frac{1}{3}\cdot\sin(3\omega_0 t) + \frac{1}{5}\cdot\sin(5\omega_0 t) + \ldots\right)$$

---

2. Rechteckimpuls

Impulsbreite: $b = \dfrac{T}{2} - 2a$

$$y(t) = \begin{cases} \hat{y} & a < t < \dfrac{T}{2} - a \\[2mm] -\hat{y} & \text{für} \quad \dfrac{T}{2} + a < t < T - a \\[2mm] 0 & \text{im übrigen Intervall} \end{cases}$$

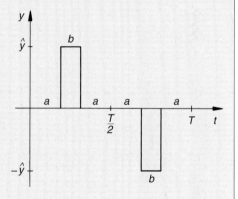

$$y(t) = \frac{4\hat{y}}{\pi}\left(\frac{\cos(\omega_0 a)}{1}\cdot\sin(\omega_0 t) + \frac{\cos(3\omega_0 a)}{3}\cdot\sin(3\omega_0 t) + \right.$$

$$\left. + \frac{\cos(5\omega_0 a)}{5}\cdot\sin(5\omega_0 t) + \ldots\right)$$

---

3. Dreieckskurve

$$y(t) = \begin{cases} -\dfrac{2\hat{y}}{T}t + \hat{y} & 0 \le t \le \dfrac{T}{2} \\[2mm] & \text{für} \\[2mm] \dfrac{2\hat{y}}{T}t - \hat{y} & \dfrac{T}{2} \le t \le T \end{cases}$$

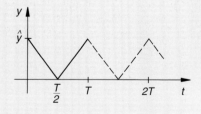

$$y(t) = \frac{\hat{y}}{2} + \frac{4\hat{y}}{\pi^2}\left(\frac{1}{1^2}\cdot\cos(\omega_0 t) + \frac{1}{3^2}\cdot\cos(3\omega_0 t) + \frac{1}{5^2}\cdot\cos(5\omega_0 t) + \ldots\right)$$

4. Dreieckskurve

$$y(t) = \begin{cases} \dfrac{4\hat{y}}{T}\,t & 0 \le t \le \dfrac{T}{4} \\[2mm] -\dfrac{4\hat{y}}{T}\,t + 2\hat{y} & \text{für} \quad \dfrac{T}{4} < t < \dfrac{3}{4}\,T \\[2mm] \dfrac{4\hat{y}}{T}\,t - 4\hat{y} & \dfrac{3}{4}\,T \le t \le T \end{cases}$$

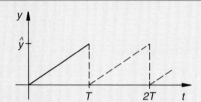

$$y(t) = \frac{8\hat{y}}{\pi^2}\left(\frac{1}{1^2}\cdot\sin(\omega_0 t) - \frac{1}{3^2}\cdot\sin(3\,\omega_0 t) + \frac{1}{5^2}\cdot\sin(5\,\omega_0 t) - + \ldots\right)$$

5. Kippschwingung (Sägezahnimpuls)

$$y(t) = \frac{\hat{y}}{T}\,t, \qquad 0 \le t < T$$

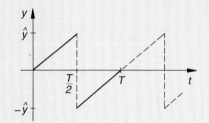

$$y(t) = \frac{\hat{y}}{2} - \frac{\hat{y}}{\pi}\left(\sin(\omega_0 t) + \frac{1}{2}\cdot\sin(2\,\omega_0 t) + \frac{1}{3}\cdot\sin(3\,\omega_0 t) + \ldots\right)$$

6. Kippschwingung (Sägezahnimpuls)

$$y(t) = \begin{cases} \dfrac{2\hat{y}}{T}\,t & 0 \le t \le \dfrac{T}{2} \\[2mm] \dfrac{2\hat{y}}{T}\,t - 2\hat{y} & \dfrac{T}{2} < t < T \end{cases} \quad \text{für}$$

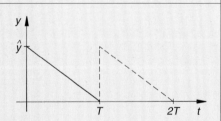

$$y(t) = \frac{2\hat{y}}{\pi}\left(\sin(\omega_0 t) - \frac{1}{2}\cdot\sin(2\,\omega_0 t) + \frac{1}{3}\cdot\sin(3\,\omega_0 t) - + \ldots\right)$$

7. Kippschwingung (Sägezahnimpuls)

$$y(t) = -\frac{\hat{y}}{T}\,t + \hat{y}, \qquad 0 \le t < T$$

$$y(t) = \frac{\hat{y}}{2} + \frac{\hat{y}}{\pi}\left(\sin(\omega_0 t) + \frac{1}{2}\cdot\sin(2\,\omega_0 t) + \frac{1}{3}\cdot\sin(3\,\omega_0 t) + \ldots\right)$$

8. Sinusimpuls (Einweggleichrichtung)

$$y(t) = \begin{cases} \hat{y} \cdot \sin(\omega_0 t) & 0 \le t \le \dfrac{T}{2} \\ & \text{für} \\ 0 & \dfrac{T}{2} \le t \le T \end{cases}$$

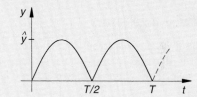

$$y(t) = \frac{\hat{y}}{\pi} + \frac{\hat{y}}{2} \cdot \sin(\omega_0 t) - \frac{2\hat{y}}{\pi} \left(\frac{1}{1 \cdot 3} \cdot \cos(2\omega_0 t) + \frac{1}{3 \cdot 5} \cdot \cos(4\omega_0 t) + \right.$$

$$\left. + \frac{1}{5 \cdot 7} \cdot \cos(6\omega_0 t) + \ldots \right)$$

9. Sinusimpuls (Zweiweggleichrichtung)

$$y(t) = \hat{y} \,|\sin(\omega_0 t)|, \qquad 0 \le t \le T$$

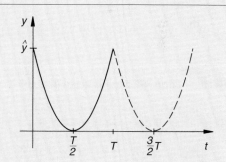

$$y(t) = \frac{2\hat{y}}{\pi} - \frac{4\hat{y}}{\pi} \left(\frac{1}{1 \cdot 3} \cdot \cos(2\omega_0 t) + \frac{1}{3 \cdot 5} \cdot \cos(4\omega_0 t) + \right.$$

$$\left. + \frac{1}{5 \cdot 7} \cdot \cos(6\omega_0 t) + \ldots \right)$$

10. Parabelbögen

$$y(t) = \frac{4\hat{y}}{T^2} \left(t - \frac{T}{2} \right)^2, \quad 0 \le t \le T$$

$$y(t) = \frac{\hat{y}}{3} + \frac{4\hat{y}}{\pi^2} \left(\frac{1}{1^2} \cdot \cos(\omega_0 t) + \frac{1}{2^2} \cdot \cos(2\omega_0 t) + \frac{1}{3^2} \cdot \cos(3\omega_0 t) + \ldots \right)$$

VII Lineare Algebra

1 Reelle Matrizen

1.1 Grundbegriffe

1.1.1 n-dimensionale Vektoren

n-dimensionaler Vektor

n reelle Zahlen in einer bestimmten Reihenfolge bilden einen n-dimensionalen Vektor. Sie werden in der linearen Algebra üblicherweise durch kleine lateinische Buchstaben in **Fettdruck** (aber ohne Pfeil) gekennzeichnet: **a**, **b**, **c**, ...

Schreibweisen:

$$\mathbf{a} = \begin{pmatrix} a_1 \\ a_2 \\ \vdots \\ a_n \end{pmatrix}$$

n-dimensionaler *Spaltenvektor* mit den n Vektorkoordinaten (skalaren Vektorkomponenten) $a_1, a_2, \ldots, a_n$

$$\mathbf{a} = \begin{pmatrix} a_1 & a_2 & \ldots & a_n \end{pmatrix}$$ 　n-dimensionaler *Zeilenvektor*

Rechenoperationen und Rechenregeln

Die n-dimensionalen Vektoren bilden in ihrer Gesamtheit den n-dimensionalen Raum $\mathbb{R}^n$. Rechenoperationen und Rechenregeln sind die gleichen wie bei ebenen und räumlichen Vektoren, d. h. Vektoren des $\mathbb{R}^2$ bzw. $\mathbb{R}^3$, siehe hierzu Kap. II. *Ausnahmen:* Vektor- und Spatprodukte sind nur im 3-dimensionalen Anschauungsraum definiert.

> 1. *Addition* und *Subtraktion* erfolgen *komponentenweise*:
>
> $$\mathbf{a} \pm \mathbf{b} = \begin{pmatrix} a_1 \\ a_2 \\ \vdots \\ a_n \end{pmatrix} \pm \begin{pmatrix} b_1 \\ b_2 \\ \vdots \\ b_n \end{pmatrix} = \begin{pmatrix} a_1 \pm b_1 \\ a_2 \pm b_2 \\ \vdots \\ a_n \pm b_n \end{pmatrix}$$

2. Die *Multiplikation* eines Vektors mit einem *Skalar* erfolgt *komponentenweise*:

$$\lambda\,\mathbf{a} = \lambda \begin{pmatrix} a_1 \\ a_2 \\ \vdots \\ a_n \end{pmatrix} = \begin{pmatrix} \lambda\,a_1 \\ \lambda\,a_2 \\ \vdots \\ \lambda\,a_n \end{pmatrix} \qquad (\lambda \in \mathbb{R})$$

3. Das *Skalarprodukt* zweier Vektoren wird gebildet, indem man zunächst die einander entsprechenden (d. h. gleichstelligen) Vektorkoordinaten miteinander *multipliziert* und dann die insgesamt n Produkte *aufaddiert*:

$$\mathbf{a} \cdot \mathbf{b} = \begin{pmatrix} a_1 \\ a_2 \\ \vdots \\ a_n \end{pmatrix} \cdot \begin{pmatrix} b_1 \\ b_2 \\ \vdots \\ b_n \end{pmatrix} = a_1\,b_1 + a_2\,b_2 + \ldots + a_n\,b_n = \sum_{i=1}^{n} a_i\,b_i$$

4. *Betrag* eines Vektors:

$$|\mathbf{a}| = a = \sqrt{a_1^2 + a_2^2 + \ldots + a_n^2} = \sqrt{\mathbf{a} \cdot \mathbf{a}}$$

Spezielle Vektoren

Nullvektor $\mathbf{0}$: Vektor der Länge 0, alle Vektorkoordinaten haben den Wert 0.

Einheitsvektor $\mathbf{e}$: Vektor der Länge 1 (normierter Vektor).

Orthogonale Vektoren $\mathbf{a}$, $\mathbf{b}$: Vektoren, deren Skalarprodukt verschwindet $(\mathbf{a} \cdot \mathbf{b} = 0)$.

Komponentendarstellung eines Vektors

$\mathbf{a} = a_1\,\mathbf{e}_1 + a_2\,\mathbf{e}_2 + \ldots + a_n\,\mathbf{e}_n$

$\mathbf{e}_i$: *Einheitsvektor (Basisvektor)*, dessen i-te Vektorkoordinate den Wert 1 besitzt, während alle übrigen Vektorkoordinaten verschwinden $(i = 1, 2, \ldots, n)$.

$$\mathbf{e}_i \cdot \mathbf{e}_j = \delta_{ij} = \begin{cases} 1 & i = j \\ & \text{für} \\ 0 & i \neq j \end{cases} \qquad (\delta_{ij}: \quad \textbf{Kronecker-Symbol})$$

Die Einheitsvektoren $\mathbf{e}_i$ bilden eine *Basis* des n-dimensionalen Raumes $\mathbb{R}^n$, d. h. jeder n-dimensionale Vektor $\mathbf{a}$ lässt sich in eindeutiger Weise als *Linearkombination* dieser (linear unabhängigen) Basisvektoren darstellen [1]. Multipliziert man einen Vektor $\mathbf{a}$ mit dem Kehrwert seines Betrages $|\mathbf{a}|$, so erhält man einen *Einheitsvektor* gleicher Richtung (sog. *Normierung* des Vektors $\mathbf{a}$).

---

[1] Zum Begriff der *linearen Unabhängigkeit* von Vektoren siehe Abschnitt 3.6.

■ **Beispiel**

Gegeben sind die Vektoren $\boldsymbol{a} = \begin{pmatrix} 1 \\ 0 \\ 2 \\ -1 \end{pmatrix}$ und $\boldsymbol{b} = \begin{pmatrix} -2 \\ 1 \\ 5 \\ 3 \end{pmatrix}$ des 4-dimensionalen Raumes $\mathbb{R}^4$. Wir bestim-

men den Vektor $\boldsymbol{a} + 3\boldsymbol{b}$, das Skalarprodukt $\boldsymbol{a} \cdot \boldsymbol{b}$ sowie den Betrag von $\boldsymbol{a}$:

$$\boldsymbol{a} + 3\boldsymbol{b} = \begin{pmatrix} 1 \\ 0 \\ 2 \\ -1 \end{pmatrix} + 3 \begin{pmatrix} -2 \\ 1 \\ 5 \\ 3 \end{pmatrix} = \begin{pmatrix} 1 \\ 0 \\ 2 \\ -1 \end{pmatrix} + \begin{pmatrix} -6 \\ 3 \\ 15 \\ 9 \end{pmatrix} = \begin{pmatrix} 1 - 6 \\ 0 + 3 \\ 2 + 15 \\ -1 + 9 \end{pmatrix} = \begin{pmatrix} -5 \\ 3 \\ 17 \\ 8 \end{pmatrix}$$

$$\boldsymbol{a} \cdot \boldsymbol{b} = \begin{pmatrix} 1 \\ 0 \\ 2 \\ -1 \end{pmatrix} \cdot \begin{pmatrix} -2 \\ 1 \\ 5 \\ 3 \end{pmatrix} = 1 \cdot (-2) + 0 \cdot 1 + 2 \cdot 5 + (-1) \cdot 3 = -2 + 0 + 10 - 3 = 5$$

$$|\boldsymbol{a}| = \sqrt{1^2 + 0^2 + 2^2 + (-1)^2} = \sqrt{1 + 0 + 4 + 1} = \sqrt{6}$$

■

1.1.2 Definition einer reellen Matrix

Unter einer reellen *Matrix* **A** vom Typ (m, n) versteht man ein aus $m \cdot n$ reellen Zahlen bestehendes rechteckiges Schema mit m waagerecht angeordneten *Zeilen* und n senkrecht angeordneten *Spalten*:

$$\mathbf{A} = \begin{pmatrix} a_{11} & a_{12} & \dots & a_{1k} & \dots & a_{1n} \\ a_{21} & a_{22} & \dots & a_{2k} & \dots & a_{2n} \\ \vdots & \vdots & & \vdots & & \vdots \\ a_{i1} & a_{i2} & \dots & \boxed{a_{ik}} & \dots & a_{in} \\ \vdots & \vdots & & \vdots & & \vdots \\ a_{m1} & a_{m2} & \dots & a_{mk} & \dots & a_{mn} \end{pmatrix} \begin{matrix} \leftarrow \text{1. Zeile} \\ \\ \\ \leftarrow i\text{-te Zeile} \\ \\ \\ \end{matrix}$$

$$\begin{matrix} \uparrow & & \uparrow \\ \text{1. Spalte} & & k\text{-te Spalte} \end{matrix}$$

Bezeichnungen:

a_{ik}: Matrixelemente $(i = 1, 2, \dots, m; \; k = 1, 2, \dots, n)$

i: Zeilenindex $(i = 1, 2, \dots, m)$ m: Zeilenzahl

k: Spaltenindex $(k = 1, 2, \dots, n)$ n: Spaltenzahl

Schreibweisen:

$\mathbf{A}$, $\mathbf{A}_{(m, n)}$, (a_{ik}), $(a_{ik})_{(m, n)}$

Die m Zeilen werden auch als *Zeilenvektoren* (mit hochgestelltem Index), die n Spalten auch als *Spaltenvektoren* (mit tiefgestelltem Index) bezeichnet.

Schreibweisen:

$$\underbrace{\mathbf{a}^i = (a_{i1} \quad a_{i2} \quad \ldots \quad a_{in})}_{i\text{-ter Zeilenvektor}} \qquad \mathbf{a}_k = \underbrace{\begin{pmatrix} a_{1k} \\ a_{2k} \\ \vdots \\ a_{mk} \end{pmatrix}}_{k\text{-ter Spaltenvektor}}$$

Die (m, n)-Matrix $\mathbf{A}$ ist dann wie folgt darstellbar:

$$\mathbf{A} = (\mathbf{a}_1 \quad \mathbf{a}_2 \quad \ldots \quad \mathbf{a}_n) = \begin{pmatrix} \mathbf{a}^1 \\ \mathbf{a}^2 \\ \vdots \\ \mathbf{a}^m \end{pmatrix}$$

(Zeile aus n Spaltenvektoren bzw. Spalte aus m Zeilenvektoren)

1.1.3 Spezielle Matrizen

Nullmatrix $\mathbf{0}$:   *Alle* Elemente sind gleich null.

Spaltenmatrix: Matrix mit nur *einer* Spalte, auch *Spaltenvektor* genannt.

Zeilenmatrix: Matrix mit nur *einer* Zeile, auch *Zeilenvektor* genannt.

Quadratische Matrix: Matrix mit *gleichvielen* Zeilen und Spalten ($m = n$; sog. *n-reihige* Matrix oder Matrix *n-ter Ordnung*).

Transponierte Matrix $\mathbf{A}^{\mathrm{T}}$:   Sie entsteht aus der (m, n)-Matrix $\mathbf{A}$, indem man Zeilen und Spalten miteinander *vertauscht* („Stürzen" einer Matrix). $\mathbf{A}^{\mathrm{T}}$ ist daher vom Typ (n, m). Es gilt stets $(\mathbf{A}^{\mathrm{T}})^{\mathrm{T}} = \mathbf{A}$. Beim Transponieren wird aus einem Zeilenvektor ein Spaltenvektor und umgekehrt.

1.1.4 Gleichheit von Matrizen

Zwei Matrizen $\mathbf{A} = (a_{ik})$ und $\mathbf{B} = (b_{ik})$ vom *gleichen* Typ heißen *gleich*, $\mathbf{A} = \mathbf{B}$, wenn sie in ihren entsprechenden (d. h. gleichstelligen) Elementen übereinstimmen: $a_{ik} = b_{ik}$ für alle i, k.

1.2 Spezielle quadratische Matrizen

Allgemeine Gestalt einer *n-reihigen* Matrix:

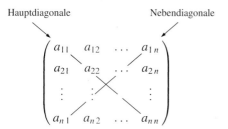

Hauptdiagonale   Nebendiagonale

Hauptdiagonalelemente:

a_{ii} mit $i = 1, 2, \ldots, n$

Nebendiagonalelemente:

$a_{i, n+1-i}$ mit $i = 1, 2, \ldots, n$

Spur einer quadratischen Matrix

Die Summe aller Hauptdiagonalelemente heißt *Spur* der Matrix **A**:

$$\mathrm{Sp}\,(\mathbf{A}) = a_{11} + a_{22} + \ldots + a_{nn}$$

1.2.1 Diagonalmatrix

Alle *außerhalb* der Hauptdiagonalen liegenden Elemente *verschwinden*:

$$a_{ik} = 0 \quad \text{für alle} \quad i \neq k$$

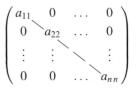

Schreibweise: **diag** $(a_{11}, a_{22}, \ldots, a_{nn})$

1.2.2 Einheitsmatrix

Diagonalmatrix mit

$$a_{ii} = 1 \quad \text{für alle} \quad i$$

$$\begin{pmatrix} 1 & 0 & \ldots & 0 \\ 0 & 1 & \ldots & 0 \\ \vdots & \vdots & \ddots & \vdots \\ 0 & 0 & \ldots & 1 \end{pmatrix}$$

Schreibweisen: **E**, **I**, (δ_{ik})

1.2.3 Dreiecksmatrix

Alle Elemente *oberhalb* bzw. *unterhalb* der Hauptdiagonalen *verschwinden*:

$$\begin{pmatrix} a_{11} & 0 & \ldots & 0 \\ a_{21} & a_{22} & \ldots & 0 \\ \vdots & \vdots & \ddots & \vdots \\ a_{n1} & a_{n2} & \ldots & a_{nn} \end{pmatrix} \qquad \begin{pmatrix} a_{11} & a_{12} & \ldots & a_{1n} \\ 0 & a_{22} & \ldots & a_{2n} \\ \vdots & \vdots & \ddots & \vdots \\ 0 & 0 & \ldots & a_{nn} \end{pmatrix}$$

Untere Dreiecksmatrix: *Obere* Dreiecksmatrix:

$$a_{ik} = 0 \quad \text{für alle} \quad i < k \qquad\qquad a_{ik} = 0 \quad \text{für alle} \quad i > k$$

1.2.4 Symmetrische Matrix

Alle *spiegelbildlich* zur Hauptdiagonalen stehenden Elemente sind *paarweise gleich*:

$$\mathbf{A} = \mathbf{A}^{\mathrm{T}} \quad \text{oder} \quad a_{ik} = a_{ki} \quad \text{für alle} \quad i, k$$

1.2.5 Schiefsymmetrische Matrix

$$\mathbf{A} = -\mathbf{A}^{\mathrm{T}} \quad \text{oder} \quad a_{ik} = -a_{ki} \quad \text{für alle} \quad i, k$$

Die *Hauptdiagonalelemente* verschwinden: $a_{ii} = 0$ für alle i. Bei der Spiegelung an der Hauptdiagonalen ändern die Elemente ihr Vorzeichen.

1.2.6 Orthogonale Matrix

$$\mathbf{A} \cdot \mathbf{A}^{\mathrm{T}} = \mathbf{E}$$

Die Zeilen- bzw. Spaltenvektoren sind zueinander *orthogonal* und *normiert*, sie bilden ein sog. *orthonormiertes* Vektorsystem. Dabei gilt stets $\det \mathbf{A} = 1$ oder $\det \mathbf{A} = -1$. Eine *orthogonale* Matrix ist immer *regulär*, die *inverse* Matrix $\mathbf{A}^{-1}$ existiert somit und ist ebenfalls *orthogonal* und es gilt $\mathbf{A}^{\mathrm{T}} = \mathbf{A}^{-1}$. Das Produkt *orthogonaler* Matrizen ist wiederum *orthogonal*.

1.3 Rechenoperationen für Matrizen

1.3.1 Addition und Subtraktion von Matrizen

Zwei Matrizen vom *gleichen* Typ werden *addiert* bzw. *subtrahiert*, indem man ihre entsprechenden (d. h. gleichstelligen) Elemente *addiert* bzw. *subtrahiert*:

$$\mathbf{A} \pm \mathbf{B} = (a_{ik}) \pm (b_{ik}) = (a_{ik} \pm b_{ik}) \qquad (i = 1, 2, \ldots, m; \ k = 1, 2, \ldots, n)$$

Rechenregeln

$\mathbf{A}$, $\mathbf{B}$, $\mathbf{C}$ sind Matrizen vom *gleichen* Typ:

Kommutativgesetz $\qquad \mathbf{A} + \mathbf{B} = \mathbf{B} + \mathbf{A}$

Assoziativgesetz $\qquad \mathbf{A} + (\mathbf{B} + \mathbf{C}) = (\mathbf{A} + \mathbf{B}) + \mathbf{C}$

Transponieren $\qquad (\mathbf{A} + \mathbf{B})^{\mathrm{T}} = \mathbf{A}^{\mathrm{T}} + \mathbf{B}^{\mathrm{T}}$

1.3.2 Multiplikation einer Matrix mit einem Skalar

Die *Multiplikation* einer Matrix mit einem reellen *Skalar* erfolgt, indem man *jedes* Matrixelement mit dem Skalar multipliziert:

$$\lambda \cdot \mathbf{A} = \lambda \cdot (a_{ik}) = (\lambda \cdot a_{ik}) \qquad (\lambda \in \mathbb{R}; \ i = 1, 2, \ldots, m; \ k = 1, 2, \ldots, n)$$

Folgerung: Ein allen Matrixelementen *gemeinsamer Faktor* darf vor die Matrix gezogen werden.

Rechenregeln

$\mathbf{A}$ und $\mathbf{B}$ sind Matrizen vom *gleichen* Typ, λ und μ *reelle* Skalare:

Assoziativgesetz $\qquad \lambda(\mu \mathbf{A}) = \mu(\lambda \mathbf{A}) = (\lambda \mu) \mathbf{A}$

Distributivgesetze $\qquad (\lambda + \mu) \mathbf{A} = \lambda \mathbf{A} + \mu \mathbf{A}$

$\qquad\qquad\qquad\quad \lambda(\mathbf{A} + \mathbf{B}) = \lambda \mathbf{A} + \lambda \mathbf{B}$

Transponieren $\qquad (\lambda \mathbf{A})^{\mathrm{T}} = \lambda \mathbf{A}^{\mathrm{T}}$

1.3.3 Multiplikation von Matrizen

$\mathbf{A} = (a_{ik})$ sei eine Matrix vom Typ (m, n), $\mathbf{B} = (b_{ik})$ eine Matrix vom Typ (n, p). Dann heißt die (m, p)-Matrix $\mathbf{C} = \mathbf{A} \cdot \mathbf{B} = (c_{ik})$ mit

$$c_{ik} = a_{i1} b_{1k} + a_{i2} b_{2k} + \ldots + a_{in} b_{nk} = \sum_{j=1}^{n} a_{ij} b_{jk}$$

das *Produkt* der Matrizen $\mathbf{A}$ und $\mathbf{B}$ $(i = 1, 2, \ldots, m; \; k = 1, 2, \ldots, p)$.

Anmerkungen

(1)   Die Produktbildung ist nur möglich, wenn die *Spaltenzahl* von $\mathbf{A}$ mit der *Zeilenzahl* von $\mathbf{B}$ *übereinstimmt*. Der Multiplikationspunkt darf auch weggelassen werden.

(2)   Das Matrixelement c_{ik} des Matrizenproduktes $\mathbf{A} \cdot \mathbf{B}$ ist das *Skalarprodukt* aus dem *i-ten Zeilenvektor* von $\mathbf{A}$ und dem *k-ten Spaltenvektor* von $\mathbf{B}$ (siehe *Falk-Schema* weiter unten).

Falk-Schema zur Berechnung eines Matrizenproduktes $\mathbf{C} = \mathbf{A} \cdot \mathbf{B}$

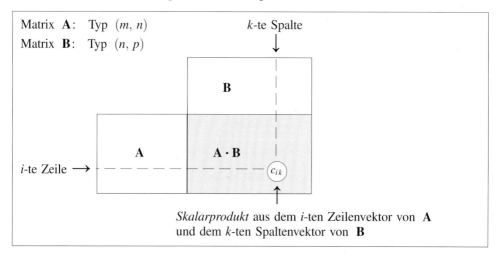

Rechenregeln

Voraussetzung: Alle Rechenoperationen der *linken* Seiten müssen durchführbar sein.

Assoziativgesetz	$\mathbf{A}\,(\mathbf{B}\,\mathbf{C}) = (\mathbf{A}\,\mathbf{B})\,\mathbf{C}$
Distributivgesetze	$\mathbf{A}\,(\mathbf{B} + \mathbf{C}) = \mathbf{A}\,\mathbf{B} + \mathbf{A}\,\mathbf{C}$
	$(\mathbf{A} + \mathbf{B})\,\mathbf{C} = \mathbf{A}\,\mathbf{C} + \mathbf{B}\,\mathbf{C}$
Transponieren	$(\mathbf{A}\,\mathbf{B})^{\mathsf{T}} = \mathbf{B}^{\mathsf{T}}\,\mathbf{A}^{\mathsf{T}}$

Man beachte, dass die Matrizenmultiplikation *nicht kommutativ* ist, d. h. im Allgemeinen gilt $\mathbf{A} \cdot \mathbf{B} \neq \mathbf{B} \cdot \mathbf{A}$ (die Faktoren eines Produktes dürfen *nicht* vertauscht werden).

■ **Beispiel**

Wir berechnen das *Matrizenprodukt* $\mathbf{C} = \mathbf{A} \cdot \mathbf{B}$ mit $\mathbf{A} = \begin{pmatrix} 1 & 0 & 3 \\ 2 & 1 & -4 \end{pmatrix}$ und $\mathbf{B} = \begin{pmatrix} 1 & 4 & 3 & 0 \\ 1 & 1 & -1 & 3 \\ 0 & -2 & -3 & 2 \end{pmatrix}$:

$$\underbrace{}_{(2,3)\text{-Matrix}} \qquad \underbrace{}_{(3,4)\text{-Matrix}}$$

$$
\begin{array}{c|ccc}
 & 1 & 4 & 3 & 0 \\
\mathbf{B} & 1 & 1 & -1 & 3 \\
 & 0 & -2 & -3 & 2 \\
\hline
\mathbf{A} \begin{array}{|ccc} 1 & 0 & 3 \\ 2 & 1 & -4 \end{array} & 1 & -2 & -6 & 6 \\
 & 3 & 17 & 17 & -5
\end{array}
$$

$$\mathbf{C} = \mathbf{A} \cdot \mathbf{B}$$

$c_{11} = 1 \cdot 1 + 0 \cdot 1 + 3 \cdot 0 = 1$

$c_{12} = 1 \cdot 4 + 0 \cdot 1 + 3 \cdot (-2) := -2 \quad$ usw.

$$\mathbf{C} = \mathbf{A} \cdot \mathbf{B} = \begin{pmatrix} 1 & -2 & -6 & 6 \\ 3 & 17 & 17 & -5 \end{pmatrix}$$

$$\underbrace{}_{(2,4)\text{-Matrix}}$$

$\mathbf{B} \cdot \mathbf{A}$ dagegen existiert nicht, da $\mathbf{B}$ vier Spalten, $\mathbf{A}$ aber nur zwei Zeilen hat.

■

1.4 Reguläre Matrix

Eine n-reihige Matrix $\mathbf{A}$ heißt *regulär*, wenn ihre Determinante einen von Null verschiedenen Wert besitzt: $\det \mathbf{A} \neq 0$. Ihr *Rang* ist dann $\mathrm{Rg}\,(\mathbf{A}) = n$.

Ist $\det \mathbf{A} = 0$, so heißt $\mathbf{A}$ *singulär*. Es ist dann $\mathrm{Rg}\,(\mathbf{A}) < n$.

■ **Beispiele**

$\mathbf{A} = \begin{pmatrix} 1 & 2 & 5 \\ -1 & 3 & 2 \\ 0 & 1 & 8 \end{pmatrix} \quad \Rightarrow \quad \det \mathbf{A} = \begin{vmatrix} 1 & 2 & 5 \\ -1 & 3 & 2 \\ 0 & 1 & 8 \end{vmatrix} = 24 + 0 - 5 - 0 - 2 + 16 = 33 \neq 0 \quad \Rightarrow$

$\mathbf{A}$ ist *regulär*

$\mathbf{B} = \begin{pmatrix} 1 & -5 \\ -3 & 15 \end{pmatrix} \quad \Rightarrow \quad \det \mathbf{B} = \begin{vmatrix} 1 & -5 \\ -3 & 15 \end{vmatrix} = 15 - 15 = 0 \quad \Rightarrow \quad \mathbf{B}$ ist *singulär*

■

1.5 Inverse Matrix

1.5.1 Definition einer inversen Matrix

Die *regulären* Matrizen (und nur diese) lassen sich *umkehren*, d. h. zu jeder *regulären* Matrix $\mathbf{A}$ gibt es genau eine *inverse* Matrix $\mathbf{A}^{-1}$ mit

$$\mathbf{A} \cdot \mathbf{A}^{-1} = \mathbf{A}^{-1} \cdot \mathbf{A} = \mathbf{E}$$

Eine quadratische Matrix $\mathbf{A}$ ist demnach genau dann *invertierbar*, wenn $\det \mathbf{A} \neq 0$ und somit $\mathrm{Rg}\,(\mathbf{A}) = n$ ist. Man beachte: $\mathbf{A}$ und $\mathbf{A}^{-1}$ sind kommutative Matrizen.

Weitere Bezeichnungen für $\mathbf{A}^{-1}$: *Kehrmatrix, Umkehrmatrix* oder *Inverse* von $\mathbf{A}$.

Rechenregeln für reguläre Matrizen

$$(\mathbf{A}^{-1})^{-1} = \mathbf{A}, \qquad (\mathbf{A}^{-1})^{\mathrm{T}} = (\mathbf{A}^{\mathrm{T}})^{-1}, \qquad (\mathbf{A} \cdot \mathbf{B})^{-1} = \mathbf{B}^{-1} \cdot \mathbf{A}^{-1}$$

1.5.2 Berechnung einer inversen Matrix

1.5.2.1 Berechnung der inversen Matrix $\mathbf{A}^{-1}$ unter Verwendung von Unterdeterminanten

$$\mathbf{A}^{-1} = \frac{1}{\det \mathbf{A}} \begin{pmatrix} A_{11} & A_{21} & \dots & A_{n1} \\ A_{12} & A_{22} & \dots & A_{n2} \\ \vdots & \vdots & & \vdots \\ A_{1n} & A_{2n} & \dots & A_{nn} \end{pmatrix} \qquad (\det \mathbf{A} \neq 0)$$

A_{ik}: *Algebraisches Komplement (Adjunkte)* von a_{ik} in $\det \mathbf{A}$ $(A_{ik} = (-1)^{i+k} \cdot D_{ik})$

D_{ik}: $(n-1)$-reihige *Unterdeterminante* von $\det \mathbf{A}$ (in $\det \mathbf{A}$ wird die i-te Zeile und k-te Spalte gestrichen)

Hinweis: Zunächst die Matrix (A_{ik}) bilden (sie enthält in der i-ten Zeile die algebraischen Komplemente A_{i1}, A_{i2}, A_{i3}, ..., A_{in}), diese dann *transponieren* („stürzen") und die so erhaltene adjungierte Matrix $\mathbf{A}_{\text{adj}} = (A_{ik})^{\text{T}}$ mit dem Kehrwert der Determinante $\det \mathbf{A}$ multiplizieren:

$$\mathbf{A}^{-1} = \frac{1}{\det \mathbf{A}} \cdot (A_{ik})^{\text{T}} = \frac{1}{\det \mathbf{A}} \cdot \mathbf{A}_{\text{adj}}$$

1.5.2.2 Berechnung der inversen Matrix $\mathbf{A}^{-1}$ nach dem Gaußschen Algorithmus (Gauß-Jordan-Verfahren)

Man bildet zunächst aus den n-reihigen Matrizen $\mathbf{A}$ und $\mathbf{E}$ (Einheitsmatrix) die Matrix

$$(\mathbf{A} \mid \mathbf{E}) = \left(\underbrace{\begin{matrix} a_{11} & a_{12} & \dots & a_{1n} \\ a_{21} & a_{22} & \dots & a_{2n} \\ \vdots & \vdots & & \vdots \\ a_{n1} & a_{n2} & \dots & a_{nn} \end{matrix}}_{\mathbf{A}} \; \middle| \; \underbrace{\begin{matrix} 1 & 0 & \dots & 0 \\ 0 & 1 & \dots & 0 \\ \vdots & \vdots & & \vdots \\ 0 & 0 & \dots & 1 \end{matrix}}_{\mathbf{E}} \right)$$

vom Typ $(n, 2n)$ und bringt diese dann durch *elementare Zeilenumformungen* (siehe hierzu Abschnitt 1.6.1.3 und Abschnitt 3.4.1) auf die spezielle Form

$$\left(\underbrace{\begin{matrix} 1 & 0 & \dots & 0 \\ 0 & 1 & \dots & 0 \\ \vdots & \vdots & & \vdots \\ 0 & 0 & \dots & 1 \end{matrix}}_{\mathbf{E}} \; \middle| \; \underbrace{\begin{matrix} b_{11} & b_{12} & \dots & b_{1n} \\ b_{21} & b_{22} & \dots & b_{2n} \\ \vdots & \vdots & & \vdots \\ b_{n1} & b_{n2} & \dots & b_{nn} \end{matrix}}_{\mathbf{B} = \mathbf{A}^{-1}} \right) = (\mathbf{E} \mid \mathbf{A}^{-1})$$

Dies ist bei einer *regulären* und daher *umkehrbaren* Matrix $\mathbf{A}$ stets möglich. Die Einheitsmatrix $\mathbf{E}$ hat jetzt den Platz der Matrix $\mathbf{A}$ eingenommen, die Matrix $\mathbf{B}$ ist die gesuchte *inverse* Matrix $\mathbf{A}^{-1}$.

■ **Beispiel**

Die 3-reihige Matrix $\mathbf{A} = \begin{pmatrix} 1 & 0 & 2 \\ 4 & 1 & 1 \\ 3 & 2 & -7 \end{pmatrix}$ ist *regulär* und somit *invertierbar* (det $\mathbf{A} = 1 \neq 0$). Für ihre

Inverse $\mathbf{A}^{-1}$ erhalten wir (die jeweils durchgeführte Operation wird rechts angeschrieben; Z_i: *i*-te Zeile):

$$(\mathbf{A} \mid \mathbf{E}) = \left(\begin{array}{ccc|ccc} 1 & 0 & 2 & 1 & 0 & 0 \\ 4 & 1 & 1 & 0 & 1 & 0 \\ 3 & 2 & -7 & 0 & 0 & 1 \end{array}\right) \begin{array}{l} \\ -4Z_1 \\ -3Z_1 \end{array} \Rightarrow \left(\begin{array}{ccc|ccc} 1 & 0 & 2 & 1 & 0 & 0 \\ 0 & 1 & -7 & -4 & 1 & 0 \\ 0 & 2 & -13 & -3 & 0 & 1 \end{array}\right) \begin{array}{l} \\ \\ -2Z_2 \end{array} \Rightarrow$$

$$\underbrace{}_{\mathbf{A}} \quad \underbrace{}_{\mathbf{E}}$$

$$\left(\begin{array}{ccc|ccc} 1 & 0 & 2 & 1 & 0 & 0 \\ 0 & 1 & -7 & -4 & 1 & 0 \\ 0 & 0 & 1 & 5 & -2 & 1 \end{array}\right) \begin{array}{l} -2Z_3 \\ +7Z_3 \\ \\ \end{array} \Rightarrow \left(\begin{array}{ccc|ccc} 1 & 0 & 0 & -9 & 4 & -2 \\ 0 & 1 & 0 & 31 & -13 & 7 \\ 0 & 0 & 1 & 5 & -2 & 1 \end{array}\right) = (\mathbf{E} \mid \mathbf{A}^{-1})$$

$$\underbrace{}_{\mathbf{E}} \quad \underbrace{}_{\mathbf{A}^{-1}}$$

Somit gilt: $\mathbf{A}^{-1} = \begin{pmatrix} -9 & 4 & -2 \\ 31 & -13 & 7 \\ 5 & -2 & 1 \end{pmatrix}$

Kontrollmöglichkeit: $\mathbf{A} \cdot \mathbf{A}^{-1} = \mathbf{A}^{-1} \cdot \mathbf{A} = \mathbf{E}$ (Produkte mit dem Falk-Schema berechnen)

■

1.6 Rang einer Matrix

1.6.1 Definitionen

1.6.1.1 Unterdeterminanten einer Matrix

Werden in einer Matrix $\mathbf{A}$ vom Typ (m, n) $m - p$ Zeilen und $n - p$ Spalten gestrichen, so heißt die Determinante der *p*-reihigen Restmatrix eine *Unterdeterminante p-ter Ordnung* oder *p-reihige Unterdeterminante* von $\mathbf{A}$.

1.6.1.2 Rang einer Matrix

Unter dem *Rang* einer Matrix $\mathbf{A}$ vom Typ (m, n) wird die *höchste* Ordnung r aller von null verschiedenen Unterdeterminanten von $\mathbf{A}$ verstanden. Symbolische Schreibweise: Rg $(\mathbf{A}) = r$.

1.6.1.3 Elementare Umformungen einer Matrix

Der *Rang* r einer Matrix $\mathbf{A}$ ändert sich *nicht*, wenn sie den folgenden *elementaren Umformungen* unterworfen wird:

1. Zwei Zeilen (oder Spalten) werden miteinander *vertauscht*.
2. Die Elemente einer Zeile (oder Spalte) werden mit einer beliebigen von null verschiedenen Zahl *multipliziert* oder durch eine solche Zahl *dividiert*.
3. Zu einer Zeile (oder Spalte) wird ein beliebiges Vielfaches einer *anderen* Zeile (bzw. *anderen* Spalte) *addiert*.

1.6.2 Rangbestimmung einer Matrix

1.6.2.1 Rangbestimmung einer (m, n)-Matrix A unter Verwendung von Unterdeterminanten

Wir beschreiben das Verfahren für den Fall $m \leq n$. Ist jedoch $m > n$, so ist im folgenden die Zahl m durch die Zahl n zu *ersetzen*.

1. Der *Rang* r der Matrix A ist höchstens gleich m, d. h. $r \leq m$. Man berechnet daher zunächst die *m-reihigen* Unterdeterminanten von A. Gibt es unter ihnen *wenigstens eine* von null verschiedene Determinante, so ist $r = m$.

2. Verschwinden aber *sämtliche m*-reihigen Unterdeterminanten von A, so ist r höchstens gleich $m - 1$. Es ist dann zu prüfen, ob es *wenigstens eine* von null verschiedene $(m - 1)$-reihige Unterdeterminante gibt. Ist dies der Fall, so ist $r = m - 1$. Anderenfalls ist r höchstens gleich $m - 2$. Das beschriebene Verfahren wird dann solange fortgesetzt, bis man auf eine von null verschiedene Unterdeterminante von A stößt. Die Ordnung dieser Determinante ist der gesuchte *Rang* der Matrix A.

■ **Beispiel**

$$A = \begin{pmatrix} 2 & 3 & 1 \\ 0 & 4 & 2 \end{pmatrix} \quad \Rightarrow \quad m = 2, \quad n = 3 \quad \text{und somit} \quad r \leq 2.$$

Es gibt eine von null verschiedene *2-reihige* Unterdeterminante, z. B. $\begin{vmatrix} 2 & 3 \\ 0 & 4 \end{vmatrix} = 8$ (in der Matrix A wurde die 3. Spalte gestrichen). Die Matrix A besitzt damit den *Rang* $r = 2$.

■

1.6.2.2 Rangbestimmung einer (m, n)-Matrix A mit Hilfe elementarer Umformungen

Die (m, n)-Matrix A wird zunächst mit Hilfe *elementarer Umformungen* in die folgende *Trapezform* gebracht $(b_{ii} \neq 0$ für $i = 1, 2, \ldots, r)$:

$$\left. \left(\begin{array}{cccc|cccc} b_{11} & b_{12} & \ldots & b_{1r} & b_{1,r+1} & b_{1,r+2} & \ldots & b_{1n} \\ 0 & b_{22} & \ldots & b_{2r} & b_{2,r+1} & b_{2,r+2} & \ldots & b_{2n} \\ \vdots & \vdots & & \vdots & \vdots & & & \vdots \\ 0 & 0 & \ldots & b_{rr} & b_{r,r+1} & b_{r,r+2} & \ldots & b_{rn} \\ \hline 0 & 0 & \ldots & 0 & 0 & 0 & \ldots & 0 \\ 0 & 0 & \ldots & 0 & 0 & 0 & \ldots & 0 \\ \vdots & \vdots & & \vdots & \vdots & \vdots & & \vdots \\ 0 & 0 & \ldots & 0 & 0 & 0 & \ldots & 0 \end{array} \right) \right\} \begin{array}{l} r \text{ Zeilen} \\ \\ (m - r) \text{ Nullzeilen} \end{array}$$

Der *Rang von* A ist dann gleich der Anzahl r der *nicht-verschwindenden* Zeilen: $\text{Rg} (A) = r$.

■ **Beispiel**

Wir bringen die (3,4)-Matrix $\mathbf{A} = \begin{pmatrix} 1 & 3 & -5 & 0 \\ 2 & 7 & -8 & 7 \\ -1 & 0 & 11 & 21 \end{pmatrix}$ mit Hilfe *elementarer Umformungen* zunächst in

die gewünschte *Trapezform* und lesen aus dieser den Rang ab:

$$\mathbf{A} = \begin{pmatrix} 1 & 3 & -5 & 0 \\ 2 & 7 & -8 & 7 \\ -1 & 0 & 11 & 21 \end{pmatrix} \begin{matrix} \\ -2Z_1 \\ +Z_1 \end{matrix} \Rightarrow \begin{pmatrix} 1 & 3 & -5 & 0 \\ 0 & 1 & 2 & 7 \\ 0 & 3 & 6 & 21 \end{pmatrix} \begin{matrix} \\ \\ -3Z_2 \end{matrix} \Rightarrow \begin{pmatrix} 1 & 3 & -5 & 0 \\ 0 & 1 & 2 & 7 \\ 0 & 0 & 0 & 0 \end{pmatrix} \leftarrow \text{Nullzeile}$$

Somit gilt: $\text{Rg}(\mathbf{A}) = 2$

■

2 Determinanten

Determinanten n-ter Ordnung (auch *n-reihige* Determinanten genannt) sind *reelle* Zahlen, die man den *n-reihigen quadratischen* Matrizen aufgrund einer bestimmten Rechenvorschrift zuordnet.

Schreibweisen:

$$D, \quad \det \mathbf{A}, \quad |\mathbf{A}|, \quad |a_{ik}|, \quad \begin{vmatrix} a_{11} & a_{12} & \dots & a_{1n} \\ a_{21} & a_{22} & \dots & a_{2n} \\ \vdots & \vdots & & \vdots \\ a_{n1} & a_{n2} & \dots & a_{nn} \end{vmatrix} \qquad a_{ik}: \quad \begin{matrix} \text{Elemente der Determinante} \\ (i, k = 1, 2, \dots, n) \end{matrix}$$

2.1 Zweireihige Determinanten

Definition einer zweireihigen Determinante

Unter der *Determinante* einer *2-reihigen* Matrix $\mathbf{A} = (a_{ik})$ versteht man die *reelle* Zahl

$$\begin{vmatrix} a_{11} & a_{12} \\ a_{21} & a_{22} \end{vmatrix} = a_{11}a_{22} - a_{12}a_{21}$$

Berechnung einer 2-reihigen Determinante

$$\begin{vmatrix} a_{11} & a_{12} \\ a_{21} & a_{22} \end{vmatrix} = a_{11}a_{22} - a_{12}a_{21} \qquad \begin{matrix} \text{——— Hauptdiagonale} \\ \text{– – – Nebendiagonale} \end{matrix}$$

Regel: Der Wert einer 2-reihigen Determinante ist gleich dem Produkt der beiden Hauptdiagonalelemente *minus* dem Produkt der beiden Nebendiagonalelemente.

■ **Beispiel**

$$\det \mathbf{A} = \begin{vmatrix} 4 & 7 \\ -3 & 8 \end{vmatrix} = 4 \cdot 8 - (-3) \cdot 7 = 32 + 21 = 53$$

■

2.2 Dreireihige Determinanten

Definition einer dreireihigen Determinante

Unter der *Determinante* einer *3-reihigen* Matrix $\mathbf{A} = (a_{ik})$ versteht man die *reelle* Zahl

$$\begin{vmatrix} a_{11} & a_{12} & a_{13} \\ a_{21} & a_{22} & a_{23} \\ a_{31} & a_{32} & a_{33} \end{vmatrix} =$$

$$= a_{11}\,a_{22}\,a_{33} + a_{12}\,a_{23}\,a_{31} + a_{13}\,a_{21}\,a_{32} - a_{13}\,a_{22}\,a_{31} - a_{11}\,a_{23}\,a_{32} - a_{12}\,a_{21}\,a_{33}$$

Berechnung einer 3-reihigen Determinante nach der Regel von Sarrus

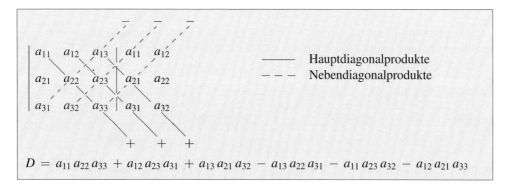

$$D = a_{11}\,a_{22}\,a_{33} + a_{12}\,a_{23}\,a_{31} + a_{13}\,a_{21}\,a_{32} - a_{13}\,a_{22}\,a_{31} - a_{11}\,a_{23}\,a_{32} - a_{12}\,a_{21}\,a_{33}$$

Regel: Die Spalten 1 und 2 der Determinante werden nochmals rechts an die Determinante gesetzt. Den Determinantenwert erhält man dann, indem man die drei Hauptdiagonalprodukte (——) *addiert* und von dieser Summe die drei Nebendiagonalprodukte (— — —) *subtrahiert.*

■ **Beispiel**

$$\det \mathbf{A} = \begin{vmatrix} 1 & -2 & 3 \\ 2 & 0 & 1 \\ 6 & 5 & 1 \end{vmatrix} = ?$$

$$\det \mathbf{A} = 1 \cdot 0 \cdot 1 + (-2) \cdot 1 \cdot 6 + 3 \cdot 2 \cdot 5 - 6 \cdot 0 \cdot 3 - 5 \cdot 1 \cdot 1 - 1 \cdot 2 \cdot (-2) =$$
$$= 0 - 12 + 30 - 0 - 5 + 4 = 17$$

■

2.3 Determinanten höherer Ordnung

2.3.1 Unterdeterminante D_{ik}

Die aus einer n-reihigen Determinante D durch Streichen der i-ten Zeile und k-ten Spalte hervorgehende $(n-1)$-reihige Determinante heißt *Unterdeterminante* D_{ik}:

$$
D_{ik} = \begin{vmatrix} a_{11} & a_{12} & \dots & a_{1k} & \dots & a_{1n} \\ a_{21} & a_{22} & \dots & a_{2k} & \dots & a_{2n} \\ \vdots & \vdots & & \vdots & & \vdots \\ a_{i1} & a_{i2} & \dots & a_{ik} & \dots & a_{in} \\ \vdots & \vdots & & \vdots & & \vdots \\ a_{n1} & a_{n2} & \dots & a_{nk} & \dots & a_{nn} \end{vmatrix} \quad \leftarrow i\text{-te Zeile}
$$

$$\uparrow$$
$$k\text{-te Spalte}$$

2.3.2 Algebraisches Komplement (Adjunkte) A_{ik}

Die Größe $A_{ik} = (-1)^{i+k} \cdot D_{ik}$ heißt *algebraisches Komplement* oder *Adjunkte* des Elementes a_{ik} in der Determinante D. Der Vorzeichenfaktor $(-1)^{i+k}$ kann nach der *Schachbrettregel* bestimmt werden:

+	−	+	...
−	+	−	...
+	−	+	...
⋮	⋮	⋮	

Schachbrettregel: Der Vorzeichenfaktor von A_{ik} steht im *Schnittpunkt* der i-ten Zeile mit der k-ten Spalte.

2.3.3 Definition einer n-reihigen Determinante [2]

Der Wert einer n-reihigen Determinante $D = \det \mathbf{A}$ wird *rekursiv* nach der folgenden *„Entwicklungsformel"* berechnet *(„Entwicklung nach den Elementen der 1. Zeile")*:

$$
D = \det \mathbf{A} = \sum_{k=1}^{n} a_{1k} A_{1k} = a_{11} A_{11} + a_{12} A_{12} + \dots + a_{1n} A_{1n}
$$

A_{1k}: *Algebraisches Komplement (Adjunkte)* von a_{1k} in D

Prinzipiell lässt sich damit eine *n-reihige* Determinante durch *wiederholte* Anwendung der Entwicklungsformel auf *3-reihige* Determinanten zurückführen, die nach der *Regel von Sarrus* berechnet werden können. Dieses Verfahren erweist sich jedoch in der Praxis als *ungeeignet*, da die Anzahl der dabei anfallenden 3-reihigen Determinanten mit zunehmender Ordnung n der Determinante *rasch* ansteigt. *Beispiel:* Für $n = 5$ sind 20, für $n = 6$ bereits 120 3-reihige Determinanten zu berechnen! Ein *praktikables* Rechenverfahren wird in Abschnitt 2.6 angegeben.

---

[2] Für eine 1-reihige Matrix $\mathbf{A} = (a)$ wird $\det \mathbf{A} = a$ festgesetzt.

2.4 Laplacescher Entwicklungssatz

Eine n-reihige Determinante lässt sich nach den Elementen einer *beliebigen* Zeile oder Spalte entwickeln *(Laplacescher Entwicklungssatz)*:

Entwicklung nach den Elementen der i-ten Zeile

$$D = \sum_{k=1}^{n} a_{ik} A_{ik} \qquad (i = 1, 2, \ldots, n)$$

Entwicklung nach den Elementen der k-ten Spalte

$$D = \sum_{i=1}^{n} a_{ik} A_{ik} \qquad (k = 1, 2, \ldots, n)$$

A_{ik}: *Algebraisches Komplement (Adjunkte)* von a_{ik} in D $(A_{ik} = (-1)^{i+k} \cdot D_{ik})$

D_{ik}: $(n-1)$-reihige *Unterdeterminante* von D (siehe Abschnitt 2.3.1)

■ **Beispiel**

Wir *entwickeln* die 4-reihige Determinante $D = \begin{vmatrix} 1 & 2 & 0 & -1 \\ 4 & 0 & -3 & 2 \\ 9 & 0 & 0 & 4 \\ 8 & 1 & 3 & 1 \end{vmatrix}$ nach den Elementen der *3. Zeile*:

$$D = \underbrace{a_{31}}_{9} A_{31} + \underbrace{a_{32}}_{0} A_{32} + \underbrace{a_{33}}_{0} A_{33} + \underbrace{a_{34}}_{4} A_{34} = 9 A_{31} + 4 A_{34}$$

$$A_{31} = + \begin{vmatrix} 2 & 0 & -1 \\ 0 & -3 & 2 \\ 1 & 3 & 1 \end{vmatrix} = -6 + 0 + 0 - 3 - 12 - 0 = -21$$

$$A_{34} = - \begin{vmatrix} 1 & 2 & 0 \\ 4 & 0 & -3 \\ 8 & 1 & 3 \end{vmatrix} = -(0 - 48 + 0 - 0 + 3 - 24) = 69$$

$$D = 9 A_{31} + 4 A_{34} = 9 \cdot (-21) + 4 \cdot (69) = -189 + 276 = 87$$

■

2.5 Rechenregeln für n-reihige Determinanten

Regel 1: Der Wert einer Determinante ändert sich *nicht*, wenn Zeilen und Spalten miteinander *vertauscht* werden („Stürzen" einer Determinante):

$$\det \mathbf{A} = \det \mathbf{A}^{\mathrm{T}}$$

Regel 2: Beim Vertauschen *zweier* Zeilen (oder Spalten) *ändert* eine Determinante ihr *Vorzeichen*.

Regel 3: Werden die Elemente einer *beliebigen* Zeile (oder Spalte) mit einem Skalar λ multipliziert, so multipliziert sich die Determinante mit λ.

Regel 4: Eine Determinante wird mit einem Skalar λ multipliziert, indem man die Elemente einer *beliebigen* Zeile (oder Spalte) mit λ multipliziert.

Regel 5: Besitzen die Elemente einer Zeile (oder Spalte) einen *gemeinsamen* Faktor λ, so darf dieser *vor* die Determinante gezogen werden.

Regel 6: Eine Determinante besitzt den Wert *null*, wenn sie eine der folgenden Bedingungen erfüllt:

1. *Alle* Elemente einer Zeile (oder Spalte) sind *Nullen*.

2. *Zwei* Zeilen (oder Spalten) sind *gleich*.

3. *Zwei* Zeilen (oder Spalten) sind zueinander *proportional*.

4. Eine Zeile (oder Spalte) ist als *Linearkombination* der *übrigen* Zeilen (bzw. Spalten) darstellbar.

Regel 7: Der Wert einer Determinante ändert sich *nicht*, wenn man zu einer Zeile (oder Spalte) ein beliebiges Vielfaches einer *anderen* Zeile (bzw. *anderen* Spalte) addiert.

Regel 8: Für zwei *n*-reihige Matrizen **A** und **B** gilt das **Multiplikationstheorem**:

$$\det (\mathbf{A} \cdot \mathbf{B}) = (\det \mathbf{A}) \cdot (\det \mathbf{B})$$

Das heißt die Determinante eines *Matrizenproduktes* **A** · **B** ist gleich dem *Produkt* der Determinanten der beiden Faktoren **A** und **B**.

Regel 9: Die Determinante einer *n*-reihigen *Dreiecksmatrix* **A** besitzt den Wert

$$\det \mathbf{A} = a_{11} a_{22} \ldots a_{nn}$$

Das heißt die Determinante einer Dreiecksmatrix ist gleich dem *Produkt* der Hauptdiagonalelemente (gilt somit auch für eine Diagonalmatrix).

Regel 10: Für die Determinante der *inversen* Matrix von **A** gilt:

$$\det (\mathbf{A}^{-1}) = \frac{1}{\det \mathbf{A}} \qquad (\det \mathbf{A} \neq 0)$$

Regel 11:

$$\det (\lambda \mathbf{A}) = \lambda^n \cdot \det \mathbf{A} \qquad (\lambda \in \mathbb{R})$$

■ **Beispiel**

Mit den dreireihigen Matrizen $\mathbf{A} = \begin{pmatrix} 4 & -2 & 5 \\ 1 & 3 & 7 \\ 0 & 1 & 2 \end{pmatrix}$ und $\mathbf{B} = \begin{pmatrix} 1 & 0 & 3 \\ 1 & 2 & 5 \\ 4 & -1 & 8 \end{pmatrix}$ berechnen wir die

Determinante des Matrizenprodukt **A** · **B** unter Verwendung des *Multiplikationstheorems* (Regel 8):

$$\det (\mathbf{A} \cdot \mathbf{B}) = (\det \mathbf{A}) \cdot (\det \mathbf{B}) = \begin{vmatrix} 4 & -2 & 5 \\ 1 & 3 & 7 \\ 0 & 1 & 2 \end{vmatrix} \cdot \begin{vmatrix} 1 & 0 & 3 \\ 1 & 2 & 5 \\ 4 & -1 & 8 \end{vmatrix} =$$

$$= (24 + 0 + 5 - 0 - 28 + 4) \cdot (16 + 0 - 3 - 24 + 5 - 0) = 5 \cdot (-6) = -30$$

(Berechnung der beiden Determinanten nach der Regel von Sarrus)   ■

2.6 Regeln zur praktischen Berechnung einer *n*-reihigen Determinante

2.6.1 Elementare Umformungen einer *n*-reihigen Determinante

Der Wert einer *n*-reihigen Determinante ändert sich *nicht*, wenn man eine der folgenden *elementaren Umformungen* vornimmt:

1. Ein den Elementen einer Zeile (oder Spalte) *gemeinsamer* Faktor λ darf *vor* die Determinante gezogen werden (Regel 5).
2. Zu einer Zeile (oder Spalte) darf ein *beliebiges* Vielfaches einer *anderen* Zeile (bzw. *anderen* Spalte) addiert werden (Regel 7).
3. Zwei Zeilen (oder Spalten) dürfen miteinander *vertauscht* werden, wenn man zugleich das *Vorzeichen* der Determinante *ändert* (Folgerung aus Regel 2).

2.6.2 Reduzierung und Berechnung einer *n*-reihigen Determinante

Die *Berechnung* einer *n*-reihigen Determinante kann für $n > 3$ nach dem folgenden Schema erfolgen:

1. Mit Hilfe *elementarer Umformungen* werden zunächst die Elemente einer Zeile (oder Spalte) bis auf ein Element zu *Null* gemacht.
2. Dann wird die *n*-reihige Determinante nach den Elementen dieser Zeile (oder Spalte) *entwickelt*. Man erhält *genau eine* $(n - 1)$-reihige Unterdeterminante.
3. Das unter 1. und 2. beschriebene Verfahren wird nun auf die $(n - 1)$-reihige Unterdeterminante angewandt und führt zu *einer* $(n - 2)$-reihigen Unterdeterminante. Durch *wiederholte Reduzierung* gelangt man schließlich zu *einer einzigen* 3-reihigen Determinante, deren Wert dann nach der *Regel von Sarrus* berechnet wird.

Hinweis: Um in einer *Zeile* (bzw. *Spalte*) Nullen zu erzeugen, sind *Spalten* (bzw. *Zeilen*) zu addieren.

■ **Beispiel**

Die 4-reihige Determinante $\det \mathbf{A} = \begin{vmatrix} 1 & 4 & 3 & 2 \\ 2 & 1 & -1 & -1 \\ -3 & 2 & 2 & -2 \\ -1 & -5 & -4 & 1 \end{vmatrix}$ lässt sich wie folgt mit Hilfe *elementarer Um-*

formungen auf eine 3-reihige Determinante zurückführen: Wir addieren zur zweiten, dritten und vierten Zeile der Reihe nach das (-2)-fache, 3-fache bzw. 1-fache der 1. Zeile und *entwickeln* die Determinante anschließend nach den Elementen der *1. Spalte* (diese enthält 3 Nullen):

$$\det \mathbf{A} = \begin{vmatrix} 1 & 4 & 3 & 2 \\ 0 & -7 & -7 & -5 \\ 0 & 14 & 11 & 4 \\ 0 & -1 & -1 & 3 \end{vmatrix} = 1 \cdot \begin{vmatrix} -7 & -7 & -5 \\ 14 & 11 & 4 \\ -1 & -1 & 3 \end{vmatrix} = -231 + 28 + 70 - 55 - 28 + 294 = 78$$

(Berechnung der Determinante nach der Regel von Sarrus)

■

3 Lineare Gleichungssysteme

3.1 Grundbegriffe

3.1.1 Definition eines linearen Gleichungssystems

Ein aus m *linearen* Gleichungen mit n Unbekannten $x_1, x_2, \ldots, x_n$ bestehendes System

$$
\begin{array}{l}
a_{11}x_1 + a_{12}x_2 + \ldots + a_{1n}x_n = c_1 \\
a_{21}x_1 + a_{22}x_2 + \ldots + a_{2n}x_n = c_2 \\
\vdots \qquad\quad \vdots \qquad\qquad\quad \vdots \qquad \vdots \\
a_{m1}x_1 + a_{m2}x_2 + \ldots + a_{mn}x_n = c_m
\end{array}
\qquad \text{oder} \qquad \mathbf{A}\,\mathbf{x} = \mathbf{c}
$$

heißt *lineares Gleichungssystem* oder lineares (m, n)-System.

Bezeichnungen:

a_{ik}: Koeffizienten des linearen Gleichungssystems $(i = 1, 2, \ldots, m;\ k = 1, 2, \ldots, n)$
$\mathbf{A}$: Koeffizientenmatrix des Systems
$\mathbf{x}$: Lösungsvektor
$\mathbf{c}$: Spaltenvektor aus den *absoluten* Gliedern des Systems

$$
\mathbf{A} = \begin{pmatrix}
a_{11} & a_{12} & \ldots & a_{1n} \\
a_{21} & a_{22} & \ldots & a_{2n} \\
\vdots & \vdots & & \vdots \\
a_{m1} & a_{m2} & \ldots & a_{mn}
\end{pmatrix}, \qquad
\mathbf{x} = \begin{pmatrix}
x_1 \\ x_2 \\ \vdots \\ x_n
\end{pmatrix}, \qquad
\mathbf{c} = \begin{pmatrix}
c_1 \\ c_2 \\ \vdots \\ c_m
\end{pmatrix}
$$

Erweiterte Koeffizientenmatrix $(\mathbf{A} \mid \mathbf{c})$

$$
(\mathbf{A} \mid \mathbf{c}) = \left(\begin{array}{cccc|c}
a_{11} & a_{12} & \ldots & a_{1n} & c_1 \\
a_{21} & a_{22} & \ldots & a_{2n} & c_2 \\
\vdots & \vdots & & \vdots & \vdots \\
a_{m1} & a_{m2} & \ldots & a_{mn} & c_m
\end{array}\right)
$$

$$
\underbrace{\qquad\qquad\qquad\qquad}_{\mathbf{A}} \quad \underbrace{\quad}_{\mathbf{c}}
$$

Die *erweiterte* Koeffizientenmatrix $(\mathbf{A} \mid \mathbf{c})$ spielt eine entscheidende Rolle bei der Untersuchung des *Lösungsverhaltens* eines linearen (m, n)-Systems (siehe Abschnitt 3.2).

3.1.2 Spezielle lineare Gleichungssysteme

Homogenes System: $\mathbf{A}\,\mathbf{x} = \mathbf{0}$ (*alle* $c_i = 0$, d. h. $\mathbf{c} = \mathbf{0}$)

Inhomogenes System: $\mathbf{A}\,\mathbf{x} = \mathbf{c}$ (*nicht* alle $c_i = 0$, d. h. $\mathbf{c} \neq \mathbf{0}$)

Quadratisches System: $m = n$ (auch (n, n)-System genannt)

3.2 Lösungsverhalten eines linearen (m, n)-Gleichungssystems

3.2.1 Kriterium für die Lösbarkeit eines linearen (m, n)-Systems $A\,x = c$

$$\text{Rg}\,(\mathbf{A}) = \text{Rg}\,(\mathbf{A} \mid \mathbf{c}) = r$$

Ein lineares Gleichungssystem ist stets lösbar, wenn der Rang der Koeffizientenmatrix $\mathbf{A}$ mit dem Rang der erweiterten Koeffizientenmatrix $(\mathbf{A} \mid \mathbf{c})$ übereinstimmt.

Bei einem *homogenen* System $\mathbf{A}\,\mathbf{x} = \mathbf{0}$ ist die Lösbarkeitsbedingung *immer* erfüllt. Ein *homogenes* System ist daher *stets* lösbar.

3.2.2 Lösungsmenge eines linearen (m, n)-Systems $A\,x = c$

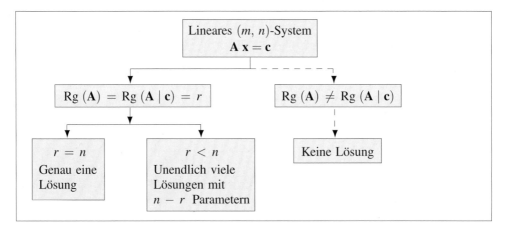

Der im Schema durch den *gestrichelten* Weg angedeutete Fall kann nur für ein *inhomogenes* System eintreten (ein *homogenes* System ist *stets* lösbar). Im einzelnen gilt somit:

Homogenes lineares (m, n)-Gleichungssystem $A\,x = 0$

Das *homogene* System besitzt entweder genau *eine* Lösung, nämlich die *triviale* Lösung $\mathbf{x} = \mathbf{0}$, oder *unendlich* viele Lösungen (darunter die *triviale* Lösung).

Inhomogenes lineares (m, n)-Gleichungssystem $A\,x = c$ $(c \neq 0)$

Das *inhomogene* System besitzt entweder genau *eine* Lösung oder *unendlich* viele Lösungen oder *keine* Lösung.

■　**Beispiele**

(1)　Wir prüfen, ob das *inhomogene* lineare (2,3)-System

$$\begin{aligned} x_1 - 2x_2 + x_3 &= 1 \\ x_1 + x_2 - 4x_3 &= 8 \end{aligned} \quad \text{oder} \quad \begin{pmatrix} 1 & -2 & 1 \\ 1 & 1 & -4 \end{pmatrix} \begin{pmatrix} x_1 \\ x_2 \\ x_3 \end{pmatrix} = \begin{pmatrix} 1 \\ 8 \end{pmatrix}$$

lösbar ist.

Dazu bestimmen wir den *Rang* der Matrizen $\mathbf{A}$ und $(\mathbf{A} \mid \mathbf{c})$ mit Hilfe *elementarer Umformungen:*

$$(\mathbf{A} \mid \mathbf{c}) = \begin{pmatrix} \underbrace{\begin{matrix} 1 & -2 & 1 \\ 1 & 1 & -4 \end{matrix}}_{\mathbf{A}} & \underbrace{\begin{matrix} 1 \\ 8 \end{matrix}}_{\mathbf{c}} \end{pmatrix} \begin{matrix} \\ -Z_1 \end{matrix} \quad \Rightarrow \quad \begin{pmatrix} 1 & -2 & 1 & 1 \\ 0 & 3 & -5 & 7 \end{pmatrix}$$

Die Matrizen $(\mathbf{A} \mid \mathbf{c})$ und $\mathbf{A}$ besitzen jetzt *Trapezform.* Es ist $\mathrm{Rg}\,(\mathbf{A}) = \mathrm{Rg}\,(\mathbf{A} \mid \mathbf{c}) = 2$. Das Gleichungssystem ist somit *lösbar.* Wegen $n - r = 3 - 2 = 1$ erhalten wir *unendlich* viele Lösungen mit *einem* Parameter.

(2)   Wir zeigen, dass das *inhomogene* lineare (3,2)-System

$$\begin{pmatrix} 1 & 2 \\ 5 & 9 \\ 2 & -3 \end{pmatrix} \begin{pmatrix} x \\ y \end{pmatrix} = \begin{pmatrix} 4 \\ 9 \\ -10 \end{pmatrix}$$

nicht lösbar ist:

$$(\mathbf{A} \mid \mathbf{c}) = \begin{pmatrix} \underbrace{\begin{matrix} 1 & 2 \\ 5 & 9 \\ 2 & -3 \end{matrix}}_{\mathbf{A}} & \underbrace{\begin{matrix} 4 \\ 9 \\ -10 \end{matrix}}_{\mathbf{c}} \end{pmatrix} \begin{matrix} \\ -5Z_1 \\ -2Z_1 \end{matrix} \Rightarrow \begin{pmatrix} 1 & 2 & 4 \\ 0 & -1 & -11 \\ 0 & -7 & -18 \end{pmatrix} \begin{matrix} \\ \\ -7Z_2 \end{matrix} \Rightarrow \begin{pmatrix} 1 & 2 & 4 \\ 0 & -1 & -11 \\ 0 & 0 & 59 \end{pmatrix}$$

Die Matrizen $(\mathbf{A} \mid \mathbf{c})$ und $\mathbf{A}$ besitzen jetzt *Trapezform.* Es ist $\mathrm{Rg}\,(\mathbf{A}) = 2$ ($\mathbf{A}$ enthält eine Nullzeile, grau unterlegt), aber $\mathrm{Rg}\,(\mathbf{A} \mid \mathbf{c}) = 3$ und somit $\mathrm{Rg}\,(\mathbf{A}) \neq \mathrm{Rg}\,(\mathbf{A} \mid \mathbf{c})$. Das lineare Gleichungssystem ist daher *nicht* lösbar.   ∎

3.3 Lösungsverhalten eines quadratischen linearen Gleichungssystems

Für den Spezialfall eines *quadratischen* (n, n)-Systems gilt das folgende *Kriterium für die Lösbarkeit und Lösungsmenge:*

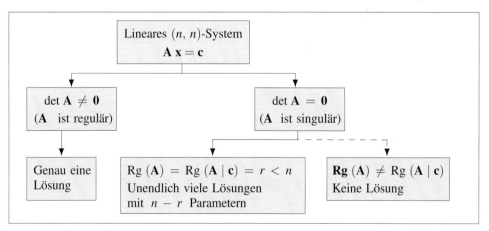

Ein *homogenes* lineares (n, n)-System $\mathbf{A}\mathbf{x} = \mathbf{0}$ ist *stets* lösbar. Für $\det \mathbf{A} \neq 0$ erhält man als *einzige* Lösung die *triviale* Lösung $\mathbf{x} = \mathbf{0}$, im Falle $\det \mathbf{A} = 0$ besitzt das *homogene* System *unendlich* viele Lösungen mit $n - r$ Parametern. Der durch den *gestrichelten* Weg angedeutete Fall kann nur für ein *inhomogenes* System eintreten.

■ **Beispiel**

$$\begin{array}{rcl} x_1 - 2x_2 + x_3 &=& 6 \\ 2x_1 + x_2 - x_3 &=& -3 \\ -x_1 - 4x_2 + 3x_3 &=& 14 \end{array} \quad \text{oder} \quad \begin{pmatrix} 1 & -2 & 1 \\ 2 & 1 & -1 \\ -1 & -4 & 3 \end{pmatrix} \begin{pmatrix} x_1 \\ x_2 \\ x_3 \end{pmatrix} = \begin{pmatrix} 6 \\ -3 \\ 14 \end{pmatrix}$$

$$\det \mathbf{A} = \begin{vmatrix} 1 & -2 & 1 \\ 2 & 1 & -1 \\ -1 & -4 & 3 \end{vmatrix} = 3 - 2 - 8 + 1 - 4 + 12 = 2$$

Das vorliegende quadratische lineare Gleichungssystem besitzt wegen $\det \mathbf{A} = 2 \neq 0$ eine *reguläre* Koeffizientenmatrix $\mathbf{A}$ und somit genau *eine* Lösung.

■

3.4 Lösungsverfahren für ein lineares Gleichungssystem nach Gauß (Gaußscher Algorithmus)

3.4.1 Äquivalente Umformungen eines linearen (m, n)-Systems

Umformungen, die die *Lösungsmenge* eines linearen (m, n)-Systems *nicht* verändern, heißen *äquivalente Umformungen*. Zu ihnen gehören:

1. Zwei Gleichungen dürfen miteinander *vertauscht* werden.
2. Jede Gleichung darf mit einer beliebigen von *Null* verschiedenen Zahl *multipliziert* oder durch eine solche Zahl *dividiert* werden.
3. Zu jeder Gleichung darf ein *beliebiges* Vielfaches einer *anderen* Gleichung *addiert* werden.

3.4.2 Gaußscher Algorithmus

Ein lineares (m, n)-Gleichungssystem $\mathbf{A}\mathbf{x} = \mathbf{c}$ lässt sich stets mit Hilfe *äquivalenter Umformungen* in ein äquivalentes *gestaffeltes* Gleichungssystem $\mathbf{A}^*\mathbf{x} = \mathbf{c}^*$ vom Typ

$$\begin{array}{rcl} a_{11}^* x_1 + a_{12}^* x_2 + \ldots + a_{1r}^* x_r + a_{1,r+1}^* x_{r+1} + \ldots + a_{1n}^* x_n &=& c_1^* \\ a_{22}^* x_2 + \ldots + a_{2r}^* x_r + a_{2,r+1}^* x_{r+1} + \ldots + a_{2n}^* x_n &=& c_2^* \\ \vdots \qquad\qquad \vdots \qquad\qquad\qquad \vdots \qquad\qquad \vdots & & \\ a_{rr}^* x_r + a_{r,r+1}^* x_{r+1} + \ldots + a_{rn}^* x_n &=& c_r^* \\ 0 &=& c_{r+1}^* \\ 0 &=& c_{r+2}^* \\ \vdots \qquad \vdots & & \\ 0 &=& c_m^* \end{array}$$

überführen $(a_{ii}^* \neq 0$ für $i = 1, 2, \ldots, r)$, wobei gegebenenfalls auch *Spaltenvertauschungen*, d. h. Umnummerierungen der Unbekannten notwendig sind.

Es ist dann und nur dann *lösbar*, wenn $c^*_{r+1} = c^*_{r+2} = \ldots = c^*_m = 0$ ist. Im Falle der *Lösbarkeit* erhält man somit ein *gestaffeltes* Gleichungssystem mit r Gleichungen und n Unbekannten, das *sukzessiv* von unten nach oben gelöst werden kann. Dabei sind noch *zwei* Fälle zu unterscheiden:

1. Fall: $r = n$

Das gestaffelte System besteht aus n Gleichungen mit n Unbekannten und besitzt genau *eine* Lösung.

2. Fall: $r < n$

Das gestaffelte System enthält *weniger* Gleichungen (r) als Unbekannte (n). Daher sind $n - r$ der Unbekannten, z. B. $x_{r+1}, x_{r+2}, \ldots, x_n$, *frei wählbare* Größen (Parameter). Man erhält dann *unendlich* viele Lösungen mit $n - r$ *Parametern*.

Beschreibung des Eliminationsverfahrens von Gauß

1. Im 1. Rechenschritt wird z. B. die Unbekannte x_1 *eliminiert*, indem man zur i-ten Gleichung das $-(a_{i1}/a_{11})$-fache der 1. Gleichung addiert $(a_{11} \neq 0;\ i = 2, 3, \ldots, m)$. Bei der Addition *verschwindet* dann jeweils x_1.

2. Das unter 1. beschriebene Verfahren wird jetzt auf das *reduzierte* Gleichungssystem, bestehend aus $m - 1$ Gleichungen mit den $n - 1$ Unbekannten $x_2, x_3, \ldots, x_n$, angewandt. Dadurch wird die nächste Unbekannte (z. B. x_2) eliminiert (Voraussetzung: $a_{22} \neq 0$). Nach insgesamt $m - 1$ Schritten bleibt *eine* Gleichung mit *einer* oder *mehreren* Unbekannten übrig.

3. Die Eliminationsgleichungen bilden dann zusammen mit der letzten Gleichung ein *gestaffeltes* lineares Gleichungssystem, aus dem sich die Unbekannten *sukzessiv* von unten nach oben berechnen lassen.

4. Sollte bei einem Schritt die weiter oben genannte Voraussetzung (Diagonalelement $\neq 0$) *nicht* erfüllt sein, so muss eine *Zeilenvertauschung* vorgenommen werden, um zu einem von Null *verschiedenen* Pivotelement zu gelangen. Der Prozeß endet, wenn eine solche Vertauschung nicht mehr möglich ist.

Anmerkungen

(1) Es spielt keine Rolle, in welcher Reihenfolge die Unbekannten eliminiert werden.

(2) Den *äquivalenten Umformungen* eines linearen Gleichungssystems $\mathbf{A}\mathbf{x} = \mathbf{c}$ entsprechen in der Matrizendarstellung *elementare Zeilenumformungen* in der *erweiterten* Koeffizientenmatrix $(\mathbf{A} \mid \mathbf{c})$. Damit ergibt sich der folgende Lösungsweg:

   1. Zunächst wird die *erweiterte* Koeffizientenmatrix $(\mathbf{A} \mid \mathbf{c})$ mit Hilfe *elementarer Zeilenumformungen* in die Trapezform $(\mathbf{A}^* \mid \mathbf{c}^*)$ gebracht (dies ist im Falle der Lösbarkeit *stets* möglich).

   2. Anschließend wird das äquivalente *gestaffelte* System $\mathbf{A}^*\mathbf{x} = \mathbf{c}^*$ sukzessiv von unten nach oben gelöst.

■ **Beispiele**

(1) Wir lösen das lineare (3,3)-Gleichungssystem

$$x_1 - 2x_2 + x_3 = 6$$
$$2x_1 + x_2 - x_3 = -3$$
$$-x_1 - 4x_2 + 3x_3 = 14$$

oder

$$\begin{pmatrix} 1 & -2 & 1 \\ 2 & 1 & -1 \\ -1 & -4 & 3 \end{pmatrix} \begin{pmatrix} x_1 \\ x_2 \\ x_3 \end{pmatrix} = \begin{pmatrix} 6 \\ -3 \\ 14 \end{pmatrix}$$

mit Hilfe des *Gaußschen Algorithmus*. Das System besitzt wegen det $\mathbf{A} = 2 \neq 0$ genau eine Lösung. Wir verwenden hier das „elementare" Rechenschema mit *Zeilensummenprobe* (E: *eliminierte* Gleichung; c_i: Absolutglied; s_i: Zeilensumme):

	x_1	x_2	x_3	c_i	s_i
E_1	1	-2	1	6	6
	2	1	-1	-3	-1
$-2 \cdot E_1$	-2	4	-2	-12	-12
	-1	-4	3	14	12
E_1	1	-2	1	6	6
E_2		5	-3	-15	-13
		-6	4	20	18
$1,2 \cdot E_2$		6	-3,6	-18	-15,6
			0,4	2	2,4

Die *grau* unterlegten Zeilen bilden das gesuchte *gestaffelte* System.

Gestaffeltes System:

$$x_1 - 2x_2 + x_3 = 6 \quad \Rightarrow \quad x_1 = 1 \qquad (x_1 = 6 + 2x_2 - x_3 = 6 + 0 - 5 = 1)$$
$$5x_2 - 3x_3 = -15 \quad \Rightarrow \quad x_2 = 0 \qquad (5x_2 = -15 + 3x_3 = -15 + 15 = 0)$$
$$0,4x_3 = 2 \quad \Rightarrow \quad x_3 = 5$$

Lösung: $x_1 = 1, \quad x_2 = 0, \quad x_3 = 5$

(2) Ist das *homogene* lineare (4,3)-Gleichungssystem

$$x_1 + x_2 + 2x_3 = 0$$
$$x_2 - x_3 = 0$$
$$3x_1 + 4x_2 + 5x_3 = 0$$
$$3x_1 + 5x_2 + 4x_3 = 0$$

oder

$$\begin{pmatrix} 1 & 1 & 2 \\ 0 & 1 & -1 \\ 3 & 4 & 5 \\ 3 & 5 & 4 \end{pmatrix} \begin{pmatrix} x_1 \\ x_2 \\ x_3 \end{pmatrix} = \begin{pmatrix} 0 \\ 0 \\ 0 \\ 0 \end{pmatrix}$$

nichttrivial lösbar?

Zunächst bringen wir die Koeffizientenmatrix **A** auf *Trapezform:*

$$\mathbf{A} = \begin{pmatrix} 1 & 1 & 2 \\ 0 & 1 & -1 \\ 3 & 4 & 5 \\ 3 & 5 & 4 \end{pmatrix} \begin{matrix} \\ \\ -3Z_1 \\ -3Z_1 \end{matrix} \Rightarrow \begin{pmatrix} 1 & 1 & 2 \\ 0 & 1 & -1 \\ 0 & 1 & -1 \\ 0 & 2 & -2 \end{pmatrix} \begin{matrix} \\ \\ -Z_2 \\ -2Z_2 \end{matrix} \Rightarrow \begin{pmatrix} 1 & 1 & 2 \\ 0 & 1 & -1 \\ 0 & 0 & 0 \\ 0 & 0 & 0 \end{pmatrix} \Big\} \text{ Nullzeilen}$$

Es ist $r = \text{Rg}(\mathbf{A}) = 2$ (**A** enthält 2 Nullzeilen, grau unterlegt), aber $n = 3$, d. h. $r < n$. Das homogene System ist somit *nichttrivial* lösbar. Das *gestaffelte* Gleichungssystem

$$x_1 + x_2 + 2x_3 = 0$$
$$x_2 - x_3 = 0$$

wird gelöst durch $x_1 = -3\lambda, \quad x_2 = \lambda, \quad x_3 = \lambda$ (x_3 wurde als Parameter gewählt; $\lambda \in \mathbb{R}$).

■

3.5 Cramersche Regel

Ein *quadratisches* lineares (n, n)-Gleichungssystem $\mathbf{A\,x} = \mathbf{c}$ mit *regulärer* Koeffizienten-matrix $\mathbf{A}$ besitzt die *eindeutig* bestimmte Lösung

$$x_i = \frac{D_i}{D} \qquad (i = 1, 2, \ldots, n)$$

(*Cramersche Regel;* nur für *kleines* n praktikabel).

D: Koeffizientendeterminante $(D = \det \mathbf{A} \neq 0)$

D_i: Hilfsdeterminante, die aus D hervorgeht, indem man die i-te Spalte durch die Abso-lutglieder $c_1, c_2, \ldots, c_n$ des Gleichungssystems ersetzt.

■ **Beispiel**

Das *quadratische* lineare Gleichungssystem

$$\begin{aligned} 2x_1 + x_2 + x_3 &= 2 \\ x_1 - x_2 + 3x_3 &= -7 \\ 5x_1 + 2x_2 + 4x_3 &= 1 \end{aligned} \quad \text{oder} \quad \begin{pmatrix} 2 & 1 & 1 \\ 1 & -1 & 3 \\ 5 & 2 & 4 \end{pmatrix} \begin{pmatrix} x_1 \\ x_2 \\ x_3 \end{pmatrix} = \begin{pmatrix} 2 \\ -7 \\ 1 \end{pmatrix}$$

besitzt eine *reguläre* Koeffizientenmatrix $\mathbf{A}$ und ist somit *eindeutig* lösbar:

$$D = \det \mathbf{A} = \begin{vmatrix} 2 & 1 & 1 \\ 1 & -1 & 3 \\ 5 & 2 & 4 \end{vmatrix} = -8 + 15 + 2 + 5 - 12 - 4 = -2 \neq 0$$

Berechnung der benötigten *Hilfsdeterminanten* (nach der Regel von Sarrus):

$$D_1 = \begin{vmatrix} 2 & 1 & 1 \\ -7 & -1 & 3 \\ 1 & 2 & 4 \end{vmatrix} = -2, \qquad D_2 = \begin{vmatrix} 2 & 2 & 1 \\ 1 & -7 & 3 \\ 5 & 1 & 4 \end{vmatrix} = -4, \qquad D_3 = \begin{vmatrix} 2 & 1 & 2 \\ 1 & -1 & -7 \\ 5 & 2 & 1 \end{vmatrix} = 4$$

Lösung: $x_1 = \dfrac{D_1}{D} = \dfrac{-2}{-2} = 1, \qquad x_2 = \dfrac{D_2}{D} = \dfrac{-4}{-2} = 2, \qquad x_3 = \dfrac{D_3}{D} = \dfrac{4}{-2} = -2$

■

3.6 Lineare Unabhängigkeit von Vektoren

n Vektoren $\mathbf{a}_1, \mathbf{a}_2, \ldots, \mathbf{a}_n$ aus dem m-dimensionalen Raum $\mathbb{R}^m$ heißen *linear unabhän-gig,* wenn die lineare Vektorgleichung

$$\lambda_1 \mathbf{a}_1 + \lambda_2 \mathbf{a}_2 + \ldots + \lambda_n \mathbf{a}_n = \mathbf{0}$$

nur für $\lambda_1 = \lambda_2 = \ldots = \lambda_n = 0$ erfüllt werden kann. Verschwinden jedoch *nicht alle* Koeffizienten in dieser Gleichung, so heißen die Vektoren *linear abhängig.* Im Falle der linearen Abhängigkeit gibt es also *mindestens einen* von null verschiedenen Koeffizienten.

Enthält das Vektorsystem $\mathbf{a}_1, \mathbf{a}_2, \ldots, \mathbf{a}_n$ den *Nullvektor* oder zwei *gleiche* (oder *kollineare*) Vektoren oder ist *mindestens einer* der Vektoren als Linearkombination der übrigen dar-stellbar, so sind die Vektoren *linear abhängig.*

Kriterium für linear unabhängige Vektoren

Die n Vektoren $\mathbf{a}_1, \mathbf{a}_2, \ldots, \mathbf{a}_n$ des Raumes $\mathbb{R}^m$ werden zu einer Matrix $\mathbf{A}$ vom Typ (m, n) zusammengefaßt. Der *Rang* r dieser Matrix entscheidet dann darüber, ob die Vektoren linear unabhängig sind oder nicht. Es gilt:

$$r = n \quad \Leftrightarrow \quad \text{linear unabhängig}$$

$$r < n \quad \Leftrightarrow \quad \text{linear abhängig}$$

Ist $\mathbf{A}$ *quadratisch*, d. h. liegen n Vektoren des $\mathbb{R}^n$ vor, so gelten folgende Aussagen:

1. $\mathbf{A}$ ist *regulär*, d. h. $\det \mathbf{A} \neq 0 \quad \Leftrightarrow \quad$ linear unabhängig

2. $\mathbf{A}$ ist *singulär*, d. h. $\det \mathbf{A} = 0 \quad \Leftrightarrow \quad$ linear abhängig

3. Im $\mathbb{R}^n$ gibt es *maximal* n linear unabhängige Vektoren. Mehr als n Vektoren sind immer linear abhängig.

■ **Beispiel**

$$\mathbf{a}_1 = \begin{pmatrix} 1 \\ 0 \\ 1 \end{pmatrix}, \quad \mathbf{a}_2 = \begin{pmatrix} 2 \\ 1 \\ 3 \end{pmatrix}, \quad \mathbf{a}_3 = \begin{pmatrix} 4 \\ 1 \\ 1 \end{pmatrix} \quad \Rightarrow \quad \mathbf{A} = (\mathbf{a}_1 \ \mathbf{a}_2 \ \mathbf{a}_3) = \begin{pmatrix} 1 & 2 & 4 \\ 0 & 1 & 1 \\ 1 & 3 & 1 \end{pmatrix}$$

$$\det \mathbf{A} = \begin{vmatrix} 1 & 2 & 4 \\ 0 & 1 & 1 \\ 1 & 3 & 1 \end{vmatrix} = 1 + 2 + 0 - 4 - 3 - 0 = -4 \neq 0 \quad \Rightarrow \quad \mathbf{A} \ \text{ist } regulär$$

Die drei Vektoren des 3-dimensionalen Raumes sind daher *linear unabhängig*.   ■

4 Komplexe Matrizen

4.1 Definition einer komplexen Matrix

Eine (m, n)-Matrix $\mathbf{A}$ mit komplexen Elementen $a_{ik} = b_{ik} + \mathrm{j} \cdot c_{ik}$ heißt *komplexe* Matrix ($b_{ik}, c_{ik} \in \mathbb{R}$; j: imaginäre Einheit):

$$\mathbf{A} = (a_{ik}) = (b_{ik} + \mathrm{j} \cdot c_{ik}) = (b_{ik}) + \mathrm{j} \cdot (c_{ik}) = \mathbf{B} + \mathrm{j} \cdot \mathbf{C}$$

$\mathbf{B} = (b_{ik})$: Realteil von $\mathbf{A}$ ($b_{ik} \in \mathbb{R}$) $\quad \left. \right\}$

$\mathbf{C} = (c_{ik})$: Imaginärteil von $\mathbf{A}$ ($c_{ik} \in \mathbb{R}$) $\quad \left. \right\}$ $\quad i = 1, 2, \ldots, m; \ k = 1, 2, \ldots, n$

$\mathbf{B}$ und $\mathbf{C}$ sind *reelle* Matrizen vom *gleichen* Typ wie $\mathbf{A}$.

■ **Beispiel**

$$\mathbf{A} = \begin{pmatrix} 1 + 2\mathrm{j} & 2 + 2\mathrm{j} \\ 4 - 3\mathrm{j} & 5 - \mathrm{j} \end{pmatrix} = \begin{pmatrix} 1 & 2 \\ 4 & 5 \end{pmatrix} + \begin{pmatrix} 2\mathrm{j} & 2\mathrm{j} \\ -3\mathrm{j} & -\mathrm{j} \end{pmatrix} = \underbrace{\begin{pmatrix} 1 & 2 \\ 4 & 5 \end{pmatrix}}_{\mathbf{B}} + \mathrm{j} \underbrace{\begin{pmatrix} 2 & 2 \\ -3 & -1 \end{pmatrix}}_{\mathbf{C}} = \mathbf{B} + \mathrm{j} \cdot \mathbf{C}$$

■

4.2 Rechenoperationen und Rechenregeln für komplexe Matrizen

Die für reelle Matrizen geltenden Rechenoperationen, Rechenregeln und Aussagen lassen sich sinngemäß auch auf *komplexe* Matrizen übertragen (siehe hierzu Abschnitt 1):

1. Komplexe Matrizen vom gleichen Typ werden *elementweise* addiert und subtrahiert.

2. Die Multiplikation einer komplexen Matrix mit einem (reellen oder komplexen) Skalar erfolgt *elementweise*.

3. Zwei komplexe Matrizen werden wie im Reellen multipliziert, indem man die Zeilenvektoren des linken Faktors der Reihe nach *skalar* mit den Spaltenvektoren des rechten Faktors multipliziert (unter den in Abschnitt 1.3.3 genannten Voraussetzungen).

4. Spiegelt man die Elemente einer komplexen Matrix $\mathbf{A}$ an der Hauptdiagonalen, so erhält man ihre *Transponierte* $\mathbf{A}^T$.

5. Für eine *quadratische* komplexe Matrix lässt sich wie im Reellen eine *Determinante* bilden, die i. Allg. jedoch einen *komplexen* Wert besitzen wird.

■ **Beispiel**

Matrizenprodukt $\mathbf{C} = \mathbf{A} \cdot \mathbf{B}$ (Falk-Schema, siehe Abschnitt 1.3.3):

		$\mathbf{B}$	j	$5 - j$
			2	$1 - j$
$\mathbf{A}$	$1 + 2j$	$3 - j$	$4 - j$	$9 + 5j$
	$2 - 2j$	$1 + j$	$4 + 4j$	$10 - 12j$

$$\mathbf{C} = \mathbf{A} \cdot \mathbf{B}$$

$$c_{11} = (1 + 2j)j + (3 - j)2 =$$
$$= j + 2j^2 + 6 - 2j =$$
$$= j - 2 + 6 - 2j = 4 - j$$

analog: c_{12}, c_{21}, c_{22}

■

4.3 Konjugiert komplexe Matrix

Die Matrixelemente $a_{ik} = b_{ik} + j \cdot c_{ik}$ werden durch die *konjugiert komplexen* Elemente $a_{ik}^* = b_{ik} - j \cdot c_{ik}$ ersetzt:

$$\mathbf{A}^* = (a_{ik}^*) = (b_{ik} + j \cdot c_{ik})^* = (b_{ik} - j \cdot c_{ik}) = (b_{ik}) - j \cdot (c_{ik})$$

bzw.

$$\mathbf{A}^* = (\mathbf{B} + j \cdot \mathbf{C})^* = \mathbf{B} - j \cdot \mathbf{C}$$

Der Übergang $\mathbf{A} \rightarrow \mathbf{A}^*$ wird als *Konjugation* bezeichnet (formal: $j \rightarrow -j$).

Rechenregeln

$$(\mathbf{A}^*)^* = \mathbf{A}, \qquad (\mathbf{A}_1 + \mathbf{A}_2)^* = \mathbf{A}_1^* + \mathbf{A}_2^*, \qquad (\mathbf{A}_1 \cdot \mathbf{A}_2)^* = \mathbf{A}_1^* \cdot \mathbf{A}_2^*$$

■ **Beispiel**

$$\mathbf{A} = \begin{pmatrix} 1 + j & 5 \\ 2 - j & 3 - 2j \end{pmatrix} \xrightarrow{j \rightarrow -j} \mathbf{A}^* = \begin{pmatrix} 1 - j & 5 \\ 2 + j & 3 + 2j \end{pmatrix}$$

■

4.4 Konjugiert transponierte Matrix

Die komplexe Matrix $\mathbf{A} = (a_{ik})$ wird zunächst *konjugiert*, dann *transponiert:*

$$\mathbf{A} \xrightarrow{\text{Konjugieren}} \mathbf{A}^* \xrightarrow{\text{Transponieren}} (\mathbf{A}^*)^{\mathrm{T}} = \overline{\mathbf{A}}$$

$$a_{ik} \to a_{ik}^* \to a_{ki}^* \quad \Rightarrow \quad \overline{a}_{ik} = a_{ki}^*$$

Die Operationen „Konjugieren" und „Transponieren" sind *vertauschbar:* $(\mathbf{A}^*)^{\mathrm{T}} = (\mathbf{A}^{\mathrm{T}})^*$

Rechenregeln

$$\overline{\overline{\mathbf{A}}} = \mathbf{A}, \qquad (\overline{\mathbf{A}_1 + \mathbf{A}_2}) = \overline{\mathbf{A}}_1 + \overline{\mathbf{A}}_2, \qquad (\overline{\mathbf{A}_1 \cdot \mathbf{A}_2}) = \overline{\mathbf{A}}_2 \cdot \overline{\mathbf{A}}_1$$

■ **Beispiel**

$$\mathbf{A} = \begin{pmatrix} 1+\mathrm{j} & 2+3\mathrm{j} \\ 4-\mathrm{j} & 5 \end{pmatrix} \xrightarrow{\mathrm{j} \to -\mathrm{j}} \mathbf{A}^* = \begin{pmatrix} 1-\mathrm{j} & 2-3\mathrm{j} \\ 4+\mathrm{j} & 5 \end{pmatrix} \to (\mathbf{A}^*)^{\mathrm{T}} = \overline{\mathbf{A}} = \begin{pmatrix} 1-\mathrm{j} & 4+\mathrm{j} \\ 2-3\mathrm{j} & 5 \end{pmatrix}$$

■

4.5 Spezielle komplexe Matrizen

4.5.1 Hermitesche Matrix

Eine n-reihige komplexe Matrix $\mathbf{A} = (a_{ik})$ heißt *hermitesch*, wenn

$$\mathbf{A} = \overline{\mathbf{A}} \quad \text{oder} \quad a_{ik} = a_{ki}^*$$

für alle i, k gilt.

Eigenschaften

(1)   Alle Hauptdiagonalelemente a_{ii} sind *reell*.

(2)   Die komplexe Matrix $\mathbf{A} = \mathbf{B} + \mathrm{j} \cdot \mathbf{C}$ ist dann und nur dann *hermitesch*, wenn der Realteil $\mathbf{B}$ *symmetrisch* und der Imaginärteil $\mathbf{C}$ *schiefsymmetrisch* ist.

(3)   Die Determinante einer hermiteschen Matrix ist *reell*.

(4)   Im Reellen fallen die Begriffe „hermitesch" und „symmetrisch" zusammen.

4.5.2 Schiefhermitesche Matrix

Eine n-reihige komplexe Matrix $\mathbf{A} = (a_{ik})$ heißt *schiefhermitesch*, wenn

$$\mathbf{A} = -\overline{\mathbf{A}} \quad \text{oder} \quad a_{ik} = -a_{ki}^*$$

für alle i, k gilt.

Eigenschaften

(1)   Alle Hauptdiagonalelemente a_{ii} sind *imaginär.*

(2)   Eine komplexe Matrix $\mathbf{A} = \mathbf{B} + \mathrm{j} \cdot \mathbf{C}$ ist dann und nur dann *schiefhermitesch,* wenn der Realteil $\mathbf{B}$ *schiefsymmetrisch* und der Imaginärteil $\mathbf{C}$ *symmetrisch* ist.

(3)   Im Reellen fallen die Begriffe „schiefhermitesch" und „schiefsymmetrisch" zusammen.

4.5.3 Unitäre Matrix

Eine *n*-reihige komplexe Matrix $\mathbf{A} = (a_{ik})$ heißt *unitär*, wenn

$$\mathbf{A} \cdot \overline{\mathbf{A}} = \mathbf{E}$$

gilt ($\mathbf{E}$ ist die *n*-reihige Einheitsmatrix).

Eigenschaften

(1) $\mathbf{A}$ ist *regulär*, die Inverse $\mathbf{A}^{-1}$ existiert somit und es gilt $\mathbf{A}^{-1} = \overline{\mathbf{A}}$. Die Inverse $\mathbf{A}^{-1}$ ist ebenfalls *unitär.* Die Matrizen $\mathbf{A}$ und $\overline{\mathbf{A}}$ sind kommutativ: $\mathbf{A} \cdot \overline{\mathbf{A}} = \overline{\mathbf{A}} \cdot \mathbf{A} = \mathbf{E}$.

(2)   Es ist stets $|\det \mathbf{A}| = 1$.

(3)   Im Reellen fallen die Begriffe „unitär" und „orthogonal" zusammen.

(4)   Das Produkt unitärer Matrizen ist immer *unitär.*

5   Eigenwertprobleme

5.1   Eigenwerte und Eigenvektoren einer quadratischen Matrix

Ist $\mathbf{A}$ eine *n*-reihige (reelle oder komplexe) Matrix und $\mathbf{E}$ die *n*-reihige *Einheitsmatrix*, so wird durch die Matrizengleichung

$$\mathbf{A}\mathbf{x} = \lambda \mathbf{x} \quad \text{oder} \quad (\mathbf{A} - \lambda \mathbf{E})\mathbf{x} = \mathbf{0}$$

ein sog. *n-dimensionales Eigenwertproblem* beschrieben. Diese auch als *Eigenwertgleichung* bezeichnete Gleichung repräsentiert ein homogenes lineares Gleichungssystem mit dem noch unbekannten Parameter λ.

Bezeichnungen:

λ: *Eigenwert* der Matrix $\mathbf{A}$

$\mathbf{x} \neq \mathbf{0}$:   *Eigenvektor* der Matrix $\mathbf{A}$ zum Eigenwert λ

$\mathbf{A} - \lambda \mathbf{E}$:   *Charakteristische Matrix* von $\mathbf{A}$

Die Eigenwerte und Eigenvektoren lassen sich schrittweise wie folgt berechnen:

---

1. Die *Eigenwerte* sind die Lösungen der sog. *charakteristischen Gleichung*

$$\det (\mathbf{A} - \lambda \mathbf{E}) = 0$$

(algebraische Gleichung n-ten Grades mit n Lösungen $\lambda_1, \lambda_2, \ldots, \lambda_n$).

2. Einen zum Eigenwert λ_i gehörenden *Eigenvektor* $\mathbf{x}_i$ erhält man als Lösungsvektor des homogenen linearen Gleichungssystems

$$(\mathbf{A} - \lambda_i \mathbf{E}) \, \mathbf{x}_i = \mathbf{0} \qquad (i = 1, 2, \ldots, n)$$

Er wird üblicherweise in der *normierten* Form angegeben. Bei einem *mehrfachen* Eigenwert können auch *mehrere* Eigenvektoren auftreten, siehe weiter unten.

Die Eigenwerte der Matrix $\mathbf{A}$ sind also die *Nullstellen* des charakteristischen Polynoms $p(\lambda) = \det (\mathbf{A} - \lambda \mathbf{E})$.

Die Eigenwerte und Eigenvektoren besitzen die folgenden Eigenschaften:

---

1. Die *Spur* der Matrix $\mathbf{A}$ ist gleich der *Summe* aller Eigenwerte:

$$\mathrm{Sp}\,(\mathbf{A}) = \lambda_1 + \lambda_2 + \ldots + \lambda_n$$

2. Die *Determinante* von $\mathbf{A}$ ist gleich dem *Produkt* aller Eigenwerte:

$$\det \mathbf{A} = \lambda_1 \lambda_2 \ldots \lambda_n$$

3. Sind *alle* Eigenwerte voneinander *verschieden*, so gehört zu jedem Eigenwert *ein* Eigenvektor, der bis auf einen beliebigen von Null verschiedenen konstanten Faktor eindeutig bestimmt ist. Die n Eigenvektoren werden üblicherweise *normiert* und sind *linear unabhängig*.

4. Tritt ein Eigenwert dagegen *k-fach* auf, so gehören zu diesem Eigenwert *mindestens ein, höchstens* aber k linear unabhängige Eigenvektoren.

5. Die zu *verschiedenen* Eigenwerten gehörenden Eigenvektoren sind immer *linear unabhängig*.

Ist $\mathbf{A}$ eine *reguläre* Matrix, so sind alle Eigenwerte von null verschieden (und umgekehrt). Die *Kehrwerte* der Eigenwerte einer regulären Matrix $\mathbf{A}$ sind die Eigenwerte der zugehörigen *inversen* Matrix $\mathbf{A}^{-1}$.

■ **Beispiel**

Wie lauten die *Eigenwerte* und *Eigenvektoren* dieser Matrix $\mathbf{A} = \begin{pmatrix} -2 & -5 \\ 1 & 4 \end{pmatrix}$?

Charakteristische Matrix: $\mathbf{A} - \lambda \mathbf{E} = \begin{pmatrix} -2 & -5 \\ 1 & 4 \end{pmatrix} - \lambda \begin{pmatrix} 1 & 0 \\ 0 & 1 \end{pmatrix} = \begin{pmatrix} -2 - \lambda & -5 \\ 1 & 4 - \lambda \end{pmatrix}$

Charakteristische Gleichung mit Lösungen:

$$\det(\mathbf{A} - \lambda\,\mathbf{E}) = \begin{vmatrix} -2 - \lambda & -5 \\ 1 & 4 - \lambda \end{vmatrix} = (-2 - \lambda)(4 - \lambda) + 5 = \lambda^2 - 2\lambda - 3 = 0 \quad \Rightarrow$$

$$\lambda_1 = -1, \quad \lambda_2 = 3$$

Eigenwerte der Matrix $\mathbf{A}$: $\quad \lambda_1 = -1, \quad \lambda_2 = 3$

Berechnung des Eigenvektors zum Eigenwert $\lambda_1 = -1$: $\quad (\mathbf{A} - \lambda_1\mathbf{E})\,\mathbf{x} = (\mathbf{A} + \mathbf{E})\,\mathbf{x} = \mathbf{0}$

$$\begin{pmatrix} -1 & -5 \\ 1 & 5 \end{pmatrix}\begin{pmatrix} x_1 \\ x_2 \end{pmatrix} = \begin{pmatrix} 0 \\ 0 \end{pmatrix} \quad \text{oder} \quad \left.\begin{array}{r} -x_1 - 5x_2 = 0 \\ x_1 + 5x_2 = 0 \end{array}\right\} \quad \Rightarrow \quad x_1 = -5x_2$$

Lösung ($x_2 = \alpha$ *gesetzt mit* $\alpha \in \mathbb{R}$): $\quad x_1 = -5\,\alpha, \qquad x_2 = \alpha$

Normierter Eigenvektor: $\quad \tilde{\mathbf{x}}_1 = \dfrac{1}{\sqrt{26}}\begin{pmatrix} -5 \\ 1 \end{pmatrix}$

Analog wird der (normierte) Eigenvektor zum Eigenwert $\lambda_2 = 3$ bestimmt: $\quad \tilde{\mathbf{x}}_2 = \dfrac{1}{\sqrt{2}}\begin{pmatrix} -1 \\ 1 \end{pmatrix}$.

Ergebnis: Das 2-dimensionale Eigenwertproblem führt zu zwei verschiedenen Eigenwerten $\lambda_1 = -1$ und $\lambda_2 = 3$, die zugehörigen Eigenvektoren $\tilde{\mathbf{x}}_1$ und $\tilde{\mathbf{x}}_2$ sind daher *linear unabhängig*. ∎

5.2 Eigenwerte und Eigenvektoren spezieller *n*-reihiger Matrizen

Bei einer Diagonal- bzw. Dreiecksmatrix

Die Eigenwerte sind identisch mit den *Hauptdiagonalelementen:* $\lambda_i = a_{ii}$ $(i = 1, 2, \ldots, n)$

Bei einer symmetrischen Matrix

Die Eigenwerte und Eigenvektoren einer *n*-reihigen *symmetrischen* Matrix $\mathbf{A}$ besitzen die folgenden Eigenschaften:

1. Alle *n* Eigenwerte sind *reell*.

2. Es gibt insgesamt genau *n linear unabhängige* Eigenvektoren.

3. Zu jedem *einfachen* Eigenwert gehört genau *ein* linear unabhängiger Eigenvektor, zu jedem *k-fachen* Eigenwert dagegen genau *k* linear unabhängige Eigenvektoren.

4. Eigenvektoren, die zu *verschiedenen* Eigenwerten gehören, sind *orthogonal*.

Bei einer hermiteschen Matrix

Die Eigenwerte und Eigenvektoren einer *n*-reihigen *hermiteschen* Matrix $\mathbf{A}$ besitzen die folgenden Eigenschaften:

1. Alle *n* Eigenwerte sind *reell*.

2. Es gibt insgesamt genau *n linear unabhängige* Eigenvektoren.

3. Zu jedem *einfachen* Eigenwert gehört genau *ein* linear unabhängiger Eigenvektor, zu jedem *k-fachen* Eigenwert dagegen stets *k* linear unabhängige Eigenvektoren.

VIII Komplexe Zahlen und Funktionen

1 Darstellungsformen einer komplexen Zahl

1.1 Algebraische oder kartesische Form

$$z = x + jy \quad \text{oder} \quad z = x + yj$$

j: *Imaginäre Einheit*[1] mit $j^2 = -1$

x: *Realteil* von z (Re $(z) = x$)

y: *Imaginärteil* von z (Im $(z) = y$)

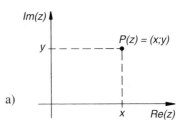

a)

Eine komplexe Zahl $z = x + jy$ lässt sich in der *Gaußschen Zahlenebene* durch einen *Bildpunkt* $P(z) = (x; y)$ (Bild a)) oder durch einen vom Koordinatenursprung 0 zum Bildpunkt $P(z)$ gerichteten *Zeiger* $z = x + jy$ (*unterstrichene* komplexe Zahl, Bild b)) bildlich darstellen. Die *Länge* des Zeigers heißt der *Betrag* $|z|$ der komplexen Zahl $z = x + jy$:

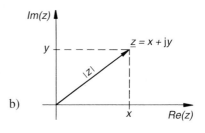

b)

$$|z| = \sqrt{x^2 + y^2}$$

Sonderfälle

Reelle Zahl: Im $(z) = 0$

$z = x + j0 \equiv x$

Imaginäre Zahl: Re $(z) = 0$

$z = 0 + jy \equiv jy$

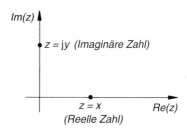

Menge der komplexen Zahlen

$$\mathbb{C} = \left\{ z \mid z = x + jy \quad \text{mit} \quad x, y \in \mathbb{R} \right\}$$

---

[1] Das in der reinen Mathematik übliche Symbol i für die imaginäre Einheit wird in der Technik nicht verwendet, um Verwechslungen mit der Stromstärke i zu vermeiden.

Gleichheit zweier komplexer Zahlen

Zwei komplexe Zahlen z_1 und z_2 heißen genau dann *gleich*, $z_1 = z_2$, wenn ihre Bildpunkte *zusammenfallen*, d. h. $x_1 = x_2$ und $y_1 = y_2$ ist (Übereinstimmung im Realteil und im Imaginärteil).

Konjugiert komplexe Zahl

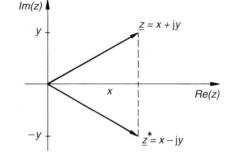

Die zu $z = x + jy$ *konjugiert komplexe* Zahl z^* liegt *spiegelsymmetrisch* zur reellen Achse. z und z^* unterscheiden sich also in ihrem Imaginärteil durch das *Vorzeichen*:

$$z^* = (x + jy)^* = x - jy$$

Realteil und Betrag bleiben also erhalten:

$$\mathrm{Re}\,(z^*) = \mathrm{Re}\,(z) = x; \qquad |z^*| = |z|$$

Ferner gilt:

$$(z^*)^* = z; \qquad z = z^* \quad \Leftrightarrow \quad z \text{ ist reell}$$

In der reinen Mathematik verwendet man das Symbol $\bar{z}$ statt z^*.

1.2 Polarformen

In der *Polarform* erfolgt die Darstellung einer komplexen Zahl durch die *Polarkoordinaten* r und φ, wobei die Winkelkoordinate φ *unendlich vieldeutig* ist. Man beschränkt sich bei der Winkelangabe daher meist auf den im Intervall $[0, 2\pi)$ gelegenen *Hauptwert* (siehe I.9.1.2). Im technischen Bereich wird als Winkel φ oft der *kleinstmögliche* Drehwinkel angegeben (1. und 2. Quadrant: Drehung im *Gegenuhrzeigersinn*; 3. und 4. Quadrant: Drehung im *Uhrzeigersinn*). Die Winkel liegen dann im Intervall $-\pi < \varphi \leq \pi$.

1.2.1 Trigonometrische Form

$$z = r\,(\cos\varphi + j \cdot \sin\varphi)$$

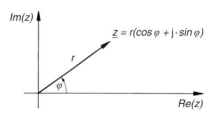

r: *Betrag* von z $(r = |z|)$

φ: *Argument* (Winkel, Phasenwinkel) von z

Konjugiert komplexe Zahl:

$$z^* = r\,(\cos\varphi - j \cdot \sin\varphi)$$

1.2.2 Exponentialform

$$z = r \cdot e^{j\varphi}$$

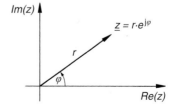

r: *Betrag* von z $(r = |z|)$

φ: *Argument* (Winkel, Phasenwinkel) von z

Konjugiert komplexe Zahl: $\quad z^* = r \cdot e^{-j\varphi}$

Eulersche Formeln

$e^{j\varphi} = \cos\varphi + j \cdot \sin\varphi$	$e^{-j\varphi} = \cos\varphi - j \cdot \sin\varphi$

Spezielle Werte: $1 = 1 \cdot e^{j0}, \quad -1 = 1 \cdot e^{j\pi}, \quad j = 1 \cdot e^{j\frac{\pi}{2}}, \quad -j = 1 \cdot e^{j\frac{3}{2}\pi}$

1.3 Umrechnungen zwischen den Darstellungsformen

1.3.1 Polarform → Kartesische Form

Die Umrechnung aus der *Polarform* $z = r \cdot e^{j\varphi} = r(\cos\varphi + j \cdot \sin\varphi)$ in die *kartesische* Form $z = x + jy$ geschieht wie folgt („ausmultiplizieren"):

$$z = r \cdot e^{j\varphi} = r(\cos\varphi + j \cdot \sin\varphi) = \underbrace{r \cdot \cos\varphi}_{x} + j \cdot \underbrace{r \cdot \sin\varphi}_{y} = x + jy$$

■   **Beispiel**

Wir bringen die komplexe Zahl $z = 3 \cdot e^{j30°}$ auf die *kartesische* Form:

$z = 3 \cdot e^{j30°} = 3(\cos 30° + j \cdot \sin 30°) = 3 \cdot \cos 30° + j \cdot 3 \cdot \sin 30° = 2{,}598 + 1{,}5j$

■

1.3.2 Kartesische Form → Polarform

Die Umrechnung aus der *kartesischen* Form $z = x + jy$ in eine der *Polarformen* $z = r(\cos\varphi + j \cdot \sin\varphi)$ oder $z = r \cdot e^{j\varphi}$ erfolgt mit Hilfe der Transformationsgleichungen

$$r = |z| = \sqrt{x^2 + y^2}, \qquad \tan\varphi = \frac{y}{x}, \qquad \sin\varphi = \frac{y}{r}, \qquad \cos\varphi = \frac{x}{r}$$

Winkelbestimmung (Hauptwert): Anhand einer Lageskizze oder nach den folgenden vom *Quadranten* abhängigen Formeln (siehe hierzu auch I.9.1.3):

Quadrant	I	II, III	IV
$\varphi =$	$\arctan(y/x)$	$\arctan(y/x) + \pi$	$\arctan(y/x) + 2\pi$

Beim Gradmaß muss π durch $180°$ ersetzt werden.

■   **Beispiel**

Wir bringen die im *zweiten* Quadrant liegende komplexe Zahl $z = -4 + 3j$ in die *Polarform:*

$r = |z| = \sqrt{(-4)^2 + 3^2} = 5$

$\tan\varphi = \dfrac{3}{-4} = -0{,}75 \Rightarrow$

$\varphi = \arctan(-0{,}75) + \pi = 2{,}498 \approx 143{,}1°$

$z = -4 + 3j = 5(\cos 2{,}498 + j \cdot \sin 2{,}498) =$

$\quad = 5 \cdot e^{j2{,}498}$

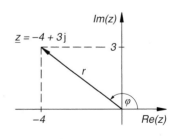

■

2 Grundrechenarten für komplexe Zahlen

2.1 Addition und Subtraktion komplexer Zahlen

$$z_1 \pm z_2 = (x_1 + jy_1) \pm (x_2 + jy_2) = (x_1 \pm x_2) + j(y_1 \pm y_2)$$

Regel: Zwei komplexe Zahlen werden *addiert* bzw. *subtrahiert*, indem man ihre Real- und Imaginärteile (jeweils für sich getrennt) *addiert* bzw. *subtrahiert*.

Hinweis: Addition und Subtraktion sind *nur* in der kartesischen Form durchführbar.

Geometrische Deutung:

Die Zeiger z_1 und z_2 werden nach der aus der Vektorrechnung bekannten *Parallelogrammregel geometrisch* addiert bzw. subtrahiert.

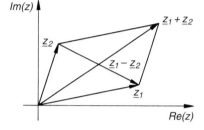

Rechenregeln

Kommutativgesetz	$z_1 + z_2 = z_2 + z_1$
Assoziativgesetz	$z_1 + (z_2 + z_3) = (z_1 + z_2) + z_3$

2.2 Multiplikation komplexer Zahlen

In kartesischer Form

$$z_1 \cdot z_2 = (x_1 + jy_1) \cdot (x_2 + jy_2) = (x_1 x_2 - y_1 y_2) + j(x_1 y_2 + x_2 y_1)$$

Regel: Wie im *Reellen* wird jeder Summand der ersten Klammer mit jedem Summand der zweiten Klammer unter Beachtung von $j^2 = -1$ multipliziert.

■ **Beispiel**

$$(3 - 4j) \cdot (2 + 5j) = 6 + 15j - 8j - \underbrace{20j^2}_{-20} = 6 + 15j - 8j + 20 = 26 + 7j$$

In der Polarform

$$z_1 \cdot z_2 = [r_1(\cos\varphi_1 + j \cdot \sin\varphi_1)] \cdot [r_2(\cos\varphi_2 + j \cdot \sin\varphi_2)] =$$
$$= (r_1 r_2) \cdot [\cos(\varphi_1 + \varphi_2) + j \cdot \sin(\varphi_1 + \varphi_2)]$$

$$z_1 \cdot z_2 = (r_1 \cdot e^{j\varphi_1}) \cdot (r_2 \cdot e^{j\varphi_2}) = (r_1 r_2) \cdot e^{j(\varphi_1 + \varphi_2)}$$

Regel: Zwei komplexe Zahlen werden *multipliziert*, indem man ihre Beträge *multipliziert* und ihre Argumente (Winkel, Phasenwinkel) *addiert*.

Geometrische Deutung:

Der Zeiger $\underline{z}_1 = r_1 \cdot e^{j\varphi_1}$ wird einer *Dreh-streckung* unterworfen:

1. *Drehung* des Zeigers um den Winkel φ_2 im *positiven* Drehsinn (Gegenuhrzeiger-sinn) falls $\varphi_2 > 0$. Für $\varphi_2 < 0$ erfolgt die Drehung im *negativen* Drehsinn (Uhr-zeigersinn).

2. *Streckung* des Zeigers auf das r_2-fache.

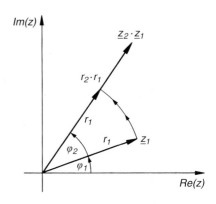

■ **Beispiel**

$$(3 \cdot e^{j30°}) \cdot (5 \cdot e^{j80°}) = (3 \cdot 5) \cdot e^{j(30° + 80°)} = 15 \cdot e^{j110°} = 15(\cos 110° + j \cdot \sin 110°) =$$

$$= 15 \cdot \cos 110° + (15 \cdot \sin 110°)\,j = -5{,}130 + 14{,}095\,j$$

■

Rechenregeln

Kommutativgesetz	$z_1 z_2 = z_2 z_1$
Assoziativgesetz	$z_1 (z_2 z_3) = (z_1 z_2) z_3$
Distributivgesetz	$z_1 (z_2 + z_3) = z_1 z_2 + z_1 z_3$

Formeln

(1) $\quad z \cdot z^* = x^2 + y^2 = |z|^2 \quad \Rightarrow \quad |z| = \sqrt{z \cdot z^*}$

(2) $\quad$ *Potenzen* von j: $\quad j^2 = -1, \quad j^3 = -j, \quad j^4 = 1, \quad j^5 = j, \quad$ usw.

$\qquad j^{4n} = 1, \quad j^{4n+1} = j, \quad j^{4n+2} = -1, \quad j^{4n+3} = -j \quad (n \in \mathbb{Z})$

2.3 Division komplexer Zahlen

In kartesischer Form

$$\frac{z_1}{z_2} = \frac{x_1 + jy_1}{x_2 + jy_2} = \frac{(x_1 + jy_1) \cdot (x_2 - jy_2)}{\underbrace{(x_2 + jy_2) \cdot (x_2 - jy_2)}_{\text{3. Binom}}} = \frac{x_1 x_2 + y_1 y_2}{x_2^2 + y_2^2} + j\frac{x_2 y_1 - x_1 y_2}{x_2^2 + y_2^2}$$

Regel: Zähler und Nenner des Quotienten werden zunächst mit dem *konjugiert* komplexen Nenner, d. h. der Zahl $z_2^* = x_2 - jy_2$ multipliziert (dadurch wird der Nenner *reell*).

Ausnahme: Die Division durch die Zahl 0 ist (wie im Reellen) *verboten*!

■ **Beispiel**

$$\frac{4 - 2j}{6 + 8j} = \frac{(4 - 2j)(6 - 8j)}{\underbrace{(6 + 8j)(6 - 8j)}_{\text{3. Binom}}} = \frac{24 - 32j - 12j + 16j^2}{36 - 64j^2} = \frac{24 - 32j - 12j - 16}{36 + 64} =$$

$$= \frac{8 - 44j}{100} = \frac{8}{100} - \frac{44}{100}\,j = 0{,}08 - 0{,}44\,j$$

■

In der Polarform

$$\frac{z_1}{z_2} = \frac{r_1\,(\cos\varphi_1 + \mathrm{j}\cdot\sin\varphi_1)}{r_2\,(\cos\varphi_2 + \mathrm{j}\cdot\sin\varphi_2)} = \left(\frac{r_1}{r_2}\right)\left[\cos(\varphi_1 - \varphi_2) + \mathrm{j}\cdot\sin(\varphi_1 - \varphi_2)\right]$$

$$\frac{z_1}{z_2} = \frac{r_1\cdot\mathrm{e}^{\mathrm{j}\varphi_1}}{r_2\cdot\mathrm{e}^{\mathrm{j}\varphi_2}} = \left(\frac{r_1}{r_2}\right)\cdot\mathrm{e}^{\mathrm{j}(\varphi_1 - \varphi_2)}$$

Regel: Zwei komplexe Zahlen werden *dividiert*, indem man ihre Beträge *dividiert* und ihre Argumente (Winkel, Phasenwinkel) *subtrahiert*.

Geometrische Deutung:

Der Zeiger $z_1 = r_1\cdot\mathrm{e}^{\mathrm{j}\varphi_1}$ wird wie folgt einer *Drehstreckung* unterworfen:

1. *Zurückdrehung* des Zeigers um den Winkel φ_2 für $\varphi_2 > 0$ (Drehung im Uhrzeigersinn). *Vorwärtsdrehung* für $\varphi_2 < 0$ (Drehung im Gegenuhrzeigersinn).

2. *Streckung* des Zeigers auf das $1/r_2$-fache.

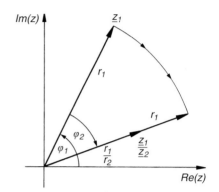

■ **Beispiel**

$$\frac{8\,(\cos 240° + \mathrm{j}\cdot\sin 240°)}{2\,(\cos 75° + \mathrm{j}\cdot\sin 75°)} = \frac{8\cdot\mathrm{e}^{\mathrm{j}240°}}{2\cdot\mathrm{e}^{\mathrm{j}75°}} = \left(\frac{8}{2}\right)\cdot\mathrm{e}^{\mathrm{j}(240° - 75°)} = 4\cdot\mathrm{e}^{\mathrm{j}165°} =$$

$$= 4\,(\cos 165° + \mathrm{j}\cdot\sin 165°) = -3{,}864 + 1{,}035\,\mathrm{j}$$

■

Formeln

(1) $\quad\dfrac{1}{z} = \dfrac{1}{r\cdot\mathrm{e}^{\mathrm{j}\varphi}} = \left(\dfrac{1}{r}\right)\cdot\mathrm{e}^{-\mathrm{j}\varphi}$

(2) $\quad\dfrac{1}{z} = \dfrac{1}{x + \mathrm{j}y} = \dfrac{x}{x^2 + y^2} - \mathrm{j}\,\dfrac{y}{x^2 + y^2}\,;\qquad \dfrac{1}{\mathrm{j}} = -\mathrm{j}$

3 Potenzieren

In kartesischer Form $(n \in \mathbb{N}^*)$

$$z^n = (x + \mathrm{j}y)^n = x^n + \mathrm{j}\binom{n}{1}x^{n-1}\cdot y + \mathrm{j}^2\binom{n}{2}x^{n-2}\cdot y^2 + \ldots + \mathrm{j}^n y^n$$

Regel: Entwicklung nach dem *binomischen Lehrsatz* (siehe I.2.7).

In der Polarform (Formel von Moivre, $n \in \mathbb{Z}$)

$$z^n = [r(\cos \varphi + \text{j} \cdot \sin \varphi)]^n = r^n [\cos (n\varphi) + \text{j} \cdot \sin (n\varphi)]$$
$$z^n = [r \cdot \text{e}^{\text{j}\varphi}]^n = r^n \cdot \text{e}^{\text{j}n\varphi}$$

Regel: Eine in der *Polarform* vorliegende komplexe Zahl wird in die *n-te Potenz* erhoben, indem man ihren Betrag r in die *n-te Potenz* erhebt und ihr Argument (ihren Winkel) φ mit dem Exponenten n *multipliziert*.

■   **Beispiel**

Wir erheben die komplexe Zahl $z = 3(\cos 20° + \text{j} \cdot \sin 20°)$ in die *vierte* Potenz:

$$z^4 = [3(\cos 20° + \text{j} \cdot \sin 20°)]^4 = 3^4 [\cos (4 \cdot 20°) + \text{j} \cdot \sin (4 \cdot 20°)] =$$

$$= 81(\cos 80° + \text{j} \cdot \sin 80°) = 14{,}066 + 79{,}769\,\text{j}$$

■

4 Radizieren (Wurzelziehen)

Definition

Eine komplexe Zahl z heißt eine *n-te Wurzel* aus a, wenn sie der *algebraischen* Gleichung $z^n = a$ genügt $(a \in \mathbb{C}; \; n \in \mathbb{N}^*)$. Symbolische Schreibweise: $\sqrt[n]{a}$

Fundamentalsatz der Algebra

Eine *algebraische Gleichung n-ten Grades* vom Typ

$$a_n z^n + a_{n-1} z^{n-1} + \ldots + a_1 z + a_0 = 0 \qquad (a_i: \text{ reell oder komplex};\; a_n \neq 0)$$

besitzt in der Menge $\mathbb{C}$ der komplexen Zahlen stets *genau n* Lösungen (auch *Wurzeln* genannt). Bei ausschließlich *reellen* Koeffizienten a_i treten komplexe Lösungen (falls es solche überhaupt gibt) immer paarweise in Form *konjugiert komplexer* Zahlen auf.

Wurzeln der Gleichung $z^n = a$ (mit $a \in \mathbb{C}$)

Die n Wurzeln der Gleichung

$$z^n = a = a_0 \cdot \text{e}^{\text{j}\alpha}$$

mit $a_0 > 0$ und $n \in \mathbb{N}^*$ lauten:

$$z_k = \sqrt[n]{a_0} \left[\cos \left(\frac{\alpha + k \cdot 2\pi}{n} \right) + \text{j} \cdot \sin \left(\frac{\alpha + k \cdot 2\pi}{n} \right) \right] \qquad (k = 0, 1, \ldots, n-1)$$

Hauptwert $(k = 0)$: $z_0 = \sqrt[n]{a_0} \left[\cos \left(\dfrac{\alpha}{n} \right) + \text{j} \cdot \sin \left(\dfrac{\alpha}{n} \right) \right]$

Für $k = 1, 2, \ldots, n-1$ erhält man die *Nebenwerte*. Die Winkel können auch im *Gradmaß* angegeben werden (2π ist dann durch $360°$ zu ersetzen).

Geometrische Deutung:

Die zugehörigen Bildpunkte liegen auf dem *Mittelpunktskreis* mit dem Radius $R = \sqrt[n]{a_0}$ und bilden die Ecken eines *regelmäßigen n-Ecks*. Das nebenstehende Bild zeigt die drei Lösungen der Gleichung $z^3 = a_0 \cdot e^{j\alpha}$. Die Zeiger (Lösungen) z_1 und z_2 gehen dabei aus dem Zeiger (der Lösung) z_0 durch Drehung um $120°$ bzw. $240°$ im Gegenuhrzeigersinn hervor.

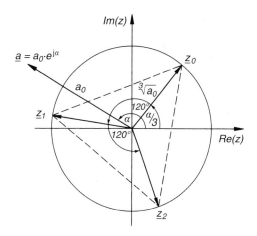

■ **Beispiel**

Wir bestimmen die drei *Wurzeln* der Gleichung $z^3 = 8\,(\cos 150° + j \cdot \sin 150°) = 8 \cdot e^{j\,150°}$:

$$n = 3\,, \qquad a_0 = 8\,, \qquad \alpha = 150°$$

$$z_k = \sqrt[3]{8}\left[\cos\left(\frac{150° + k \cdot 360°}{3}\right) + j \cdot \sin\left(\frac{150° + k \cdot 360°}{3}\right)\right] =$$

$$= 2\,[\cos\,(50° + k \cdot 120°) + j \cdot \sin\,(50° + k \cdot 120°)] \qquad (k = 0,\,1,\,2)$$

$$z_0 = 2\,(\cos 50° + j \cdot \sin 50°) = 1{,}286 + 1{,}532\,j \qquad \text{(Hauptwert)}$$

$$\left.\begin{aligned}
z_1 &= 2\,(\cos 170° + j \cdot \sin 170°) = -1{,}970 + 0{,}347\,j \\
z_2 &= 2\,(\cos 290° + j \cdot \sin 290°) = 0{,}684 - 1{,}879\,j
\end{aligned}\right\} \quad \text{Nebenwerte}$$

■

Einheitswurzeln

Die n Lösungen der Gleichung $z^n = 1$ heißen *n-te Einheitswurzeln*. Sie lauten:

$$z^n = 1 \;\Rightarrow\; z_k = \cos\left(\frac{k \cdot 2\pi}{n}\right) + j \cdot \sin\left(\frac{k \cdot 2\pi}{n}\right) = e^{j\frac{k \cdot 2\pi}{n}} \qquad (k = 0,\,1,\,\ldots,\,n-1)$$

5 Natürlicher Logarithmus einer komplexen Zahl

Der *natürliche Logarithmus* einer komplexen Zahl

$$z = r \cdot e^{j\varphi} = r \cdot e^{j(\varphi + k \cdot 2\pi)} \qquad (0 \le \varphi < 2\pi;\; k \in \mathbb{Z})$$

ist *unendlich* vieldeutig[2]:

$$\ln z = \ln r + j\,(\varphi + k \cdot 2\pi) \qquad (k \in \mathbb{Z})$$

---

[2] Der Hauptwert des Winkels wird häufig auch im Intervall $-\pi < \varphi \le \pi$ angegeben (siehe hierzu Abschnitt 9.1.2 in Kapitel I).

Man beachte den folgenden wesentlichen *Unterschied*: Im *Komplexen* ist der Logarithmus für *jede* komplexe Zahl $z \neq 0$ (also auch für *negative* reelle Zahlen) definiert, im *Reellen* dagegen nur für *positive* reelle Zahlen x.

Hauptwert $(k = 0)$: $\operatorname{Ln} z = \ln r + j\varphi$ (Schreibweise: $\operatorname{Ln} z$ statt $\ln z$)

Für $k = \pm 1,\ \pm 2,\ \pm 3,\ \dots$ erhält man die sog. *Nebenwerte*.

Spezielle Werte:

$$\ln 1 = k \cdot 2\pi j \qquad\qquad \ln(-1) = (\pi + k \cdot 2\pi) j$$

$$\ln j = \left(\frac{\pi}{2} + k \cdot 2\pi\right) j \qquad \ln(-j) = \left(\frac{3}{2}\pi + k \cdot 2\pi\right) j$$

■ **Beispiel**

$z = 3 + 4j = 5 \cdot e^{j\,0{,}9273} = 5 \cdot e^{j(0{,}9273 + k \cdot 2\pi)}$

$\ln(3 + 4j) = \ln 5 + j(0{,}9273 + k \cdot 2\pi) = 1{,}6094 + j(0{,}9273 + k \cdot 2\pi)$ $\quad (k \in \mathbb{Z})$

Hauptwert $(k = 0)$: $\operatorname{Ln}(3 + 4j) = 1{,}6094 + 0{,}9273\,j$

■

6 Ortskurven

6.1 Komplexwertige Funktion einer reellen Variablen

Die von einem *reellen* Parameter t abhängige komplexe Zahl

$$z = z(t) = x(t) + j \cdot y(t) \qquad (a \leq t \leq b)$$

heißt *komplexwertige Funktion* $z(t)$ der reellen Variablen t. Realteil $x(t)$ und Imaginärteil $y(t)$ sind reelle Funktionen von t.

6.2 Ortskurve einer parameterabhängigen komplexen Zahl

Die von einem *parameterabhängigen* komplexen Zeiger $\underline{z} = \underline{z}(t)$ in der Gaußschen Zahlenebene beschriebene Bahn heißt *Ortskurve*:

$$\underline{z}(t) = x(t) + j \cdot y(t) \qquad (a \leq t \leq b)$$

$x(t)$, $y(t)$: Reelle Funktionen des reellen Parameters t

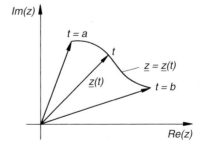

■ **Beispiel**

Die *Ortskurve* des komplexen Zeigers

$$\underline{z}(t) = 2 + \mathrm{j}\,t \qquad (0 \le t < \infty)$$

beschreibt die im nebenstehenden Bild dargestellte
Halbgerade.

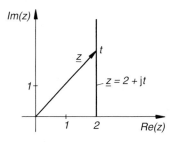

■

6.3 Inversion einer Ortskurve

Inversion einer komplexen Zahl

Der Übergang von einer komplexen Zahl
$z \ne 0$ zu ihrem *Kehrwert* $w = 1/z$ heißt
Inversion:

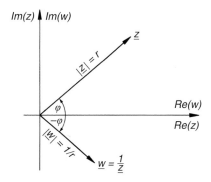

$$z = r \cdot \mathrm{e}^{\mathrm{j}\varphi} \;\rightarrow\; w = \frac{1}{z} = \left(\frac{1}{r}\right) \cdot \mathrm{e}^{-\mathrm{j}\varphi}$$

Regel: *Vorzeichenwechsel* im Argument,
Kehrwertbildung des Betrages von z.

Geometrische Deutung:

Der Zeiger wird zunächst an der reellen Achse *gespiegelt* und dann auf das $1/r^{2}$-fache
gestreckt.

Inversionsregeln für Ortskurven

Invertiert man eine Ortskurve Punkt für Punkt, so erhält man wiederum eine Ortskurve, die
sog. *invertierte* Ortskurve. Für die in den Anwendungen besonders häufig auftretenden
Geraden und *Kreise* gelten dabei die folgenden *Inversionsregeln*:

z-Ebene		*w*-Ebene
1. *Gerade* durch den Nullpunkt	→	*Gerade* durch den Nullpunkt
2. *Gerade*, die *nicht* durch den Nullpunkt verläuft	→	*Kreis* durch den Nullpunkt
3. *Mittelpunktskreis*	→	*Mittelpunktskreis*
4. *Kreis* durch den Nullpunkt	→	*Gerade*, die *nicht* durch den Nullpunkt verläuft
5. *Kreis*, der *nicht* durch den Nullpunkt verläuft	→	*Kreis*, der *nicht* durch den Nullpunkt verläuft

Bei der *Inversion einer Ortskurve* erweisen sich auch folgende *Regeln* als nützlich:

1. Der Punkt mit dem *kleinsten* Abstand (Betrag) vom Nullpunkt führt zu dem Bildpunkt mit dem *größten* Abstand (Betrag) und umgekehrt.
2. Ein Punkt *oberhalb* der reellen Achse führt zu einem Bildpunkt *unterhalb* der reellen Achse und umgekehrt.

7 Komplexe Funktionen

7.1 Definition einer komplexen Funktion

Unter einer *komplexen Funktion* versteht man eine Vorschrift, die jeder komplexen Zahl $z \in D$ genau eine komplexe Zahl $w \in W$ zuordnet. Symbolische Schreibweise: $w = f(z)$. D und W sind Teilmengen von $\mathbb{C}$.

7.2 Definitionsgleichungen einiger elementarer Funktionen

7.2.1 Trigonometrische Funktionen

$$\left. \begin{aligned} \sin z &= z - \frac{z^3}{3!} + \frac{z^5}{5!} - + \dots \\[2mm] \cos z &= 1 - \frac{z^2}{2!} + \frac{z^4}{4!} - + \dots \end{aligned} \right\} \quad \text{Periode:} \quad p = 2\pi$$

$$\left. \begin{aligned} \tan z &= \frac{\sin z}{\cos z} \\[2mm] \cot z &= \frac{\cos z}{\sin z} = \frac{1}{\tan z} \end{aligned} \right\} \quad \text{Periode:} \quad p = \pi$$

7.2.2 Hyperbelfunktionen

$$\left. \begin{aligned} \sinh z &= z + \frac{z^3}{3!} + \frac{z^5}{5!} + \dots \\[2mm] \cosh z &= 1 + \frac{z^2}{2!} + \frac{z^4}{4!} + \dots \end{aligned} \right\} \quad \text{Periode:} \quad p = \mathrm{j}2\pi$$

$$\left. \begin{aligned} \tanh z &= \frac{\sinh z}{\cosh z} \\[2mm] \coth z &= \frac{\cosh z}{\sinh z} = \frac{1}{\tanh z} \end{aligned} \right\} \quad \text{Periode:} \quad p = \mathrm{j}\pi$$

7.2.3 Exponentialfunktion (e-Funktion)

$$e^z = 1 + \frac{z}{1!} + \frac{z^2}{2!} + \frac{z^3}{3!} + \ldots \qquad (\text{Periode:} \quad p = j\,2\,\pi)$$

7.3 Wichtige Beziehungen und Formeln

7.3.1 Eulersche Formeln

$e^{jx} = \cos x + j \cdot \sin x$	$e^{-jx} = \cos x - j \cdot \sin x$

7.3.2 Zusammenhang zwischen den trigonometrischen Funktionen und der komplexen e-Funktion

$\sin x = \dfrac{1}{2j}\left(e^{jx} - e^{-jx}\right)$	$\cos x = \dfrac{1}{2}\left(e^{jx} + e^{-jx}\right)$
$\tan x = -j\,\dfrac{e^{jx} - e^{-jx}}{e^{jx} + e^{-jx}}$	$\cot x = j\,\dfrac{e^{jx} + e^{-jx}}{e^{jx} - e^{-jx}}$

7.3.3 Trigonometrische und Hyperbelfunktionen mit imaginärem Argument

$\sin(jx) = j \cdot \sinh x$	$\sinh(jx) = j \cdot \sin x$
$\cos(jx) = \cosh x$	$\cosh(jx) = \cos x$
$\tan(jx) = j \cdot \tanh x$	$\tanh(jx) = j \cdot \tan x$

7.3.4 Additionstheoreme der trigonometrischen und Hyperbelfunktionen für komplexes Argument

$$\sin(x \pm jy) = \sin x \cdot \cosh y \pm j \cdot \cos x \cdot \sinh y$$

$$\cos(x \pm jy) = \cos x \cdot \cosh y \mp j \cdot \sin x \cdot \sinh y$$

$$\tan(x \pm jy) = \frac{\sin(2x) \pm j \cdot \sinh(2y)}{\cos(2x) + \cosh(2y)}$$

$$\sinh(x \pm jy) = \sinh x \cdot \cos y \pm j \cdot \cosh x \cdot \sin y$$

$$\cosh(x \pm jy) = \cosh x \cdot \cos y \pm j \cdot \sinh x \cdot \sin y$$

$$\tanh(x \pm jy) = \frac{\sinh(2x) \pm j \cdot \sin(2y)}{\cosh(2x) + \cos(2y)}$$

7.3.5 Arkus- und Areafunktionen mit imaginärem Argument

$\arcsin(jx) = j \cdot \operatorname{arsinh} x$	$\operatorname{arsinh}(jx) = j \cdot \arcsin x$
$\arccos(jx) = j \cdot \operatorname{arcosh} x$	$\operatorname{arcosh}(jx) = j \cdot \arccos x$
$\arctan(jx) = j \cdot \operatorname{artanh} x$	$\operatorname{artanh}(jx) = j \cdot \arctan x$

8 Anwendungen in der Schwingungslehre

8.1 Darstellung einer harmonischen Schwingung durch einen rotierenden komplexen Zeiger

Eine *harmonische* Schwingung vom Typ $y = A \cdot \sin(\omega t + \varphi)$ mit $A > 0$ und $\omega > 0$ lässt sich in der Gaußschen Zahlenebene durch einen mit der Winkelgeschwindigkeit ω um den Nullpunkt rotierenden (und damit zeitabhängigen) *komplexen Zeiger* der Länge A darstellen (sog. *Zeigerdiagramm*):

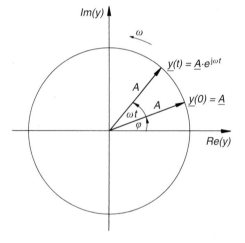

$$y(t) = A \cdot e^{j(\omega t + \varphi)} = \underline{A} \cdot e^{j\omega t}$$

$\underline{A} = A \cdot e^{j\varphi}$: *Komplexe* Amplitude

$e^{j\omega t}$: Zeitfunktion

Die Drehung erfolgt im Gegenuhrzeigersinn. Die *komplexe* Schwingungsamplitude $\underline{A}$ beschreibt dabei die *Anfangslage* des Zeigers $\underline{y}(t)$ zur Zeit $t = 0$, d. h. es ist $\underline{y}(0) = \underline{A}$.

Eine in der *Kosinusform* vorliegende Schwingung lässt sich wie folgt in die *Sinusform* umschreiben:

$$y = A \cdot \cos(\omega t + \varphi) = A \cdot \sin(\omega t + \varphi + \pi/2) = A \cdot \sin(\omega t + \varphi^{*})$$

Der *Nullphasenwinkel* beträgt somit $\varphi^{*} = \varphi + \pi/2$, d. h. der Zeiger ist (gegenüber einer Sinusschwingung) um $90°$ *vorzudrehen*.

8.2 Ungestörte Überlagerung gleichfrequenter harmonischer Schwingungen („Superpositionsprinzip")

Durch *ungestörte Überlagerung* der *gleichfrequenten* harmonischen Sinusschwingungen

$$y_1 = A_1 \cdot \sin(\omega t + \varphi_1) \quad \text{und} \quad y_2 = A_2 \cdot \sin(\omega t + \varphi_2)$$

entsteht nach dem *Superpositionsprinzip* der Physik eine resultierende Schwingung mit *derselben* Frequenz:

$$y = y_1 + y_2 = A_1 \cdot \sin(\omega t + \varphi_1) + A_2 \cdot \sin(\omega t + \varphi_2) = A \cdot \sin(\omega t + \varphi)$$

$(A_1 > 0, \ A_2 > 0, \ A > 0, \ \omega > 0)$

Berechnung der Schwingungsamplitude A und des Phasenwinkels φ

1. Übergang von der reellen zur komplexen Form

$$y_1 = A_1 \cdot \sin(\omega t + \varphi_1) \quad \rightarrow \quad \underline{y}_1 = \underline{A}_1 \cdot e^{j\omega t} \qquad (\underline{A}_1 = A_1 \cdot e^{j\varphi_1})$$

$$y_2 = A_2 \cdot \sin(\omega t + \varphi_2) \quad \rightarrow \quad \underline{y}_2 = \underline{A}_2 \cdot e^{j\omega t} \qquad (\underline{A}_2 = A_2 \cdot e^{j\varphi_2})$$

2. Addition der komplexen Amplituden und Elongationen

$$\underline{A} = \underline{A}_1 + \underline{A}_2 = A \cdot e^{j\varphi}$$

$$\underline{y} = \underline{y}_1 + \underline{y}_2 = \underline{A} \cdot e^{j\omega t} = A \cdot e^{j(\omega t + \varphi)}$$

Zeichnerische Lösung: Parallelogrammregel

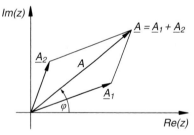

3. Rücktransformation aus der komplexen in die reelle Form

$$y = y_1 + y_2 = \text{Im}(\underline{y}) = \text{Im}(\underline{A} \cdot e^{j\omega t}) = \text{Im}(A \cdot e^{j(\omega t + \varphi)}) = A \cdot \sin(\omega t + \varphi)$$

Sonderfälle

(1) Überlagerung einer Sinusschwingung mit einer **Kosinusschwingung**: Letztere erst auf die Sinusform bringen (siehe Abschnitt 8.1).

(2) Überlagerung zweier **Kosinusschwingungen**: Beide erst auf die Sinusform bringen oder die resultierende Schwingung ebenfalls als Kosinusschwingung darstellen, wobei bei der Rücktransformation der *Realteil* von $\underline{y} = A \cdot e^{j(\omega t + \varphi)}$ zu nehmen ist.

■ **Beispiel**

$$y_1 = 5 \cdot \sin\left(\omega t + \frac{\pi}{4}\right), \qquad y_2 = 3 \cdot \sin\left(\omega t + \frac{2}{3}\pi\right), \qquad y = y_1 + y_2 = ?$$

1. Übergang von der reellen zur komplexen Form

$$y_1 \rightarrow \underline{y}_1 = 5 \cdot e^{j\left(\omega t + \frac{\pi}{4}\right)} = \left(5 \cdot e^{j\frac{\pi}{4}}\right) e^{j\omega t} = \underline{A}_1 \cdot e^{j\omega t} \qquad \left(\underline{A}_1 = 5 \cdot e^{j\frac{\pi}{4}}\right)$$

$$y_2 \rightarrow \underline{y}_2 = 3 \cdot e^{j\left(\omega t + \frac{2}{3}\pi\right)} = \left(3 \cdot e^{j\frac{2}{3}\pi}\right) e^{j\omega t} = \underline{A}_2 \cdot e^{j\omega t} \qquad \left(\underline{A}_2 = 3 \cdot e^{j\frac{2}{3}\pi}\right)$$

2. Addition der komplexen Amplituden und Elongationen

$$\underline{A} = \underline{A}_1 + \underline{A}_2 = 5 \cdot e^{j\frac{\pi}{4}} + 3 \cdot e^{j\frac{2}{3}\pi} = 5\left(\cos\frac{\pi}{4} + j \cdot \sin\frac{\pi}{4}\right) + 3\left(\cos\frac{2}{3}\pi + j \cdot \sin\frac{2}{3}\pi\right) =$$

$$= 3{,}536 + 3{,}536\,j - 1{,}5 + 2{,}598\,j = 2{,}036 + 6{,}134\,j = 6{,}463 \cdot e^{j\,1{,}250}$$

Umrechnung in die Exponentialform (siehe Bild):

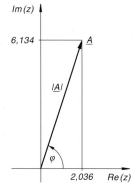

$$|\underline{A}| = \sqrt{2{,}036^2 + 6{,}134^2} = 6{,}463$$

$$\tan\varphi = \frac{6{,}134}{2{,}036} = 3{,}0128 \quad \Rightarrow$$

$$\varphi = \arctan 3{,}0128 = 1{,}250 \ (\approx 71{,}64°)$$

$$\underline{A} = |\underline{A}| \cdot e^{j\varphi} = 6{,}463 \cdot e^{j\,1{,}250}$$

$$\underline{y} = \underline{y}_1 + \underline{y}_2 = \underline{A} \cdot e^{j\omega t} = 6{,}463 \cdot e^{j\,1{,}250} \cdot e^{j\omega t} = 6{,}463 \cdot e^{j(\omega t + 1{,}250)}$$

3. Rücktransformation aus der komplexen in die reelle Form

$$y = \text{Im}\,(\underline{y}) = \text{Im}\left(6{,}463 \cdot e^{j(\omega t + 1{,}250)}\right) = 6{,}463 \cdot \sin(\omega t + 1{,}250)$$

■

IX Differential- und Integralrechnung für Funktionen von mehreren Variablen

1 Funktionen von mehreren Variablen und ihre Darstellung

1.1 Definition einer Funktion von mehreren Variablen

Unter einer Funktion von *zwei* unabhängigen Variablen versteht man eine Vorschrift, die jedem geordneten Zahlenpaar $(x; y)$ aus einer Menge D genau ein Element z aus einer Menge W zuordnet. Symbolische Schreibweise: $z = f(x; y)$.

Bezeichnungen:

x, y: *Unabhängige* Variable (Veränderliche)

z: *Abhängige* Variable (Veränderliche) oder Funktionswert

D: Definitionsbereich der Funktion

W: Wertebereich oder Wertevorrat der Funktion

Bezeichnungen bei drei und mehr Variablen:

$u = f(x; y; z)$: Funktion von *drei* unabhängigen Variablen x, y und z

$y = f(x_1; x_2; \dots; x_n)$: Funktion von n unabhängigen Variablen x_1, x_2, $\dots$, x_n

Die Variablen sind im Regelfall *reell*.

1.2 Darstellungsformen einer Funktion von zwei Variablen

1.2.1 Analytische Darstellung

Die Funktion wird durch eine *Funktionsgleichung* dargestellt:

Explizite Form: $z = f(x; y)$

Implizite Form: $F(x; y; z) = 0$

1.2.2 Graphische Darstellung

1.2.2.1 Darstellung einer Funktion als Fläche im Raum

Die Variablen x, y und z einer Funktion $z = f(x; y)$ werden als *rechtwinklige* oder *kartesische* Koordinaten eines *Raumpunktes* P gedeutet: $P = (x; y; z)$. Der Funktionswert $z = f(x; y)$ ist dabei die *Höhenkoordinate* des zugeordneten Bildpunktes. Man erhält als *Bild* der Funktion eine über dem Definitionsbereich liegende *Fläche*.

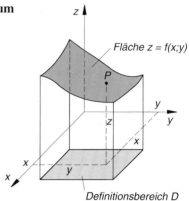

1.2.2.2 Schnittkurvendiagramme

Die *Schnittkurvendiagramme* einer Funktion $z = f(x; y)$ erhält man durch Schnitte der zugehörigen Bildfläche mit *Ebenen*, die *parallel* zu einer der drei Koordinatenebenen verlaufen. Die Schnittkurven werden noch in die jeweilige Koordinatenebene projiziert und repräsentieren einparametrige Kurvenscharen. Ihre Gleichungen erhält man aus der Funktionsgleichung $z = f(x; y)$, indem man der Reihe nach jeweils *eine* der drei Variablen (Koordinaten) als *Parameter* betrachtet. In den naturwissenschaftlich-technischen Anwendungen werden die Schnittkurvendiagramme als *Kennlinienfelder* bezeichnet.

1.2.2.3 Höhenliniendiagramm

Das *Höhenliniendiagramm* ist ein spezielles Schnittkurvendiagramm mit der Höhenkoordinate z als Kurvenparameter („Linien *gleicher* Höhe"):

$$f(x; y) = \text{const.} = c$$

c: Zulässiger Wert der Höhenkoordinate z

■ **Beispiel**

Die *Höhenlinien* der in Bild a) dargestellten Fläche $z = x^2 + y^2$ (Mantel eines Rotationsparaboloids) sind *konzentrische* Mittelpunktskreise mit der Kurvengleichung $x^2 + y^2 = c$ und dem Radius $R = \sqrt{c}$ mit $c > 0$ (Bild b)).

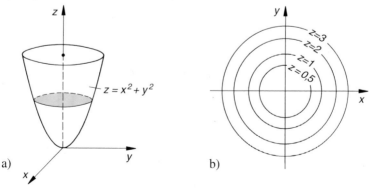

a)   b)

■

1.3 Spezielle Flächen (Funktionen)

1.3.1 Ebenen

Die Bildfläche einer *linearen* Funktion ist eine *Ebene.*

Gleichung einer Ebene

$$ax + by + cz + d = 0$$

a, b, c, d: Reelle Konstanten

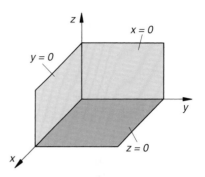

Koordinatenebenen

x, y-Ebene: $z = 0$
x, z-Ebene: $y = 0$
y, z-Ebene: $x = 0$

Parallelebenen

Ebene parallel zur x, y-Ebene: $z = a$
(siehe nebenstehendes Bild für $a > 0$)
Ebene parallel zur x, z-Ebene: $y = a$
Ebene parallel zur y, z-Ebene: $x = a$

$|a|$: Abstand Ebene − Parallelebene

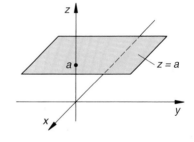

1.3.2 Rotationsflächen

1.3.2.1 Gleichung einer Rotationsfläche

Eine *Rotationsfläche* entsteht durch *Drehung* einer ebenen Kurve $z = f(x)$ um die z-Achse:

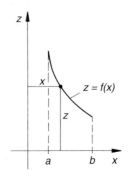

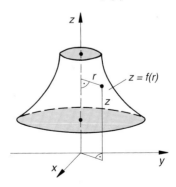

Ihre Funktionsgleichung lautet:

In Zylinderkoordinaten[1] (*formale Substitution* $x \rightarrow r$):

$$z = f(r)$$

In kartesischen Koordinaten $\left(formale\ Substitution\ x \rightarrow \sqrt{x^2 + y^2} \right)$:

$$z = f\left(\sqrt{x^2 + y^2} \right)$$

1.3.2.2 Spezielle Rotationsflächen

Kugel (Oberfläche)

$$x^2 + y^2 + z^2 = R^2$$

oder

$$r^2 + z^2 = R^2$$

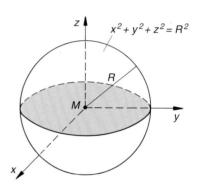

Obere bzw. untere Halbkugel (in kartesischen Koordinaten bzw. Zylinderkoordinaten):

$$z = \pm \sqrt{R^2 - x^2 - y^2} \qquad \text{bzw.}$$

$$z = \pm \sqrt{R^2 - r^2}$$

Kreiskegel (Mantelfläche)

$$x^2 + y^2 = \frac{R^2}{H^2} z^2 \quad \text{oder} \quad |z| = \frac{H}{R} r$$

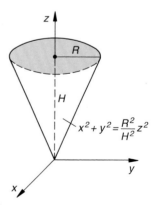

Die Gleichungen beschreiben einen *Doppelkegel* (Kegelspitze: Nullpunkt). Für $z \geq 0$ erhält man den Mantel des gezeichneten Kegels mit der Funktionsgleichung

$$z = \frac{H}{R} \sqrt{x^2 + y^2} = \frac{H}{R} r$$

---

[1] Zylinderkoordinaten: siehe I.9.2.2 und XIV.6.2. Den senkrechten Abstand von der z-Achse bezeichnen wir hier mit r (statt ϱ).

Kreiszylinder (Mantelfläche)

$$x^2 + y^2 = R^2 \quad \text{oder} \quad r = R$$

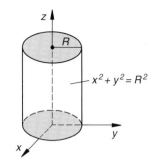

Höhenkoordinate: $z \in \mathbb{R}$

Zylinder der Höhe H
(Boden in der x, y-Ebene):

$$x^2 + y^2 = R^2, \quad 0 \le z \le H$$

Ellipsoid (Oberfläche)

$$\frac{x^2}{a^2} + \frac{y^2}{b^2} + \frac{z^2}{c^2} = 1$$

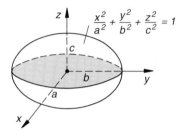

Durch Auflösen nach z erhält man *zwei* Funktionen (oberer bzw. unterer Mantel des Ellipsoids).

Für $a = b$ erhält man ein *Rotationsellipsoid* (Rotationsachse: z-Achse).

2 Partielle Differentiation

2.1 Partielle Ableitungen 1. Ordnung

2.1.1 Partielle Ableitungen 1. Ordnung von $z = f(x; y)$

Partielle Ableitung 1. Ordnung nach x

$$f_x(x; y) = \lim_{\Delta x \to 0} \frac{f(x + \Delta x; y) - f(x; y)}{\Delta x}$$

Regel: y festhalten, nach x differenzieren.

Partielle Ableitung 1. Ordnung nach y

$$f_y(x; y) = \lim_{\Delta y \to 0} \frac{f(x; y + \Delta y) - f(x; y)}{\Delta y}$$

Regel: x festhalten, nach y differenzieren.

Geometrische Deutung:

$f_x(x_0; y_0) = \tan \alpha$ und $f_y(x_0; y_0) = \tan \beta$ sind die *Steigungen* der Flächentangenten im Bildpunkt $P = = (x_0; y_0; z_0)$ in der x- bzw. y-Richtung:

k_1: Schnittkurve der Fläche $z = f(x; y)$ mit der Ebene $y = y_0$

k_2: Schnittkurve der Fläche $z = f(x; y)$ mit der Ebene $x = x_0$

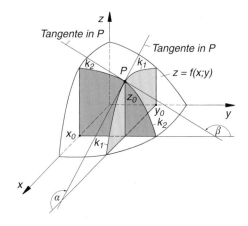

Schreibweisen:

$$f_x(x; y), \quad z_x(x; y), \quad \frac{\partial f}{\partial x}(x; y), \quad \frac{\partial z}{\partial x}(x; y)$$

$$f_y(x; y), \quad z_y(x; y), \quad \frac{\partial f}{\partial y}(x; y), \quad \frac{\partial z}{\partial y}(x; y)$$

$$\frac{\partial f}{\partial x}, \quad \frac{\partial f}{\partial y} \quad \text{bzw.} \quad \frac{\partial z}{\partial x}, \quad \frac{\partial z}{\partial y}: \quad \textit{Partielle Differentialquotienten} \text{ 1. Ordnung}$$

Partielle Differentialoperatoren

Die *partiellen Differentialoperatoren* $\partial/\partial x$ und $\partial/\partial y$ erzeugen durch „Einwirken" auf die Funktion $z = f(x; y)$ die *partiellen Ableitungen 1. Ordnung:*

$$\frac{\partial}{\partial x}[f(x; y)] = f_x(x; y), \qquad \frac{\partial}{\partial y}[f(x; y)] = f_y(x; y)$$

2.1.2 Partielle Ableitungen 1. Ordnung von $y = f(x_1; x_2; \ldots; x_n)$

Für eine Funktion $y = f(x_1; x_2; \ldots; x_n)$ von n unabhängigen Variablen lassen sich insgesamt n *verschiedene* partielle Ableitungen 1. Ordnung bilden:

$$f_{x_k} = \frac{\partial f}{\partial x_k} \qquad (k = 1, 2, \ldots, n)$$

Die partielle Ableitung f_{x_k} nach der Variablen x_k erhält man, indem man in der Funktionsgleichung alle Variablen bis auf x_k festhält, d. h. als *Parameter* behandelt und anschließend die Funktion mit Hilfe der bekannten Ableitungsregeln (siehe IV.3) nach x_k *differenziert.*

Schreibweisen:

$$f_{x_k}, \quad y_{x_k}, \quad \frac{\partial f}{\partial x_k}, \quad \frac{\partial y}{\partial x_k}, \quad \frac{\partial}{\partial x_k}[f] = f_{x_k}$$

$\dfrac{\partial}{\partial x_k}$:   *Partieller Differentialoperator 1. Ordnung*

■   **Beispiel**

Wir differenzieren die Funktion $f(x; y; z) = x^2 y \cdot e^{3z} + z \cdot \sin(xy)$ *partiell* nach der Variablen x:

$$\frac{\partial f}{\partial x} = \frac{\partial}{\partial x}[x^2 y \cdot e^{3z} + z \cdot \sin(xy)] = 2xy \cdot e^{3z} + yz \cdot \cos(xy)$$

■

2.2 Partielle Ableitungen höherer Ordnung

Partielle Ableitungen *höherer* Ordnung erhält man, indem man die gegebene Funktion *mehrmals* nacheinander partiell differenziert.

Für eine Funktion $z = f(x; y)$ lassen sich die höheren Ableitungen nach dem folgenden Schema bilden:

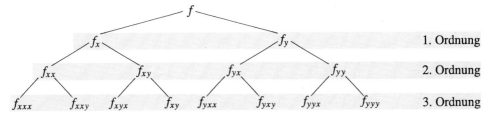

Schreibweisen:

$$f_{xx} = \frac{\partial}{\partial x}\left(\frac{\partial f}{\partial x}\right) = \frac{\partial^2 f}{\partial x^2}, \qquad f_{xy} = \frac{\partial}{\partial y}\left(\frac{\partial f}{\partial x}\right) = \frac{\partial^2 f}{\partial x\, \partial y}$$

$$f_{yx} = \frac{\partial}{\partial x}\left(\frac{\partial f}{\partial y}\right) = \frac{\partial^2 f}{\partial y\, \partial x}, \qquad f_{yy} = \frac{\partial}{\partial y}\left(\frac{\partial f}{\partial y}\right) = \frac{\partial^2 f}{\partial y^2}$$

$$f_{xyx} = \frac{\partial}{\partial x}\left(\frac{\partial^2 f}{\partial x\, \partial y}\right) = \frac{\partial^3 f}{\partial x\, \partial y\, \partial x} \qquad \text{usw.}$$

Vereinbarung: Die einzelnen Differentiationsschritte sind grundsätzlich in der Reihenfolge der Indizes durchzuführen. Beispiel f_{xy}: Erst nach x, dann nach y differenzieren. Abweichungen sind nur zulässig, wenn der folgende *Satz von Schwarz* erfüllt ist.

Satz von Schwarz

Sind alle partiellen Ableitungen k-ter Ordnung *stetig*, so ist die *Reihenfolge* der Differentiationen beliebig *vertauschbar.*

Unter diesen Voraussetzungen gilt für eine Funktion $z = f(x; y)$:

$$f_{xy} = f_{yx}$$

$$f_{xxy} = f_{yxx} = f_{xyx}, \quad f_{yyx} = f_{xyy} = f_{yxy}$$

■ **Beispiel**

Wir bilden die partiellen Ableitungen 1. und 2. Ordnung von $z = f(x; y) = x^3 y^2 + e^{xy}$:

Partielle Ableitungen 1. Ordnung:

$$z_x = \frac{\partial}{\partial x} [x^3 y^2 + e^{xy}] = 3x^2 y^2 + y \cdot e^{xy}, \qquad z_y = \frac{\partial}{\partial y} [x^3 y^2 + e^{xy}] = 2x^3 y + x \cdot e^{xy}$$

Partielle Ableitungen 2. Ordnung:

$$z_{xx} = \frac{\partial}{\partial x} (z_x) = \frac{\partial}{\partial x} [3x^2 y^2 + y \cdot e^{xy}] = 6xy^2 + y^2 \cdot e^{xy} = y^2 (6x + e^{xy})$$

$$z_{xy} = \frac{\partial}{\partial y} (z_x) = \frac{\partial}{\partial y} [3x^2 y^2 + y \cdot e^{xy}] = 6x^2 y + e^{xy} + xy \cdot e^{xy} = 6x^2 y + (xy + 1) \cdot e^{xy} = z_{yx}$$

$$z_{yy} = \frac{\partial}{\partial y} (z_y) = \frac{\partial}{\partial y} [2x^3 y + x \cdot e^{xy}] = 2x^3 + x^2 \cdot e^{xy} = x^2 (2x + e^{xy})$$

■

2.3 Verallgemeinerte Kettenregel (Differentiation nach einem Parameter)

Die unabhängigen Variablen x und y der Funktion $z = f(x; y)$ hängen noch von einem (reellen) Parameter t ab, sind also Funktionen dieses Parameters:

$$x = x(t), \qquad y = y(t) \qquad (t_1 \leq t \leq t_2)$$

Dann ist auch z eine sog. *zusammengesetzte*, *verkettete* oder *mittelbare* Funktion des Parameters t:

$$z = f(x(t); y(t)) = F(t) \qquad (t_1 \leq t \leq t_2)$$

Ihre *Ableitung* nach dem Parameter t erhält man nach der folgenden *verallgemeinerten Kettenregel*:

$$\frac{dz}{dt} = \frac{\partial z}{\partial x} \cdot \frac{dx}{dt} + \frac{\partial z}{\partial y} \cdot \frac{dy}{dt} \qquad \text{oder} \qquad \dot{z} = z_x \cdot \dot{x} + z_y \cdot \dot{y}$$

$\dot{x}, \dot{y}, \dot{z}$:   Ableitungen nach dem Parameter t

z_x, z_y: Partielle Ableitungen 1. Ordnung von $z = f(x; y)$

Nach erfolgter *Rücksubstitution* (x und y werden durch die Parametergleichungen ersetzt) hängt die Ableitung $\dot{z}$ nur noch vom Parameter t ab.

Alternative: In der Funktion $z = f(x; y)$ zunächst die Variablen x und y durch ihre Parametergleichungen $x(t)$ und $y(t)$ ersetzen, dann die jetzt nur noch von t abhängige Funktion nach diesem Parameter differenzieren (gewöhnliche Differentiation).

■   **Beispiel**

$z = f(x; y) = x^2 y - 2 x^3$ mit $x = x(t) = t^2$ und $y = y(t) = 2t + 1$

$z_x = 2xy - 6x^2$, $z_y = x^2$, $\dot{x} = 2t$, $\dot{y} = 2$

Die *verallgemeinerte Kettenregel* liefert zunächst:

$\dot{z} = z_x \cdot \dot{x} + z_y \cdot \dot{y} = (2xy - 6x^2) \cdot 2t + x^2 \cdot 2 = 4xyt - 12x^2 t + 2x^2$

Rücksubstitution $(x = t^2, y = 2t + 1)$:

$\dot{z} = 4t^2 \cdot (2t + 1) \cdot t - 12t^4 \cdot t + 2t^4 = 4t^3(2t + 1) - 12t^5 + 2t^4 =$

$\quad = 8t^4 + 4t^3 - 12t^5 + 2t^4 = -12t^5 + 10t^4 + 4t^3$

Alternativer Lösungsweg:

$z = x^2 y - 2x^3 = (t^2)^2 (2t + 1) - 2(t^2)^3 = t^4(2t + 1) - 2t^6 = -2t^6 + 2t^5 + t^4 \quad \Rightarrow$

$\dot{z} = -12t^5 + 10t^4 + 4t^3$

■

2.4 Totales oder vollständiges Differential einer Funktion

Tangentialebene

Alle im Flächenpunkt $P = (x_0; y_0; z_0)$ an die Bildfläche von $z = f(x; y)$ angelegten Tangenten liegen in der Regel in einer *Ebene*, der sog. *Tangentialebene*. Die Gleichung der Tangentialebene lautet wie folgt (in symmetrischer Schreibweise):

$$z - z_0 = f_x(x_0; y_0) \cdot (x - x_0) + f_y(x_0; y_0) \cdot (y - y_0)$$

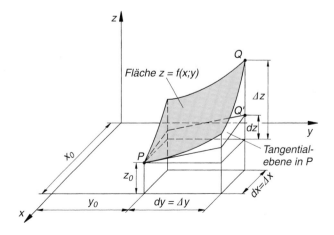

Totales Differential von $z = f(x; y)$

$$dz = f_x\, dx + f_y\, dy = \frac{\partial f}{\partial x}\, dx + \frac{\partial f}{\partial y}\, dy$$

dx, dy: unabhängige Differentiale; dz: abhängiges Differential

Geometrische Deutung:

Das *totale Differential* $dz = f_x(x_0; y_0)\, dx + f_y(x_0; y_0)\, dy$ beschreibt die *Änderung* der Höhenkoordinate bzw. des Funktionswertes z auf der im Flächenpunkt $P = (x_0; y_0; z_0)$ errichteten *Tangentialebene*, wenn sich die beiden unabhängigen Koordinaten (Variablen) x und y um $dx = \Delta x$ bzw. $dy = \Delta y$ ändern (Verschiebung des Punktes P in den Punkt Q'). Die *exakte* Änderung der Höhenkoordinate z dagegen beträgt

$$\Delta z = f(x_0 + \Delta x; y_0 + \Delta y) - f(x_0; y_0)$$

(Höhenzuwachs auf der *Fläche*, Verschiebung des Punktes P in den Punkt Q)

Für *kleine* Koordinatenänderungen $dx = \Delta x$ und $dy = \Delta y$ gilt *näherungsweise*:

$$\Delta z \approx dz = f_x\, dx + f_y\, dy = f_x\, \Delta x + f_y\, \Delta y$$

■ **Beispiel**

$z = f(x; y) = x^2 y - x y^3$

$x = 1$, $y = 3$, $z = f(1; 3) = 1^2 \cdot 3 - 1 \cdot 3^3 = -24$, $dx = \Delta x = 0{,}2$, $dy = \Delta y = -0{,}1$

Zuwachs Δz auf der Fläche (exakte Änderung des Funktionswertes):

$x = 1$, $y = 3$ → $x = 1 + \Delta x = 1 + 0{,}2 = 1{,}2$, $y = 3 + \Delta y = 3 - 0{,}1 = 2{,}9$

$\Delta z = f(1{,}2; 2{,}9) - f(1; 3) = (1{,}2^2 \cdot 2{,}9 - 1{,}2 \cdot 2{,}9^3) - (-24) = -25{,}0908 + 24 = -1{,}0908$

Zuwachs dz auf der Tangentialebene (näherungsweise Änderung des Funktionswertes):

$f_x(x; y) = 2xy - y^3$ $\Rightarrow$ $f_x(1; 3) = 2 \cdot 1 \cdot 3 - 3^3 = 6 - 27 = -21$

$f_y(x; y) = x^2 - 3xy^2$ $\Rightarrow$ $f_y(1; 3) = 1^2 - 3 \cdot 1 \cdot 3^2 = 1 - 27 = -26$

$dz = f_x(1; 3)\, dx + f_y(1; 3)\, dy = -21 \cdot 0{,}2 - 26 \cdot (-0{,}1) = -4{,}2 + 2{,}6 = -1{,}6$ ■

Totales Differential von $y = f(x_1; x_2; \ldots; x_n)$

$$dy = f_{x_1}\, dx_1 + f_{x_2}\, dx_2 + \ldots + f_{x_n}\, dx_n = \frac{\partial f}{\partial x_1}\, dx_1 + \frac{\partial f}{\partial x_2}\, dx_2 + \ldots + \frac{\partial f}{\partial x_n}\, dx_n$$

Für *kleine* Änderungen der unabhängigen Variablen liefert das totale Differential dy einen brauchbaren *Näherungswert* für die Änderung des Funktionswertes y.

2.5 Anwendungen

2.5.1 Linearisierung einer Funktion

Linearisierung von $z = f(x; y)$

Die *nichtlineare* Funktion $z = f(x; y)$ wird in der unmittelbaren Umgebung des Flächenpunktes $P = (x_0; y_0; z_0)$ (in den Anwendungen meist als *Arbeitspunkt* bezeichnet) durch eine *lineare* Funktion, nämlich das *totale* oder *vollständige Differential* der Funktion, ersetzt:

$$z - z_0 = f_x(x_0; y_0) \cdot (x - x_0) + f_y(x_0; y_0) \cdot (y - y_0)$$

oder

$$\Delta z = f_x(x_0; y_0) \, \Delta x + f_y(x_0; y_0) \, \Delta y = \left(\frac{\partial f}{\partial x}\right)_0 \Delta x + \left(\frac{\partial f}{\partial y}\right)_0 \Delta y$$

Δx, Δy, Δz: *Abweichungen (Relativkoordinaten) gegenüber dem Arbeitspunkt* P

$\Delta x = x - x_0$, $\Delta y = y - y_0$, $\Delta z = z - z_0$

$\left(\dfrac{\partial f}{\partial x}\right)_0$, $\left(\dfrac{\partial f}{\partial y}\right)_0$:   *Partielle Ableitungen* 1. Ordnung im Arbeitspunkt P

Geometrische Deutung:

Die im Allgemeinen *gekrümmte* Bildfläche von $z = f(x; y)$ wird in der unmittelbaren Umgebung des Arbeitspunktes P durch die dortige *Tangentialebene* ersetzt.

■   **Beispiel**

Wir *linearisieren* die Funktion $z = f(x; y) = x^2 y + 2x \cdot e^y$ in der unmittelbaren Umgebung des Punktes $P = (1; 0; 2)$:

Partielle Ableitungen in P:

$f_x(x; y) = 2xy + 2 \cdot e^y \quad \Rightarrow \quad f_x(1; 0) = 2 \cdot 1 \cdot 0 + 2 \cdot e^0 = 0 + 2 \cdot 1 = 2$

$f_y(x; y) = x^2 + 2x \cdot e^y \quad \Rightarrow \quad f_y(1; 0) = 1^2 + 2 \cdot 1 \cdot e^0 = 1 + 2 \cdot 1 = 3$

Linearisierte Funktion (in der Umgebung des Punktes P):

$\Delta z = f_x(1; 0) \, \Delta x + f_y(1; 0) \, \Delta y = 2 \, \Delta x + 3 \, \Delta y$

oder (mit $\Delta x = x - 1$, $\Delta y = y - 0 = y$, $\Delta z = z - 2$)

$z - 2 = 2(x - 1) + 3y$,   d.h. $z = 2x + 3y$

■

Linearisierung von $y = f(x_1; x_2; \ldots; x_n)$

$$\Delta y = \left(\frac{\partial f}{\partial x_1}\right)_0 \Delta x_1 + \left(\frac{\partial f}{\partial x_2}\right)_0 \Delta x_2 + \ldots + \left(\frac{\partial f}{\partial x_n}\right)_0 \Delta x_n$$

$\Delta x_1, \Delta x_2, \ldots, \Delta x_n, \Delta y$:   *Abweichungen* gegenüber dem *Arbeitspunkt* P (Relativkoordinaten)

$\left(\dfrac{\partial f}{\partial x_1}\right)_0, \left(\dfrac{\partial f}{\partial x_2}\right)_0, \ldots, \left(\dfrac{\partial f}{\partial x_n}\right)_0$:   *Partielle Ableitungen* 1. Ordnung im Arbeitspunkt P

2.5.2 Relative Extremwerte (relative Maxima, relative Minima)

Eine Funktion $z = f(x; y)$ besitzt an der Stelle $(x_0; y_0)$ ein *relatives Maximum* bzw. ein *relatives Minimum*, wenn in einer gewissen Umgebung von $(x_0; y_0)$ stets

$$f(x_0; y_0) > f(x; y) \quad \text{bzw.} \quad f(x_0; y_0) < f(x; y)$$

ist $((x; y) \neq (x_0; y_0))$. Die entsprechenden Punkte auf der Bildfläche werden als Hoch- bzw. Tiefpunkte bezeichnet.

In einem *relativen Extremum* besitzt die Bildfläche von $z = f(x; y)$ eine zur x, y-Ebene *parallele* Tangentialebene. Somit ist *notwendigerweise*

$$f_x(x_0; y_0) = 0 \quad \text{und} \quad f_y(x_0; y_0) = 0$$

Im nebenstehenden Bild ist $P = (x_0; y_0; z_0)$ ein *Tiefpunkt* (relatives *Minimum*)

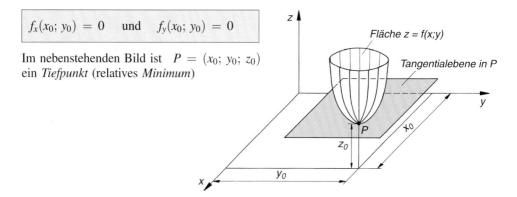

Hinreichende Bedingungen für einen relativen Extremwert

Eine Funktion $z = f(x; y)$ besitzt an der Stelle $(x_0; y_0)$ mit *Sicherheit* einen *relativen Extremwert*, wenn die folgenden Bedingungen erfüllt sind:

1. $f_x(x_0; y_0) = 0 \quad$ und $\quad f_y(x_0; y_0) = 0$

2. $\Delta = f_{xx}(x_0; y_0) \cdot f_{yy}(x_0; y_0) - f_{xy}^2(x_0; y_0) > 0$

   $f_{xx}(x_0; y_0) < 0 \quad \Rightarrow \quad$ Relatives *Maximum*

   $f_{xx}(x_0; y_0) > 0 \quad \Rightarrow \quad$ Relatives *Minimum*

$\Delta < 0$: Es liegt ein *Sattelpunkt* vor.

$\Delta = 0$: Das Kriterium ermöglicht in diesem Fall *keine* Entscheidung darüber, ob an der Stelle $(x_0; y_0)$ ein relativer Extremwert vorliegt oder nicht.

Notwendige Bedingungen für einen relativen Extremwert bei einer Funktion von n unabhängigen Variablen:

$$\frac{\partial f}{\partial x_1} = 0, \quad \frac{\partial f}{\partial x_2} = 0, \quad \ldots, \quad \frac{\partial f}{\partial x_n} = 0$$

Alle partiellen Ableitungen 1. Ordnung müssen also *verschwinden*.

■ **Beispiel**

Wir berechnen die *relativen Extremwerte* der Funktion $z = f(x; y) = xy - 27\left(\dfrac{1}{x} - \dfrac{1}{y}\right)$ mit $x \neq 0$, $y \neq 0$:

Partielle Ableitungen 1. und 2. Ordnung:

$$f_x(x; y) = y + \frac{27}{x^2}, \quad f_y(x; y) = x - \frac{27}{y^2}$$

$$f_{xx}(x; y) = -\frac{54}{x^3}, \quad f_{xy}(x; y) = f_{yx}(x; y) = 1, \quad f_{yy}(x; y) = \frac{54}{y^3}$$

Notwendige Bedingungen:

$$\left. \begin{array}{l} f_x(x; y) = 0 \;\Rightarrow\; y + \dfrac{27}{x^2} = 0 \;\Rightarrow\; y = -\dfrac{27}{x^2} \;\Rightarrow\; y^2 = \left(-\dfrac{27}{x^2}\right)^2 = \dfrac{27^2}{x^4} \\[3mm] f_y(x; y) = 0 \;\Rightarrow\; x - \dfrac{27}{y^2} = 0 \;\Rightarrow\; y^2 = \dfrac{27}{x} \end{array} \right\} \;\Rightarrow\; \dfrac{27^2}{x^4} = \dfrac{27}{x} \;\Rightarrow$$

$$27 x^4 = 27^2 x \;\Rightarrow\; x^3 = 27 \;\Rightarrow\; x = 3, \quad y = -3$$

Hinreichende Bedingungen:

$$f_{xx}(3; -3) = -2, \quad f_{xy}(3; -3) = 1, \quad f_{yy}(3; -3) = -2$$

$$\Delta = f_{xx}(3; -3) \cdot f_{yy}(3; -3) - f_{xy}^2(3; -3) = (-2)(-2) - 1^2 = 3 > 0$$

$$f_{xx}(3; -3) = -2 < 0 \;\Rightarrow\; \text{Relatives Maximum}$$

Relative Extremwerte: Die Funktion besitzt an der Stelle $(3; -3)$ *ein relatives Maximum*, der Flächenpunkt $P = (3; -3; -27)$ ist somit ein *Hochpunkt*.

■

2.5.3 Extremwertaufgaben mit Nebenbedingungen (Lagrangesches Multiplikatorverfahren)

Die Extremwerte einer Funktion $z = f(x; y)$ mit der Neben- oder Kopplungsbedingung $\varphi(x; y) = 0$ lassen sich nach Lagrange schrittweise wie folgt bestimmen:

1. „Hilfsfunktion" bilden:

$$F(x; y; \lambda) = f(x; y) + \lambda \cdot \varphi(x; y)$$

(λ: sog. Lagrangescher Multiplikator)

2. Die partiellen Ableitungen 1. Ordnung der von den drei Variablen x, y und λ abhängigen Hilfsfunktion $F(x; y; \lambda)$ werden gleich null gesetzt:

$$F_x = f_x(x; y) + \lambda \cdot \varphi_x(x; y) = 0$$

$$F_y = f_y(x; y) + \lambda \cdot \varphi_y(x; y) = 0$$

$$F_\lambda = \varphi(x; y) = 0$$

Aus diesem Gleichungssystem mit drei Gleichungen und drei Unbekannten werden die gesuchten Extremwerte bestimmt.

Die angegebenen Bedingungen sind *notwendig*, nicht aber hinreichend. Der Lagrangesche Multiplikator ist eine *Hilfsgröße* ohne Bedeutung und sollte daher möglichst früh aus den Rechnungen eliminiert werden.

Alternativer Lösungsweg:

Die Nebenbedingung $\varphi(x; y) = 0$ nach x oder y auflösen, den gefundenen Ausdruck dann in $z = f(x; y)$ einsetzen. Man erhält eine Funktion von *einer* Variablen, deren Extremwerte dann mit der in Kap. IV (Abschnitt 4.5) beschriebenen Methode bestimmt werden können.

■   **Beispiel**

Welches Rechteck mit den noch unbekannten Seitenlängen x und y hat bei einem vorgegebenen Umfang von $U = 20$ m den größten Flächeninhalt?

Flächeninhalt: $A = f(x; y) = xy$ (x, y in m, A in m^2)

Nebenbedingung: $U = 2x + 2y = 20$ $\Rightarrow$ $\varphi(x; y) = x + y - 10 = 0$

Hilfsfunktion bilden: $F(x; y; \lambda) = f(x; y) + \lambda \cdot \varphi(x; y) = xy + \lambda(x + y - 10)$

Gleichungssystem für die Unbekannten x, y und λ mit Lösung:

$$\left.\begin{array}{l} F_x = y + \lambda = 0 \\ F_y = x + \lambda = 0 \end{array}\right\} \quad \Rightarrow \quad \lambda = -y = -x \quad \Rightarrow \quad x = y$$

$$F_\lambda = x + y - 10 = 0 \quad \Rightarrow \quad x + x - 10 = 2x - 10 = 0 \quad \Rightarrow \quad x = 5$$

Lösung der Aufgabe: $x = y = 5$ m, $A_{max} = 25$ m^2 (Quadrat)

■

Verallgemeinerung für eine Funktion von n unabhängigen Variablen mit $m < n$ Nebenbedingungen:

$$F(x_1; x_2; \ldots; x_n; \lambda_1; \lambda_2; \ldots; \lambda_m) = f(x_1; x_2; \ldots; x_n) + \sum_{i=1}^{m} \lambda_i \cdot \varphi_i(x_1; x_2; \ldots; x_n)$$

$\lambda_1, \lambda_2, \ldots, \lambda_m$: Lagrangesche Multiplikatoren

Alle $n + m$ partiellen Ableitungen 1. Ordnung werden dann gleich null gesetzt (*notwendige* Bedingungen).

3 Mehrfachintegrale

3.1 Doppelintegrale

3.1.1 Definition eines Doppelintegrals

Das Doppelintegral $\iint\limits_{(A)} f(x; y)\, dA$ lässt sich in anschaulicher Weise als das *Volumen* des in Bild a) skizzierten *zylindrischen* Körpers einführen, sofern $f(x; y) \geq 0$ ist. Der *„Boden"* des Zylinders besteht aus dem Bereich (A) der x, y-Ebene, sein „Deckel" ist die Bildfläche der Funktion $z = f(x; y)$.

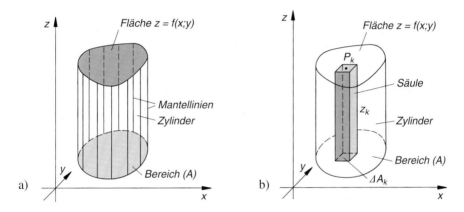

Wir zerlegen zunächst den Zylinder in n zylindrische Röhren, deren Mantellinien parallel zur z-Achse verlaufen, und ersetzen dann jede Röhre in der aus Bild b) ersichtlichen Weise durch eine *quaderförmige* Säule vom Volumen $\Delta V_k = z_k \cdot \Delta A_k = f(x_k; y_k)\,\Delta A_k$ mit $k = 1, 2, \ldots, n$. Dabei ist $(x_k; y_k)$ eine beliebige Stelle aus dem Teilbereich („Boden") ΔA_k und $z_k = f(x_k; y_k)$ die Höhenkoordinate des Punktes P_k auf der Fläche (dieser Punkt liegt senkrecht über der Stelle $(x_k; y_k)$). Durch *Summierung* über alle Röhren (Säulen) erhält man schließlich den folgenden *Näherungswert* für das Zylindervolumen V:

$$V \approx \sum_{k=1}^{n} \Delta V_k = \sum_{k=1}^{n} f(x_k; y_k)\,\Delta A_k$$

Beim Grenzübergang $n \to \infty$ (und somit $\Delta A_k \to 0$) strebt diese Summe gegen einen *Grenzwert*, der als *2-dimensionales Bereichsintegral* von $f(x; y)$ über (A) oder kurz als *Doppelintegral* bezeichnet wird und geometrisch als *Zylindervolumen* interpretiert werden darf (unter der Voraussetzung, dass die Bildfläche der Funktion $z = f(x; y)$ im Bereich (A) oberhalb der x, y-Ebene liegt). Symbolische Schreibweise:

$$\iint\limits_{(A)} f(x; y)\, dA = \lim_{n \to \infty} \sum_{k=1}^{n} f(x_k; y_k)\,\Delta A_k$$

Bezeichnungen:

x, y: Integrationsvariable

$f(x; y)$:   Integrandfunktion (kurz: Integrand)

dA: Flächendifferential oder Flächenelement

(A):   Flächenhafter Integrationsbereich

3.1.2 Berechnung eines Doppelintegrals in kartesischen Koordinaten

Wir legen den folgenden *kartesischen Normalbereich* (A) zugrunde (seitliche Begrenzung durch zwei zur y-Achse parallele Geraden):

$y_u = f_u(x)$:   *Untere* Randkurve

$y_o = f_o(x)$:   *Obere* Randkurve

$dA = dy\,dx$

(A): $\left\{ \begin{array}{c} f_u(x) \leq y \leq f_o(x) \\ a \leq x \leq b \end{array} \right\}$

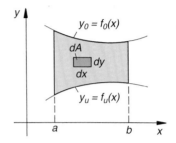

Das Doppelintegral $\iint\limits_{(A)} f(x; y)\, dA$ lässt sich dann schrittweise durch *zwei* nacheinander auszuführende *gewöhnliche* Integrationen berechnen:

$$\iint\limits_{(A)} f(x; y)\, dA = \int\limits_{x=a}^{b} \underbrace{\int\limits_{y=f_u(x)}^{f_o(x)} f(x; y)\, dy}_{\text{Inneres Integral}}\ dx$$

$\underbrace{\phantom{\int\limits_{x=a}^{b} \int\limits_{y=f_u(x)}^{f_o(x)} f(x; y)\, dy\ dx}}_{\text{Äußeres Integral}}$

1. Innere Integration (nach der Variablen y)

Die Variable x wird zunächst als *Parameter* festgehalten und die Funktion $f(x; y)$ unter Verwendung der für *gewöhnliche* Integrale gültigen Regeln *nach der Variablen y* integriert. In die ermittelte Stammfunktion setzt man dann für y die variablen, von x abhängigen Integrationsgrenzen $f_o(x)$ und $f_u(x)$ ein und bildet die entsprechende Differenz.

2. Äußere Integration (nach der Variablen x)

Die jetzt nur noch von der Variablen x abhängige Funktion wird in den Grenzen von $x = a$ bis $x = b$ integriert (*gewöhnliche* Integration nach x).

Bei einer Integration über den speziellen *kartesischen Normalbereich*

$x = g_1(y)$: Linke Randkurve

$x = g_2(y)$: Rechte Randkurve

$(A): \quad \left\{ \begin{array}{c} g_1(y) \le x \le g_2(y) \\ a \le y \le b \end{array} \right\}$

$dA = dx\,dy$

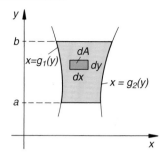

gilt (Begrenzung unten und oben durch Parallelen zur x-Achse):

$$\iint\limits_{(A)} f(x;\,y)\,dA = \int\limits_{y=a}^{b} \int\limits_{x=g_1(y)}^{g_2(y)} f(x;\,y)\,dx\,dy$$

Hier wird zuerst nach x und dann nach y integriert, wobei die Integrationsgrenzen des inneren Integrals im Allgemeinen noch von der Variablen y abhängen.

■ **Beispiel**

$$\int\limits_{x=0}^{1} \int\limits_{y=x}^{x^2+1} x^2\,y\,dy\,dx = ?$$

Innere Integration nach der Variablen y:

$$\int\limits_{y=x}^{x^2+1} x^2\,y\,dy = x^2 \cdot \int\limits_{y=x}^{x^2+1} y\,dy = \frac{1}{2}\,x^2 \left[y^2\right]_{y=x}^{x^2+1} =$$

$$= \frac{1}{2}\,x^2 \left[(x^2+1)^2 - x^2\right] = \frac{1}{2}\,(x^6 + x^4 + x^2)$$

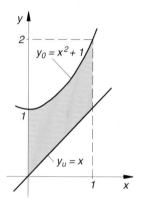

Äußere Integration nach der Variablen x:

$$\frac{1}{2} \cdot \int\limits_{x=0}^{1} (x^6 + x^4 + x^2)\,dx = \frac{1}{2} \left[\frac{1}{7}\,x^7 + \frac{1}{5}\,x^5 + \frac{1}{3}\,x^3\right]_0^1 = \frac{1}{2}\left(\frac{1}{7} + \frac{1}{5} + \frac{1}{3}\right) = \frac{71}{210}$$

Ergebnis: $\displaystyle \int\limits_{x=0}^{1} \int\limits_{y=x}^{x^2+1} x^2\,y\,dy\,dx = \frac{71}{210}$

■

Allgemeine Regel für die Berechnung eines Doppelintegrales

Die Reihenfolge der durchzuführenden Integrationen ist *eindeutig* durch die Anordnung (Reihenfolge) der Differentiale im Doppelintegral festgelegt. Sie ist nur dann *vertauschbar*, wenn *sämtliche* Integrationsgrenzen *konstant* sind (der Integrationsbereich ist in diesem Fall ein achsenparalleles Rechteck).

Sonderfall: $f(x; y) = f_1(x) \cdot f_2(y)$ und *konstante* Integrationsgrenzen $x_1 \leq x \leq x_2$, $y_1 \leq y \leq y_2$. Das Doppelintegral ist dann als *Produkt* zweier *gewöhnlicher* Integrale darstellbar:

$$\int\limits_{x=x_1}^{x_2} \int\limits_{y=y_1}^{y_2} f(x; y)\, dy\, dx = \int\limits_{x_1}^{x_2} f_1(x)\, dx \cdot \int\limits_{y_1}^{y_2} f_2(y)\, dy$$

3.1.3 Berechnung eines Doppelintegrals in Polarkoordinaten

Wir legen den folgenden *Normalbereich* (A) in *Polarkoordinaten* zugrunde:

$r = r_i(\varphi)$: *Innere* Randkurve

$r = r_a(\varphi)$: *Äußere* Randkurve

$dA = r\, dr\, d\varphi$

$(A):$ $\left\{ \begin{array}{c} r_i(\varphi) \leq r \leq r_a(\varphi) \\ \varphi_1 \leq \varphi \leq \varphi_2 \end{array} \right\}$

$x = r \cdot \cos\varphi, \quad y = r \cdot \sin\varphi$

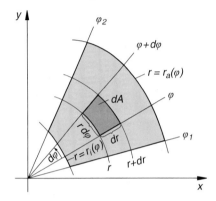

Das Doppelintegral $\iint\limits_{(A)} f(x; y)\, dA$ lässt sich dann schrittweise durch *zwei* nacheinander auszuführende *gewöhnliche* Integrationen berechnen (man setzt $x = r \cdot \cos\varphi$, $y = r \cdot \sin\varphi$ und $dA = r\, dr\, d\varphi$):

$$\iint\limits_{(A)} f(x; y)\, dA = \int\limits_{\varphi=\varphi_1}^{\varphi_2} \int\limits_{r=r_i(\varphi)}^{r_a(\varphi)} f(r \cdot \cos\varphi; r \cdot \sin\varphi) \cdot r\, dr\, d\varphi$$

Inneres Integral

Äußeres Integral

Zunächst wird dabei nach der Variablen r, d. h. in radialer Richtung integriert, wobei die Winkelkoordinate φ als *Parameter* festgehalten wird (*innere* Integration). Dann folgt die *äußere* Integration nach der Variablen φ.

3.1.4 Anwendungen

3.1.4.1 Flächeninhalt

Definitionsformel

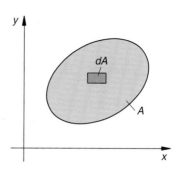

$$A = \iint\limits_{(A)} 1 \, dA = \iint\limits_{(A)} dA$$

In kartesischen Koordinaten

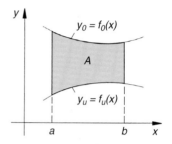

$$A = \int\limits_{x=a}^{b} \int\limits_{y=f_u(x)}^{f_o(x)} 1 \, dy \, dx$$

$y_o = f_o(x)$: *Obere* Randkurve

$y_u = f_u(x)$: *Untere* Randkurve

In Polarkoordinaten

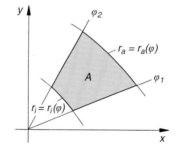

$$A = \int\limits_{\varphi=\varphi_1}^{\varphi_2} \int\limits_{r=r_i(\varphi)}^{r_a(\varphi)} r \, dr \, d\varphi$$

$r_a = r_a(\varphi)$: *Äußere* Randkurve

$r_i = r_i(\varphi)$: *Innere* Randkurve

3.1.4.2 Schwerpunkt einer homogenen ebenen Fläche

Definitionsformeln

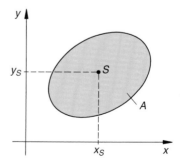

$$x_S = \frac{1}{A} \cdot \iint\limits_{(A)} x \, dA$$

$$y_S = \frac{1}{A} \cdot \iint\limits_{(A)} y \, dA$$

A: Flächeninhalt (siehe Abschnitt 3.1.4.1)

In kartesischen Koordinaten

$$x_S = \frac{1}{A} \cdot \int\limits_{x=a}^{b} \int\limits_{y=f_u(x)}^{f_o(x)} x \, dy \, dx$$

$$y_S = \frac{1}{A} \cdot \int\limits_{x=a}^{b} \int\limits_{y=f_u(x)}^{f_o(x)} y \, dy \, dx$$

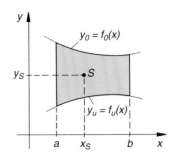

$y_o = f_o(x)$:   *Obere* Randkurve

$y_u = f_u(x)$:   *Untere* Randkurve

A: Flächeninhalt (siehe Abschnitt 3.1.4.1)

In Polarkoordinaten

$$x_S = \frac{1}{A} \cdot \int\limits_{\varphi=\varphi_1}^{\varphi_2} \int\limits_{r=r_i(\varphi)}^{r_a(\varphi)} r^2 \cdot \cos\varphi \, dr \, d\varphi$$

$$y_S = \frac{1}{A} \cdot \int\limits_{\varphi=\varphi_1}^{\varphi_2} \int\limits_{r=r_i(\varphi)}^{r_a(\varphi)} r^2 \cdot \sin\varphi \, dr \, d\varphi$$

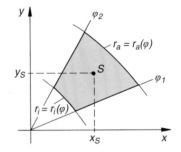

$r_a = r_a(\varphi)$:   *Äußere* Randkurve

$r_i = r_i(\varphi)$:   *Innere* Randkurve

A: Flächeninhalt (siehe Abschnitt 3.1.4.1)

Teilschwerpunktsatz: Siehe V.5.5

3.1.4.3 Flächenträgheitsmomente (Flächenmomente 2. Grades)

Definitionsformeln

$$I_x = \iint\limits_{(A)} y^2 \, dA, \quad I_y = \iint\limits_{(A)} x^2 \, dA$$

$$I_p = \iint\limits_{(A)} (x^2 + y^2) \, dA = \iint\limits_{(A)} r^2 \, dA$$

$$I_p = I_x + I_y$$

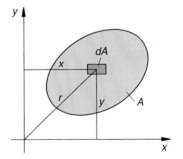

In kartesischen Koordinaten

$$I_x = \int\limits_{x=a}^{b} \int\limits_{y=f_u(x)}^{f_o(x)} y^2 \, dy \, dx$$

$$I_y = \int\limits_{x=a}^{b} \int\limits_{y=f_u(x)}^{f_o(x)} x^2 \, dy \, dx$$

$$I_p = \int\limits_{x=a}^{b} \int\limits_{y=f_u(x)}^{f_o(x)} (x^2 + y^2) \, dy \, dx$$

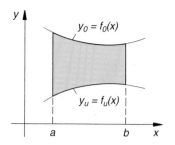

$y_o = f_o(x):$ *Obere* Randkurve

$y_u = f_u(x):$ *Untere* Randkurve

In Polarkoordinaten

$$I_x = \int\limits_{\varphi=\varphi_1}^{\varphi_2} \int\limits_{r=r_i(\varphi)}^{r_a(\varphi)} r^3 \cdot \sin^2 \varphi \, dr \, d\varphi$$

$$I_y = \int\limits_{\varphi=\varphi_1}^{\varphi_2} \int\limits_{r=r_i(\varphi)}^{r_a(\varphi)} r^3 \cdot \cos^2 \varphi \, dr \, d\varphi$$

$$I_p = \int\limits_{\varphi=\varphi_1}^{\varphi_2} \int\limits_{r=r_i(\varphi)}^{r_a(\varphi)} r^3 \, dr \, d\varphi$$

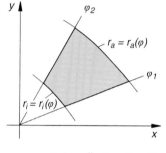

$r_a = r_a(\varphi):$ *Äußere* Randkurve

$r_i = r_i(\varphi):$ *Innere* Randkurve

Satz von Steiner: Siehe V.5.6

3.2 Dreifachintegrale

3.2.1 Definition eines Dreifachintegrals

$u = f(x; y; z)$ sei eine im Zylinderbereich (V) definierte und dort stetige Funktion. Wir zerlegen den Zylinder zunächst in n räumliche Teilbereiche ΔV_k, wählen in jedem Teilbereich einen beliebigen Punkt $P_k = (x_k; y_k; z_k)$, bilden das Produkt $f(x_k; y_k; z_k) \Delta V_k$ und summieren schließlich über alle Teilbereiche ($k = 1, 2, \ldots, n$; siehe hierzu das obere Bild auf der nächsten Seite):

$$\sum_{k=1}^{n} f(x_k; y_k; z_k) \, \Delta V_k$$

Beim *Grenzübergang* $n \to \infty$ (und zugleich $\Delta V_k \to 0$) strebt diese Summe gegen einen *Grenzwert*, der als *3-dimensionales Bereichsintegral* von $f(x; y; z)$ über (V) oder kurz als *Dreifachintegral* bezeichnet wird. Symbolische Schreibweise:

$$\iiint\limits_{(V)} f(x; y; z)\, dV = \lim_{n \to \infty} \sum_{k=1}^{n} f(x_k; y_k; z_k)\, \Delta V_k$$

Bezeichnungen:

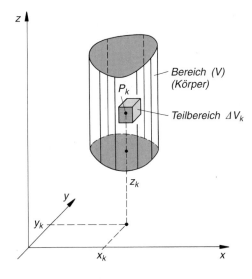

x, y, z:	Integrationsvariable
$f(x; y; z)$:	Integrandfunktion (kurz: Integrand)
dV:	Volumendifferential oder Volumenelement
(V):	Räumlicher Integrationsbereich

3.2.2 Berechnung eines Dreifachintegrals in kartesischen Koordinaten

Wir legen den folgenden *kartesischen Normalbereich* (V) zugrunde:

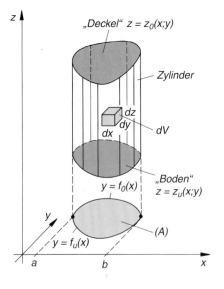

$z = z_u(x; y)$:	„Bodenfläche"
$z = z_o(x; y)$:	„Deckelfläche"
$dV = dx\, dy\, dz = dz\, dy\, dx$	

$$(V): \quad \left\{ \begin{array}{c} z_u(x; y) \le z \le z_o(x; y) \\ f_u(x) \le y \le f_o(x) \\ a \le x \le b \end{array} \right\}$$

Ein Dreifachintegral $\iiint\limits_{(V)} f(x; y; z)\, dV$ lässt sich dann schrittweise durch *drei* nacheinander auszuführende *gewöhnliche* Integrationen berechnen:

$$\iiint\limits_{(V)} f(x; y; z)\, dV = \int\limits_{x=a}^{b} \int\limits_{y=f_u(x)}^{f_o(x)} \int\limits_{z=z_u(x;y)}^{z_o(x;y)} f(x; y; z)\, dz\, dy\, dx$$

1. Integration

2. Integration

3. Integration

Es wird in der Reihenfolge z, y, x integriert. Bei einer *Abänderung* dieser Integrationsreihenfolge müssen die Integrationsgrenzen jeweils *neu* bestimmt werden. Zuletzt wird dabei stets über die Variable mit *festen* Genzen integriert. Die Reihenfolge der Integrationen ist jedoch beliebig *vertauschbar*, wenn *sämtliche* Integrationsgrenzen *konstant* sind (quaderförmiger Integrationsbereich mit achsenparallelen Seiten).

■ **Beispiel**

$$\int\limits_{x=1}^{2} \int\limits_{y=0}^{x} \int\limits_{z=0}^{x+y} (x - y)\, z\, dz\, dy\, dx = ?$$

1. Integrationsschritt (Integration nach der Variablen z):

$$\int\limits_{z=0}^{x+y} (x - y)\, z\, dz = (x - y) \cdot \int\limits_{z=0}^{x+y} z\, dz = \frac{1}{2}\, (x - y)\, [z^2]_{z=0}^{x+y} = \frac{1}{2}\, (x - y)\, (x + y)^2 =$$

$$= \frac{1}{2}\, (x - y)\, (x^2 + 2xy + y^2) = \frac{1}{2}\, (x^3 + 2x^2 y + xy^2 - x^2 y - 2xy^2 - y^3) =$$

$$= \frac{1}{2}\, (x^3 + x^2 y - xy^2 - y^3)$$

2. Integrationsschritt (Integration nach der Variablen y):

$$\int\limits_{y=0}^{x} \frac{1}{2}\, (x^3 + x^2 y - xy^2 - y^3)\, dy = \frac{1}{2} \left[x^3 y + \frac{1}{2}\, x^2 y^2 - \frac{1}{3}\, xy^3 - \frac{1}{4}\, y^4 \right]_{y=0}^{x} =$$

$$= \frac{1}{2} \left(x^4 + \frac{1}{2}\, x^4 - \frac{1}{3}\, x^4 - \frac{1}{4}\, x^4 \right) = \frac{1}{2} \underbrace{\left(1 + \frac{1}{2} - \frac{1}{3} - \frac{1}{4} \right)}_{11/12} x^4 = \frac{1}{2} \cdot \frac{11}{12}\, x^4 = \frac{11}{24}\, x^4$$

3. Integrationsschritt (Integration nach der Variablen x):

$$\int\limits_{x=1}^{2} \frac{11}{24}\, x^4\, dx = \frac{11}{24} \cdot \frac{1}{5}\, [x^5]_1^2 = \frac{11}{120}\, (32 - 1) = \frac{341}{120}$$

Ergebnis: $\int\limits_{x=1}^{2} \int\limits_{y=0}^{x} \int\limits_{z=0}^{x+y} (x - y)\, z\, dz\, dy\, dx = \dfrac{341}{120}$

■

Sonderfall: $f(x; y; z) = f_1(x) \cdot f_2(y) \cdot f_3(z)$ und   *konstante* Integrationsgrenzen $x_1 \leq x \leq x_2$, $y_1 \leq y \leq y_2$, $z_1 \leq z \leq z_2$. Das Dreifachintegral ist dann als *Produkt* dreier *gewöhnlicher* Integrale darstellbar:

$$\int\limits_{x=x_1}^{x_2} \int\limits_{y=y_1}^{y_2} \int\limits_{z=z_1}^{z_2} f(x; y; z)\, dz\, dy\, dx = \int\limits_{x_1}^{x_2} f_1(x)\, dx \cdot \int\limits_{y_1}^{y_2} f_2(y)\, dy \cdot \int\limits_{z_1}^{z_2} f_3(z)\, dz$$

3.2.3 Berechnung eines Dreifachintegrals in Zylinderkoordinaten

Hinweis: Die Zylinderkoordinate ϱ (senkrechter Abstand von der z-Achse) wird hier mit r bezeichnet, um Verwechslungen mit der Dichte ϱ zu vermeiden (Zylinderkoordinaten: siehe I.9.2.2 und XIV.6.2).

Beim Übergang von den *kartesischen* Raumkoordinaten $(x; y; z)$ zu den *Zylinderkoordinaten* $(r; \varphi; z)$ gelten die *Transformationsgleichungen*

$$x = r \cdot \cos\varphi, \quad y = r \cdot \sin\varphi, \quad z = z, \quad dV = r\, dz\, dr\, d\varphi$$

Ein Dreifachintegral $\iiint\limits_{(V)} f(x; y; z)\, dV$ transformiert sich dabei wie folgt:

$$\iiint\limits_{(V)} f(x; y; z)\, dV = \iiint\limits_{(V)} f(r \cdot \cos\varphi; r \cdot \sin\varphi; z) \cdot r\, dz\, dr\, d\varphi$$

Die Integration erfolgt dabei in *drei* nacheinander auszuführenden *gewöhnlichen* Integrationsschritten, wobei zunächst nach z, dann nach r und schließlich nach φ integriert wird. Bei einer *Abänderung* der Integrationsreihenfolge müssen die (in *Zylinderkoordinaten* ausgedrückten) Integrationsgrenzen neu bestimmt werden.

3.2.4 Berechnung eines Dreifachintegrals in Kugelkoordinaten

Beim Übergang von den kartesischen Raumkoordinaten $(x; y; z)$ zu den *Kugelkoordinaten* $(r; \vartheta; \varphi)$ gelten die folgenden Transformationsgleichungen:

$$x = r \cdot \sin\vartheta \cdot \cos\varphi, \quad y = r \cdot \sin\vartheta \cdot \sin\varphi, \quad z = r \cdot \cos\vartheta$$
$$dV = r^2 \cdot \sin\vartheta \cdot dr\, d\vartheta\, d\varphi$$

(Kugelkoordinaten: siehe I.9.2.4 und XIV.6.3).

Ein Dreifachintegral $\iiint\limits_{(V)} f(x;\,y;\,z)\,dV$ transformiert sich dabei wie folgt:

$$\iiint\limits_{(V)} f(x;\,y;\,z)\,dV = \iiint\limits_{(V)} f(r\cdot\sin\vartheta\cdot\cos\varphi;\,r\cdot\sin\vartheta\cdot\sin\varphi;\,r\cdot\cos\vartheta)\cdot r^2\cdot\sin\vartheta\,dr\,d\vartheta\,d\varphi$$

Die Integration erfolgt in *drei* nacheinander auszuführenden gewöhnlichen Integrations-schritten, wobei zunächst nach r, dann nach ϑ und schließlich nach φ integriert wird. Bei einer Änderung der Integrationsreihenfolge müssen die (in Kugelkoordinaten ausge-drückten) Integrationsgrenzen neu bestimmt werden.

3.2.5 Anwendungen

3.2.5.1 Volumen eines zylindrischen Körpers

Definitionsformel

$$V = \iiint\limits_{(V)} 1\,dV = \iiint\limits_{(V)} dV$$

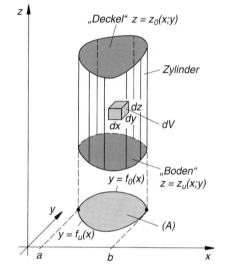

In kartesischen Koordinaten

$$V = \int\limits_{x=a}^{b}\ \int\limits_{y=f_u(x)}^{f_o(x)}\ \int\limits_{z=z_u(x;\,y)}^{z_o(x;\,y)} dz\,dy\,dx$$

$z = z_o(x;\,y)$: „Deckelfläche"
$z = z_u(x;\,y)$: „Bodenfläche"

Rotationskörper

Rotationsachse: z-Achse

$$V = \iiint\limits_{(V)} r\,dz\,dr\,d\varphi$$

$r,\ \varphi,\ z$: Zylinderkoordinaten (siehe I.9.2.2 und XIV.6.2)

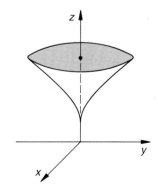

3.2.5.2 Schwerpunkt eines homogenen Körpers

Definitionsformeln

$$x_S = \frac{1}{V} \cdot \iiint\limits_{(V)} x \, dV \,, \qquad y_S = \frac{1}{V} \cdot \iiint\limits_{(V)} y \, dV \,, \qquad z_S = \frac{1}{V} \cdot \iiint\limits_{(V)} z \, dV$$

V: Volumen (siehe Abschnitt 3.2.5.1)

In kartesischen Koordinaten

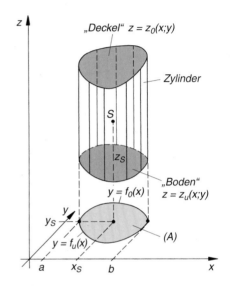

$$x_S = \frac{1}{V} \cdot \int\limits_{x=a}^{b} \int\limits_{y=f_u(x)}^{f_o(x)} \int\limits_{z=z_u(x;y)}^{z_o(x;y)} x \, dz \, dy \, dx$$

$$y_S = \frac{1}{V} \cdot \int\limits_{x=a}^{b} \int\limits_{y=f_u(x)}^{f_o(x)} \int\limits_{z=z_u(x;y)}^{z_o(x;y)} y \, dz \, dy \, dx$$

$$z_S = \frac{1}{V} \cdot \int\limits_{x=a}^{b} \int\limits_{y=f_u(x)}^{f_o(x)} \int\limits_{z=z_u(x;y)}^{z_o(x;y)} z \, dz \, dy \, dx$$

$z = z_o(x; y)$:   „Deckelfläche"

$z = z_u(x; y)$:   „Bodenfläche"

Rotationskörper

Rotationsachse: z-Achse

$$x_S = 0, \quad y_S = 0$$

$$z_S = \frac{1}{V} \cdot \iiint\limits_{(V)} z \, r \, dz \, dr \, d\varphi$$

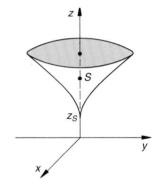

V: Rotationsvolumen (siehe Abschnitt 3.2.5.1)

r, φ, z: Zylinderkoordinaten (siehe I.9.2.2 und XIV.6.2)

3.2.5.3 Massenträgheitsmoment eines homogenen Körpers

Definitionsformel

$$J = \varrho \cdot \iiint\limits_{(V)} r_A^2 \, dV$$

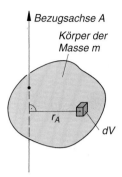

Bezugsachse A
Körper der Masse m

ϱ: Konstante Dichte des Körpers

r_A: Senkrechter Abstand des Volumenelementes dV von der Bezugsachse

In kartesischen Koordinaten

Bezugsachse: z-Achse

$$J = \varrho \cdot \int\limits_{x=a}^{b} \int\limits_{y=f_u(x)}^{f_o(x)} \int\limits_{z=z_u(x;y)}^{z_o(x;y)} (x^2 + y^2) \, dz \, dy \, dx$$

$z = z_o(x; y)$: „Deckelfläche"

$z = z_u(x; y)$: „Bodenfläche"

ϱ: Konstante Dichte des Körpers

Rotationskörper

Rotations- und Bezugsachse: z-Achse

$$J_z = \varrho \cdot \iiint\limits_{(V)} r^3 \, dz \, dr \, d\varphi$$

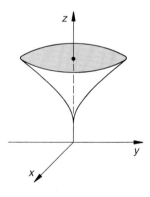

ϱ: Konstante Dichte des Körpers

r, φ, z: Zylinderkoordinaten (siehe I.9.2.2
und XIV.6.2)

Satz von Steiner (siehe hierzu auch V.5.1)

$$J = J_S + m d^2$$

J: Massenträgheitsmoment bezüglich der gewählten Bezugsachse

J_S: Massenträgheitsmoment bezüglich der zur Bezugsachse parallelen Schwerpunktachse

m: Masse des homogenen Körpers

d: Abstand zwischen Bezugs- und Schwerpunktachse

X Gewöhnliche Differentialgleichungen

1 Grundbegriffe

1.1 Definition einer gewöhnlichen Differentialgleichung n-ter Ordnung

Eine Gleichung, in der Ableitungen einer unbekannten Funktion $y = y(x)$ bis zur n-ten Ordnung auftreten, heißt eine *gewöhnliche Differentialgleichung n-ter Ordnung.*

$$\left.\begin{array}{ll} \textit{Implizite Form:} & F(x; y; y'; \ldots; y^{(n)}) = 0 \\[2mm] \textit{Explizite Form:} & y^{(n)} = f(x; y; y'; \ldots; y^{(n-1)}) \end{array}\right\} \; n \in \mathbb{N}^*$$

1.2 Lösungen einer Differentialgleichung

Eine Funktion $y = y(x)$ heißt eine *Lösung* der Differentialgleichung, wenn sie mit ihren Ableitungen die Differentialgleichung *identisch* erfüllt.

Allgemeine Lösung

Die *allgemeine* Lösung einer Differentialgleichung n-ter Ordnung enthält n voneinander *unabhängige* Parameter oder Integrationskonstanten.

Spezielle oder partikuläre Lösung

Man erhält aus der allgemeinen Lösung eine *spezielle* oder *partikuläre* Lösung, indem man den n Parametern feste Werte zuweist (z. B. durch *zusätzliche* Bedingungen wie *Anfangs-* oder *Randbedingungen*).

Singuläre Lösung

Eine Lösung der Differentialgleichung, die sich *nicht* aus der allgemeinen Lösung gewinnen lässt, heißt *singulär.*

1.3 Anfangswertprobleme

Von der gesuchten Lösung $y = y(x)$ einer Differentialgleichung n-ter Ordnung sind genau n Werte, nämlich der *Funktionswert* sowie die Werte der *ersten $n - 1$ Ableitungen* an einer Stelle x_0 vorgegeben: $y(x_0)$, $y'(x_0)$, $y''(x_0)$, $\ldots$, $y^{(n-1)}(x_0)$ (sog. *Anfangswerte*). Aus diesen *Anfangsbedingungen* lassen sich die n Integrationskonstanten $C_1, C_2, \ldots, C_n$ der allgemeinen Lösung bestimmen.

Dies bedeutet für eine

Dgl. 1. Ordnung: Gesucht ist die Lösungskurve $y = y(x)$ durch den Punkt $P = (x_0; y_0)$.

Dgl. 2. Ordnung: Gesucht ist die Lösungskurve $y = y(x)$ durch den Punkt $P = (x_0; y_0)$, die in diesem Punkt die Steigung $y'(x_0) = m$ besitzt.

1.4 Randwertprobleme

Von der gesuchten Lösung $y = y(x)$ einer Differentialgleichung n-ter Ordnung sind oft die *Funktionswerte* an n *verschiedenen* Stellen $x_1, x_2, \ldots, x_n$ vorgegeben: $y(x_1), y(x_2), \ldots$ $\ldots, y(x_n)$ (sog. *Randwerte*; $n \geq 2$). Aus diesen *Randbedingungen* lassen sich dann die n Integrationskonstanten $C_1, C_2, \ldots, C_n$ der allgemeinen Lösung bestimmen[1].

Allgemeiner formuliert: Ein *Randwertproblem* (auch *Randwertaufgabe* genannt) liegt vor, wenn die gesuchte Lösung einer Differentialgleichung n-ter Ordnung und gewisse ihrer Ableitungen an *mindestens zwei* verschiedenen Stellen des Definitionsbereiches vorgeschriebene Werte annehmen sollen (insgesamt n Randbedingungen).

2 Differentialgleichungen 1. Ordnung

2.1 Differentialgleichungen 1. Ordnung mit trennbaren Variablen

Eine Differentialgleichung 1. Ordnung vom Typ

$$y' = \frac{dy}{dx} = f(x) \cdot g(y)$$

wird durch „*Trennung der Variablen*" wie folgt gelöst:

1. Zunächst werden die beiden Variablen und ihre zugehörigen Differentiale voneinander *getrennt*, d. h. auf *verschiedene* Seiten der Gleichung gebracht.
2. Dann erfolgt die *Integration* auf *beiden* Seiten der Gleichung. Die *Lösung* lautet (in impliziter Form):

$$\int \frac{dy}{g(y)} = \int \frac{1}{g(y)}\, dy = \int f(x)\, dx \qquad (g(y) \neq 0)$$

Weitere Lösungen: *Jede* Lösung der Gleichung $g(y) = 0$ (sie sind vom Typ $y = \text{const.}$).

■ **Beispiel**

$$y' = (\cos x) \cdot y \quad \text{oder} \quad \frac{dy}{dx} = (\cos x) \cdot y$$

Trennen der beiden Variablen: $\dfrac{dy}{y} = \cos x\, dx \qquad (\text{für } y \neq 0)$

Integration auf beiden Seiten:

$$\int \frac{dy}{y} = \int \cos x\, dx \quad \Rightarrow \quad \ln|y| = \sin x + \ln|C| \quad \Rightarrow \quad \ln|y| - \ln|C| = \ln\left|\frac{y}{C}\right| = \sin x$$

---

[1] *Nicht jedes* Randwertproblem ist lösbar, in bestimmten Fällen können auch *mehrere* Lösungen auftreten.

Allgemeiner Hinweis: Beim Auftreten *logarithmischer* Terme wird die Integrationskonstante zweckmäßigerweise in der Form $\ln|C|$ angesetzt. Man beachte ferner, das in diesem Beispiel auch $y = 0$ eine Lösung ist.

Lösung (nach Entlogarithmierung der Gleichung): $y = C \cdot e^{\sin x}$ $(C \in \mathbb{R})$ ∎

2.2 Spezielle Differentialgleichungen 1. Ordnung, die durch Substitutionen lösbar sind (Tabelle)

Differentialgleichung	Substitution	Neue Dgl/Lösungsweg
(A) $y' = f(ax + by + c)$	$u = ax + by + c$ $u' = a + by'$	$u' = a + b \cdot f(u)$ 1. *Trennung der Variablen* 2. Rücksubstitution
(B) $y' = f\left(\dfrac{y}{x}\right)$ $(x \neq 0)$ (*homogene* Dgl)	$u = \dfrac{y}{x}$ $u' = \dfrac{xy' - y}{x^2}$	$u' = \dfrac{f(u) - u}{x}$ 1. *Trennung der Variablen* 2. Rücksubstitution
(C) $y' + g(x) \cdot y = h(x) \cdot y^n$ (*Bernoullische* Dgl; $n \neq 1$)	$u = y^{1-n}$ $u' = (1 - n) y^{-n} y'$	$u' + (1 - n) g(x) \cdot u =$ $= (1 - n) h(x)$ 1. *Lineare Dgl* (siehe X.2.4) 2. Rücksubstitution

Man beachte: y ist eine Funktion von x, dies gilt daher auch für die „Hilfsvariable" u.

∎   **Beispiel**

$$y' = \frac{2y - x}{x} = 2\left(\frac{y}{x}\right) - 1, \quad x \neq 0; \quad \textit{homogene Dgl vom Typ } (B)$$

Substitution: $u = \dfrac{y}{x}, \quad y = xu \quad \Rightarrow \quad y' = 1 \cdot u + x \cdot u' = u + xu'$

Neue Dgl: $u + xu' = 2u - 1 \quad \Rightarrow \quad xu' = u - 1$

Trennung der Variablen: $x \dfrac{du}{dx} = u - 1 \quad \Rightarrow \quad \dfrac{du}{u - 1} = \dfrac{dx}{x} \quad (x \neq 0; u \neq 1)$

Integration: $\displaystyle\int \frac{du}{u - 1} = \int \frac{dx}{x} \quad \Rightarrow \quad \ln|u - 1| = \ln|x| + \ln|C| = \ln|Cx|$

Entlogarithmierung: $u - 1 = Cx \quad \Rightarrow \quad u = Cx + 1$

Allgemeine Lösung (nach Rücksubstitution): $y = xu = x(Cx + 1) = Cx^2 + x \quad (C \in \mathbb{R})$

Hinweis: Aus $u = 1$ erhält man die *spezielle* Lösung $y = x$, die in der allgemeinen Lösung bereits enthalten ist (für $C = 0$).

                                                                   ∎

2.3 Exakte Differentialgleichungen 1. Ordnung

Eine Differentialgleichung 1. Ordnung vom Typ

$$g(x; y)\, dx + h(x; y)\, dy = 0 \quad \text{mit} \quad \frac{\partial g}{\partial y} = \frac{\partial h}{\partial x}$$

heißt *exakt* oder *vollständig*. Die lineare Differentialform $g(x; y)\, dx + h(x; y)\, dy$ ist dann das *totale* oder *vollständige* Differential du einer Funktion $u = u(x; y)$. Somit gilt:

$$\frac{\partial u}{\partial x} = g(x; y) \quad \text{und} \quad \frac{\partial u}{\partial y} = h(x; y)$$

Die Lösung der exakten Differentialgleichung lautet dann in geschlossener Form:

$$\int g(x; y)\, dx + \int \left[h(x; y) - \int \frac{\partial g}{\partial y}\, dx \right] dy = \text{const.} = C$$

■ **Beispiel**

Die Dgl $(1 - x)\, y' + x - y = 0$ oder $\underbrace{(x - y)}_{g}\, dx + \underbrace{(1 - x)}_{h}\, dy = 0$ ist *exakt*:

$$\left. \begin{aligned} \frac{\partial g}{\partial y} &= \frac{\partial}{\partial y}\, (x - y) = -1 \\ \frac{\partial h}{\partial x} &= \frac{\partial}{\partial x}\, (1 - x) = -1 \end{aligned} \right\} \quad \Rightarrow \quad \frac{\partial g}{\partial y} = \frac{\partial h}{\partial x} = -1$$

Integration (nach obiger Lösungsformel):

$$\int (x - y)\, dx + \int \left[1 - x - \int \underbrace{\frac{\partial}{\partial y}\, (x - y)}_{-1}\, dx \right] dy = \frac{1}{2}\, x^2 - xy + \int \left[1 - x + \underbrace{\int 1\, dx}_{x} \right] dy =$$

$$= \frac{1}{2}\, x^2 - xy + \int 1\, dy = \frac{1}{2}\, x^2 - xy + y = C$$

Lösung: $\dfrac{1}{2}\, x^2 - xy + y = C$ oder $y = \dfrac{x^2 - 2C}{2(x - 1)} \quad (x \neq 1;\ C \in \mathbb{R})$ ■

Integrierender Faktor

Häufig lässt sich eine *nichtexakte* Differentialgleichung 1. Ordnung durch *Multiplikation* mit einer geeigneten Funktion $\lambda = \lambda(x; y)$ in eine *exakte* Differentialgleichung überführen. Der *„integrierende Faktor"* $\lambda(x; y)$ muss dabei die *Integrabilitätsbedingung*

$$\frac{\partial}{\partial y}\, \big[\lambda(x; y) \cdot g(x; y) \big] = \frac{\partial}{\partial x}\, \big[\lambda(x; y) \cdot h(x; y) \big]$$

erfüllen. In vielen Fällen hängt der integrierende Faktor nur von x *oder* y ab, d. h. $\lambda = \lambda(x)$ bzw. $\lambda = \lambda(y)$.

■ **Beispiel**

$(1 + xy)\, dx + (xy + x^2)\, dy = 0;\qquad \dfrac{\partial}{\partial y}\, (1 + xy) = x \neq \dfrac{\partial}{\partial x}\, (xy + x^2) = y + 2x$

Diese Dgl ist also *nichtexakt*, sie lässt sich jedoch mit Hilfe des „integrierenden Faktors" $\lambda = 1/x$ in eine *exakte* Dgl überführen:

Neue (exakte) Dgl: $\quad \dfrac{1}{x}\,(1 + xy)\,dx + \dfrac{1}{x}\,(xy + x^2)\,dy = \underbrace{\left(\dfrac{1}{x} + y\right)}_{g}\,dx + \underbrace{(y + x)}_{h}\,dy = 0$

$$\frac{\partial g}{\partial y} = \frac{\partial}{\partial y}\left(\frac{1}{x} + y\right) = \frac{\partial h}{\partial x} = \frac{\partial}{\partial x}\,(y + x) = 1 \quad \Rightarrow \quad \text{exakte Dgl}$$

Integration: $\quad \displaystyle\int \left(\frac{1}{x} + y\right) dx + \int \left[y + x - \underbrace{\int 1\,dx}_{x}\right] dy = \ln|x| + xy + \frac{1}{2}\,y^2 = C$

Lösung: $\quad \ln|x| + xy + \dfrac{1}{2}\,y^2 = C \qquad (C \in \mathbb{R})$

Hinweis: Den „integrierenden Faktor" $\lambda = 1/x$ erhält man aus der *Integrabilitätsbedingung* unter der Annahme, dass der gesuchte Faktor nur von der Variablen x abhängt (Ansatz: $\lambda = \lambda(x)$). ∎

2.4 Lineare Differentialgleichungen 1. Ordnung

2.4.1 Definition einer linearen Differentialgleichung 1. Ordnung

$$y' + f(x) \cdot y = g(x)$$

Die Funktion $g(x)$ wird als *Störfunktion* oder *Störglied* bezeichnet. *Fehlt* das Störglied, d. h. ist $g(x) \equiv 0$, so heißt die lineare Differentialgleichung *homogen*, sonst *inhomogen*.

2.4.2 Integration der homogenen linearen Differentialgleichung

$$y' + f(x) \cdot y = 0$$

Lösung durch „*Trennung der Variablen*":

$$y = C \cdot e^{-\int f(x)\,dx} \qquad (C \in \mathbb{R})$$

∎ **Beispiel**

$\quad y' - 2xy = 0 \quad \Rightarrow \quad y = C \cdot e^{\int 2x\,dx} = C \cdot e^{x^2} \qquad (C \in \mathbb{R})$

∎

2.4.3 Integration der inhomogenen linearen Differentialgleichung

2.4.3.1 Integration durch Variation der Konstanten

Eine *inhomogene* lineare Differentialgleichung 1. Ordnung vom Typ $y' + f(x) \cdot y = g(x)$ lässt sich durch „*Variation der Konstanten*" wie folgt lösen:

1. Integration der zugehörigen *homogenen* Differentialgleichung $y' + f(x) \cdot y = 0$ durch „*Trennung der Variablen*". Allgemeine Lösung:

$$y = K \cdot e^{-\int f(x)\,dx} \qquad (K \in \mathbb{R})$$

2. „*Variation der Konstanten*": Die Integrationskonstante K wird durch eine (noch unbekannte) *Funktion* $K(x)$ ersetzt: $K \to K(x)$. Mit dem Lösungsansatz

$$y = K(x) \cdot e^{-\int f(x)\,dx}$$

geht man in die *inhomogene* lineare Differentialgleichung ein und erhält eine einfache Differentialgleichung 1. Ordnung für die Faktorfunktion $K(x)$, die durch unbestimmte Integration direkt gelöst werden kann.

■ **Beispiel**

$$y' - \frac{y}{x} = x^2 \quad \text{oder} \quad y' - \frac{1}{x}\, y = x^2 \quad (x \neq 0)$$

1. *Homogene Differentialgleichung:* $\quad y' - \dfrac{y}{x} = 0$

Integration durch „*Trennung der Variablen*":

$$\frac{dy}{y} = \frac{dx}{x}, \qquad \int \frac{dy}{y} = \int \frac{dx}{x}, \qquad \ln|y| = \ln|x| + \ln|K| = \ln|K \cdot x|$$

Lösung der homogenen Differentialgleichung: $\quad y = K \cdot x \qquad (K \in \mathbb{R})$

2. *Inhomogene Differentialgleichung:* $\quad y' - \dfrac{y}{x} = x^2$

Integration durch „*Variation der Konstanten*": $\quad K \to K(x)$

Lösungsansatz: $\quad y = K(x) \cdot x, \qquad y' = K'(x) \cdot x + K(x) \qquad$ (Produktregel)

$$K'(x) \cdot x + K(x) - \frac{K(x) \cdot x}{x} = x^2, \quad K'(x) \cdot x = x^2, \quad K'(x) = x \;\Rightarrow\; K(x) = \frac{1}{2}x^2 + C$$

Lösung: $\quad y = K(x) \cdot x = \left(\dfrac{1}{2}x^2 + C\right) \cdot x = \dfrac{1}{2}x^3 + Cx \qquad (C \in \mathbb{R})$

■

2.4.3.2 Integration durch Aufsuchen einer partikulären Lösung

Man löst zunächst die zugehörige *homogene* Differentialgleichung $y' + f(x) \cdot y = 0$ durch „*Trennung der Variablen*" (allgemeine Lösung: $y_0 = C \cdot e^{-\int f(x)\,dx}$) und versucht dann mit Hilfe eines *geeigneten* Lösungsansatzes, der im Wesentlichen vom Typ des Störgliedes $g(x)$ abhängt und einen oder mehrere *Parameter* enthält, eine *partikuläre* Lösung y_p der *inhomogenen* Differentialgleichung $y' + f(x) \cdot y = g(x)$ zu bestimmen. Die *allgemeine* Lösung y der *inhomogenen* Differentialgleichung ist dann die *Summe* aus y_0 und y_p:

$$y = y_0 + y_p = C \cdot e^{-\int f(x)\,dx} + y_p \qquad (C \in \mathbb{R})$$

2.4.4 Lineare Differentialgleichungen 1. Ordnung mit konstanten Koeffizienten

$$y' + a y = g(x) \qquad (a \in \mathbb{R})$$

(Spezialfall der allgemeinen linearen Differentialgleichung 1. Ordnung für $f(x) = a$)

Die Integration dieser Differentialgleichung erfolgt entweder durch *„Variation der Konstanten"* (siehe Abschnitt 2.4.3.1) oder durch *„Aufsuchen einer partikulären Lösung"* (siehe
Abschnitt 2.4.3.2), wobei sich die *letztere* Lösungsmethode in den meisten Fällen als die
zweckmäßigere erweist, da der Lösungsansatz für eine partikuläre Lösung y_p im Wesentlichen dem Funktionstyp des *Störgliedes* $g(x)$ entspricht.

Die zugehörige *homogene* Gleichung $y' + ay = 0$ wird durch die *Exponentialfunktion*
$y_0 = C \cdot e^{-ax}$ gelöst. Für die *allgemeine* Lösung der *inhomogenen* Differentialgleichung
gilt somit:

$$y = y_0 + y_p = C \cdot e^{-ax} + y_p \qquad (C \in \mathbb{R})$$

Den Lösungsansatz für eine *partikuläre* Lösung y_p entnimmt man der folgenden Tabelle.

Tabelle: Lösungsansatz y_p für spezielle Störfunktionen (Störglieder)

Störfunktion $g(x)$	Lösungsansatz $y_p(x)$
1. Konstante Funktion	Konstante Funktion $y_p = c_0$
2. Lineare Funktion	Lineare Funktion $y_p = c_1 x + c_0$
3. Quadratische Funktion	Quadratische Funktion $y_p = c_2 x^2 + c_1 x + c_0$
4. Polynomfunktion vom Grade n	Polynomfunktion vom Grade n $y_p = c_n x^n + \ldots + c_1 x + c_0$
5. $g(x) = A \cdot \sin(\omega x)$	$\left.\begin{array}{l}\end{array}\right\}$ $y_p = C_1 \cdot \sin(\omega x) + C_2 \cdot \cos(\omega x)$
6. $g(x) = B \cdot \cos(\omega x)$	oder
7. $g(x) = A \cdot \sin(\omega x) + B \cdot \cos(\omega x)$	$y_p = C \cdot \sin(\omega x + \varphi)$
8. $g(x) = A \cdot e^{bx}$	$y_p = \begin{cases} C \cdot e^{bx} & b \neq -a \\ Cx \cdot e^{bx} & \text{für} \quad b = -a \end{cases}$

„Stellparameter": $c_0, c_1, \ldots, c_n$; C, C_1, C_2; φ

Anmerkungen zur Tabelle

(1)   Die im jeweiligen Lösungsansatz enthaltenen *Parameter* („Stellparameter") sind so
      zu bestimmen, dass der Ansatz die vorgegebene Differentialgleichung *löst*.

(2)   Ist die Störfunktion $g(x)$ eine *Summe* aus *mehreren* Störgliedern, so erhält man den
      Lösungsansatz für y_p als *Summe* der Lösungsansätze für die einzelnen Störglieder.

(3)   Ist die Störfunktion $g(x)$ ein *Produkt* aus *mehreren* Faktoren, so werden die Ansätze
      für die einzelnen Faktoren miteinander *multipliziert*.

■ **Beispiel**

$y' - 2y = 4x - 2$

1. *Homogene Differentialgleichung:* $y' - 2y = 0$

   Lösung: $y_0 = C \cdot e^{2x}$ $(C \in \mathbb{R})$

2. *Inhomogene Differentialgleichung:* $y' - 2y = 4x - 2$ (Störglied: $g(x) = 4x - 2$)

   Lösungsansatz für y_p (aus der Tabelle entnommen): $y_p = ax + b$, $y'_p = a$

   Bestimmung der *Konstanten* a und b:

   $a - 2(ax + b) = 4x - 2$, $-2ax + a - 2b = 4x - 2$

   Koeffizientenvergleich:

   $\left.\begin{array}{rcl} -2a & = & 4 \\ a - 2b & = & -2 \end{array}\right\} \Rightarrow a = -2, \quad b = 0$

   Partikuläre Lösung: $y_p = -2x$

   Lösung der *inhomogenen* Differentialgleichung: $y = y_0 + y_p = C \cdot e^{2x} - 2x$ $(C \in \mathbb{R})$

■

2.5 Numerische Integration einer Differentialgleichung 1. Ordnung

2.5.1 Streckenzugverfahren von Euler

Die Lösungskurve $y(x)$ der Differentialgleichung $y' = f(x; y)$ für den Anfangswert $y(x_0) = y_0$ lässt sich an den Stellen $x_1 = x_0 + h$, $x_2 = x_0 + 2h$, $x_3 = x_0 + 3h, \ldots$ näherungsweise wie folgt berechnen (h: gewählte Schrittweite):

$y(x_0) = y_0$ (vorgegebener Anfangswert)

$y(x_1) \approx y_1 = y_0 + h \cdot f(x_0; y_0)$

$y(x_2) \approx y_2 = y_1 + h \cdot f(x_1; y_1)$

$y(x_3) \approx y_3 = y_2 + h \cdot f(x_2; y_2)$

$\vdots$

Rechenschema

i	x	y	$h \cdot f(x; y)$
0	x_0	y_0 (Anfangswert)	$h \cdot f(x_0; y_0)$
1	$x_1 = x_0 + h$	$y_1 = y_0 + h \cdot f(x_0; y_0)$	$h \cdot f(x_1; y_1)$
2	$x_2 = x_0 + 2h$	$y_2 = y_1 + h \cdot f(x_1; y_1)$	$h \cdot f(x_2; y_2)$
3	$x_3 = x_0 + 3h$	$y_3 = y_2 + h \cdot f(x_2; y_2)$	$h \cdot f(x_3; y_3)$
$\vdots$	$\vdots$	$\vdots$	$\vdots$

Fehlerabschätzung

$$\Delta y_i = y(x_i) - y_i \approx y_i - \tilde{y}_i$$

$y(x_i)$:   *Exakte* Lösung an der Stelle x_i
y_i: *Näherungslösung* an der Stelle x_i bei der Schrittweite h
$\tilde{y}_i$:   *Näherungslösung* an der Stelle x_i bei doppelter Schrittweite $2h$

Geometrische Deutung

Die (exakte) Lösungskurve wird im Anfangspunkt $P_0 = (x_0; y_0)$ durch die dortige *Tangente* mit der Steigung $m = f(x_0; y_0)$ ersetzt. Der an der Stelle $x_1 = x_0 + h$ gelegene Tangentenpunkt P_1 besitzt dann die Ordinate $y_1 = y_0 + h \cdot f(x_0; y_0)$ (Bild a)). Dieser Wert ist ein *Näherungswert* für die exakte Lösung $y(x_1)$:

$$y(x_1) \approx y_1 = y_0 + h \cdot f(x_0; y_0)$$

Dann wird das Verfahren für den (neuen) Anfangspunkt P_1 wiederholt usw.. Man erhält einen *Streckenzug* als Näherung für die gesuchte Lösung der Differentialgleichung (Bild b)).

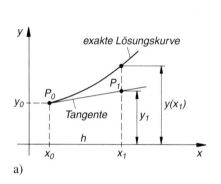

a)

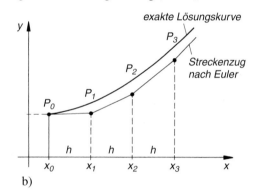

b)

■   **Beispiel**

$y' = y - x$ *Anfangswert:* $y(0) = 0$

Wir berechnen die *Näherungslösung* dieser Differentialgleichung im Intervall $0 \le x \le 0{,}2$ für die Schrittweite $h = 0{,}05$ und vergleichen sie mit der *exakten* Lösung $y = -e^x + x + 1$:

i	x	y	$h \cdot f(x; y) = 0{,}05\,(y - x)$	y_{exakt}
0	0,00	0,000 000	0,000 000	0,000 000
1	0,05	0,000 000	− 0,002 500	− 0,001 271
2	0,10	− 0,002 500	− 0,005 125	− 0,005 171
3	0,15	− 0,007 625	− 0,007 881	− 0,011 834
4	0,20	− 0,015 506	− 0,010 775	− 0,021 403

Grau unterlegt: Näherungswerte

■

2.5.2 Runge-Kutta-Verfahren 2. Ordnung

Die Lösungskurve $y(x)$ der Differentialgleichung $y' = f(x; y)$ für den Anfangswert $y(x_0) = y_0$ lässt sich an den Stellen $x_1 = x_0 + h$, $x_2 = x_0 + 2h$, $x_3 = x_0 + 3h$, ... näherungsweise wie folgt berechnen (h: gewählte Schrittweite):

$y(x_0) = y_0$ (vorgegebener Anfangswert)

$$y(x_1) \approx y_1 = y_0 + \frac{1}{2}(k_1 + k_2)$$

$$k_1 = h \cdot f(x_0; y_0)$$

$$k_2 = h \cdot f(x_0 + h; y_0 + k_1)$$

$$y(x_2) \approx y_2 = y_1 + \frac{1}{2}(k_1 + k_2)$$

$$k_1 = h \cdot f(x_1; y_1)$$

$$k_2 = h \cdot f(x_1 + h; y_1 + k_1)$$

$$y(x_3) \approx y_3 = y_2 + \frac{1}{2}(k_1 + k_2)$$

$$k_1 = h \cdot f(x_2; y_2)$$

$$k_2 = h \cdot f(x_2 + h; y_2 + k_1)$$

$\vdots$

Rechenschema

Abkürzung: $K = \dfrac{1}{2}(k_1 + k_2)$

i	x	y	$f(x; y)$	$k = h \cdot f(x; y)$
0	x_0	y_0	$f(x_0; y_0)$	$k_1 = h \cdot f(x_0; y_0)$
	$x_0 + h$	$y_0 + k_1$	$f(x_0 + h; y_0 + k_1)$	$k_2 = h \cdot f(x_0 + h; y_0 + k_1)$
				$K = \dfrac{1}{2}(k_1 + k_2)$
1	$x_1 = x_0 + h$	$\boxed{y_1 = y_0 + K}$	......	
$\vdots$				

Grau unterlegt: Näherungswert für $y(x_1)$

Fehlerabschätzung

$$\Delta y_i = y(x_i) - y_i \approx \frac{1}{3}(y_i - \tilde{y}_i)$$

$y(x_i)$:   *Exakte* Lösung an der Stelle x_i

y_i: *Näherungslösung* an der Stelle x_i bei der Schrittweite h

$\tilde{y}_i$:   *Näherungslösung* an der Stelle x_i bei doppelter Schrittweite $2h$

■   **Beispiel**

$y' = y - x$;   *Anfangswert:* $y(0) = 0$

Wir berechnen die *Näherungslösung* dieser Differentialgleichung im Intervall $0 \leq x \leq 0,3$ für die Schrittweite $h = 0,1$ und vergleichen sie mit der *exakten* Lösung $y = -e^x + x + 1$:

i	x	y	$f(x; y) = y - x$	$k = 0,1(y - x)$	y_{exakt}
0	0,0	0,000 000	0,000 000	0,000 000	0,000 000
	0,1	0,000 000	$-0,100 000$	$-0,010 000$	
				$K = -0,005 000$	
1	0,1	$-0,005 000$	$-0,105 000$	$-0,010 500$	$-0,005 171$
	0,2	$-0,015 500$	$-0,215 500$	$-0,021 550$	
				$K = -0,016 025$	
2	0,2	$-0,021 025$	$-0,221 025$	$-0,022 103$	$-0,021 403$
	0,3	$-0,043 128$	$-0,343 128$	$-0,034 313$	
				$K = -0,028 208$	
3	0,3	$-0,049 233$			$-0,049 859$

Näherungslösung im Vergleich zur *exakten* Lösung (gute Übereinstimmung):

x	y (Näherung)	y_{exakt}
0,0	0,000 000	0,000 000
0,1	$-0,005 000$	$-0,005 171$
0,2	$-0,021 025$	$-0,021 403$
0,3	$-0,049 233$	$-0,049 859$

■

2.5.3 Runge-Kutta-Verfahren 4. Ordnung

Die Lösungskurve $y(x)$ der Differentialgleichung $y' = f(x; y)$ für den Anfangswert $y(x_0) = y_0$ lässt sich an den Stellen $x_1 = x_0 + h$, $x_2 = x_0 + 2h$, $x_3 = x_0 + 3h$, ... näherungsweise nach dem folgenden Schema berechnen (h: gewählte Schrittweite).

$y(x_0) = y_0$ (vorgegebener Anfangswert)

$$y(x_1) \approx y_1 = y_0 + \frac{1}{6}\,(k_1 + 2k_2 + 2k_3 + k_4)$$

$$k_1 = h \cdot f(x_0;\, y_0)$$

$$k_2 = h \cdot f\left(x_0 + \frac{h}{2};\, y_0 + \frac{k_1}{2}\right)$$

$$k_3 = h \cdot f\left(x_0 + \frac{h}{2};\, y_0 + \frac{k_2}{2}\right)$$

$$k_4 = h \cdot f(x_0 + h;\, y_0 + k_3)$$

$$y(x_2) \approx y_2 = y_1 + \frac{1}{6}\,(k_1 + 2k_2 + 2k_3 + k_4)$$

$$k_1 = h \cdot f(x_1;\, y_1)$$

$$k_2 = h \cdot f\left(x_1 + \frac{h}{2};\, y_1 + \frac{k_1}{2}\right)$$

$$k_3 = h \cdot f\left(x_1 + \frac{h}{2};\, y_1 + \frac{k_2}{2}\right)$$

$$k_4 = h \cdot f(x_1 + h;\, y_1 + k_3)$$

$\vdots$

Rechenschema

Abkürzung: $K = \dfrac{1}{6}\,(k_1 + 2k_2 + 2k_3 + k_4)$

i	x	y	$f(x;\, y)$	$k = h \cdot f(x;\, y)$
0	x_0	y_0	$f(x_0;\, y_0)$	k_1
	$x_0 + \dfrac{h}{2}$	$y_0 + \dfrac{k_1}{2}$	$f\left(x_0 + \dfrac{h}{2};\, y_0 + \dfrac{k_1}{2}\right)$	k_2
	$x_0 + \dfrac{h}{2}$	$y_0 + \dfrac{k_2}{2}$	$f\left(x_0 + \dfrac{h}{2};\, y_0 + \dfrac{k_2}{2}\right)$	k_3
	$x_0 + h$	$y_0 + k_3$	$f(x_0 + h;\, y_0 + k_3)$	k_4
				$K = \dfrac{1}{6}\,(k_1 + 2k_2 + 2k_3 + k_4)$
1	$x_1 = x_0 + h$	$\boxed{y_1 = y_0 + K}$	$\ldots\ldots$	
$\vdots$				

Grau unterlegt: Näherungswert für $y(x_1)$

Fehlerabschätzung

$$\Delta y_i = y(x_i) - y_i \approx \frac{1}{15}\,(y_i - \tilde{y}_i)$$

$y(x_i)$: *Exakte* Lösung an der Stelle x_i

y_i: *Näherungslösung* an der Stelle x_i bei der Schrittweite h

$\tilde{y}_i$: *Näherungslösung* an der Stelle x_i bei doppelter Schrittweite $2h$

■ **Beispiel**

$y' = y - x$;   *Anfangswert:* $y(0) = 0$

Wir berechnen die *Näherungslösung* dieser Differentialgleichung im Intervall $0 \le x \le 0{,}3$ für die Schrittweite $h = 0{,}1$ und vergleichen sie mit der *exakten* Lösung $y = -e^x + x + 1$:

i	x	y	$f(x;y) = y - x$	$k = 0{,}1\,(y - x)$	y_{exakt}
0	0,00	0,000 000	0,000 000	0,000 000	0,000 000
	0,05	0,000 000	− 0,050 000	− 0,005 000	
	0,05	− 0,002 500	− 0,052 500	− 0,005 250	
	0,10	− 0,005 250	− 0,105 250	− 0,010 525	
				$K = -0{,}005\,171$	
1	0,10	− 0,005 171	− 0,105 171	− 0,010 517	− 0,005 171
	0,15	− 0,010 430	− 0,160 430	− 0,016 043	
	0,15	− 0,013 193	− 0,163 193	− 0,016 320	
	0,20	− 0,021 491	− 0,221 491	− 0,022 149	
				$K = -0{,}016\,232$	
2	0,20	− 0,021 403	− 0,221 403	− 0,022 140	− 0,021 403
	0,25	− 0,032 473	− 0,282 473	− 0,028 247	
	0,25	− 0,035 527	− 0,285 527	− 0,028 553	
	0,30	− 0,049 956	− 0,349 956	− 0,034 996	
				$K = -0{,}028\,456$	
3	0,30	− 0,049 859			− 0,049 859

Näherungslösung im Vergleich zur *exakten* Lösung (sehr gute Übereinstimmung):

x	y (Näherung)	y_{exakt}
0,0	0,000 000	0,000 000
0,1	− 0,005 171	− 0,005 171
0,2	− 0,021 403	− 0,021 403
0,3	− 0,049 859	− 0,049 859

■

3 Differentialgleichungen 2. Ordnung

3.1 Spezielle Differentialgleichungen 2. Ordnung, die sich auf Differentialgleichungen 1. Ordnung zurückführen lassen

Die in der nachfolgenden Tabelle zusammengestellten Differentialgleichungen 2. Ordnung lassen sich mit Hilfe geeigneter *Substitutionen* auf Differentialgleichungen 1. Ordnung zurückführen.

Differentialgleichung	Substitution	Neue Dgl/Lösungsweg
(A) $y'' = f(y)$	$y' = \dfrac{dy}{dx} = u$ $y'' = \dfrac{du}{dx} = \dfrac{du}{dy} \cdot \dfrac{dy}{dx} =$ $= \dfrac{du}{dy} \cdot u$	$u\,\dfrac{du}{dy} = f(y)$ 1. Integration durch *Trennung der Variablen*: $u = \pm \sqrt{2 \cdot \int f(y)\,dy}$ 2. Rücksubstitution $(u = y')$: $y' = \pm \sqrt{2 \cdot \int f(y)\,dy}$ 3. Integration durch *Trennung der Variablen*
(B) $y'' = f(y')$	$y' = u$ $y'' = u'$	$u' = f(u)$ 1. Integration durch *Trennung der Variablen*: $\int \dfrac{du}{f(u)} = x + C$ (nach *u auflösen*: $u = u(x)$) 2. Rücksubstitution $(u = y')$: $y' = u(x)$ 3. Direkte Integration: $y = \int u(x)\,dx$
(C) $y'' = f(x; y')$	$y' = u$ $y'' = u'$	$u' = f(x; u)$ Weiterer Lösungsweg hängt vom *Typ* der Funktion $f(x; u)$ ab
(D) $y'' = f(y; y')$	$y' = \dfrac{dy}{dx} = u$ $y'' = \dfrac{du}{dy} \cdot \dfrac{dy}{dx} = \dfrac{du}{dy} \cdot u$	$u\,\dfrac{du}{dy} = f(y; u)$ Weiterer Lösungsweg hängt vom *Typ* der Funktion $f(y; u)$ ab

■   **Beispiel**

$$y'' = \sqrt{1 + (y')^2}$$

Substitution vom Typ (B): $y' = u$, $y'' = u'$ *(mit $u = u(x)$)*

Neue Differentialgleichung 1. Ordnung: $u' = \sqrt{1 + u^2}$

Integration nach „Trennung der Variablen":

$$\frac{du}{\sqrt{1 + u^2}} = dx, \qquad \int \frac{du}{\sqrt{1 + u^2}} = \int dx \quad \Rightarrow \quad \text{arsinh}\, u = x + C_1 \quad \Rightarrow \quad u = \sinh(x + C_1)$$

Rücksubstitution mit anschließender Integration:

$$y' = u = \sinh(x + C_1) \quad \Rightarrow \quad y = \int \sinh(x + C_1)\, dx = \cosh(x + C_1) + C_2$$

Lösung: $y = \cosh(x + C_1) + C_2$ $(C_1, C_2 \in \mathbb{R})$

■

3.2 Lineare Differentialgleichungen 2. Ordnung mit konstanten Koeffizienten

3.2.1 Definition einer linearen Differentialgleichung 2. Ordnung mit konstanten Koeffizienten

$$y'' + a y' + b y = g(x) \qquad (a, b \in \mathbb{R})$$

Die Funktion $g(x)$ wird als *Störfunktion* oder *Störglied* bezeichnet. *Fehlt das Störglied*, d. h. ist $g(x) \equiv 0$, so heißt die lineare Differentialgleichung *homogen*, sonst *inhomogen*.

3.2.2 Integration der homogenen linearen Differentialgleichung

3.2.2.1 Wronski-Determinante

Zwei *Lösungsfunktionen* y_1 und y_2 der *homogenen* linearen Differentialgleichung $y'' + a y' + b y = 0$ heißen *Basisfunktionen* oder *Basislösungen* der Differentialgleichung, wenn die aus ihnen gebildete *Wronski*-Determinante

$$W(y_1; y_2) = \begin{vmatrix} y_1 & y_2 \\ y_1' & y_2' \end{vmatrix} = y_1 y_2' - y_2 y_1'$$

von null *verschieden* ist. Die Basislösungen bilden eine sog. *Fundamentalbasis* der Differentialgleichung, sie werden auch als *linear unabhängige* Lösungen bezeichnet.

3.2.2.2 Allgemeine Lösung der homogenen linearen Differentialgleichung

Die *allgemeine* Lösung y der *homogenen* linearen Differentialgleichung $y'' + a y' + b y = 0$ ist als *Linearkombination* zweier *linear unabhängiger* Lösungen (Basisfunktionen) y_1 und y_2 darstellbar:

$$y = C_1 y_1 + C_2 y_2 \qquad (C_1, C_2 \in \mathbb{R})$$

Eine solche *Fundamentalbasis* y_1, y_2 lässt sich durch den Lösungsansatz $y = e^{\lambda x}$ gewinnen (Exponentialansatz). Die *Basisfunktionen* hängen dabei noch von der *Art* der Lösungen λ_1 und λ_2 der zugehörigen *charakteristischen Gleichung*

$$\lambda^2 + a\lambda + b = 0 \qquad (a, b: \text{ Koeffizienten der Dgl})$$

ab, wobei *drei* Fälle zu unterscheiden sind $(C_1, C_2 \in \mathbb{R})$:

---

1. Fall: $\boldsymbol{\lambda_1 \neq \lambda_2}$ **(reell)**

    Fundamentalbasis: $\quad y_1 = e^{\lambda_1 x}, \quad y_2 = e^{\lambda_2 x}$

    Allgemeine Lösung: $\quad y = C_1 \cdot e^{\lambda_1 x} + C_2 \cdot e^{\lambda_2 x}$

---

2. Fall: $\boldsymbol{\lambda_1 = \lambda_2 = c}$ **(reell)**

    Fundamentalbasis: $\quad y_1 = e^{cx}, \quad y_2 = x \cdot e^{cx}$

    Allgemeine Lösung: $\quad y = (C_1 + C_2 x) \cdot e^{cx}$

---

3. Fall: $\boldsymbol{\lambda_{1/2} = \alpha \pm j\omega}$ **(konjugiert komplex)**

    Fundamentalbasis: $\quad y_1 = e^{\alpha x} \cdot \sin(\omega x), \quad y_2 = e^{\alpha x} \cdot \cos(\omega x)$

    Allgemeine Lösung: $\quad y = e^{\alpha x}[C_1 \cdot \sin(\omega x) + C_2 \cdot \cos(\omega x)]$

■   **Beispiel**

    $y'' + 2y' + 10y = 0$

    Charakteristische Gleichung mit Lösungen:

    $\lambda^2 + 2\lambda + 10 = 0 \quad \Rightarrow \quad \lambda_{1/2} = -1 \pm 3j \quad (3.\text{ Fall: } \alpha = -1, \ \omega = 3)$

    Fundamentalbasis: $\quad y_1 = e^{-x} \cdot \sin(3x), \quad y_2 = e^{-x} \cdot \cos(3x)$

    Lösung: $\quad y = e^{-x}[C_1 \cdot \sin(3x) + C_2 \cdot \cos(3x)] \qquad (C_1, C_2 \in \mathbb{R})$

                                                            ■

3.2.3 Integration der inhomogenen linearen Differentialgleichung

Eine *inhomogene* lineare Differentialgleichung 2. Ordnung mit *konstanten* Koeffizienten vom Typ $y'' + ay' + by = g(x)$ wird schrittweise wie folgt gelöst:

1. Zunächst wird die *allgemeine* Lösung y_0 der zugehörigen *homogenen* linearen Differentialgleichung $y'' + ay' + by = 0$ bestimmt (siehe Abschnitt 3.2.2).

2. Dann ermittelt man mit Hilfe eines *speziellen*, aus der nachfolgenden Tabelle entnommenen Lösungsansatzes eine *partikuläre* Lösung y_p der *inhomogenen* linearen Differentialgleichung.

3. Die *allgemeine* Lösung y der *inhomogenen* linearen Differentialgleichung ist dann die *Summe* aus y_0 und y_p:

$$y = y_0 + y_p$$

Tabelle: Lösungsansatz y_p für spezielle Störfunktionen (Störglieder)

Störfunktion $g(x)$	Lösungsansatz $y_p(x)$
1. Polynomfunktion vom Grade n $g(x) = P_n(x)$	$y_p = \begin{cases} Q_n(x) & b \neq 0 \\ x \cdot Q_n(x) & \text{für } a \neq 0, \quad b = 0 \\ x^2 \cdot Q_n(x) & a = b = 0 \end{cases}$ $Q_n(x)$: Polynom vom Grade n *Parameter:* Koeffizienten des Polynoms $Q_n(x)$
2. Exponentialfunktion $g(x) = e^{cx}$	(1) c ist *keine* Lösung der charakteristischen Gleichung: $y_p = A \cdot e^{cx}$ (*Parameter:* A)
	(2) c ist eine r-fache Lösung der charakteristischen Gleichung $(r = 1, 2)$: $y_p = A \cdot x^r \cdot e^{cx}$ (*Parameter:* A)
3. $g(x) = P_n(x) \cdot e^{cx}$ ($P_n(x)$ ist dabei eine Polynomfunktion vom Grade n)	(1) c ist *keine* Lösung der charakteristischen Gleichung: $y_p = Q_n(x) \cdot e^{cx}$ $Q_n(x)$: Polynom vom Grade n *Parameter:* Koeffizienten des Polynoms $Q_n(x)$
	(2) c ist eine r-fache Lösung der charakteristischen Gleichung $(r = 1, 2)$: $y_p = x^r \cdot Q_n(x) \cdot e^{cx}$ $Q_n(x)$: Polynom vom Grade n *Parameter:* Koeffizienten des Polynoms $Q_n(x)$
4. Sinusfunktion $g(x) = \sin(\beta x)$ oder Kosinusfunktion $g(x) = \cos(\beta x)$ oder eine *Linearkombination* aus beiden Funktionen	(1) $j\beta$ ist *keine* Lösung der charakteristischen Gleichung: $y_p = A \cdot \sin(\beta x) + B \cdot \cos(\beta x)$ oder $y_p = C \cdot \sin(\beta x + \varphi)$ *Parameter:* A, B bzw. C, φ
	(2) $j\beta$ ist eine *Lösung* der charakteristischen Gleichung: $y_p = x[A \cdot \sin(\beta x) + B \cdot \cos(\beta x)]$ oder $y_p = C \cdot x \cdot \sin(\beta x + \varphi)$ *Parameter:* A, B bzw. C, φ

Störfunktion $g(x)$	Lösungsansatz $y_p(x)$
5. $g(x) = P_n(x) \cdot e^{cx} \cdot \sin(\beta x)$ oder $g(x) = P_n(x) \cdot e^{cx} \cdot \cos(\beta x)$ ($P_n(x)$ ist dabei eine Polynomfunktion vom Grade n)	(1) $c + j\beta$ ist *keine* Lösung der charakteristischen Gleichung: $y_p = e^{cx}[Q_n(x) \cdot \sin(\beta x) + R_n(x) \cdot \cos(\beta x)]$ $Q_n(x), R_n(x)$: Polynome vom Grade n *Parameter:* Koeffizienten der beiden Polynome
	(2) $c + j\beta$ ist eine Lösung der charakteristischen Gleichung: $y_p = x \cdot e^{cx}[Q_n(x) \cdot \sin(\beta x) + R_n(x) \cdot \cos(\beta x)]$ $Q_n(x), R_n(x)$: Polynome vom Grade n *Parameter:* Koeffizienten der beiden Polynome

Anmerkungen zur Tabelle

(1)   Der jeweilige Lösungsansatz gilt auch dann, wenn die Störfunktion zusätzlich noch einen *konstanten Faktor* enthält.

(2)   Die im jeweiligen Lösungsansatz enthaltenen *Parameter* („Stellparameter") sind so zu bestimmen, dass der Ansatz die vorgegebene Differentialgleichung *löst*.

(3)   Ist die Störfunktion $g(x)$ eine *Summe* aus *mehreren* Störgliedern, so erhält man den Lösungsansatz für y_p als *Summe* der Lösungsansätze für die einzelnen Störglieder.

(4)   Ist $g(x)$ ein *Produkt* aus mehreren „Störfaktoren", so erhält man in vielen (aber nicht allen) Fällen einen Lösungsansatz für y_p, indem man die Lösungsansätze der „Störfaktoren" miteinander *multipliziert*.

(5)   Bei *periodischen* Störfunktionen vom Typ $g(x) = \sin(\beta x)$ oder $g(x) = \cos(\beta x)$ verwendet man häufig auch *komplexe* Lösungsansätze der allgemeinen Form

$$y_p(x) = C \cdot e^{j(\beta x + \varphi)} \qquad (C, \varphi: \text{ Parameter})$$

Die gesuchte (reelle) Lösung ist dann der Real- bzw. Imaginärteil der komplexen Lösung.

■ **Beispiel**

$y'' - 2y' - 8y = 6 \cdot e^{4x}$

1. *Homogene Differentialgleichung:* $y'' - 2y' - 8y = 0$

   Charakteristische Gleichung: $\lambda^2 - 2\lambda - 8 = 0 \;\Rightarrow\; \lambda_1 = 4, \; \lambda_2 = -2$

   Lösung der homogenen Differentialgleichung: $y_0 = C_1 \cdot e^{4x} + C_2 \cdot e^{-2x}$

2. *Inhomogene Differentialgleichung:* $y'' - 2y' - 8y = 6 \cdot e^{4x}$

   Lösungsansatz für y_p (aus der Tabelle entnommen): $y_p = A x \cdot e^{4x}$

   (Störglied: $g(x) = 6 \cdot e^{4x}$; $c = 4$ ist eine *einfache* Lösung der charakteristischen Gleichung)

   Bestimmung der *Konstanten* A:

   $y_p = A x \cdot e^{4x}, \qquad y_p' = (A + 4Ax) \cdot e^{4x}, \qquad y_p'' = (8A + 16Ax) \cdot e^{4x}$

   $(8A + 16Ax) \cdot e^{4x} - 2(A + 4Ax) \cdot e^{4x} - 8Ax \cdot e^{4x} = 6 \cdot e^{4x} \,|: e^{4x}$

   $8A + 16Ax - 2(A + 4Ax) - 8Ax = 6$

   $8A + 16Ax - 2A - 8Ax - 8Ax = 6 \;\Rightarrow\; 6A = 6 \;\Rightarrow\; A = 1$

Partikuläre Lösung: $y_p = x \cdot e^{4x}$

Lösung der *inhomogenen* Differentialgleichung:

$$y = y_0 + y_p = C_1 \cdot e^{4x} + C_2 \cdot e^{-2x} + x \cdot e^{4x} = (C_1 + x) \cdot e^{4x} + C_2 \cdot e^{-2x} \qquad (C_1, C_2 \in \mathbb{R})$$

∎

3.3 Numerische Integration einer Differentialgleichung 2. Ordnung

Runge-Kutta-Verfahren 4. Ordnung

Die Lösungskurve $y(x)$ der Differentialgleichung $y'' = f(x; y; y')$ für die Anfangswerte $y(x_0) = y_0$, $y'(x_0) = y'_0$ lässt sich an den Stellen $x_1 = x_0 + h$, $x_2 = x_0 + 2h$, $x_3 = x_0 + 3h \ldots$ näherungsweise wie folgt bestimmen (h: gewählte Schrittweite):

$$\left.\begin{array}{l} y(x_0) = y_0 \\[2mm] y'(x_0) = y'_0 \end{array}\right\} \quad \text{(vorgegebene Anfangswerte)}$$

$$y(x_1) \approx y_1 = y_0 + \frac{1}{6}(k_1 + 2k_2 + 2k_3 + k_4)$$

$$y'(x_1) \approx y'_1 = y'_0 + \frac{1}{6}(m_1 + 2m_2 + 2m_3 + m_4)$$

$$k_1 = h \cdot y'_0 \qquad\qquad m_1 = h \cdot f(x_0; y_0; y'_0)$$

$$k_2 = h\left(y'_0 + \frac{m_1}{2}\right) \qquad m_2 = h \cdot f\left(x_0 + \frac{h}{2}; y_0 + \frac{k_1}{2}; y'_0 + \frac{m_1}{2}\right)$$

$$k_3 = h\left(y'_0 + \frac{m_2}{2}\right) \qquad m_3 = h \cdot f\left(x_0 + \frac{h}{2}; y_0 + \frac{k_2}{2}; y'_0 + \frac{m_2}{2}\right)$$

$$k_4 = h(y'_0 + m_3) \qquad m_4 = h \cdot f(x_0 + h; y_0 + k_3; y'_0 + m_3)$$

$$y(x_2) \approx y_2 = y_1 + \frac{1}{6}(k_1 + 2k_2 + 2k_3 + k_4)$$

$$y'(x_2) \approx y'_2 = y'_1 + \frac{1}{6}(m_1 + 2m_2 + 2m_3 + m_4)$$

$$k_1 = h \cdot y'_1 \qquad\qquad m_1 = h \cdot f(x_1; y_1; y'_1)$$

$$k_2 = h\left(y'_1 + \frac{m_1}{2}\right) \qquad m_2 = h \cdot f\left(x_1 + \frac{h}{2}; y_1 + \frac{k_1}{2}; y'_1 + \frac{m_1}{2}\right)$$

$$k_3 = h\left(y'_1 + \frac{m_2}{2}\right) \qquad m_3 = h \cdot f\left(x_1 + \frac{h}{2}; y_1 + \frac{k_2}{2}; y'_1 + \frac{m_2}{2}\right)$$

$$k_4 = h(y'_1 + m_3) \qquad m_4 = h \cdot f(x_1 + h; y_1 + k_3; y'_1 + m_3)$$

⋮

Rechenschema

Abkürzungen: $\quad K = \dfrac{1}{6}\,(k_1 + 2k_2 + 2k_3 + k_4)\,, \quad M = \dfrac{1}{6}\,(m_1 + 2m_2 + 2m_3 + m_4)$

i	x	y	y'	$k = h \cdot y'$	$m = h \cdot f(x; y; y')$
0	x_0	y_0	y_0'	k_1	m_1
	$x_0 + \dfrac{h}{2}$	$y_0 + \dfrac{k_1}{2}$	$y_0' + \dfrac{m_1}{2}$	k_2	m_2
	$x_0 + \dfrac{h}{2}$	$y_0 + \dfrac{k_2}{2}$	$y_0' + \dfrac{m_2}{2}$	k_3	m_3
	$x_0 + h$	$y_0 + k_3$	$y_0' + m_3$	k_4	m_4

$$K = \frac{1}{6}\,(k_1 + 2k_2 + 2k_3 + k_4)$$

$$M = \frac{1}{6}\,(m_1 + 2m_2 + 2m_3 + m_4)$$

i	x	y	y'		
1 ⋮	$x_1 = x_0 + h$	$\boxed{y_1 = y_0 + K}$	$\boxed{y_1' = y_0' + M}$	$\ldots\ldots$	

Grau unterlegt: Näherungswerte für $y(x_1)$ und $y'(x_1)$

Beispiel

$y'' = 3y - 2y'$;   Anfangswerte: $y(0) = 0$, $y'(0) = 4$

Wir berechnen die *Näherungslösung* dieser Differentialgleichung im Intervall $0 \leq x \leq 0,2$ für die Schrittweite $h = 0,1$ und vergleichen sie mit der *exakten* Lösung
$y = e^x - e^{-3x}$, $y' = e^x + 3 \cdot e^{-3x}$:

i	x	y	y'	$k = h \cdot y' = 0,1 y'$	$m = h \cdot f(x; y; y') = 0,1(3y - 2y')$	y_{exakt}	y'_{exakt}
0	0,00	0,000000	4,000000	0,400000	−0,800000	0,000000	4,000000
	0,05	0,200000	3,600000	0,360000	−0,660000		
	0,05	0,180000	3,670000	0,367000	−0,680000		
	0,10	0,367000	3,320000	0,332000	−0,553900		
				$K = 0,364333$	$M = -0,672317$		
1	0,10	0,364333	3,327683	0,332768	−0,556237	0,364353	3,327626
	0,15	0,530717	3,049565	0,304957	−0,450698		
	0,15	0,516812	3,102334	0,310233	−0,465423		
	0,20	0,674566	2,862260	0,286226	−0,370082		
				$K = 0,308229$	$M = -0,459760$		
2	0,20	0,672562	2,867923			0,672591	2,867838

Näherungslösung
im Vergleich zur *exakten* Lösung
(gute Übereinstimmung):

x	y (Näherung)	y_{exakt}	y' (Näherung)	y'_{exakt}
0,0	0,000000	0,000000	4,000000	4,000000
0,1	0,364333	0,364353	3,327683	3,327626
0,2	0,672562	0,672591	2,867923	2,867838

4 Anwendungen

4.1 Mechanische Schwingungen

4.1.1 Allgemeine Schwingungsgleichung der Mechanik

Das Federpendel (Feder-Masse-Schwinger) dient als Modell für ein schwingungsfähiges mechanisches System. Bei viskoser Dämpfung gilt dann:

$$m\ddot{x} + b\dot{x} + cx = F(t)$$

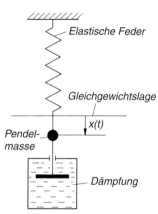

m: Masse

b: Reibungsfaktor (Dämpferkonstante)

c: Federkonstante

$x(t)$: Auslenkung zur Zeit t

$F(t)$: Von außen auf das System einwirkende (zeitabhängige) Kraft

4.1.2 Freie ungedämpfte Schwingung

Differentialgleichung der freien ungedämpften Schwingung

$$m\ddot{x} + cx = 0 \quad \text{oder} \quad \ddot{x} + \omega_0^2 x = 0$$

m: Masse

c: Federkonstante

ω_0: Eigen- oder Kennkreisfrequenz des Systems $\left(\omega_0 = \sqrt{c/m}\right)$

T: Schwingungsdauer (Periode); $\omega_0 = 2\pi/T$

Allgemeine Lösung (Bild: siehe nächste Seite oben)

$$x(t) = C \cdot \sin(\omega_0 t + \varphi) \quad (C > 0;\ 0 \leq \varphi < 2\pi)$$

oder

$$x(t) = C_1 \cdot \sin(\omega_0 t) + C_2 \cdot \cos(\omega_0 t) \quad (C_1, C_2 \in \mathbb{R})$$

Die Integrationskonstanten werden meist aus den *Anfangswerten* bestimmt:

$x(0) = x_0$: *Anfangslage*; $\quad \dot{x}(0) = v(0) = v_0$: *Anfangsgeschwindigkeit*

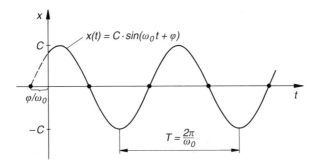

4.1.3 Freie gedämpfte Schwingung

Differentialgleichung der freien gedämpften Schwingung (bei viskoser Dämpfung)

$$m\ddot{x} + b\dot{x} + cx = 0 \quad \text{oder} \quad \ddot{x} + 2\delta\dot{x} + \omega_0^2 x = 0 \quad \left(\delta = \frac{b}{2m}, \quad \omega_0 = \sqrt{\frac{c}{m}}\right)$$

m: Masse

b: Reibungsfaktor (Dämpferkonstante)

c: Federkonstante

δ: Dämpfungsfaktor oder Abklingkonstante

ω_0: Eigen- oder Kennkreisfrequenz des *ungedämpften* Systems

4.1.3.1 Schwache Dämpfung (Schwingungsfall)

Für $\delta < \omega_0$ erhält man eine *gedämpfte* Schwingung mit der Eigen- oder Kennkreisfrequenz $\omega_d = \sqrt{\omega_0^2 - \delta^2}$:

$$x(t) = C \cdot e^{-\delta t} \cdot \sin(\omega_d t + \varphi_d) \qquad (C > 0; \; 0 \le \varphi_d < 2\pi)$$

oder

$$x(t) = e^{-\delta t}[C_1 \cdot \sin(\omega_d t) + C_2 \cdot \cos(\omega_d t)] \qquad (C_1, C_2 \in \mathbb{R})$$

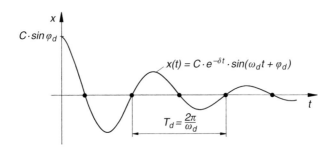

4.1.3.2 Aperiodischer Grenzfall

Für $\delta = \omega_0$ tritt der *aperiodische Grenzfall* ein. Das System ist zu *keiner* echten Schwingung mehr fähig und bewegt sich *aperiodisch*, d. h. *asymptotisch* auf die Gleichgewichtslage zu:

$$x(t) = (C_1\, t + C_2) \cdot e^{-\delta t} \qquad (C_1,\, C_2 \in \mathbb{R})$$

Das nebenstehende Bild zeigt die Abhängigkeit der Lösung von den physikalischen Anfangsbedingungen:

a) $x(0) = A > 0$, $\quad v(0) = \dot{x}(0) = 0$

b) $x(0) = A > 0$, $\quad v(0) = \dot{x}(0) = v_0 > 0$

c) $x(0) = A > 0$, $\quad v(0) = \dot{x}(0) = v_0 < -\delta A$

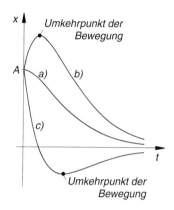

4.1.3.3 Aperiodisches Verhalten bei starker Dämpfung (Kriechfall)

Für $\delta > \omega_0$ wird die Dämpfung so stark, dass das System zu *keiner* echten Schwingung mehr fähig ist. Es bewegt sich *asymptotisch* auf die Gleichgewichtslage zu:

$$x(t) = C_1 \cdot e^{-k_1 t} + C_2 \cdot e^{-k_2 t} \qquad (C_1,\, C_2 \in \mathbb{R})$$

$\lambda_1 = -k_1$ und $\lambda_2 = -k_2$ sind dabei die Lösungen der *charakteristischen Gleichung* $\lambda^2 + 2\delta\lambda + \omega_0^2 = 0$ $(k_1, k_2 > 0)$.

Das nebenstehende Bild zeigt den zeitlichen Verlauf der Kriechbewegung in Abhängigkeit von den physikalischen Anfangsbedingungen:

a) $x(0) = A > 0$, $\quad v(0) = \dot{x}(0) = 0$

b) $x(0) = A > 0$, $\quad v(0) = \dot{x}(0) = v_0 > 0$

c) $x(0) = A > 0$, $\quad v(0) = \dot{x}(0) = v_0 < -k_2 A$

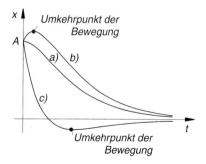

4.1.4 Erzwungene Schwingung

4.1.4.1 Differentialgleichung der erzwungenen Schwingung

Das System wird durch die *periodische* Kraft $F(t) = F_0 \cdot \sin(\omega t)$ zu Schwingungen erregt. Bei viskoser Dämpfung gilt dann:

$$m\ddot{x} + b\dot{x} + cx = F_0 \cdot \sin(\omega t) \quad \text{oder} \quad \ddot{x} + 2\delta\dot{x} + \omega_0^2 x = K_0 \cdot \sin(\omega t)$$

$$\delta = \frac{b}{2m}, \qquad \omega_0 = \sqrt{\frac{c}{m}}, \qquad K_0 = \frac{F_0}{m}$$

m: Masse

b: Reibungsfaktor
       (Dämpferkonstante)

c: Federkonstante

F_0:   Amplitude der Erregerkraft

ω: Kreisfrequenz des Erregersystems

δ: Dämpfungsfaktor oder Abklingkonstante

ω_0:   Eigenkreisfrequenz des *ungedämpften* Systems

4.1.4.2 Stationäre Lösung

Nach einer gewissen *Einschwingphase* schwingt das System *harmonisch* mit der Kreisfrequenz ω des Erregers:

$$x(t) \approx x_p(t) = A \cdot \sin(\omega t - \varphi)$$

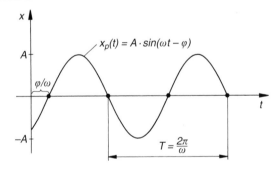

Schwingungsamplitude A und *Phasenverschiebung* φ (gegenüber dem Erreger-System) sind dabei *frequenzabhängige* Größen (sog. *Frequenzgang*, siehe hierzu Bild a) und b)).

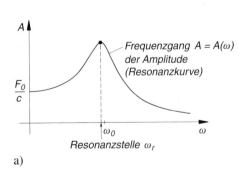

a)

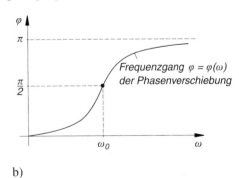

b)

Ihre Berechnung erfolgt nach den folgenden Formeln:

$$A(\omega) = \frac{F_0}{m\sqrt{(\omega_0^2 - \omega^2)^2 + 4\delta^2\omega^2}} \qquad \text{(Bild a), siehe vorherige Seite unten)}$$

$$\varphi(\omega) = \begin{cases} \arctan\left(\dfrac{2\delta\omega}{\omega_0^2 - \omega^2}\right) & \omega < \omega_0 \\[2mm] \pi/2 & \text{für} \quad \omega = \omega_0 \\[2mm] \arctan\left(\dfrac{2\delta\omega}{\omega_0^2 - \omega^2}\right) + \pi & \omega > \omega_0 \end{cases} \qquad \begin{array}{l} \text{(Bild b), siehe vorherige} \\ \text{Seite unten)} \end{array}$$

Resonanzfall

Das System schwingt bei der *Resonanzkreisfrequenz*

$$\omega_r = \sqrt{\omega_0^2 - 2\delta^2}$$

mit *größtmöglicher* Amplitude (*Resonanzfall*, siehe Bild a) auf der vorherigen Seite unten):

4.2 Elektrische Schwingungen in einem Reihenschwingkreis

Die Differentialgleichung einer *elektrischen* Schwingung in einem *Reihenschwingkreis* lautet wie folgt:

$$\frac{d^2i}{dt^2} + 2\delta\frac{di}{dt} + \omega_0^2 i = \frac{1}{L}\cdot\frac{du_a(t)}{dt} \qquad \left(\delta = \frac{R}{2L}, \quad \omega_0 = \frac{1}{\sqrt{LC}}\right)$$

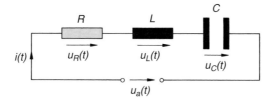

R: Ohmscher Widerstand $\qquad\qquad$ δ: Dämpfungsfaktor (Abklingkonstante)

L: Induktivität $\qquad\qquad\qquad\qquad$ ω_0: Eigen- oder Kennkreisfrequenz

C: Kapazität $\qquad\qquad\qquad\qquad\quad$ $i(t)$: Stromstärke

$u_a(t)$: Von außen angelegte Spannung (Erregerspannung)

$u_R(t)$, $u_L(t)$, $u_C(t)$: Spannungsabfall an R, L bzw. C

Der elektromagnetische Reihenschwingkreis ist das *elektrische Analogon* des mechanischen Schwingkreises (siehe Abschnitt 4.1). In beiden Fällen wird die Schwingung durch eine *lineare Differentialgleichung 2. Ordnung mit konstanten Koeffizienten* vom allgemeinen Typ

$$\ddot{y} + 2\,\delta\,\dot{y} + \omega_0^2\,y = f(t)$$

beschrieben, wobei folgende Zuordnung gilt:

Schwingkreis	$y(t)$	δ	ω_0	Störglied $f(t)$
Mechanischer Schwingkreis	Auslenkung $x = x(t)$	$\dfrac{b}{2\,m}$	$\sqrt{\dfrac{c}{m}}$	$\dfrac{F(t)}{m}$
Elektrischer Reihenschwingkreis	Stromstärke $i = i(t)$	$\dfrac{R}{2\,L}$	$\dfrac{1}{\sqrt{LC}}$	$\dfrac{1}{L} \cdot \dfrac{du_a(t)}{dt}$

Alle Aussagen über den mechanischen Schwingkreis gelten daher auch *sinngemäß* für den elektromagnetischen Reihenschwingkreis.

5 Lineare Differentialgleichungen *n*-ter Ordnung mit konstanten Koeffizienten

5.1 Definition einer linearen Differentialgleichung *n*-ter Ordnung mit konstanten Koeffizienten

$$y^{(n)} + a_{n-1} \cdot y^{(n-1)} + a_{n-2} \cdot y^{(n-2)} + \ldots + a_1 \cdot y' + a_0 \cdot y = g(x)$$

$a_0, a_1, \ldots, a_{n-1}$: Reelle Koeffizienten
Fehlt das Störglied $g(x)$, so heißt die Differentialgleichung *homogen*, sonst *inhomogen*.

5.2 Integration der homogenen linearen Differentialgleichung

5.2.1 Wronski-Determinante

n Lösungen $y_1, y_2, \ldots, y_n$ der homogenen linearen Differentialgleichung heißen *Basisfunktionen* oder *Basislösungen*, wenn die aus ihnen gebildete sog. *Wronski-Determinante*

$$W(y_1; y_2; \ldots; y_n) = \begin{vmatrix} y_1 & y_2 & \cdots & y_n \\ y_1' & y_2' & \cdots & y_n' \\ \vdots & & & \\ y_1^{(n-1)} & y_2^{(n-1)} & \cdots & y_n^{(n-1)} \end{vmatrix}$$

von null *verschieden* ist. Die Basislösungen bilden eine sog. *Fundamentalbasis* der Differentialgleichung, sie werden auch als *linear unabhängige* Lösungen bezeichnet.

5.2.2 Allgemeine Lösung der homogenen linearen Differentialgleichung

Die allgemeine Lösung der homogenen linearen Differentialgleichung ist als *Linearkombination* von n *linear unabhängigen* Lösungen (Basisfunktionen) $y_1, y_2, \ldots, y_n$ wie folgt darstellbar:

$$y = C_1 y_1 + C_2 y_2 + \ldots + C_n y_n \qquad (C_i \in \mathbb{R}; \; i = 1, 2, \ldots, n)$$

Eine solche Fundamentalbasis $y_1, y_2, \ldots, y_n$ lässt sich durch den Lösungsansatz $y = e^{\lambda x}$ gewinnen (*Exponentialansatz*). Die Basisfunktionen hängen dabei noch von der *Art* der Lösungen der zugehörigen *charakteristischen Gleichung*

$$\lambda^n + a_{n-1} \lambda^{n-1} + a_{n-2} \lambda^{n-2} + \ldots + a_1 \lambda + a_0 = 0$$

ab, wobei die folgenden *drei* Fälle zu unterscheiden sind:

1. Fall: Es treten nur *einfache* reelle Lösungen auf

Jede *einfache* reelle Lösung λ_i liefert den (additiven) Beitrag $C_i \cdot e^{\lambda_i x}$ zur Gesamtlösung $(C_i \in \mathbb{R}; \; i = 1, 2, \ldots, n)$.

2. Fall: Es treten auch *mehrfache* reelle Lösungen auf

Eine *r-fache* reelle Lösung $\lambda_1 = \lambda_2 = \ldots = \lambda_r = \alpha$ liefert den Beitrag $C(x) \cdot e^{\alpha x}$, wobei $C(x)$ eine Polynomfunktion vom Grade $r - 1$ ist.

3. Fall: Es treten *konjugiert komplexe* Lösungen auf

Eine *einfache* konjugiert komplexe Lösung $\lambda_{1/2} = \alpha \pm j\omega$ liefert den Beitrag

$$e^{\alpha x} [C_1 \cdot \sin(\omega x) + C_2 \cdot \cos(\omega x)] \qquad (C_1, C_2 \in \mathbb{R})$$

Tritt das konjugiert komplexe Paar jedoch *r-fach* auf, so müssen die beiden Konstanten C_1 und C_2 durch *Polynome* vom Grade $r - 1$ ersetzt werden.

Gesamtlösung (allgemeine Lösung der homogenen Differentialgleichung)

Die *allgemeine* Lösung der homogenen Differentialgleichung ist dann die *Summe* der in den Fällen 1 bis 3 beschriebenen Einzelbeiträge.

■   **Beispiel**

$y^{(4)} + 3y'' - 4y = 0$ (homogene Differentialgleichung 4. Ordnung)

Charakteristische Gleichung mit Lösungen:

$\lambda^4 + 3\lambda^2 - 4 = 0 \quad \Rightarrow \quad \lambda_{1/2} = \pm 1$ (1. Fall), $\lambda_{3/4} = 0 \pm 2j = \pm 2j$ (3. Fall)

Sie liefern folgende Beiträge zur Gesamtlösung:

$C_1 \cdot e^x, \qquad C_2 \cdot e^{-x} \quad$ und $\quad C_3 \cdot \sin(2x) + C_4 \cdot \cos(2x)$

Allgemeine Lösung:

$y = C_1 \cdot e^x + C_2 \cdot e^{-x} + C_3 \cdot \sin(2x) + C_4 \cdot \cos(2x) \qquad (C_1, \ldots, C_4 \in \mathbb{R})$

■

5.3 Integration der inhomogenen linearen Differentialgleichung

Wie bei den inhomogenen linearen Differentialgleichungen 1. und 2. Ordnung gilt auch hier für die gesuchte allgemeine Lösung:

$$y = y_0 + y_p$$

y_0: *Allgemeine* Lösung der zugehörigen *homogenen* linearen Differentialgleichung (siehe X.5.2)

y_p: Irgendeine *partikuläre* Lösung der *inhomogenen* linearen Differentialgleichung

Einen Lösungsansatz für eine partikuläre Lösung y_p, der im Wesentlichen vom Störglied $g(x)$ der Differentialgleichung abhängt, entnimmt man der folgenden Tabelle (Fallunterscheidungen beachten).

Tabelle: Lösungsansatz y_p für spezielle Störfunktionen (Störglieder)

Störfunktion $g(x)$	Lösungsansatz $y_p(x)$
1. Polynomfunktion vom Grade n $g(x) = P_n(x)$	$y_p = \begin{cases} Q_n(x) & a_0 \neq 0 \\ & \text{für} \\ x^k \cdot Q_n(x) & a_0 = a_1 = \ldots = a_{k-1} = 0 \end{cases}$ $Q_n(x)$: Polynom vom Grade n *Parameter:* Koeffizienten des Polynoms $Q_n(x)$
2. Exponentialfunktion $g(x) = e^{cx}$	(1) c ist *keine* Lösung der charakteristischen Gleichung: $\quad y_p = A \cdot e^{cx}$ (*Parameter:* A)
	(2) c ist eine *r-fache* Lösung der charakteristischen Gleichung: $\quad y_p = A \cdot x^r \cdot e^{cx}$ (*Parameter:* A)
3. $g(x) = P_n(x) \cdot e^{cx}$ ($P_n(x)$ ist dabei eine Polynomfunktion vom Grade n)	(1) c ist *keine* Lösung der charakteristischen Gleichung: $\quad y_p = Q_n(x) \cdot e^{cx}$ $\quad Q_n(x)$: Polynom vom Grade n *Parameter:* Koeffizienten des Polynoms $Q_n(x)$
	(2) c ist eine *r-fache* Lösung der charakteristischen Gleichung: $\quad y_p = x^r \cdot Q_n(x) \cdot e^{cx}$ $\quad Q_n(x)$: Polynom vom Grade n *Parameter:* Koeffizienten des Polynoms $Q_n(x)$

Störfunktion $g(x)$	Lösungsansatz $y_p(x)$
4. Sinusfunktion $g(x) = \sin(\beta x)$ oder Kosinusfunktion $g(x) = \cos(\beta x)$ oder eine *Linearkombination* aus beiden Funktionen	(1) $j\beta$ ist *keine* Lösung der charakteristischen Gleichung: $y_p = A \cdot \sin(\beta x) + B \cdot \cos(\beta x)$ oder $y_p = C \cdot \sin(\beta x + \varphi)$ *Parameter:* A, B bzw. C, φ
	(2) $j\beta$ ist eine *r-fache Lösung* der charakteristischen Gleichung: $y_p = x^r [A \cdot \sin(\beta x) + B \cdot \cos(\beta x)]$ oder $y_p = C \cdot x^r \cdot \sin(\beta x + \varphi)$ *Parameter:* A, B bzw. C, φ

Anmerkungen zur Tabelle

(1) Der jeweilige Lösungsansatz gilt auch dann, wenn die Störfunktion zusätzlich noch einen *konstanten Faktor* enthält.

(2) Die im jeweiligen Lösungsansatz enthaltenen Parameter („Stellparameter") sind so zu bestimmen, dass der Ansatz die vorgegebene Differentialgleichung *löst*.

(3) Ist die Störfunktion $g(x)$ eine *Summe* aus *mehreren* Störgliedern, so erhält man den Lösungsansatz für y_p als *Summe* der Lösungsansätze für die einzelnen Störglieder.

(4) Ist die Störfunktion $g(x)$ ein *Produkt* aus mehreren „Störfaktoren", so erhält man in vielen (aber leider nicht allen) Fällen einen geeigneten Lösungsansatz für y_p in Form eines *Produktes*, dessen Faktoren die Lösungsansätze der einzelnen „Störfaktoren" sind.

(5) Bei *periodischen* Störgliedern wie z. B. $\sin(\beta x)$ oder $\cos(\beta x)$ lassen sich ähnlich wie bei Differentialgleichungen 2. Ordnung auch *komplexe* Lösungsansätze verwenden (siehe Abschnitt 3.2.3).

■ **Beispiel**

$y''' + y' = 4 \cdot e^x$ (inhomogene Differentialgleichung 3. Ordnung)

1. *Homogene Differentialgleichung:* $y''' + y' = 0$

    Charakteristische Gleichung: $\lambda^3 + \lambda = \lambda(\lambda^2 + 1) = 0 \;\Rightarrow\; \lambda_1 = 0, \quad \lambda_{2/3} = \pm j$

    Lösung der homogenen Differentialgleichung: $y_0 = C_1 + C_2 \cdot \sin x + C_3 \cdot \cos x$

2. *Inhomogene Differentialgleichung:* $y''' + y' = 4 \cdot e^x$

    Lösungsansatz (aus der Tabelle entnommen): $y_p = A \cdot e^x, \quad y_p' = y_p'' = y_p''' = A \cdot e^x$

    (Störglied: $g(x) = 4 \cdot e^x$; $c = 1$ ist *keine* Lösung der charakteristischen Gleichung)

    Einsetzen in die Differentialgleichung:

    $A \cdot e^x + A \cdot e^x = 4 \cdot e^x \,|: e^x \;\Rightarrow\; A + A = 2A = 4 \;\Rightarrow\; A = 2$

    Partikuläre Lösung: $y_p = 2 \cdot e^x$

3. *Allgemeine Lösung* der inhomogenen Differentialgleichung:

    $y = y_0 + y_p = C_1 + C_2 \cdot \sin x + C_3 \cdot \cos x + 2 \cdot e^x \qquad (C_1, C_2, C_3 \in \mathbb{R})$ ■

6 Systeme linearer Differentialgleichungen 1. Ordnung mit konstanten Koeffizienten

6.1 Grundbegriffe

Wir beschränken uns auf Systeme aus zwei inhomogenen linearen Differentialgleichungen 1. Ordnung mit *konstanten* Koeffizienten (*gekoppelte* Differentialgleichungen):

$$y'_1 = a_{11} y_1 + a_{12} y_2 + g_1(x)$$
$$y'_2 = a_{21} y_1 + a_{22} y_2 + g_2(x)$$

oder $\quad \mathbf{y}' = \mathbf{A}\,\mathbf{y} + \mathbf{g}(x)$

Bezeichnungen:

$$\mathbf{A} = \begin{pmatrix} a_{11} & a_{12} \\ a_{21} & a_{22} \end{pmatrix}, \quad \mathbf{y} = \begin{pmatrix} y_1 \\ y_2 \end{pmatrix}, \quad \mathbf{y}' = \begin{pmatrix} y'_1 \\ y'_2 \end{pmatrix}, \quad \mathbf{g}(x) = \begin{pmatrix} g_1(x) \\ g_2(x) \end{pmatrix}$$

$\mathbf{A}$: Koeffizientenmatrix (reell)

$\mathbf{y}$: Lösungsvektor (mit den beiden „Komponenten" y_1 und y_2)

$\mathbf{y}'$: Ableitung des Lösungsvektors

$\mathbf{g}(x)$: „Störvektor" (aus den beiden „Störgliedern" $g_1(x)$ und $g_2(x)$ gebildet)

Homogenes System: $\quad \mathbf{y}' = \mathbf{A}\,\mathbf{y} \quad$ (keine Störglieder)

Inhomogenes System: $\mathbf{y}' = \mathbf{A}\,\mathbf{y} + \mathbf{g}(x) \quad$ mit $\quad \mathbf{g}(x) \neq \mathbf{0}$

Das Differentialgleichungssystem hat die Ordnung 2 (= Summe der Ordnungen der beiden zum System gehörenden Differentialgleichungen 1. Ordnung).

6.2 Integration des homogenen linearen Systems

Das *homogene* lineare System $\mathbf{y}' = \mathbf{A}\,\mathbf{y}$ lässt sich mit den Exponentialansätzen $y_1 = K_1 \cdot e^{\lambda x}$ und $y_2 = K_2 \cdot e^{\lambda x}$ lösen. Die Werte des noch unbekannten Parameters λ sind die *Eigenwerte* der Koeffizientenmatrix $\mathbf{A}$ und damit die Lösungen der charakteristischen Gleichung

$$\det(\mathbf{A} - \lambda\,\mathbf{E}) = \begin{vmatrix} a_{11} - \lambda & a_{12} \\ a_{21} & a_{22} - \lambda \end{vmatrix} = 0$$

Der Lösungsvektor $\mathbf{y}$ hängt dabei von der *Art* der Lösungen λ_1 und λ_2 dieser quadratischen Gleichung ab. Es sind folgende *drei* Fälle zu unterscheiden:

1. Fall: $\lambda_1 \neq \lambda_2$ (reell)

$$y_1 = C_1 \cdot e^{\lambda_1 x} + C_2 \cdot e^{\lambda_2 x} \qquad (C_1, C_2 \in \mathbb{R})$$

$$y_2 = \frac{1}{a_{12}}(y'_1 - a_{11} y_1)$$

2. Fall: $\lambda_1 = \lambda_2 = \alpha$ **(reell)**

$$y_1 = (C_1 + C_2 x) \cdot e^{\alpha x} \qquad (C_1, C_2 \in \mathbb{R})$$

$$y_2 = \frac{1}{a_{12}}(y_1' - a_{11} y_1)$$

3. Fall: $\lambda_{1/2} = \alpha \pm j\omega$ **(konjugiert komplex)**

$$y_1 = e^{\alpha x}[C_1 \cdot \sin(\omega x) + C_2 \cdot \cos(\omega x)] \qquad (C_1, C_2 \in \mathbb{R})$$

$$y_2 = \frac{1}{a_{12}}(y_1' - a_{11} y_1)$$

■ **Beispiel**

$$\begin{array}{l} y_1' = 4 y_1 - 3 y_2 \\ y_2' = 3 y_1 - 2 y_2 \end{array} \quad \text{oder} \quad \begin{pmatrix} y_1' \\ y_2' \end{pmatrix} = \underbrace{\begin{pmatrix} 4 & -3 \\ 3 & -2 \end{pmatrix}}_{\mathbf{A}} \begin{pmatrix} y_1 \\ y_2 \end{pmatrix}$$

Charakteristische Gleichung mit Lösungen:

$$\det(\mathbf{A} - \lambda \mathbf{E}) = \begin{vmatrix} (4 - \lambda) & -3 \\ 3 & (-2 - \lambda) \end{vmatrix} = (4 - \lambda)(-2 - \lambda) + 9 = 0 \quad \Rightarrow$$

$$\lambda^2 - 2\lambda + 1 = 0 \quad \Rightarrow \quad \lambda_{1/2} = 1 \quad (2.\,\text{Fall})$$

Allgemeine Lösung des linearen Systems $(C_1, C_2 \in \mathbb{R})$:

$$y_1 = (C_1 + C_2 x) \cdot e^x, \qquad y_1' = C_2 \cdot e^x + (C_1 + C_2 x) \cdot e^x$$

$$y_2 = \frac{1}{a_{12}}(y_1' - a_{11} y_1) = \frac{1}{-3}\left(C_2 \cdot e^x + (C_1 + C_2 x) \cdot e^x - 4(C_1 + C_2 x) \cdot e^x\right) =$$

$$= -\frac{1}{3}(C_2 + C_1 + C_2 x - 4C_1 - 4C_2 x) \cdot e^x = -\frac{1}{3}(-3C_1 + C_2 - 3C_2 x) \cdot e^x =$$

$$= \left(C_1 - \frac{1}{3}C_2 + C_2 x\right) \cdot e^x$$

■

6.3 Integration des inhomogenen linearen Systems

6.3.1 Integration durch Aufsuchen einer partikulären Lösung

Das *inhomogene* lineare System $\mathbf{y}' = \mathbf{A}\mathbf{y} + \mathbf{g}(x)$ lässt sich schrittweise wie folgt lösen:

1. Integration des zugehörigen *homogenen* Systems $\mathbf{y}' = \mathbf{A}\mathbf{y}$ (siehe X.6.2). Man erhält die Lösung $y_{1(0)}, y_{2(0)}$.

2. Bestimmung einer *partikulären* Lösung $y_{1(p)}, y_{2(p)}$ des *inhomogenen* Systems. Dies geschieht mit Hilfe der Tabelle aus Abschnitt 3.2.3, wobei im Lösungsansatz für $y_{1(p)}$ und $y_{2(p)}$ jeweils *beide* Störglieder entsprechend zu berücksichtigen sind.

3. Die gesuchte *allgemeine* Lösung y_1, y_2 ist dann die *Summe* der Teillösungen aus den ersten beiden Schritten:

$$y_1 = y_{1(0)} + y_{1(p)}, \qquad y_2 = y_{2(0)} + y_{2(p)}$$

■ **Beispiel**

$$y'_1 = 4y_1 - 3y_2 + x \ \Bigg\} \quad \text{inhomogenes System}$$
$$y'_2 = 3y_1 - 2y_2 \ \quad \text{Störglieder: } g_1(x) = x, \quad g_2(x) = 0$$

Die Lösung des zugehörigen *homogenen* Systems ist bereits aus dem Beispiel in Abschnitt 6.2 bekannt:

$$y_{1(0)} = (C_1 + C_2 x) \cdot e^x, \qquad y_{2(0)} = \left(C_1 - \frac{1}{3} C_2 + C_2 x\right) \cdot e^x$$

Bestimmung einer *partikulären* Lösung des inhomogenen Systems aus der Tabelle im Abschnitt 3.2.3 für die Störglieder $g_1(x) = x$ und $g_2(x) = 0$:

$$y_{1p} = ax + b, \qquad y_{2p} = Ax + B; \qquad y'_{1p} = a, \qquad y'_{2p} = A$$

Einsetzen in die beiden *inhomogenen* Dgln:

$$a = 4(ax + b) - 3(Ax + B) + x = (4b - 3B) + (4a - 3A + 1)x$$

$$A = 3(ax + b) - 2(Ax + B) = (3b - 2B) + (3a - 2A)x$$

Koeffizientenvergleich führt zu 4 Gleichungen mit 4 Unbekannten:

(I) $a = 4b - 3B$ (II) $0 = 4a - 3A + 1$

(III) $A = 3b - 2B$ (IV) $0 = 3a - 2A$

Aus den Gleichungen (II) und (IV) folgt $a = 2$, $A = 3$, aus den Gleichungen (I) und (III) nach Einsetzen dieser Werte $b = 5$, $B = 6$.

Somit: $y_{1p} = 2x + 5$, $\qquad y_{2p} = 3x + 6$

Lösung des inhomogenen Systems:

$$y_1 = y_{1(0)} + y_{1p} = (C_1 + C_2 x) \cdot e^x + 2x + 5$$

$$y_2 = y_{2(0)} + y_{2p} = \left(C_1 - \frac{1}{3} C_2 + C_2 x\right) \cdot e^x + 3x + 6$$

■

6.3.2 Einsetzungs- oder Eliminationsverfahren

Das Lösungsverfahren für ein *inhomogenes* lineares System $\mathbf{y}' = \mathbf{A}\mathbf{y} + \mathbf{g}(x)$ lässt sich wie folgt auf die Integration einer inhomogenen linearen Differentialgleichung *2. Ordnung* mit konstanten Koeffizienten zurückführen:

---

1. y_1 genügt der folgenden *inhomogenen* linearen Differentialgleichung 2. Ordnung mit konstanten Koeffizienten:

$$y''_1 + a y'_1 + b y_1 = \tilde{g}(x)$$

Lösungsverfahren: siehe Abschnitt 3.2

Dabei bedeuten:

$a = -\text{Sp}(\mathbf{A}) = -(a_{11} + a_{22})$ (mit -1 multiplizierte Spur von $\mathbf{A}$)

$b = \det \mathbf{A} = a_{11} a_{22} - a_{12} a_{21}$ (Determinante von $\mathbf{A}$)

$\tilde{g}(x) = g'_1(x) - \det \mathbf{B}$

$\mathbf{B}$: *Hilfsmatrix* (in der Koeffizientenmatrix $\mathbf{A}$ wird die 1. Spalte durch die beiden Störglieder $g_1(x)$ und $g_2(x)$ ersetzt)

---

2. Aus der 1. Komponente y_1 lässt sich dann die 2. Komponente y_2 folgendermaßen berechnen:

$$y_2 = \frac{1}{a_{12}} \left(y_1' - a_{11} y_1 - g_1(x) \right)$$

■ **Beispiel**

$$\begin{aligned} y_1' &= -y_1 + 3y_2 + x \\ y_2' &= 2y_1 - 2y_2 \end{aligned} \quad \text{oder} \quad \begin{pmatrix} y_1' \\ y_2' \end{pmatrix} = \underbrace{\begin{pmatrix} -1 & 3 \\ 2 & -2 \end{pmatrix}}_{\mathbf{A}} \begin{pmatrix} y_1 \\ y_2 \end{pmatrix} + \underbrace{\begin{pmatrix} x \\ 0 \end{pmatrix}}_{\mathbf{g}(x)}$$

$$a = -\text{Sp}(\mathbf{A}) = -(-1-2) = 3; \qquad b = \det \mathbf{A} = \begin{vmatrix} -1 & 3 \\ 2 & -2 \end{vmatrix} = 2 - 6 = -4$$

$$\tilde{g}(x) = g_1'(x) - \det \mathbf{B} = 1 - \begin{vmatrix} x & 3 \\ 0 & -2 \end{vmatrix} = 1 + 2x \qquad (g_1(x) = x, \; g_2(x) = 0; \; g_1'(x) = 1)$$

Differentialgleichung 2. Ordnung für y_1: $\quad y_1'' + 3y_1' - 4y_1 = 1 + 2x$

Lösen der zugehörigen homogenen Differentialgleichung: $\quad y_1'' + 3y_1' - 4y_1 = 0$

Charakteristische Gleichung mit Lösungen: $\quad \lambda^2 + 3\lambda - 4 = 0 \quad \Rightarrow \quad \lambda_1 = -4, \qquad \lambda_2 = 1$

Allgemeine Lösung der homogenen Differentialgleichung:

$$y_{1(0)} = C_1 \cdot e^{-4x} + C_2 \cdot e^x \qquad (C_1, C_2 \in \mathbb{R})$$

Partikuläre Lösung der inhomogenen Differentialgleichung (Störglied: $g(x) = 1 + 2x$):

$$y_{1(p)} = Ax + B, \qquad y_{1(p)}' = A, \qquad y_{1(p)}'' = 0$$

$$3A - 4(Ax + B) = 3A - 4Ax - 4B = 1 + 2x \quad \Rightarrow \quad -4Ax + (3A - 4B) = 2x + 1$$

Koeffizientenvergleich:

$$-4A = 2 \qquad \Rightarrow \quad A = -1/2$$

$$3A - 4B = 1 \quad \Rightarrow \quad -4B = 1 - 3A = 1 - 3 \cdot \left(-\frac{1}{2} \right) = 1 + \frac{3}{2} = \frac{5}{2} \quad \Rightarrow \quad B = -\frac{5}{8}$$

Partikuläre Lösung: $\quad y_{1(p)} = -\dfrac{1}{2} x - \dfrac{5}{8}$

Lösung des Systems:

$$y_1 = y_{1(0)} + y_{1(p)} = C_1 \cdot e^{-4x} + C_2 \cdot e^x - \frac{1}{2} x - \frac{5}{8}$$

$$y_2 = \frac{1}{a_{12}} \left(y_1' - a_{11} y_1 - g_1(x) \right) =$$

$$= \frac{1}{3} \left(-4 C_1 \cdot e^{-4x} + C_2 \cdot e^x - \frac{1}{2} + C_1 \cdot e^{-4x} + C_2 \cdot e^x - \frac{1}{2} x - \frac{5}{8} - x \right) =$$

$$= \frac{1}{3} \left(-3 C_1 \cdot e^{-4x} + 2 C_2 \cdot e^x - \frac{3}{2} x - \frac{9}{8} \right)$$

■

XI Fehler- und Ausgleichsrechnung

1 Gaußsche Normalverteilung

Die Fehler- und Ausgleichsrechnung beschäftigt sich mit den *zufälligen* oder *statistischen* Mess- oder Beobachtungsfehlern auf der Grundlage der Wahrscheinlichkeitsrechnung und Statistik [1]. Die Messgröße X ist daher im Sinne der mathematischen Statistik eine *Zufallsvariable*. Die *Messwerte* und *Messfehler* einer Messreihe unterliegen dabei in der Regel der *Gaußschen Normalverteilung* mit der *normierten Verteilungsdichtefunktion*

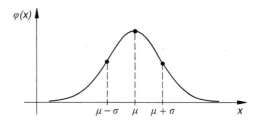

$$\varphi(x) = \frac{1}{\sqrt{2\pi}\,\sigma} \cdot e^{-\frac{1}{2}\left(\frac{x-\mu}{\sigma}\right)^2}$$

Bezeichnungen:

μ: Mittelwert (Erwartungswert)

σ: Standardabweichung $(\sigma > 0)$

σ^2:   Varianz (Streuung)

Eigenschaften der Gaußschen Normalverteilung

(1)   Absolutes *Maximum* bei $x_1 = \mu$ („wahrscheinlichster" Messwert).

(2)   *Wendepunkte* bei $x_{2/3} = \mu \pm \sigma$.

(3)   Die *Wahrscheinlichkeit* dafür, dass ein Messwert x in das Intervall $[a, b]$ fällt, beträgt

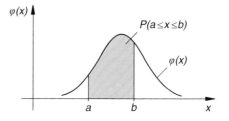

$$P(a \le x \le b) = \int\limits_a^b \varphi(x)\, dx$$

(entspricht der grau unterlegten Fläche im nebenstehenden Bild). Das Integral ist in geschlossener Form nicht lösbar.

68,3 % aller Messwerte liegen im Intervall $[\mu - \sigma,\ \mu + \sigma]$

95,5 % aller Messwerte liegen im Intervall $[\mu - 2\sigma,\ \mu + 2\sigma]$

99,7 %, d. h. *fast alle* Messwerte liegen im Intervall $[\mu - 3\sigma,\ \mu + 3\sigma]$

---

[1]   Nach DIN 1319 soll die Bezeichnung „Fehler" durch „Messabweichung" (kurz: Abweichung) ersetzt werden. Grobe Fehler sind vermeidbar und bleiben ebenso wie systematische Fehler unberücksichtigt.

(4) Bei einer „unendlichen" Messreihe würde der Messwert $x = \mu$ mit der *größten* Häufigkeit auftreten. Wären Messungen *ohne* Messfehler möglich, so würde man stets den Messwert $x = \mu$ erhalten. Daher wird der Mittelwert μ häufig auch als „wahrer" Wert der Messgröße X bezeichnet. Die Standardabweichung σ ist ein geeignetes Maß für die *Streuung* der einzelnen Messwerte um ihren Mittelwert μ (σ bestimmt im Wesentlichen die Breite der Glockenkurve).

(5) $\varphi(x)$ ist *normiert*: $\int_{-\infty}^{\infty} \varphi(x)\, dx = 1$ (*alle* Messwerte liegen im Intervall $(-\infty, \infty)$)

(6) *Standardisierte* Normalverteilung ($\mu = 0$, $\sigma = 1$):

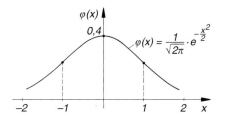

$$\varphi(x) = \frac{1}{\sqrt{2\pi}} \cdot e^{-\frac{1}{2}x^2}$$

Absolutes Maximum bei $x = 0$,

Wendepunkte bei $x = \pm 1$.

2 Auswertung einer Messreihe

Die *normalverteilte* Messreihe $x_1, x_2, \ldots, x_n$ bestehe aus n unabhängigen Messwerten *gleicher* Genauigkeit (gleiche Messmethode, gleiches Messinstrument, gleicher Beobachter).

Mittelwert einer Messreihe

Der „günstigste" Schätzwert für den „wahren" Wert der Messgröße X ist der *arithmetische Mittelwert* (auch *arithmetisches Mittel* genannt):

$$\bar{x} = \frac{x_1 + x_2 + \ldots + x_n}{n} = \frac{\sum\limits_{i=1}^{n} x_i}{n}$$

Standardabweichung der Einzelmessung

$$s = \sqrt{\frac{\sum\limits_{i=1}^{n} v_i^2}{n-1}} = \sqrt{\frac{\sum\limits_{i=1}^{n} (x_i - \bar{x})^2}{n-1}} \qquad (n \geq 2)$$

$v_i = x_i - \bar{x}$: Abweichung des Messwertes x_i vom Mittelwert $\bar{x}$ ($i = 1, 2, \ldots, n$)

Die Standardabweichung s ist ein *Schätzwert* für den Parameter σ (gleichen Namens) der normalverteilten Messgröße. Alte (aber weiterhin übliche) Bezeichnung für s: *mittlerer Fehler* der Einzelmessung (m_x).

Kontrolle: $\displaystyle\sum_{i=1}^{n} v_i = 0$

Standardabweichung des Mittelwertes

$$s_{\bar{x}} = \frac{s}{\sqrt{n}} = \sqrt{\frac{\displaystyle\sum_{i=1}^{n} v_i^2}{n(n-1)}} = \sqrt{\frac{\displaystyle\sum_{i=1}^{n} (x_i - \bar{x})^2}{n(n-1)}} \qquad (n \geq 2)$$

Alte (weiterhin übliche) Bezeichnung für $s_{\bar{x}}$: *mittlerer Fehler* des Mittelwertes.

Vertrauensintervall (Vertrauensbereich)

Es lässt sich ein zum arithmetischen Mittelwert $\bar{x}$ symmetrisches Intervall angeben, in dem der unbekannte Mittel- oder Erwartungswert μ der normalverteilten Messgröße X mit einer vorgegebenen Wahrscheinlichkeit γ (auch *Vertrauensniveau* oder *statistische Sicherheit* genannt) *vermutet* wird (sog. *Vertrauensintervall* oder *Vertrauensbereich*).

Vertrauensgrenzen: $\bar{x} \pm t \cdot \dfrac{s}{\sqrt{n}}$ (obere bzw. untere Grenze)

Vertrauensbereich (Vertrauensintervall): $\left[\bar{x} - t \cdot \dfrac{s}{\sqrt{n}} \;;\;\; \bar{x} + t \cdot \dfrac{s}{\sqrt{n}} \right]$

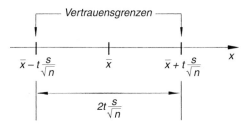

Der Faktor t hängt dabei noch vom gewählten Vertrauensniveau γ (z. B. $\gamma = 95\%$) und der Anzahl n der Einzelmessungen ab und kann der nachfolgenden Tabelle auf Seite 302 entnommen werden (sie enthält die t-Werte für die in der Praxis üblichen statistischen Sicherheiten).

Regel: Je größer die statistische Sicherheit, umso breiter das Vertrauensintervall! In Naturwissenschaft und Technik wird meist $\gamma = 95\%$ gewählt.

Tabelle: Werte für den Zahlenfaktor (Parameter) t in Abhängigkeit von der Anzahl n der Messwerte und dem gewählten Vertrauensniveau γ

Anzahl n der Messwerte	Vertrauensniveau (statistische Sicherheit)			
	$\gamma = 68,3\,\%$	$\gamma = 90\,\%$	$\gamma = 95\,\%$	$\gamma = 99\,\%$
2	1,84	6,31	12,71	63,66
3	1,32	2,92	4,30	9,93
4	1,20	2,35	3,18	5,84
5	1,15	2,13	2,78	4,60
6	1,11	2,02	2,57	4,03
7	1,09	1,94	2,45	3,71
8	1,08	1,90	2,37	3,50
9	1,07	1,86	2,31	3,36
10	1,06	1,83	2,26	3,25
15	1,04	1,77	2,14	2,98
20	1,03	1,73	2,09	2,86
30	1,02	1,70	2,05	2,76
50	1,01	1,68	2,01	2,68
100	1,00	1,66	1,98	2,63
$\vdots$	$\vdots$	$\vdots$	$\vdots$	$\vdots$
∞	1,00	1,65	1,96	2,58

Messergebnis

$$x = \bar{x} \pm \Delta x = \bar{x} \pm t \cdot \frac{s}{\sqrt{n}}$$

$\bar{x}$:   arithmetischer Mittelwert

Δx: Messunsicherheit (halbe Breite des Vertrauensbereiches)

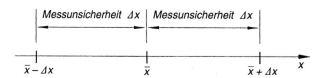

■ **Beispiel**

Widerstandsmessung $(n = 6$ Einzelmessungen$)$

i	$\dfrac{R_i}{\Omega}$	$\dfrac{R_i - \bar{R}}{\Omega}$	$\dfrac{(R_i - \bar{R})^2}{\Omega^2}$
1	60,3	0,2	0,04
2	60,2	0,1	0,01
3	59,9	$-0,2$	0,04
4	59,9	$-0,2$	0,04
5	60,2	0,1	0,01
6	60,1	0,0	0,00
$\sum$	360,6	0	0,14

$$\bar{R} = \frac{\sum\limits_{i=1}^{6} R_i}{6} = \frac{360,6\,\Omega}{6} = 60,1\,\Omega$$

$$s = \sqrt{\frac{\sum\limits_{i=1}^{6} (R_i - \bar{R})^2}{6 - 1}} = \sqrt{\frac{0,14\,\Omega^2}{5}} =$$

$$= 0,167\,\Omega$$

Bei einer statistischen Sicherheit von $\gamma = 95\,\%$ entnehmen wir der Tabelle der t-Faktoren den Wert $t = 2,57$ für $n = 6$.

Messunsicherheit: $\quad \Delta R = t \cdot \dfrac{s}{\sqrt{n}} = 2,57 \cdot \dfrac{0,167\,\Omega}{\sqrt{6}} = 0,175\,\Omega \approx 0,2\,\Omega$

Messergebnis: $R = \bar{R} \pm \Delta R = (60,1 \pm 0,2)\,\Omega$

■

3 Gaußsches Fehlerfortpflanzungsgesetz

Hinweis: Bei der Fehlerfortpflanzung werden für die Messunsicherheiten meist die *Standardabweichungen* der Mittelwerte verwendet.

3.1 Gaußsches Fehlerfortpflanzungsgesetz für eine Funktion von zwei unabhängigen Variablen

Das Messergebnis für zwei *direkt* gemessene Größen x und y laute:

$$x = \bar{x} \pm \Delta x, \quad y = \bar{y} \pm \Delta y \qquad (\Delta x = s_{\bar{x}},\ \Delta y = s_{\bar{y}})$$

Für die von x und y *abhängige* Größe $z = f(x; y)$ gilt dann:

Mittelwert $\bar{z}$

$$\bar{z} = f(\bar{x}; \bar{y})$$

Regel: In $z = f(x; y)$ werden für x und y deren *Mittelwerte* eingesetzt.

Standardabweichung des Mittelwertes (mittlerer Fehler des Mittelwertes)

$$\Delta z = s_{\bar{z}} = \sqrt{(f_x(\bar{x}; \bar{y})\, \Delta x)^2 + (f_y(\bar{x}; \bar{y})\, \Delta y)^2}$$

(*Gaußsches Fehlerfortpflanzungsgesetz* für die Standardabweichung des Mittelwertes)

$$\left.\begin{array}{l} f_x(\bar{x}; \bar{y}) \\ f_y(\bar{x}; \bar{y}) \end{array}\right\} \quad \textit{Partielle Ableitungen 1. Ordnung von } z = f(x; y)$$
an der Stelle $x = \bar{x},\ y = \bar{y}$

Messergebnis

$$z = \bar{z} \pm \Delta z$$

■ **Beispiel**

Wir berechnen die Turmhöhe h sowie den *mittleren* Fehler des Mittelwertes von h aus der Entfernung e und dem Erhebungswinkel α:

$e = (75,2 \pm 2,5\,\text{m}), \quad \alpha = (30 \pm 1)^\circ$

Aus dem rechtwinkligen Dreieck folgt:

$$\tan \alpha = \frac{h}{e} \quad \Rightarrow \quad h = h(e; \alpha) = e \cdot \tan \alpha$$

$\bar{h} = h(\bar{e}; \bar{\alpha}) = \bar{e} \cdot \tan \bar{\alpha} =$

$= 75,2\,\text{m} \cdot \tan 30^\circ = 43,417\,\text{m} \approx 43,4\,\text{m}$

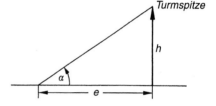

Partielle Ableitungen 1. Ordnung an der Stelle $\bar{e} = 75,2\,\text{m}, \bar{\alpha} = 30^\circ$:

$$\frac{\partial h}{\partial e} = \tan \alpha \quad \Rightarrow \quad \frac{\partial h}{\partial e}(\bar{e}; \bar{\alpha}) = \tan 30^\circ = 0,5774$$

$$\frac{\partial h}{\partial \alpha} = \frac{e}{\cos^2 \alpha} \quad \Rightarrow \quad \frac{\partial h}{\partial e}(\bar{e}; \bar{\alpha}) = \frac{75,2\,\text{m}}{\cos^2 30^\circ} = 100,2667\,\text{m}$$

Mittlerer Fehler des Mittelwertes (Standardabweichung des Mittelwertes):

$$\Delta h = \sqrt{\left(\frac{\partial h}{\partial e}\, \Delta e\right)^2 + \left(\frac{\partial h}{\partial \alpha}\, \Delta \alpha\right)^2} = \sqrt{(0,5774 \cdot 2,5\,\text{m})^2 + (100,2667\,\text{m} \cdot 0,01745)^2} =$$

$$= 2,2683\,\text{m} \approx 2,3\,\text{m}$$

($\Delta \alpha$ muss aus Dimensionsgründen im Bogenmaß angegeben werden: $\Delta \alpha = 1^\circ \approx 0,017\,45\,\text{rad}$.)

Messergebnis: $h = \bar{h} \pm \Delta h = (43,4 \pm 2,3)\,\text{m}$

Die Turmhöhe beträgt $\bar{h} = 43,4\,\text{m}$ bei einer Messunsicherheit von $\Delta h = 2,3\,\text{m}$ (prozentual $\approx 5,3\,\%$).

■

Gaußsches Fehlerfortpflanzungsgesetz für spezielle Funktionen $(C \in \mathbb{R})$

Funktion	Standardabweichung des Mittelwertes (mittlerer Fehler des Mittelwertes)	
$z = x + y$ $z = x - y$	$\Delta z = \sqrt{(\Delta x)^2 + (\Delta y)^2}$	(absoluter Fehler)
$z = C x y$ $z = C \dfrac{x}{y}$	$\left\lvert \dfrac{\Delta z}{\bar{z}} \right\rvert = \sqrt{\left\lvert \dfrac{\Delta x}{\bar{x}} \right\rvert^2 + \left\lvert \dfrac{\Delta y}{\bar{y}} \right\rvert^2}$	(relativer Fehler)
$z = C x^\alpha y^\beta$	$\left\lvert \dfrac{\Delta z}{\bar{z}} \right\rvert = \sqrt{\left\lvert \alpha \dfrac{\Delta x}{\bar{x}} \right\rvert^2 + \left\lvert \beta \dfrac{\Delta y}{\bar{y}} \right\rvert^2}$	(relativer Fehler)

Prozentualer Fehler = (relativer Fehler) · 100 %

3.2 Gaußsches Fehlerfortpflanzungsgesetz für eine Funktion von n unabhängigen Variablen

Das Messergebnis von n *direkt* gemessenen Größen $x_1, x_2, \ldots, x_n$ laute wie folgt:

$$x_i = \bar{x}_i \pm \Delta x_i \qquad (\Delta x_i = s_{\bar{x}_i}; \; i = 1, 2, \ldots, n)$$

Für die von $x_1, x_2, \ldots, x_n$ abhängige *indirekte Messgröße* $y = f(x_1; x_2; \ldots; x_n)$ gelten dann folgende Formeln für den Mittelwert $\bar{y}$ und die Standardabweichung Δy:

$$\bar{y} = f(\bar{x}_1; \bar{x}_2; \ldots; \bar{x}_n)$$

$$\Delta y = \sqrt{(f_{x_1} \Delta x_1)^2 + (f_{x_2} \Delta x_2)^2 + \ldots + (f_{x_n} \Delta x_n)^2}$$

Messergebnis: $y = \bar{y} \pm \Delta y$

$f_{x_1}, f_{x_2}, \ldots, f_{x_n}$: *Partielle* Ableitungen 1. Ordnung von $y = f(x_1; x_2; \ldots; x_n)$ an der Stelle $x_1 = \bar{x}_1, \; x_2 = \bar{x}_2, \ldots, x_n = \bar{x}_n$

Hinweis: Für *Summen* und *Produkte* aus mehr als zwei unabhängigen Messgrößen gelten ähnliche Formeln wie bei zwei unabhängigen Messgrößen (siehe Tabelle in Abschnitt 3.1).

4 Lineares Fehlerfortpflanzungsgesetz

Das *lineare* Fehlerfortpflanzungsgesetz liefert eine *obere* Fehlerschranke für den absoluten Fehler einer von mehreren Messgrößen abhängigen „indirekten" Messgröße (Fehlerabschätzung mit Hilfe des *totalen Differentials*). Diese Fehlerschranke wird als *maximaler* oder *größtmöglicher* Fehler oder *maximale Messunsicherheit* des Mittelwertes bezeichnet.

Bei zwei unabhängigen Messgrößen gilt $(z = f(x; y))$:

$$\Delta z_{max} = |f_x(\bar{x}; \bar{y}) \, \Delta x| + |f_y(\bar{x}; \bar{y}) \, \Delta y|$$

Messergebnis: $z = \bar{z} \pm \Delta z_{max}$ (mit $\bar{z} = f(\bar{x}; \bar{y})$)

f_x, f_y: Partielle Ableitungen 1. Ordnung von $z = f(x; y)$ für $x = \bar{x}$, $y = \bar{y}$

$\Delta x, \Delta y$:   Messunsicherheiten der unabhängigen Messgrößen (Standardabweichungen der beiden Mittelwerte)

Das lineare Fehlerfortpflanzungsgesetz wird häufig für *Überschlagsrechnungen* verwendet, insbesondere auch dann, wenn die Messunsicherheiten der unabhängigen Größen *unbekannt* sind und man daher auf *Schätzwerte* angewiesen ist.

Lineares Fehlerfortpflanzungsgesetz für spezielle Funktionen ($C \in \mathbb{R}$)

Funktion	Maximale Messunsicherheit des Mittelwertes	
$z = x + y$ $z = x - y$	$\Delta z_{max} = \Delta x + \Delta y$	(absoluter Fehler)
$z = C\,xy$ $z = C\,\dfrac{x}{y}$	$\left| \dfrac{\Delta z_{max}}{\bar{z}} \right| = \left| \dfrac{\Delta x}{\bar{x}} \right| + \left| \dfrac{\Delta y}{\bar{y}} \right|$	(relativer Fehler)
$z = C\,x^\alpha y^\beta$	$\left| \dfrac{\Delta z_{max}}{\bar{z}} \right| = \left| \alpha \dfrac{\Delta x}{\bar{x}} \right| + \left| \beta \dfrac{\Delta y}{\bar{y}} \right|$	(relativer Fehler)

Entsprechende „lineare Fehlerfortpflanzungsgesetze" gelten auch für Summen mit *mehr als zwei* Summanden und Potenzprodukte mit *mehr als zwei* Faktoren.

Bei n unabhängigen Messgrößen gilt analog $(y = f(x_1; x_2; \ldots; x_n))$:

$$\Delta y_{max} = |f_{x_1} \, \Delta x_1| + |f_{x_2} \, \Delta x_2| + \ldots + |f_{x_n} \, \Delta x_n|$$

Messergebnis: $y = \bar{y} \pm \Delta y_{max}$ (mit $\bar{y} = f(\bar{x}_1; \bar{x}_2; \ldots; \bar{x}_n)$)

In die partiellen Ableitungen 1. Ordnung der Funktion $y = f(x_1; x_2; \ldots; x_n)$ sind die *Mittelwerte* der unabhängigen Messgrößen einzusetzen, $\Delta x_1, \Delta x_2, \ldots, \Delta x_n$ sind die *Messunsicherheiten* (Standardabweichungen der Mittelwerte) oder deren *Schätzwerte*.

■ **Beispiel**

Maximaler Fehler der Turmhöhe (Beispiel aus Abschnitt 3.1):

$$\Delta h_{max} = \left| \frac{\partial h}{\partial e} \, \Delta e \right| + \left| \frac{\partial h}{\partial \alpha} \, \Delta \alpha \right| = |0{,}5774 \cdot 2{,}5 \, \text{m}| + |100{,}2667 \, \text{m} \cdot 0{,}017\,45| =$$

$$= 1{,}4435 \, \text{m} + 1{,}7497 \, \text{m} = 3{,}1932 \, \text{m} \approx 3{,}2 \, \text{m}$$

■

5 Ausgleichskurven

5.1 Ausgleichung nach dem Gaußschen Prinzip der kleinsten Quadrate

Unter einer *Ausgleichskurve* versteht man eine Kurve, die sich n vorgegebenen Messpunkten $P_i = (x_i, y_i)$ mit $i = 1, 2, \ldots, n$ *„optimal"* anpasst:

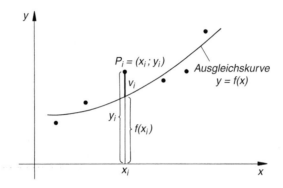

Man bestimmt sie nach *Gauß* wie folgt:

1. Zunächst muss man anhand des konkreten Falles eine Entscheidung über den *speziellen* Funktionstyp, der der Ausgleichsrechnung zugrunde gelegt werden soll, treffen (z. B. Gerade, Parabel, Potenz- oder Exponentialfunktion). Der Lösungsansatz $y = f(x)$ enthält dabei noch gewisse *Parameter* $a, b, c, \ldots$.

2. Dann wird für jeden Messpunkt $P_i = (x_i; y_i)$ die *vertikale* Abweichung $v_i = y_i - f(x_i)$ von der Ausgleichskurve $y = f(x)$ bestimmt und daraus die *Summe der Abweichungsquadrate*:

$$S(a; b; c; \ldots) = \sum_{i=1}^{n} v_i^2 = \sum_{i=1}^{n} [y_i - f(x_i)]^2$$

Sie hängt noch von den Kurvenparametern $a, b, c, \ldots$ ab.

3. Nach *Gauß* passt sich diejenige Kurve den vorgegebenen Messpunkten *„am besten"* an, für die diese Summe *minimal* wird (*Methode der kleinsten Quadrate*). Die Parameter $a, b, c, \ldots$ lassen sich dann aus den sog. *Normalgleichungen* (Extremalbedingungen)

$$\frac{\partial S}{\partial a} = 0, \qquad \frac{\partial S}{\partial b} = 0, \qquad \frac{\partial S}{\partial c} = 0, \ldots$$

berechnen.

Einfache Lösungsansätze für spezielle Ausgleichskurven

Lösungsansatz	Parameter
Lineare Funktion (Gerade): $\quad y = ax + b$	a, b
Quadratische Funktion (Parabel): $\quad y = ax^2 + bx + c$	a, b, c
Polynomfunktion vom Grade n: $y = a_n x^n + a_{n-1} x^{n-1} + \ldots + a_1 x + a_0$	$a_n, a_{n-1}, \ldots, a_1, a_0$
Potenzfunktion: $\quad y = a \cdot x^b$	a, b
Exponentialfunktion: $\quad y = a \cdot e^{bx}$	a, b
Logarithmusfunktion: $\quad y = a \cdot \ln(bx)$	a, b
Gebrochenrationale Funktionen: $\quad y = \dfrac{a}{x+b}, \quad y = \dfrac{ax}{x+b},$ $y = \dfrac{ax + b}{x} = a + \dfrac{b}{x}$	a, b

Exponential- und Potenzfunktion lassen sich im *halb-* bzw. *doppellogarithmischen* Maßstab durch *lineare* Funktionen, d. h. durch *Geraden* darstellen:

Exponentialfunktion $y = a \cdot e^{bx}$:

$$\ln y = \ln(a \cdot e^{bx}) = \ln a + \ln e^{bx} = \ln a + bx \cdot \underbrace{\ln e}_{1} = bx + \ln a$$

Mit $z = \ln y$ und $c = \ln a$ erhalten wir die Gerade $z = bx + c$.

Potenzfunktion $y = a \cdot x^b$:

$$\ln y = \ln(a \cdot x^b) = \ln a + \ln x^b = \ln a + b \cdot \ln x = b \cdot \ln x + \ln a$$

Mit $u = \ln x$, $v = \ln y$ und $c = \ln a$ erhalten wir die Gerade $v = bu + c$.

Hinweis: Für die linearisierte Exponential- bzw. Potenzfunktion ist die Summe der Abweichungsquadrate nur für die *transformierten* Wertepaare minimal, nicht aber für die Wertepaare selbst. Die mit dem vereinfachten Verfahren berechneten Werte sind daher nur (für die Praxis jedoch meist völlig ausreichende) *Näherungen* der Kurvenparameter.

5.2 Ausgleichs- oder Regressionsgerade

Diejenige *Gerade* $y = ax + b$, die sich n vorgegebenen Messpunkten $P_i = (x_i; y_i)$ *„optimal"* anpasst, heißt *Ausgleichs-* oder *Regressionsgerade* ($i = 1, 2, \ldots, n;\ n \geq 3$). Steigung a (auch Regressionskoeffizient genannt) und Achsenabschnitt b werden wie folgt berechnet:

$$a = \frac{n \cdot \sum\limits_{i=1}^{n} x_i y_i - \left(\sum\limits_{i=1}^{n} x_i\right)\left(\sum\limits_{i=1}^{n} y_i\right)}{\Delta}$$

$$b = \frac{\left(\sum\limits_{i=1}^{n} x_i^2\right)\left(\sum\limits_{i=1}^{n} y_i\right) - \left(\sum\limits_{i=1}^{n} x_i\right)\left(\sum\limits_{i=1}^{n} x_i y_i\right)}{\Delta}$$

$$\Delta = n \cdot \sum\limits_{i=1}^{n} x_i^2 - \left(\sum\limits_{i=1}^{n} x_i\right)^2 \quad \text{(„Hilfsgröße")}$$

Die Ausgleichsgerade kann auch in der *symmetrischen* Form

$$y - \bar{y} = a(x - \bar{x})$$

dargestellt werden. Sie verläuft durch den sog. *„Schwerpunkt"* $S = (\bar{x}; \bar{y})$ der aus den n Messpunkten gebildeten *Punktwolke* ($\bar{x}, \bar{y}$: Mittelwerte der x- bzw. y-Koordinaten der n Messpunkte; a: Regressionskoeffizient).

Korrelationskoeffizient

$$r = \frac{\sum\limits_{i=1}^{n} x_i y_i - n\bar{x}\bar{y}}{\sqrt{\left(\sum\limits_{i=1}^{n} x_i^2 - n\bar{x}^2\right)\left(\sum\limits_{i=1}^{n} y_i^2 - n\bar{y}^2\right)}}, \quad -1 \leq r \leq 1$$

Die n Messpunkte liegen immer dann nahezu auf einer *Geraden*, wenn r sich nur wenig von -1 oder $+1$ unterscheidet. Im Falle $|r| = 1$ liegen die Messpunkte *exakt* auf einer Geraden.

■ **Beispiel**

Wir zeigen zunächst, dass die 5 Messpunkte $P_1 = (0; 0{,}6)$, $P_2 = (2; 3{,}9)$, $P_3 = (3; 5{,}8)$, $P_4 = (5; 9{,}7)$ und $P_5 = (8; 14{,}6)$ *nahezu* auf einer *Geraden* liegen und bestimmen dann die *Ausgleichsgerade* mit Hilfe der folgenden Tabelle:

i	x_i	y_i	x_i^2	y_i^2	$x_i y_i$
1	0	0,6	0	0,36	0
2	2	3,9	4	15,21	7,8
3	3	5,8	9	33,64	17,4
4	5	9,7	25	94,09	48,5
5	8	14,6	64	213,16	116,8
$\sum$	18	34,6	102	356,46	190,5

Berechnung des Korrelationskoeffizienten r

$$\bar{x} = \frac{\sum\limits_{i=1}^{n} x_i}{n} = \frac{18}{5} = 3{,}6 \,, \qquad \bar{y} = \frac{\sum\limits_{i=1}^{n} y_i}{n} = \frac{34{,}6}{5} = 6{,}92$$

$$r = \frac{\sum\limits_{i=1}^{n} x_i y_i - n\,\bar{x}\,\bar{y}}{\sqrt{\left(\sum\limits_{i=1}^{n} x_i^2 - n\,\bar{x}^2\right)\left(\sum\limits_{i=1}^{n} y_i^2 - n\,\bar{y}^2\right)}} = \frac{190{,}5 - 5 \cdot 3{,}6 \cdot 6{,}92}{\sqrt{(102 - 5 \cdot 3{,}6^2)(356{,}46 - 5 \cdot 6{,}92^2)}} = 0{,}9994$$

$r = 0{,}9994 \approx 1 \quad \Rightarrow \quad$ Die Punkte liegen nahezu auf einer Geraden.

Bestimmung der Ausgleichsgeraden $y = ax + b$

$$\Delta = n \cdot \sum\limits_{i=1}^{n} x_i^2 - \left(\sum\limits_{i=1}^{n} x_i\right)^2 = 5 \cdot 102 - 18^2 = 186$$

$$a = \frac{n \cdot \sum\limits_{i=1}^{n} x_i y_i - \left(\sum\limits_{i=1}^{n} x_i\right)\left(\sum\limits_{i=1}^{n} y_i\right)}{\Delta} = \frac{5 \cdot 190{,}5 - 18 \cdot 34{,}6}{186} = 1{,}773$$

$$b = \frac{\left(\sum\limits_{i=1}^{n} x_i^2\right)\left(\sum\limits_{i=1}^{n} y_i\right) - \left(\sum\limits_{i=1}^{n} x_i\right)\left(\sum\limits_{i=1}^{n} x_i y_i\right)}{\Delta} = \frac{102 \cdot 34{,}6 - 18 \cdot 190{,}5}{186} = 0{,}539$$

Ausgleichsgerade: $y = 1{,}773 x + 0{,}539$

∎

5.3 Ausgleichs- oder Regressionsparabel

Diejenige Parabel $y = ax^2 + bx + c$, die sich den n Messpunkten $P_i = (x_i; y_i)$ *„optimal"* anpasst, heißt *Ausgleichs-* oder *Regressionsparabel* ($i = 1, 2, \ldots, n;\ n \geq 4$). Die Kurvenparameter a, b und c lassen sich aus den folgenden *Normalgleichungen* eindeutig bestimmen (lineares Gleichungssystem mit drei Gleichungen und drei Unbekannten a, b und c):

$$\left(\sum\limits_{i=1}^{n} x_i^4\right) \cdot a + \left(\sum\limits_{i=1}^{n} x_i^3\right) \cdot b + \left(\sum\limits_{i=1}^{n} x_i^2\right) \cdot c = \sum\limits_{i=1}^{n} x_i^2 y_i$$

$$\left(\sum\limits_{i=1}^{n} x_i^3\right) \cdot a + \left(\sum\limits_{i=1}^{n} x_i^2\right) \cdot b + \left(\sum\limits_{i=1}^{n} x_i\right) \cdot c = \sum\limits_{i=1}^{n} x_i y_i$$

$$\left(\sum\limits_{i=1}^{n} x_i^2\right) \cdot a + \left(\sum\limits_{i=1}^{n} x_i\right) \cdot b + n \cdot c = \sum\limits_{i=1}^{n} y_i$$

XII Fourier-Transformationen

Hinweis: Die in den Beispielen benötigten Fourier-Transformationen wurden der **Tabelle 1** in Abschnitt 6 entnommen (Angabe der laufenden Nummer und der Parameterwerte).

1 Grundbegriffe

Fourier-Transformation

Die Fourier-Transformation ist eine *Integraltransformation*. Sie ordnet einer nichtperiodischen (in den Anwendungen meist *zeitabhängigen*) Funktion $f(t)$, $-\infty < t < \infty$ wie folgt eine Funktion $F(\omega)$ der reellen Variablen ω zu[1]:

$$F(\omega) = \int_{-\infty}^{\infty} f(t) \cdot e^{-j\omega t} \, dt$$

Das uneigentliche Integral der rechten Seite heißt *Fourier-Integral*. Es existiert, wenn $f(t)$ absolut integrierbar ist, d. h.

$$\int_{-\infty}^{\infty} |f(t)| \, dt < \infty$$

gilt. Geometrische Deutung: Die Fläche unter der Kurve $y = |f(t)|$ besitzt einen endlichen Wert.

Bezeichnungen:

$f(t)$:   Originalfunktion (Zeitfunktion)

$F(\omega)$:   Bildfunktion (*Fourier-Transformierte* von $f(t)$, Spektraldichte)

Weitere symbolische Schreibweisen:

$$F(\omega) = \mathcal{F}\{f(t)\} \qquad (\textit{Fourier-Transformierte von } f(t))$$

$\mathcal{F}$: *Fourier-Transformationsoperator*

$$f(t) \; \circ\!\!-\!\!-\!\!\bullet \; F(\omega) \qquad (\textit{Korrespondenz})$$

Originalfunktion $f(t)$ und Bildfunktion $F(\omega) = \mathcal{F}\{f(t)\}$ bilden ein zusammengehöriges *Funktionenpaar*.

---

[1] Die Variable ω ist bei zeitabhängigen Funktionen die Kreisfrequenz.

Anmerkungen

(1) Wegen der im Fourier-Integral enthaltenen (komplexen) Exponentialfunktion spricht man häufig auch von der *exponentiellen Fourier-Transformation*.

(2) Die Fourier-Transformierte $F(\omega)$ ist eine im Allgemeinen komplexwertige und stetige Funktion der reellen Variablen ω, die im Unendlichen verschwindet:

$$\lim_{|\omega| \to \infty} F(\omega) = 0$$

(3) Eine Funktion $f(t)$ heißt *Fourier-transformierbar*, wenn das Fourier-Integral $F(\omega)$ existiert. Die Menge aller (transformierbaren) Originalfunktionen wird als *Original-bereich*, die Menge der zugeordneten Bildfunktionen als *Bildbereich* bezeichnet.

■ **Beispiel**

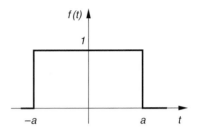

$$f(t) = \begin{cases} 1 & |t| \le a \\ 0 & |t| > a \end{cases} \text{ für }$$

Die Fourier-Transformierte dieses *Rechteckimpulses* existiert (Fläche unter der Kurve = $2\,a$):

$$F(\omega) = \int_{-\infty}^{\infty} f(t) \cdot e^{-j\omega t}\, dt = \int_{t=-a}^{a} 1 \cdot e^{-j\omega t}\, dt = \left[\frac{1}{-j\omega} \cdot e^{-j\omega t}\right]_{t=-a}^{a} = -\frac{1}{j\omega}\left(e^{-j\omega a} - e^{j\omega a}\right) =$$

$$= \frac{1}{j\omega}\underbrace{\left(e^{ja\omega} - e^{-ja\omega}\right)}_{2j\,\cdot\,\sin(a\omega)} = \frac{1}{j\omega} \cdot 2j \cdot \sin(a\omega) = \frac{2 \cdot \sin(a\omega)}{\omega} \qquad \text{(für } \omega \ne 0\text{)}$$

Hinweis: $e^{jx} - e^{-ix} = 2j \cdot \sin x$ mit $x = a\omega$, siehe VIII.7.3.2

$$F(0) = \int_{-\infty}^{\infty} f(t) \cdot e^{0}\, dt = \int_{-a}^{a} 1\, dt =$$

$$= [t]_{-a}^{a} = a + a = 2a$$

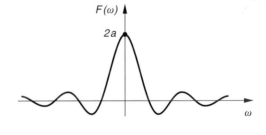

Somit gilt (für $\omega \ne 0$):

$$\mathcal{F}\{f(t)\} = F(\omega) = \frac{2 \cdot \sin(a\omega)}{\omega}$$

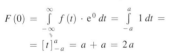

$$f(t) \circ\!\!-\!\!\bullet \frac{2 \cdot \sin(a\omega)}{\omega}$$

■

Inverse Fourier-Transformation

Für die *Rücktransformation* aus dem Bild- in den Originalbereich schreibt man symbolisch

$$\mathcal{F}^{-1}\{F(\omega)\} = f(t) \qquad (\textit{inverse Fourier-Transformierte})$$

oder

$$F(\omega) \bullet\!\!-\!\!\circ f(t) \qquad \text{(Korrespondenz)}$$

Die Rücktransformation ist durchführbar, wenn $f(t)$ stückweise monoton, stetig und absolut integrierbar ist und in den eventuell vorhandenen Sprungstellen die *beiderseitigen* Grenzwerte existieren. Es gilt dann die folgende *Integraldarstellung* für die Originalfunktion:

$$f(t) = \frac{1}{2\pi} \cdot \int\limits_{-\infty}^{\infty} F(\omega) \cdot e^{j\omega t}\, d\omega$$

In den *Sprungstellen* liefert das uneigentliche Integral der rechten Seite das *arithmetische Mittel* der beiderseitigen Grenzwerte.

■   **Beispiel**

$$F(\omega) = \begin{cases} 1 & |\omega| \le \omega_0 \\ 0 & |\omega| > \omega_0 \end{cases} \quad \text{für}$$

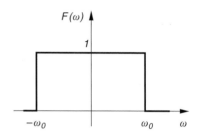

Aus der (rechteckigen) Bildfunktion $F(\omega)$ lässt sich wie folgt die zugehörige *Originalfunktion* gewinnen:

$$f(t) = \frac{1}{2\pi} \cdot \int\limits_{-\infty}^{\infty} F(\omega) \cdot e^{j\omega t}\, d\omega = \frac{1}{2\pi} \cdot \int\limits_{\omega=-\omega_0}^{\omega_0} 1 \cdot e^{jt\omega}\, d\omega = \frac{1}{2\pi} \cdot \frac{1}{jt} \left[e^{jt\omega} \right]_{\omega=-\omega_0}^{\omega_0} =$$

$$= \frac{1}{\pi t} \cdot \frac{1}{2j} \underbrace{(e^{j\omega_0 t} - e^{-j\omega_0 t})}_{2j \cdot \sin(\omega_0 t)} = \frac{1}{\pi t} \cdot \frac{1}{2j} \cdot 2j \cdot \sin(\omega_0 t) = \frac{1}{\pi t} \cdot \sin(\omega_0 t) = \frac{1}{\pi} \cdot \frac{\sin(\omega_0 t)}{t}$$

(für $t \ne 0$)

Hinweis: $e^{jx} - e^{-jx} = 2j \cdot \sin x$ mit $x = \omega_0 t$, siehe VIII.7.3.2

$$f(0) = \frac{1}{2\pi} \cdot \int\limits_{-\omega_0}^{\omega_0} 1 \cdot e^0\, d\omega = \frac{1}{2\pi} \cdot \int\limits_{-\omega_0}^{\omega_0} 1\, d\omega = \frac{1}{2\pi} \left[\omega \right]_{-\omega_0}^{\omega_0} = \frac{1}{2\pi} (\omega_0 + \omega_0) = \frac{\omega_0}{\pi}$$

■

Physikalische Deutung der Fourier-Transformation

Die *nichtperiodische* zeitabhängige Funktion $f(t)$ kann als *Grenzfall* einer periodischen Funktion mit der Periode $T = \infty$ aufgefasst werden. Sie wird in ihre *harmonischen Bestandteile* zerlegt, die durch harmonische Schwingungen in der komplexen Exponentialform $e^{j\omega t}$ beschrieben werden (sog. *Fourier-Analyse*). Anders wie bei der Zerlegung *periodischer* Funktionen treten hier *sämtliche* Kreisfrequenzen aus dem Intervall $-\infty < \omega < \infty$ auf. An die Stelle der komplexen Fourier-Koeffizienten c_n tritt die *Fourier-Transformierte* $F(\omega)$, aus dem *Linienspektrum* wird ein *kontinuierliches* Spektrum:

periodische Zeitfunktion $\rightarrow$ Linienspektrum

nichtperiodische Zeitfunktion $\rightarrow$ kontinuierliches Spektrum

Im naturwissenschaftlich-technischen Bereich sind folgende Bezeichnungen üblich:

$F(\omega)$: *Spektrum* von $f(t)$ (*Frequenzspektrum*, Spektraldichte, Spektralfunktion)

$A(\omega) = |F(\omega)|$: *Amplitudenspektrum* (spektrale Amplitudendichte)

$\varphi(\omega) = \arg(F(\omega))$: *Phasenspektrum* (spektrale Phasendichte)

Polardarstellung der Fourier-Transformierten

$$F(\omega) = |F(\omega)| \cdot e^{j\varphi(\omega)} = A(\omega) \cdot e^{j\varphi(\omega)}$$

Äquivalente Fourier-Darstellungen (in reeller Form)

$f(t)$: *reelle* Zeitfunktion (absolut integrierbar)

Entwicklung nach Kosinus- und Sinusschwingungen

$$f(t) = \int_{0}^{\infty} [a(\omega) \cdot \cos(\omega t) + b(\omega) \cdot \sin(\omega t)] \, d\omega$$

$$a(\omega) = \frac{1}{\pi} \cdot \int_{-\infty}^{\infty} f(t) \cdot \cos(\omega t) \, dt$$

$$b(\omega) = \frac{1}{\pi} \cdot \int_{-\infty}^{\infty} f(t) \cdot \sin(\omega t) \, dt$$

$a(\omega)$, $b(\omega)$: *Spektralfunktionen* (Amplitudendichten)

Sonderfälle

$f(t)$: *gerade* Funktion $\Rightarrow$ $b(\omega) = 0$ (nur Kosinusschwingungen)

$f(t)$: *ungerade* Funktion $\Rightarrow$ $a(\omega) = 0$ (nur Sinusschwingungen)

Entwicklung nach phasenverschobenen Sinusschwingungen

$$f(t) = \int_{0}^{\infty} B(\omega) \cdot \sin[\omega t + \varphi(\omega)] \, d\omega$$

$$B(\omega) = \sqrt{[a(\omega)]^2 + [b(\omega)]^2}, \qquad \tan \varphi(\omega) = \frac{a(\omega)}{b(\omega)}$$

$\pi \cdot B(\omega)$: *Amplitudenspektrum*

$\varphi(\omega)$: *Phasenspektrum*

Sonderfälle

$f(t)$	$B(\omega)$	$\varphi(\omega)$		$A(\omega) = \lvert F(\omega)\rvert$
gerade Funktion	$\lvert a(\omega)\rvert$	$\pi/2$	(nur Kosinusglieder)	$\pi \cdot \lvert a(\omega)\rvert$
ungerade Funktion	$\lvert b(\omega)\rvert$	0	(nur Sinusglieder)	$\pi \cdot \lvert b(\omega)\rvert$

Zusammenhang zwischen dem Spektrum $F(\omega)$ und den Spektralfunktionen $a(\omega)$ und $b(\omega)$

$$F(\omega) = \pi\,[a(\omega) - \mathrm{j}\cdot b(\omega)]$$

$$A(\omega) = \lvert F(\omega)\rvert = \pi \cdot B(\omega) = \pi \cdot \sqrt{[a(\omega)]^2 + [b(\omega)]^2}$$

■ **Beispiel**

$$f(t) = \begin{Bmatrix} 1 & & \lvert t\rvert \le a \\ 0 & \text{für} & \lvert t\rvert > a \end{Bmatrix}$$

Die *Fourier-Analyse* dieses *rechteckigen* Impulses enthält ausschließlich *Kosinusterme* ($f(t)$ ist eine *gerade* Funktion $\Rightarrow$ $b(\omega) = 0$). Somit:

$$f(t) = \int\limits_{0}^{\infty} a(\omega) \cdot \cos(\omega t)\, d\omega$$

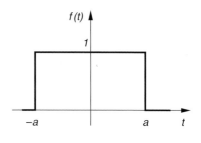

Bestimmung der Spektralfunktion (Amplitudendichte) $a(\omega)$:

$$a(\omega) = \frac{1}{\pi} \cdot \int\limits_{-\infty}^{\infty} f(t) \cdot \cos(\omega t)\, dt = \frac{1}{\pi} \cdot \int\limits_{t=-a}^{a} 1 \cdot \cos(\omega t)\, dt = \frac{2}{\pi} \cdot \int\limits_{t=0}^{a} \cos(\omega t)\, dt =$$

$$= \frac{2}{\pi} \left[\frac{\sin(\omega t)}{\omega} \right]_{t=0}^{a} = \frac{2}{\pi} \cdot \frac{1}{\omega} \,(\sin(\omega a) - \underbrace{\sin 0}_{0}) = \frac{2}{\pi} \cdot \frac{\sin(a\omega)}{\omega} \qquad \text{(für } \omega \ne 0\text{)}$$

$$a(0) = \frac{1}{\pi} \cdot \int\limits_{-a}^{a} 1 \cdot \cos 0 \; dt = \frac{1}{\pi} \cdot \int\limits_{-a}^{a} 1\, dt = \frac{2}{\pi} \int\limits_{0}^{a} 1\, dt = \frac{2}{\pi}\, [t]_0^{a} = \frac{2}{\pi}\,(a - 0) = \frac{2a}{\pi}$$

Amplitudenspektrum:

$$A(\omega) = \pi \cdot \lvert a(\omega)\rvert =$$

$$= \pi \cdot \frac{2}{\pi} \left\lvert \frac{\sin(a\omega)}{\omega} \right\rvert =$$

$$= 2 \left\lvert \frac{\sin(a\omega)}{\omega} \right\rvert$$

$$A(0) = \pi \cdot a(0) = \pi \cdot \frac{2a}{\pi} = 2a$$

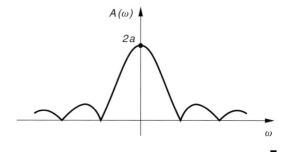

■

2 Spezielle Fourier-Transformationen

Neben der *exponentiellen* Fourier-Transformation gibt es noch zwei weitere spezielle Fourier-Transformationen.

Fourier-Kosinus-Transformation

$$F_c(\omega) = \mathcal{F}_c\{f(t)\} = \int_0^\infty f(t) \cdot \cos(\omega t)\, dt$$

$F_c(\omega)$: *Fourier-Kosinus-Transformierte* von $f(t)$

Für eine *gerade* Funktion gilt:

$$F(\omega) = 2 \cdot F_c(\omega)$$

Fourier-Sinus-Transformation

$$F_s(\omega) = \mathcal{F}_s\{f(t)\} = \int_0^\infty f(t) \cdot \sin(\omega t)\, dt$$

$F_s(\omega)$: *Fourier-Sinus-Transformierte* von $f(t)$

Für eine *ungerade* Funktion gilt:

$$F(\omega) = -2\,\mathrm{j} \cdot F_s(\omega)$$

■ **Beispiel**

$$f(t) = \begin{cases} t + a & -a \leq t \leq 0 \\ -t + a & \text{für} \quad 0 \leq t \leq a \\ 0 & |t| \geq a \end{cases}$$

Für diese *gerade* Dreiecksfunktion erhalten wir mit Hilfe der *Fourier-Kosinus-Transformation* die folgende Bildfunktion:

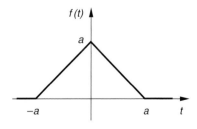

$$F(\omega) = 2 \cdot F_c(\omega) = 2 \cdot \int_0^\infty f(t) \cdot \cos(\omega t)\, dt = 2 \cdot \int_0^a (-t + a) \cdot \cos(\omega t)\, dt =$$

$$= 2 \cdot \int_{t=0}^a \underbrace{[-t \cdot \cos(\omega t)}_{\text{Integral 232}} + a \cdot \cos(\omega t)]\, dt = 2 \left[-\frac{\cos(\omega t)}{\omega^2} - \frac{t \cdot \sin(\omega t)}{\omega} + \frac{a}{\omega} \cdot \sin(\omega t) \right]_{t=0}^a =$$

mit $a = \omega$

$$= 2 \left[-\frac{\cos(\omega a)}{\omega^2} - \frac{a \cdot \sin(\omega a)}{\omega} + \frac{a}{\omega} \cdot \sin(\omega a) + \frac{\cos 0}{\omega^2} + \frac{0 \cdot \sin 0}{\omega} - \frac{a}{\omega} \cdot \sin 0 \right] =$$

$$= 2 \left(-\frac{\cos(a\omega)}{\omega^2} - \frac{a \cdot \sin(a\omega)}{\omega} + \frac{a \cdot \sin(a\omega)}{\omega} + \frac{1}{\omega^2} + 0 - 0 \right) = 2 \left(-\frac{\cos(a\omega)}{\omega^2} + \frac{1}{\omega^2} \right) =$$

$$= 2 \left(\frac{-\cos(a\omega) + 1}{\omega^2} \right) = \frac{2[1 - \cos(a\omega)]}{\omega^2} \qquad (\text{für } \omega \neq 0)$$

$$F(0) = 2 \cdot F_c(0) = 2 \cdot \int_0^\infty f(t) \cdot \cos 0\, dt = 2 \cdot \int_0^a (-t + a) \cdot 1\, dt = 2 \cdot \int_0^a (-t + a)\, dt =$$

$$= 2 \left[-\frac{1}{2} t^2 + a t \right]_0^a = 2 \left(-\frac{1}{2} a^2 + a^2 \right) = 2 \cdot \frac{1}{2} a^2 = a^2$$

∎

Zusammenhang zwischen den Fourier-Transformationen $F(\omega)$, $F_c(\omega)$ und $F_s(\omega)$

Jede Funktion $f(t)$ lässt sich wie folgt in eine Summe aus einer *geraden* Funktion $g(t)$ und einer *ungeraden* Funktion $h(t)$ zerlegen:

$$f(t) = \frac{1}{2} \underbrace{[f(t) + f(-t)]}_{g(t)} + \frac{1}{2} \underbrace{[f(t) - f(-t)]}_{h(t)} = \frac{1}{2} g(t) + \frac{1}{2} h(t)$$

Dann gilt:

$$F(\omega) = \frac{1}{2} G(\omega) + \frac{1}{2} H(\omega) = G_c(\omega) - \mathrm{j} \cdot H_s(\omega)$$

$G(\omega), H(\omega)$:   Fourier-Transformierte von $g(t)$ bzw. $h(t)$

$G_c(\omega)$:   Fourier-Kosinus-Transformierte von $g(t)$

$H_s(\omega)$:   Fourier-Sinus-Transformierte von $h(t)$

Berechnung der Fourier-Transformation mit Hilfe von Korrespondenztabellen

- **Tabelle 1** (Seite 338 bis 339): Exponentielle Fourier-Transformationen
- **Tabelle 2** (Seite 340 bis 341): Fourier-Sinus-Transformationen
- **Tabelle 3** (Seite 342 bis 343): Fourier-Kosinus-Transformationen

3 Wichtige „Hilfsfunktionen" in den Anwendungen

3.1 Sprungfunktionen

Sprungfunktionen werden z. B. für Einschaltvorgänge benötigt.

Sprungfunktion $\sigma(t)$ (Sprungstelle: $t = 0$)

Einheitssprung, Heaviside-Funktion, Sigmafunktion (σ-Funktion)

$$\sigma(t) = \begin{Bmatrix} 0 & & t < 0 \\ 1 & \text{für} & t \geq 0 \end{Bmatrix}$$

Verschobene Sprungfunktion (Sprungstelle: $t = a$)

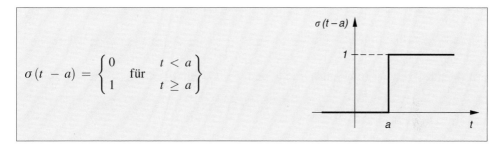

$$\sigma(t - a) = \begin{Bmatrix} 0 & & t < a \\ 1 & \text{für} & t \geq a \end{Bmatrix}$$

„Ausblenden" mit Hilfe der σ-Funktion

Die *Multiplikation* einer Funktion $f(t)$, $-\infty < t < \infty$ mit der Sprungfunktion $\sigma(t)$ bewirkt, dass alle Funktionswerte für $t < 0$ *verschwinden*, d. h. gleich *Null* gesetzt werden, während im Intervall $t \geq 0$ alles beim Alten bleibt (sog. „*Ausblenden*" im Intervall $t < 0$):

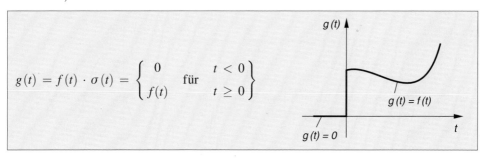

$$g(t) = f(t) \cdot \sigma(t) = \begin{Bmatrix} 0 & & t < 0 \\ f(t) & \text{für} & t \geq 0 \end{Bmatrix}$$

■ **Beispiel**

$$f(t) = \sin t \quad \Rightarrow \quad g(t) = \sin t \cdot \sigma(t) = \left\{ \begin{array}{ll} 0 \\ \sin t \end{array} \text{ für } \begin{array}{l} t < 0 \\ t \ge 0 \end{array} \right\}$$

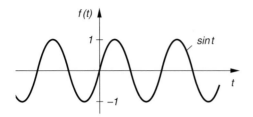
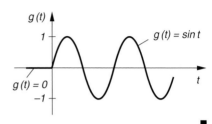

■

„Ausblenden" im Intervall $t < a$

$$g(t) = f(t) \cdot \sigma(t - a) = \left\{ \begin{array}{ll} 0 \\ f(t) \end{array} \text{ für } \begin{array}{l} t < a \\ t \ge a \end{array} \right\}$$

„Ausblenden" in den Intervallen $t < a$ und $t > b$ (mit $a < b$)

$$g(t) = f(t) \cdot [\sigma(t - a) - \sigma(t - b)] =$$

$$= \left\{ \begin{array}{ll} 0 \\ f(t) \end{array} \text{ für } \begin{array}{l} t < a, \quad t > b \\ a \le t \le b \end{array} \right\}$$

■ **Beispiel**

$$f(t) = \sin t; \quad a = -\pi, \quad b = 2\pi$$

$$g(t) = \sin t \cdot [\sigma(t + \pi) - \sigma(t - 2\pi)] =$$

$$= \left\{ \begin{array}{ll} \sin t \\ 0 \end{array} \text{ für } \begin{array}{l} -\pi \le t \le 2\pi \\ \text{alle übrigen } t \end{array} \right\}$$

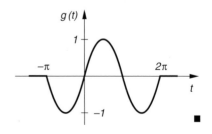

■

„Ausblenden" einer verschobenen Funktion

Die Funktion $f(t)$ wird zunächst um a *verschoben* und dann im Intervall $t < a$ „*ausgeblendet*":

$$g(t) = f(t - a) \cdot \sigma(t - a) = \left\{ \begin{array}{cc} 0 & t < a \\ f(t - a) & t \geq a \end{array} \right\} \quad \text{für}$$

3.2 Rechteckige Impulse

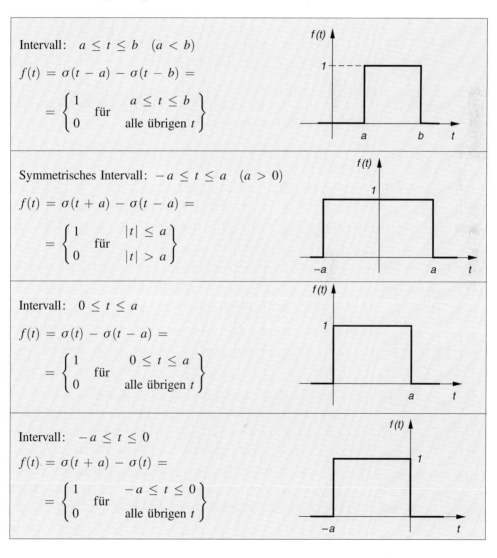

Intervall: $a \leq t \leq b$ $(a < b)$

$f(t) = \sigma(t - a) - \sigma(t - b) =$

$$= \left\{ \begin{array}{cc} 1 & a \leq t \leq b \\ 0 & \text{alle übrigen } t \end{array} \right\} \quad \text{für}$$

Symmetrisches Intervall: $-a \leq t \leq a$ $(a > 0)$

$f(t) = \sigma(t + a) - \sigma(t - a) =$

$$= \left\{ \begin{array}{cc} 1 & |t| \leq a \\ 0 & |t| > a \end{array} \right\} \quad \text{für}$$

Intervall: $0 \leq t \leq a$

$f(t) = \sigma(t) - \sigma(t - a) =$

$$= \left\{ \begin{array}{cc} 1 & 0 \leq t \leq a \\ 0 & \text{alle übrigen } t \end{array} \right\} \quad \text{für}$$

Intervall: $-a \leq t \leq 0$

$f(t) = \sigma(t + a) - \sigma(t) =$

$$= \left\{ \begin{array}{cc} 1 & -a \leq t \leq 0 \\ 0 & \text{alle übrigen } t \end{array} \right\} \quad \text{für}$$

3.3 Diracsche Deltafunktion

Für die Beschreibung *lokalisierter* Impulse (die nur in einem bestimmten Zeitpunkt T einwirken) benötigt man die sog. *Diracsche Deltafunktion* (δ-Funktion, auch *Dirac-Stoß* oder *Impulsfunktion* genannt). Sie ist keine Funktion im üblichen Sinne, sondern eine sog. „verallgemeinerte Funktion" (Distribution).

Anschauliches Modell der Deltafunktion

Ausgangspunkt ist ein *rechteckiger* Impuls (Stoß) der Breite a und der Höhe $1/a$, dessen Stärke (entspricht dem Flächeninhalt) den Wert 1 besitzt:

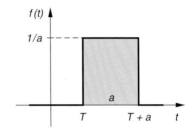

$$\int_{-\infty}^{\infty} f(t)\, dt = a \cdot \frac{1}{a} = 1$$

Mit abnehmender Breite nimmt die Höhe bei unverändertem Flächeninhalt immer mehr zu (siehe Bilderfolge a) $\rightarrow$ b) $\rightarrow$ c)). Im *Grenzfall* $a \rightarrow 0$ entsteht ein Impuls mit einer Breite nahe 0 und einer unendlich großen Höhe.

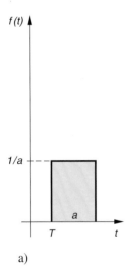

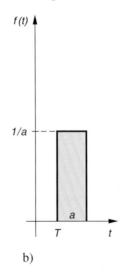

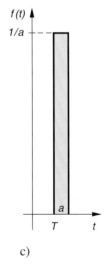

a)   b)   c)

Symbolische Schreibweise und Darstellung der Deltafunktion

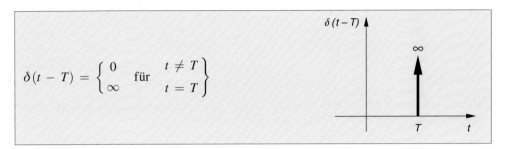

$$\delta(t - T) = \begin{Bmatrix} 0 \\ \infty \end{Bmatrix} \quad \text{für} \quad \begin{matrix} t \neq T \\ t = T \end{matrix}$$

Eigenschaften der Deltafunktion

Normierung

$$\int\limits_{-\infty}^{\infty} \delta(t - T)\, dt = 1 \qquad (\text{„Flächeninhalt"} = 1)$$

„Ausblendeigenschaft"

Für bestimmte Zeitfunktionen $f(t)$, $-\infty < t < \infty$ gilt:

$$\int\limits_{a}^{b} \delta(t - T) \cdot f(t)\, dt = \begin{Bmatrix} f(T) \\ 0 \end{Bmatrix} \quad \text{für} \quad \begin{matrix} a \leq T \leq b \\ \text{alle übrigen } T \end{matrix}$$

Anmerkungen

(1) Die Integrale sind nur *symbolisch* zu verstehen, sie können *nicht* im üblichen Sinne „berechnet" werden (es handelt sich um sog. „verallgemeinerte Integrale").

(2) Das „Ausblendintegral" ist nur dann von null verschieden, wenn T zwischen a und b liegt.

■ **Beispiele**

(1) $\displaystyle\int\limits_{0}^{2\pi} \delta(t - \pi) \cdot \underbrace{e^{-t} \cdot \cos t}_{f(t)}\, dt = f(\pi) = e^{-\pi} \cdot \cos \pi = e^{-\pi} \cdot (-1) = -e^{-\pi}$

Begründung: π liegt im Integrationsintervall.

(2) $\displaystyle\int\limits_{-\infty}^{\infty} \delta(t - T) \cdot \underbrace{\cos t}_{f(t)}\, dt = f(T) = \cos T$

Begründung: Die reelle Zahl T liegt *stets* im Integrationsbereich ($-\infty < T < \infty$).

■

„Verallgemeinerte Fourier-Transformierte" der Deltafunktion

$$\mathcal{F}\{\delta(t - T)\} = F(\omega) = \int\limits_{-\infty}^{\infty} \delta(t - T) \cdot e^{-j\omega t}\, dt = e^{-j\omega T}$$

Sonderfall $T = 0$: $\quad \mathcal{F}\{\delta(t)\} = F(\omega) = 1$

Das Frequenzspektrum enthält dann alle Frequenzen mit *gleichem* Gewicht (alle „Amplituden" haben den Wert 1 $\rightarrow$ sog. „weißes" Spektrum).

Zusammenhang zwischen der Delta- und der Sigmafunktion

$$\int\limits_{-\infty}^{t} \delta(\tau - T)\, d\tau = \sigma(t - T) \qquad\qquad \int\limits_{-\infty}^{t} \delta(\tau)\, d\tau = \sigma(t)$$

$$\frac{D}{Dt}\, \sigma(t - T) = \delta(t - T) \qquad\qquad \frac{D}{Dt}\, \sigma(t) = \delta(t)$$

Die Deltafunktion ist somit die sog. „verallgemeinerte Ableitung" der Sigmafunktion (Sprungfunktion).

„Verallgemeinerte Ableitung" einer Funktion $f(t)$

Die sog. *„verallgemeinerte Ableitung"* einer Funktion $f(t)$, die an der Stelle $t = t_0$ eine *Sprungunstetigkeit* aufweist und sonst für jedes $t \neq t_0$ stetig differenzierbar ist, wird wie folgt gebildet:

$$\frac{Df(t)}{Dt} = \frac{df(t)}{dt} + a \cdot \delta(t - t_0) = f'(t) + a \cdot \delta(t - t_0)$$

$\dfrac{Df(t)}{Dt} = \dfrac{D}{Dt}\, f(t)$: „Verallgemeinerte Ableitung" von $f(t)$

$\dfrac{df(t)}{dt} = \dfrac{d}{dt}\, f(t) = f'(t)$: „Gewöhnliche Ableitung" von $f(t)$

$a = f(t_0 + 0) - f(t_0 - 0)$: Höhe des Sprunges an der Stelle $t = t_0$ (Differenz der beiderseitigen Funktionsgrenzwerte an der Stelle $t = t_0$)

Die „verallgemeinerte Ableitung" unterscheidet sich nur an der *Sprungstelle* $t = t_0$ von der „gewöhnlichen Ableitung" $f'(t)$. An der Sprungstelle kommt noch ein *Dirac-Stoß* hinzu.

4 Eigenschaften der Fourier-Transformation (Transformationssätze)

4.1 Linearitätssatz (Satz über Linearkombinationen)

Für die Fourier-Transformierte einer *Linearkombination* von Originalfunktionen gilt:

$$\mathcal{F}\{c_1 \cdot f_1(t) + c_2 \cdot f_2(t) + \ldots + c_n \cdot f_n(t)\} =$$

$$= c_1 \cdot \mathcal{F}\{f_1(t)\} + c_2 \cdot \mathcal{F}\{f_2(t)\} + \ldots + c_n \cdot \mathcal{F}\{f_n(t)\} =$$

$$= c_1 \cdot F_1(\omega) + c_2 \cdot F_2(\omega) + \ldots + c_n \cdot F_n(\omega)$$

$c_1, c_2, \ldots, c_n$: Reelle oder komplexe Konstanten

$F_i(\omega) = \mathcal{F}\{f_i(t)\}$: Fourier-Transformierte von $f_i(t)$ $\qquad (i = 1, 2, \ldots, n)$

Regel: Es darf *gliedweise* transformiert werden, *konstante* Faktoren bleiben *erhalten*.

■ **Beispiel**

$g(t) = 2 \cdot e^{-t} \cdot \sigma(t) + 3 \cdot e^{-6t} \cdot \sigma(t), \quad \mathcal{F}\{g(t)\} = ?$

Unter Verwendung der *Korrespondenzen*

$$\mathcal{F}\{e^{-t} \cdot \sigma(t)\} = \frac{1}{1 + j\omega} \quad \text{und} \quad \mathcal{F}\{e^{-6t} \cdot \sigma(t)\} = \frac{1}{6 + j\omega}$$

(Nr. 9 mit $a = 1$ bzw. $a = 6$) erhält man mit Hilfe des Linearitätssatzes:

$$\mathcal{F}\{g(t)\} = \mathcal{F}\{2 \cdot e^{-t} \cdot \sigma(t) + 3 \cdot e^{-6t} \cdot \sigma(t)\} = 2 \cdot \mathcal{F}\{e^{-t} \cdot \sigma(t)\} + 3 \cdot \mathcal{F}\{e^{-6t} \cdot \sigma(t)\} =$$

$$= 2 \cdot \frac{1}{1 + j\omega} + 3 \cdot \frac{1}{6 + j\omega} = \frac{2(6 + j\omega) + 3(1 + j\omega)}{(1 + j\omega)(6 + j\omega)} = \frac{12 + 2j\omega + 3 + 3j\omega}{6 + j\omega + 6j\omega + j^2\omega^2} =$$

$$= \frac{15 + 5j\omega}{6 + 7j\omega - \omega^2} = \frac{15 + j5\omega}{(6 - \omega^2) + j7\omega}$$

■

4.2 Ähnlichkeitssatz

Die Originalfunktion $f(t)$ wird der *Ähnlichkeitstransformation* $t \rightarrow at$ mit $a \neq 0$ unterworfen. Die neue Funktion $g(t) = f(at)$ zeigt dabei einen *ähnlichen* Kurvenverlauf wie $f(t)$ (gezeichnet: Bild a) $f(t) = e^{-|t|}$, Bild b) $g(t) = f(2t) = e^{-2|t|}$):

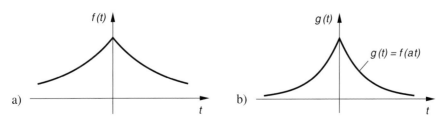

Für die Fourier-Transformierte von $g(t) = f(at)$ gilt dann $(a \neq 0: \text{reell})$:

$$\mathcal{F}\{f(at)\} = \frac{1}{|a|} \cdot F\left(\frac{\omega}{a}\right) \quad \text{mit} \quad F(\omega) = \mathcal{F}\{f(t)\}$$

Regel: In der Bildfunktion $F(\omega)$ wird zunächst ω durch ω/a *ersetzt*, dann wird die neue Funktion $F(\omega/a)$ mit dem Kehrwert von $|a|$ *multipliziert*.

$|a| < 1$: Dehnung der Zeitachse $\rightarrow$ Stauchung der Frequenzachse

$|a| > 1$: Stauchung der Zeitachse $\rightarrow$ Dehnung der Frequenzachse

$a = -1$: Richtungsumkehr der Zeitachse $\rightarrow$ $g(t) = f(-t)$

■ **Beispiel**

Unter Verwendung der *Korrespondenz*

$$F(\omega) = \mathcal{F}\{e^{-|t|}\} = \frac{2}{1 + \omega^2} \qquad (\text{Nr. 8 mit } a = 1)$$

erhalten wir für die Originalfunktion $g(t) = e^{-|2t|} = e^{-2|t|}$ die folgende *Fourier-Transformierte* $(a = 2)$:

$$\mathcal{F}\{e^{-2|t|}\} = \frac{1}{2} \cdot F\left(\frac{\omega}{2}\right) = \frac{1}{2} \cdot \frac{2}{1 + (\omega/2)^2} = \frac{1}{1 + \omega^2/4} = \frac{1}{(4 + \omega^2)/4} = \frac{4}{4 + \omega^2}$$

■

4.3 Verschiebungssatz (Zeitverschiebungssatz)

Die Originalfunktion $f(t)$ wird um die Strecke $|a|$ auf der Zeitachse *verschoben* $(a > 0:$ nach rechts; $a < 0:$ nach links). Man erhält die neue Funktion $g(t) = f(t - a)$:

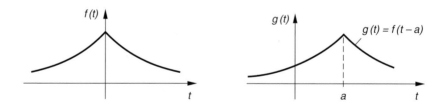

Für die Fourier-Transformierte von $g(t) = f(t - a)$ gilt dann $(a \neq 0)$:

$$\mathcal{F}\{f(t - a)\} = e^{-j\omega a} \cdot F(\omega) \quad \text{mit} \quad F(\omega) = \mathcal{F}\{f(t)\}$$

Regel: Die Bildfunktion $F(\omega)$ wird mit dem „Phasenfaktor" $e^{-j\omega a}$ *multipliziert*.

Bei einer Verschiebung im Zeitbereich bleibt das Amplitudenspektrum $A(\omega) = |F(\omega)|$ *erhalten*.

■   **Beispiel**

Die in Bild a) skizzierte „Stoßfunktion" $f(t)$ mit der Bildfunktion

$$F(\omega) = \frac{2[1 + \cos(\omega a)]}{a^2 \omega^2}$$

wird um a nach *rechts* verschoben (siehe Bild b)).

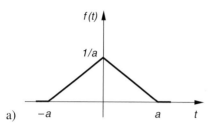

a) $-a$ a t

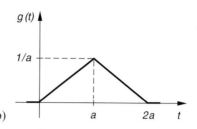

b) a $2a$ t

Die *Bildfunktion* der *verschobenen* Funktion $g(t) = f(t - a)$, $0 \le t \le 2a$ lautet dann (unter Verwendung des Zeitverschiebungssatzes) wie folgt:

$$\mathcal{F}\{g(t)\} = e^{-j\omega a} \cdot F(\omega) = e^{-j\omega a} \cdot \frac{2[1 + \cos(\omega a)]}{a^2 \omega^2} = \frac{2[1 + \cos(\omega a)] \cdot e^{-j\omega a}}{a^2 \omega^2}$$

■

4.4 Dämpfungssatz (Frequenzverschiebungssatz)

Die Originalfunktion $f(t)$ wird mit $e^{j\omega_0 t}$ multipliziert („Modulation"). Die Fourier-Transformierte der neuen Funktion $g(t) = e^{j\omega_0 t} \cdot f(t)$ lautet dann (ω_0: reell):

$$\boxed{\mathcal{F}\{e^{j\omega_0 t} \cdot f(t)\} = F(\omega - \omega_0) \quad \text{mit} \quad F(\omega) = \mathcal{F}\{f(t)\}}$$

Regel: Einer *Multiplikation* im Zeitbereich mit $e^{j\omega_0 t}$ entspricht im Frequenzbereich eine *Frequenzverschiebung* um ω_0 (ω wird in $F(\omega)$ durch $\omega - \omega_0$ ersetzt).

■   **Beispiel**

Der Rechteckimpuls

$$f(t) = \begin{cases} 1 \\ 0 \end{cases} \quad \text{für} \quad \begin{cases} |t| \le T \\ |t| > T \end{cases} =$$

$$= \sigma(t + T) - \sigma(t - T)$$

mit der Bildfunktion

$$F(\omega) = \mathcal{F}\{f(t)\} = \frac{2 \cdot \sin(\omega T)}{\omega}$$

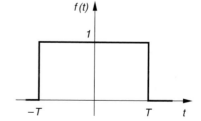

soll „moduliert" werden. Der „gedämpfte" Rechteckimpuls $g(t) = e^{j\omega_0 t} \cdot f(t)$ besitzt dann die folgende Fourier-Transformierte:

$$\mathcal{F}\{g(t)\} = \mathcal{F}\{e^{j\omega_0 t} \cdot f(t)\} = F(\omega - \omega_0) = \frac{2 \cdot \sin[(\omega - \omega_0)T]}{\omega - \omega_0}$$

■

4.5 Ableitungssätze (Differentiationssätze)

4.5.1 Ableitungssatz (Differentiationssatz) für die Originalfunktion

Die Fourier-Transformierten der *Ableitungen* der Originalfunktion $f(t)$ nach der Variablen t lauten wie folgt:

1. Ableitung

$$\mathcal{F}\{f'(t)\} = j\omega \cdot F(\omega) \quad \text{mit} \quad F(\omega) = \mathcal{F}\{f(t)\}$$

Voraussetzung: $f'(t)$ ist *Fourier-transformierbar* und der Grenzwert von $f(t)$ für $|t| \to \infty$ *verschwindet.*

2. Ableitung

$$\mathcal{F}\{f''(t)\} = (j\omega)^2 \cdot F(\omega) = -\omega^2 \cdot F(\omega) \quad \text{mit} \quad F(\omega) = \mathcal{F}\{f(t)\}$$

Voraussetzung: $f''(t)$ ist *Fourier-transformierbar* und die Grenzwerte von $f(t)$ und $f'(t)$ für $|t| \to \infty$ *verschwinden.*

n-te Ableitung

$$\mathcal{F}\{f^{(n)}(t)\} = (j\omega)^n \cdot F(\omega) \quad \text{mit} \quad F(\omega) = \mathcal{F}\{f(t)\}$$

Voraussetzung: $f^{(n)}(t)$ ist *Fourier-transformierbar* und die Grenzwerte von $f(t), f'(t), \ldots, f^{(n-1)}(t)$ für $|t| \to \infty$ *verschwinden.*

Regel: *Jeder* Differentiationsschritt im Originalbereich bewirkt eine *Multiplikation* mit dem Faktor $j\omega$ im Bildbereich.

■ **Beispiel**

Ausgehend von der (als bekannt vorausgesetzten) *Korrespondenz*

$$f(t) = e^{-0.5t^2} \quad \circ\!\!-\!\!\bullet \quad F(\omega) = \sqrt{2\pi} \cdot e^{-0.5\omega^2}$$

lässt sich die Bildfunktion von $g(t) = t \cdot e^{-0.5t^2}$ wie folgt aus dem *Ableitungssatz* bestimmen ($g(t)$ ist – vom Vorzeichen abgesehen – genau die 1. Ableitung von $f(t)$):

$$f(t) = e^{-0.5t^2} \quad \Rightarrow \quad f'(t) = e^{-0.5t^2} \cdot (-t) = -t \cdot e^{-0.5t^2} = -g(t)$$

$$\mathcal{F}\{f'(t)\} = \mathcal{F}\{-g(t)\} = -\mathcal{F}\{g(t)\} = j\omega \cdot F(\omega) = j\omega \cdot \sqrt{2\pi} \cdot e^{-0.5\omega^2}$$

$$\mathcal{F}\{g(t)\} = \mathcal{F}\{t \cdot e^{-0.5t^2}\} = -j\omega \cdot \sqrt{2\pi} \cdot e^{-0.5\omega^2} = -j \cdot \sqrt{2\pi} \cdot \omega \cdot e^{-0.5\omega^2}$$

■

4.5.2 Ableitungssatz (Differentiationssatz) für die Bildfunktion

Die *Ableitungen* der Fourier-Transformierten $F(\omega) = \mathcal{F}\{f(t)\}$ nach der Variablen ω lauten wie folgt:

1. Ableitung

$$F'(\omega) = (-j)^1 \cdot \mathcal{F}\{t^1 \cdot f(t)\} = -j \cdot \mathcal{F}\{t \cdot f(t)\}$$

Voraussetzung: Die Funktion $t \cdot f(t)$ ist *Fourier-transformierbar*.

2. Ableitung

$$F''(\omega) = (-j)^2 \cdot \mathcal{F}\{t^2 \cdot f(t)\} = -\mathcal{F}\{t^2 \cdot f(t)\}$$

Voraussetzung: Die Funktion $t^2 \cdot f(t)$ ist *Fourier-transformierbar*.

n-te Ableitung

$$F^{(n)}(\omega) = (-j)^n \cdot \mathcal{F}\{t^n \cdot f(t)\}$$

Voraussetzung: Die Funktion $t^n \cdot f(t)$ ist *Fourier-transformierbar*.

Regel: Die *n*-te *Ableitung* der Bildfunktion $F(\omega) = \mathcal{F}\{f(t)\}$ erhält man als Fourier-Transformierte der mit der Potenz t^n *multiplizierten* Originalfunktion $f(t)$, multipliziert mit $(-j)^n$. Dieser Satz wird daher auch als *Multiplikationssatz* bezeichnet.

■   **Beispiel**

Die Fourier-Transformierte von $g(t) = t \cdot e^{-0,5t^2}$ lässt sich auch mit Hilfe des *Ableitungssatzes für die Bildfunktion* aus der als bekannt vorausgesetzten *Korrespondenz*

$$f(t) = e^{-0,5t^2} \quad \circ\!\!-\!\!\bullet \quad F(\omega) = \sqrt{2\pi} \cdot e^{-0,5\omega^2} \qquad (\text{Nr. 13 mit } a = 0,5)$$

gewinnen, da $g(t) = t \cdot f(t)$ ist:

$$F'(\omega) = -j \cdot \mathcal{F}\{t \cdot f(t)\} = -j \cdot \mathcal{F}\{g(t)\} = -j \cdot \mathcal{F}\{t \cdot e^{-0,5t^2}\}$$

Nach Multiplikation mit j folgt aus dieser Gleichung unter Beachtung von $j^2 = -1$:

$$\mathcal{F}\{g(t)\} = \mathcal{F}\{t \cdot e^{-0,5t^2}\} = j \cdot F'(\omega) = j \cdot \frac{d}{d\omega}\left(\sqrt{2\pi} \cdot e^{-0,5\omega^2}\right) =$$

$$= j \cdot \sqrt{2\pi} \cdot e^{-0,5\omega^2} \cdot (-\omega) = -j \cdot \sqrt{2\pi} \cdot \omega \cdot e^{-0,5\omega^2} \qquad ■$$

4.6 Integrationssätze

Integrationssatz für die Originalfunktion

$$\mathcal{F}\left\{ \int\limits_{-\infty}^{t} f(u)\, du \right\} = \frac{1}{j\omega} \cdot F(\omega) \qquad \text{mit} \qquad F(\omega) = \mathcal{F}\{f(t)\}$$

Voraussetzung: $\displaystyle\int\limits_{-\infty}^{\infty} f(t)\, dt = 0$

Regel: Die Bildfunktion $F(\omega)$ von $f(t)$ wird mit dem Kehrwert von $j\omega$ *multipliziert.*

Parsevalsche Gleichung

$$\int\limits_{-\infty}^{\infty} |f(t)|^2\, dt = \frac{1}{2\pi} \cdot \int\limits_{-\infty}^{\infty} |F(\omega)|^2\, d\omega \qquad \text{mit} \qquad F(\omega) = \mathcal{F}\{f(t)\}$$

Voraussetzung: Die Originalfunktion $f(t)$ ist *quadratisch integrierbar.*

4.7 Faltungssatz

Faltungsprodukt

Unter dem *Faltungsprodukt* $f_1(t) * f_2(t)$ zweier Originalfunktionen $f_1(t)$ und $f_2(t)$ versteht man das uneigentliche Integral

$$f_1(t) * f_2(t) = \int\limits_{-\infty}^{\infty} f_1(u) \cdot f_2(t-u)\, du$$

(Faltungsintegral, 2-seitige Faltung der Funktionen $f_1(t)$ und $f_2(t)$)

Voraussetzung: Beide Funktionen sind *absolut integrierbar.*

Rechenregeln

Kommutativgesetz $\quad f_1(t) * f_2(t) = f_2(t) * f_1(t)$

Assoziativgesetz $\quad [f_1(t) * f_2(t)] * f_3(t) = f_1(t) * [f_2(t) * f_3(t)]$

Distributivgesetz $\quad f_1(t) * [f_2(t) + f_3(t)] = f_1(t) * f_2(t) + f_1(t) * f_3(t)$

Faltungssatz

Die Fourier-Transformierte des *Faltungsproduktes* $f_1(t) * f_2(t)$ ist gleich dem *Produkt* der Fourier-Transformierten von $f_1(t)$ und $f_2(t)$:

$$\mathcal{F}\{f_1(t) * f_2(t)\} = \mathcal{F}\{f_1(t)\} \cdot \mathcal{F}\{f_2(t)\} = F_1(\omega) \cdot F_2(\omega)$$

$$F_1(\omega) = \mathcal{F}\{f_1(t)\}, \quad F_2(\omega) = \mathcal{F}\{f_2(t)\}$$

Spezielle Form des *Faltungssatzes* (Rücktransformation):

$$f_1(t) * f_2(t) = \mathcal{F}^{-1}\{F_1(\omega) \cdot F_2(\omega)\}$$

■ **Beispiel**

Für die Fourier-Transformation einer *Gauß-Funktion* mit dem „Breitenparameter" σ gilt die folgende Zuordnung (Korrespondenz):

$$f(t) = \frac{1}{\sqrt{2\pi} \cdot \sigma} \cdot e^{-\frac{t^2}{2\sigma^2}} \quad \circ\!\!-\!\!\bullet \quad F(\omega) = \mathcal{F}\{f(t)\} = e^{-\frac{\sigma^2 \omega^2}{2}} \quad \left(\text{Nr. 13 mit } a = \frac{1}{2\sigma^2}\right)$$

Wir interessieren uns für die *Faltung* zweier Gauß-Funktionen mit den Breitenparametern σ_1 und σ_2. Aus dem *Faltungssatz* folgt dann:

$$\mathcal{F}\{f_1(t) * f_2(t)\} = F_1(\omega) \cdot F_2(\omega) = e^{-\frac{\sigma_1^2 \omega^2}{2}} \cdot e^{-\frac{\sigma_2^2 \omega^2}{2}} = e^{\left(-\frac{\sigma_1^2 \omega^2}{2} - \frac{\sigma_2^2 \omega^2}{2}\right)} =$$

$$= e^{-\frac{(\sigma_1^2 + \sigma_2^2)\omega^2}{2}} = e^{-\frac{\sigma^2 \omega^2}{2}}$$

(mit $\sigma^2 = \sigma_1^2 + \sigma_2^2$). Durch *Rücktransformation* erhalten wir das *Faltungsprodukt*:

$$f_1(t) * f_2(t) = \mathcal{F}^{-1}\{F_1(\omega) \cdot F_2(\omega)\} = \mathcal{F}^{-1}\left\{e^{-\frac{\sigma^2 \omega^2}{2}}\right\} = \frac{1}{\sqrt{2\pi} \cdot \sigma} \cdot e^{-\frac{t^2}{2\sigma^2}}$$

Folgerung: Die *Faltung* zweier Gauß-Funktionen mit den Breitenparametern σ_1 und σ_2 führt wieder auf eine (breitere!) *Gauß-Funktion* mit dem Breitenparameter $\sigma = \sqrt{\sigma_1^2 + \sigma_2^2}$. ■

4.8 Vertauschungssatz

Aus einer *vorgegebenen* Korrespondenz

$$f(t) \quad \circ\!\!-\!\!\bullet \quad F(\omega)$$

erhält man durch Vertauschen von Originalfunktion und Bildfunktion wie folgt eine *neue* Korrespondenz (sog. *Vertauschungssatz*, auch als t-ω-Dualitätsprinzip bezeichnet):

$$F(t) \quad \circ\!\!-\!\!\bullet \quad 2\pi \cdot f(-\omega)$$

$F(t)$ ist die neue Originalfunktion, $2\pi \cdot f(-\omega)$ die neue zugehörige Bildfunktion.

■ **Beispiel**

Aus der (als bekannt vorausgesetzten) Korrespondenz

$$f(t) = e^{-|t|} \quad \circ\!\!\!-\!\!\!\bullet \quad F(\omega) = \frac{2}{1+\omega^2} \qquad \text{(Nr. 8 mit } a = 1)$$

erhält man mit Hilfe des *Vertauschungssatzes* die folgende neue Korrespondenz:

$$F(t) = \frac{2}{1+t^2} \quad \circ\!\!\!-\!\!\!\bullet \quad 2\pi \cdot f(-\omega) = 2\pi \cdot e^{-|-\omega|} = 2\pi \cdot e^{-|\omega|}$$

Somit gilt: $\quad \dfrac{1}{1+t^2} \quad \circ\!\!\!-\!\!\!\bullet \quad \pi \cdot e^{-|\omega|} \qquad$ (siehe auch Nr. 6 mit $a = 1$)

■

5 Anwendung: Lösung linearer Differentialgleichungen mit konstanten Koeffizienten

5.1 Allgemeines Lösungsverfahren

Eine (gewöhnliche) *lineare* Differentialgleichung mit *konstanten* Koeffizienten lässt sich mit Hilfe der *Fourier-Transformation* schrittweise wie folgt lösen:

(1)   Die lineare Differentialgleichung wird mit Hilfe der Fourier-Transformation in eine *algebraische Gleichung* übergeführt (Transformation vom Originalbereich in den Bildbereich).

(2)   Die Lösung dieser Gleichung ist die *Bildfunktion* $Y(\omega)$ der gesuchten Originalfunktion $y(t)$.

(3)   Durch *Rücktransformation* (inverse Fourier-Transformation), in der Regel unter Verwendung einer Transformationstabelle, erhält man aus der Bildfunktion $Y(\omega)$ die gesuchte *Lösung* $y(t)$. Als sehr nützlich erweist sich auch der *Faltungssatz*, sofern die Bildfunktion $Y(\omega)$ *faktorisiert* werden kann $(Y(\omega) = Y_1(\omega) \cdot Y_2(\omega))$. Bei einer *gebrochenrationalen* Bildfunktion zerlegt man diese zunächst in *Teilbrüche* (Partialbrüche), die dann gliedweise rücktransformiert werden.

Vorteil dieser Lösungsmethode: Die Rechenoperationen sind im Bildbereich meist *einfacherer* Art.

5.2 Lineare Differentialgleichungen 1. Ordnung mit konstanten Koeffizienten

Differentialgleichung im Originalbereich

$$y' + ay = g(t) \qquad (a: \text{Konstante}; \quad g(t): \text{Störfunktion})$$

Transformierte Differentialgleichung im Bildbereich (mit Lösung)

$$j\omega \cdot Y(\omega) + a \cdot Y(\omega) = F(\omega) \quad \Rightarrow \quad Y(\omega) = \frac{F(\omega)}{a + j\omega}$$

$$\text{\textit{Lösung:}} \quad y(t) = \mathcal{F}^{-1}\{Y(\omega)\} = \mathcal{F}^{-1}\left\{\frac{F(\omega)}{a + j\omega}\right\}$$

$Y(\omega)$:   Fourier-Transformierte der (gesuchten) *Lösung* $y(t)$

$F(\omega)$:   Fourier-Transformierte der *Störfunktion* $g(t)$

■ **Beispiel**

$y' - y = e^{-t} \cdot \sigma(t)$

Transformation der Dgl in den *Bildbereich* $(a = -1\,;\ g(t) = e^{-t} \cdot \sigma(t))$:

$$j\omega \cdot Y(\omega) - Y(\omega) = \underbrace{\mathcal{F}\{e^{-t} \cdot \sigma(t)\}}_{\text{Nr. 9 mit } a\,=\,1} = \frac{1}{1 + j\omega} \quad \Rightarrow \quad Y(\omega) \cdot (j\omega - 1) = \frac{1}{1 + j\omega}$$

Lösung im Bildbereich:

$$Y(\omega) = \frac{1}{(j\omega - 1)(1 + j\omega)} = \frac{1}{\underbrace{(j\omega - 1)(j\omega + 1)}_{\text{3. Binom}}} = \frac{1}{(j\omega)^2 - 1} = \frac{1}{-\omega^2 - 1} = -\frac{1}{1 + \omega^2}$$

Rücktransformation in den Originalbereich (Nr. 8 mit $a = 1$):

$$y(t) = \mathcal{F}^{-1}\{Y(\omega)\} = \mathcal{F}^{-1}\left\{-\frac{1}{1 + \omega^2}\right\} = -\mathcal{F}^{-1}\left\{\frac{1}{1 + \omega^2}\right\} = -\frac{1}{2} \cdot e^{-|t|}$$

■

5.3 Lineare Differentialgleichungen 2. Ordnung mit konstanten Koeffizienten

Differentialgleichung im Originalbereich

$$y'' + ay' + by = g(t) \qquad (a, b: \text{ Konstanten}\,;\ \ g(t): \text{Störfunktion})$$

Transformierte Differentialgleichung im Bildbereich (mit Lösung)

$$-\omega^2 \cdot Y(\omega) + aj\omega \cdot Y(\omega) + b \cdot Y(\omega) = F(\omega) \quad \Rightarrow \quad Y(\omega) = \frac{F(\omega)}{(b - \omega^2) + ja\omega}$$

$$\text{\textit{Lösung:}} \quad y(t) = \mathcal{F}^{-1}\{Y(\omega)\} = \mathcal{F}^{-1}\left\{\frac{F(\omega)}{(b - \omega^2) + ja\omega}\right\}$$

$Y(\omega)$:   Fourier-Transformierte der (gesuchten) *Lösung* $y(t)$

$F(\omega)$:   Fourier-Transformierte der *Störfunktion* $g(t)$

6 Tabellen spezieller Fourier-Transformationen

Tabelle 1: Exponentielle Fourier-Transformationen

Hinweis: $a > 0$, $b > 0$

Bei den Korrespondenzen Nr. 18 bis Nr. 26 handelt es sich um die Fourier-Transformierten sog. „verallgemeinerter" Funktionen (Distributionen).

	Originalfunktion $f(t)$	Bildfunktion $F(\omega)$
(1)	$\sigma(t-a) - \sigma(t-b) =$ $= \begin{cases} 1 \\ 0 \end{cases}$ für $\begin{matrix} a \le t \le b \\ \text{alle übrigen } t \end{matrix}$ (mit $a < b$)	$j \cdot \dfrac{e^{-jb\omega} - e^{-ja\omega}}{\omega}$
(2)	$\sigma(t+a) - \sigma(t-a) =$ $= \begin{cases} 1 \\ 0 \end{cases}$ für $\begin{matrix} |t| \le a \\ \text{alle übrigen } t \end{matrix}$	$\dfrac{2 \cdot \sin(a\omega)}{\omega}$
(3)	$\sigma(t+a) - \sigma(t) =$ $= \begin{cases} 1 \\ 0 \end{cases}$ für $\begin{matrix} -a \le t \le 0 \\ \text{alle übrigen } t \end{matrix}$	$j \cdot \dfrac{1 - e^{ja\omega}}{\omega}$
(4)	$\sigma(t) - \sigma(t-a) =$ $= \begin{cases} 1 \\ 0 \end{cases}$ für $\begin{matrix} 0 \le t \le a \\ \text{alle übrigen } t \end{matrix}$	$j \cdot \dfrac{e^{-ja\omega} - 1}{\omega}$
(5)	$\begin{cases} a - |t| \\ 0 \end{cases}$ für $\begin{matrix} |t| \le a \\ \text{alle übrigen } t \end{matrix}$	$\dfrac{2[1 - \cos(a\omega)]}{\omega^2}$
(6)	$\dfrac{1}{a^2 + t^2}$	$\dfrac{\pi}{a} \cdot e^{-a|\omega|}$
(7)	$\dfrac{t}{a^2 + t^2}$	$\begin{cases} j\pi \cdot e^{-a|\omega|} & \omega < 0 \\ 0 & \text{für } \omega = 0 \\ -j\pi \cdot e^{-a|\omega|} & \omega > 0 \end{cases}$
(8)	$e^{-a|t|}$	$\dfrac{2a}{a^2 + \omega^2}$

	Originalfunktion $f(t)$	Bildfunktion $F(\omega)$
(9)	$e^{-at} \cdot \sigma(t)$	$\dfrac{1}{a + j\omega}$
(10)	$t \cdot e^{-at} \cdot \sigma(t)$	$\dfrac{1}{(a + j\omega)^2}$
(11)	$t^2 \cdot e^{-at} \cdot \sigma(t)$	$\dfrac{2}{(a + j\omega)^3}$
(12)	$t^n \cdot e^{-at} \cdot \sigma(t)$	$\dfrac{n!}{(a + j\omega)^{n+1}}$
(13)	e^{-at^2}	$\sqrt{\dfrac{\pi}{a}} \cdot e^{-\frac{\omega^2}{4a}}$
(14)	$t \cdot e^{-at^2}$	$-\dfrac{j}{2a} \cdot \sqrt{\dfrac{\pi}{a}} \cdot \omega \cdot e^{-\frac{\omega^2}{4a}}$
(15)	$\dfrac{\sin(at)}{t}$	$\begin{cases} \pi & |\omega| < a \\ \pi/2 \quad \text{für} & |\omega| = a \\ 0 & |\omega| > a \end{cases}$
(16)	$e^{-at} \cdot \sin(bt) \cdot \sigma(t)$	$\dfrac{b}{(a + j\omega)^2 + b^2}$
(17)	$e^{-at} \cdot \cos(bt) \cdot \sigma(t)$	$\dfrac{a + j\omega}{(a + j\omega)^2 + b^2}$
(18)	$\delta(t)$ (Dirac-Stoß)	1
(19)	$\delta(t + a)$	$e^{ja\omega}$
(20)	$\delta(t - a)$	$e^{-ja\omega}$
(21)	e^{jat}	$2\pi \cdot \delta(\omega - a)$
(22)	e^{-jat}	$2\pi \cdot \delta(\omega + a)$
(23)	1	$2\pi \cdot \delta(\omega)$
(24)	$\cos(at)$	$\pi[\delta(\omega + a) + \delta(\omega - a)]$
(25)	$\sin(at)$	$j\pi[\delta(\omega + a) - \delta(\omega - a)]$
(26)	$\delta(t + a) + \delta(t - a)$	$2 \cdot \cos(a\omega)$
(27)	$\delta(t + a) - \delta(t - a)$	$2j \cdot \sin(a\omega)$

Tabelle 2: Fourier-Sinus-Transformationen

Hinweis: $a > 0$, $b > 0$

	Originalfunktion $f(t)$	Bildfunktion $F_S(\omega)$
(1)	$\sigma(t) - \sigma(t - a) =$ $= \begin{cases} 1 & 0 \leq t \leq a \\ 0 & \text{alle übrigen } t \end{cases}$ für	$\dfrac{1 - \cos(a\omega)}{\omega}$
(2)	$\begin{cases} t & 0 \leq t \leq 1 \\ 2 - t & \text{für} \quad 1 \leq t \leq 2 \\ 0 & t \geq 2 \end{cases}$	$\dfrac{4 \cdot \sin\omega \cdot \sin^2(\omega/2)}{\omega^2}$
(3)	$\dfrac{1}{t}$	$\dfrac{\pi}{2}$
(4)	$\dfrac{1}{\sqrt{t}}$	$\sqrt{\dfrac{\pi}{2\omega}}$
(5)	$\dfrac{b}{b^2 + (a - t)^2} - \dfrac{b}{b^2 + (a + t)^2}$	$\pi \cdot e^{-b\omega} \cdot \sin(a\omega)$
(6)	$\dfrac{a + t}{b^2 + (a + t)^2} - \dfrac{a - t}{b^2 + (a - t)^2}$	$\pi \cdot e^{-b\omega} \cdot \cos(a\omega)$
(7)	$\dfrac{t}{a^2 + t^2}$	$\dfrac{\pi}{2} \cdot e^{-a\omega}$
(8)	$\dfrac{1}{t(a^2 + t^2)}$	$\dfrac{\pi}{2a^2}\left(1 - e^{-a\omega}\right)$
(9)	$\dfrac{t}{a^2 - t^2}$	$-\dfrac{\pi}{2} \cdot \cos(a\omega)$
(10)	$\dfrac{1}{t(a^2 - t^2)}$	$\dfrac{\pi}{2a^2}\left(1 - \cos(a\omega)\right)$
(11)	e^{-at}	$\dfrac{\omega}{a^2 + \omega^2}$
(12)	$t \cdot e^{-at}$	$\dfrac{2a\omega}{(a^2 + \omega^2)^2}$
(13)	$\dfrac{e^{-at}}{t}$	$\arctan\left(\dfrac{\omega}{a}\right)$

	Originalfunktion $f(t)$	Bildfunktion $F_S(\omega)$
(14)	$t \cdot e^{-at^2}$	$\dfrac{1}{4a} \sqrt{\dfrac{\pi}{a}} \cdot \omega \cdot e^{-\frac{\omega^2}{4a}}$
(15)	$\dfrac{1}{e^{2t} - 1}$	$\dfrac{\pi}{4} \cdot \coth\left(\dfrac{\pi\omega}{2}\right) - \dfrac{1}{2\omega}$
(16)	$\ln\left\|\dfrac{a + t}{a - t}\right\|$	$\pi \cdot \dfrac{\sin(a\omega)}{\omega}$
(17)	$\dfrac{\sin(at)}{t}$	$\dfrac{1}{2} \cdot \ln\left\|\dfrac{a + \omega}{a - \omega}\right\|$
(18)	$\dfrac{\sin(at)}{t^2}$	$\left\{\begin{array}{ll} \pi\omega/2 \\ \pi a/2 \end{array} \text{für} \begin{array}{l} \omega \leq a \\ \omega \geq a \end{array}\right\}$
(19)	$\dfrac{\sin^2(at)}{t}$	$\left\{\begin{array}{ll} \pi/4 & 0 < \omega < 2a \\ \pi/8 \quad \text{für} & \omega = 2a \\ 0 & \omega > 2a \end{array}\right\}$
(20)	$\dfrac{\sin^2(at)}{t^2}$	$\dfrac{1}{4}\left[(\omega + 2a) \cdot \ln(\omega + 2a) + \right.$ $\left. + (\omega - 2a) \cdot \ln\|\omega - 2a\| - \dfrac{1}{2}\,\omega \cdot \ln\omega\right]$
(21)	$\dfrac{\sin(at) \cdot \sin(bt)}{t}$	$\left\{\begin{array}{ll} \pi/4 & a - b < \omega < a + b \\ 0 \quad \text{für} & t \end{array}\right\}$
(22)	$\dfrac{\cos(at)}{t}$	$\left\{\begin{array}{ll} 0 & 0 < \omega < a \\ \pi/4 \quad \text{für} & \omega = a \\ \pi/2 & \omega > a \end{array}\right\}$
(23)	$e^{-bt} \cdot \sin(at)$	$\dfrac{b}{2}\left[\dfrac{1}{b^2 + (a - \omega)^2} - \dfrac{1}{b^2 + (a + \omega)^2}\right]$
(24)	$\dfrac{e^{-bt} \cdot \sin(at)}{t}$	$\dfrac{1}{4} \cdot \ln\left(\dfrac{b^2 + (\omega + a)^2}{b^2 + (\omega - a)^2}\right)$

Tabelle 3: Fourier-Kosinus-Transformationen

Hinweis: $a > 0, \; b > 0$

	Originalfunktion $f(t)$	Bildfunktion $F_C(\omega)$
(1)	$\sigma(t) - \sigma(t - a) =$ $= \begin{cases} 1 \\ 0 \end{cases}$ für $\begin{array}{l} 0 \leq t \leq a \\ \text{alle übrigen } t \end{array}$	$\dfrac{\sin(a\omega)}{\omega}$
(2)	$\begin{cases} t & 0 \leq t \leq 1 \\ 2 - t & \text{für} \quad 1 \leq t \leq 2 \\ 0 & t > 2 \end{cases}$	$\dfrac{4 \cdot \cos\omega \cdot \sin^2(\omega/2)}{\omega^2}$
(3)	$\dfrac{1}{\sqrt{t}}$	$\sqrt{\dfrac{\pi}{2\omega}}$
(4)	$\dfrac{1}{a^2 + t^2}$	$\dfrac{\pi}{2a} \cdot e^{-a\omega}$
(5)	$\dfrac{b}{b^2 + (a - t)^2} + \dfrac{b}{b^2 + (a + t)^2}$	$\pi \cdot e^{-b\omega} \cdot \cos(a\omega)$
(6)	$\dfrac{a + t}{b^2 + (a + t)^2} + \dfrac{a - t}{b^2 + (a - t)^2}$	$\pi \cdot e^{-b\omega} \cdot \sin(a\omega)$
(7)	e^{-at}	$\dfrac{a}{a^2 + \omega^2}$
(8)	$t \cdot e^{-at}$	$\dfrac{a^2 - \omega^2}{(a^2 + \omega^2)^2}$
(9)	$\sqrt{t} \cdot e^{-at}$	$\dfrac{1}{2}\sqrt{\pi} \cdot \dfrac{\cos\left[\dfrac{3}{2} \cdot \arctan\left(\dfrac{\omega}{a}\right)\right]}{(a^2 + \omega^2)^{3/4}}$
(10)	$\dfrac{e^{-at}}{\sqrt{t}}$	$\sqrt{\dfrac{\pi}{2} \cdot \dfrac{a + \sqrt{a^2 + \omega^2}}{a^2 + \omega^2}}$
(11)	$\dfrac{e^{-at} - e^{-bt}}{t}$	$\dfrac{1}{2} \cdot \ln\left(\dfrac{b^2 + \omega^2}{a^2 + \omega^2}\right)$
(12)	e^{-at^2}	$\dfrac{1}{2}\sqrt{\dfrac{\pi}{a}} \cdot e^{-\frac{\omega^2}{4a}}$

	Originalfunktion $f(t)$	Bildfunktion $F_C(\omega)$
(13)	$\ln\left(\dfrac{a^2 + t^2}{b^2 + t^2}\right)$	$\pi \cdot \dfrac{e^{-b\omega} - e^{-a\omega}}{\omega}$
(14)	$\ln\left\|\dfrac{a^2 + t^2}{b^2 - t^2}\right\|$	$\pi \cdot \dfrac{\cos(b\omega) - e^{-a\omega}}{\omega}$
(15)	$\dfrac{\sin(at)}{t}$	$\begin{cases} \pi/2 & \omega < a \\ \pi/4 & \text{für} \quad \omega = a \\ 0 & \omega > a \end{cases}$
(16)	$\dfrac{\sin^2(at)}{t}$	$\dfrac{1}{4} \cdot \ln\left\|\dfrac{\omega^2 - 4a^2}{\omega^2}\right\|$
(17)	$\dfrac{\sin(at) \cdot \sin(bt)}{t}$	$\dfrac{1}{2} \cdot \ln\left\|\dfrac{(a+b)^2 - \omega^2}{(a-b)^2 - \omega^2}\right\|$
(18)	$\dfrac{\sin^2(at)}{t^2}$	$\begin{cases} \dfrac{\pi}{4}\left(2a - \omega\right) & \text{für} \quad \omega \leq 2a \\ 0 & \omega > 2a \end{cases}$
(19)	$\dfrac{1 - \cos(at)}{t}$	$\dfrac{1}{2} \cdot \ln\left\|\dfrac{\omega^2 - a^2}{\omega^2}\right\|$
(20)	$\dfrac{1 - \cos(at)}{t^2}$	$\begin{cases} \dfrac{\pi}{2}(a - \omega) & \text{für} \quad \omega \leq a \\ 0 & \omega > a \end{cases}$
(21)	$e^{-bt} \cdot \sin(at)$	$\dfrac{1}{2}\left[\dfrac{a + \omega}{b^2 + (a+\omega)^2} + \dfrac{a - \omega}{b^2 + (a-\omega)^2}\right]$
(22)	$e^{-bt} \cdot \cos(at)$	$\dfrac{b}{2}\left[\dfrac{1}{b^2 + (a-\omega)^2} + \dfrac{1}{b^2 + (a+\omega)^2}\right]$
(23)	$\dfrac{e^{-t} \cdot \sin t}{t}$	$\dfrac{1}{2} \cdot \arctan\left(\dfrac{2}{\omega^2}\right)$
(24)	$\sin(at^2)$	$\dfrac{1}{2}\sqrt{\dfrac{\pi}{2a}}\left[\cos\left(\dfrac{\omega^2}{4a}\right) - \sin\left(\dfrac{\omega^2}{4a}\right)\right]$
(25)	$\cos(at^2)$	$\dfrac{1}{2}\sqrt{\dfrac{\pi}{2a}}\left[\cos\left(\dfrac{\omega^2}{4a}\right) + \sin\left(\dfrac{\omega^2}{4a}\right)\right]$

XIII Laplace-Transformationen

Hinweis: Die in den Beispielen benötigten Laplace-Transformationen werden der **Tabelle** in Abschnitt 6 entnommen (Angabe der laufenden Nummer und der Parameterwerte).

1 Grundbegriffe

Laplace-Transformation

Die Laplace-Transformation ist eine *Integraltransformation*. Sie ordnet einer (in den Anwendungen meist *zeitabhängigen*) Funktion $f(t)$ mit $f(t) = 0$ für $t < 0$ wie folgt eine Funktion $F(s)$ der (komplexen) Variablen s zu:

$$F(s) = \int\limits_0^\infty f(t) \cdot e^{-st} \, dt$$

Bezeichnungen:

$f(t)$: *Original-* oder *Oberfunktion*, auch *Zeitfunktion* genannt

$F(s)$: *Bild-* oder *Unterfunktion*, *Laplace-Transformierte* von $f(t)$

Das uneigentliche Integral der rechten Seite heißt *Laplace-Integral*. Es existiert, wenn $f(t)$ stückweise stetig ist (in jedem endlichen Intervall nur endlich viele Sprungstellen liegen) und für hinreichend große t-Werte die Bedingung

$$|f(t)| \leq K \cdot e^{\alpha t} \quad (\alpha > 0, K > 0: \text{ reelle Konstanten})$$

erfüllt (hinreichende Bedingung). Das Laplace-Integral *konvergiert* dann für $\text{Re}(s) > \alpha$.

Weitere symbolische Schreibweisen:

$$F(s) = \mathscr{L}\{f(t)\} \qquad (\textit{Laplace-Transformierte} \text{ von } f(t))$$

$\mathscr{L}$: *Laplace-Transformationsoperator*

$$f(t) \circ\!\!\longrightarrow\!\bullet \; F(s) \qquad \text{(Korrespondenz)}$$

Originalfunktion $f(t)$ und Bildfunktion $F(s) = \mathscr{L}\{f(t)\}$ bilden ein zusammengehöriges *Funktionenpaar.*

Anmerkungen

(1) Die Laplace-Transformierte $F(s)$ *verschwindet* im Unendlichen: $\lim\limits_{s \to \infty} F(s) = 0$

(2) Eine Funktion $f(t)$ mit $f(t) = 0$ für $t < 0$ lässt sich mit Hilfe der σ-Funktion auch in der Form $f(t) \cdot \sigma(t)$ darstellen. Sie heißt *Laplace-transformierbar*, wenn das Laplace-Integral $F(s)$ *existiert*. Die Menge aller (transformierbaren) Originalfunktionen wird als *Originalbereich*, die Menge der zugeordneten Bildfunktionen als *Bildbereich* bezeichnet.

■ **Beispiel**

$$f(t) = \begin{Bmatrix} 0 & t < 0 \\ t & t \geq 0 \end{Bmatrix} \text{ für}$$

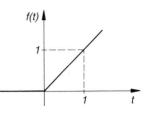

Die Laplace-Transformierte dieser Funktion lautet:

$$F(s) = \underbrace{\int_0^\infty t \cdot e^{-st} \, dt}_{\text{Integral 313 mit } a = -s} = \left[\frac{(-st - 1) \cdot e^{-st}}{s^2} \right]_{t=0}^\infty = \frac{1}{s^2}$$

(das uneigentliche Integral existiert *nur* für $\text{Re}\,(s) > 0$). Somit gilt:

$$\mathscr{L}\{t\} = \frac{1}{s^2} \quad \text{oder} \quad t \; \circ\!\!\!-\!\!\!\bullet \; \frac{1}{s^2}$$

■

Inverse Laplace-Transformation

Für die *Rücktransformation* aus dem Bild- in den Originalbereich schreibt man symbolisch

$$\mathscr{L}^{-1}\{F(s)\} = f(t) \qquad (\textit{inverse} \text{ Laplace-Transformierte})$$

oder

$$F(s) \; \bullet\!\!\!-\!\!\!\circ \; f(t) \qquad (\text{Korrespondenz})$$

■ **Beispiel**

Aus $\mathscr{L}\{\sin t\} = \dfrac{1}{s^2 + 1}$ folgt durch *Umkehrung* $\mathscr{L}^{-1}\left\{\dfrac{1}{s^2 + 1}\right\} = \sin t$.

■

2 Eigenschaften der Laplace-Transformation (Transformationssätze)

2.1 Linearitätssatz (Satz über Linearkombinationen)

Für die Laplace-Transformierte einer *Linearkombination* von Originalfunktionen gilt:

$$\mathscr{L}\{c_1 \cdot f_1(t) + c_2 \cdot f_2(t) + \ldots + c_n \cdot f_n(t)\} =$$
$$= c_1 \cdot \mathscr{L}\{f_1(t)\} + c_2 \cdot \mathscr{L}\{f_2(t)\} + \ldots + c_n \cdot \mathscr{L}\{f_n(t)\} =$$
$$= c_1 \cdot F_1(s) + c_2 \cdot F_2(s) + \ldots + c_n \cdot F_n(s)$$

$c_1, c_2, \ldots, c_n$: Reelle oder komplexe Konstanten

$F_i(s) = \mathscr{L}\{f_i(t)\}$: Laplace-Transformierte von $f_i(t)$ $\qquad (i = 1, 2, \ldots, n)$

Regel: Es darf *gliedweise* transformiert werden, *konstante* Faktoren bleiben dabei *erhalten*.

■ **Beispiel**

Die Laplace-Transformierten von $f_1(t) = t$ und $f_2(t) = \sin t$ lauten:

$$\mathscr{L}\{t\} = \frac{1}{s^2} \quad \text{und} \quad \mathscr{L}\{\sin t\} = \frac{1}{s^2 + 1} \qquad \text{(Nr. 4 und Nr. 24 mit } a = 1)$$

Für die Laplace-Transformierte der *Linearkombination* $f(t) = 4t + 5 \cdot \sin t$ erhält man dann:

$$\mathscr{L}\{4t + 5 \cdot \sin t\} = 4 \cdot \mathscr{L}\{t\} + 5 \cdot \mathscr{L}\{\sin t\} = 4 \cdot \frac{1}{s^2} + 5 \cdot \frac{1}{s^2 + 1} = \frac{4}{s^2} + \frac{5}{s^2 + 1} =$$

$$= \frac{4(s^2 + 1) + 5s^2}{s^2(s^2 + 1)} = \frac{4s^2 + 4 + 5s^2}{s^2(s^2 + 1)} = \frac{9s^2 + 4}{s^2(s^2 + 1)}$$

■

2.2 Ähnlichkeitssatz

Die Originalfunktion $f(t)$ mit $f(t) = 0$ für $t < 0$ wird der *Ähnlichkeitstransformation* $t \rightarrow at$ mit $a > 0$ unterworfen. Die neue Funktion $g(t) = f(at)$ mit $g(t) = 0$ für $t < 0$ zeigt dabei einen *ähnlichen* Kurvenverlauf wie $f(t)$ (gezeichnet: Bild a) $f(t) = \sin t$, Bild b) $g(t) = f(2t) = \sin(2t)$):

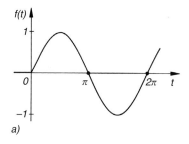 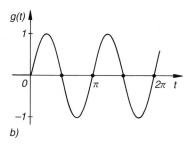

a)   b)

Für die Laplace-Transformierte von $g(t) = f(at)$ gilt dann (mit $a > 0$):

$$\boxed{\mathscr{L}\{f(at)\} = \frac{1}{a} \cdot F\left(\frac{s}{a}\right) \quad \text{mit} \quad F(s) = \mathscr{L}\{f(t)\}}$$

Regel: Der Parameter s in der Bildfunktion $F(s)$ wird durch s/a *ersetzt* und die neue Funktion $F(s/a)$ anschließend mit dem Kehrwert von a *multipliziert*.

$a < 1$: *Dehnung* der Funktion $f(t)$ längs der t-Achse

$a > 1$: *Stauchung* der Funktion $f(t)$ längs der t-Achse

■ **Beispiel**

Wir bestimmen die Laplace-Transformierte von $\sin(at)$ unter Verwendung der Korrespondenz

$$F(s) = \mathscr{L}\{\sin t\} = \frac{1}{s^2 + 1} \qquad \text{(Nr. 24 mit } a = 1):$$

$$\mathscr{L}\{\sin(at)\} = \frac{1}{a} \cdot F\left(\frac{s}{a}\right) = \frac{1}{a} \cdot \frac{1}{\left(\dfrac{s}{a}\right)^2 + 1} = \frac{1}{a} \cdot \frac{1}{\dfrac{s^2}{a^2} + 1} = \frac{1}{a} \cdot \frac{1}{\dfrac{s^2 + a^2}{a^2}} =$$

$$= \frac{1}{a} \cdot \frac{a^2}{s^2 + a^2} = \frac{a}{s^2 + a^2}$$

■

2.3 Verschiebungssätze

1. Verschiebungssatz (Verschiebung nach rechts)

Die Originalfunktion $f(t)$ mit $f(t) = 0$ für $t < 0$ wird um die Strecke a nach *rechts* verschoben. Die *verschobene* Funktion lässt sich mit Hilfe der Sprungfunktion $\sigma(t)$ durch die Gleichung $g(t) = f(t - a) \cdot \sigma(t - a)$ beschreiben.

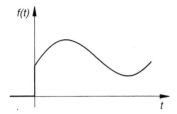 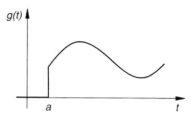

Für die Laplace-Transformierte von $g(t)$ gilt dann $(a > 0)$:

$$\mathscr{L}\{f(t - a) \cdot \sigma(t - a)\} = e^{-as} \cdot F(s) \quad \text{mit} \quad F(s) = \mathscr{L}\{f(t)\}$$

Regel: Die Bildfunktion $F(s)$ wird mit e^{-as} *multipliziert*.

■ **Beispiel**

$$\mathscr{L}\{\sin(t - 3) \cdot \sigma(t - 3)\} = e^{-3s} \cdot \mathscr{L}\{\sin t\} = e^{-3s} \cdot \frac{1}{s^2 + 1} = \frac{e^{-3s}}{s^2 + 1} \qquad \text{(Nr. 24, } a = 1\text{)}$$

■

2. Verschiebungssatz (Verschiebung nach links)

Die Originalfunktion $f(t)$ mit $f(t) = 0$ für $t < 0$ wird um die Strecke a nach *links* verschoben. Die *verschobene* Funktion lässt sich mit Hilfe der Sprungfunktion $\sigma(t)$ durch die Gleichung $g(t) = f(t + a) \cdot \sigma(t)$ beschreiben.

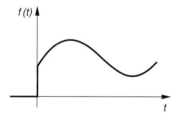 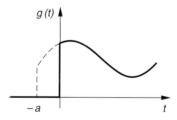

Für die Laplace-Transformierte von $g(t)$ gilt dann $(a > 0)$:

$$\mathscr{L}\{f(t + a) \cdot \sigma(t)\} = e^{as}\left(F(s) - \int_0^a f(t) \cdot e^{-st}\, dt\right) \quad \text{mit} \quad F(s) = \mathscr{L}\{f(t)\}$$

Regel: Von der Bildfunktion $F(s)$ wird zunächst das Integral $\int\limits_{0}^{a} f(t) \cdot e^{-st} \, dt$ *subtrahiert,* anschließend wird die neue Funktion mit e^{as} *multipliziert.*

■ **Beispiel**

$$\mathcal{L}\{\sin(t+\pi) \cdot \sigma(t)\} = e^{\pi s}\left(\mathcal{L}\{\sin t\} - \underbrace{\int\limits_{0}^{\pi} \sin t \cdot e^{-st} \, dt}_{\text{Integral 322 mit } a = 1, \ b = -s}\right) =$$

$$= e^{\pi s}\left(\frac{1}{s^2+1} - \left[\frac{e^{-st}(-s \cdot \sin t - \cos t)}{s^2+1}\right]_{0}^{\pi}\right) = e^{\pi s}\left(\frac{1}{s^2+1} - \frac{e^{-\pi s}}{s^2+1} - \frac{1}{s^2+1}\right) =$$

$$= -\frac{1}{s^2+1} \qquad (\text{Nr. 24 mit } a = 1)$$

■

2.4 Dämpfungssatz

Die Originalfunktion $f(t)$ mit $f(t) = 0$ für $t < 0$ wird *exponentiell gedämpft,* d. h. mit dem Faktor e^{-at} multipliziert. Die Laplace-Transformierte der *gedämpften* Funktion $g(t) = e^{-at} \cdot f(t)$ mit $g(t) = 0$ für $t < 0$ lautet dann[1]:

$$\boxed{\mathcal{L}\{e^{-at} \cdot f(t)\} = F(s+a) \qquad \text{mit} \qquad F(s) = \mathcal{L}\{f(t)\}}$$

Regel: In der Bildfunktion $F(s)$ wird der Parameter s durch $s + a$ *ersetzt.*

■ **Beispiel**

Die Laplace-Transformierte der *gedämpften Schwingung* $g(t) = e^{-2t} \cdot \cos t$ lautet unter Verwendung der Transformation $F(s) = \mathcal{L}\{\cos t\} = \dfrac{s}{s^2+1}$ (Nr. 25 mit $a = 1$) wie folgt:

$$\mathcal{L}\{e^{-2t} \cdot \cos t\} = F(s+2) = \frac{(s+2)}{(s+2)^2+1} = \frac{s+2}{s^2+4s+5}$$

■

2.5 Ableitungssätze (Differentiationssätze)

2.5.1 Ableitungssatz (Differentiationssatz) für die Originalfunktion

Die Laplace-Transformierten der gewöhnlichen *Ableitungen* einer Originalfunktion $f(t)$ nach der Variablen t lauten wie folgt:

1. Ableitung

$$\boxed{\mathcal{L}\{f'(t)\} = s \cdot F(s) - f(0) \qquad \text{mit} \qquad F(s) = \mathcal{L}\{f(t)\}}$$

$f(0)$: *Anfangswert* von $f(t)$ zur Zeit $t = 0$

---

[1] Die Konstante a kann reell oder komplex sein. Eine Dämpfung im *physikalischen* Sinne erhält man nur für $a > 0$. Für $a < 0$ bewirkt der Faktor e^{-at} eine *Verstärkung.*

2. Ableitung

$$\mathscr{L}\{f''(t)\} = s^2 \cdot F(s) - s \cdot f(0) - f'(0) \quad \text{mit} \quad F(s) = \mathscr{L}\{f(t)\}$$

$f(0), f'(0)$: *Anfangswerte* von $f(t)$, $f'(t)$ zur Zeit $t = 0$

n-te Ableitung

$$\mathscr{L}\{f^{(n)}(t)\} = s^n \cdot F(s) - s^{n-1} \cdot f(0) - s^{n-2} \cdot f'(0) - \ldots - f^{(n-1)}(0)$$

$f(0), f'(0), \ldots, f^{(n-1)}(0)$: *Anfangswerte* von $f(t), f'(t), \ldots, f^{(n-1)}(t)$ zur Zeit $t = 0$

Voraussetzung: Die n-te Ableitung von $f(t)$ ist *Laplace-transformierbar.*

Regel: Die Bildfunktion $F(s) = \mathscr{L}\{f(t)\}$ wird zunächst mit s^n *multipliziert*, dann wird ein Polynom $(n-1)$-ten Grades in der Variablen s *subtrahiert* (die Polynomkoeffizienten sind die *Anfangswerte* der Originalfunktion $f(t)$ und ihrer Ableitungen $f'(t), f''(t), \ldots, f^{(n-1)}(t)$).

Anmerkungen

(1) Bei *Sprungfunktionen* mit einer Sprungstelle bei $t = 0$ sind für die Anfangswerte $f(0), f'(0), \ldots, f^{(n-1)}(0)$ jeweils die *rechtsseitigen* Grenzwerte einzusetzen.

(2) Sollte die Anfangsstelle bei $t \neq 0$ liegen, so muss $f(t)$ vorher entsprechend *verschoben* werden.

■   **Beispiel**

Zur Originalfunktion $f(t) = \sin t$ gehört die Bildfunktion $F(s) = \dfrac{1}{s^2 + 1}$ (Nr. 24 mit $a = 1$). Nach dem *Ableitungssatz* (1. Ableitung) erhält man dann für die Laplace-Transformierte der 1. Ableitung $f'(t)$, d. h. für die Laplace-Transformierte der *Kosinusfunktion* unter Berücksichtigung des Anfangswertes $f(0) = \sin 0 = 0$:

$$\mathscr{L}\{(\sin t)'\} = \mathscr{L}\{\cos t\} = s \cdot F(s) - f(0) = s \cdot \frac{1}{s^2 + 1} - 0 = \frac{s}{s^2 + 1}$$

■

Ableitungssatz für eine verallgemeinerte Originalfunktion

Der Ableitungssatz gilt sinngemäß auch für die *verallgemeinerte* Differentiation einer verallgemeinerten Funktion, wenn man die Anfangswerte (bzw. rechtsseitigen Grenzwerte) durch die *linksseitigen* Grenzwerte ersetzt. Für die 1. verallgemeinerte Ableitung gilt dann:

$$\mathscr{L}\left\{\frac{Df(t)}{Dt}\right\} = s \cdot F(s) - f(-0)$$

$f(-0)$ ist dabei der *linksseitige* Grenzwert von $f(t)$ an der Stelle $t = 0$.

2.5.2 Ableitungssatz (Differentiationssatz) für die Bildfunktion

Die *Ableitungen* der Laplace-Transformierten $F(s) = \mathscr{L}\{f(t)\}$ nach der Variablen s lauten:

1. Ableitung

$$F'(s) = \mathscr{L}\{(-t)^1 \cdot f(t)\} = -\mathscr{L}\{t \cdot f(t)\}$$

2. Ableitung

$$F''(s) = \mathscr{L}\{(-t)^2 \cdot f(t)\} = \mathscr{L}\{t^2 \cdot f(t)\}$$

***n*-te Ableitung**

$$F^{(n)}(s) = \mathscr{L}\{(-t)^n \cdot f(t)\} = (-1)^n \cdot \mathscr{L}\{t^n \cdot f(t)\}$$

Voraussetzung: Die Funktion $(-t)^n \cdot f(t)$ ist *Laplace-transformierbar*.

Regel: Die *n*-te Ableitung der Bildfunktion $F(s)$ ist die Laplace-Transformierte der mit $(-t)^n$ *multiplizierten* Originalfunktion $f(t)$.

■ **Beispiel**

Die Laplace-Transformierte von $g(t) = t \cdot \sin t$ lässt sich wie folgt durch Anwendung des *Ableitungssatzes* (1. Ableitung) auf das Funktionenpaar

$$f(t) = \sin t \; \circ\!\!-\!\!\bullet \; F(s) = \frac{1}{s^2 + 1}$$

gewinnen:

$$\mathscr{L}\{t \cdot f(t)\} = \mathscr{L}\{t \cdot \sin t\} = -F'(s) = -\frac{d}{ds}\left(\frac{1}{s^2 + 1}\right) = -\frac{d}{ds}(s^2 + 1)^{-1} = \frac{2s}{(s^2 + 1)^2}$$

■

2.6 Integrationssätze

2.6.1 Integrationssatz für die Originalfunktion

Es wird zunächst über die *Originalfunktion* $f(t)$ *integriert*. Für die Laplace-Transformierte des *Integrals* gilt dann:

Integration über das Intervall $0 \leq u \leq t$

$$\mathscr{L}\left\{\int_0^t f(u)\, du\right\} = \frac{1}{s} \cdot F(s) \quad \text{mit} \quad F(s) = \mathscr{L}\{f(t)\}$$

Regel: Die Bildfunktion $F(s)$ wird mit dem Kehrwert von s *multipliziert*.

Integration über das Intervall $a \le u \le t$ **(mit** $a > 0$**)**

$$\mathcal{L}\left\{\int_a^t f(u)\,du\right\} = \frac{1}{s}\left(F(s) - \int_0^a f(u)\,du\right) \quad \text{mit} \quad F(s) = \mathcal{L}\{f(t)\}$$

Regel: Von der Bildfunktion $F(s)$ wird zunächst das Integral $\int_0^a f(u)\,du$ *subtrahiert,* anschließend wird die neue Funktion mit dem Kehrwert von s *multipliziert.*

■ **Beispiel**

Die Laplace-Transformierte von $f(t) = t$ lautet $F(s) = 1/s^2$ (Nr. 4). Aus dem *Integrationssatz* lässt sich dann die Laplace-Transformierte von $g(t) = t^2$ wie folgt bestimmen (mit $f(u) = u$):

$$\mathcal{L}\left\{\int_0^t u\,du\right\} = \mathcal{L}\left\{\left[\frac{1}{2}u^2\right]_0^t\right\} = \mathcal{L}\left\{\frac{1}{2}t^2\right\} = \frac{1}{2}\cdot\mathcal{L}\{t^2\} = \frac{1}{s}\cdot F(s) = \frac{1}{s}\cdot\frac{1}{s^2} = \frac{1}{s^3}$$

Somit ist $\mathcal{L}\{t^2\} = \dfrac{2}{s^3}$ die Laplace-Transformierte von $g(t) = t^2$.

■

2.6.2 Integrationssatz für die Bildfunktion

Es wird über die *Bildfunktion* $F(s) = \mathcal{L}\{f(t)\}$ *integriert.* Dann gilt:

$$\int_s^\infty F(u)\,du = \mathcal{L}\left\{\frac{1}{t}\cdot f(t)\right\}$$

Voraussetzung: Die Funktion $\dfrac{1}{t}\cdot f(t)$ ist *Laplace-transformierbar.*

Regel: Die Originalfunktion $f(t)$ von $F(s)$ wird zunächst mit dem Kehrwert von t *multipliziert,* dann wird die Laplace-Transformierte der neuen Funktion $g(t) = (1/t)\cdot f(t)$ bestimmt.

■ **Beispiel**

Aus der bekannten Korrespondenz

$$f(t) = t^2 \circ\!\!-\!\!\bullet\ F(s) = \frac{2}{s^3} \quad \text{(Nr. 10)}$$

lässt sich mit Hilfe des *Integrationssatzes* die Laplace-Transformierte von $g(t) = t$ wie folgt bestimmen (mit $F(u) = 2/u^3$):

$$\mathcal{L}\left\{\frac{1}{t}\cdot f(t)\right\} = \mathcal{L}\left\{\frac{1}{t}\cdot t^2\right\} = \mathcal{L}\{t\} = \int_s^\infty \frac{2}{u^3}\,du = \left[-\frac{1}{u^2}\right]_s^\infty = 0 + \frac{1}{s^2} = \frac{1}{s^2}$$

Somit gilt die folgende Korrespondenz: $t \circ\!\!-\!\!\bullet\ \dfrac{1}{s^2}$

■

2.7 Faltungssatz

Faltungsprodukt

Unter dem *Faltungsprodukt* $f_1(t) * f_2(t)$ zweier Originalfunktionen $f_1(t)$ und $f_2(t)$ versteht man das Integral

$$f_1(t) * f_2(t) = \int_0^t f_1(u) \cdot f_2(t - u) \, du$$

(*Faltungsintegral, einseitige Faltung* der Funktionen $f_1(t)$ und $f_2(t)$)

Rechenregeln

Kommutativgesetz $f_1(t) * f_2(t) = f_2(t) * f_1(t)$

Assoziativgesetz $[\, f_1(t) * f_2(t)\,] * f_3(t) = f_1(t) * [\, f_2(t) * f_3(t)\,]$

Distributivgesetz $f_1(t) * [\, f_2(t) + f_3(t)\,] = f_1(t) * f_2(t) + f_1(t) * f_3(t)$

Faltungssatz

Die Laplace-Transformierte des *Faltungsproduktes* $f_1(t) * f_2(t)$ ist gleich dem *Produkt* der Laplace-Transformierten von $f_1(t)$ und $f_2(t)$:

$$\mathscr{L}\{ f_1(t) * f_2(t)\} = \mathscr{L}\{ f_1(t)\} \cdot \mathscr{L}\{ f_2(t)\} = F_1(s) \cdot F_2(s)$$

$F_1(s) = \mathscr{L}\{ f_1(t)\}, \quad F_2(s) = \mathscr{L}\{ f_2(t)\}$

Spezielle Form des *Faltungssatzes* (Rücktransformation):

$$f_1(t) * f_2(t) = \mathscr{F}^{-1}\{F_1(s) \cdot F_2(s)\}$$

■   **Beispiel**

Wir bestimmen mit Hilfe des *Faltungssatzes* die zur Bildfunktion $F(s) = \dfrac{1}{(s^2 + 1)\, s^2}$ gehörende *Originalfunktion* $f(t)$. Es ist:

$$\mathscr{L}\{ f(t)\} = F(s) = \frac{1}{(s^2 + 1)\, s^2} = \underbrace{\frac{1}{s^2 + 1}}_{F_1(s)} \cdot \underbrace{\frac{1}{s^2}}_{F_2(s)} = F_1(s) \cdot F_2(s)$$

Nach dem *Faltungssatz* gilt dann:

$$\mathscr{L}\{ f(t)\} = \mathscr{L}\{ f_1(t) * f_2(t)\} = F_1(s) \cdot F_2(s)$$

D. h., die gesuchte Originalfunktion $f(t)$ ist das *Faltungsprodukt* der Originalfunktionen $f_1(t)$ und $f_2(t)$ zu den bekannten Bildfunktionen $F_1(s)$ und $F_2(s)$:

$$f(t) = f_1(t) * f_2(t) = \int\limits_0^t f_1(u) \cdot f_2(t - u)\, du$$

Die *Originalfunktionen* zu $F_1(s) = \dfrac{1}{s^2 + 1}$ und $F_2(s) = \dfrac{1}{s^2}$ entnehmen wir aus der Tabelle:

$$f_1(t) = \mathscr{L}^{-1}\left\{\frac{1}{s^2 + 1}\right\} = \sin t, \qquad f_2(t) = \mathscr{L}^{-1}\left\{\frac{1}{s^2}\right\} = t \qquad \text{(Nr. 24 und Nr. 4)}$$

Dann aber ist:

$$f(t) = f_1(t) * f_2(t) = (\sin t) * t = \int\limits_{u=0}^t f_1(u) \cdot f_2(t - u)\, du = \int\limits_{u=0}^t (\sin u) \cdot (t - u)\, du =$$

$$= \int\limits_{u=0}^t t \cdot \sin u\, du - \underbrace{\int\limits_{u=0}^t u \cdot \sin u\, du}_{\text{Integral Nr. 208 mit } a = 1} = [-t \cdot \cos u]_{u=0}^t - [\sin u - u \cdot \cos u]_{u=0}^t =$$

$$= (-t \cdot \cos t + t \cdot \cos 0) - (\sin t - t \cdot \cos t - \sin 0 - 0 \cdot \cos 0) =$$

$$= (-t \cdot \cos t + t \cdot 1) - (\sin t - t \cdot \cos t - 0 + 0) =$$

$$= -t \cdot \cos t + t - \sin t + t \cdot \cos t = t - \sin t$$

∎

2.8 Grenzwertsätze

Das Verhalten der Originalfunktion $f(t)$ für $t \to 0$ (*Anfangswert* $f(0)$) bzw. für $t \to \infty$ (*Endwert* $f(\infty)$) lässt sich aus der zugehörigen *Bildfunktion* $F(s) = \mathscr{L}\{f(t)\}$ auch *ohne* Rücktransformation bestimmen (unter der Voraussetzung, dass $f(0)$ bzw. $f(\infty)$, d. h. die aufgeführten Grenzwerte auf der jeweils linken Seite existieren):

Anfangswert $f(0)$ (rechtsseitiger Grenzwert für $t \to 0$)

$$f(0) = \lim_{t \to 0} f(t) = \lim_{s \to \infty} (s \cdot F(s)) \qquad \text{mit} \qquad F(s) = \mathscr{L}\{f(t)\}$$

■ **Beispiel**

Die *Bildfunktion* einer (nicht näher bekannten) *Originalfunktion* $f(t)$ lautet:

$$F(s) = \mathscr{L}\{f(t)\} = \frac{1}{s^2 + 1}$$

Dann besitzt die *Originalfunktion* $f(t)$ den folgenden *Anfangswert*:

$$f(0) = \lim_{t \to 0} f(t) = \lim_{s \to \infty} (s \cdot F(s)) = \lim_{s \to \infty} \left(\frac{s}{s^2 + 1}\right) = \lim_{s \to \infty} \left(\frac{1}{s + 1/s}\right) = 0$$

∎

Endwert $f(\infty)$ (Grenzwert für $t \to \infty$)

$$f(\infty) = \lim_{t \to \infty} f(t) = \lim_{s \to 0} (s \cdot F(s)) \qquad \text{mit} \qquad F(s) = \mathscr{L}\{f(t)\}$$

■ **Beispiel**

$$F(s) = \mathscr{L}\{f(t)\} = \frac{2s + 1}{s(s + 3)}$$

Die zugehörige *Originalfunktion* $f(t)$ besitzt den folgenden *Endwert*:

$$f(\infty) = \lim_{t \to \infty} f(t) = \lim_{s \to 0} (s \cdot F(s)) = \lim_{s \to 0} \left(\frac{s(2s + 1)}{s(s + 3)} \right) = \lim_{s \to 0} \left(\frac{2s + 1}{s + 3} \right) = \frac{1}{3}$$

■

3 Laplace-Transformierte einer periodischen Funktion

Die Laplace-Transformierte $F(s)$ einer
periodischen Funktion $f(t)$ lautet[2]:

$$F(s) = \frac{1}{1 - e^{-sT}} \cdot \int_{0}^{T} f(u) \cdot e^{-su}\, du$$

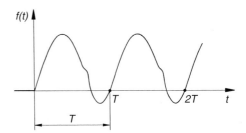

T: Periode (Schwingungsdauer) von $f(t)$

■   **Beispiel**

Die Laplace-Transformierte der *Rechteckskurve*

$$f(t) = \begin{cases} 1 & 0 < t < a \\ 0 & a < t < 2a \end{cases} \quad \text{für}$$

mit der Periode $T = 2a$ lautet wie folgt:

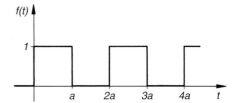

$$F(s) = \frac{1}{1 - e^{-2as}} \left[\int_{u=0}^{a} 1 \cdot e^{-su}\, du + \int_{u=a}^{2a} 0 \cdot e^{-su}\, du \right] = \frac{1}{1 - e^{-2as}} \cdot \int_{u=0}^{a} e^{-su}\, du =$$

$$= \frac{1}{1 - e^{-2as}} \left[-\frac{1}{s} \cdot e^{-su} \right]_{u=0}^{a} = \frac{1}{(1 - e^{-2as})\, s} \left[-e^{-su} \right]_{u=0}^{a} =$$

$$= \frac{1}{(1 - e^{-2as})\, s} (-e^{-as} + e^{0}) = \frac{1}{(1 - e^{-2as})\, s} (-e^{-as} + 1) = \frac{1 - e^{-as}}{\underbrace{(1 - e^{-2as})\, s}_{\text{3. Binom}}} =$$

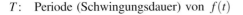

$$= \frac{1 - e^{-as}}{(1 - e^{-as})\,(1 + e^{-as})\, s} = \frac{1}{(1 + e^{-as})\, s} = \frac{1}{s(e^{-as} + 1)}$$

Hinweis zum 3. Binom: $(1 + e^{-as})\,(1 - e^{-as}) = 1^2 - (e^{-as})^2 = 1 - e^{-2as}$

■

---

[2] Die Periodizität bleibt auf den *positiven* Zeitbereich beschränkt ($f(t) = 0$ für $t < 0$).

4 Laplace-Transformierte spezieller Funktionen (Impulse)

Hinweis: Es ist stets $f(t) = 0$ für $t < 0$.

---

1. Sprungfunktion $\sigma(t)$ (Sigmafunktion)

$$f(t) = \sigma(t) = \begin{cases} 0 & t < 0 \\ & \text{für} \\ 1 & t \geq 0 \end{cases}$$

$$F(s) = \frac{1}{s}$$

---

2. Verschobene Sprungfunktion $\sigma(t - a)$

$$f(t) = \sigma(t - a) = \begin{cases} 0 & t < a \\ & \text{für} \\ 1 & t \geq a \end{cases}$$

$$F(s) = \frac{e^{-as}}{s}$$

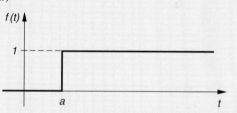

---

3. Periodische Rechteckskurve

Periode (Schwingungsdauer): $T = 2a$

$$f(t) = \begin{cases} A & 0 \leq t < a \\ & \text{für} \\ -A & a \leq t < 2a \end{cases}$$

$$F(s) = \frac{A(1 - e^{-as})}{s(1 + e^{-as})} = \frac{A}{s} \cdot \tanh\left(\frac{as}{2}\right)$$

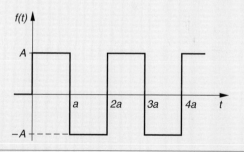

---

4. Periodische Rechteckskurve

Periode (Schwingungsdauer): $T = 2a$

$$f(t) = \begin{cases} A & 0 \leq t < a \\ & \text{für} \\ 0 & a \leq t < 2a \end{cases}$$

$$F(s) = \frac{A}{s(1 + e^{-as})}$$

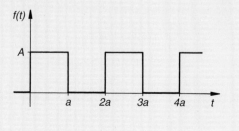

5. Rechteckimpuls

$$f(t) = \begin{cases} 0 & 0 \leq t < a \\ A & \text{für} \quad a \leq t \leq b \\ 0 & t > b \end{cases}$$

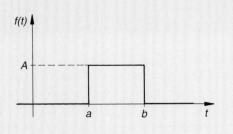

$$F(s) = \frac{A(e^{-as} - e^{-bs})}{s}$$

6. Rechteckimpuls

$$f(t) = \begin{cases} A & 0 \leq t < a \\ -A & \text{für} \quad a \leq t \leq 2a \\ 0 & t > 2a \end{cases}$$

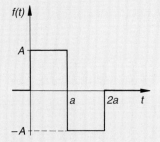

$$F(s) = \frac{A(1 - e^{-as})^2}{s}$$

7. Periodische Dreieckskurve

Periode (Schwingungsdauer): $T = 2a$

$$f(t) = \begin{cases} \dfrac{A}{a}\,t & 0 \leq t \leq a \\ \\ -\dfrac{A}{a}(t - 2a) & a \leq t \leq 2a \end{cases} \quad \text{für}$$

$$F(s) = \frac{A(1 - e^{-as})}{a s^2 (1 + e^{-as})}$$

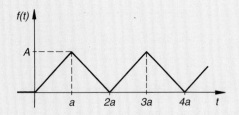

8. Dreieckimpuls

$$f(t) = \begin{cases} 0 & 0 \le t \le 2a \\ \dfrac{A}{b-a}\,(t-2a) & 2a \le t \le a+b \\ -\dfrac{A}{b-a}\,(t-2b) & a+b \le t \le 2b \\ 0 & t \ge 2b \end{cases} \quad \text{für} \qquad (b > a)$$

$$F(s) = \frac{A\,(\mathrm{e}^{-as} - \mathrm{e}^{-bs})^2}{(b-a)\,s^2}$$

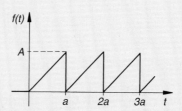

9. Sägezahnfunktion (Kippschwingung)

Periode (Schwingungsdauer): $T = a$

$$f(t) = \frac{A}{a}\,t \quad \text{für} \quad 0 \le t < a$$

$$F(s) = \frac{A(1 + as - \mathrm{e}^{as})}{a\,s^2\,(1 - \mathrm{e}^{as})}$$

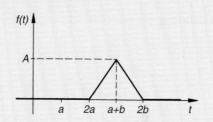

10. Sägezahnfunktion (Kippschwingung)

Periode (Schwingungsdauer): $T = a$

$$f(t) = -\frac{A}{a}\,(t - a) \quad \text{für} \quad 0 \le t < a$$

$$F(s) = \frac{A(\mathrm{e}^{-as} + as - 1)}{a\,s^2\,(1 - \mathrm{e}^{-as})}$$

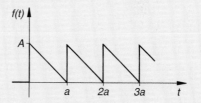

11. Sinusfunktion (Sinusschwingung)

Periode (Schwingungsdauer): $T = \dfrac{2\pi}{a}$

$$f(t) = A \cdot \sin(a\,t)$$

$$F(s) = \frac{A\,a}{s^2 + a^2}$$

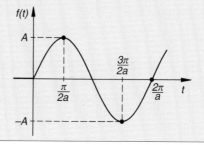

12. Gedämpfte Sinusschwingung

$$f(t) = A \cdot e^{-bt} \cdot \sin(at)$$

$$F(s) = \frac{Aa}{(s+b)^2 + a^2}$$

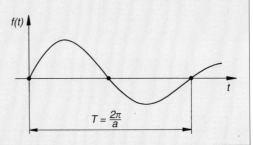

$$T = \frac{2\pi}{a}$$

13. Periodischer Sinusimpuls (Einweggleichrichtung)

Periode (Schwingungsdauer): $T = 2a$

$$f(t) = \begin{cases} A \cdot \sin\left(\dfrac{\pi}{a} t\right) & 0 \le t \le a \\[2mm] 0 & a \le t \le 2a \end{cases} \quad \text{für}$$

$$F(s) = \frac{\pi a A}{(a^2 s^2 + \pi^2)(1 - e^{-as})}$$

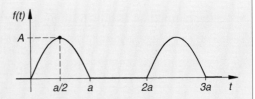

14. Periodischer Sinusimpuls (Zweiweggleichrichtung)

Periode (Schwingungsdauer): $T = a$

$$f(t) = A \cdot \left| \sin\left(\frac{\pi}{a} t\right) \right|$$

$$F(s) = \frac{\pi a A (1 + e^{-as})}{(a^2 s^2 + \pi^2)(1 - e^{-as})} =$$

$$= \frac{\pi a A}{a^2 s^2 + \pi^2} \cdot \coth\left(\frac{as}{2}\right)$$

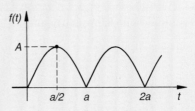

15. Sinusimpuls

$$f(t) = \begin{cases} A \cdot \sin\left(\dfrac{\pi}{a} t\right) & 0 \le t \le a \\[2mm] 0 & t \ge a \end{cases} \quad \text{für}$$

$$F(s) = \frac{\pi a A (1 + e^{-as})}{a^2 s^2 + \pi^2}$$

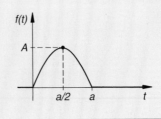

16. Kosinusfunktion (Kosinusschwingung)

Periode (Schwingungsdauer): $\quad T = 2\pi/a$

$$f(t) = A \cdot \cos(at)$$

$$F(s) = \frac{As}{s^2 + a^2}$$

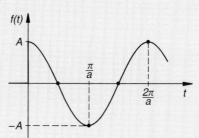

17. Gedämpfte Kosinusschwingung

$$f(t) = A \cdot e^{-bt} \cdot \cos(at)$$

$$F(s) = \frac{A(s + b)}{(s + b)^2 + a^2}$$

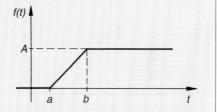

18. Rampenfunktion

$$f(t) = \begin{cases} 0 & 0 \leq t \leq a \\ \dfrac{A}{b - a}(t - a) & \text{für} \quad a \leq t \leq b \\ A & t \geq b \end{cases}$$

$$F(s) = \frac{A(e^{-as} - e^{-bs})}{(b - a)\, s^2} \qquad (b > a)$$

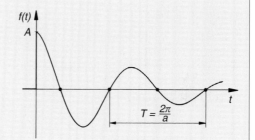

19. Treppenfunktion

$$f(t) = \begin{cases} 0 & 0 \leq t < a \\ A & \text{für} \quad a \leq t < 2a \\ 2A & 2a \leq t < 3a \end{cases}$$

$$\text{usw.}$$

$$F(s) = \frac{A}{s(e^{as} - 1)}$$

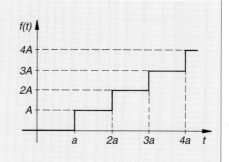

5 Anwendung: Lösung linearer Anfangswertprobleme

5.1 Allgemeines Lösungsverfahren

Eine (gewöhnliche) *lineare* Differentialgleichung (Dgl) mit *konstanten* Koeffizienten und vorgegebenen *Anfangswerten (Anfangswertproblem)* lässt sich mit Hilfe der Laplace-Transformation wie folgt lösen:

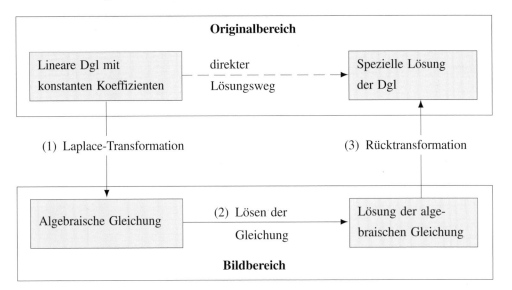

Lösungsschritte

1. Die lineare Differentialgleichung wird mit Hilfe der Laplace-Transformation in eine *algebraische* Gleichung übergeführt.
2. Als Lösung dieser Gleichung erhält man die *Bildfunktion* $Y(s)$ der gesuchten Originalfunktion $y(t)$.
3. Durch *Rücktransformation* (*inverse* Laplace-Transformation) gewinnt man aus der Bildfunktion $Y(s)$ mit Hilfe einer Transformationstabelle (z. B. der Tabelle in Abschnitt 6) und/oder spezieller Methoden (wie z. B. der Partialbruchzerlegung bei gebrochenrationalen Funktionen) die gesuchte Lösung $y(t)$ der vorgegebenen Anfangswertaufgabe.

Vorteil dieser Lösungsmethode: Die Rechenoperationen sind im Bildbereich meist *einfacher* ausführbar.

5.2 Lineare Differentialgleichungen 1. Ordnung mit konstanten Koeffizienten

Differentialgleichung im Originalbereich (Anfangswertproblem)

$$y' + a\,y = g(t) \qquad \text{Anfangswert:} \quad y(0)$$

a: Reelle Konstante; $\quad g(t)$: Störfunktion

Transformierte Differentialgleichung im Bildbereich (mit Lösung)

$$[s \cdot Y(s) - y(0)] + a \cdot Y(s) = F(s)$$

$$Lösung: \quad Y(s) = \frac{F(s) + y(0)}{s + a}$$

$Y(s) = \mathscr{L}\{y(t)\}$: Laplace-Transformierte der (gesuchten) *Lösung* $y(t)$

$F(s) = \mathscr{L}\{g(t)\}$: Laplace-Transformierte der *Störfunktion* $g(t)$

Durch *Rücktransformation* (z. B. unter Verwendung der Tabelle in Abschnitt 6) erhält man aus $Y(s)$ die zugehörige *Originalfunktion* $y(t)$, d. h. die *gesuchte Lösung* der Differentialgleichung für den Anfangswert $y(0)$. Die Lösungsfunktion $y(t)$ lässt sich auch in *geschlossener* Form angeben:

$$y(t) = g(t) * \mathrm{e}^{-at} + y(0) \cdot \mathrm{e}^{-at}$$

$g(t) * \mathrm{e}^{-at}$: *Faltungsprodukt* der Funktionen $g(t)$ und e^{-at}

■   **Beispiel**

$y' + 2y = 10;$ \qquad *Anfangswert:* $\; y(0) = 0$

Transformation der Dgl in den Bildraum $(a = 2, \; g(t) = 10)$:

$$[s \cdot Y(s) - 0] + 2 \cdot Y(s) = \mathscr{L}\{10\} = 10 \cdot \underbrace{\mathscr{L}\{1\}}_{\text{Nr. 2}} = \frac{10}{s} \qquad \text{oder} \qquad s \cdot Y(s) + 2 \cdot Y(s) = \frac{10}{s}$$

Lösung im Bildraum:

$$Y(s) = \frac{10}{s(s + 2)} = \frac{5}{s} - \frac{5}{s + 2} = \mathscr{L}\{y(t)\} \qquad \text{(nach Partialbruchzerlegung)}$$

Rücktransformation in den Originalraum:

$$y(t) = \mathscr{L}^{-1}\{Y(s)\} = \mathscr{L}^{-1}\left\{\frac{5}{s} - \frac{5}{s + 2}\right\} = 5 \cdot \mathscr{L}^{-1}\left\{\frac{1}{s}\right\} - 5 \cdot \mathscr{L}^{-1}\left\{\frac{1}{s + 2}\right\} =$$

$$= 5 \cdot 1 - 5 \cdot \mathrm{e}^{-2t} = 5(1 - \mathrm{e}^{-2t}) \qquad \text{(Nr. 2 und Nr. 3 mit } a = -2)$$

Lösung der Anfangswertaufgabe:

$$y(t) = 5(1 - \mathrm{e}^{-2t}) \qquad \text{(für } t \geq 0) \qquad \text{oder} \qquad y(t) = 5(1 - \mathrm{e}^{-2t}) \cdot \sigma(t)$$

■

5.3 Lineare Differentialgleichungen 2. Ordnung mit konstanten Koeffizienten

Differentialgleichung im Originalbereich (Anfangswertproblem)

$$y'' + ay' + by = g(t) \qquad \text{Anfangswerte:} \quad y(0), \quad y'(0)$$

a, b: Reelle Konstanten; $g(t)$: Störfunktion

Transformierte Differentialgleichung im Bildbereich (mit Lösung)

$$[s^2 \cdot Y(s) - s \cdot y(0) - y'(0)] + a[s \cdot Y(s) - y(0)] + b \cdot Y(s) = F(s)$$

$$\textit{Lösung:} \quad Y(s) = \frac{F(s) + y(0) \cdot (s + a) + y'(0)}{s^2 + as + b}$$

$Y(s) = \mathscr{L}\{y(t)\}$: Laplace-Transformierte der (gesuchten) *Lösung* $y(t)$

$F(s) = \mathscr{L}\{g(t)\}$: Laplace-Transformierte der *Störfunktion* $g(t)$

Durch *Rücktransformation* (z. B. unter Verwendung der Tabelle in Abschnitt 6) erhält man aus $Y(s)$ die zugehörige *Originalfunktion* $y(t)$, d. h. die *gesuchte Lösung* der Differentialgleichung für die Anfangswerte $y(0)$ und $y'(0)$. Die Lösungsfunktion $y(t)$ lässt sich auch in *geschlossener* Form angeben:

$$y(t) = g(t) * f_1(t) + y(0) \cdot f_2(t) + y'(0) \cdot f_1(t)$$

$f_1(t)$: *Originalfunktion* zu $F_1(s) = \mathscr{L}\{f_1(t)\} = \dfrac{1}{s^2 + as + b}$

$f_2(t)$: *Originalfunktion* zu $F_2(s) = \mathscr{L}\{f_2(t)\} = \dfrac{s + a}{s^2 + as + b}$

$g(t) * f_1(t)$: *Faltungsprodukt* der Funktionen $g(t)$ und $f_1(t)$

■ **Beispiel**

$y'' + 2y' + y = 0$;   *Anfangswerte:* $y(0) = 0$, $y'(0) = 1$

Transformation der Dgl in den Bildraum $(a = 2, \; b = 1, \; g(t) = 0)$:

$[s^2 \cdot Y(s) - s \cdot 0 - 1] + 2[s \cdot Y(s) - 0] + 1 \cdot Y(s) = \mathscr{L}\{0\} = 0$

$s^2 \cdot Y(s) + 2s \cdot Y(s) + Y(s) = (s^2 + 2s + 1) \cdot Y(s) = 1$

Lösung im Bildraum:

$$Y(s) = \frac{1}{s^2 + 2s + 1} = \frac{1}{(s + 1)^2}$$

Rücktransformation in den *Originalraum* (Nr. 6 mit $a = -1$):

$$y(t) = \mathscr{L}^{-1}\{Y(s)\} = \mathscr{L}^{-1}\left\{\frac{1}{(s + 1)^2}\right\} = t \cdot e^{-t}$$

Lösung der Anfangswertaufgabe:

$y(t) = t \cdot e^{-t}$ (für $t \geq 0$)   oder $y(t) = t \cdot e^{-t} \cdot \sigma(t)$ ■

6 Tabelle spezieller Laplace-Transformationen

	Bildfunktion $F(s)$	Originalfunktion $f(t)$
(1)	1	$\delta(t)$ (*Diracsche* Deltafunktion)
(2)	$\dfrac{1}{s}$	1 (Sprungfunktion $\sigma(t)$)
(3)	$\dfrac{1}{s-a}$	e^{at}
(4)	$\dfrac{1}{s^2}$	t
(5)	$\dfrac{1}{s(s-a)}$	$\dfrac{e^{at}-1}{a}$
(6)	$\dfrac{1}{(s-a)^2}$	$t \cdot e^{at}$
(7)	$\dfrac{1}{(s-a)(s-b)}$	$\dfrac{e^{at}-e^{bt}}{a-b}$
(8)	$\dfrac{s}{(s-a)^2}$	$(1+at)\cdot e^{at}$
(9)	$\dfrac{s}{(s-a)(s-b)}$	$\dfrac{a\cdot e^{at}-b\cdot e^{bt}}{a-b}$
(10)	$\dfrac{1}{s^3}$	$\dfrac{1}{2}\,t^2$
(11)	$\dfrac{1}{s^2(s-a)}$	$\dfrac{e^{at}-at-1}{a^2}$
(12)	$\dfrac{1}{s(s-a)^2}$	$\dfrac{(at-1)\cdot e^{at}+1}{a^2}$
(13)	$\dfrac{1}{(s-a)^3}$	$\dfrac{1}{2}\,t^2 \cdot e^{at}$
(14)	$\dfrac{1}{s(s-a)(s-b)}$	$\dfrac{b\cdot e^{at}-a\cdot e^{bt}+a-b}{ab(a-b)}$
(15)	$\dfrac{1}{(s-a)(s-b)(s-c)}$	$\dfrac{(b-c)\cdot e^{at}+(c-a)\cdot e^{bt}+(a-b)\cdot e^{ct}}{(a-b)(a-c)(b-c)}$
(16)	$\dfrac{s}{(s-a)^3}$	$\left(\dfrac{1}{2}\,at^2+t\right)\cdot e^{at}$
(17)	$\dfrac{s}{(s-a)(s-b)^2}$	$\dfrac{a\cdot e^{at}-[a+b(a-b)t]\cdot e^{bt}}{(a-b)^2}$
(18)	$\dfrac{s}{(s-a)(s-b)(s-c)}$	$\dfrac{a(b-c)\cdot e^{at}+b(c-a)\cdot e^{bt}+c(a-b)\cdot e^{ct}}{(a-b)(a-c)(b-c)}$

	Bildfunktion $F(s)$	Originalfunktion $f(t)$
(19)	$\dfrac{s^2}{(s-a)^3}$	$\left(\dfrac{1}{2}\,a^2t^2 + 2at + 1\right)\cdot e^{at}$
(20)	$\dfrac{s^2}{(s-a)(s-b)^2}$	$\dfrac{a^2\cdot e^{at} - [b^2(a-b)\,t + 2ab - b^2]\cdot e^{bt}}{(a-b)^2}$
(21)	$\dfrac{s^2}{(s-a)(s-b)(s-c)}$	$\dfrac{a^2(b-c)\cdot e^{at} + b^2(c-a)\cdot e^{bt} + c^2(a-b)\cdot e^{ct}}{(a-b)(a-c)(b-c)}$
(22)	$\dfrac{1}{s^n}\quad (n\in\mathbb{N}^*)$	$\dfrac{t^{n-1}}{(n-1)!}$
(23)	$\dfrac{1}{(s-a)^n}\quad (n\in\mathbb{N}^*)$	$\dfrac{t^{n-1}\cdot e^{at}}{(n-1)!}$
(24)	$\dfrac{1}{s^2+a^2}$	$\dfrac{\sin(at)}{a}$
(25)	$\dfrac{s}{s^2+a^2}$	$\cos(at)$
(26)	$\dfrac{(\sin b)\cdot s + a\cdot\cos b}{s^2+a^2}$	$\sin(at+b)$
(27)	$\dfrac{(\cos b)\cdot s - a\cdot\sin b}{s^2+a^2}$	$\cos(at+b)$
(28)	$\dfrac{1}{(s-b)^2+a^2}$	$\dfrac{e^{bt}\cdot\sin(at)}{a}$
(29)	$\dfrac{s-b}{(s-b)^2+a^2}$	$e^{bt}\cdot\cos(at)$
(30)	$\dfrac{1}{s^2-a^2}$	$\dfrac{\sinh(at)}{a}$
(31)	$\dfrac{s}{s^2-a^2}$	$\cosh(at)$
(32)	$\dfrac{1}{(s-b)^2-a^2}$	$\dfrac{e^{bt}\cdot\sinh(at)}{a}$
(33)	$\dfrac{s-b}{(s-b)^2-a^2}$	$e^{bt}\cdot\cosh(at)$
(34)	$\dfrac{1}{s(s^2+4a^2)}$	$\dfrac{\sin^2(at)}{2a^2}$
(35)	$\dfrac{s^2+2a^2}{s(s^2+4a^2)}$	$\cos^2(at)$
(36)	$\dfrac{1}{s(s^2+a^2)}$	$\dfrac{1-\cos(at)}{a^2}$

	Bildfunktion $F(s)$	Originalfunktion $f(t)$
(37)	$\dfrac{1}{(s^2 + a^2)^2}$	$\dfrac{\sin(at) - at \cdot \cos(at)}{2a^3}$
(38)	$\dfrac{s}{(s^2 + a^2)^2}$	$\dfrac{t \cdot \sin(at)}{2a}$
(39)	$\dfrac{s^2}{(s^2 + a^2)^2}$	$\dfrac{\sin(at) + at \cdot \cos(at)}{2a}$
(40)	$\dfrac{s^2 - a^2}{(s^2 + a^2)^2}$	$t \cdot \cos(at)$
(41)	$\dfrac{s^3}{(s^2 + a^2)^2}$	$\cos(at) - \dfrac{1}{2}\, at \cdot \sin(at)$
(42)	$\dfrac{1}{s^2(s^2 + a^2)}$	$\dfrac{at - \sin(at)}{a^3}$
(43)	$\dfrac{1}{(s^2 + a^2)(s^2 + b^2)}$	$\dfrac{a \cdot \sin(bt) - b \cdot \sin(at)}{ab(a^2 - b^2)}$
(44)	$\dfrac{s}{(s^2 + a^2)(s^2 + b^2)}$	$\dfrac{\cos(bt) - \cos(at)}{a^2 - b^2}$
(45)	$\dfrac{s^2}{(s^2 + a^2)(s^2 + b^2)}$	$\dfrac{a \cdot \sin(at) - b \cdot \sin(bt)}{a^2 - b^2}$
(46)	$\dfrac{s^3}{(s^2 + a^2)(s^2 + b^2)}$	$\dfrac{a^2 \cdot \cos(at) - b^2 \cdot \cos(bt)}{a^2 - b^2}$
(47)	$\dfrac{1}{s(s^2 + a^2)^2}$	$\dfrac{-at \cdot \sin(at) - \cos(at) + 1}{2a^4}$
(48)	$\dfrac{1}{s(s^2 + a^2)(s^2 + b^2)}$	$\dfrac{b^2 \cdot \cos(at) - a^2 \cdot \cos(bt) + a^2 - b^2}{a^2 b^2 (a^2 - b^2)}$
(49)	$\dfrac{1}{s(s^2 - a^2)}$	$\dfrac{\cosh(at) - 1}{a^2}$
(50)	$\dfrac{1}{(s^2 - a^2)^2}$	$\dfrac{at \cdot \cosh(at) - \sinh(at)}{2a^3}$
(51)	$\dfrac{s}{(s^2 - a^2)^2}$	$\dfrac{t \cdot \sinh(at)}{2a}$
(52)	$\dfrac{s^2}{(s^2 - a^2)^2}$	$\dfrac{\sinh(at) + at \cdot \cosh(at)}{2a}$
(53)	$\dfrac{s^2 + a^2}{(s^2 - a^2)^2}$	$t \cdot \cosh(at)$
(54)	$\dfrac{s^3}{(s^2 - a^2)^2}$	$\dfrac{1}{2}\, at \cdot \sinh(at) + \cosh(at)$

	Bildfunktion $F(s)$	Originalfunktion $f(t)$
(55)	$\dfrac{1}{s^2(s^2-a^2)}$	$\dfrac{\sinh(at)-at}{a^3}$
(56)	$\dfrac{1}{s(s^2-a^2)^2}$	$\dfrac{at\cdot\sinh(at)-2\cdot\cosh(at)+2}{a^4}$
(57)	$\dfrac{1}{s^3+a^3}$	$\dfrac{1}{3a^2}\left[\sqrt{3}\cdot\sin\left(\dfrac{\sqrt{3}\,at}{2}\right)-\cos\left(\dfrac{\sqrt{3}\,at}{2}\right)+e^{-3at/2}\right]\cdot e^{at/2}$
(58)	$\dfrac{s}{s^3+a^3}$	$\dfrac{1}{3a}\left[\sqrt{3}\cdot\sin\left(\dfrac{\sqrt{3}\,at}{2}\right)+\cos\left(\dfrac{\sqrt{3}\,at}{2}\right)-e^{-3at/2}\right]\cdot e^{at/2}$
(59)	$\dfrac{s^2}{s^3+a^3}$	$\dfrac{1}{3}\left[e^{-at}+2\cdot e^{at/2}\cdot\cos\left(\dfrac{\sqrt{3}\,at}{2}\right)\right]$
(60)	$\dfrac{1}{s^3-a^3}$	$\dfrac{1}{3a^2}\left[e^{3at/2}-\sqrt{3}\cdot\sin\left(\dfrac{\sqrt{3}\,at}{2}\right)-\cos\left(\dfrac{\sqrt{3}\,at}{2}\right)\right]\cdot e^{-at/2}$
(61)	$\dfrac{s}{s^3-a^3}$	$\dfrac{1}{3a}\left[e^{3at/2}+\sqrt{3}\cdot\sin\left(\dfrac{\sqrt{3}\,at}{2}\right)-\cos\left(\dfrac{\sqrt{3}\,at}{2}\right)\right]\cdot e^{-at/2}$
(62)	$\dfrac{s^2}{s^3-a^3}$	$\dfrac{1}{3}\left[e^{at}-2\cdot e^{-at/2}\cdot\cos\left(\dfrac{\sqrt{3}\,at}{2}\right)\right]$
(63)	$\dfrac{1}{s^4+a^4}$	$\dfrac{1}{a^3\sqrt{2}}\left[\sin\left(\dfrac{at}{\sqrt{2}}\right)\cdot\cosh\left(\dfrac{at}{\sqrt{2}}\right)-\cos\left(\dfrac{at}{\sqrt{2}}\right)\cdot\sinh\left(\dfrac{at}{\sqrt{2}}\right)\right]$
(64)	$\dfrac{s}{s^4+a^4}$	$\dfrac{\sin\left(\dfrac{at}{\sqrt{2}}\right)\cdot\sinh\left(\dfrac{at}{\sqrt{2}}\right)}{a^2}$
(65)	$\dfrac{s^2}{s^4+a^4}$	$\dfrac{1}{a\sqrt{2}}\left[\cos\left(\dfrac{at}{\sqrt{2}}\right)\cdot\sinh\left(\dfrac{at}{\sqrt{2}}\right)+\sin\left(\dfrac{at}{\sqrt{2}}\right)\cdot\cosh\left(\dfrac{at}{\sqrt{2}}\right)\right]$
(66)	$\dfrac{s^3}{s^4+a^4}$	$\cos\left(\dfrac{at}{\sqrt{2}}\right)\cdot\cosh\left(\dfrac{at}{\sqrt{2}}\right)$
(67)	$\dfrac{1}{s^4-a^4}$	$\dfrac{\sinh(at)-\sin(at)}{2a^3}$
(68)	$\dfrac{s}{s^4-a^4}$	$\dfrac{\cosh(at)-\cos(at)}{2a^2}$
(69)	$\dfrac{s^2}{s^4-a^4}$	$\dfrac{\sinh(at)+\sin(at)}{2a}$
(70)	$\dfrac{s^3}{s^4-a^4}$	$\dfrac{\cosh(at)+\cos(at)}{2}$
(71)	$\dfrac{s}{s^4+4a^4}$	$\dfrac{\sin(at)\cdot\sinh(at)}{2a^2}$

	Bildfunktion $F(s)$	Originalfunktion $f(t)$
(72)	$\dfrac{s^2 - 2a^2}{s^4 + 4a^4}$	$\dfrac{\cos(at) \cdot \sinh(at)}{a}$
(73)	$\dfrac{s^2 + 2a^2}{s^4 + 4a^4}$	$\dfrac{\sin(at) \cdot \cosh(at)}{a}$
(74)	$\dfrac{s^3}{s^4 + 4a^4}$	$\cos(at) \cdot \cosh(at)$
(75)	$\dfrac{1}{\sqrt{s}}$	$\dfrac{1}{\sqrt{\pi t}}$
(76)	$\dfrac{1}{s\sqrt{s}}$	$2 \cdot \sqrt{\dfrac{t}{\pi}}$
(77)	$\dfrac{1}{s^2 \sqrt{s}}$	$\dfrac{4}{3} t \cdot \sqrt{\dfrac{t}{\pi}}$
(78)	$\dfrac{s + a}{s\sqrt{s}}$	$\dfrac{1 + 2at}{\sqrt{\pi t}}$
(79)	$\dfrac{1}{\sqrt{s + a}}$	$\dfrac{e^{-at}}{\sqrt{\pi t}}$
(80)	$\sqrt{s - a} - \sqrt{s - b}$	$\dfrac{e^{bt} - e^{at}}{2t \cdot \sqrt{\pi t}}$
(81)	$\dfrac{1}{s^n \sqrt{s}} \quad (n \in \mathbb{N}^*)$	$\dfrac{4^n \cdot n! \cdot t^{(2n-1)/2}}{(2n)! \sqrt{\pi}}$
(82)	$\ln\left(\dfrac{s - a}{s}\right)$	$\dfrac{1 - e^{at}}{t}$
(83)	$\ln\left(\dfrac{s - a}{s - b}\right)$	$\dfrac{e^{bt} - e^{at}}{t}$
(84)	$\ln\left(\dfrac{s + a}{s - a}\right)$	$\dfrac{2 \cdot \sinh(at)}{t}$
(85)	$\ln\left(\dfrac{s^2 + a^2}{s^2}\right)$	$\dfrac{2[1 - \cos(at)]}{t}$
(86)	$\ln\left(\dfrac{s^2 + a^2}{s^2 + b^2}\right)$	$\dfrac{2[\cos(bt) - \cos(at)]}{t}$
(87)	$\arctan\left(\dfrac{a}{s}\right)$	$\dfrac{\sin(at)}{t}$
(88)	$\arctan\left(\dfrac{2as}{s^2 - a^2 + b^2}\right)$	$\dfrac{2 \cdot \sin(at) \cdot \cos(bt)}{t}$
(89)	$\arctan\left(\dfrac{s^2 - as + b}{ab}\right)$	$\dfrac{(e^{at} - 1) \cdot \sin(bt)}{t}$

XIV Vektoranalysis

1 Ebene und räumliche Kurven

1.1 Vektorielle Darstellung einer Kurve

Eine *ebene* oder *räumliche* Kurve wird durch einen *parameterabhängigen* Ortsvektor $\vec{r} = \vec{r}(t)$ beschrieben (t: reeller Kurvenparameter mit $t_1 \leq t \leq t_2$). Die Vektorkoordinaten sind dabei stetige Funktionen von t.

Ortsvektor einer ebenen Kurve

$$\vec{r}(t) = x(t)\,\vec{e}_x + y(t)\,\vec{e}_y = \begin{pmatrix} x(t) \\ y(t) \end{pmatrix}$$

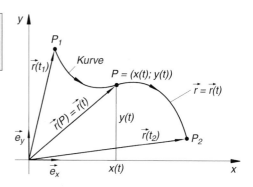

$x(t)$, $y(t)$:   Vektorkoordinaten von $\vec{r}(t)$

$\vec{e}_x$, $\vec{e}_y$:   Basisvektoren der Ebene

■ **Beispiel**

Normalparabel: $\vec{r}(t) = t\,\vec{e}_x + t^2\,\vec{e}_y = \begin{pmatrix} t \\ t^2 \end{pmatrix}$, $-\infty < t < \infty$

■

Ortsvektor einer Raumkurve

$$\vec{r}(t) = x(t)\,\vec{e}_x + y(t)\,\vec{e}_y + z(t)\,\vec{e}_z = \begin{pmatrix} x(t) \\ y(t) \\ z(t) \end{pmatrix}$$

$x(t)$, $y(t)$, $z(t)$:   Vektorkoordinaten von $\vec{r}(t)$

$\vec{e}_x$, $\vec{e}_y$, $\vec{e}_z$:   Basisvektoren des Raumes

Vektorfunktion $\vec{a} = \vec{a}(t)$: Allgemeine Bezeichnung für einen von einem reellen Parameter t abhängigen Vektor $\vec{a}$ mit den Vektorkoordinaten $a_x(t)$, $a_y(t)$ und $a_z(t)$.

1.2 Differentiation eines Vektors nach einem Parameter

1.2.1 Ableitung einer Vektorfunktion

Die *Differentiation* einer Vektorfunktion $\vec{a} = \vec{a}(t)$ nach dem Parameter t erfolgt *komponentenweise* (die Vektorkoordinaten $a_x(t)$, $a_y(t)$ und $a_z(t)$ müssen dabei *differenzierbare* Funktionen des Parameters t sein, die Ableitungen werden üblicherweise durch Punkte gekennzeichnet):

$$\frac{d}{dt}\,\vec{a}(t) = \dot{\vec{a}}(t) = \dot{a}_x(t)\,\vec{e}_x + \dot{a}_y(t)\,\vec{e}_y + \dot{a}_z(t)\,\vec{e}_z = \begin{pmatrix} \dot{a}_x(t) \\ \dot{a}_y(t) \\ \dot{a}_z(t) \end{pmatrix}$$

Analog werden *höhere* Ableitungen $\ddot{\vec{a}}$, $\dddot{\vec{a}}$, ... gebildet. Alle Ableitungen sind wieder (parameterabhängige) *Vektoren*!

1.2.2 Tangentenvektor

Die 1. Ableitung eines Ortsvektors $\vec{r} = \vec{r}(t)$ nach dem Parameter t ergibt den in der Tangentenrichtung liegenden *Tangentenvektor* $\dot{\vec{r}} = \dot{\vec{r}}(t)$.

Tangentenvektor einer ebenen Kurve $\vec{r} = \vec{r}(t)$

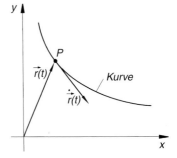

$$\dot{\vec{r}}(t) = \dot{x}(t)\,\vec{e}_x + \dot{y}(t)\,\vec{e}_y = \begin{pmatrix} \dot{x}(t) \\ \dot{y}(t) \end{pmatrix}$$

$\dot{x}(t), \dot{y}(t)$: Ableitungen der Vektorkoordinaten
von $\vec{r}(t)$

■ **Beispiel**

$\vec{r}(t) = t^2\,\vec{e}_x + 3t\,\vec{e}_y \;\Rightarrow\; \dot{\vec{r}}(t) = 2t\,\vec{e}_x + 3\,\vec{e}_y$

■

Tangentenvektor einer Raumkurve $\vec{r} = \vec{r}(t)$

$$\dot{\vec{r}}(t) = \dot{x}(t)\,\vec{e}_x + \dot{y}(t)\,\vec{e}_y + \dot{z}(t)\,\vec{e}_z = \begin{pmatrix} \dot{x}(t) \\ \dot{y}(t) \\ \dot{z}(t) \end{pmatrix}$$

$\dot{x}(t), \dot{y}(t), \dot{z}(t)$: Ableitungen der Vektorkoordinaten von $\vec{r}(t)$

1.2.3 Ableitungsregeln für Summen und Produkte

Summen werden *gliedweise*, Produkte nach der *Produktregel* differenziert (ähnlich wie bei Funktionen).

Summenregel

$$\frac{d}{dt}\left(\vec{a}+\vec{b}\right)=\dot{\vec{a}}+\dot{\vec{b}}$$

Produktregel

a) Skalarprodukt:
$$\frac{d}{dt}\left(\vec{a}\cdot\vec{b}\right)=\dot{\vec{a}}\cdot\vec{b}+\vec{a}\cdot\dot{\vec{b}}$$

b) Vektorprodukt:
$$\frac{d}{dt}\left(\vec{a}\times\vec{b}\right)=\dot{\vec{a}}\times\vec{b}+\vec{a}\times\dot{\vec{b}}$$

c) Produkt aus dem Skalar φ und dem Vektor $\vec{a}$:
$$\frac{d}{dt}\left(\varphi\,\vec{a}\right)=\dot{\varphi}\,\vec{a}+\varphi\,\dot{\vec{a}}$$

Voraussetzung: $\vec{a}=\vec{a}(t)$, $\vec{b}=\vec{b}(t)$ und $\varphi=\varphi(t)$ sind *differenzierbare* Funktionen.

1.2.4 Geschwindigkeits- und Beschleunigungsvektor eines Massenpunktes

$\vec{r}=\vec{r}(t)$: Zeitabhängiger Ortsvektor der *Bahnkurve* eines Massenpunktes

Geschwindigkeitsvektor $\vec{v}=\vec{v}(t)$

$$\vec{v}(t)=\dot{\vec{r}}(t)=\dot{x}(t)\,\vec{e}_x+\dot{y}(t)\,\vec{e}_y+\dot{z}(t)\,\vec{e}_z=\begin{pmatrix}\dot{x}(t)\\\dot{y}(t)\\\dot{z}(t)\end{pmatrix}$$

Beschleunigungsvektor $\vec{a}=\vec{a}(t)$

$$\vec{a}(t)=\dot{\vec{v}}(t)=\ddot{\vec{r}}(t)=\ddot{x}(t)\,\vec{e}_x+\ddot{y}(t)\,\vec{e}_y+\ddot{z}(t)\,\vec{e}_z=\begin{pmatrix}\ddot{x}(t)\\\ddot{y}(t)\\\ddot{z}(t)\end{pmatrix}$$

■   **Beispiel**

$\vec{r}(t)=\begin{pmatrix}\cos t\\\sin t\\t\end{pmatrix}$, $t\geq0$ ist der Ortsvektor der *schraubenlinienförmigen* Bahnkurve eines Elektrons um

die z-Achse. Wir bestimmen $\vec{v}(t)$ und $\vec{a}(t)$:

$$\vec{v}(t)=\dot{\vec{r}}(t)=\begin{pmatrix}-\sin t\\\cos t\\1\end{pmatrix},\qquad\vec{a}(t)=\dot{\vec{v}}(t)=\ddot{\vec{r}}(t)=\begin{pmatrix}-\cos t\\-\sin t\\0\end{pmatrix}$$

Folgerung: Der Beschleunigungsvektor $\vec{a}(t)$ ist ein *ebener* Vektor senkrecht zur z-Achse.

■

1.3 Bogenlänge einer Kurve

Bogenlänge einer ebenen Kurve $\vec{r} = \vec{r}(t)$

$$s = \int_{t_1}^{t_2} |\dot{\vec{r}}|\, dt = \int_{t_1}^{t_2} \sqrt{\dot{x}^2 + \dot{y}^2}\, dt$$

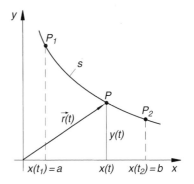

$\dot{x}(t), \dot{y}(t)$:   Ableitungen der Vektorkoordinaten
von $\vec{r}(t)$

■   **Beispiel**

Kreis (Radius r): $\vec{r}(t) = r \begin{pmatrix} \cos t \\ \sin t \end{pmatrix}$, $0 \le t < 2\pi$ $\Rightarrow$ $\dot{\vec{r}} = r \begin{pmatrix} -\sin t \\ \cos t \end{pmatrix}$, $|\dot{\vec{r}}| = r$

Kreisumfang (Bogenlänge des Vollkreises):

$$s = \int_0^{2\pi} |\dot{\vec{r}}|\, dt = \int_0^{2\pi} r\, dt = r \cdot \int_0^{2\pi} dt = r\,[t]_0^{2\pi} = r\,(2\pi - 0) = 2\pi r$$

■

Bogenlänge einer Raumkurve $\vec{r} = \vec{r}(t)$

$$s = \int_{t_1}^{t_2} |\dot{\vec{r}}|\, dt = \int_{t_1}^{t_2} \sqrt{\dot{x}^2 + \dot{y}^2 + \dot{z}^2}\, dt$$

$\dot{x}(t), \dot{y}(t), \dot{z}(t)$:   Ableitungen der Vektorkoordinaten von $\vec{r}(t)$

1.4 Tangenten- und Hauptnormaleneinheitsvektor einer Kurve

Jedem Punkt P einer ebenen oder räumlichen Kurve mit dem Ortsvektor $\vec{r} = \vec{r}(t)$ lassen sich zwei *aufeinander senkrecht* stehende *Einheitsvektoren* zuordnen: *Tangenteneinheitsvektor* $\vec{T} = \vec{T}(t)$ und *Hauptnormaleneinheitsvektor* $\vec{N} = \vec{N}(t)$.

Tangenteneinheitsvektor $\vec{T}$

$$\vec{T} = \frac{\dot{\vec{r}}}{|\dot{\vec{r}}|} = \frac{1}{|\dot{\vec{r}}|}\,\dot{\vec{r}}, \qquad |\vec{T}| = 1$$

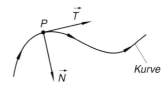

$\vec{T}$ liegt in der Kurventangente.

Hauptnormaleneinheitsvektor $\vec{N}$

$$\vec{N} = \frac{\dot{\vec{T}}}{\left|\dot{\vec{T}}\right|} = \frac{1}{\left|\dot{\vec{T}}\right|}\ \dot{\vec{T}}, \qquad \left|\vec{N}\right| = 1$$

$\vec{N}$ steht *senkrecht* auf der Kurventangente und zeigt in Richtung der Kurvenkrümmung (siehe Abschnitt 1.5).

■   **Beispiel**

Kreis (Radius r): $\vec{r} = r\begin{pmatrix} \cos t \\ \sin t \end{pmatrix}$, $0 \le t < 2\pi$

Tangenteneinheitsvektor $\vec{T}$:

$$\dot{\vec{r}} = r\begin{pmatrix} -\sin t \\ \cos t \end{pmatrix}, \quad \left|\dot{\vec{r}}\right| = r \quad \Rightarrow \quad \vec{T} = \frac{1}{\left|\dot{\vec{r}}\right|}\dot{\vec{r}} = \frac{1}{r}\cdot r\begin{pmatrix} -\sin t \\ \cos t \end{pmatrix} = \begin{pmatrix} -\sin t \\ \cos t \end{pmatrix}$$

Hauptnormaleneinheitsvektor $\vec{N}$:

$$\dot{\vec{T}} = \begin{pmatrix} -\cos t \\ -\sin t \end{pmatrix} = -\begin{pmatrix} \cos t \\ \sin t \end{pmatrix}, \quad \left|\dot{\vec{T}}\right| = 1 \quad \Rightarrow \quad \vec{N} = \frac{1}{\left|\dot{\vec{T}}\right|}\dot{\vec{T}} = \frac{1}{1}\dot{\vec{T}} = \dot{\vec{T}} = -\begin{pmatrix} \cos t \\ \sin t \end{pmatrix}$$

$\vec{N}$ ist stets auf den Mittelpunkt des Kreises gerichtet.

■

1.5 Krümmung einer Kurve

Die *Krümmung* κ einer Raumkurve ist ein Maß für die *Abweichung* der Kurve von einer Geraden und somit für die *Richtungsänderung* der Kurventangente pro Bogenlängenänderung ($\kappa \ge 0$).

Krümmung einer Raumkurve $\vec{r} = \vec{r}(s)$ (s: Bogenlänge)

$$\kappa = \left|\frac{d\vec{T}}{ds}\right| = \left|\dot{\vec{T}}(s)\right| = \left|\ddot{\vec{r}}(s)\right|$$

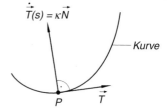

$\vec{r} = \vec{r}(s)$: „Natürliche" Darstellung der Kurve
(Parameter: Bogenlänge s)

Krümmung einer Raumkurve $\vec{r} = \vec{r}(t)$ (t: beliebiger Parameter)

$$\kappa = \frac{\left|\dot{\vec{r}} \times \ddot{\vec{r}}\right|}{\left|\dot{\vec{r}}\right|^3} \qquad (\dot{\vec{r}} \neq \vec{0})$$

Krümmungsradius: $\varrho = 1/\kappa$ (*Kehrwert* der Krümmung)

Sonderfall: Ebene Kurve $\vec{r} = \vec{r}(t)$

Bei einer *ebenen* Kurve unterscheidet man noch zwischen *Rechts-* und *Linkskrümmung* durch ein Vorzeichen (dies ist bei einer Raumkurve *nicht* möglich).

Es gilt:

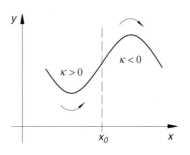

$$\kappa = \frac{\dot{x}\ddot{y} - \ddot{x}\dot{y}}{(\dot{x}^2 + \dot{y}^2)^{3/2}}$$

$\kappa > 0 \Leftrightarrow$ Linkskrümmung

$\kappa < 0 \Leftrightarrow$ Rechtskrümmung

Krümmungsradius: $\varrho = 1/|\kappa|$

■ **Beispiel**

Wir bestimmen Krümmung und Krümmungsradius des Kreises $x = r \cdot \cos t$, $y = r \cdot \sin t$, $0 \le t < 2\pi$:

$$\dot{x} = -r \cdot \sin t, \quad \ddot{x} = -r \cdot \cos t, \quad \dot{y} = r \cdot \cos t, \quad \ddot{y} = -r \cdot \sin t$$

$$\kappa = \frac{\dot{x}\ddot{y} - \ddot{x}\dot{y}}{(\dot{x}^2 + \dot{y}^2)^{3/2}} = \frac{(-r \cdot \sin t) \cdot (-r \cdot \sin t) - (-r \cdot \cos t) \cdot (r \cdot \cos t)}{(r^2 \cdot \sin^2 t + r^2 \cdot \cos^2 t)^{3/2}} =$$

$$= \frac{r^2 \cdot \sin^2 t + r^2 \cdot \cos^2 t}{[r^2(\sin^2 t + \cos^2 t)]^{3/2}} = \frac{r^2(\sin^2 t + \cos^2 t)}{[r^2]^{3/2}} = \frac{r^2}{r^3} = \frac{1}{r}$$

(unter Beachtung von $\sin^2 t + \cos^2 t = 1$)

Somit gilt: $\varrho = \dfrac{1}{|\kappa|} = r$

■

Ebene Kurve $y = f(x)$

Ortsvektor: $\vec{r} = \vec{r}(x) = x\,\vec{e}_x + y\,\vec{e}_y = x\,\vec{e}_x + f(x)\,\vec{e}_y$

(Parameter ist die Koordinate x)

$$\kappa = \frac{y''}{[1 + (y')^2]^{3/2}} \qquad \begin{array}{l} y'' < 0 \Leftrightarrow \text{Rechtskrümmung} \\ y'' > 0 \Leftrightarrow \text{Linkskrümmung} \end{array}$$

■ **Beispiel**

Wir berechnen die Krümmung der Normalparabel $y = x^2$ an der Stelle $x = 0$:

$$y = x^2, \quad y' = 2x, \quad y'' = 2$$

$$\kappa = \frac{y''}{[1 + (y')^2]^{3/2}} = \frac{2}{(1 + 4x^2)^{3/2}} \quad \Rightarrow \quad \kappa(x = 0) = 2 \qquad \text{(Linkskrümmung)}$$

■

2 Flächen im Raum

2.1 Vektorielle Darstellung einer Fläche

Ortsvektor einer Fläche im Raum (Bild a))

$$\vec{r} = \vec{r}(u;\, v) = x(u;\, v)\, \vec{e}_x + y(u;\, v)\, \vec{e}_y + z(u;\, v)\, \vec{e}_z = \begin{pmatrix} x(u;\, v) \\ y(u;\, v) \\ z(u;\, v) \end{pmatrix}$$

$u,\ v$:   Voneinander unabhängige (reelle) Parameter (sog. Flächenparameter)

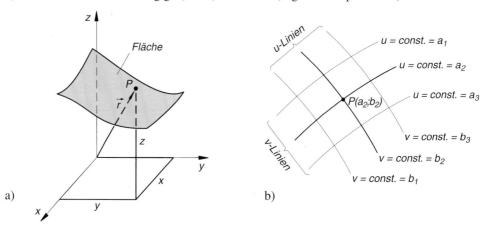

a)   b)

■   **Beispiel**

Ortsvektor der Mantelfläche eines *Rotationsparaboloids* (Rotationsachse: z-Achse):

$$\vec{r}(u;\, v) = u\, \vec{e}_x + v\, \vec{e}_y + (u^2 + v^2)\, \vec{e}_z = \begin{pmatrix} u \\ v \\ u^2 + v^2 \end{pmatrix} \qquad (u,\, v \in \mathbb{R})$$

■

Parameter- oder Koordinatenlinien einer Fläche (Bild b))

u-Linien (u: variabel, v: fest): $\vec{r} = \vec{r}(u;\, v = \text{const.}) = \vec{r}(u)$

v-Linien (u: fest, v: variabel): $\vec{r} = \vec{r}(u = \text{const.};\, v) = \vec{r}(v)$

Tangentenvektoren an die Koordinatenlinien

$$\vec{t}_u = \frac{\partial \vec{r}}{\partial u}, \qquad \vec{t}_v = \frac{\partial \vec{r}}{\partial v}$$

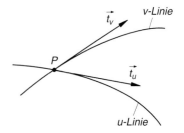

$\vec{t}_u$ und $\vec{t}_v$ sind die partiellen Ableitungen
1. Ordnung des Ortsvektors $\vec{r} = \vec{r}(u;\, v)$

2.2 Flächenkurven

Sind die Parameter u und v einer Fläche $\vec{r} = \vec{r}(u; v)$ selbst Funktionen einer (reellen) Variablen t, so beschreibt der Ortsvektor

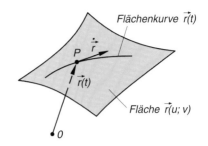

Flächenkurve $\vec{r}(t)$

Fläche $\vec{r}(u; v)$

$$\vec{r} = \vec{r}(t) = \vec{r}(u(t); v(t))$$

eine *Flächenkurve* (d. h. eine auf der Fläche gelegene Kurve).

Tangentenvektor an eine Flächenkurve

$$\dot{\vec{r}} = \dot{\vec{r}}(t) = \dot{u}(t)\,\vec{t_u} + \dot{v}(t)\,\vec{t_v}$$

$\dot{u}(t)$, $\dot{v}(t)$: Ableitungen der Flächenparameter u und v nach t

$\vec{t_u}$, $\vec{t_v}$: *Tangentenvektoren* an die Koordinatenlinien der Fläche

2.3 Flächennormale und Flächenelement

Jedem Punkt P einer Fläche mit dem Ortsvektor $\vec{r} = \vec{r}(u; v)$ lassen sich eine *Flächennormale* $\vec{N}$ und ein *Flächenelement* dA zuordnen.

Flächennormale $\vec{N}$

$\vec{N}$ steht *senkrecht* auf der Tangentialebene bzw. dem Flächenelement dA.

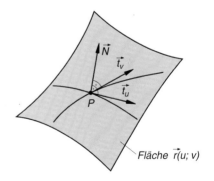

Fläche $\vec{r}(u; v)$

$$\vec{N} = \frac{\vec{t_u} \times \vec{t_v}}{|\vec{t_u} \times \vec{t_v}|}\,, \qquad |\vec{N}| = 1$$

$\vec{t_u}$, $\vec{t_v}$: *Tangentenvektoren* an die Koordinatenlinien der Fläche

■ **Beispiel**

$$\vec{r} = \begin{pmatrix} x \\ y \\ -x - y \end{pmatrix}: \text{Ebene durch den Nullpunkt } (z = -x - y)$$

$$\vec{t_x} \times \vec{t_y} = \begin{pmatrix} 1 \\ 0 \\ -1 \end{pmatrix} \times \begin{pmatrix} 0 \\ 1 \\ -1 \end{pmatrix} = \begin{pmatrix} 0 + 1 \\ 0 + 1 \\ 1 - 0 \end{pmatrix} = \begin{pmatrix} 1 \\ 1 \\ 1 \end{pmatrix}; \qquad \vec{N} = \frac{\vec{t_x} \times \vec{t_y}}{|\vec{t_x} \times |t_y|} = \frac{1}{\sqrt{3}} \begin{pmatrix} 1 \\ 1 \\ 1 \end{pmatrix}$$

Folgerung: $\vec{N}$ ist ein *konstanter* Vektor. ■

Flächenelement dA

Das Flächenelement dA wird durch je zwei
benachbarte u- und v-Linien begrenzt.

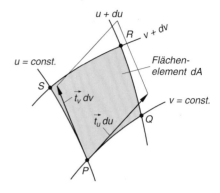

$$dA = |\vec{t}_u \times \vec{t}_v| \, du \, dv$$

$\vec{t}_u, \vec{t}_v$: *Tangentenvektoren* an die Koordinatenlinien der Fläche

2.4 Tangentialebene

Die Tangentialebene in einem Flächenpunkt P enthält alle *Tangenten*, die man in diesem
Punkt an die Fläche anlegen kann.

2.4.1 Tangentialebene einer Fläche vom Typ $\vec{r} = \vec{r}(u;v)$

$$\vec{N}_0 \cdot (\vec{r} - \vec{r}_0) = 0 \qquad \text{oder} \qquad (\vec{t}_u \times \vec{t}_v)_0 \cdot (\vec{r} - \vec{r}_0) = 0$$

$\vec{N}_0$: Flächennormale in P

$\vec{r}_0$: Ortsvektor von P

$\vec{r}$: Ortsvektor eines *beliebigen*
    Punktes Q der Tangentialebene

$\vec{t}_u, \vec{t}_v$: Tangentenvektoren in P (spannen
    die Tangentialebene in P auf)

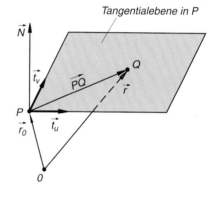

■ **Beispiel**

$$\vec{r}(u;v) = u\,\vec{e}_x + v\,\vec{e}_y + (u^2 + v^2)\,\vec{e}_z =$$

$$= \begin{pmatrix} u \\ v \\ u^2 + v^2 \end{pmatrix} \qquad (u, v \in \mathbb{R})$$

Wir bestimmen die *Tangentialebene* für die Flächenparameter $u = 1$ und $v = 1$, d. h. im Flächenpunkt
$P = (1;\, 1;\, 2)$:

$$\vec{t}_u = \frac{\partial \vec{r}}{\partial u} = \begin{pmatrix} 1 \\ 0 \\ 2u \end{pmatrix}, \qquad \vec{t}_v = \frac{\partial \vec{r}}{\partial v} = \begin{pmatrix} 0 \\ 1 \\ 2v \end{pmatrix} \quad \Rightarrow \quad \vec{t}_u(1;\,1) = \begin{pmatrix} 1 \\ 0 \\ 2 \end{pmatrix}, \qquad \vec{t}_v(1;\,1) = \begin{pmatrix} 0 \\ 1 \\ 2 \end{pmatrix}$$

$$\vec{t}_u(1;\,1) \times \vec{t}_v(1;\,1) = \begin{pmatrix} 1 \\ 0 \\ 2 \end{pmatrix} \times \begin{pmatrix} 0 \\ 1 \\ 2 \end{pmatrix} = \begin{pmatrix} -2 \\ -2 \\ 1 \end{pmatrix}, \qquad \vec{r} - \vec{r}_0 = \begin{pmatrix} x \\ y \\ z \end{pmatrix} - \begin{pmatrix} 1 \\ 1 \\ 2 \end{pmatrix} = \begin{pmatrix} x-1 \\ y-1 \\ z-2 \end{pmatrix}$$

Tangentialebene: $(\vec{t}_u(1;\,1) \times \vec{t}_v(1;\,1)) \cdot (\vec{r} - \vec{r}_0) = \begin{pmatrix} -2 \\ -2 \\ 1 \end{pmatrix} \cdot \begin{pmatrix} x-1 \\ y-1 \\ z-2 \end{pmatrix} = 0 \quad \Rightarrow$

$$-2(x-1) - 2(y-1) + 1(z-2) = 0 \quad \Rightarrow \quad z = 2x + 2y - 2 \qquad\qquad ■$$

2.4.2 Tangentialebene einer Fläche vom Typ $z = f(x; y)$

Vektordarstellung der Fläche (die unabhängigen Variablen x und y dienen dabei als *Flächenparameter*):

$$\vec{r} = \vec{r}(x; y) = x\,\vec{e}_x + y\,\vec{e}_y + f(x; y)\,\vec{e}_z = \begin{pmatrix} x \\ y \\ f(x; y) \end{pmatrix}$$

Tangentialebene im Flächenpunkt $P = (x_0; y_0; z_0 = f(x_0; y_0))$

$$\left(\vec{t}_x \times \vec{t}_y\right)_0 \cdot (\vec{r} - \vec{r}_0) = 0 \quad \text{oder} \quad \vec{N}_0 \cdot (\vec{r} - \vec{r}_0) = 0$$

$$\vec{t}_x = \frac{\partial \vec{r}}{\partial x} = \begin{pmatrix} 1 \\ 0 \\ f_x \end{pmatrix}, \quad \vec{t}_y = \frac{\partial \vec{r}}{\partial y} = \begin{pmatrix} 0 \\ 1 \\ f_y \end{pmatrix}, \quad \vec{N} = \frac{1}{\sqrt{f_x^2 + f_y^2 + 1}} \begin{pmatrix} -f_x \\ -f_y \\ 1 \end{pmatrix}$$

f_x, f_y: Partielle Ableitungen 1. Ordnung von $z = f(x; y)$

Tangentialebene im Flächenpunkt P in expliziter Form

$$z = f_x(x_0; y_0) \cdot (x - x_0) + f_y(x_0; y_0) \cdot (y - y_0) + z_0$$

(Siehe hierzu auch IX.2.4)

$f_x(x_0; y_0)$, $f_y(x_0; y_0)$: Partielle Ableitungen 1. Ordnung von $z = f(x; y)$ im Flächenpunkt $P = (x_0; y_0; z_0)$ mit $z_0 = f(x_0; y_0)$

2.4.3 Tangentialebene einer Fläche vom Typ $F(x; y; z) = 0$

$$(\operatorname{grad} F(x; y; z))_0 \cdot (\vec{r} - \vec{r}_0) = 0$$

$\vec{r}_0$: Ortsvektor des Flächenpunktes $P = (x_0; y_0; z_0)$

Der Gradient von $F(x; y; z)$ wird im Flächenpunkt P gebildet (siehe Abschnitt 4).

Bezeichnungen wie oben; der Gradient von $F(x; y; z)$ wird im Flächenpunkt P gebildet (siehe hierzu Abschnitt 4).

■ **Beispiel**

Gleichung der Tangentialebene an die Kugeloberfläche $F(x; y; z) = x^2 + y^2 + z^2 - 9 = 0$ im Punkt $P = (2; 2; 1)$:

$$\operatorname{grad} F = \operatorname{grad}(x^2 + y^2 + z^2 - 9) = \begin{pmatrix} 2x \\ 2y \\ 2z \end{pmatrix} \quad \Rightarrow \quad \text{Gradient in } P: \ (\operatorname{grad} F)_0 = \begin{pmatrix} 4 \\ 4 \\ 2 \end{pmatrix}$$

$$\text{Tangentialebene in } P: \ (\operatorname{grad} F)_0 \cdot (\vec{r} - \vec{r}_0) = \begin{pmatrix} 4 \\ 4 \\ 2 \end{pmatrix} \cdot \begin{pmatrix} x - 2 \\ y - 2 \\ z - 1 \end{pmatrix} = 0 \quad \Rightarrow$$

$$4(x - 2) + 4(y - 2) + 2(z - 1) = 0 \quad \Rightarrow \quad z = -2x - 2y + 9 \qquad ■$$

3 Skalar- und Vektorfelder

3.1 Skalarfelder

Ein *Skalarfeld* ordnet jedem Punkt P eines ebenen oder räumlichen Bereiches in eindeutiger Weise einen *Skalar* zu.

Ebenes bzw. räumliches Skalarfeld

$$\phi(P) = \phi(x; y) \quad \text{bzw.} \quad \phi(P) = \phi(x; y; z)$$

Stationäres Feld: Das skalare Feld verändert sich *nicht* im Laufe der Zeit, ist also *zeitunabhängig*.

Niveau- oder *Äquipotentialflächen*: Flächen im Raum, auf denen das Skalarfeld einen *konstanten* Wert annimmt: $\phi(x; y; z) = $ const.

Niveaulinien eines *ebenen* Skalarfeldes: Kurven, auf denen das Skalarfeld einen *konstanten* Wert annimmt: $\phi(x; y) = $ const.

■ **Beispiel**

   Elektrostatisches Potential in der Umgebung einer geladenen Kugel. Niveau- oder Äquipotentialflächen: *konzentrische Kugelschalen.*

                                                                                        ■

3.2 Vektorfelder

Ein *Vektorfeld* ordnet jedem Punkt P eines ebenen oder räumlichen Bereiches in eindeutiger Weise einen *Vektor* zu.

Ebenes Vektorfeld

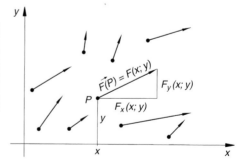

$$\vec{F}(x; y) = F_x(x; y)\,\vec{e}_x + F_y(x; y)\,\vec{e}_y =$$

$$= \begin{pmatrix} F_x(x; y) \\ F_y(x; y) \end{pmatrix}$$

F_x, F_y: Skalare *Komponenten* des ebenen Vektorfeldes $\vec{F}(x; y)$ (von x und y abhängige Funktionen)

Räumliches Vektorfeld

$$\vec{F}(x; y; z) = F_x(x; y; z)\,\vec{e}_x + F_y(x; y; z)\,\vec{e}_y + F_z(x; y; z)\,\vec{e}_z = \begin{pmatrix} F_x(x; y; z) \\ F_y(x; y; z) \\ F_z(x; y; z) \end{pmatrix}$$

F_x, F_y, F_z: Skalare *Komponenten* des räumlichen Vektorfeldes $\vec{F}(x; y; z)$
(von x, y und z abhängige Funktionen)

■   **Beispiel**

Geschwindigkeitsfeld einer strömenden Flüssigkeit: Zu jedem Flüssigkeitsteilchen (Massenpunkt) gehört ein Geschwindigkeitsvektor.

■

Feldlinien

Kurven, die in jedem Punkt P eines Vektorfeldes $\vec{F} = \vec{F}(P)$ durch den dortigen Feldvektor *tangiert* werden. Gleichung der Feldlinien:

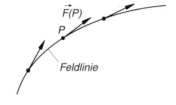

$$\vec{F} \times \dot{\vec{r}} = \vec{0} \quad \text{oder} \quad \vec{F} \times d\vec{r} = \vec{0}$$

$\vec{r}$:   Ortsvektor von P

Feldlinien schneiden sich nicht!

■   **Beispiel**

Elektrisches Feld in der Umgebung einer positiven Punktladung: Die elektrischen Feldlinien verlaufen *radial* nach außen.

■

Spezielle Vektorfelder

1. Homogenes Vektorfeld: $\vec{F}(P) = \overrightarrow{\text{const}}.$

Der Feldvektor hat überall die *gleiche* Richtung und den *gleichen* Betrag.

Beispiel: Elektrisches Feld (elektrische Feldstärke) in einem geladenen Plattenkondensator.

2. Kugel- oder radialsymmetrisches Vektorfeld (Zentralfeld): $\vec{F}(P) = f(r)\,\vec{e}_r$

Der Feldvektor hat *radiale* Richtung (Einheitsvektor $\vec{e}_r$), sein Betrag hängt nur vom *Abstand* r vom Nullpunkt ab: $|\vec{F}(P)| = |f(r)|$.

Beispiel: Gravitationsfeld der Erde.

3. Zylinder- oder axialsymmetrisches Vektorfeld: $\vec{F}(P) = f(\varrho)\,\vec{e}_\varrho$

Der Feldvektor hat *axiale* Richtung (Einheitsvektor $\vec{e}_\varrho$), sein Betrag hängt nur vom *Abstand* ϱ von der Zylinderachse ab: $|\vec{F}(P)| = |f(\varrho)|$.

Beispiel: Elektrisches Feld in der Umgebung eines homogen geladenen Zylinders.

4 Gradient eines Skalarfeldes

Definition des Gradienten (in kartesischen Koordinaten)

$$\text{grad } \phi = \frac{\partial \phi}{\partial x}\, \vec{e}_x + \frac{\partial \phi}{\partial y}\, \vec{e}_y + \frac{\partial \phi}{\partial z}\, \vec{e}_z = \begin{pmatrix} \partial\phi/\partial x \\ \partial\phi/\partial y \\ \partial\phi/\partial z \end{pmatrix}$$

$\phi = \phi(x; y; z)$:   Räumliches Skalarfeld

Darstellung des Gradienten in *Polar-, Zylinder-* und *Kugelkoordinaten:* siehe Abschnitt 6

Bei einem *ebenen* Feld verschwindet die *dritte* Vektorkomponente (*z*-Komponente).

■ **Beispiel**

Gradient des räumlichen Skalarfeldes $\phi = x^2 + y^2 + z$ im Punkt $P = (1; 0; 2)$:

$$\text{grad}\,\phi = \frac{\partial \phi}{\partial x}\, \vec{e}_x + \frac{\partial \phi}{\partial y}\, \vec{e}_y + \frac{\partial \phi}{\partial z}\, \vec{e}_z = 2x\,\vec{e}_x + 2y\,\vec{e}_y + 1\,\vec{e}_z = \begin{pmatrix} 2x \\ 2y \\ 1 \end{pmatrix} \quad \Rightarrow \quad (\text{grad}\,\phi)_0 = \begin{pmatrix} 2 \\ 0 \\ 1 \end{pmatrix}$$

■

Nabla-Operator

$\vec{\nabla} = \begin{pmatrix} \partial/\partial x \\ \partial/\partial y \\ \partial/\partial z \end{pmatrix}$	Die skalaren Komponenten sind die partiellen Differentialoperatoren $\partial/\partial x,\ \partial/\partial y$ und $\partial/\partial z$ (siehe IX.2.1)

Der *Vektor* grad ϕ ist *formal* auch als Produkt des Nabla-Operator $\vec{\nabla}$ mit dem Skalar ϕ darstellbar:

$$\text{grad } \phi = \vec{\nabla}\,\phi = \begin{pmatrix} \partial/\partial x \\ \partial/\partial y \\ \partial/\partial z \end{pmatrix} \phi = \begin{pmatrix} \partial\phi/\partial x \\ \partial\phi/\partial y \\ \partial\phi/\partial z \end{pmatrix}$$

Anmerkungen

(1) Der *Operator* „grad" (Nabla-Operator) ist ein *Differentialoperator 1. Ordnung.*

(2) Der Gradient eines räumlichen Skalarfeldes $\phi(x; y; z)$ steht immer *senkrecht* auf den *Niveauflächen* $\phi(x; y; z) = $ const. und zeigt in die Richtung des *größten* Zuwachses von ϕ.

(3) Bei einem *ebenen* Skalarfeld $\phi(x; y)$ ist grad ϕ ein *ebener* Vektor, der *senkrecht* zu den *Niveaulinien* $\phi(x; y) = $ const. verläuft.

Rechenregeln

ϕ und ψ sind *skalare* Felder, c eine reelle Konstante:

(1) grad $c = 0$

(2) grad $(c\phi) = c(\text{grad } \phi)$

(3) grad $(\phi + \psi) = \text{grad } \phi + \text{grad } \psi$ (Summenregel)

(4) grad $(\phi + c) = \text{grad } \phi$

(5) grad $(\phi \cdot \psi) = \phi(\text{grad } \psi) + \psi(\text{grad } \phi)$ (Produktregel)

Richtungsableitung

Die Richtungsableitung $\dfrac{\partial \phi}{\partial \vec{a}}$ eines Skalarfeldes ϕ in Richtung des Vektors $\vec{a}$ ist ein Maß für die *Änderung* des Funktionswertes von ϕ, wenn man von einem Punkt P aus in Richtung von $\vec{a}$ um eine Längeneinheit fortschreitet:

$$\frac{\partial \phi}{\partial \vec{a}} = (\text{grad } \phi) \cdot \vec{e}_a = \frac{1}{|\vec{a}|} (\text{grad } \phi) \cdot \vec{a}$$

Der Vektor $\dfrac{\partial \phi}{\partial \vec{a}}$ ist die *Projektion* des Gradienten von ϕ auf den *normierten* Richtungsvektor $\vec{e}_a = \dfrac{\vec{a}}{|\vec{a}|}$. Der *Maximalwert* wird in Richtung des *Gradienten* erreicht.

■ **Beispiel**

$$\phi = xy + z^2, \qquad \vec{a} = \begin{pmatrix} 1 \\ 1 \\ 1 \end{pmatrix}, \qquad P = (1;\ 1;\ 2)$$

Wir berechnen die *Richtungsableitung* des skalaren Feldes ϕ im Punkt P in Richtung des Vektors $\vec{a}$:

$$\text{grad } \phi = \begin{pmatrix} y \\ x \\ 2z \end{pmatrix} \quad \Rightarrow \quad (\text{grad } \phi)_0 = \begin{pmatrix} 1 \\ 1 \\ 4 \end{pmatrix}, \qquad |\vec{a}| = \sqrt{1^2 + 1^2 + 1^2} = \sqrt{3}$$

$$\left(\frac{\partial \phi}{\partial \vec{a}}\right)_0 = \frac{1}{|\vec{a}|} (\text{grad } \phi)_0 \cdot \vec{a} = \frac{1}{\sqrt{3}} \begin{pmatrix} 1 \\ 1 \\ 4 \end{pmatrix} \cdot \begin{pmatrix} 1 \\ 1 \\ 1 \end{pmatrix} = \frac{1}{\sqrt{3}} (1 + 1 + 4) = \frac{6}{\sqrt{3}} = \frac{6\sqrt{3}}{3} = 2\sqrt{3}$$

■

5 Divergenz und Rotation eines Vektorfeldes

5.1 Divergenz eines Vektorfeldes

Definition der Divergenz (in kartesischen Koordinaten)

$$\text{div } \vec{F} = \frac{\partial F_x}{\partial x} + \frac{\partial F_y}{\partial y} + \frac{\partial F_z}{\partial z}$$

F_x, F_y, F_z: Skalare *Komponenten* des Vektorfeldes $\vec{F}(x;\, y;\, z)$

Bei einem *ebenen* Feld verschwindet der *dritte* Summand.

Darstellung der Divergenz in *Polar-, Zylinder-* und *Kugelkoordinaten:* siehe Abschnitt 6

■   **Beispiel**

$$\vec{F} = \begin{pmatrix} x^2 y \\ x + y \\ yz \end{pmatrix} \quad \Rightarrow \quad \text{div } \vec{F} = \frac{\partial}{\partial x}(x^2 y) + \frac{\partial}{\partial y}(x+y) + \frac{\partial}{\partial z}(yz) = 2xy + 1 + y$$

Divergenz im Punkt $P = (1;\, 2;\, 0)$: $\left(\text{div } \vec{F}\right)_0 = 4 + 1 + 2 = 7$ ■

Der *Skalar* div $\vec{F}$ ist formal auch als *Skalarprodukt* des Nabla-Operators $\vec{\nabla}$ mit dem Vektor $\vec{F}$ darstellbar:

$$\text{div } \vec{F} = \vec{\nabla} \cdot \vec{F}$$

Anmerkungen

(1)   Der *Operator* „div" ist ein *Differentialoperator 1. Ordnung*.

(2)   Die Bezeichnung „*Divergenz*" stammt aus der *Hydrodynamik* und bedeutet „*Auseinanderströmen einer Flüssigkeit*" („Divergieren").

(3)   div $\vec{F}$ heißt auch „*Quelldichte*" oder „*Quellstärke pro Volumeneinheit*". Ein Vektorfeld $\vec{F}$, dessen Divergenz *verschwindet*, heißt *quellenfrei*. Gilt in einem Punkt div $\vec{F} > 0$, so hat das Vektorfeld dort eine „*Quelle*", für div $\vec{F} < 0$ eine „*Senke*".

Rechenregeln

$\vec{A}$ und $\vec{B}$ sind *Vektorfelder*, $\vec{a}$ ein *konstanter* Vektor, ϕ ein *skalares* Feld und c eine reelle *Konstante*:

(1)   div $\vec{a} = 0$

(2)   div $\left(c\vec{A}\right) = c\left(\text{div } \vec{A}\right)$

(3)   div $\left(\vec{A} + \vec{B}\right) = \text{div } \vec{A} + \text{div } \vec{B}$ (Summenregel)

(4)   div $\left(\vec{A} + \vec{a}\right) = \text{div } \vec{A}$

(5)   div $\left(\phi\vec{A}\right) = (\text{grad } \phi) \cdot \vec{A} + \phi\left(\text{div } \vec{A}\right)$ (Produktregel)

5.2 Rotation eines Vektorfeldes

Definition der Rotation (in kartesischen Koordinaten)

$$\text{rot}\,\vec{F} = \begin{pmatrix} \dfrac{\partial F_z}{\partial y} - \dfrac{\partial F_y}{\partial z} \\[2ex] \dfrac{\partial F_x}{\partial z} - \dfrac{\partial F_z}{\partial x} \\[2ex] \dfrac{\partial F_y}{\partial x} - \dfrac{\partial F_x}{\partial y} \end{pmatrix}$$

Regel: Durch zyklisches Vertauschen der Variablen $(x \rightarrow y \rightarrow z \rightarrow x)$ erhält man aus der 1. Komponente die 2. und aus dieser die 3. Komponente.

F_x, F_y, F_z: Skalare *Komponenten* des Vektorfeldes $\vec{F}(x; y; z)$

■ **Beispiel**

$$\vec{F} = \begin{pmatrix} xyz \\ x+y \\ z^2 \end{pmatrix} \;\Rightarrow\; \text{rot}\,\vec{F} = \begin{pmatrix} \dfrac{\partial}{\partial y}(z^2) - \dfrac{\partial}{\partial z}(x+y) \\[2ex] \dfrac{\partial}{\partial z}(xyz) - \dfrac{\partial}{\partial x}(z^2) \\[2ex] \dfrac{\partial}{\partial x}(x+y) - \dfrac{\partial}{\partial y}(xyz) \end{pmatrix} = \begin{pmatrix} 0-0 \\ xy-0 \\ 1-xz \end{pmatrix} = \begin{pmatrix} 0 \\ xy \\ 1-xz \end{pmatrix}$$

■

Der *Vektor* $\text{rot}\,\vec{F}$ ist formal auch als *Vektorprodukt* des Nabla-Operators $\vec{\nabla}$ mit dem Vektor $\vec{F}$ darstellbar:

$$\text{rot}\,\vec{F} = \vec{\nabla} \times \vec{F}$$

Determinantenschreibweise

$$\text{rot}\,\vec{F} = \begin{vmatrix} \vec{e}_x & \vec{e}_y & \vec{e}_z \\ \partial/\partial x & \partial/\partial y & \partial/\partial z \\ F_x & F_y & F_z \end{vmatrix}$$

$\vec{e}_x$, $\vec{e}_y$, $\vec{e}_z$: Basisvektoren des Raumes

$\partial/\partial x$, $\partial/\partial y$, $\partial/\partial z$: Partielle Differentialoperatoren 1. Ordnung (siehe IX.2.1)

Durch *Entwicklung* der Determinante nach den Elementen der *1. Zeile* erhält man die weiter oben stehende Definitionsformel der Rotation.

Anmerkungen

(1) Der Operator „rot" ist ein *Differentialoperator 1. Ordnung.*

(2) Die Bezeichnung „*Rotation*" stammt aus der *Hydrodynamik* und beschreibt dort die Bildung von „*Wirbeln*" (geschlossene Feldlinien in den Geschwindigkeitsfeldern strömender Flüssigkeiten).

(3) Der Vektor $\text{rot}\,\vec{F}$ heißt auch „*Wirbeldichte*" oder „*Wirbelfeld*" zu $\vec{F}$.

(4) Ein Vektorfeld $\vec{F}$, dessen Rotation *verschwindet*, heißt *wirbelfrei*.

Rotation eines ebenen Vektorfeldes $(F_z = 0)$

$$\operatorname{rot} \vec{F} = \left(\frac{\partial F_y}{\partial x} - \frac{\partial F_x}{\partial y} \right) \vec{e}_z$$

Die Komponenten in x- und y-Richtung *verschwinden*!

Rechenregeln

$\vec{A}$ und $\vec{B}$ sind *Vektorfelder*, $\vec{a}$ ein *konstanter* Vektor, ϕ ein *skalares* Feld und c eine reelle *Konstante*:

(1) $\operatorname{rot} \vec{a} = \vec{0}$

(2) $\operatorname{rot} \left(c\vec{A} \right) = c \left(\operatorname{rot} \vec{A} \right)$

(3) $\operatorname{rot} \left(\vec{A} + \vec{B} \right) = \operatorname{rot} \vec{A} + \operatorname{rot} \vec{B}$ (Summenregel)

(4) $\operatorname{rot} \left(\vec{A} + \vec{a} \right) = \operatorname{rot} \vec{A}$

(5) $\operatorname{rot} \left(\phi \vec{A} \right) = (\operatorname{grad} \phi) \times \vec{A} + \phi (\operatorname{rot} \vec{A})$ (Produktregel)

5.3 Spezielle Vektorfelder

Quellenfreies Vektorfeld: div $\vec{F} = 0$

Ein *quellenfreies* Vektorfeld $\vec{F}$ lässt sich stets als *Rotation* eines Vektorfeldes $\vec{E}$, *Vektorpotential* genannt, darstellen:

$$\operatorname{div} \vec{F} = 0 \quad \Rightarrow \quad \vec{F} = \operatorname{rot} \vec{E}$$

Auch die Umkehrung gilt: Ein *Wirbelfeld* $\vec{F} = \operatorname{rot} \vec{E}$ *ist quellenfrei:*

$$\vec{F} = \operatorname{rot} \vec{E} \quad \Rightarrow \quad \operatorname{div} \vec{F} = \operatorname{div} (\operatorname{rot} \vec{E}) = 0$$

Quellenfreie Felder: *Elektrisches Feld* einer Punktladung, *Gravitationsfeld* der Erde.

Wirbelfreies Vektorfeld: rot $\vec{F} = 0$

Ein *wirbelfreies* Vektorfeld $\vec{F}$ lässt sich stets als *Gradient* eines *skalaren* Feldes ϕ darstellen:

$$\operatorname{rot} \vec{F} = 0 \quad \Rightarrow \quad \vec{F} = \operatorname{grad} \phi$$

Auch die Umkehrung gilt: Ein *Gradientenfeld* $\vec{F} = \operatorname{grad} \phi$ *ist wirbelfrei:*

$$\vec{F} = \operatorname{grad} \phi \quad \Rightarrow \quad \operatorname{rot} \vec{F} = \operatorname{rot} (\operatorname{grad} \phi) = \vec{0}$$

Wirbelfreie Felder: *Homogenes elektrisches Feld* in einem Plattenkondensator, *Zentralfelder* wie z. B. das Gravitationsfeld der Erde, zylindersymmetrische Felder.

Quellen- und wirbelfreies Vektorfeld: div $\vec{F} = 0$ und rot $\vec{F} = \vec{0}$

Ein quellen- *und* wirbelfreies Vektorfeld $\vec{F}$ ist als *Gradient* eines skalaren Feldes ϕ darstellbar, d. h. $\vec{F} = \text{grad}\,\phi$, wobei ϕ der *Laplaceschen* Differentialgleichung

$$\Delta\phi = \frac{\partial^2\phi}{\partial x^2} + \frac{\partial^2\phi}{\partial y^2} + \frac{\partial^2\phi}{\partial z^2} = 0$$

genügt. Dabei ist Δ der sog. *Laplace-Operator*

$$\Delta = \vec{\nabla} \cdot \vec{\nabla} = \text{div}\,(\text{grad}) = \frac{\partial^2}{\partial x^2} + \frac{\partial^2}{\partial y^2} + \frac{\partial^2}{\partial z^2}$$

(*Differentialoperator 2. Ordnung, Skalarprodukt des Nabla-Operators* $\vec{\nabla}$ mit sich selbst)

$\Delta\phi = f(x; y; z)$: *Poisson-* oder *Potentialgleichung*, deren Lösungen als Potentialfunktionen bezeichnet werden.

6 Darstellung von Gradient, Divergenz, Rotation und Laplace-Operator in speziellen Koordinatensystemen

6.1 Darstellung in Polarkoordinaten

Polarkoordinaten

Die *Polarkoordinaten* r, φ eines Punktes P der Ebene bestehen aus einer *Abstandskoordinate* r und einer *Winkelkoordinate* φ (Bild a)):

r: *Abstand* des Punktes P vom Koordinatenursprung O $(r \geq 0)$

φ: *Winkel* zwischen dem Ortsvektor $\vec{r} = \overrightarrow{OP}$ des Punktes P und der *positiven* x-Achse (Hauptwert: $0 \leq \varphi < 2\pi$ bzw. $0° \leq \varphi < 360°$).

Siehe hierzu auch I.9.1.2.

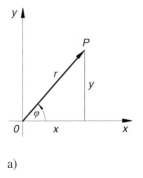

a)

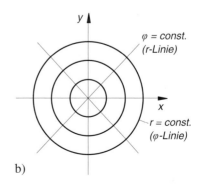

b)

Koordinatenlinien (Bild b), siehe vorherige Seite unten)

Das Polarkoordinatensystem ist ein sog. *krummliniges* Koordinatensystem mit den folgenden *Koordinatenlinien*:

r = const.:   *Konzentrische* Kreise um den Koordinatenursprung (φ-Linien)

φ = const.:   *Radial* vom Koordinatenursprung nach *außen* laufende Strahlen (r-Linien)

Die r- und φ-Linien schneiden sich in jedem Punkt *senkrecht*, d. h. die Polarkoordinaten sind (wie die kartesischen Koordinaten) *orthogonale* ebene Koordinaten.

Zusammenhang zwischen den Polarkoordinaten und den kartesischen Koordinaten

Polarkoordinaten $\rightarrow$ *Kartesische Koordinaten*
$x = r \cdot \cos \varphi, \qquad y = r \cdot \sin \varphi$
Kartesische Koordinaten $\rightarrow$ *Polarkoordinaten*
$r = \sqrt{x^2 + y^2}, \qquad \sin \varphi = \dfrac{y}{r}, \qquad \cos \varphi = \dfrac{x}{r}, \qquad \tan \varphi = \dfrac{y}{x}$

Vektordarstellung in Polarkoordinaten

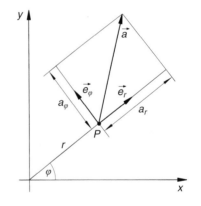

$$\vec{a} = a_r \vec{e}_r + a_\varphi \vec{e}_\varphi$$

$\vec{e}_r$, $\vec{e}_\varphi$: Tangenteneinheitsvektoren an die
        r- bzw. φ-Koordinatenlinie
        (Basisvektoren)

a_r, a_φ: Vektorkoordinaten

Orthogonale Transformationsmatrix

$$\mathbf{A} = \begin{pmatrix} \cos \varphi & \sin \varphi \\ -\sin \varphi & \cos \varphi \end{pmatrix}$$

Matrix **A** regelt die Transformation der Basisvektoren und Vektorkoordinaten (kartesische Koordinaten $\rightarrow$ Polarkoordinaten).

Gradient, Divergenz, Rotation und Laplace-Operator in Polarkoordinaten

Skalarfeld in Polarkoordinaten
$\phi = \phi(r; \varphi)$
Vektorfeld in Polarkoordinaten
$\vec{F} = \vec{F}(r; \varphi) = F_r(r; \varphi)\vec{e}_r + F_\varphi(r; \varphi)\vec{e}_\varphi$

Gradient des Skalarfeldes $\phi\,(r;\,\varphi)$

$$\operatorname{grad}\phi = \frac{\partial\phi}{\partial r}\,\vec{e}_r + \frac{1}{r}\cdot\frac{\partial\phi}{\partial\varphi}\,\vec{e}_\varphi$$

Divergenz des Vektorfeldes $\vec{F}\,(r;\,\varphi)$

$$\operatorname{div}\vec{F} = \frac{1}{r}\cdot\frac{\partial}{\partial r}\,(r\cdot F_r) + \frac{1}{r}\cdot\frac{\partial F_\varphi}{\partial\varphi} = \frac{1}{r}\left(\frac{\partial}{\partial r}\,(r\cdot F_r) + \frac{\partial F_\varphi}{\partial\varphi}\right)$$

Rotation des Vektorfeldes $\vec{F}\,(r;\,\varphi)$

Es existiert nur eine Komponente *senkrecht* zur x, y-Ebene (z-Richtung):

$$\left[\operatorname{rot}\vec{F}\right]_z = \frac{1}{r}\cdot\frac{\partial}{\partial r}\,(r\cdot F_\varphi) - \frac{1}{r}\cdot\frac{\partial F_r}{\partial\varphi} = \frac{1}{r}\left(\frac{\partial}{\partial r}\,(r\cdot F_\varphi) - \frac{\partial F_r}{\partial\varphi}\right)$$

Laplace-Operator

$$\Delta\phi = \frac{\partial^2\phi}{\partial r^2} + \frac{1}{r}\cdot\frac{\partial\phi}{\partial r} + \frac{1}{r^2}\cdot\frac{\partial^2\phi}{\partial\varphi^2}$$

6.2 Darstellung in Zylinderkoordinaten

Zylinderkoordinaten

Die *Zylinderkoordinaten* ϱ, φ und z eines Raumpunktes P bestehen aus den *Polarkoordinaten* ϱ und φ des Projektionspunktes P' in der x, y-Ebene und der (kartesischen) *Höhenkoordinate* z[1]:

$$\varrho \geq 0, \qquad 0 \leq \varphi < 2\pi,$$
$$-\infty < z < \infty$$

Siehe hierzu auch I.9.2.2

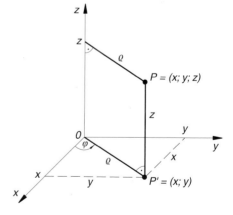

---

[1] Die Zylinderkoordinate ϱ gibt den *senkrechten* Abstand des Raumpunktes P von der z-Achse an und ist daher *nicht* zu verwechseln mit dem Abstand r desselben Punktes vom Koordinatenursprung 0, d. h. mit der Länge des Ortsvektors $\vec{r} = \overrightarrow{OP}$. Sie wird häufig auch (wenn Verwechslungen auszuschließen sind) mit r bezeichnet.

Koordinatenflächen

Koordinatenflächen entstehen, wenn jeweils *eine* der drei Zylinderkoordinaten *festgehalten* wird:

ϱ = **const.**: *Zylindermantel*

φ = **const.**: *Halbebene* durch die z-Achse

z = **const.**: *Parallelebene* zur x, y-Ebene in der „Höhe" z

Die Koordinatenflächen stehen paarweise *senkrecht* aufeinander.

Koordinatenlinien

Koordinatenlinien entstehen, wenn jeweils *zwei* der drei Zylinderkoordinaten *festgehalten* werden. Sie sind somit *Schnittkurven* zweier Koordinatenflächen:

φ, z = **const.**: *Halbgerade* senkrecht zur z-Achse (ϱ-Linie; $\varrho \geq 0$)

ϱ, z = **const.**: *Kreis* um die z-Achse *parallel* zur x, y-Ebene (φ-Linie)

ϱ, φ = **const.**: *Mantellinie* des Zylinder (z-Linie)

Die Koordinatenlinien stehen in jedem Punkt paarweise *senkrecht* aufeinander (Ausnahme: Koordinatenursprung). Die Zylinderkoordinaten sind daher (wie die kartesischen Koordinaten) *orthogonale* räumliche Koordinaten.

Zusammenhang zwischen den Zylinderkoordinaten und den kartesischen Koordinaten

---

Zylinderkoordinaten $\rightarrow$ *Kartesische Koordinaten*

$$x = \varrho \cdot \cos \varphi, \qquad y = \varrho \cdot \sin \varphi, \qquad z = z$$

Kartesische Koordinaten $\rightarrow$ *Zylinderkoordinaten*

$$\varrho = \sqrt{x^2 + y^2}, \qquad \sin \varphi = \frac{y}{\varrho}, \qquad \cos \varphi = \frac{x}{\varrho}, \qquad \tan \varphi = \frac{y}{x}, \qquad z = z$$

Die Zylinderkoordinaten stimmen mit den kartesischen Koordinaten in der „Höhenkoordinate" z überein.

Linienelement ds

Das *Linienelement* ist der Verbindungsbogen zweier differentiell benachbarter Punkte, die sich in ihren Zylinderkoordinaten um $d\varrho$, $d\varphi$, dz voneinander unterscheiden. Es besitzt die *Länge*

$$ds = \sqrt{(d\varrho)^2 + \varrho^2 (d\varphi)^2 + (dz)^2}$$

Flächenelement dA auf dem Zylindermantel (ϱ = const.)

Flächenstück auf dem Zylindermantel, begrenzt durch je zwei benachbarte φ- und z-Koordinatenlinien, mit dem Flächeninhalt

$$dA = \varrho \, d\varphi \, dz$$

Volumenelement dV

$$dV = \varrho\, d\varrho\, d\varphi\, dz$$

Vektordarstellung in Zylinderkoordinaten

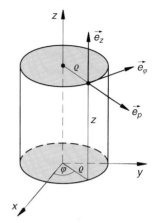

$$\vec{a} = a_\varrho\, \vec{e}_\varrho + a_\varphi\, \vec{e}_\varphi + a_z\, \vec{e}_z$$

$\vec{e}_\varrho, \vec{e}_\varphi, \vec{e}_z$: Tangenteneinheitsvektoren an die ϱ-, φ- bzw. z-Koordinatenlinie (Basisvektoren)

$a_\varrho, a_\varphi, a_z$: Vektorkoordinaten

Orthogonale Transformationsmatrix

$$\mathbf{A} = \begin{pmatrix} \cos\varphi & \sin\varphi & 0 \\ -\sin\varphi & \cos\varphi & 0 \\ 0 & 0 & 1 \end{pmatrix}$$

Matrix $\mathbf{A}$ regelt die Transformation der Basisvektoren und Vektorkoordinaten (kartesische Koordinaten $\rightarrow$ Zylinderkoordinaten).

Gradient, Divergenz, Rotation und Laplace-Operator in Zylinderkoordinaten

Skalarfeld in Zylinderkoordinaten

$$\phi = \phi(\varrho; \varphi; z)$$

Vektorfeld in Zylinderkoordinaten

$$\vec{F} = \vec{F}(\varrho; \varphi; z) = F_\varrho(\varrho; \varphi; z)\, \vec{e}_\varrho + F_\varphi(\varrho; \varphi; z)\, \vec{e}_\varphi + F_z(\varrho; \varphi; z)\, \vec{e}_z$$

Gradient des Skalarfeldes $\phi(\varrho; \varphi; z)$

$$\operatorname{grad} \phi = \frac{\partial \phi}{\partial \varrho}\, \vec{e}_\varrho + \frac{1}{\varrho} \cdot \frac{\partial \phi}{\partial \varphi}\, \vec{e}_\varphi + \frac{\partial \phi}{\partial z}\, \vec{e}_z$$

Divergenz des Vektorfeldes $\vec{F}(\varrho; \varphi; z)$

$$\operatorname{div} \vec{F} = \frac{1}{\varrho} \cdot \frac{\partial}{\partial \varrho} (\varrho \cdot F_\varrho) + \frac{1}{\varrho} \cdot \frac{\partial F_\varphi}{\partial \varphi} + \frac{\partial F_z}{\partial z}$$

Rotation des Vektorfeldes $\vec{F}(\varrho; \varphi; z)$

$$\operatorname{rot} \vec{F} = \left(\frac{1}{\varrho} \cdot \frac{\partial F_z}{\partial \varphi} - \frac{\partial F_\varphi}{\partial z} \right) \vec{e}_\varrho + \left(\frac{\partial F_\varrho}{\partial z} - \frac{\partial F_z}{\partial \varrho} \right) \vec{e}_\varphi + \frac{1}{\varrho} \left(\frac{\partial}{\partial \varrho} (\varrho \cdot F_\varphi) - \frac{\partial F_\varrho}{\partial \varphi} \right) \vec{e}_z$$

Laplace-Operator

$$\Delta \phi = \frac{1}{\varrho} \cdot \frac{\partial}{\partial \varrho} \left(\varrho \cdot \frac{\partial \phi}{\partial \varrho} \right) + \frac{1}{\varrho^2} \cdot \frac{\partial^2 \phi}{\partial \varphi^2} + \frac{\partial^2 \phi}{\partial z^2}$$

6.3 Darstellung in Kugelkoordinaten

Kugelkoordinaten

Die *Kugelkoordinaten* r, ϑ und φ eines Raumpunktes P bestehen aus einer *Abstandskoordinate* r und zwei *Winkelkoordinaten* ϑ und φ:

---

r: Länge des Ortsvektors $\vec{r} = \overrightarrow{OP}$ $(r \geq 0)$

ϑ: Winkel zwischen dem Ortsvektor $\vec{r}$ und der *positiven* z-Achse $(0 \leq \vartheta \leq \pi)$

φ: Winkel zwischen der Projektion des Ortsvektors $\vec{r}$ auf die x, y-Ebene und der *positiven x-Achse* $(0 \leq \varphi < 2\pi)$

Siehe hierzu auch I.9.2.4

ϑ: Breitenkoordinate; φ: Längenkoordinate

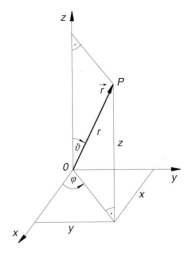

Koordinatenflächen

Koordinatenflächen entstehen, wenn jeweils *eine* der drei Kugelkoordinaten *festgehalten* wird:

r = **const.**: Kugeloberfläche (Kugelschale)

ϑ = **const.**: Mantelfläche eines Kegels (Kegelspitze im Koordinatenursprung)

φ = **const.**: Halbebene durch die z-Achse

Die Koordinatenflächen stehen in jedem Punkt paarweise *senkrecht* aufeinander.

Koordinatenlinien

Koordinatenlinien entstehen, wenn jeweils *zwei* der drei Zylinderkoordinaten *festgehalten* werden. Sie sind somit *Schnittkurven* zweier Koordinatenflächen:

ϑ, φ = **const.**: *Radialer* Strahl vom Koordinatenursprung nach *außen* (r-Linie)

r, ϑ = **const.**: *Breitenkreis* mit dem Radius $r \cdot \sin \vartheta$ (φ-Linie)

r, φ = **const.**: *Längenkreis* (ϑ-Linie)

Die Koordinatenlinien stehen in jedem Punkt paarweise *senkrecht* aufeinander. Die Kugelkoordinaten sind daher (wie die kartesischen Koordinaten und die Zylinderkoordinaten) *orthogonale* räumliche Koordinaten.

Zusammenhang zwischen den Kugelkoordinaten und den kartesischen Koordinaten

---

Kugelkoordinaten $\rightarrow$ *Kartesische Koordinaten*

$$x = r \cdot \sin \vartheta \cdot \cos \varphi, \qquad y = r \cdot \sin \vartheta \cdot \sin \varphi, \qquad z = r \cdot \cos \vartheta$$

Kartesische Koordinaten → *Kugelkoordinaten*

$$r = \sqrt{x^2 + y^2 + z^2}, \qquad \vartheta = \arccos\left(\frac{z}{\sqrt{x^2 + y^2 + z^2}}\right), \qquad \tan\varphi = \frac{y}{x}$$

Linienelement *ds*

Das *Linienelement* ist der Verbindungsbogen zweier differentiell benachbarter Punkte, die sich in ihren Kugelkoordinaten um dr, $d\vartheta$, $d\varphi$ voneinander unterscheiden. Es besitzt die *Länge*

$$ds = \sqrt{(dr)^2 + r^2(d\vartheta)^2 + r^2 \cdot \sin^2\vartheta\,(d\varphi)^2}$$

Flächenelement *dA* auf der Kugeloberfläche (*r* = const.)

Flächenstück auf der Kugeloberfläche, begrenzt durch je zwei benachbarte ϑ- und φ-Koordinatenlinien, mit dem Flächeninhalt

$$dA = r^2 \cdot \sin\vartheta\, d\vartheta\, d\varphi$$

Volumenelement *dV*

$$dV = dA\, dr = r^2 \cdot \sin\vartheta\, dr\, d\vartheta\, d\varphi$$

Vektordarstellung in Kugelkoordinaten

$$\vec{a} = a_r\,\vec{e}_r + a_\vartheta\,\vec{e}_\vartheta + a_\varphi\,\vec{e}_\varphi$$

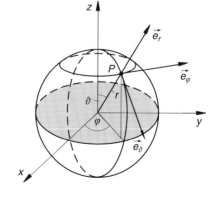

$\vec{e}_r, \vec{e}_\vartheta, \vec{e}_\varphi$: Tangenteneinheitsvektoren an die r-, ϑ- bzw. φ-Koordinatenlinie (Basisvektoren)

$a_r, a_\vartheta, a_\varphi$: Vektorkoordinaten

Orthogonale Transformationsmatrix

$$\mathbf{A} = \begin{pmatrix} \sin\vartheta \cdot \cos\varphi & \sin\vartheta \cdot \sin\varphi & \cos\vartheta \\ \cos\vartheta \cdot \cos\varphi & \cos\vartheta \cdot \sin\varphi & -\sin\vartheta \\ -\sin\varphi & \cos\varphi & 0 \end{pmatrix}$$

Matrix **A** regelt die Transformation der Basisvektoren und Vektorkoordinaten (kartesische Koordinaten → Kugelkoordinaten).

Gradient, Divergenz, Rotation und Laplace-Operator in Kugelkoordinaten

---

Skalarfeld in Kugelkoordinaten

$$\phi = \phi(r; \vartheta; \varphi)$$

Vektorfeld in Kugelkoordinaten

$$\vec{F} = \vec{F}(r; \vartheta; \varphi) = F_r(r; \vartheta; \varphi)\,\vec{e}_r + F_\vartheta(r; \vartheta; \varphi)\,\vec{e}_\vartheta + F_\varphi(r; \vartheta; \varphi)\,\vec{e}_\varphi$$

Gradient des Skalarfeldes $\phi(r; \vartheta; \varphi)$

$$\operatorname{grad}\phi = \frac{\partial \phi}{\partial r}\,\vec{e}_r + \frac{1}{r}\cdot\frac{\partial \phi}{\partial \vartheta}\,\vec{e}_\vartheta + \frac{1}{r\cdot\sin\vartheta}\cdot\frac{\partial \phi}{\partial \varphi}\,\vec{e}_\varphi$$

Divergenz des Vektorfeldes $\vec{F}(r; \vartheta; \varphi)$

$$\operatorname{div}\vec{F} = \frac{1}{r^2}\cdot\frac{\partial}{\partial r}\left(r^2\cdot F_r\right) + \frac{1}{r\cdot\sin\vartheta}\left(\frac{\partial}{\partial \vartheta}\left(\sin\vartheta\cdot F_\vartheta\right) + \frac{\partial F_\varphi}{\partial \varphi}\right)$$

Rotation des Vektorfeldes $\vec{F}(r; \vartheta; \varphi)$

$$\operatorname{rot}\vec{F} = \frac{1}{r\cdot\sin\vartheta}\left(\frac{\partial}{\partial \vartheta}\left(\sin\vartheta\cdot F_\varphi\right) - \frac{\partial F_\vartheta}{\partial \varphi}\right)\vec{e}_r +$$

$$+\frac{1}{r}\left(\frac{1}{\sin\vartheta}\cdot\frac{\partial F_r}{\partial \varphi} - \frac{\partial}{\partial r}\left(r\cdot F_\varphi\right)\right)\vec{e}_\vartheta + \frac{1}{r}\left(\frac{\partial}{\partial r}\left(r\cdot F_\vartheta\right) - \frac{\partial F_r}{\partial \vartheta}\right)\vec{e}_\varphi$$

Laplace-Operator

$$\Delta\phi = \frac{1}{r^2}\left\{\frac{\partial}{\partial r}\left(r^2\cdot\frac{\partial \phi}{\partial r}\right) + \frac{1}{\sin\vartheta}\cdot\frac{\partial}{\partial \vartheta}\left(\sin\vartheta\cdot\frac{\partial \phi}{\partial \vartheta}\right) + \frac{1}{\sin^2\vartheta}\cdot\frac{\partial^2\phi}{\partial \varphi^2}\right\}$$

---

7 Linien- oder Kurvenintegrale

7.1 Linienintegral in der Ebene

$\vec{F} = \vec{F}(x; y)$ sei ein *ebenes* Vektorfeld, $\vec{r} = \vec{r}(t)$ der Ortsvektor einer von P_1 nach P_2 verlaufenden ebenen Kurve C mit $t_1 \leq t \leq t_2$ und $\dot{\vec{r}} = \dot{\vec{r}}(t)$ der zugehörige *Tangentenvektor* der Kurve.

Dann heißt das Integral

$$\int_C \vec{F}\cdot d\vec{r} = \int_{t_1}^{t_2}\left(\vec{F}\cdot\dot{\vec{r}}\right)dt$$

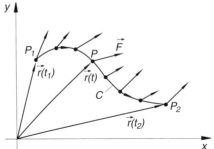

das *Linien-* oder *Kurvenintegral* des Vektorfeldes $\vec{F}$ längs der Kurve C.

In ausführlicher Schreibweise:

$$\int_C (F_x(x;\,y)\,dx + F_y(x;\,y)\,dy) = \int_{t_1}^{t_2} (F_x\,\dot{x} + F_y\,\dot{y})\,dt$$

F_x, F_y: Skalare *Komponenten* des ebenen Vektorfeldes $\vec{F}(x;\,y)$

$\dot{x}$, $\dot{y}$: Koordinaten des *Tangentenvektors* $\dot{\vec{r}}$

Berechnung eines Linienintegrals

Für die Variablen x und y werden die parameterabhängigen Koordinaten $x(t)$ und $y(t)$ der Integrationskurve C eingesetzt, für $\dot{x}$ und $\dot{y}$ deren Ableitungen. Anschließend wird der nur noch vom Parameter t abhängige Integrand in den Grenzen von t_1 bis t_2 integriert.

Sonderfall: Falls die Kurve C in der *expliziten* Form $y = f(x)$ vorliegt, ersetzt man im Linienintegral die Koordinate y durch $f(x)$ und das Differential dy durch $f'(x)\,dx$ und erhält so ein *gewöhnliches* Integral mit der Variablen x:

$$\int_C \vec{F} \cdot d\vec{r} = \int_{x_1}^{x_2} [F_x(x;\,f(x)) + F_y(x;\,f(x)) \cdot f'(x)]\,dx$$

x_1, x_2: Abszissen der beiden Kurvenrandpunkte

Anmerkungen

(1) Man beachte, dass der Wert eines Linien- oder Kurvenintegrals i. Allg. nicht nur vom *Anfangs-* und *Endpunkt* des Integrationsweges, sondern auch noch vom *eingeschlagenen* Verbindungsweg abhängt.

(2) Wird der Integrationsweg C in der *umgekehrten* Richtung durchlaufen (symbolische Schreibweise: $-C$), so tritt im Integral ein *Vorzeichenwechsel* ein:

$$\int_{-C} \vec{F} \cdot d\vec{r} = -\int_C \vec{F} \cdot d\vec{r}$$

(3) Für ein Kurvenintegral längs einer *geschlossenen* Linie C verwenden wir das Symbol $\oint \vec{F} \cdot d\vec{r}$ oder auch $\oint_C \vec{F} \cdot d\vec{r}$. Ein solches Kurvenintegral wird in den physikalisch-technischen Anwendungen auch als *Zirkulation* des Vektorfeldes $\vec{F}$ längs der *geschlossenen* Kurve C bezeichnet.

■ **Beispiel**

Wir berechnen das Linien- oder Kurvenintegral $\int_C (x^2 y\, dx + x y^2\, dy)$ längs des Weges C: $x(t) = 2t$, $y(t) = t$, $0 \le t \le 1$:

$$x = 2t, \quad dx = \dot{x}\, dt = 2\, dt, \qquad y = t, \quad dy = \dot{y}\, dt = 1\, dt = dt$$

$$\int_C (x^2 y\, dx + x y^2\, dy) = \int_0^1 (4t^2 \cdot t \cdot 2\, dt + 2t \cdot t^2\, dt) = \int_0^1 10t^3\, dt = \frac{5}{2}\left[t^4\right]_0^1 = \frac{5}{2}(1-0) = \frac{5}{2}$$

■

7.2 Linienintegral im Raum

Das *Linien-* oder *Kurvenintegral* eines *räumlichen* Vektorfeldes $\vec{F} = \vec{F}(x;\, y;\, z)$ längs einer Raumkurve C mit dem Ortsvektor $\vec{r} = \vec{r}(t)$, $t_1 \le t \le t_2$ lautet:

$$\int_C \vec{F} \cdot d\vec{r} = \int_{t_1}^{t_2} (\vec{F} \cdot \dot{\vec{r}})\, dt$$

$\dot{\vec{r}}$:   *Tangentenvektor* von C

In ausführlicher Schreibweise:

$$\int_C (F_x(x;\, y;\, z)\, dx + F_y(x;\, y;\, z)\, dy + F_z(x;\, y;\, z)\, dz) = \int_{t_1}^{t_2} (F_x \dot{x} + F_y \dot{y} + F_z \dot{z})\, dt$$

F_x, F_y, F_z: Skalare *Komponenten* des räumlichen Vektorfeldes $\vec{F}(x;\, y;\, z)$
$\dot{x}$, $\dot{y}$, $\dot{z}$:   Koordinaten des *Tangentenvektors* $\dot{\vec{r}}$

Berechnung eines Linienintegrals

Die Berechnung erfolgt wie beim Linienintegral in der Ebene. Alle dort gemachten Bemerkungen gelten *sinngemäß* auch für Linienintegrale im Raum.

7.3 Wegunabhängigkeit eines Linien- oder Kurvenintegrals

Ein Linien- oder Kurvenintegral $\int_C \vec{F} \cdot d\vec{r}$ ist genau dann *wegunabhängig*, wenn das Vektorfeld $\vec{F}$ in einem einfachzusammenhängenden Bereich, der den Integrationsweg C enthält, die folgende *Integrabilitätsbedingung* erfüllt:

Integrabilitätsbedingung für ein ebenes Vektorfeld

$$\frac{\partial F_x}{\partial y} = \frac{\partial F_y}{\partial x} \qquad \text{oder} \qquad \left(\text{rot}\, \vec{F}\right)_z = 0$$

Integrabilitätsbedingung für ein räumliches Vektorfeld

$$\frac{\partial F_x}{\partial y} = \frac{\partial F_y}{\partial x}, \quad \frac{\partial F_y}{\partial z} = \frac{\partial F_z}{\partial y}, \quad \frac{\partial F_z}{\partial x} = \frac{\partial F_x}{\partial z} \quad \text{oder} \quad \text{rot } \vec{F} = \vec{0}$$

Die Bedingungen sind notwendig *und* hinreichend.

Anmerkungen

(1)   Ein Bereich heißt *einfachzusammenhängend*, wenn sich *jede* im Bereich gelegene *geschlossene* Kurve auf einen Punkt „zusammenziehen" lässt. Ein *ebener* einfachzusammenhängender Bereich wird von einer einzigen geschlossenen Kurve begrenzt. Beispiele: rechteckiger Bereich (siehe Bild a)) bzw. kreisförmiger Bereich (siehe Bild b)).

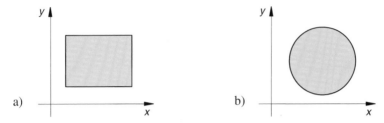

(2)   Im Falle der Wegunabhängigkeit *verschwindet* das Linienintegral längs einer *geschlossenen* Kurve.

■   **Beispiel**

Das *ebene* Vektorfeld $\vec{F}(x; y)$ mit den skalaren Komponenten $F_x = 3x^2 y^2$ und $F_y = 2x^3 y$ erfüllt die *Integrabilitätsbedingung*:

$$\frac{\partial F_x}{\partial y} = \frac{\partial}{\partial y}(3x^2 y^2) = 6x^2 y, \quad \frac{\partial F_y}{\partial x} = \frac{\partial}{\partial x}(2x^3 y) = 6x^2 y \quad \Rightarrow \quad \frac{\partial F_x}{\partial y} = \frac{\partial F_y}{\partial x} = 6x^2 y$$

Daher *verschwindet* das Linienintegral $\oint_C (F_x\, dx + F_y\, dy) = \oint_C (3x^2 y^2\, dx + 2x^3 y\, dy)$ für jede *geschlossene* Kurve C.

                                                      ■

7.4 Konservative Vektorfelder

Ein (ebenes oder räumliches) Vektorfeld $\vec{F}$ heißt *konservativ* oder *Potentialfeld*, wenn das Linien- oder Kurvenintegral $\int_C \vec{F} \cdot d\vec{r}$ nur vom *Anfangs-* und *Endpunkt*, *nicht* aber vom *eingeschlagenen* Verbindungsweg C der beiden Punkte abhängt.

Eigenschaften eines konservativen Vektorfeldes

Ein *konservatives* Vektorfeld $\vec{F}$ besitzt in einem *einfachzusammenhängenden* Bereich die folgenden *gleichwertigen* Eigenschaften:

1. Das Linien- oder Kurvenintegral $\int_C \vec{F} \cdot d\vec{r}$ längs einer Kurve C, die zwei (beliebige) Punkte P_1 und P_2 verbindet, ist *unabhängig* vom eingeschlagenen Verbindungsweg, solange dieser vollständig im Bereich liegt.

2. Das Linienintegral längs einer im Bereich liegenden *geschlossenen* Kurve C hat stets den Wert *null*:

$$\oint_C \vec{F} \cdot d\vec{r} = 0$$

3. Der Feldvektor $\vec{F}$ ist überall im Bereich als *Gradient* einer Potentialfunktion ϕ darstellbar:

$$\vec{F} = \text{grad}\,\phi$$

4. Das Vektorfeld $\vec{F}$ ist im Bereich *wirbelfrei*:

$$\text{rot}\,\vec{F} = \vec{0}$$

5. Das Skalarprodukt $\vec{F} \cdot d\vec{r}$ ist das *totale* oder *vollständige Differential* einer Potentialfunktion ϕ:

$$d\phi = \vec{F} \cdot d\vec{r}$$

■ **Beispiel**

Ein *Zentralfeld* ist stets *konservativ*. Das Linienintegral eines solchen Feldes verschwindet daher längs einer jeden *geschlossenen* Kurve (diese darf *nicht* durch den Nullpunkt verlaufen). Beispiele für Zentralfelder sind das *Gravitationsfeld* der Erde und das *elektrische Feld* einer Punktladung.

■

7.5 Arbeitsintegral (Arbeit eines Kraftfeldes)

Ein *Kraftfeld* $\vec{F} = \vec{F}(x;\,y;\,z)$ verrichtet an einem Massenpunkt beim Verschieben längs einer Kurve C vom Punkt P_1 in den Punkt P_2 die folgende *Arbeit* (sog. *Arbeitsintegral*):

$$W = \int_C \vec{F} \cdot d\vec{r} = \int_{t_1}^{t_2} (\vec{F} \cdot \dot{\vec{r}})\, dt$$

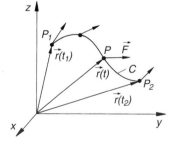

$\vec{r} = \vec{r}(t)$: Ortsvektor der Kurve C

$\dot{\vec{r}} = \dot{\vec{r}}(t)$: *Tangentenvektor* der Kurve C

$d\vec{r}$: Differentielles Wegelement

8 Oberflächenintegrale

8.1 Definition eines Oberflächenintegrals

Der „*Fluss*" eines Vektorfeldes $\vec{F} = \vec{F}(x; y; z)$ durch eine orientierte Fläche A wird durch das als *Oberflächenintegral* bezeichnete Integral

$$\iint\limits_{(A)} \vec{F} \cdot d\vec{A} = \iint\limits_{(A)} (\vec{F} \cdot \vec{N})\, dA$$

beschrieben.

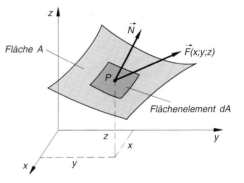

Fläche A

$\vec{N}$

$\vec{F}(x;y;z)$

P

Flächenelement dA

Bezeichnungen:

$\vec{N}$:   Flächennormale

$d\vec{A}$:   Orientiertes Flächenelement
        vom Betrag dA

$\vec{F} \cdot \vec{N}$:   Normalkomponente von $\vec{F}$

$(\vec{F} \cdot \vec{N})\, dA$ ist der Fluss des Vektorfeldes $\vec{F}$ durch das *Flächenelement dA*, anschließend werden die Beiträge aller Flächenelemente aufsummiert.

Anmerkungen

(1)   Die *Orientierung* der Fläche ist durch die Flächennormale $\vec{N}$ *eindeutig* festgelegt. Bei einer *geschlossenen* Fläche, z. B. der Oberfläche einer Kugel, eines Zylinders oder eines Quaders, zeigt $\vec{N}$ vereinbarungsgemäß nach *außen*. Bei einer *offenen* Fläche wird die Randkurve der Fläche so durchlaufen, dass mit der Flächennormale *Rechtsschraubung* entsteht.

(2)   Auch die folgenden Bezeichnungen für das Oberflächenintegral sind gebräuchlich: „*Flussintegral*" des Vektorfeldes $\vec{F}$ oder kurz „*Fluss*" des Feldvektors $\vec{F}$ durch die Fläche A oder auch *Flächenintegral* des Vektorfeldes $\vec{F}$ über die orientierte Fläche A.

(3)   Das Oberflächenintegral über eine *geschlossene* Fläche A wird durch das Symbol $\oiint\limits_{(A)} \vec{F} \cdot d\vec{A}$ oder $\oiint\limits_{(A)} (\vec{F} \cdot \vec{N})\, dA$ gekennzeichnet. Folgende Bezeichnungen für ein solches Integral sind in den Anwendungen üblich: „*Hüllenintegral*" oder „*Fluss*" des Feldvektors $\vec{F}$ durch die geschlossene Fläche A oder auch „*Ergiebigkeit*" des Feldvektors $\vec{F}$.

8.2 Berechnung eines Oberflächenintegrals

Ein Oberflächenintegral lässt sich stets auf ein *Doppelintegral* zurückführen (siehe IX.3.1).

8.2.1 Berechnung eines Oberflächenintegrals in symmetriegerechten Koordinaten

Die *Berechnung* eines Oberflächenintegrals $\iint\limits_{(A)} \vec{F} \cdot d\vec{A} = \iint\limits_{(A)} (\vec{F} \cdot \vec{N}) \, dA$ erfolgt in *vier* Schritten:

1. Zunächst werden *geeignete* Koordinaten ausgewählt, die sich der *Symmetrie* des Problems in *optimaler* Weise anpassen. Zur Auswahl stehen dabei:
   - *Kartesische* Koordinaten x, y, z
   - *Zylinderkoordinaten* ϱ, φ, z (Abschnitt 6.2)
   - *Kugelkoordinaten* r, ϑ, φ (Abschnitt 6.3)

2. Man bestimmt dann die *Flächennormale* $\vec{N}$, berechnet anschließend das *Skalarprodukt* $\vec{F} \cdot \vec{N}$ und drückt dieses sowie das *Flächenelement* dA durch die gewählten Koordinaten aus.

3. Festlegung der *Integrationsgrenzen* im erhaltenen Doppelintegral.

4. *Berechnung* des Doppelintegrals in der bekannten Weise (siehe IX.3.1).

■　**Beispiel**

Wir berechnen den Fluss des *Zentralfeldes* $\vec{F} = (1/r^2) \, \vec{e}_r$ durch die (geschlossene) Oberfläche A der konzentrischen *Einheitskugel*. Auf der Kugeloberfläche gilt $r = 1$ und daher $\vec{F} = \vec{e}_r$, die Flächennormale $\vec{N}$ ist der radiale Einheitsvektor $\vec{e}_r$. Somit gilt:

$$\oiint\limits_{(A)} (\vec{F} \cdot \vec{N}) \, dA = \oiint\limits_{(A)} \underbrace{(\vec{e}_r \cdot \vec{e}_r)}_{1} \, dA = \oiint\limits_{(A)} 1 \, dA = \oiint\limits_{(A)} dA = A = 4\pi$$

(Oberfläche der *Einheitskugel*: $A = 4\pi$)

　　　　　　　　　　　　　　　　　　　　　　　　　　　　　　　　　　　■

Sonderfälle

(1) Der Fluss eines *homogenen* Vektorfeldes durch eine beliebige *geschlossene* Oberfläche ist stets *null*.

(2) Der Fluss eines *zylindersymmetrischen* Vektorfeldes $\vec{F} = f(\varrho) \, \vec{e}_\varrho$ durch die *geschlossene* Oberfläche eines (zur z-Achse) koaxialen *Zylinders* beträgt:

$$\oiint\limits_{(A)} (\vec{F} \cdot \vec{N}) \, dA = f(R) \cdot 2\pi R H$$

(R: Zylinderradius; H: Zylinderhöhe; Symmetrieachse $= z$-Achse)

(3) Der Fluss eines *Zentralfeldes* $\vec{F} = f(r) \, \vec{e}_r$ durch die *geschlossene* Oberfläche A einer (konzentrischen) *Kugel* beträgt:

$$\oiint\limits_{(A)} (\vec{F} \cdot \vec{N}) \, dA = f(R) \cdot 4\pi R^2$$

(R: Kugelradius; Kugelmittelpunkt $=$ Koordinatenursprung)

8.2.2 Berechnung eines Oberflächenintegrals unter Verwendung von Flächenparametern

Die von einem Vektorfeld $\vec{F} = \vec{F}(x; y; z)$ „durchflutete" Fläche A sei durch einen von den beiden Parametern u und v abhängigen Ortsvektor $\vec{r} = \vec{r}(u; v)$ gegeben. Für den „*Fluss*" durch diese Fläche gilt dann:

$$\iint\limits_{(A)} (\vec{F} \cdot \vec{N})\, dA = \iint\limits_{(A)} \vec{F} \cdot (\vec{t}_u \times \vec{t}_v)\, du\, dv = \iint\limits_{(A)} [\vec{F}\, \vec{t}_u\, \vec{t}_v]\, du\, dv$$

Die Integralberechnung erfolgt in *vier* Schritten:

1. Das Vektorfeld $\vec{F}$ wird zunächst durch die Flächenparameter u und v ausgedrückt, indem man die Koordinaten x, y und z durch die parameterabhängigen Koordinaten $x(u; v)$, $y(u; v)$ und $z(u; v)$ des Ortsvektors $\vec{r}(u; v)$ der Fläche ersetzt.

2. Man bestimmt dann die *Tangentenvektoren* $\vec{t}_u$ und $\vec{t}_v$ der Fläche und mit ihnen das *gemischte Produkt (Spatprodukt)* $\vec{F} \cdot (\vec{t}_u \times \vec{t}_v) = [\vec{F}\, \vec{t}_u\, \vec{t}_v]$.

3. Festlegung der *Integationsgrenzen* im erhaltenen Doppelintegral.

4. *Berechnung* des Doppelintegrals in der bekannten Weise (siehe IX.3.1).

■ **Beispiel**

Vektorfeld: $\vec{F} = \vec{F}(x; y; z) = \begin{pmatrix} y \\ x \\ z^2 \end{pmatrix}$; Fläche A: $\vec{r} = \vec{r}(u; v) = \begin{pmatrix} \cos u \\ \sin u \\ v \end{pmatrix}$ mit $0 \le u \le \pi,\ 0 \le v \le 1$

Wir berechnen den Fluss des Feldes $\vec{F}$ durch die Fläche A (halber Mantel eines Zylinders mit dem Radius $R = 1$ und der Höhe $H = 1$). Mit $x = \cos u$, $y = \sin u$ und $z = v$ geht $\vec{F}$ über in $\vec{F} = \begin{pmatrix} \sin u \\ \cos u \\ v^2 \end{pmatrix}$.

Tangentenvektoren der Fläche:

$$\vec{t}_u = \frac{\partial \vec{r}}{\partial u} = \begin{pmatrix} -\sin u \\ \cos u \\ 0 \end{pmatrix}, \qquad \vec{t}_v = \frac{\partial \vec{r}}{\partial v} = \begin{pmatrix} 0 \\ 0 \\ 1 \end{pmatrix}$$

Integrand des Flussintegrals:

$$\vec{t}_u \times \vec{t}_v = \begin{pmatrix} -\sin u \\ \cos u \\ 0 \end{pmatrix} \times \begin{pmatrix} 0 \\ 0 \\ 1 \end{pmatrix} = \begin{pmatrix} \cos u & - & 0 \\ 0 & + & \sin u \\ 0 & - & 0 \end{pmatrix} = \begin{pmatrix} \cos u \\ \sin u \\ 0 \end{pmatrix}$$

$$\vec{F} \cdot (\vec{t}_u \times \vec{t}_v) = \begin{pmatrix} \sin u \\ \cos u \\ v^2 \end{pmatrix} \cdot \begin{pmatrix} \cos u \\ \sin u \\ 0 \end{pmatrix} = \sin u \cdot \cos u + \cos u \cdot \sin u + 0 =$$

$$= 2 \cdot \sin u \cdot \cos u = \sin(2u)$$

Flussintegral (Fluss des Vektorfeldes $\vec{F}$ durch die Fläche A):

$$\iint\limits_{(A)} (\vec{F} \cdot \vec{N})\, dA = \iint\limits_{(A)} \vec{F} \cdot (\vec{t}_u \times \vec{t}_v)\, du\, dv = \int\limits_{v=0}^{1} \int\limits_{u=0}^{\pi} \sin(2u)\, du\, dv$$

Berechnung des Doppelintegrals (hier als Produkt zweier gewöhnlicher Integrale darstellbar, siehe IX.3.1):

$$\int_{v=0}^{1} \int_{u=0}^{\pi} \sin(2u) \, du \, dv = \int_{v=0}^{1} dv \cdot \int_{u=0}^{\pi} \sin(2u) \, du = \left[v\right]_{v=0}^{1} \cdot \left[-\frac{1}{2} \cdot \cos(2u)\right]_{u=0}^{\pi} =$$

$$= \left[1 - 0\right] \cdot \left[-\frac{1}{2} \cdot \cos(2\pi) + \frac{1}{2} \cdot \cos 0\right] = 1\left(-\frac{1}{2} \cdot 1 + \frac{1}{2} \cdot 1\right) = 0$$

Ergebnis: $\iint\limits_{(A)} (\vec{F} \cdot \vec{N}) \, dA = 0$ ∎

9 Integralsätze von Gauß und Stokes

9.1 Gaußscher Integralsatz

Gaußscher Integralsatz im Raum

Der *Gaußsche Integralsatz im Raum* stellt eine Verbindung her zwischen einem *Oberflächenintegral* und einem *Volumenintegral*. Er lautet wie folgt:

„Das *Oberflächenintegral* eines räumlichen Vektorfeldes $\vec{F} = \vec{F}(x; y; z)$ über eine *geschlossene* Fläche A ist gleich dem *Volumenintegral* der *Divergenz* von $\vec{F}$, erstreckt über das von der Fläche A eingeschlossene Volumen V":

$$\oiint\limits_{(A)} (\vec{F} \cdot \vec{N}) \, dA = \oiint\limits_{(A)} \vec{F} \cdot d\vec{A} = \iiint\limits_{(V)} \operatorname{div} \vec{F} \, dV$$

$\vec{N}$:   Nach *außen* gerichtete Flächennormale

Voraussetzung: $\vec{F}$ ist *stetig differenzierbar.*

Anmerkung

Bei einem *quellenfreien* Feld $(\operatorname{div} \vec{F} = 0)$ ist der Gesamtfluss durch eine *geschlossene* Oberfläche gleich *null.*

■   **Beispiel**

Wir berechnen den *Fluss* des Zentralfeldes $\vec{F} = \vec{r} = r\,\vec{e}_r$ durch die Oberfläche A einer konzentrischen Kugel vom Radius R mit Hilfe eines *Volumenintegrals*. Unter Verwendung von Kugelkoordinaten erhalten wir für die Divergenz des Zentralfeldes mit $F_r = r$:

$$\operatorname{div} \vec{F} = \operatorname{div} \vec{r} = \operatorname{div}(r\,\vec{e}_r) = \frac{1}{r^2} \cdot \frac{\partial}{\partial r}(r^2 \cdot F_r) = \frac{1}{r^2} \cdot \frac{\partial}{\partial r}(r^2 \cdot r) = \frac{1}{r^2} \cdot \frac{\partial}{\partial r}(r^3) = \frac{1}{r^2} \cdot 3r^2 = 3$$

Aus dem *Gaußschen Integralsatz* folgt dann:

$$\oiint\limits_{(A)} (\vec{F} \cdot \vec{N}) \, dA = \iiint\limits_{(V)} \operatorname{div} \vec{F} \, dV = \iiint\limits_{(V)} 3 \, dV = 3 \cdot \iiint\limits_{(V)} dV = 3V = 3 \cdot \frac{4}{3}\,\pi R^3 = 4\pi R^3$$

(Kugelvolumen: $V = 4\pi R^3/3$)   ∎

Gaußscher Integralsatz in der Ebene

Der *Gaußsche Integralsatz* gilt sinngemäß auch in der Ebene, wobei „Volumen" durch „Fläche" und „Oberfläche" durch „geschlossene Kurve" (Randkurve der Fläche) zu ersetzen sind. Er verbindet ein *Kurven-* oder *Linienintegral* mit einem *zweidimensionalen Bereichsintegral (Doppelintegral)* und lautet wie folgt:

„Das *Kurvenintegral* der Normalkomponente eines ebenen Vektorfeldes $\vec{F} = \vec{F}(x; y)$ längs einer *geschlossenen* Kurve C ist gleich dem *Bereichsintegral (Doppelintegral)* über die *Divergenz* von $\vec{F}$, erstreckt über die von der Kurve C eingeschlossene Fläche A":

$$\oint_C (\vec{F} \cdot \vec{N})\, ds = \iint_{(A)} \operatorname{div} \vec{F}\, dA$$

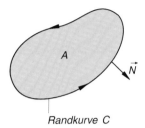

Randkurve C

$\vec{N}$: Nach *außen* gerichtete Kurvennormale

ds: Linienelement der Randkurve C

Voraussetzung: $\vec{F}$ ist *stetig differenzierbar* und die Randkurve C wird so durchlaufen, dass die Fläche A linker Hand liegen bleibt.

9.2 Stokesscher Integralsatz

Der *Integralsatz von Stokes* ermöglicht die Umwandlung eines *Oberflächenintegrals* in ein *Kurven-* oder *Linienintegral* und umgekehrt. Er lautet wie folgt:

„Das *Kurven-* oder *Linienintegral* eines räumlichen Vektorfeldes $\vec{F} = \vec{F}(x; y; z)$ längs einer *geschlossenen* Kurve C ist gleich dem *Oberflächenintegral* der *Rotation* von $\vec{F}$ über eine *beliebige* Fläche A, die durch die Kurve C berandet wird":

$$\oint_C \vec{F} \cdot d\vec{r} = \iint_{(A)} (\operatorname{rot} \vec{F}) \cdot d\vec{A} = \iint_{(A)} (\operatorname{rot} \vec{F}) \cdot \vec{N}\, dA$$

$\vec{N}$: Flächennormale

Voraussetzung: $\vec{F}$ ist *stetig differenzierbar* und die Randkurve C der Fläche A ist *orientiert* (d. h. ein Beobachter, der in die Richtung der Flächennormale $\vec{N}$ blickt, durchläuft die Randkurve C so, dass die Fläche linker Hand liegen bleibt).

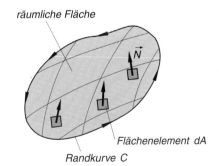

räumliche Fläche

Flächenelement dA

Randkurve C

Anmerkungen

(1)   Das Oberflächenintegral $\iint\limits_{(A)} \left(\text{rot } \vec{F}\right) \cdot \vec{N}\, dA$ wird auch als „*Wirbelfluss*" bezeichnet.

(2)   Der *Wirbelfluss* durch eine *geschlossene* Fläche ist gleich *null* und für alle Flächen, die von der *gleichen* Kurve C berandet werden, *gleich* groß.

(3)   Der Stokessche Satz gilt auch für Flächen, die von *mehreren* geschlossenen Kurven berandet werden.

■   **Beispiel**

Wir berechnen den *Wirbelfluss* des Vektorfeldes $\vec{F} = \begin{pmatrix} x^2 + y^2 \\ 0 \\ z^2 \end{pmatrix}$ durch den Mantel A der Halbkugel

$x^2 + y^2 + z^2 = 1$, $z \geq 0$ mit Hilfe eines *Linienintegrals*.

Nach *Stokes* gilt: $\iint\limits_{(A)} \left(\text{rot } \vec{F}\right) \cdot d\vec{A} = \oint\limits_{C} \vec{F} \cdot d\vec{r}$

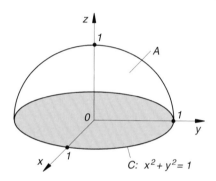

Parameterdarstellung der Randkurve C (Einheitskreis):

$x = \cos t$, $y = \sin t$, $z = 0$ $\Rightarrow$

$\dfrac{dx}{dt} = -\sin t$, $\dfrac{dy}{dt} = \cos t$, $\dfrac{dz}{dt} = 0$ $\Rightarrow$

$dx = -\sin t\, dt$, $dy = \cos t\, dt$, $dz = 0$

Skalarprodukt $\vec{F} \cdot d\vec{r}$ des Linienintegrals:

$$\vec{F} \cdot d\vec{r} = \begin{pmatrix} x^2 + y^2 \\ 0 \\ z^2 \end{pmatrix} \cdot \begin{pmatrix} dx \\ dy \\ dz \end{pmatrix} = (x^2 + y^2)\, dx + 0\, dy + z^2\, dz = (x^2 + y^2)\, dx + z^2\, dz =$$

$$= \underbrace{(\cos^2 t + \sin^2 t)}_{1} \cdot (-\sin t\, dt) + 0^2 \cdot 0 = -\sin t\, dt$$

Berechnung des Wirbelflusses:

$$\iint\limits_{(A)} \left(\text{rot } \vec{F}\right) \cdot d\vec{A} = \oint\limits_{C} \vec{F} \cdot d\vec{r} = -\int\limits_{0}^{2\pi} \sin t\, dt = \big[\cos t\big]_{0}^{2\pi} = \cos(2\pi) - \cos 0 = 1 - 1 = 0$$

■

XV Wahrscheinlichkeitsrechnung

1 Hilfsmittel aus der Kombinatorik

1.1 Permutationen

Eine Anordnung von n Kugeln (allgemein: Elementen) in einer bestimmten Reihenfolge heißt *Permutation*. Für die *Anzahl* der möglichen Permutationen gilt dann:

---

1. Alle n Kugeln sind voneinander *verschieden*:

$$P(n) = n!$$

2. Unter den n Kugeln befinden sich jeweils $n_1, n_2, \ldots, n_k$ einander *gleiche*:

$$P(n; n_1, n_2, \ldots, n_k) = \frac{n!}{n_1! \, n_2! \, \ldots \, n_k!}$$

$(n_1 + n_2 + \ldots + n_k = n$ und $k \leq n)$

k: Anzahl der verschiedenen Kugeln

■ **Beispiele**

(1) Es gibt $P(3) = 3! = 6$ *verschiedene* Möglichkeiten, 3 verschiedenfarbige Kugeln anzuordnen:

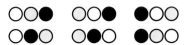

(2) In einer Urne befinden sich 5 Kugeln, 3 weiße und 2 rote. Sie lassen sich auf

$$P(5; 3, 2) = \frac{5!}{3! \, 2!} = \frac{3! \cdot 4 \cdot 5}{3! \cdot 2} = \frac{4 \cdot 5}{2} = 2 \cdot 5 = 10$$

verschiedene Arten anordnen.

■

1.2 Kombinationen

Aus einer Urne mit n verschiedenen Kugeln werden nacheinander k Kugeln entnommen und in *beliebiger* Weise angeordnet (Urnenmodell). Eine solche Anordnung heißt *Kombination k-ter Ordnung*. Für die *Anzahl* der möglichen Kombinationen k-ter Ordnung gilt dann:

1. Die Ziehung der k Kugeln erfolgt *ohne* Zurücklegen (sog. Kombinationen k-ter Ordnung *ohne* Wiederholung):

$$C(n;\ k) = \binom{n}{k} = \frac{n!}{k!\,(n-k)!} \qquad (k \le n)$$

2. Die Ziehung der k Kugeln erfolgt *mit* Zurücklegen (sog. Kombinationen k-ter Ordnung *mit* Wiederholung):

$$C_w(n;\ k) = \binom{n+k-1}{k} \qquad (k = 1, 2, 3, \ldots)$$

Bei einer Ziehung *mit* Zurücklegen kann k auch größer als n sein!

■ **Beispiel**

Einer Warenlieferung von 10 Glühbirnen von jeweils 100 Watt soll zu Kontrollzwecken eine *Stichprobe* von 3 Glühbirnen entnommen werden (die gezogenen Glühbirnen werden *nicht* zurückgelegt, die Reihenfolge der Ziehung ist ohne Bedeutung). Es gibt dann

$$C(10;\ 3) = \binom{10}{3} = \frac{10 \cdot 9 \cdot 8}{1 \cdot 2 \cdot 3} = 5 \cdot 3 \cdot 8 = 120$$

verschiedene Möglichkeiten, aus den 10 Glühbirnen 3 auszuwählen.   ■

1.3 Variationen

Einer Urne mit n verschiedenen Kugeln werden nacheinander k Kugeln entnommen und *in der Reihenfolge* ihrer Ziehung angeordnet. Eine solche Anordnung heißt *Variation k-ter Ordnung*. Für die *Anzahl* der möglichen Variationen k-ter Ordnung gilt dann:

1. Die Ziehung der k Kugeln erfolgt *ohne* Zurücklegen (sog. Variationen k-ter Ordnung *ohne* Wiederholung):

$$V(n;\ k) = \frac{n!}{(n-k)!} \qquad (k \le n)$$

2. Die Ziehung der k Kugeln erfolgt *mit* Zurücklegen (sog. Variationen k-ter Ordnung *mit* Wiederholung):

$$V_w(n;\ k) = n^k \qquad (k = 1, 2, 3, \ldots)$$

■ **Beispiel**

Bei einem 100-Meter-Lauf starten 8 Läufer. Für die ersten 3 Plätze gibt es Medaillen (Gold, Silber, Bronze). Wieviel *verschiedene* Zieleinläufe für die ersten 3 Plätze sind möglich?

Lösung: Von $n = 8$ Läufern werden $k = 3$ Läufer die Plätze 1, 2 und 3 belegen. Da die Reihenfolge des Einlaufs eine wesentliche Rolle spielt, handelt es sich somit um *Variationen 3. Ordnung* und zwar *ohne* Wiederholung, da jeder Läufer nur *einen* Platz belegen kann. Die Anzahl der möglichen Zieleinläufe ist somit

$$V(8;\ 3) = \frac{8!}{(8-3)!} = \frac{8!}{5!} = \frac{5! \cdot 6 \cdot 7 \cdot 8}{5!} = 6 \cdot 7 \cdot 8 = 336$$ ■

2 Grundbegriffe

Zufallsexperiment

Lässt sich ein Experiment unter den gleichen äußeren Bedingungen *beliebig oft* wiederholen, wobei mehrere sich *gegenseitig ausschließende* Ergebnisse möglich sind und ist das Ergebnis bei einer konkreten Durchführung des Experiments *ungewiss*, d. h. *zufallsbedingt*, so spricht man von einem *Zufallsexperiment*.

■ **Beispiele**

Wurf einer Münze oder eines Würfels, zufällige Entnahme von Kugeln aus einer Urne, Stichprobenentnahme aus der laufenden Produktion eines Massenartikels zwecks Qualitätskontrolle.   ■

Elementarereignisse, Ergebnismenge eines Zufallsexperiments

Elementarereignisse heißen die möglichen sich *gegenseitig ausschließenden* Ergebnisse eines Zufallsexperiments. Symbolische Schreibweise: ω_1, ω_2, ω_3, ...

Die Menge aller Elementarereignisse heißt *Ergebnismenge* des Zufallsexperiments. Symbolische Schreibweise: $\Omega = \{\omega_1, \omega_2, \omega_3, ...\}$

■ **Beispiel**

Beim *„Wurf einer homogenen Münze"* gibt es die beiden Elementarereignisse $Z = $ Zahl und $W = $ Wappen. Ergebnismenge: $\Omega = \{Z, W\}$ ■

Ereignisse, Ereignisraum oder Ereignisfeld

Alle möglichen Ergebnisse (Versuchsausgänge) eines Zufallsexperiments werden als *Ereignisse* bezeichnet. Ein Ereignis A ist daher immer eine *Teilmenge* der Ergebnismenge Ω, die bekanntlich sämtliche Elementarereignisse enthält.

Die Menge aller Ereignisse heißt *Ereignisraum* oder *Ereignisfeld*. Der Ereignisraum enthält also *alle* Teilmengen der Ergebnismenge Ω und somit definitionsgemäß auch die *leere* Menge $\emptyset$ und die *Ergebnismenge* Ω selbst. $\emptyset$ beschreibt das sog. *unmögliche* Ereignis (d. h. ein Ereignis, das *nie* eintreten kann), Ω dagegen das sog. *sichere* Ereignis (d. h. ein Ereignis, das *immer* eintreten wird).

■ **Beispiel**

Beim *„Wurf eines homogenen Würfels"* gibt es 6 Elementarereignisse, nämlich das Auftreten einer der 6 Zahlen („Augen") 1, 2, ..., 6.

Ergebnismenge: $\Omega = \{1, 2, 3, 4, 5, 6\}$

Ereignisse sind z. B. die folgenden *Teilmengen* von Ω:

$\{2, 4, 6\}$: *Würfeln einer geraden Zahl*

$\{1, 6\}$: *Würfeln einer „1" oder einer „6"*

Ω ist das *sichere* Ereignis, da bei *jedem* Wurf eine der Zahlen 1, 2, ..., 6 oben liegt!   ■

Verknüpfungen von Ereignissen

Ereignisse werden durch *Teilmengen* der Ergebnismenge Ω beschrieben und lassen sich daher wie Mengen *verknüpfen*. Dies führt zu den folgenden *zusammengesetzten* Ereignissen (A und B sind dabei beliebige Ereignisse):

Verknüpfungssymbol mit *Euler-Venn*-Diagramm	Bedeutung des zusammengesetzten Ereignisses
$A \cup B$ Ω	*Vereinigung* der Ereignisse A und B: *Entweder* tritt A ein *oder* B *oder* A und B *gleichzeitig* Symbolische Schreibweise: $A \cup B$
$A \cap B$ Ω	*Durchschnitt* der Ereignisse A und B: A und B treten *gleichzeitig* ein Symbolische Schreibweise: $A \cap B$
Ω $\overline{A}$	*Zu A komplementäres Ereignis:* A tritt nicht ein Symbolische Schreibweise: $\overline{A}$

Anmerkungen

(1) Das Ereignis $A \cup B$ wird auch als *Summe* aus A und B bezeichnet (symbolische Schreibweise: $A + B$).

(2) Das Ereignis $A \cap B$ heißt auch *Produkt* aus A und B (symbolische Schreibweise: $A \cdot B$ oder kurz $A B$).

(3) $\overline{A}$ ist die *Restmenge (Differenzmenge)* von Ω und A: $\overline{A} = \Omega \setminus A$

(4) Für sich *gegenseitig ausschließende* Ereignisse gilt $A \cap B = \emptyset$ (sog. *„disjunkte"* Mengen).

■ **Beispiel**

Zufallsexperiment: *„Wurf einer homogenen Münze"*

$A = \{Z\}$: „Zahl" liegt oben $\Rightarrow$ $\overline{A} = \{W\}$: „Wappen" liegt oben

■

De Morgansche Regeln

$$\overline{A \cup B} = \overline{A} \cap \overline{B}, \qquad \overline{A \cap B} = \overline{A} \cup \overline{B}$$

A, B: Beliebige Ereignisse

3 Wahrscheinlichkeit

3.1 Absolute und relative Häufigkeit

Ein Zufallsexperiment wird n-mal durchgeführt, dabei tritt das Ereignis A genau $n(A)$-mal ein. Dann heißt $n(A)$ die *absolute* und $h_n(A) = n(A)/n$ die *relative Häufigkeit* des Ereignisses A.

Eigenschaften und Regeln für relative Häufigkeiten

(1) $0 \leq h_n(A) \leq 1$

(2)   Für das *sichere* Ereignis Ω gilt $h_n(\Omega) = 1$.

(3)   Für sich *gegenseitig ausschließende* Ereignisse A und B gilt der *Additionssatz*

$$h_n(A \cup B) = h_n(A) + h_n(B) \qquad (A \cap B = \emptyset)$$

(4)   *Erfahrungsgemäß* gilt: Wird die Anzahl n der Versuche laufend vergrößert, so „stabilisiert" sich i. Allg. die relative Häufigkeit $h_n(A)$ eines Ereignisses A und schwankt somit immer weniger um einen bestimmten (konstanten) Wert $h(A)$.

■   **Beispiel**

Das Zufallsexperiment *„Wurf eines homogenen Würfels"* wurde $n = 100$ Mal durchgeführt und führte zu der folgenden *Verteilungstabelle* mit dem nebenstehenden *Stabdiagramm*:

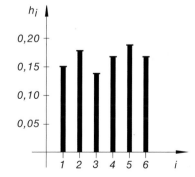

i	1	2	3	4	5	6
n_i	15	18	14	17	19	17
h_i	0,15	0,18	0,14	0,17	0,19	0,17

n_i: Anzahl der Würfe mit der Augenzahl i
       $(i = 1, 2, \ldots, 6)$

$h_i = n_i/100$

3.2 Wahrscheinlichkeitsaxiome von Kolmogoroff

Jedem Ereignis A eines Zufallsexperiments mit der Ergebnismenge Ω wird eine reelle Zahl $P(A)$, *Wahrscheinlichkeit* des Ereignisses A genannt, so zugeordnet, dass die folgenden *Axiome* erfüllt sind:

Axiom 1: $0 \leq P(A) \leq 1$

Axiom 2: $P(\Omega) = 1$ (Wahrscheinlichkeit für das *sichere* Ereignis)

Axiom 3: Für paarweise sich *gegenseitig ausschließende* Ereignisse $A_1, A_2, A_3, \ldots$ gilt der *Additionssatz*

$$P(A_1 \cup A_2 \cup A_3 \cup \ldots) = P(A_1) + P(A_2) + P(A_3) + \ldots$$

In der *Praxis* gilt: Die meist unbekannte Wahrscheinlichkeit $P(A)$ eines Ereignisses A wird *näherungsweise* durch die in umfangreichen Versuchsreihen beobachtete *relative Häufigkeit* $h_n(A)$ *ersetzt:* $P(A) \approx h_n(A)$ (sog. „statistischer" oder „empirischer" Wahrscheinlichkeitswert).

Rechenregeln für Wahrscheinlichkeiten

---

(1)   Für das *unmögliche* Ereignis $\emptyset$ gilt $P(\emptyset) = 0$.

(2)   Für das zum Ereignis A *komplementäre* Ereignis $\overline{A}$ gilt

$$P(\overline{A}) = 1 - P(A)$$

(3)   *Additionssatz* für zwei *beliebige* Ereignisse A und B:

$$P(A \cup B) = P(A) + P(B) - P(A \cap B)$$

(4)   *Additionssatz* für zwei sich *gegenseitig ausschließende* Ereignisse A und B:

$$P(A \cup B) = P(A) + P(B) \qquad (A \cap B = \emptyset)$$

■   **Beispiel**

Zufallsexperiment: *„Wurf einer homogenen Münze"*

Ergebnismenge: $\Omega = \{Z, W\}$ $Z = $ Zahl, $W = $ Wappen

Festlegung der Wahrscheinlichkeiten: $P(Z) = P(W) = 0{,}5$ (die Elementarereignisse Z und W sind *gleichwahrscheinlich*, d. h. bei einer *großen* Anzahl von Würfen können wir davon ausgehen, dass je zur *Hälfte* Zahl und Wappen auftreten).   ■

3.3 Laplace-Experimente

Ein *Laplace-Experiment* liegt vor, wenn alle m Elementarereignisse $\omega_1, \omega_2, \ldots, \omega_m$ die *gleiche* Wahrscheinlichkeit $p = 1/m$ besitzen. Für ein *beliebiges* Ereignis A gilt dann:

$$P(A) = \frac{g(A)}{m}$$

$g(A)$:   Anzahl der für das Ereignis A *günstigen* Fälle (d. h. derjenigen Fälle, in denen A *eintritt*)

■ **Beispiel**

Zufallsexperiment: *„Wurf eines homogenen Würfels"*

Die Wahrscheinlichkeit $p(i)$ für das Würfeln der Augenzahl „i" ist für alle 6 möglichen Augenzahlen *gleich (Laplace-Experiment)*: $p(i) = 1/6$ für $i = 1, 2, \ldots, 6$. Für das Ereignis A: *„Würfeln einer geraden Zahl"* gilt dann:

$$P(A) = p(2) + p(4) + p(6) = \frac{1}{6} + \frac{1}{6} + \frac{1}{6} = \frac{3}{6} = \frac{1}{2}$$

Denn es gibt unter den $m = 6$ Elementarereignissen genau 3 für das Ereignis A *günstige* Fälle (A tritt ein bei der Augenzahl „2", „4" oder „6"). Daher ist $g(A) = 3$ und somit $P(A) = \dfrac{g(A)}{m} = \dfrac{3}{6} = \dfrac{1}{2}$.

■

3.4 Bedingte Wahrscheinlichkeit

Die Wahrscheinlichkeit $P(B \mid A)$ für das Eintreten des Ereignisses B unter der *Bedingung* oder *Voraussetzung*, dass das Ereignis A bereits *eingetreten* ist, beträgt

$$P(B \mid A) = \frac{P(A \cap B)}{P(A)} \qquad (P(A) \neq 0)$$

(sog. *bedingte Wahrscheinlichkeit* von B unter der *Bedingung* A)

■ **Beispiel**

Zufallsexperiment: *„Wurf eines homogenen Würfels"*

A: gerade Augenzahl $\Rightarrow$ $A = \{2, 4, 6\}$ mit $P(A) = 1/2$

B: Augenzahl „6" $\Rightarrow$ $B = \{6\}$

$A \cap B = \{6\}$: Augenzahl „6" mit $P(A \cap B) = 1/6$

$$P(B \mid A) = \frac{P(A \cap B)}{P(A)} = \frac{1/6}{1/2} = \frac{1}{6} \cdot \frac{2}{1} = \frac{2}{6} = \frac{1}{3}$$

$P(B \mid A)$ ist dabei die Wahrscheinlichkeit dafür, die Augenzahl „6" zu erhalten, wenn bereits *bekannt* ist, dass die gewürfelte Augenzahl *gerade* ist.

■

3.5 Multiplikationssatz

Die Wahrscheinlichkeit für das *gleichzeitige* Eintreten der Ereignisse A und B beträgt

$$P(A \cap B) = P(A) \cdot P(B \mid A) = P(B) \cdot P(A \mid B)$$

Entsprechend bei *drei* gleichzeitig eintretenden Ereignissen A, B und C:

$$P(A \cap B \cap C) = P(A) \cdot P(B \mid A) \cdot P(C \mid A \cap B)$$

3.6 Stochastisch unabhängige Ereignisse

Ist das Eintreten des Ereignisses B *unabhängig* davon, ob das Ereignis A bereits eingetreten ist *oder* nicht und umgekehrt, so heißen die Ereignisse A und B *stochastisch unabhängig*. Es gilt dann:

$$P\,(A \cap B) \,=\, P\,(A) \,\cdot\, P\,(B)$$

Entsprechend bei *drei* stochastisch unabhängigen Ereignissen A, B und C:

$$P\,(A \cap B \cap C) \,=\, P\,(A) \,\cdot\, P\,(B) \,\cdot\, P\,(C)$$

■   **Beispiel**

Eine homogene Münze wird *zweimal* geworfen. Mit welcher Wahrscheinlichkeit erhalten wir zunächst „Zahl"
und dann „Wappen"?

Lösung:

A: „Zahl" beim 1. Wurf $\Rightarrow$ $P\,(A) \,=\, 1/2$

B: „Wappen" beim 2. Wurf $\Rightarrow$ $P\,(B) \,=\, 1/2$

Die beiden Ereignisse sind *unabhängig* voneinander. Die Wahrscheinlichkeit für das Ereignis

   $A \cap B$: *Zunächst „Zahl", dann „Wappen"*

beträgt dann:

$P\,(A \cap B) \,=\, P\,(A) \,\cdot\, P\,(B) \,=\, \dfrac{1}{2} \cdot \dfrac{1}{2} \,=\, \dfrac{1}{4}$

■

3.7 Mehrstufige Zufallsexperimente

Ereignisbaum (Baumdiagramm)

Ein *mehrstufiges* Zufallsexperiment besteht aus *mehreren* nacheinander ablaufenden Zu-
fallsexperimenten. Es lässt sich anschaulich durch einen *Ereignisbaum*, auch *Baumdia-
gramm* genannt, darstellen:

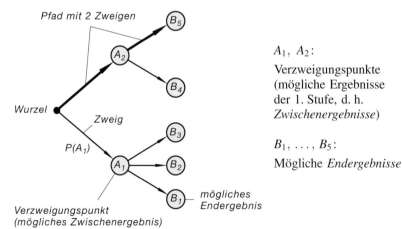

A_1, A_2:
Verzweigungspunkte
(mögliche Ergebnisse
der 1. Stufe, d. h.
Zwischenergebnisse)

B_1, ..., B_5:
Mögliche *Endergebnisse*

Pfadregeln

Die Berechnung von Wahrscheinlichkeiten längs bestimmter *Pfade* (die aus mehreren *Zweigen* bestehen) geschieht mit Hilfe der folgenden *Pfadregeln*:

(1) Die Wahrscheinlichkeiten längs eines Pfades werden miteinander *multipliziert*.

(2) Führen *mehrere* Pfade zum *gleichen* Endergebnis, so *addieren* sich ihre Wahrscheinlichkeiten.

Totale Wahrscheinlichkeit

Ein Ereignis B trete *stets* in Verbindung mit genau einem der sich paarweise *gegenseitig ausschließenden* Ereignisse A_1, A_2, ..., A_n auf, d. h. die Ereignisse A_i sind die möglichen „*Zwischenstationen*" auf dem Wege zum Ereignis B (siehe Bild).

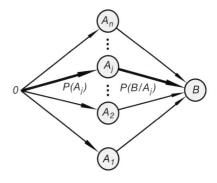

Die sog. *totale Wahrscheinlichkeit* für das Eintreten des Ereignisses B beträgt dann

$$P(B) = \sum_i P(A_i) \cdot P(B \mid A_i)$$

$P(A_i) \cdot P(B \mid A_i)$: Wahrscheinlichkeit dafür, das Ereignis B über die „Zwischenstation" A_i zu erreichen (Wahrscheinlichkeit längs des Pfades $O\,A_i\,B$)

Regel: Die Wahrscheinlichkeiten aller nach B führenden Pfade werden *addiert*.

Bayessche Formel

Die Wahrscheinlichkeit dafür, dass das bereits *eingetretene* Ereignis B über die „Zwischenstation" A_j, d. h. längs des Pfades $O\,A_j\,B$ erreicht wurde, beträgt

$$P(A_j \mid B) = \frac{P(O\,A_j\,B)}{P(B)} = \frac{P(A_j) \cdot P(B \mid A_j)}{\sum\limits_i P(A_i)\,P(B \mid A_i)} \qquad \text{(Bayessche Formel)}$$

Regel: Die Wahrscheinlichkeit längs des einzigen „*günstigen*" Pfades $O\,A_j\,B$ wird durch die *totale Wahrscheinlichkeit* $P(B)$ dividiert.

■ **Beispiel**

Auf zwei Maschinen M_1 und M_2 werden Glühbirnen vom gleichen Typ hergestellt und zwar mit einem *Anteil* von 80 % bzw. 20 % an der Gesamtproduktion. Die *Ausschussanteile* betragen jeweils 2 %. Aus der Gesamtproduktion wird zufällig eine Glühbirne entnommen und auf ihre Funktionstüchtigkeit hin überprüft.

a) Mit welcher Wahrscheinlichkeit zieht man dabei eine *defekte* Glühbirne?

b) Wie groß ist dann die Wahrscheinlichkeit dafür, dass diese auf der Maschine M_1 produziert wurde?

Lösung:

A_i: Die entnommene Glühbirne wurde auf der Maschine M_i produziert $(i = 1, 2)$

B: Die entnommene Glühbirne ist *defekt*

Zwei Pfade führen nach B („*Zwischenstationen*" sind A_1 bzw. A_2). Aus dem *Ereignisbaum* lassen sich dann die gesuchten Wahrscheinlichkeiten mit Hilfe der *Pfadregeln* leicht berechnen:

$$P(O\,A_1\,B) = P(A_1) \cdot P(B \mid A_1) =$$
$$= 0,8 \cdot 0,02 = 0,016$$

$$P(O\,A_2\,B) = P(A_2) \cdot P(B \mid A_2) =$$
$$= 0,2 \cdot 0,02 = 0,004$$

a) Die gesuchte Wahrscheinlichkeit ist die *totale Wahrscheinlichkeit* des Ereignisses B:

$$P(B) = P(O\,A_1\,B) + P(O\,A_2\,B) = 0,016 + 0,004 = 0,020 = 2\%$$

b) Die gesuchte Wahrscheinlichkeit $P(A_1 \mid B)$ berechnen wir mit Hilfe der *Bayesschen Formel*:

$$P(A_1 \mid B) = \frac{P(O\,A_1\,B)}{P(B)} = \frac{0,016}{0,020} = 0,8 = 80\%$$

■

4 Wahrscheinlichkeitsverteilung einer Zufallsvariablen

4.1 Zufallsvariable

Eine *Zufallsvariable* oder *Zufallsgröße* X ist eine Funktion, die jedem Elementarereignis ω aus der Ergebnismenge Ω genau eine reelle Zahl $X(\omega)$ zuordnet. Sie heißt *diskret*, wenn sie endlich viele oder abzählbar unendlich viele Werte annehmen kann, *stetig* dagegen, wenn sie jeden Wert aus einem bestimmten Intervall annehmen kann.

4.2 Verteilungsfunktion einer Zufallsvariablen

Die *Verteilungsfunktion* $F(x)$ einer Zufallsvariablen X ist die *Wahrscheinlichkeit* dafür, dass die Zufallsvariable X einen Wert annimmt, der *höchstens gleich* einem vorgegebenen Zahlenwert x ist:

$$F(x) = P(X \leq x)$$

Eigenschaften

(1) $F(x)$ ist *monoton wachsend* mit $0 \leq F(x) \leq 1$.

(2) $\lim\limits_{x \to -\infty} F(x) = 0$ (*unmögliches* Ereignis)

(3) $\lim\limits_{x \to +\infty} F(x) = 1$ (*sicheres* Ereignis)

(4) Die Wahrscheinlichkeit dafür, dass X einen Wert aus dem Intervall $a < X \leq b$ annimmt, beträgt

$$P(a < X \leq b) = F(b) - F(a)$$

Diskrete Verteilung

Wahrscheinlichkeitsverteilung einer *diskreten* Zufallsvariablen:

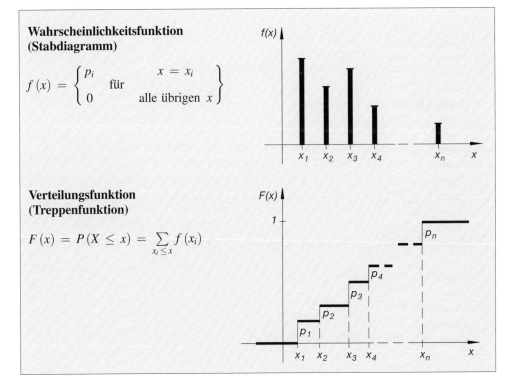

Wahrscheinlichkeitsfunktion (Stabdiagramm)

$$f(x) = \begin{cases} p_i & x = x_i \\ & \text{für} \\ 0 & \text{alle übrigen } x \end{cases}$$

Verteilungsfunktion (Treppenfunktion)

$$F(x) = P(X \leq x) = \sum_{x_i \leq x} f(x_i)$$

Eigenschaften

(1) p_i ist die Wahrscheinlichkeit dafür, dass die Zufallsvariable X den Wert x_i an-
     nimmt ($p_i > 0$).

(2) $f(x) \geq 0$ ist *normiert*, d. h. $\sum\limits_i f(x_i) = \sum\limits_i p_i = 1$.

■ **Beispiel**

Zufallsexperiment: *„Wurf einer homogenen Münze"* *(Laplace-Experiment)*

Zufallsvariable: $X = $ *Anzahl „Wappen"*

X ist *diskret*, mögliche Werte sind 0 (Zahl) und 1 (Wappen).

Verteilungstabelle:

x_i	0	1
$f(x_i)$	0,5	0,5

Stabdiagramm und *Treppenkurve*:

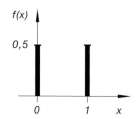 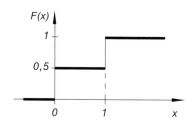

Stetige Verteilung

Wahrscheinlichkeitsverteilung einer *stetigen* Zufallsvariablen:

Wahrscheinlichkeitsdichtefunktion
(kurz: Dichtefunktion)

$$f(x) = F'(x)$$

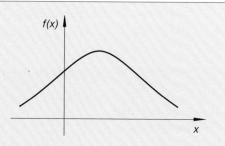

Verteilungsfunktion

$$F(x) = P(X \leq x) = \int\limits_{-\infty}^{x} f(u)\, du$$

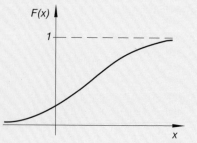

Eigenschaften

(1) $f(x) \geq 0$ ist *normiert*: $\int\limits_{-\infty}^{\infty} f(x)\, dx = 1$

(entspricht der *Gesamtfläche* unter der Dichtefunktion).

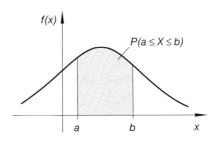

(2) $P(a \leq X \leq b) = \int\limits_{a}^{b} f(x)\, dx$

(entspricht der im Bild *grau* unterlegten Fläche)

■ **Beispiel**

X sei eine *exponentialverteilte* Zufallsvariable mit der *Dichtefunktion*

$$f(x) = \begin{cases} e^{-x} & x \geq 0 \\ 0 & x < 0 \end{cases} \quad \text{für}$$

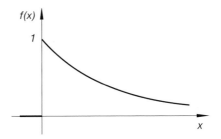

Die zugehörige *Verteilungsfunktion* lautet dann für $x \geq 0$ wie folgt:

$$F(x) = \int\limits_{-\infty}^{x} f(u)\, du = \int\limits_{0}^{x} e^{-u}\, du =$$

$$= \left[-e^{-u} \right]_{0}^{x} = -e^{-x} + e^{0} =$$

$$= -e^{-x} + 1 = 1 - e^{-x}$$

Für $x < 0$ ist $F(x) = 0$.

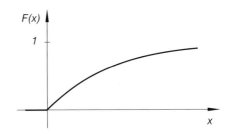

■

4.3 Kennwerte oder Maßzahlen einer Verteilung

Erwartungswert einer Zufallsvariablen X

$$E(X) = \sum_{i} x_i \cdot f(x_i) \qquad \text{(\textit{diskrete} Verteilung)}$$

$$E(X) = \int\limits_{-\infty}^{\infty} x \cdot f(x)\, dx \qquad \text{(\textit{stetige} Verteilung)}$$

■   **Beispiele**

(1)   Wir berechnen den *Erwartungswert* einer
        diskreten Zufallsvariablen X mit der
        nebenstehenden Verteilungstabelle:

x_i	0	1	2	3
$f(x_i)$	1/8	3/8	3/8	1/8

$$E(X) = \sum_i x_i \cdot f(x_i) = 0 \cdot \frac{1}{8} + 1 \cdot \frac{3}{8} + 2 \cdot \frac{3}{8} + 3 \cdot \frac{1}{8} = \frac{3}{8} + \frac{6}{8} + \frac{3}{8} = \frac{12}{8} = \frac{3}{2}$$

(2)   Die *stetige* Zufallsvariable X mit der Dichtefunktion $f(x) = e^{-x}$ für $x \geq 0$ (sonst $f(x) = 0$)
        besitzt den folgenden *Erwartungswert*:

$$E(X) = \int_{-\infty}^{\infty} x \cdot f(x)\, dx = \underbrace{\int_0^{\infty} x \cdot e^{-x}\, dx}_{\text{Integral 313 mit } a = -1} = [(-x - 1) \cdot e^{-x}]_0^{\infty} = 0 + e^0 = 0 + 1 = 1$$

■

Erwartungswert einer Funktion $Z = g(X)$

$$E(Z) = E[g(x)] = \sum_i g(x_i) \cdot f(x_i) \qquad \text{(\textit{diskrete} Verteilung)}$$

$$E(Z) = E[g(x)] = \int_{-\infty}^{\infty} g(x) \cdot f(x)\, dx \qquad \text{(\textit{stetige} Verteilung)}$$

$f(x)$:   Wahrscheinlichkeits- bzw. Dichtefunktion der Zufallsvariablen X

Rechenregeln für Erwartungswerte

a, b und c sind Konstanten.

(1) $E(c) = c$

(2) $E(a \cdot g_1(x) + b \cdot g_2(x)) = a \cdot E(g_1(x)) + b \cdot E(g_2(x))$

Mittelwert, Varianz und Standardabweichung einer Zufallsvariablen

Mittelwert μ, *Varianz* σ^2 und *Standardabweichung* σ sind die drei *Maßzahlen* oder
Kennwerte einer Zufallsvariablen X. Sie sind wie folgt definiert:

Kennwerte (Maßzahlen)	diskret	stetig
Mittelwert $\mu = E(X)$	$\sum_i x_i \cdot f(x_i)$	$\int_{-\infty}^{\infty} x \cdot f(x)\, dx$
Varianz $\sigma^2 = \text{Var}(X)$	$\sum_i (x_i - \mu)^2 \cdot f(x_i)$	$\int_{-\infty}^{\infty} (x - \mu)^2 \cdot f(x)\, dx$
Standardabweichung σ	$\sqrt{\text{Var}(X)}$	$\sqrt{\text{Var}(X)}$

Anmerkungen

(1)   Der Mittelwert μ ist der *Erwartungswert* von X.

(2)   Die Varianz σ^2 ist ein Maß für die *mittlere quadratische Abweichung* der Einzelwerte vom Mittelwert μ („Streuung" der Einzelwerte um den Mittelwert). σ^2 ist der Erwartungswert der Funktion (Zufallsvariablen) $Z = (X - \mu)^2$.

(3) $\sigma^2 = E(X^2) - \mu^2$ („bequemere" Rechenformel für die Varianz)

(4) μ, σ^2 und σ werden auch als *Kennwerte (Maßzahlen)* der *Verteilung* bezeichnet.

(5)   Bei einer *symmetrischen* Verteilung mit dem Symmetriezentrum x_0 gilt:
$\mu = E(X) = x_0$.

Rechenregeln für lineare Funktionen

(1) $E(a \cdot X + b) = a \cdot E(X) + b$ $\left. \begin{array}{c} \\ \\ \end{array} \right\}$ a, b: Konstanten

(2) $\mathrm{Var}(a \cdot X + b) = a^2 \cdot \mathrm{Var}(X)$

5 Spezielle diskrete Wahrscheinlichkeitsverteilungen

5.1 Binomialverteilung

Bernoulli-Experiment

Ein Zufallsexperiment mit nur *zwei* sich *gegenseitig ausschließenden* Ergebnissen (Ereignissen) heißt *Bernoulli-Experiment*.

■   **Beispiel**

Beim Zufallsexperiment „*Wurf einer homogenen Münze*" gibt es nur die beiden sich *gegenseitig ausschließenden* Ergebnisse „Zahl" oder „Wappen". Es handelt sich also um ein *Bernoulli-Experiment*.
                                                                                              ■

Urnenmodell

Eine Urne enthalte weiße und schwarze Kugeln. Die zufällige Entnahme einer Kugel ist dann ein *Bernoulli-Experiment*. Wird dieses Experiment n-mal nacheinander durchgeführt, wobei die jeweils gezogene Kugel vor der nächsten Ziehung in die Urne *zurückgelegt* wird („Ziehung *mit* Zurücklegen"), so ist die *diskrete* Zufallsvariable

X = *Anzahl der insgesamt gezogenen weißen Kugeln*

binomialverteilt (mögliche Werte für X: 0, 1, 2, ..., n).

Binomialverteilung

Die Verteilung einer *diskreten* Zufallsvariablen X mit der *Wahrscheinlichkeitsfunktion*

$$f(x) = P(X = x) = \binom{n}{x} p^x \cdot q^{n-x} \qquad (x = 0, 1, 2, \ldots, n)$$

und der zugehörigen *Verteilungsfunktion*

$$F(x) = P(X \le x) = \sum_{k \le x} \binom{n}{k} p^k \cdot q^{n-k}$$

heißt *Binomialverteilung* mit den *Parametern* n und p $(n = 1, 2, 3, \ldots;$ $0 < p < 1; \ q = 1 - p)$. Die *Kennwerte* oder *Maßzahlen* dieser Verteilung lauten:

Mittelwert: $\mu = np$

Varianz: $\sigma^2 = npq = np(1 - p)$

Standardabweichung: $\sigma = \sqrt{npq} = \sqrt{np(1 - p)}$

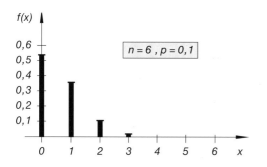

Wahrscheinlichkeitsfunktion $f(x)$ einer Binomialverteilung mit den Parametern $n = 6$ und $p = 0,1$

Anmerkungen

(1)   Symbolische Schreibweise für die Binomialverteilung: $B(n; p)$

(2)   *Anwendung* findet die Binomialverteilung überall dort, wo *alternative* Entscheidungen zu treffen sind. *Beispiele:* Münzwurf (Zahl *oder* Wappen), Qualitätskontrollen (einwandfrei *oder* Ausschuß).

(3)   Wird ein *Bernoulli-Experiment* mit den beiden sich gegenseitig ausschließenden Ereignissen A und $\overline{A}$ n-mal nacheinander ausgeführt (sog. *mehrstufiges* Bernoulli-Experiment vom Umfang n), so ist die *diskrete* Zufallsvariable

   $X = Anzahl\ der\ Versuche,\ in\ denen\ das\ Ereignis\ A\ eintritt$

binomialverteilt mit den Parametern n und p. Dabei bedeuten:

p: *Konstante* Wahrscheinlichkeit für das Eintreten des Ereignisses A beim Einzelversuch $(0 < p < 1)$

q: *Konstante* Wahrscheinlichkeit für das Eintreten des zu A *komplementären* Ereignisses $\overline{A}$ beim Einzelversuch $(q = 1 - p)$

n: Anzahl der Ausführungen des *Bernoulli-Experiments* (*Umfang* des mehrstufigen *Bernoulli-Experiments*)

(4)   Üblich sind auch folgende Bezeichnungen:

A = Erfolg, $\overline{A}$ = Mißerfolg, p = Erfolgswahrscheinlichkeit

(5)   Nützliche *Rekursionsformel* für die Praxis:

$$f(x+1) = \frac{(n-x)\,p}{(x+1)\,(1-p)} \cdot f(x) \qquad (x = 0, 1, 2, \ldots, n-1)$$

(6)   *Sonderfall* $n = 1$: Die Zufallsvariable X kann nur die Werte 0 und 1 annehmen (sog. „*Null-Eins-Verteilung*"):

$X = 0 \quad \Rightarrow \quad \overline{A} \quad$ ist eingetreten

$X = 1 \quad \Rightarrow \quad A \quad$ ist eingetreten

(7)   Die Binomialverteilung $B(n;p)$ darf für *großes* n und *kleines* p *näherungsweise* durch die (rechnerisch bequemere) *Poisson-Verteilung* mit dem Parameter $\mu = np$ *ersetzt* werden (**Faustregel:** $np < 10$ und $n > 1500\,p$).

5.2 Hypergeometrische Verteilung

Urnenmodell

In einer Urne befinden sich N Kugeln, darunter M weiße und $N-M$ schwarze Kugeln. Entnimmt man der Urne ganz zufällig n Kugeln, wobei die jeweils gezogene Kugel vor der nächsten Ziehung *nicht* in die Urne zurückgelegt wird („Ziehung *ohne* Zurücklegen"), so genügt die *diskrete* Zufallsvariable

X = *Anzahl der insgesamt gezogenen weißen Kugeln*

einer *hypergeometrischen* Verteilung (mögliche Werte für X: $0, 1, 2, \ldots, n$).

Hypergeometrische Verteilung

Die Verteilung einer *diskreten* Zufallsvariablen X mit der *Wahrscheinlichkeitsfunktion*

$$f(x) = P(X = x) = \frac{\dbinom{M}{x} \cdot \dbinom{N-M}{n-x}}{\dbinom{N}{n}} \qquad (x = 0, 1, 2, \ldots, n)$$

und der zugehörigen *Verteilungsfunktion*

$$F(x) = \sum_{k \le x} \frac{\dbinom{M}{k} \cdot \dbinom{N-M}{n-k}}{\dbinom{N}{n}}$$

heißt *hypergeometrische* Verteilung mit den Parametern N, M und n ($N = 1, 2, 3, \ldots$; $M = 1, 2, 3, \ldots, N$; $M \le N$; $n \le N$).

Die *Kennwerte* oder *Maßzahlen* dieser Verteilung lauten:

Mittelwert: $\mu = n\,\dfrac{M}{N}$

Varianz: $\sigma^2 = \dfrac{n\,M\,(N-M)\,(N-n)}{N^2\,(N-1)}$

Standardabweichung: $\sigma = \sqrt{\dfrac{n\,M\,(N-M)\,(N-n)}{N^2\,(N-1)}}$

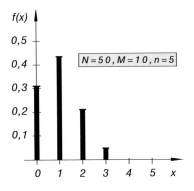

Wahrscheinlichkeitsfunktion $f(x)$
einer hypergeometrischen Verteilung
mit den Parametern $N = 50$,
$M = 10$ und $n = 5$

Anmerkungen

(1) Symbolische Schreibweise für die hypergeometrische Verteilung: $H\,(N;\,M;\,n)$.

(2) *Anwendungen*: Qualitäts- und Endkontrollen eines Herstellers von Massenartikeln, Abnahmekontrollen des Kunden bei der Warenanlieferung.

(3) Zum Urnenmodell: Die Urne repräsentiert eine Grundgesamtheit mit N Elementen (Kugeln), die *entweder* die Eigenschaft A (weiß) *oder* $\overline{A}$ (schwarz) besitzen.

     M: Anzahl der Elemente mit der Eigenschaft A

     n: Umfang der *Stichprobe*

     x: Anzahl der in der *Stichprobe* enthaltenen Elemente mit der Eigenschaft A

(4) Nützliche *Rekursionsformel* für die Praxis:

$$f\,(x+1) = \frac{(n-x)\,(M-x)}{(x+1)\,(N-M-n+x+1)}\cdot f\,(x)$$

$$(x = 0,\,1,\,2,\,\ldots,\,n-1)$$

(5) Für $N \gg n$ lässt sich die hypergeometrische Verteilung *näherungsweise* durch eine *Binomialverteilung* mit den Parametern n und $p = M/N$ ersetzen (**Faustregel:** $n < 0{,}05\,N$).

(6) *Merke*: Ziehung *mit* Zurücklegen   → Binomialverteilung
               Ziehung *ohne* Zurücklegen → hypergeometrische Verteilung

5.3 Poisson-Verteilung

Die Verteilung einer *diskreten* Zufallsvariablen X mit der *Wahrscheinlichkeitsfunktion*

$$f(x) = P(X = x) = \frac{\mu^x}{x!} \cdot e^{-\mu} \qquad (x = 0, 1, 2, \ldots)$$

und der zugehörigen *Verteilungsfunktion*

$$F(x) = P(X \leq x) = e^{-\mu} \cdot \sum_{k \leq x} \frac{\mu^k}{k!}$$

heißt *Poisson-Verteilung* mit dem *Parameter* $\mu > 0$. Die *Kennwerte* oder *Maßzahlen* dieser Verteilung lauten:

Mittelwert: μ

Varianz: $\sigma^2 = \mu$

Standardabweichung: $\sigma = \sqrt{\mu}$

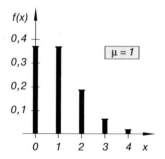

Wahrscheinlichkeitsfunktion $f(x)$
einer Poisson-Verteilung
mit dem Parameter $\mu = 1$

Anmerkungen

(1) Symbolische Schreibweise für die Poisson-Verteilung: $Ps(\mu)$

(2) *Anwendung* findet die Poisson-Verteilung bei *mehrstufigen* Bernoulli-Experimenten, in denen das Ereignis A mit *geringer* Wahrscheinlichkeit p, d. h. *sehr selten* eintritt (z. B. radioaktiver Zerfall).

(3) Nützliche *Rekursionsformel* für die Praxis:

$$f(x + 1) = \frac{\mu}{x + 1} \cdot f(x) \qquad (x = 0, 1, 2, \ldots)$$

5.4 Approximationen diskreter Wahrscheinlichkeitsverteilungen (Tabelle)

Approximation durch eine ...	... Binomialverteilung	... Poisson-Verteilung	... Normalverteilung
Binomialverteilung $B(n;p)$		**Faustregel:** $np \leq 10$ und $n \geq 1500\,p$ $P_S(\mu = np)$	**Faustregel:** $np(1-p) > 9$ $N\left(\mu = np;\ \sigma = \sqrt{np(1-p)}\right)$
Hypergeometrische Verteilung $H(N;M;n)$	**Faustregel:** $0{,}1 < \dfrac{M}{N} < 0{,}9,\ n > 10$ $B\left(n;\ p = \dfrac{M}{N}\right)$	**Faustregel:** $\dfrac{M}{N} \leq 0{,}1$ oder $\dfrac{M}{N} \geq 0{,}9$, $n < 0{,}05\,N,\ n > 30$ $P_S\left(\mu = n\,\dfrac{M}{N}\right)$	**Faustregel:** $0{,}1 < \dfrac{M}{N} < 0{,}9$, $n < 0{,}05\,N,\ n > 30$ $N\left(\mu = n\,\dfrac{M}{N};\ \sigma = \sqrt{n\,\dfrac{M}{N}\left(1 - \dfrac{M}{N}\right)\dfrac{N-n}{N-1}}\right)$
Poisson-Verteilung $P_S(\mu)$			**Faustregel:** $\mu > 10$ $N(\mu;\ \sigma = \sqrt{\mu})$

6 Spezielle stetige Wahrscheinlichkeitsverteilungen

6.1 Gaußsche Normalverteilung

6.1.1 Allgemeine Normalverteilung

Die Verteilung einer *stetigen* Zufallsvariablen X mit der *Dichtefunktion*

$$f(x) = \frac{1}{\sqrt{2\pi}\,\sigma} \cdot e^{-\frac{1}{2}\left(\frac{x-\mu}{\sigma}\right)^2} \qquad (-\infty < x < \infty)$$

und der zugehörigen *Verteilungsfunktion*

$$F(x) = P(X \le x) = \frac{1}{\sqrt{2\pi}\,\sigma} \cdot \int_{-\infty}^{x} e^{-\frac{1}{2}\left(\frac{t-\mu}{\sigma}\right)^2} dt$$

heißt *Gaußsche Normalverteilung* mit den *Parametern* μ und $\sigma > 0$. Die *Kennwerte* oder *Maßzahlen* dieser Verteilung lauten:

Mittelwert: μ

Varianz: σ^2

Standardabweichung: σ

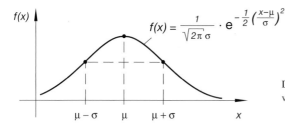

Dichtefunktion $f(x)$ der Gaußschen Normalverteilung („Gaußsche Glockenkurve")

Anmerkungen

(1) Symbolische Schreibweise für die Gaußsche Normalverteilung: $N(\mu;\sigma)$

(2) Eigenschaften der *Dichtefunktion* $f(x)$:

    a) $f(x)$ ist *spiegelsymmetrisch* zur Geraden $x = \mu$.

    b) Das absolute *Maximum* liegt bei $x_1 = \mu$ und ist zugleich *Symmetriezentrum*, die beiden *Wendepunkte* liegen symmetrisch zum Maximum an den Stellen $x_{2/3} = \mu \pm \sigma$.

    c) $f(x)$ ist *normiert* (die Fläche unter der Dichtefunktion hat den Wert 1):

$$\int_{-\infty}^{\infty} f(x)\, dx = \frac{1}{\sqrt{2\pi}\,\sigma} \cdot \int_{-\infty}^{\infty} e^{-\frac{1}{2}\left(\frac{x-\mu}{\sigma}\right)^2} dx$$

(3)   Die Dichtefunktion wird ihrer Form wegen auch als *Gaußsche Glockenkurve* bezeichnet.

(4)   Der Parameter σ (Standardabweichung) bestimmt im Wesentlichen *Breite* und *Höhe* der Glockenkurve: je kleiner σ, umso höher und steiler die Kurve.

(5)   *Anwendung* findet die Normalverteilung in der Fehlerrechnung und Statistik.

6.1.2 Standardnormalverteilung

Die *allgemeine* Gaußsche Normalverteilung mit den Parametern μ und σ lässt sich stets auf die sog. *Standardnormalverteilung* mit den speziellen Parameterwerten $\mu = 0$ und $\sigma = 1$ zurückführen. Dies entspricht einem Übergang von der *normalverteilten* Zufallsvariablen X zur sog. *standardnormalverteilten* Zufallsvariablen U mit Hilfe der linearen *Transformation* (Substitution)

$$U = \frac{X - \mu}{\sigma}$$

(sog. *Standardisierung* oder Umrechnung in *Standardeinheiten*).

Standardnormalverteilung einer stetigen Zufallsvariablen U

> Eine *Normalverteilung* mi den Parametern $\mu = 0$ und $\sigma = 1$ heißt *Standardnormalverteilung* oder auch *standardisierte* Normalverteilung. Ihre *Dichtefunktion* ist
>
> $$\varphi(u) = \frac{1}{\sqrt{2\pi}} \cdot e^{-\frac{1}{2}u^2} \qquad (-\infty < u < \infty)$$
>
> und besitzt den im Bild dargestellten typischen Verlauf („Glockenkurve"). Die zugehörige *Verteilungsfunktion* lautet:
>
> $$\phi(u) = P(U \le u) = \frac{1}{\sqrt{2\pi}} \cdot \int_{-\infty}^{u} e^{-\frac{1}{2}t^2}\, dt$$
>
> Eine ausführliche *Tabelle* der Verteilungsfunktion $\phi(u)$ befindet sich im **Anhang, Teil B** (Tabelle 1).

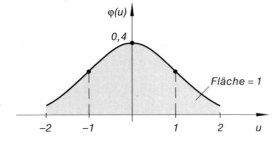

Dichtefunktion $\varphi(u)$
der Standardnormalverteilung

Anmerkungen

(1) Symbolische Schreibweise für die Standardnormalverteilung: $N(0; 1)$

(2) Eigenschaften der *Dichtefunktion* $\varphi(u)$:

    a) $\varphi(u)$ ist *achsensymmetrisch*, d. h. eine *gerade* Funktion.

    b) Das *Maximum* liegt bei $u_1 = 0$ und ist zugleich *Symmetriezentrum*, die beiden *Wendepunkte* befinden sich an den Stellen $u_{2/3} = \pm 1$.

    c) $\varphi(u)$ ist *normiert*, d. h. die Fläche unter der Dichtefunktion hat den Wert 1:

$$\int_{-\infty}^{\infty} \varphi(u)\, du = \frac{1}{\sqrt{2\pi}} \cdot \int_{-\infty}^{\infty} e^{-\frac{1}{2} u^2}\, du = 1$$

(3) Die Verteilungsfunktion $\phi(u)$ wird auch als *Gaußsches Fehlerintegral* bezeichnet.

6.1.3 Berechnung von Wahrscheinlichkeiten mit Hilfe der tabellierten Verteilungsfunktion der Standardnormalverteilung

1. Fall: Die Zufallsvariable ist standardnormalverteilt

Die wichtigsten Formeln zur Berechnung von Wahrscheinlichkeiten bei ein- bzw. zweiseitiger Abgrenzung befinden sich aus Gründen der Zweckmäßigkeit im **Anhang (Teil B)** gegenüber der **Tabelle 1** (Seite 514 / 515).

2. Fall: Die Zufallsvariable ist normalverteilt mit den Parametern μ und σ

Die *normalverteilte* Zufallsvariable X wird zunächst durch die Transformation (Substitution) $U = (X - \mu)/\sigma$ in die *standardnormalverteilte* Zufallsvariable U übergeführt (Umrechnung in *Standardeinheiten*). Bei ein- bzw. zweiseitiger Abgrenzung gelten dann folgende Formeln:

Einseitige Abgrenzung

Abgrenzung nach *oben*   Abgrenzung nach *unten*

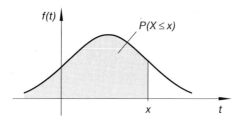 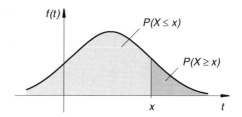

$P(X \leq x) = \phi(u)$ $P(X \geq x) = 1 - P(X \leq x) = 1 - \phi(u)$

mit $u = (x - \mu)/\sigma$ mit $u = (x - \mu)/\sigma$

Zweiseitige Abgrenzung

unsymmetrisches Intervall   *symmetrisches* Intervall

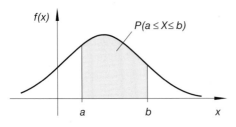 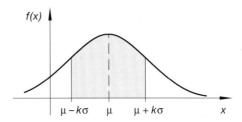

$$P(a \le X \le b) = \phi(b^*) - \phi(a^*) \qquad P(|X - \mu| \le k\sigma) = 2 \cdot \phi(k) - 1$$

$$\text{mit } a^* = (a - \mu)/\sigma \text{ und } b^* = (b - \mu)/\sigma$$

■ **Beispiel**

Die Zufallsvariable X ist *normalverteilt* mit dem *Mittelwert* $\mu = 10$ und der *Standardabweichung* $\sigma = 2$.
Wir berechnen die Wahrscheinlichkeit $P(5 \le X \le 12)$.

Umrechnung der Grenzen in *Standardeinheiten*:

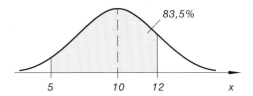

$$a = 5 \Rightarrow a^* = \frac{a - \mu}{\sigma} = \frac{5 - 10}{2} = -2,5$$

$$b = 12 \Rightarrow b^* = \frac{b - \mu}{\sigma} = \frac{12 - 10}{2} = 1$$

Berechnung der Wahrscheinlichkeit mit Hilfe der Tabelle 1 im Anhang, Teil B:

$$P(5 \le X \le 12) = P(-2,5 \le U \le 1) = \phi(1) - \phi(-2,5) = \phi(1) - [1 - \phi(2,5)] =$$

$$= \phi(1) + \phi(2,5) - 1 = 0,8413 + 0,9938 - 1 = 0,8351$$

■

6.1.4 Quantile der Standardnormalverteilung

Bei einer einseitigen Abgrenzung nach *oben* beschreibt die Verteilungsfunktion $\phi(u)$ der Standardnormalverteilung die Wahrscheinlichkeit dafür, dass die *standardnormalverteilte* Zufallsvariable U einen Wert zwischen $-\infty$ und u annimmt (Fläche unter der Dichtefunktion bis hin zur *oberen* Grenze u): $P(U \le u) = \phi(u)$. Zu *jedem* Wert u gehört somit *genau ein* Wahrscheinlichkeitswert $\phi(u)$.

Umgekehrt gehört zu einem *vorgegebenen* Wahrscheinlichkeitswert p genau eine *obere* Grenze oder Schranke, die als *Quantil* u_p zum Wahrscheinlichkeitswert p bezeichnet wird. Das Quantil u_p genügt der Gleichung

$$P(U \leq u_p) = \phi(u_p) = p$$

und lässt sich für die in der Praxis gängigen Wahrscheinlichkeitswerte aus der *Tabelle 2* im *Anhang*, Teil B bestimmen. Formeln für die Berechnung der Intervallgrenzen bei ein- bzw. zweiseitiger Abgrenzung findet der Leser im *Anhang*, Teil B gegenüber der Tabelle 2 (Seite 516 / 517).

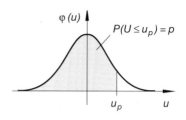

■ **Beispiel**

$$P(U \leq c) = 0{,}9$$

$$c = ?$$

$$P(U \leq c) = \phi(c) = 0{,}9$$

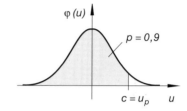

Aus der *Tabelle 2* im *Anhang*, Teil B entnehmen wir: Zum Wahrscheinlichkeitswert $p = 0{,}9$ gehört das Quantil $u_{0{,}9} = 1{,}282$. Somit ist $c = u_{0{,}9} = 1{,}282$.

■

6.2 Exponentialverteilung

Die Verteilung einer *stetigen* Zufallsvariablen X mit der *Wahrscheinlichkeitsdichte-funktion*

$$f(x) = \left\{ \begin{array}{ll} 0 & x < 0 \\ \lambda \cdot e^{-\lambda x} & x \geq 0 \end{array} \right\} \quad \text{für}$$

und der zugehörigen *Verteilungsfunktion*

$$F(x) = P(X \leq x) = \left\{ \begin{array}{ll} 0 & x < 0 \\ 1 - e^{-\lambda x} & x \geq 0 \end{array} \right\} \quad \text{für}$$

heißt *Exponentialverteilung* mit dem *Parameter* $\lambda > 0$. Die *Kennwerte* oder *Maß-zahlen* dieser Verteilung lauten:

Mittelwert: $\mu = 1/\lambda$

Varianz: $\sigma^2 = 1/\lambda^2$

Standardabweichung: $\sigma = 1/\lambda$

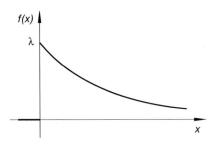

Dichtefunktion einer exponentialverteilten
Zufallsvariablen X

Anmerkungen

(1)   Mittelwert und Standardabweichung stimmen überein: $\mu = \sigma = 1/\lambda$

(2)   *Anwendungen*: Lebensdauer von Bauelementen und Lebewesen.

7 Wahrscheinlichkeitsverteilungen von mehreren Zufallsvariablen

7.1 Mehrdimensionale Zufallsvariable

2-dimensionale Zufallsvariable

Zufallsexperimente, in denen gleichzeitig *zwei* Merkmale beobachtet werden, lassen sich durch eine *2-dimensionale Zufallsvariable* $(X; Y)$, auch *2-dimensionaler Zufallsvektor* genannt, darstellen. Die Verteilung wird dabei vollständig durch die *Verteilungsfunktion*

$$F(x; y) = P(X \leq x; Y \leq y)$$

beschrieben (Wahrscheinlichkeit dafür, dass die Zufallsvariablen X und Y *gleichzeitig* Werte annehmen, die kleiner oder gleich x bzw. y sind). $F(x; y)$ wird auch als *gemeinsame Verteilung* der Zufallsvariablen X und Y bezeichnet.

Bei einer *diskreten* Verteilung sind X und Y *beide* diskret. Die normierte *Wahrscheinlichkeitsfunktion* $f(x; y)$ ordnet dann jedem möglichen Wertepaar $(x_i; y_k)$ einen *Wahrscheinlichkeitswert* $p_{ik} > 0$ zu.

Eine *stetige* Verteilung (X und Y sind *beide* stetig) lässt sich durch die normierte *Wahrscheinlichkeitsdichtefunktion* $f(x; y) \geq 0$ mit der *Verteilungsfunktion*

$$F(x; y) = \int_{u=-\infty}^{x} \int_{v=-\infty}^{y} f(u; v)\, dv\, du$$

vollständig beschreiben.

■ **Beispiel**

Das Zufallsexperiment *„Wurf mit zwei unterscheidbaren homogenen Würfeln"* beschreiben wir durch die *2-dimensionale Zufallsvariable* $(X; Y)$ mit den beiden *stochastisch unabhängigen* Komponenten

X = *Augenzahl des 1. Würfels*

Y = Augenzahl des 2. Würfels

die unabhängig voneinander die Werte 1, 2, 3, 4, 5 und 6 annehmen können. Insgesamt gibt es 36 *gleichwahrscheinliche* Elementarereignisse *(Laplace-Experiment)*:

$(1; 1)$, $(1; 2)$, $(1; 3)$, $(1; 4)$, $(1; 5)$, $(1; 6)$, $(2; 1)$, $\ldots$, $(6; 6)$

Sie treten jeweils mit der Wahrscheinlichkeit $p = 1/36$ auf. Die *Wahrscheinlichkeitsfunktion* lautet daher:

$$f(x; y) = \left\{ \begin{array}{ccc} 1/36 & & x, y = 1, 2, \ldots, 6 \\ & \text{für} & \\ 0 & & \text{alle übrigen } (x; y) \end{array} \right\}$$

■

n-dimensionale Zufallsvariable

Zufallsexperimente mit n gleichzeitig beobachteten Merkmalen werden durch eine *n-dimensionale Zufallsvariable* $(X_1; X_2; \ldots; X_n)$, auch *n-dimensionaler Zufallsvektor* genannt, beschrieben. Alle bisherigen Begriffe lassen sich sinngemäß übertragen.

Stochastisch unabhängige Zufallsvariable

Zwei Zufallsvariable X und Y heißen *stochastisch unabhängig*, wenn stets gilt

$$F(x; y) = F_1(x) \cdot F_2(y)$$

$F_1(x)$, $F_2(y)$: Verteilungsfunktionen von X bzw. Y

Anderenfalls die sind die beiden Zufallsvariablen *stochastisch abhängig*. Für die zugehörigen *Wahrscheinlichkeits-* bzw. *Dichtefunktionen* gilt (im Falle der Unabhängigkeit)

$$f(x; y) = f_1(x) \cdot f_2(y)$$

$f_1(x)$, $f_2(y)$: Wahrscheinlichkeits- bzw. Dichtefunktionen von X bzw. Y (auch *Randverteilungen* der 2-dimensionalen Verteilung genannt)

Diese Bedingung ist notwendig *und* hinreichend für die Unabhängigkeit. Analoge Beziehungen gelten für n stochastisch unabhängige Zufallsvariable.

7.2 Summen, Linearkombinationen und Produkte von Zufallsvariablen

Summen, Linearkombinationen und *Produkte* von n Zufallsvariablen $X_1, X_2, \ldots, X_n$ sind wiederum Zufallsvariable (*alle* X_i sind dabei *entweder* diskret *oder* stetig).

7.2.1 Additionssätze für Mittelwerte und Varianzen

Für *Summen* vom Typ $Z = X_1 + X_2 + \ldots + X_n$ gelten folgende Sätze:

Additionssatz für Mittelwerte

$$E(Z) = E(X_1) + E(X_2) + \ldots + E(X_n)$$

oder (in anderer Schreibweise)

$$\mu_z = \mu_1 + \mu_2 + \ldots + \mu_n$$

$E(X_i) = \mu_i$:   Mittelwert von X_i $(i = 1, 2, 3, \ldots, n)$

Regel: Die Mittelwerte werden addiert.

Additionssatz für Varianzen

Voraussetzung: $X_1, X_2, \ldots, X_n$ sind *stochastisch unabhängig*

$$\text{Var}(Z) = \text{Var}(X_1) + \text{Var}(X_2) + \ldots + \text{Var}(X_n)$$

oder (in anderer Schreibweise)

$$\sigma_z^2 = \sigma_1^2 + \sigma_2^2 + \ldots + \sigma_n^2$$

$\text{Var}(X_i) = \sigma_i^2$:   Varianz von X_i $(i = 1, 2, 3, \ldots, n)$

Regel: Die Varianzen werden addiert.

Additionssätze für Linearkombinationen

Die Additionssätze für Mittelwerte und Varianzen gelten unter den genannten Voraussetzungen auch für *Linearkombinationen* vom Typ

$$Z = a_1 \cdot X_1 + a_2 \cdot X_2 + \ldots + a_n \cdot X_n \qquad (a_i: \text{Reelle Konstanten})$$

$$E(Z) = a_1 \cdot E(X_1) + a_2 \cdot E(X_2) + \ldots + a_n \cdot E(X_n)$$

$$\text{Var}(Z) = a_1^2 \cdot \text{Var}(X_1) + a_2^2 \cdot \text{Var}(X_2) + \ldots + a_n^2 \cdot \text{Var}(X_n)$$

oder (in anderer Schreibweise)

$$\mu_z = a_1 \cdot \mu_1 + a_2 \cdot \mu_2 + \ldots + a_n \cdot \mu_n$$

$$\sigma_z^2 = a_1^2 \cdot \sigma_1^2 + a_2^2 \cdot \sigma_2^2 + \ldots + a_n^2 \cdot \sigma_n^2$$

■ **Beispiel**

Zufallsexperiment: *„Wurf mit zwei unterscheidbaren homogenen Würfeln"*

Zufallsvariable: X_i = Augenzahl des i-ten Würfels $(i = 1, 2)$

X_1 und X_2 sind *stochastisch unabhängige* Zufallsvariable mit den Mittelwerten $\mu_1 = \mu_2 = 3{,}5$ und den Varianzen $\sigma_1^2 = \sigma_2^2 = 35/12$. Dann gilt für die Summe $Z = X_1 + X_2$:

$$\mu_z = E(Z) = \mu_1 + \mu_2 = 3{,}5 + 3{,}5 = 7$$

$$\sigma_z^2 = \mathrm{Var}(Z) = \sigma_1^2 + \sigma_2^2 = \frac{35}{12} + \frac{35}{12} = \frac{70}{12} = \frac{35}{6}$$

■

7.2.2 Multiplikationssatz für Mittelwerte

Für ein *Produkt* $Z = X_1 \cdot X_2 \ldots X_n$ aus n *stochastisch unabhängigen* Faktoren gilt der folgende *Multiplikationssatz für Mittelwerte*:

$$E(Z) = E(X_1) \cdot E(X_2) \ldots E(X_n)$$

oder (in anderer Schreibweise)

$$\mu_z = \mu_1 \cdot \mu_2 \ldots \mu_n$$

$E(X_i) = \mu_i$: Mittelwert von X_i $(i = 1, 2, 3, \ldots, n)$

Regel: Die Mittelwerte werden multipliziert.

7.2.3 Wahrscheinlichkeitsverteilung einer Summe

Eine *Summe* $Z = X_1 + X_2 + \ldots + X_n$ von n *normalverteilten* und *stochastisch unabhängigen* Zufallsvariablen $X_1, X_2, \ldots, X_n$ besitzt folgende Eigenschaften:

Z ist *normalverteilt* mit dem *Mittelwert*

$$\mu_z = \mu_1 + \mu_2 + \ldots + \mu_n$$

und der *Varianz*

$$\sigma_z^2 = \sigma_1^2 + \sigma_2^2 + \ldots + \sigma_n^2$$

Regel: Mittelwerte und Varianzen werden jeweils addiert.

Sonderfall: $\quad \mu_i = \mu, \quad \sigma_i^2 = \sigma^2 \quad \Rightarrow \quad \mu_z = n\mu, \quad \sigma_z^2 = n\sigma^2$

Für die Praxis wichtiger Hinweis:

Sind die Summanden X_i zwar *stochastisch unabhängig*, jedoch *beliebig verteilt*, so ist die Summe *näherungsweise normalverteilt*, falls die Anzahl n der Summanden hinreichend groß ist (**Faustregel: $n > 30$**) und keiner der Summanden dominiert.

8 Prüf- oder Testverteilungen

Prüf- oder *Testverteilungen* sind Wahrscheinlichkeitsverteilungen, die im Zusammenhang mit statistischen Prüf- oder Testverfahren benötigt werden.

8.1 Chi-Quadrat-Verteilung („χ^2-Verteilung")

$X_1, X_2, \ldots, X_n$ seien *stochastisch unabhängige* Zufallsvariable, die alle der *Standardnormalverteilung* $N(0; 1)$ genügen. Die aus ihnen gebildete Quadratsumme

$$Z = \chi^2 = X_1^2 + X_2^2 + \ldots + X_n^2$$

ist dann eine *stetige* Zufallsvariable mit dem Wertebereich $z \geq 0$ und genügt einer sog. *Chi-Quadrat-Verteilung* mit der *Dichtefunktion*

$$f(z) = \begin{cases} A_n \cdot z^{(n-2)/2} \cdot e^{-\frac{z}{2}} & z > 0 \\ & \text{für} \\ 0 & z \leq 0 \end{cases}$$

und der zugehörigen Verteilungsfunktion

$$F(z) = A_n \cdot \int_0^z u^{(n-2)/2} \cdot e^{-\frac{u}{2}} \, du \qquad (z > 0)$$

(für $z \leq 0$ ist $F(z) = 0$). Die Verteilung ist durch den *Parameter* n vollständig bestimmt $(n = 1, 2, 3, \ldots)$. Die *Kennwerte* oder *Maßzahlen* dieser Verteilung lauten:

Mittelwert: $\mu = n$

Varianz: $\sigma^2 = 2n$

Standardabweichung: $\sigma = \sqrt{2n}$

Im **Anhang (Teil B)** befindet sich eine ausführliche *Tabelle der Quantile* der Chi-Quadrat-Verteilung in Abhängigkeit vom Freiheitsgrad $f = n$ (Tabelle 3).

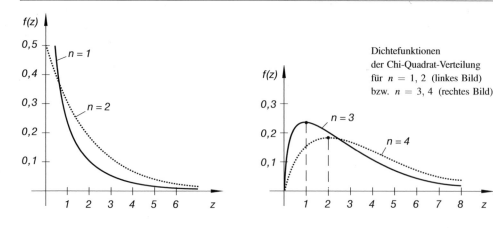

Dichtefunktionen
der Chi-Quadrat-Verteilung
für $n = 1, 2$ (linkes Bild)
bzw. $n = 3, 4$ (rechtes Bild)

Anmerkungen

(1) Der Parameter n bestimmt die Anzahl f der *Freiheitsgrade* der Verteilung: $f = n$ ($n = 1, 2, 3, \ldots$).

(2) A_n ist eine noch vom Freiheitsgrad $f = n$ abhängige *Normierungskonstante*, die mit Hilfe der *Gamma*-Funktion berechnet werden kann (siehe weiter unten).

(3) Eigenschaften der *Dichtefunktion* $f(z)$:
$f(z)$ ist *normiert* (Fläche mit der z-Achse $= 1$), verläuft für $n \leq 2$ *streng monoton fallend* und besitzt für $n > 2$ ein absolutes *Maximum* an der Stelle $z = n - 2$.

(4) Die Chi-Quadrat-Verteilung lässt sich für *hinreichend großes* n durch eine *Normalverteilung* mit dem Mittelwert $\mu = n$ und der Varianz $\sigma^2 = 2n$ *annähern* (**Faustregel: $n > 100$**).

Berechnung der Normierungskonstante A_n

Die Berechnung der Normierungskonstante

$$A_n = \frac{1}{2^{\left(\frac{n}{2}\right)} \cdot \Gamma\left(\frac{n}{2}\right)} \qquad (n = 1, 2, 3, \ldots)$$

erfolgt über die *Gamma*-Funktion

$$\Gamma(\alpha) = \int_0^\infty t^{\alpha-1} \cdot e^{-t} \, dt \qquad (\text{mit } \alpha > 0)$$

mit Hilfe der folgenden speziellen Werte und Rekursionsformeln:

(1)	$\Gamma\left(\dfrac{1}{2}\right) = \sqrt{\pi}, \qquad \Gamma(1) = 1$
(2)	$\Gamma(\alpha + 1) = \alpha \cdot \Gamma(\alpha) \qquad (\alpha > 0)$
(3)	$\Gamma(n + 1) = n! \qquad (n = 1, 2, 3, \ldots)$
(4)	$\Gamma\left(n + \dfrac{1}{2}\right) = \dfrac{1 \cdot 3 \cdot 5 \ldots (2n-1)}{2^n} \cdot \sqrt{\pi} \qquad (n = 1, 2, 3, \ldots)$

8.2 *t*-Verteilung von Student

X und Y seien zwei *stochastisch unabhängige* Zufallsvariable mit den Eigenschaften

$\quad X:$ *standardnormalverteilt*

$\quad Y:$ *Chi-Quadrat-verteilt* mit $f = n$ Freiheitsgraden

Die aus ihnen gebildete Größe

$$T = \frac{X}{\sqrt{Y/n}}$$

ist dann eine *stetige* Zufallsvariable, die einer sog. *t-Verteilung* von *Student* mit der *Dichtefunktion*

$$f(t) = A_n \cdot \frac{1}{\left(1 + \dfrac{t^2}{n}\right)^{(n+1)/2}} \qquad (-\infty < t < \infty)$$

und der zugehörigen Verteilungsfunktion

$$F(t) = A_n \cdot \int_{-\infty}^{t} \frac{du}{\left(1 + \dfrac{u^2}{n}\right)^{(n+1)/2}}$$

genügt. Die Verteilung ist dabei durch den *Parameter* n vollständig bestimmt $(n = 1, 2, 3, \dots)$. Die *Kennwerte* oder *Maßzahlen* dieser Verteilung lauten:

$\quad$ *Mittelwert*[1]: $\mu = 0$ für $n \geq 2$

$\quad$ *Varianz*[1]: $\sigma^2 = \dfrac{n}{n-2}$ für $n \geq 3$

$\quad$ *Standardabweichung*[1]: $\sigma = \sqrt{\dfrac{n}{n-2}}$ für $n \geq 3$

Im **Anhang (Teil B)** befindet sich eine ausführliche *Tabelle der Quantile* der *t*-Verteilung in Abhängigkeit vom Freiheitsgrad $f = n$ (Tabelle 4).

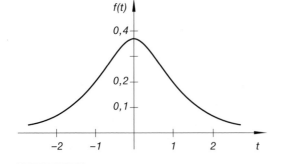

Dichtefunktion $f(t)$
einer *t*-Verteilung
mit dem Parameter
$n = 2$

---

[1] Für $n = 1$ existiert kein Mittelwert, für $n = 1, 2$ keine Varianz.

Anmerkungen

(1) Der Parameter n bestimmt die Anzahl der *Freiheitsgrade* der Verteilung: $f = n$ ($n = 1, 2, 3, \ldots$).

(2) A_n ist eine noch vom Freiheitsgrad $f = n$ abhängige *Normierungskonstante*, die mit Hilfe der *Gamma*-Funktion berechnet werden kann (siehe weiter unten).

(3) Eigenschaften der *Dichtefunktion* $f(t)$:
$f(t)$ ist *normiert* (Fläche mit der t-Achse $= 1$), verläuft *achsensymmetrisch* (gerade Funktion), besitzt bei $t = 0$ ein absolutes *Maximum* und an den Stellen

$$t = \pm \sqrt{\frac{n}{n + 2}}$$ *Wendepunkte* und nähert sich im Unendlichen *asymptotisch* der

t-Achse. Der Kurvenverlauf ähnelt daher stark der Gaußschen Glockenkurve (Normalverteilung)!

(4) Die t-Verteilung lässt sich für *hinreichend großes* n durch die *Standardnormalverteilung näherungsweise* ersetzen (**Faustregel: $n > 30$**).

Berechnung der Normierungskonstante A_n

Die Berechnung der Normierungskonstante

$$A_n = \frac{\Gamma\left(\dfrac{n + 1}{2}\right)}{\sqrt{n\pi} \cdot \Gamma\left(\dfrac{n}{2}\right)} \qquad (n = 1, 2, 3, \ldots)$$

erfolgt über die *Gamma*-Funktion (siehe Tabelle spezieller Werte und Rekursionsformeln auf Seite 433).

XVI Grundlagen der mathematischen Statistik

1 Grundbegriffe

1.1 Zufallsstichproben aus einer Grundgesamtheit

Eine grundlegende Aufgabe der Statistik besteht darin, Kenntnisse und Informationen über die Eigenschaften oder Merkmale einer bestimmten Menge von Objekten (Elementen) zu gewinnen, ohne dass dabei *alle* Objekte in die Untersuchung miteinbezogen werden müssen. Dies ist aus den folgenden Gründen meist auch nicht möglich:

— Zu *hoher* Zeit- und Kostenaufwand
— Die Anzahl der Elemente, die untersucht werden müssten, ist zu *groß*
— Die Untersuchungsobjekte könnten unter Umständen *zerstört* werden (Beispiel: Zerstörung einer Glühbirne beim Testen der Lebensdauer)

Grundgesamtheit

Unter einer *Grundgesamtheit* versteht man die Gesamtheit *gleichartiger* Objekte oder Elemente, die hinsichtlich eines bestimmten *Merkmals* untersucht werden sollen. Das dabei interessierende Merkmal wird durch eine *Zufallsvariable* X beschrieben. Die Grundgesamtheit kann aus *endlich vielen* oder *unendlich vielen* Elementen bestehen.

Zufallsstichprobe (kurz: Stichprobe)

Eine aus der Grundgesamtheit nach dem „Zufallsprinzip" herausgegriffene *Teilmenge* mit n Elementen wird als *Zufallsstichprobe* vom Umfang n bezeichnet. Die Auswahl der Elemente muss also *wahllos* und *unabhängig voneinander* geschehen; *alle* Elemente der Grundgesamtheit müssen dabei grundsätzlich die *gleiche* Chance haben, ausgewählt (d. h. gezogen) zu werden. Die beobachteten Merkmalswerte $x_1, x_2, \ldots, x_n$ der n Elemente sind *Realisierungen* der Zufallsvariablen X und heißen *Stichprobenwerte*.

Da es in der Praxis aus den weiter oben genannten Gründen *nicht* möglich ist, *alle* Elemente einer Grundgesamtheit auf ein bestimmtes Merkmal X hin zu untersuchen, beschränkt man sich auf die Untersuchung einer *Stichprobe* vom Umfang n, die der Grundgesamtheit nach dem Zufallsprinzip entnommen wurde.

Die Aufgabe der mathematischen Statistik besteht dann u. a. darin, aus einer solchen Zufallsstichprobe mit Hilfe der *Wahrscheinlichkeitsrechnung* gewisse *Rückschlüsse* auf die Grundgesamtheit zu ermöglichen.

1.2 Häufigkeitsverteilung einer Stichprobe

Urliste: Sie enthält die n Stichprobenwerte in der Reihenfolge ihres Auftretens

Spannweite der Stichprobe: Abstand zwischen dem kleinsten und dem größten Wert

Die Stichprobenwerte werden ihrer Größe nach geordnet, dann wird festgestellt, wie oft jeder Wert vorkommt. Ist der Stichprobenwert x_i genau n_i-mal in der Stichprobe enthalten, so heißt diese Zahl *absolute Häufigkeit* des Stichprobenwertes x_i $(i = 1, 2, \ldots, k$ und $k < n)$. Dividiert man die absolute Häufigkeit n_i durch die Anzahl n der Stichprobenwerte, so erhält man die *relative Häufigkeit* $h_i = n_i/n$, wobei gilt

$$0 < h_i \leq 1 \quad \text{und} \quad \sum_{i=1}^{k} h_i = h_1 + h_2 + \ldots + h_k = 1$$

Verteilungstabelle

Absolute und relative Häufigkeit werden in einer *Verteilungstabelle* dargestellt:

Stichprobenwert x_i	x_1	x_2	x_3	x_4	$\ldots$	x_k
absolute Häufigkeit n_i	n_1	n_2	n_3	n_4	$\ldots$	n_k
relative Häufigkeit h_i	h_1	h_2	h_3	h_4	$\ldots$	h_k

Häufigkeitsfunktion $f(x)$ einer Stichprobe

Die Verteilung der einzelnen Stichprobenwerte in einer geordneten Stichprobe vom Umfang n mit k verschiedenen Werten $x_1, x_2, \ldots, x_k$ lässt sich durch die folgende *Häufigkeitsfunktion* beschreiben:

$$f(x) = \begin{cases} h_i & x = x_i \quad (i = 1, 2, 3, \ldots, k) \\ 0 & \text{alle übrigen } x \end{cases} \quad \text{für}$$

Graphische Darstellung: *Stabdiagramm*

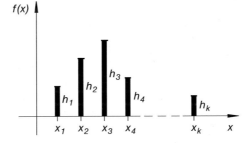

Verteilungsfunktion $F(x)$ einer Stichprobe

Die *Summe* der relativen Häufigkeiten aller Stichprobenwerte, die kleiner *oder* gleich x sind, heißt *Summenhäufigkeits-* oder *Verteilungsfunktion* $F(x)$ der Stichprobe:

$$F(x) = \sum_{x_i \leq x} f(x_i)$$

Graphische Darstellung:

Treppenfunktion (stückweise konstante Funktion, an der Stelle x_i erfolgt ein Sprung um $f(x_i) = h_i$, Endwert $= 1$)

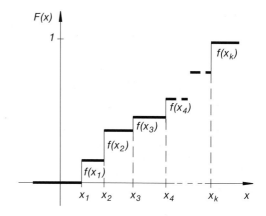

■ **Beispiel**

Der Tagesproduktion von Gewindeschrauben mit dem Solldurchmesser 5,0 mm wurde eine Stichprobe vom Umfang $n = 25$ mit der folgenden *Verteilungstabelle* entnommen:

$\dfrac{x_i}{\text{mm}}$	4,7	4,8	4,9	5,0	5,1	5,2
n_i	1	3	6	9	4	2
h_i	0,04	0,12	0,24	0,36	0,16	0,08

Häufigkeitsfunktion $f(x)$ und *Verteilungsfunktion* $F(x)$ haben damit das folgende Aussehen:

$\dfrac{x_i}{\text{mm}}$	4,7	4,8	4,9	5,0	5,1	5,2
$f(x_i)$	0,04	0,12	0,24	0,36	0,16	0,08
$F(x_i)$	0,04	0,16	0,40	0,76	0,92	1

■

1.3 Gruppierung der Stichprobenwerte bei umfangreichen Stichproben

Bei *umfangreichen* Stichproben mit vielen verschiedenen Werten gruppiert man die Stichprobenwerte zweckmäßigerweise in sog. *Klassen*. Zunächst wird die Stichprobe *geordnet* und der *kleinste* und *größte* Wert bestimmt (x_{min} bzw. x_{max}). Dann wird das Intervall I festgelegt, in dem *sämtliche* Stichprobenwerte liegen und dieses schließlich in k Teilintervalle ΔI_i *gleicher* Breite Δx zerlegt. Die Mitte eines jeden Klassenintervalls ΔI_i heißt *Klassenmitte* $\tilde{x}_i$.

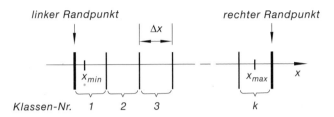

Allgemeine Regeln für die Gruppierung einer umfangreichen Stichprobe (Einteilung der Stichprobenwerte in Klassen)

(1)   Man wähle möglichst Klassen *gleicher* Breite Δx.

(2)   Die Klasseneinteilung sollte so gewählt werden, dass die *Klassenmitten* durch möglichst einfache Zahlen (z. B. ganze Zahlen) charakterisiert werden.

(3)   Fällt ein Stichprobenwert in einen der beiden *Randpunkte* einer Klasse, so zählt man ihn je zur *Hälfte* den beiden angrenzenden Klassen zu.

(4)   Bei der Festlegung der *Anzahl* k der Klassen bei n Stichprobenwerten verwende man die folgende **Faustregel**:

$$k \approx \sqrt{n} \quad \text{für} \quad 50 < n < 500$$

Bei Stichproben mit einem Umfang $n > 500$ wähle man *höchstens* $k = 30$ Klassen.

Anmerkung

Eine weitere häufig empfohlene **Faustregel** für die Klassenanzahl k lautet: $k \leq 5 \cdot \lg n$

Durch *Auszählen* wird festgestellt, welche Stichprobenwerte in welche Klassen fallen. Die Anzahl n_i der Stichprobenwerte, die in der i-ten Klasse liegen, heißt *absolute Klassenhäufigkeit*. Dividiert man diese durch die Anzahl n aller Stichprobenwerte, so erhält man die *relative Klassenhäufigkeit* $h_i = n_i/n$ $(i = 1, 2, \ldots, k)$. Für die Weiterverarbeitung der Stichprobenwerte wird vereinbart, dass *allen* Elementen einer Klasse genau die *Klassenmitte* als Wert zugeordnet wird.

Verteilungstabelle einer gruppierten Stichprobe

Klassenmitte $\tilde{x}_i$	$\tilde{x}_1$	$\tilde{x}_2$	$\tilde{x}_3$	$\tilde{x}_4$	$\dots$	$\tilde{x}_k$
relative Klassenhäufigkeit h_i	h_1	h_2	h_3	h_4	$\dots$	h_k

Häufigkeitsfunktion einer gruppierten Stichprobe

Die *Häufigkeitsfunktion* $f(x)$ einer *gruppierten* Stichprobe beschreibt die *relative Klassenhäufigkeit* h_i in Abhängigkeit von der Klassenmitte $\tilde{x}_i$:

$$f(x) = \left\{ \begin{array}{l} h_i \\ 0 \end{array} \right. \quad \text{für} \quad \left. \begin{array}{l} x = \tilde{x}_i \quad (i = 1, 2, 3, \dots, k) \\ \text{alle übrigen } x \end{array} \right\} .$$

Der Verlauf dieser Funktion lässt sich graphisch durch ein *Stabdiagramm* oder durch ein sog. *Histogramm* verdeutlichen. Beim *Stabdiagramm* trägt man dabei über der Klassenmitte $\tilde{x}_i$ die *relative* Klassenhäufigkeit h_i ab (d. h. einen Stab der *Länge* h_i).

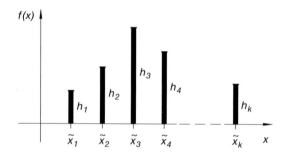

Ein *Histogramm* oder *Staffelbild* entsteht, wenn man über den Klassen gleicher Breite Δx Rechtecke errichtet, deren Höhen den *relativen* Klassenhäufigkeiten entsprechen. Die *Flächeninhalte* der Rechtecke sind dabei den *relativen* Klassenhäufigkeiten *proportional*.

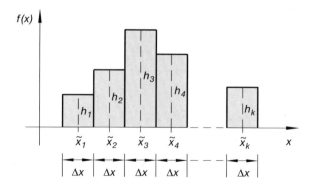

Verteilungsfunktion einer gruppierten Stichprobe

$$F(x) = \sum_{\tilde{x}_i \leq x} f(\tilde{x}_i)$$

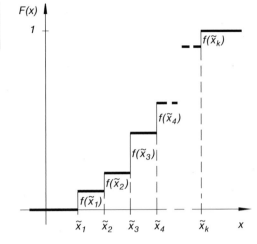

$F(x)$ heißt auch *Summenhäufigkeits-* oder *empirische Verteilungsfunktion.*

Graphische Darstellung:

Treppenfunktion

■ **Beispiel**

Mit einer automatischen Abfüllanlage wird Wein in Literflaschen gefüllt. Eine nachträgliche Stichprobenuntersuchung an $n = 20$ gefüllten Flaschen ergab die folgenden Fehlmengen, beschrieben durch die Zufallsvariable X (in cm³):

Klasse i	Fehlmenge (in cm³)	Anzahl der Flaschen
1	$0 \leq x \leq 10$	9
2	$10 < x \leq 20$	6
3	$20 < x \leq 30$	4
4	$30 < x \leq 40$	1

Man erhält die folgende *Verteilung* (Klassenmitte, Häufigkeits- und Verteilungsfunktion, Histogramm):

i	1	2	3	4
$\tilde{x}_i$	5	15	25	35
$f(\tilde{x}_i)$	0,45	0,30	0,20	0,05
$F(\tilde{x}_i)$	0,45	0,75	0,95	1

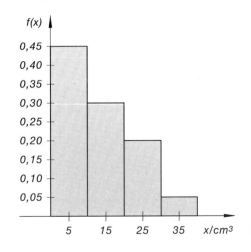

■

2 Kennwerte oder Maßzahlen einer Stichprobe

2.1 Mittelwert, Varianz und Standardabweichung einer Stichprobe

Mittelwert $\bar{x}$ einer Stichprobe

Der *Mittelwert* $\bar{x}$ einer (geordneten) Stichprobe $x_1, x_2, \ldots, x_n$ vom Umfang n ist das *arithmetische Mittel* der Stichprobenwerte:

$$\bar{x} = \frac{x_1 + x_2 + \ldots + x_n}{n} = \frac{1}{n} \cdot \sum_{i=1}^{n} x_i$$

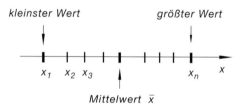

Kontrolle: $\sum_{i=1}^{n} (x_i - \bar{x}) = 0$

Weitere übliche Bezeichnungen für $\bar{x}$: *Stichprobenmittelwert, empirischer Mittelwert*

Varianz s^2 und Standardabweichung s einer Stichprobe

Ein geeignetes Maß für die *Streuung* der Einzelwerte x_i um den Mittelwert $\bar{x}$ ist die *Varianz*

$$s^2 = \frac{(x_1 - \bar{x})^2 + (x_2 - \bar{x})^2 + \ldots + (x_n - \bar{x})^2}{n-1} = \frac{1}{n-1} \cdot \sum_{i=1}^{n} (x_i - \bar{x})^2$$

Die Quadratwurzel aus der Varianz s^2 heißt *Standardabweichung s* der Stichprobe.

Merke: Die Summe der n Abweichungsquadrate wird durch $n-1$ und nicht (wie nahe-liegend) durch n dividiert.

Anmerkungen

(1)   Weitere übliche Bezeichnungen für die *Varianz* s^2 einer Stichprobe sind *Stichprobenvarianz* oder auch *empirische* Varianz.

(2)   *Beide* Kennwerte, sowohl die *Varianz* s^2 als auch die *Standardabweichung* s, sind ein *Maß* für die *Streuung* der Stichprobenwerte $x_1, x_2, \ldots, x_n$ um ihren Mittelwert $\bar{x}$. Die Standardabweichung s hat dabei den Vorteil, dass sie *dieselbe* Dimension und Einheit besitzt wie die einzelnen Stichprobenwerte und deren Mittelwert $\bar{x}$.

(3)   Die Varianz s^2 ist eine Art *mittleres* Abweichungsquadrat. Es gilt stets $s^2 > 0$ und somit auch $s > 0$.

(4)   Rechnerisch bequemere Rechenformel für die Varianz:

$$s^2 = \frac{1}{n-1} \left[\sum_{i=1}^{n} x_i^2 - n \cdot \bar{x}^2 \right]$$

■   **Beispiel**

Aus der Tagesproduktion von Widerständen mit dem Sollwert $10\,\Omega$ wurde eine Stichprobe vom Umfang $n = 8$ entnommen:

  9,8; 10,1; 10,3; 10,2; 10,2; 10,0; 9,9; 10,3   (jeweils in Ω)

Die Auswertung führt zu dem folgenden Ergebnis:

i	$\dfrac{x_i}{\Omega}$	$\dfrac{x_i^2}{\Omega^2}$
1	9,8	96,04
2	10,1	102,01
3	10,3	106,09
4	10,2	104,04
5	10,2	104,04
6	10,0	100,00
7	9,9	98,01
8	10,3	106,09
Σ	80,8	816,32

$$\bar{x} = \frac{1}{8} \cdot \sum_{i=1}^{8} x_i = \frac{1}{8} \cdot 80,8\,\Omega = 10,1\,\Omega$$

$$s^2 = \frac{1}{8-1} \left[\sum_{i=1}^{8} x_i^2 - 8 \cdot \bar{x}^2 \right] =$$

$$= \frac{1}{7} \left(816,32\,\Omega^2 - 8 \cdot (10,1\,\Omega)^2 \right) =$$

$$= \frac{1}{7} \left(816,32 - 816,08 \right) \Omega^2 =$$

$$= \frac{1}{7} \cdot 0,24\,\Omega^2 = 0,034\,\Omega^2$$

$$s = 0,19\,\Omega$$

■

2.2 Berechnung der Kennwerte unter Verwendung der Häufigkeitsfunktion

Voraussetzung: Es liegt eine *geordnete* Stichprobe vom Umfang n mit k verschiedenen Werten $x_1, x_2, \ldots, x_k$ und der *Häufigkeitsfunktion* $f(x)$ vor.

Mittelwert $\bar{x}$

$$\bar{x} = \sum_{i=1}^{k} x_i \cdot f(x_i)$$

Varianz s^2

$$s^2 = \frac{n}{n-1} \cdot \sum_{i=1}^{k} (x_i - \bar{x})^2 \cdot f(x_i) = \frac{n}{n-1} \left[\sum_{i=1}^{k} x_i^2 \cdot f(x_i) - \bar{x}^2 \right]$$

■ **Beispiel**

Bei 10 Würfen eines homogenen Würfels erhielt man die folgenden „Augenzahlen":

2, 1, 6, 4, 3, 4, 4, 6, 3, 5

Die Auswertung dieser Stichprobe führt zu dem folgenden Ergebnis ($x_i =$ Augenzahl):

i	x_i	n_i	$f(x_i)$	$x_i \cdot f(x_i)$	x_i^2	$x_i^2 \cdot f(x_i)$
1	1	1	0,1	0,1	1	0,1
2	2	1	0,1	0,2	4	0,4
3	3	2	0,2	0,6	9	1,8
4	4	3	0,3	1,2	16	4,8
5	5	1	0,1	0,5	25	2,5
6	6	2	0,2	1,2	36	7,2
Σ		10	1,0	3,8		16,8

$$\bar{x} = \sum_{i=1}^{6} x_i \cdot f(x_i) = 3{,}8$$

$$s^2 = \frac{10}{10-1} \left[\sum_{i=1}^{6} x_i^2 \cdot f(x_i) - \bar{x}^2 \right] = \frac{10}{9} (16{,}8 - 3{,}8^2) = \frac{10}{9} (16{,}8 - 14{,}44) = \frac{10}{9} \cdot 2{,}36 = 2{,}62$$

$$s = 1{,}62$$

■

2.3 Berechnung der Kennwerte einer gruppierten Stichprobe

Voraussetzung: Es liegt eine in k Klassen aufgeteilte Stichprobe vom Umfang n mit den Klassenmitten $\tilde{x}_1, \tilde{x}_2, \ldots, \tilde{x}_k$ und der *Klassenhäufigkeitsfunktion* $f(x)$ vor.

Mittelwert $\bar{x}$

$$\bar{x} = \sum_{i=1}^{k} \tilde{x}_i \cdot f(\tilde{x}_i)$$

Varianz s^2

$$s^2 = \frac{n}{n-1} \cdot \sum_{i=1}^{k} (\tilde{x}_i - \bar{x})^2 \cdot f(\tilde{x}_i) = \frac{n}{n-1} \left[\sum_{i=1}^{k} \tilde{x}_i^2 \cdot f(\tilde{x}_i) - \bar{x}^2 \right]$$

■ **Beispiel**

Wir werten die in Abschnitt 1.3 beschriebene Stichprobe (Fehlmengen bei der automatischen Abfüllung von Wein in Literflaschen) aus:

i	$\tilde{x}_i$	n_i	$f(\tilde{x}_i)$	$\tilde{x}_i \cdot f(\tilde{x}_i)$	$\tilde{x}_i^2$	$\tilde{x}_i^2 \cdot f(\tilde{x}_i)$
1	5	9	0,45	2,25	25	11,25
2	15	6	0,30	4,50	225	67,50
3	25	4	0,20	5,00	625	125,00
4	35	1	0,05	1,75	1225	61,25
Σ		20	1,00	13,50		265,00

$n = 20$

$\tilde{x}_i$ in cm^3

$\tilde{x}_i^2$ in cm^6

$$\bar{x} = \sum_{i=1}^{4} \tilde{x}_i \cdot f(\tilde{x}_i) = 13{,}5 \quad \text{(in cm}^3)$$

$$s^2 = \frac{20}{20-1} \left[\sum_{i=1}^{4} \tilde{x}_i^2 \cdot f(\tilde{x}_i) - \bar{x}^2 \right] = \frac{20}{19} (265 - 13{,}5^2) =$$

$$= \frac{20}{19} (265 - 182{,}25) = \frac{20}{19} \cdot 82{,}75 = 87{,}11 \quad \text{(in cm}^6)$$

$$s = 9{,}33 \quad \text{(in cm}^3)$$

■

3 Statistische Schätzmethoden für unbekannte Parameter („Parameterschätzungen")

3.1 Aufgaben der Parameterschätzung

Die Zufallsvariable X genüge einer Wahrscheinlichkeitsverteilung mit der vom *Typ* her bekannten Verteilungsfunktion $F(x)$, deren Parameter jedoch *unbekannt* sind.

■ **Beispiel**

X ist *normalverteilt*, die Parameter μ und σ bzw. σ^2 jedoch sind *unbekannt*.

■

Die Parameterschätzung hat dann auf der Basis einer konkreten Stichprobe die folgenden Aufgaben zu lösen:

1. Bestimmung von *Schätz-* oder *Näherungswerten* für die unbekannten Parameter (sog. *„Punktschätzung"*).
2. Konstruktion von *Konfidenz-* oder *Vertrauensintervallen*, in denen die unbekannten Parameter mit einer vorgegebenen (großen) Wahrscheinlichkeit *vermutet* werden (sog. *„Intervallschätzung"*). Diese Intervalle ermöglichen Aussagen über die Genauigkeit und Zuverlässigkeit der Schätzwerte.

3.2 Schätzfunktionen und Schätzwerte für unbekannte Parameter („Punktschätzungen")

3.2.1 Schätz- und Stichprobenfunktionen

Stichprobenfunktionen

Eine Funktion (Zufallsvariable) $Z = g(X_1; X_2; \ldots; X_n)$, die von n *stochastisch unabhängigen* Zufallsvariablen $X_1, X_2, \ldots, X_n$ abhängt, die alle der *gleichen* Verteilungsfunktion $F(x)$ genügen, heißt *Stichprobenfunktion*. Die Zufallsvariablen $X_1, X_2, \ldots, X_n$ können dabei auch als Komponenten einer *n-dimensionalen Zufallsvariablen* $(X_1; X_2; \ldots; X_n)$, auch *n-dimensionaler Zufallsvektor* genannt, aufgefasst werden. Eine konkrete Stichprobe mit den Stichprobenwerten $x_1, x_2, \ldots, x_n$ ist dann eine *Realisierung* des Zufallsvektors. Einsetzen dieser Werte in die Stichprobenfunktion Z liefert einen *Schätz-* oder *Näherungswert* für diese Zufallsvariable.

Schätzfunktionen

Schätzfunktionen sind Stichprobenfunktionen für bestimmte unbekannte Parameter einer Wahrscheinlichkeitsverteilung. Eine Schätzfunktion $\Theta = g(X_1; X_2; \ldots; X_n)$ für den unbekannten Parameter ϑ wird als *„optimal"* angesehen, wenn sie die folgenden Eigenschaften besitzt:

1. Die Schätzfunktion Θ ist *erwartungstreu*, d. h. ihr Erwartungswert ist gleich dem zu schätzenden Parameter: $E(\Theta) = \vartheta$

2. Die Schätzfunktion Θ ist *konsistent* (*passend*), d. h. Θ konvergiert mit zunehmendem Stichprobenumfang n gegen den Parameter ϑ.

3. Die Schätzfunktion Θ ist *effizient* (*wirksam*), d. h. es gibt bei *gleichem* Stichprobenumfang n keine andere erwartungstreue Schätzfunktion mit einer *kleineren* Varianz.

3.2.2 Schätzungen für den Mittelwert μ und die Varianz σ^2

Voraussetzung: Die Zufallsvariablen $X_1, X_2, \ldots, X_n$ genügen alle der *gleichen* Verteilung mit dem Mitttelwert μ und der Varianz σ^2

Unbekannter Parameter	Schätzfunktion für den unbekannten Parameter	Schätzwert für den unbekannten Parameter
Erwartungs- oder Mittelwert $E(X) = \mu$	$\overline{X} = \dfrac{1}{n} \cdot \displaystyle\sum_{i=1}^{n} X_i$	Mittelwert der konkreten Stichprobe $x_1, x_2, \ldots, x_n$: $\hat{\mu} = \bar{x} = \dfrac{1}{n} \cdot \displaystyle\sum_{i=1}^{n} x_i$
Varianz $\mathrm{Var}\,(X) = \sigma^2$	$S^2 = \dfrac{1}{n-1} \cdot \displaystyle\sum_{i=1}^{n} (X_i - \overline{X})^2$	Varianz der konkreten Stichprobe $x_1, x_2, \ldots, x_n$: $\hat{s}^2 = s^2 = \dfrac{1}{n-1} \cdot \displaystyle\sum_{i=1}^{n} (x_i - \bar{x})^2$

Anmerkungen

(1) Die Schätzfunktionen $\overline{X}$ und S^2 sind *erwartungstreu* und *konsistent*, $\overline{X}$ außerdem noch *effizient*.

(2) Sind alle Zufallsvariablen X_i außerdem noch *normalverteilt*, so ist auch die Schätzfunktion $\overline{X}$ eine *normalverteilte* Zufallsgröße mit dem Erwartungs- oder Mittelwert $E(\overline{X}) = \mu$ und der Varianz $\mathrm{Var}\,(\overline{X}) = \sigma^2/n$.

(3) Bei *beliebig verteilten* Zufallsvariablen X_i mit $E(X_i) = \mu$ und $\mathrm{Var}\,(X_i) = \sigma^2$ ist die Schätzfunktion $\overline{X}$ *näherungsweise normalverteilt* mit dem Mittelwert $E(\overline{X}) = \mu$ und der Varianz $\mathrm{Var}\,(\overline{X}) = \sigma^2/n$.

(4) Die Stichprobenfunktion $S = \sqrt{S^2}$ ist eine Schätzfunktion für die *Standardabweichung* σ der Grundgesamtheit. Sie ist jedoch *nicht erwartungstreu*.

■ **Beispiel**

Mittlere Lebensdauer eines bestimmten elektronischen Bauelements (in Stunden)

Stichprobe vom Umfang $n = 8$:

i	1	2	3	4	5	6	7	8
t_i/h	950	980	1150	770	1230	1210	990	1120

Mittlere Lebensdauer:

$$\bar{t} = \frac{1}{8} \cdot \sum_{i=1}^{8} t_i = \frac{1}{8} \underbrace{(950 + 980 + 1150 + \ldots + 1120)}_{8400}\,\mathrm{h} = 1050\,\mathrm{h}$$

■

3.2.3 Schätzungen für einen Anteilswert p (Parameter p einer Binomialverteilung)

Schätzfunktion für den Anteilswert p

$$\hat{P} = \frac{X}{n}$$

$X =$ Anzahl der „Erfolge" (Eintreten des Ereignisses A) bei n-maliger Durchführung des Bernoulli-Experiments

Die *binomialverteilte* Zufallsvariable $\hat{P}$ ist bei *umfangreichen* Stichproben *näherungsweise normalverteilt* mit dem Mittelwert $E(\hat{P}) = p$ und der Varianz $\mathrm{Var}\,(\hat{P}) = p(1 - p)/n$.

Schätzwert für den Anteilswert p

$$\hat{p} = h(A) = \frac{k}{n}$$

k: Anzahl der „Erfolge" (Eintreten des Ereignisses A) bei n-maliger Durchführung des Bernoulli-Experiments (Ergebnis einer konkreten Stichprobe vom Umfang n)

■ **Beispiel**

Ausschussanteil p einer Serienproduktion von Glühbirnen

Eine Stichprobe vom Umfang $n = 300$ enthielt $k = 6$ *defekte* Glühbirnen. Schätzwert für den Ausschussanteil p:

$$\hat{p} = \frac{k}{n} = \frac{6}{300} = \frac{2}{100} = 0{,}02 = 2\,\%$$
■

3.2.4 Schätzwerte für die Parameter spezieller Wahrscheinlichkeitsverteilungen

Verteilung	Schätzwert für …	Bemerkungen
Binomialverteilung $f(x) = \binom{n}{x} p^x (1 - p)^{n-x}$	Parameter p: $\hat{p} = \frac{k}{n}$	k: Anzahl der „Erfolge" bei einer n-fachen Ausführung des Bernoulli-Experiments
Poisson-Verteilung $f(x) = \frac{\mu^x}{x!} \cdot e^{-\mu}$	Mittelwert μ: $\hat{\mu} = \bar{x}$	$\bar{x}$: Mittelwert der Stichprobe
Exponentialverteilung $f(x) = \lambda \cdot e^{-\lambda x}$	Parameter λ: $\hat{\lambda} = \frac{1}{\bar{x}}$	$\bar{x}$: Mittelwert der Stichprobe
Gaußsche Normalverteilung $f(x) = \frac{1}{\sqrt{2\pi}\,\sigma} \cdot e^{-\frac{1}{2}\left(\frac{x-\mu}{\sigma}\right)^2}$	a) Mittelwert μ: $\hat{\mu} = \bar{x}$ b) Varianz σ^2: $\hat{\sigma}^2 = s^2$	$\bar{x}$: Mittelwert der Stichprobe s^2: Varianz der Stichprobe

3.3 Vertrauens- oder Konfidenzintervalle für unbekannte Parameter („Intervallschätzungen")

3.3.1 Vertrauens- oder Konfidenzintervalle

Vertrauens- oder *Konfidenzintervalle* ermöglichen Aussagen über die *Genauigkeit* und *Zuverlässigkeit* von Parameterschätzungen auf der Grundlage der Wahrscheinlichkeitsrechnung. Mit einer vorgegebenen (großen) Wahrscheinlichkeit γ lässt sich aus einer konkreten Stichprobe stets ein sog. *Vertrauens-* oder *Konfidenzintervall* bestimmen, in dem der *wahre* (aber unbekannte) Wert des Parameters *vermutet* wird. Die Grenzen dieses Intervalls heißen *Vertrauens-* oder *Konfidenzgrenzen*, die vorgegebene Wahrscheinlichkeit γ wird als *statistische Sicherheit* oder als *Vertrauens-* oder *Konfidenzniveau* bezeichnet. Die Größe $\alpha = 1 - \gamma$ heißt *Irrtumswahrscheinlichkeit*.

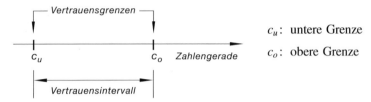

c_u: untere Grenze

c_o: obere Grenze

Verschiedene Stichproben führen zu verschiedenen Vertrauensintervallen. *Vor* der Durchführung der Stichprobe besteht die Wahrscheinlichkeit $\gamma = 1 - \alpha$, ein Intervall zu erhalten, das den unbekannten Parameter *„überdeckt". Nach* der Durchführung der Stichprobe darf man darauf *vertrauen*, dass bei einer Vielzahl von durchgeführten Stichproben der *wahre* Parameterwert in $\gamma \cdot 100\%$ aller Fälle *innerhalb* und nur in $\alpha \cdot 100\%$ aller Fälle *außerhalb* des Vertrauensintervalls liegt. Der wahre Wert des Parameters muss also nicht unbedingt im berechneten Vertrauensintervall liegen, sondern er kann auch (mit der Irrtumswahrscheinlichkeit $\alpha = 1 - \gamma$) *außerhalb* des Intervalls liegen. In diesem Fall trifft man eine *Falschaussage* (sog. *Fehler 1. Art*).

In der Praxis übliche Werte für γ sind $0{,}95 = 95\%$ oder $0{,}99 = 99\%$. Dabei gilt: Je *größer* γ, umso *breiter* ist das Vertrauensintervall und damit umso *unschärfer* die Aussage.

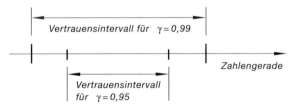

Die Vertrauensgrenzen sind *Zufallsvariable* und somit *abhängig* von der zugrunde gelegten *Stichprobe*. Sie lassen sich anhand einer *konkreten* Stichprobe bei *vorgegebener* (hoher) Wahrscheinlichkeit γ aus der Bedingung

$$P(c_u \leq Z \leq c_o) = \gamma$$

mit Hilfe der Tabellen im **Anhang (Teil B)** bestimmen, sofern die *Verteilung* der Zufallsvariablen (Stichprobenfunktion) Z *bekannt* ist (Z genügt in vielen Fällen der Standardnormalverteilung, in anderen Fällen auch der t-Verteilung oder der Chi-Quadratverteilung, siehe nachfolgende Abschnitte).

3.3.2 Vertrauensintervalle für den unbekannten Mittelwert μ einer Normalverteilung bei bekannter Varianz σ^2

X sei eine *normalverteilte* Zufallsvariable mit dem *unbekannten* Mittelwert μ und der als *bekannt* vorausgesetzten Varianz σ^2. Für den *Mittelwert* μ lässt sich dann unter Verwendung einer konkreten Stichprobe $x_1, x_2, \ldots, x_n$ schrittweise wie folgt ein *Vertrauens-* oder *Konfidenzintervall* bestimmen:

1. Man wähle zunächst ein bestimmtes *Vertrauensniveau* γ (in der Praxis meist $\gamma = 0,95 = 95\%$ oder $\gamma = 0,99 = 99\%$).

2. Berechnung der Konstanten c aus der Bedingung

   $$P(-c \leq U \leq c) = \gamma$$

   für die *standardnormalverteile* Zufallsvariable

   $$U = \frac{\overline{X} - \mu}{\sigma/\sqrt{n}}$$

   unter Verwendung von Tabelle 2 im Anhang, Teil B. Dabei bedeuten:

   $\overline{X}$: *Schätzfunktion* für den unbekannten *Mittelwert* μ der normalverteilen Grundgesamtheit (siehe hierzu Abschnitt 3.2.2)

   σ: *Standardabweichung* der normalverteilten Grundgesamtheit (als *bekannt* vorausgesetzt)

   n: *Umfang* der verwendeten Stichprobe

3. Berechnung des *Mittelwertes* $\bar{x}$ der konkreten Stichprobe $x_1, x_2, \ldots, x_n$.

4. Das *Vertrauensintervall* für den unbekannten *Mittelwert* μ der normalverteilten Grundgesamtheit lautet dann:

   $$\bar{x} - c\,\frac{\sigma}{\sqrt{n}} \leq \mu \leq \bar{x} + c\,\frac{\sigma}{\sqrt{n}}$$

   Der *wahre* Wert des Mittelwertes μ liegt dabei mit einem *Vertrauen* von $\gamma \cdot 100\%$ in diesem Intervall (siehe Bild).

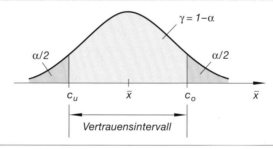

Anmerkungen

(1) Häufig wird die Irrtumswahrscheinlichkeit α vorgegeben (meist $\alpha = 0,05 = 5\%$ oder $\alpha = 0,01 = 1\%$). Das *Vertrauensniveau* ist dann $\gamma = 1 - \alpha$.

(2) Das Vertrauensintervall besitzt die Länge $l = 2\,c\,\sigma/\sqrt{n}$ und lässt sich stets durch eine *Vergrößerung* des Stichprobenumfangs n *verkürzen* (für *feste* Werte von σ und γ).

Hinweis: Musterbeispiel für die Berechnung eines Vertrauensintervalls $\rightarrow$ Abschnitt 3.3.7

3.3.3 Vertrauensintervalle für den unbekannten Mittelwert μ einer Normalverteilung bei unbekannter Varianz σ^2

X sei eine *normalverteilte* Zufallsvariable mit dem *unbekannten* Mittelwert μ und der ebenfalls *unbekannten* Varianz σ^2. Für den *Mittelwert* μ lässt sich dann unter Verwendung einer konkreten Stichprobe $x_1, x_2, \ldots, x_n$ schrittweise wie folgt ein *Vertrauens-* oder *Konfidenzintervall* bestimmen:

1. Man wähle zunächst ein bestimmtes *Vertrauensniveau* γ (in der Praxis meist $\gamma = 0{,}95 = 95\%$ oder $\gamma = 0{,}99 = 99\%$).

2. Berechnung der Konstanten c aus der Bedingung

   $$P(-c \leq T \leq c) = \gamma$$

   für die einer *t-Verteilung* mit $f = n - 1$ Freiheitsgraden genügenden Zufallsvariablen

   $$T = \frac{\overline{X} - \mu}{S/\sqrt{n}}$$

   unter Verwendung von Tabelle 4 im Anhang, Teil B. Dabei bedeuten:

   $\overline{X}$: *Schätzfunktion* für den unbekannten *Mittelwert* μ der normalverteilen Grundgesamtheit (siehe hierzu Abschnitt 3.2.2)

   S: *Schätzfunktion* für die unbekannte *Standardabweichung* σ der normalverteilten Grundgesamtheit (siehe hierzu Abschnitt 3.2.2)

   n: *Umfang* der verwendeten Stichprobe

3. Berechnung des *Mittelwertes* $\bar{x}$ und der *Varianz* s^2 bzw. der *Standardabweichung* s der konkreten Stichprobe $x_1, x_2, \ldots, x_n$.

4. Das *Vertrauensintervall* für den unbekannten *Mittelwert* μ der normalverteilten Grundgesamtheit lautet dann:

   $$\bar{x} - c\,\frac{s}{\sqrt{n}} \leq \mu \leq \bar{x} + c\,\frac{s}{\sqrt{n}}$$

Der *wahre* Wert des Mittelwertes μ liegt dabei mit einem *Vertrauen* von $\gamma \cdot 100\%$ in diesem Intervall (siehe Bild).

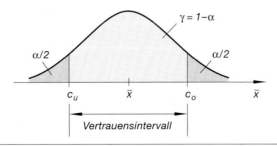

Anmerkungen

(1) Häufig wird die *Irrtumswahrscheinlichkeit* α vorgegeben (meist $\alpha = 0{,}05 = 5\%$ oder $\alpha = 0{,}01 = 1\%$). Das *Vertrauensniveau* ist dann $\gamma = 1 - \alpha$.

(2) Das Vertrauensintervall besitzt die Länge $l = 2\,c\,s/\sqrt{n}$. Eine *Verkürzung* des Vertrauensintervalls lässt sich stets durch eine entsprechende *Vergrößerung* des Stichprobenumfangs n erreichen.

(3) Bei *unbekannter* Varianz σ^2 sind die Vertrauensintervalle für den Mittelwert μ stets *breiter* als bei bekannter Varianz (bei *gleichem* Vertrauensniveau γ und *gleichem* Stichprobenumfang n).

(4) Bei *umfangreichen* Stichproben (**Faustregel:** $n > 30$) kann die *unbekannte* Standardabweichung σ der Grundgesamtheit durch die Standardabweichung s der Stichprobe *geschätzt* werden: $\sigma \approx s$. In diesem *Sonderfall* darf man daher von einer normalverteilten Grundgesamtheit mit der *bekannten* Varianz $\sigma^2 \approx s^2$ ausgehen und das bereits im vorangegangenen Abschnitt 3.3.2 besprochene Verfahren anwenden.

Hinweis: Musterbeispiel für die Berechnung eines Vertrauensintervalls $\rightarrow$ Abschnitt 3.3.7

3.3.4 Vertrauensintervalle für den unbekannten Mittelwert μ bei einer beliebigen Verteilung

X sei eine *beliebig verteilte* Zufallsvariable mit dem *unbekannten* Mittelwert μ und der (bekannten oder unbekannten) Varianz σ^2. Für die Konstruktion von *Vertrauensintervallen* für den Mittelwert μ gelten dann bei Verwendung *hinreichend großer* Stichproben (**Faustregel:** $n > 30$) die bereits in den Abschnitten 3.3.2 und 3.3.3 beschriebenen Methoden. Sie liefern in guter Näherung *brauchbare* Vertrauensintervalle, wobei noch *zwei* Fälle zu unterscheiden sind:

1. Ist die Varianz σ^2 der Grundgesamtheit *bekannt*, so ist das in Abschnitt 3.3.2 beschriebene Verfahren anzuwenden (*Standardnormalverteilung*).

2. Bei *unbekannter* Varianz σ^2 ist dagegen die in Abschnitt 3.3.3 dargestellte Methode anzuwenden (*t-Verteilung* mit $f = n - 1$ Freiheitsgraden).

Die Näherung ist umso *besser*, je *größer* der Umfang n der verwendeten Stichprobe ist. Für *großes* n besteht dann *kein wesentlicher* Unterschied mehr zwischen den beiden Vertrauensintervallen, die man durch die Fallunterscheidung erhält.

3.3.5 Vertrauensintervalle für die unbekannte Varianz σ^2 einer Normalverteilung

X sei eine *normalverteilte* Zufallsvariable mit dem (bekannten oder unbekannten) Mittelwert μ und der unbekannten Varianz σ^2. Für die *Varianz* σ^2 lässt sich dann unter Verwendung einer konkreten Zufallsstichprobe $x_1, x_2, \ldots, x_n$ wie folgt schrittweise ein *Vertrauens-* oder *Konfidenzintervall* bestimmen:

---

1. Man wähle zunächst ein bestimmtes *Vertrauensniveau* γ (in der Praxis meist $\gamma = 0,95 = 95\,\%$ oder $\gamma = 0,99 = 99\,\%$).

2. Berechnung der beiden Konstanten c_1 und c_2 aus der Bedingung

$$P(c_1 \leq Z \leq c_2) = \gamma$$

für die einer *Chi-Quadrat-Verteilung* mit $f = n - 1$ Freiheitsgraden genügenden Zufallsvariablen

$$Z = (n - 1)\, \frac{S^2}{\sigma^2}$$

oder aus den beiden *gleichwertigen* Bestimmungsgleichungen

$$F(c_1) = \frac{1}{2}\,(1 - \gamma) \quad \text{und} \quad F(c_2) = \frac{1}{2}\,(1 + \gamma)$$

unter Verwendung von Tabelle 3 im Anhang, Teil B. Dabei bedeuten:

S^2:   *Schätzfunktion* für die unbekannte *Varianz* σ^2 der normalverteilen Grundgesamtheit (siehe hierzu Abschnitt 3.2.2)

n: *Umfang* der verwendeten Stichprobe

$F(z)$:   Verteilungsfunktion der Chi-Quadrat-Verteilung mit $f = n - 1$

   Freiheitsgraden (Tabelle 3 im Anhang, Teil B)

3. Berechnung des *Varianz* s^2 der konkreten Stichprobe $x_1, x_2, \ldots, x_n$.

4. Das *Vertrauensintervall* für die unbekannte *Varianz* σ^2 der normalverteilten Grundgesamtheit lautet dann:

$$\frac{(n - 1)\, s^2}{c_2} \leq \sigma^2 \leq \frac{(n - 1)\, s^2}{c_1}$$

Der *wahre* Wert der Varianz σ^2 liegt dabei mit einem *Vertrauen* von $\gamma \cdot 100\,\%$ in diesem Intervall.

Anmerkungen

(1)   Häufig wird die *Irrtumswahrscheinlichkeit* α vorgegeben (meist $\alpha = 0,05 = 5\,\%$ oder $\alpha = 0,01 = 1\,\%$). Das *Vertrauensniveau* ist dann $\gamma = 1 - \alpha$.

(2)   Das Vertrauensintervall besitzt die Länge $l = \dfrac{(n - 1)\,(c_2 - c_1)\, s^2}{c_1\, c_2}$.

(3)   Aus dem Vertrauensintervall für die Varianz σ^2 erhält man durch Wurzelziehen ein entsprechendes Vertrauensintervall für die *Standardabweichung* σ.

Hinweis: Musterbeispiel für die Berechnung eines Vertrauensintervalls $\rightarrow$ Abschnitt 3.3.7

3.3.6 Vertrauensintervalle für einen unbekannten Anteilswert p (Parameter p einer Binomialverteilung)

Der Parameter p einer Binomialverteilung sei *unbekannt*. Der binomialverteilten Grundgesamtheit wird daher eine *umfangreiche* Stichprobe entnommen, in dem das dieser Verteilung zugrunde liegende Bernoulli-Experiment n-mal nacheinander ausgeführt und dabei die Anzahl k der erzielten „Erfolge" festgestellt wird. Als „Erfolg" wird das Eintreten des Ereignisses A, als „Mißerfolg" demnach das Eintreten des zu A *komplementären* Ereignisses $\bar{A}$ gewertet. Die *beobachtete relative Häufigkeit* für das Ereignis A („Erfolg") beträgt somit $h(A) = k/n$ und ist ein *Schätzwert* für den unbekannten Parameter p der Binomialverteilung (Anteilswert p).

Unter Verwendung dieser Stichprobe lässt sich dann für den unbekannten Parameter p schrittweise wie folgt ein *Vertrauens-* oder *Konfidenzintervall* konstruieren:

---

1. Man wähle zunächst ein bestimmtes Vertrauensniveau γ (in der Praxis meist $\gamma = 0{,}95 = 95\,\%$ oder $\gamma = 0{,}99 = 99\,\%$).

2. Berechnung der Konstanten c aus der Bedingung

$$P(-c \leq U \leq c) = \gamma$$

für die (näherungsweise) *standardnormalverteilte* Zufallsvariable

$$U = \frac{n\hat{P} - np}{\sqrt{np(1-p)}}$$

unter Verwendung von Tabelle 2 im Anhang, Teil B. Dabei bedeuten:

   $\hat{P}$: *Schätzfunktion* für den Parameter p einer binomialverteilen Grundgesamtheit (siehe hierzu Abschnitt 3.2.3)

   n: *Umfang* der verwendeten Stichprobe

3. Berechnung des *Schätzwertes* $\hat{p} = k/n$ für den Parameter p aus der konkreten Stichprobe („k *Erfolge* bei insgesamt n Ausführungen des Bernoulli-Experiments").

4. Unter der *Voraussetzung*, dass die Bedingung

$$\Delta = n\hat{p}(1-\hat{p}) > 9$$

für eine *umfangreiche* Stichprobe erfüllt ist, lautet das *Vertrauensintervall* für den unbekannten Parameter p der binomialverteilten Grundgesamtheit wie folgt:

$$\hat{p} - \frac{c}{n}\sqrt{\Delta} \leq p \leq \hat{p} + \frac{c}{n}\sqrt{\Delta}$$

Der *wahre* Wert des Parameters p liegt dabei mit einem *Vertrauen* von $\gamma \cdot 100\,\%$ in diesem Intervall (siehe Bild auf der nächsten Seite).

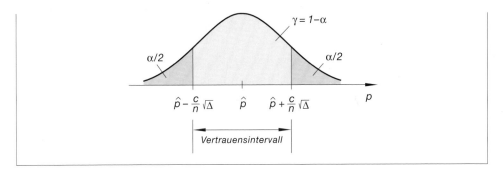

Anmerkungen

(1)   Häufig wird die *Irrtumswahrscheinlichkeit* α vorgegeben (meist $\alpha = 0{,}05 = 5\%$ oder $\alpha = 0{,}01 = 1\%$). Das *Vertrauensniveau* ist dann $\gamma = 1 - \alpha$.

(2)   Eine Verkürzung des Vertrauensintervalls der Länge $l = 2\,(c/n)\,\sqrt{\Delta}$ lässt sich stets durch eine entsprechende *Vergrößerung* des Stichprobenumfangs n erreichen.

Hinweis: Musterbeispiel für die Berechnung eines Vertrauensintervalls $\rightarrow$ Abschnitt 3.3.7

3.3.7 Musterbeispiel für die Bestimmung eines Vertrauensintervalls

Qualitätskontrolle bei der Serienproduktion eines bestimmten elektronischen Bauteils

Eine Stichprobe vom Umfang $n = 500$ enthält $k = 27$ *defekte* Teile. Für den unbekannten Ausschussanteil p der binomialverteilten Grundgesamtheit soll ein *Vertrauensintervall* bestimmt werden. Das Verfahren ist in Abschnitt 3.3.6 ausführlich beschrieben.

Wahl des *Vertrauensniveaus*: $\gamma = 0{,}95 = 95\%$

Berechnung der Konstanten c aus der Bedingung $P\left(-c \leq U \leq c\right) = \gamma = 0{,}95$:

$$P\left(-c \leq U \leq c\right) = 2 \cdot \phi(c) - 1 = 0{,}95 \quad \Rightarrow$$

$$\phi(c) = 0{,}975 \quad \Rightarrow \quad c = u_{0{,}975} = 1{,}960 \quad \text{(aus Tabelle 2 im Anhang, Teil B)}$$

Schätzwert für den unbekannten Ausschussanteil p:

$$\hat{p} = \frac{k}{n} = \frac{27}{500} = \frac{54}{1000} = 0{,}054 = 5{,}4\%$$

Die Bedingung für eine *umfangreiche* Stichprobe ist erfüllt:

$$\Delta = n\,\hat{p}\,(1 - \hat{p}) = 500 \cdot 0{,}054\,(1 - 0{,}054) = 500 \cdot 0{,}054 \cdot 0{,}946 = 25{,}542 > 9$$

Vertrauensintervall für den unbekannten Ausschussanteil p:

$$a = \frac{c}{n}\,\sqrt{\Delta} = \frac{1{,}960}{500} \cdot \sqrt{25{,}542} = 0{,}020$$

$$\hat{p} - a \leq p \leq \hat{p} + a \quad \Rightarrow \quad 0{,}054 - 0{,}020 \leq p \leq 0{,}054 + 0{,}020$$

$$\boxed{0{,}034 \leq p \leq 0{,}074} \quad \Leftrightarrow \quad \boxed{3{,}4\% \leq p \leq 7{,}4\%}$$

Mit einem Vertrauen von 95% können wir davon ausgehen, dass der Ausschussanteil p zwischen 3,4% und 7,4% liegt.

4 Statistische Prüfverfahren für unbekannte Parameter („Parametertests")

4.1 Statistische Hypothesen und Parametertests

Statistische Hypothese

Unter einer *statistischen Hypothese* (kurz: Hypothese) versteht man irgendwelche Annahmen, Vermutungen oder Behauptungen über die Wahrscheinlichkeitsverteilung einer Zufallsvariablen oder einer Grundgesamtheit und deren Parameter.

Parametertest

Ein *Parametertest* ist ein *statistisches Prüfverfahren* für einen *unbekannten* Parameter in der Wahrscheinlichkeitsverteilung einer Zufallsvariablen oder Grundgesamtheit, wobei die *Art* der Verteilung (d. h. der *Verteilungstyp* wie z. B. Binomialverteilung oder Gaußsche Normalverteilung) als *bekannt* vorausgesetzt wird. Ein solcher *Test* dient der *Überprüfung* einer Hypothese über einen bestimmten Parameter der Verteilung mit Hilfe einer *Stichprobenuntersuchung* der betreffenden Grundgesamtheit. Die zu überprüfende Hypothese wird meist als *Nullhypothese* H_0 bezeichnet. Ihr wird oft eine *Alternativhypothese* H_1 gegenübergestellt. Es ist dann das erklärte *Ziel* eines Parametertests, eine *Entscheidung* darüber zu ermöglichen, ob man die Nullhypothese H_0 *beibehalten* (d. h. *nicht ablehnen*) kann, da die Auswertung des verwendeten Stichprobenmaterials in *keinem* Widerspruch zur Nullhypothese steht oder ob man sie zugunsten der Alternativhypothese H_1 *ablehnen* oder *verwerfen* muss. Mit einem Parametertest kann also über Ablehnung *oder* Beibehaltung (Nichtablehnung) einer aufgestellten Hypothese („Nullhypothese") entschieden werden. Allerdings: *Wie auch immer die Entscheidung ausfallen sollte, sie kann richtig aber auch falsch sein.*

■ **Beispiel**

Ein Großhändler bestellt direkt beim Hersteller einen größeren Posten eines bestimmten elektronischen Bauelements und vereinbart dabei, dass die Ware einen *maximalen* Ausschussanteil von $p_0 = 1\,\%$ enthalten darf. Bei der Anlieferung der Ware wird er daher mit einem speziellen statistischen Test prüfen, ob die vereinbarte maximale Ausschussquote auch *nicht überschritten* wurde. Der Großhändler wird daher mit Hilfe einer Stichprobenuntersuchung die *Nullhypothese*

$$H_0: \ p \leq p_0 = 1\,\%$$

gegen die *Alternativhypothese*

$$H_1: \ p > p_0 = 1\,\%$$

testen (sog. *einseitiger* Parametertest, da hier die Alternativhypothese nur Werte $p > p_0$ zulässt). Sollte dabei die Testentscheidung zugunsten der *Alternativhypothese* H_1 ausfallen, so darf er davon ausgehen, dass der Ausschussanteil p *größer* ist als vereinbart, d. h. *größer* als 1 %. Der Großhändler wird in diesem Fall die Annahme der gelieferten Bauelemente verweigern. Trotzdem *kann* die getroffene Entscheidung falsch sein! Denn sie beruht ausschließlich auf der verwendeten Stichprobe. Eine weitere Stichprobe *könnte* durchaus zu einer anderen Entscheidung führen.

■

4.2 Spezielle Parametertests

4.2.1 Test für den unbekannten Mittelwert μ einer Normalverteilung bei bekannter Varianz σ^2

Zweiseitiger Test

X sei eine *normalverteilte* Zufallsvariable mit der *bekannten* Varianz σ^2. Es soll *geprüft* werden, ob der *unbekannte* Mittelwert μ (wie vermutet) den speziellen Wert μ_0 besitzt. Auf der Basis einer *Zufallsstichprobe* $x_1, x_2, \ldots, x_n$ vom Umfang n wird daher die

> *Nullhypothese* H_0: $\mu = \mu_0$

gegen die

> *Alternativhypothese* H_1: $\mu \neq \mu_0$

getestet. Die Durchführung des Tests erfolgt dabei schrittweise wie folgt:

1. Man wähle zunächst eine bestimmte *Signifikanzzahl (Irrtumswahrscheinlichkeit)* α (in der Praxis meist $\alpha = 0,05 = 5\%$ oder $\alpha = 0,01 = 1\%$).

2. *Test-* oder *Prüfvariable* ist die *standardnormalverteile* Zufallsvariable

$$U = \frac{\overline{X} - \mu_0}{\sigma/\sqrt{n}}$$

   Dabei bedeuten:

   $\overline{X}$: *Schätzfunktion* für den unbekannten *Mittelwert* μ der normalverteilen Grundgesamtheit (siehe hierzu Abschnitt 3.2.2)

   μ_0: *Vermuteter* Wert des unbekannten Mittelwertes μ

   σ: *Standardabweichung* der normalverteilten Grundgesamtheit (wird hier als *bekannt* vorausgesetzt)

   n: *Umfang* der verwendeten Stichprobe

   Die Berechnung des *kritischen* Wertes c und damit der *kritischen Grenzen* $\overline{+} c$ erfolgt aus der Bedingung

$$P(-c \leq U \leq c)_{H_0} = 1 - \alpha$$

   unter Verwendung von Tabelle 2 im Anhang, Teil B. Der *nichtkritische* Bereich *(Annahmebereich)* lautet dann:

$$-c \leq u \leq c$$

3. Berechnung des *Mittelwertes* $\bar{x}$ der konkreten Stichprobe $x_1, x_2, \ldots, x_n$ sowie des *Test-* oder *Prüfwertes*

$$\hat{u} = \frac{\bar{x} - \mu_0}{\sigma/\sqrt{n}}$$

   der *Testvariablen* U.

4. **Testentscheidung:** Fällt der *Test-* oder *Prüfwert* $\hat{u}$ in den *nichtkritischen* Bereich *(Annahmebereich)*, d. h. gilt

$$-c \leq \hat{u} \leq c$$

so wird die Nullhypothese H_0: $\mu = \mu_0$ *beibehalten*, anderenfalls zugunsten der Alternativhypothese H_1: $\mu \neq \mu_0$ *verworfen* (siehe Bild). „*Beibehalten*" bedeutet dabei lediglich, dass die Nullhypothese H_0 aufgrund der verwendeten Stichprobe *nicht abgelehnt* werden kann.

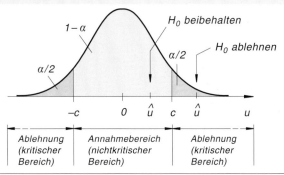

Hinweis: Musterbeispiel für einen Parametertest $\rightarrow$ Abschnitt 4.2.6

Einseitige Tests

Analog verlaufen die *einseitigen* Tests (Abgrenzung nach *oben* bzw. nach *unten*), bei denen es nur *eine* kritische Grenze gibt.

Abgrenzung nach oben

H_0: $\mu \leq \mu_0$

H_1: $\mu > \mu_0$

$P(U \leq c)_{H_0} = 1 - \alpha$

Annahmebereich: $u \leq c$

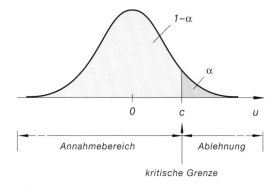

Abgrenzung nach unten

H_0: $\mu \geq \mu_0$

H_1: $\mu < \mu_0$

$P(U < c)_{H_0} = \alpha$

Annahmebereich: $u \geq c$

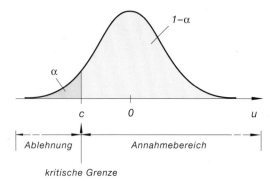

4.2.2 Test für den unbekannten Mittelwert μ einer Normalverteilung bei unbekannter Varianz σ^2

Zweiseitiger Test

X sei eine *normalverteilte* Zufallsvariable mit der *unbekannten* Varianz σ^2. Es soll *geprüft* werden, ob der ebenfalls unbekannte Mittelwert μ (wie vermutet) den speziellen Wert μ_0 besitzt. Auf der Basis einer *Zufallsstichprobe* $x_1, x_2, \ldots, x_n$ vom Umfang n wird daher die

Nullhypothese H_0: $\mu = \mu_0$

gegen die

Alternativhypothese H_1: $\mu \neq \mu_0$

getestet. Die Durchführung des Tests erfolgt dabei schrittweise wie folgt:

1. Man wähle zunächst eine bestimmte *Signifikanzzahl (Irrtumswahrscheinlichkeit)* α (in der Praxis meist $\alpha = 0{,}05 = 5\%$ oder $\alpha = 0{,}01 = 1\%$).

2. *Test-* oder *Prüfvariable* ist die Zufallsvariable

$$T = \frac{\overline{X} - \mu_0}{S/\sqrt{n}}$$

die der *t-Verteilung* mit $f = n - 1$ Freiheitsgraden genügt. Dabei bedeuten:

$\overline{X}$: *Schätzfunktion* für den unbekannten *Mittelwert* μ der normalverteilen Grundgesamtheit (siehe hierzu Abschnitt 3.2.2)

μ_0: *Vermuteter* Wert des unbekannten Mittelwertes μ

S: *Schätzfunktion* für die unbekannte Standardabweichung σ der normalverteilten Grundgesamtheit (siehe hierzu Abschnitt 3.2.2)

n: *Umfang* der verwendeten Stichprobe

Die Berechnung des *kritischen* Wertes c und damit der *kritischen Grenzen* $\overline{+}\, c$ erfolgt aus der Bedingung

$$P(-c \leq T \leq c)_{H_0} = 1 - \alpha$$

unter Verwendung von Tabelle 4 im Anhang, Teil B. Der *nichtkritische* Bereich *(Annahmebereich)* lautet dann:

$$-c \leq t \leq c$$

3. Berechnung des *Mittelwertes* $\bar{x}$ und der *Standardabweichung* s der vorgegebenen konkreten Stichprobe $x_1, x_2, \ldots, x_n$ sowie des *Test-* oder *Prüfwertes*

$$\hat{t} = \frac{\bar{x} - \mu_0}{s/\sqrt{n}}$$

der *Testvariablen* T.

4. **Testentscheidung:** Fällt der *Test-* oder *Prüfwert* $\hat{t}$ in den *nichtkritischen* Bereich *(Annahmebereich)*, d. h. gilt

$$-c \leq \hat{t} \leq c$$

so wird die Nullhypothese $H_0: \mu = \mu_0$ *beibehalten*, anderenfalls zugunsten der Alternativhypothese $H_1: \mu \neq \mu_0$ *verworfen* (siehe Bild). *„Beibehalten"* bedeutet dabei lediglich, dass die Nullhypothese H_0 aufgrund der verwendeten Stichprobe *nicht abgelehnt* werden kann.

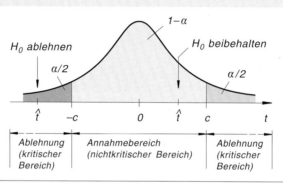

Anmerkung

Bei einer *umfangreichen* Stichprobe (**Faustregel:** $n > 30$) ist die Testvariable T *näherungsweise standardnormalverteilt* und man darf daher das in Abschnitt 4.2.1 besprochene Testverfahren anwenden $(\sigma^2 \approx s^2)$.

Hinweis: Musterbeispiel für einen Parametertest $\rightarrow$ Abschnitt 4.2.6

Einseitige Tests

Die *einseitigen* Tests (Abgrenzung nach *oben* bzw. nach *unten*) verlaufen ähnlich wie im Fall bekannter Varianz (siehe Abschnitt 4.2.1). Bei der Berechnung der kritischen Grenze ist dabei die *t-Verteilung* mit $f = n - 1$ Freiheitsgraden anstelle der Standardnormalverteilung zu verwenden (Testvariable ist die weiter oben beschriebene Zufallsvariable T).

4.2.3 Tests für die Gleichheit der unbekannten Mittelwerte μ_1 und μ_2 zweier Normalverteilungen („Differenzentests")

Abhängige und unabhängige Stichproben

Zwei Stichproben heißen voneinander *abhängig*, wenn sie den *gleichen* Umfang haben und zu *jedem* Wert der einen Stichprobe *genau ein* Wert der anderen Stichprobe gehört und umgekehrt. Zwischen *abhängigen* Stichproben besteht somit eine *Kopplung*. Man spricht daher in diesem Zusammenhang auch von *verbundenen* oder *korrelierten* Stichproben.

Zwei Stichproben, die diese beiden Bedingungen *nicht* zugleich erfüllen, heißen dagegen voneinander *unabhängig* (*unabhängige* Stichproben). So sind beispielsweise zwei Stichproben von *unterschiedlichem* Umfang stets voneinander *unabhängig*.

4.2.3.1 Differenzentests für Mittelwerte bei abhängigen Stichproben

Bei *abhängigen* oder *verbundenen* Stichproben lässt sich der *Differenzentest* auf die in den Abschnitten 4.2.1 und 4.2.2 beschriebenen Parametertests für den Mittelwert μ einer normalverteilten Grundgesamtheit zurückführen.

X und Y seien zwei *normalverteilte* Zufallsvariable mit den *unbekannten* Mittelwerten μ_1 und μ_2. Es soll *geprüft* werden, ob die beiden Mittelwerte (wie vermutet) *übereinstimmen*. Auf der Basis zweier *abhängiger* Stichproben

$$x_1, x_2, \ldots, x_n \quad \text{und} \quad y_1, y_2, \ldots, y_n$$

vom (gleichen) Umfang n wird daher die

Nullhypothese H_0: $\mu_1 = \mu_2$

gegen die

Alternativhypothese H_1: $\mu_1 \neq \mu_2$

getestet. Diesen *zweiseitigen* Parametertest führen wir zweckmäßigerweise auf einen entsprechenden Test des *Hilfsparameters*

$$\mu = \mu_1 - \mu_2$$

(*Differenz* der beiden Mittelwerte μ_1 und μ_2) zurück. Getestet wird dann die

Nullhypothese H_0: $\mu = 0$

gegen die

Alternativhypothese H_1: $\mu \neq 0$

wie folgt:

Zunächst bildet man aus den beiden *abhängigen* Stichproben die entsprechenden *Differenzen*

$$z_i = x_i - y_i \qquad (i = 1, 2, 3, \ldots, n)$$

und betrachtet diese Werte als Stichprobenwerte einer *neuen* (normalverteilten) Stichprobe vom Umfang n:

$$z_1, z_2, \ldots, z_n$$

Es lässt sich dann mit den in den Abschnitten 4.2.1 und 4.2.2 beschriebenen Verfahren prüfen, ob der *Mittelwert $\bar{z} = \bar{x} - \bar{y}$* dieser Stichprobe in den Annahmebereich fällt *oder* nicht. Fällt der Mittelwert $\bar{z}$ in den *Annahmebereich*, so wird die Nullhypothese H_0: $\mu = 0$ bzw. H_0: $\mu_1 = \mu_2$ *beibehalten*, d. h. *nicht abgelehnt* und man kann davon ausgehen, dass die Mittelwerte μ_1 und μ_2 der beiden normalverteilten Grundgesamtheiten *übereinstimmen*. Anderenfalls wird die Nullhypothese H_0 zugunsten der Alternativhypothese H_1: $\mu \neq 0$ bzw. H_1: $\mu_1 \neq \mu_2$ *verworfen*. Die *Mittelwerte μ_1* und μ_2 der beiden normalverteilten Grundgesamtheiten können in diesem Fall als *verschieden* betrachtet werden.

Es wird also getestet, ob die durch *Differenzbildung* erhaltene Stichprobe $z_1, z_2, \ldots, z_n$ einer *normalverteilten* Grundgesamtheit mit dem *Mittelwert $\mu = 0$* entstammt. Dabei sind noch zwei Fälle zu unterscheiden.

1. Fall: Die Varianzen σ_1^2 und σ_2^2 der Zufallsvariablen X und Y sind bekannt

Dann gilt

$$\sigma^2 = \frac{\sigma_1^2}{n} + \frac{\sigma_2^2}{n} = \frac{\sigma_1^2 + \sigma_2^2}{n}$$

und man darf das in Abschnitt 4.2.1 besprochene Prüfverfahren anwenden (die verwendete Testvariable ist in diesem Fall *standardnormalverteilt* mit der bekannten Varianz σ^2).

Diese Aussage gilt *näherungsweise* auch bei *unbekannten* Varianzen, sofern die verwendeten abhängigen Stichproben *hinreichend umfangreich* sind (**Faustregel:** $n > 30$). In diesem Fall verwendet man als *Schätzwert* für die unbekannte Varianz σ^2 die *Stichprobenvarianz* s^2 (d. h. die Varianz der Stichprobe $z_1, z_2, \ldots, z_n$).

2. Fall: Die Varianzen σ_1^2 und σ_2^2 der Zufallsvariablen X und Y sind unbekannt

Dann bleibt auch die Varianz σ^2 *unbekannt* und man muss das in Abschnitt 4.2.2 dargestellte Testverfahren verwenden (die Testvariable genügt jetzt einer *t-Verteilung* mit $f = n - 1$ Freiheitsgraden). Dieser Fall tritt ein bei *kleinen abhängigen* Stichproben mit $n \leq 30$.

Anmerkung

Ähnlich verläuft der Differenzentest bei *einseitigen* Fragestellungen.

Hinweis: Musterbeispiel für einen Parametertest $\rightarrow$ Abschnitt 4.2.6

4.2.3.2 Differenzentests für Mittelwerte bei unabhängigen Stichproben

Zweiseitiger Differenzentest bei bekannten Varianzen

X und Y seien zwei *unabhängige* und *normalverteilte* Zufallsvariable mit den *unbekannten* Mittelwerten μ_1 und μ_2, aber *bekannten* Varianzen σ_1^2 und σ_2^2. Es soll *geprüft* werden, ob die beiden Mittelwerte (wie vermutet) *übereinstimmen*. Auf der Basis zweier *unabhängiger* Zufallsstichproben

$$x_1, x_2, \ldots, x_{n_1} \quad \text{und} \quad y_1, y_2, \ldots, y_{n_2}$$

mit den Stichprobenumfängen n_1 und n_2 wird daher die

Nullhypothese H_0: $\mu_1 = \mu_2$

gegen die

Alternativhypothese H_1: $\mu_1 \neq \mu_2$

getestet.

Die Durchführung des Tests erfolgt dabei schrittweise wie folgt:

1. Man wähle zunächst eine bestimmte *Signifikanzzahl (Irrtumswahrscheinlichkeit)* α (in der Praxis meist $\alpha = 0{,}05 = 5\,\%$ oder $\alpha = 0{,}01 = 1\,\%$).

2. *Test-* oder *Prüfvariable* ist die *standardnormalverteilte* Zufallsvariable

$$U = \frac{\overline{X} - \overline{Y}}{\sigma} \quad \text{mit} \quad \sigma = \sqrt{\frac{\sigma_1^2}{n_1} + \frac{\sigma_2^2}{n_2}}$$

Dabei bedeuten:

$\overline{X}, \overline{Y}$: *Schätzfunktionen* für die unbekannten *Mittelwerte* μ_1 und μ_2 der beiden normalverteilen Grundgesamtheiten (siehe hierzu Abschnitt 3.2.2)

σ_1, σ_2: *Standardabweichungen* der beiden normalverteilten Grundgesamtheiten (hier als *bekannt* vorausgesetzt)

n_1, n_2: *Umfänge* der verwendeten *unabhängigen* Stichproben

σ: *Standardabweichung* der Zufallsvariablen $\overline{X} - \overline{Y}$

Die Berechnung des *kritischen* Wertes c und damit der *kritischen Grenzen* $\mp c$ erfolgt aus der Bedingung

$$P(-c \le U \le c)_{H_0} = 1 - \alpha$$

unter Verwendung von Tabelle 2 im Anhang, Teil B. Der *nichtkritische* Bereich *(Annahmebereich)* lautet dann:

$$-c \le u \le c$$

3. Berechnung der *Mittelwerte* $\bar{x}$ und $\bar{y}$ der beiden vorgegebenen unabhängigen Stichproben sowie des *Test-* oder *Prüfwertes*

$$\hat{u} = \frac{\bar{x} - \bar{y}}{\sigma}$$

der *Testvariablen* U.

4. **Testentscheidung:** Fällt der *Test-* oder *Prüfwert* $\hat{u}$ in den *nichtkritischen* Bereich *(Annahmebereich)*, d. h. gilt

$$-c \le \hat{u} \le c$$

so wird die Nullhypothese H_0: $\mu_1 = \mu_2$ *beibehalten*, anderenfalls zugunsten der Alternativhypothese H_1: $\mu_1 \ne \mu_2$ *verworfen* (siehe Bild). *„Beibehalten"* bedeutet dabei lediglich, dass man die Nullhypothese H_0 aufgrund der verwendeten Stichprobe *nicht ablehnen* kann.

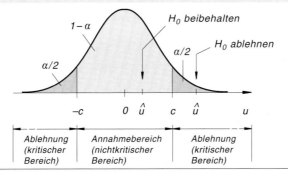

Anmerkungen

(1) Dieser *Differenzentest* lässt sich in ähnlicher Weise auch für *einseitige* Fragestellungen durchführen. In diesem Fall gibt es nur *eine* kritische Grenze.

(2) Bei *umfangreichen* Stichproben (**Faustregel:** $n_1, n_2 > 30$) dürfen die Varianzen σ_1^2 und σ_2^2 *näherungsweise* durch ihre *Schätzwerte* s_1^2 und s_2^2, d. h. durch die *Stichprobenvarianzen* ersetzt werden, falls sie *unbekannt* sein sollten.

Hinweis: Musterbeispiel für einen Parametertest $\rightarrow$ Abschnitt 4.2.6

Zweiseitiger Differenzentest bei gleicher (aber unbekannter) Varianz

X und Y seien zwei *unabhängige* und *normalverteilte* Zufallsvariable mit den *unbekannten* Mittelwerten μ_1 und μ_2 und zwar *gleicher*, aber *unbekannter* Varianz ($\sigma_1^2 = \sigma_2^2$). Es soll *geprüft* werden, ob die beiden Mittelwerte (wie vermutet) *übereinstimmen*. Auf der Basis zweier *unabhängiger* Zufallsstichproben

$$x_1, x_2, \ldots, x_{n_1} \qquad \text{und} \qquad y_1, y_2, \ldots, y_{n_2}$$

mit den Stichprobenumfängen n_1 und n_2 wird daher die

$$\text{Nullhypothese } H_0\colon \ \mu_1 = \mu_2$$

gegen die

$$\text{Alternativhypothese } H_1\colon \ \mu_1 \neq \mu_2$$

getestet. Die Durchführung des Tests erfolgt dabei schrittweise wie folgt:

1. Man wähle zunächst eine bestimmte *Signifikanzzahl (Irrtumswahrscheinlichkeit)* α (in der Praxis meist $\alpha = 0{,}05 = 5\,\%$ oder $\alpha = 0{,}01 = 1\,\%$).

2. *Test-* oder *Prüfvariable* ist die Zufallsvariable

$$T = \sqrt{\frac{n_1\, n_2\, (n_1 + n_2 - 2)}{n_1 + n_2}} \cdot \frac{\overline{X} - \overline{Y}}{\sqrt{(n_1 - 1)\, S_1^2 + (n_2 - 1)\, S_2^2}}$$

die der *t-Verteilung* von *Student* mit $f = n_1 + n_2 - 2$ Freiheitsgraden genügt. Dabei bedeuten:

   $\overline{X}, \overline{Y}$: *Schätzfunktionen* für die unbekannten *Mittelwerte* μ_1 und μ_2 der beiden normalverteilen Grundgesamtheiten (siehe hierzu Abschnitt 3.2.2)

   S_1^2, S_2^2: *Schätzfunktionen* für die zwar gleichen, jedoch unbekannten *Varianzen* σ_1^2 und σ_2^2 der beiden normalverteilten Grundgesamtheiten (siehe hierzu Abschnitt 3.2.2)

   n_1, n_2: *Umfänge* der verwendeten *unabhängigen* Stichproben

   Die Berechnung des *kritischen* Wertes c und damit der *kritischen Grenzen* $\mp c$ erfolgt aus der Bedingung

   $$P(-c \leq T \leq c)_{H_0} = 1 - \alpha$$

   unter Verwendung von Tabelle 4 im Anhang, Teil B. Der *nichtkritische* Bereich *(Annahmebereich)* lautet dann:

   $$-c \leq t \leq c$$

3. Berechnung der *Mittelwerte* $\bar{x}$ und $\bar{y}$ und der *Varianzen* s_1^2 und s_2^2 der beiden vorgegebenen *unabhängigen* Stichproben sowie des *Hilfsparameters*

$$s^2 = \frac{(n_1 - 1)\, s_1^2 + (n_2 - 1)\, s_2^2}{n_1 + n_2 - 2}$$

Daraus wird dann der *Test-* oder *Prüfwert*

$$\hat{t} = \sqrt{\frac{n_1\, n_2}{n_1 + n_2}} \cdot \frac{\bar{x} - \bar{y}}{s}$$

der *Testvariablen* T bestimmt.

4. **Testentscheidung:** Fällt der *Test-* oder *Prüfwert* $\hat{t}$ in den *nichtkritischen* Bereich *(Annahmebereich)*, d. h. gilt

$$-c \le \hat{t} \le c$$

so wird die Nullhypothese $H_0\colon \mu_1 = \mu_2$ *beibehalten*, anderenfalls zugunsten der Alternativhypothese $H_1\colon \mu_1 \ne \mu_2$ *verworfen* (siehe Bild). „*Beibehalten*" bedeutet in diesem Zusammenhang lediglich, dass man die Nullhypothese H_0 aufgrund der verwendeten Stichprobe *nicht ablehnen* kann.

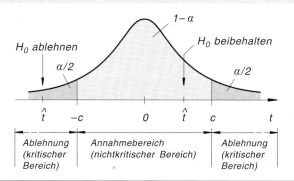

Anmerkungen

(1) Bei *gleichem* Stichprobenumfang $(n_1 = n_2 = n)$ vereinfacht sich die Formel zur Ermittlung des *Test-* oder *Prüfwertes* wie folgt:

$$\hat{t} = \sqrt{n} \cdot \frac{\bar{x} - \bar{y}}{\sqrt{s_1^2 + s_2^2}} = \sqrt{\frac{n}{s_1^2 + s_2^2}} \cdot (\bar{x} - \bar{y})$$

(2) Dieser Differenzentest lässt sich in ähnlicher Weise auch für *einseitige* Fragestellungen durchführen. In diesem Fall gibt es nur *eine* kritische Grenze.

(3) Wird die Nullhypothese $H_0\colon \mu_1 = \mu_2$ *beibehalten* (d. h. *nicht abgelehnt*), so ist $\mu_1 = \mu_2$ und $\sigma_1^2 = \sigma_2^2$. Die beiden unabhängigen Stichproben stammen somit aus der *gleichen* Grundgesamtheit.

Hinweis: Musterbeispiel für einen Parametertest $\rightarrow$ Abschnitt 4.2.6

4.2.4 Tests für die unbekannte Varianz σ^2 einer Normalverteilung

Zweiseitiger Test

X sei eine *normalverteilte* Zufallsvariable. Es soll *geprüft* werden, ob die unbekannte *Varianz* σ^2 (wie vermutet) einen bestimmten Wert σ_0^2 besitzt. Auf der Basis einer *Zufallsstichprobe* $x_1, x_2, \ldots, x_n$ vom Umfang n wird daher die

$\qquad$ *Nullhypothese H_0:* $\sigma^2 = \sigma_0^2$

gegen die

$\qquad$ *Alternativhypothese H_1:* $\sigma^2 \neq \sigma_0^2$

getestet. Die Durchführung des Tests erfolgt dabei schrittweise wie folgt:

---

1. Man wähle zunächst eine bestimmte *Signifikanzzahl (Irrtumswahrscheinlichkeit)* α (in der Praxis meist $\alpha = 0{,}05 = 5\,\%$ oder $\alpha = 0{,}01 = 1\,\%$).

2. *Test-* oder *Prüfvariable* ist die Zufallsvariable

$$Z = (n - 1)\,\frac{S^2}{\sigma_0^2}$$

   Dabei bedeuten:

   $\qquad S^2$: *Schätzfunktion* für die unbekannte *Varianz* σ^2 der normalverteilen Grundgesamtheit (siehe hierzu Abschnitt 3.2.2)

   $\qquad \sigma_0^2$: *Vermuteter* Wert der unbekannten Varianz σ^2

   $\qquad n$: *Umfang der verwendeten Stichprobe*

   Die *Testvariable* Z genügt der *Chi-Quadrat-Verteilung* mit $f = n - 1$ Freiheitsgraden. Die Berechnung der beiden *kritischen Grenzen* c_1 und c_2 erfolgt dabei aus der Bedingung

$$P\,(c_1 \leq Z \leq c_2)_{H_0} = 1 - \alpha$$

   oder aus den beiden *gleichwertigen* Bestimmungsgleichungen

$$F\,(c_1) = \frac{\alpha}{2} \quad \text{und} \quad F\,(c_2) = 1 - \frac{\alpha}{2}$$

   mit Hilfe der tabellierten Verteilungsfunktion $F\,(z)$ der *Chi-Quadrat-Verteilung* mit $f = n - 1$ Freiheitsgraden (Tabelle 3 im Anhang, Teil B). Der *nichtkritische Bereich (Annahmebereich)* lautet dann:

$$c_1 \leq z \leq c_2$$

3. Berechnung der *Varianz* s^2 der vorgegebenen konkreten Stichprobe und des *Test-* oder *Prüfwertes*

$$\hat{z} = (n - 1)\,\frac{s^2}{\sigma_0^2}$$

   der *Testvariablen* Z.

---

4. **Testentscheidung:** Fällt der *Prüf-* oder *Testwert* $\hat{z}$ in den *nichtkritischen* Bereich *(Annahmebereich)*, d. h. gilt

$$c_1 \leq \hat{z} \leq c_2$$

so wird die Nullhypothese $H_0: \sigma^2 = \sigma_0^2$ *beibehalten*, anderenfalls zugunsten der Alternativhypothese $H_1: \sigma^2 \neq \sigma_0^2$ *verworfen* (siehe Bild). *„Beibehalten"* bedeutet in diesem Zusammenhang lediglich, dass man aufgrund der verwendeten Stichprobe die Nullhypothese H_0 *nicht ablehnen* kann.

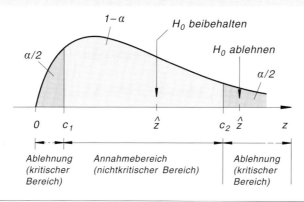

Anmerkung

Der beschriebene Test ist zugleich auch ein Test für die (ebenfalls unbekannte) *Standardabweichung* σ. Getestet wird dabei die *Nullhypothese* $H_0: \sigma = \sigma_0$ gegen die *Alternativhypothese* $H_1: \sigma \neq \sigma_0$.

Hinweis: Musterbeispiel für einen Parametertest → Abschnitt 4.2.6

Einseitige Tests

Analog verlaufen die *einseitigen* Tests, bei denen es jeweils nur *eine* kritische Grenze gibt.

Abgrenzung nach oben

$H_0: \sigma^2 \leq \sigma_0^2$

$H_1: \sigma^2 > \sigma_0^2$

$P(Z \leq c)_{H_0} = 1 - \alpha$

Annahmebereich: $z \leq c$

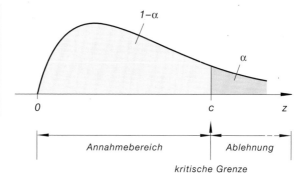

Abgrenzung nach unten

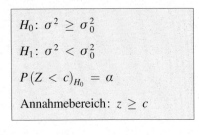

H_0: $\sigma^2 \geq \sigma_0^2$

H_1: $\sigma^2 < \sigma_0^2$

$P(Z < c)_{H_0} = \alpha$

Annahmebereich: $z \geq c$

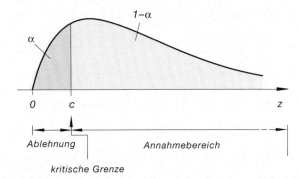

4.2.5 Tests für den unbekannten Anteilswert p (Parameter p einer Binomialverteilung)

Es soll geprüft werden, ob ein *unbekannter* Anteilswert p (Parameter p einer Binomial-verteilung) einen bestimmten Wert p_0 besitzt. Zu diesem Zweck wird der binomialverteil-ten Grundgesamtheit eine *umfangreiche* Stichprobe, d. h. eine Stichprobe, deren Umfang n der Bedingung

$$n\,p_0\,(1 - p_0) > 9$$

genügt, entnommen. Die Stichprobe selbst besteht dann darin, dass das *Bernoulli-Experi-ment* n-mal nacheinander ausgeführt und dabei die Anzahl k der „Erfolge" festgestellt wird. Als „Erfolg" wertet man das Eintreten des Ereignisses A, „Misserfolg" bedeutet demnach, dass das *komplementäre* Ereignis $\bar{A}$ eintritt. Die beobachtete *relative Häufigkeit* für das Ereignis A („Erfolg") beträgt somit $h(A) = k/n$. Unter Verwendung dieser Stich-probe wird dann die

Nullhypothese H_0: $p = p_0$

gegen die

Alternativhypothese H_1: $p \neq p_0$

getestet.

Die Durchführung des Tests erfolgt schrittweise wie folgt:

1. Man wähle zunächst eine bestimmte *Signifikanzzahl (Irrtumswahrscheinlichkeit)* α (in der Praxis meist $\alpha = 0,05 = 5\%$ oder $\alpha = 0,01 = 1\%$).

2. *Test-* oder *Prüfvariable* ist die *näherungsweise standardnormalverteilte* Zufallsvariable

$$U = \sqrt{\frac{n}{p_0(1 - p_0)}} \cdot (\hat{P} - p_0)$$

Dabei bedeuten:

$\hat{P}$: *Schätzfunktion* für den unbekannten Parameter p der binomialverteilten Grundgesamtheit (siehe hierzu Abschnitt 3.2.3)

p_0: *Vermuteter* Wert des unbekannten Parameters p

n: *Umfang* der verwendeten Stichprobe (Anzahl der Ausführungen des *Bernoulli-Experiments*)

Die Berechnung des *kritischen* Wertes c und damit der *kritischen Grenzen* $\mp c$ erfolgt dabei aus der Bedingung

$$P(-c \leq U \leq c)_{H_0} = 1 - \alpha$$

unter Verwendung von Tabelle 2 im Anhang, Teil B. Der *nichtkritische* Bereich *(Annahmebereich)* lautet dann:

$$-c \leq u \leq c$$

3. Berechnung des *Schätzwertes* $\hat{p} = h(A) = k/n$ für den Parameter p aus der vorgegebenen konkreten Stichprobe (n-fache Ausführung des Bernoulli-Experimentes, dabei k-mal „Erfolg") sowie des *Test-* oder *Prüfwertes*

$$\hat{u} = \sqrt{\frac{n}{p_0(1 - p_0)}} \cdot (\hat{p} - p_0)$$

der *Testvariablen* U.

4. **Testentscheidung:** Fällt der *Test-* oder *Prüfwert* $\hat{u}$ in den *nichtkritischen* Bereich *(Annahmebereich)*, d. h. gilt

$$-c \leq \hat{u} \leq c$$

so wird die Nullhypothese H_0: $p = p_0$ *beibehalten*, anderenfalls zugunsten der Alternativhypothese H_1: $p \neq p_0$ *verworfen* (siehe Bild). „*Beibehalten*" bedeutet in diesem Zusammenhang lediglich, dass man aufgrund der verwendeten Stichprobe die Nullhypothese H_0 *nicht ablehnen* kann.

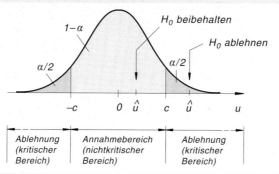

Anmerkungen

(1) Man beachte, dass dieser Parametertest nur für *umfangreiche* Stichproben gilt, d. h. für solche, die der Bedingung $n p_0 (1 - p_0) > 9$ genügen. Bei *kleinem* Stichprobenumfang ist diese Bedingung jedoch *nicht* erfüllt und das angegebene Prüfverfahren daher *nicht* anwendbar. Wir müssen in diesem Fall auf die Spezialliteratur verweisen (siehe Literaturverzeichnis).

(2) Analog verlaufen die *einseitigen* Parametertests. In diesen Fällen gibt es jeweils nur *eine* kritische Grenze c.

Hinweis: Musterbeispiel für einen Parametertest $\rightarrow$ Abschnitt 4.2.6

4.2.6 Musterbeispiel für einen Parametertest

Serienproduktion von Schrauben mit vorgegebener Länge

In einem Werk werden Schrauben produziert, deren Länge X eine *normalverteilte* Zufallsgröße mit dem *Sollwert (Mittelwert)* $\mu_0 = 21$ mm ist. Eine *Stichprobenuntersuchung* vom Umfang $n = 25$ führte zu dem folgenden Ergebnis:

Mittelwert: $\bar{x} = 20{,}5$ mm,   Standardabweichung: $s = 1{,}5$ mm

Es soll mit einer *Irrtumswahrscheinlichkeit* von $\alpha = 1\%$ geprüft werden, ob die Abweichung des beobachteten Stichprobenmittelwertes $\bar{x} = 20{,}5$ mm vom Sollwert $\mu_0 = 21$ mm *signifikant* oder *zufallsbedingt* ist. Wir verwenden den in Abschnitt 4.2.2 ausführlich beschriebenen Test.

Zunächst werden *Nullhypothese* H_0 und *Alternativhypothese* H_1 formuliert:

Nullhypothese H_0: $\mu = \mu_0 = 21$ mm

Alternativhypothese H_1: $\mu \neq \mu_0 = 21$ mm

Signifikanzzahl (Irrtumswahrscheinlichkeit): $\alpha = 1\% = 0{,}01$

Testvariable: $T = \dfrac{\overline{X} - \mu_0}{S/\sqrt{n}} = \dfrac{\overline{X} - 21\,\text{mm}}{S/\sqrt{25}} = \dfrac{\overline{X} - 21\,\text{mm}}{S/5}$

T genügt der *t-Verteilung* mit $f = n - 1 = 25 - 1 = 24$ Freiheitsgraden.

Bestimmung des kritischen Wertes c:

$$P(-c \leq T \leq c)_{H_0} = 1 - \alpha = 1 - 0{,}01 = 0{,}99 \quad \Rightarrow$$

$$P(-c \leq T \leq c)_{H_0} = 2 \cdot F(c) - 1 = 0{,}99 \quad \Rightarrow \quad F(c) = 0{,}995$$

$$F(c) = 0{,}995 \quad \xrightarrow{\;f = 24\;} \quad c = t_{(0{,}995;\,24)} = 2{,}797$$

(aus der Tabelle 4 im Anhang, Teil B entnommen)

Nichtkritischer Bereich („Annahmebereich"):

$$-c \leq t \leq c \quad \Rightarrow \quad \boxed{-2{,}797 \leq t \leq 2{,}797}$$

Berechnung des Testwertes $\hat{t}$:

$$\hat{t} = \frac{\bar{x} - \mu_0}{s/\sqrt{n}} = \frac{(20{,}5 - 21)\,\text{mm}}{1{,}5\,\text{mm}/\sqrt{25}} = \frac{-0{,}5}{1{,}5/5} = -\frac{2{,}5}{1{,}5} = -\frac{5}{3} = -1{,}667$$

Testentscheidung:

Der Testwert $\hat{t} = -1{,}667$ fällt in den *nichtkritischen* Bereich (Annahmebereich).

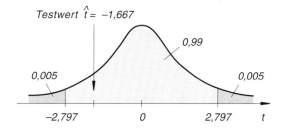

Die Nullhypothese H_0: $\mu = \mu_0 = 21$ mm wird daher *beibehalten*, d. h. *nicht abgelehnt*. Die Abweichung des Stichprobenmittelwertes $\bar{x} = 20{,}5$ mm vom Sollwert $\mu_0 = 21$ mm ist *zufallsbedingt*, die Stichprobe liefert keinen Anlass, daran zu zweifeln, dass die normalverteilte Grundgesamtheit den Mittelwert $\mu_0 = 21$ mm besitzt.

5 Chi-Quadrat-Test

Der *Chi-Quadrat-Test* („χ^2-Test") ist ein *Anpassungs-* oder *Verteilungstest* und dient der Überprüfung einer Hypothese über die *Art* einer unbekannten Wahrscheinlichkeitsverteilung. Es wird der Versuch unternommen, einer Grundgesamtheit mit der *unbekannten* Verteilungsfunktion $F(x)$ eine *bekannte* Verteilungsfunktion $F_0(x)$ „anzupassen".

X sei eine Zufallsvariable mit der *unbekannten* Verteilungsfunktion $F(x)$. Auf der Basis einer Zufallsstichprobe $x_1, x_2, \ldots, x_n$ soll geprüft werden, ob (wie vermutet) $F_0(x)$ die Verteilungsfunktion der Grundgesamtheit ist, aus der diese Stichprobe entnommen wurde. Unter der Voraussetzung, dass sämtliche Parameter der als wahr angenommenen Verteilungsfunktion $F_0(x)$ bekannt sind, wird die

    Nullhypothese H_0: $F(x) = F_0(x)$

(„die Zufallsvariable X genügt einer Wahrscheinlichkeitsverteilung mit der Verteilungsfunktion $F_0(x)$") gegen die

    Alternativhypothese H_1: $F(x) \neq F_0(x)$

(„$F_0(x)$ ist *nicht* die Verteilungsfunktion der Zufallsvariablen X") getestet.

Die Durchführung des Tests erfolgt schrittweise wie folgt:

1. Unterteilung der n Stichprobenwerte in k *Klassen* (Intervalle) $I_1, I_2, \ldots, I_k$ und Feststellung der *absoluten Klassenhäufigkeiten (Besetzungszahlen)* $n_1, n_2, \ldots, n_k$. Erfahrungsgemäß sollte dabei *jede* Klasse *mindestens* 5 Werte der vorgegebenen konkreten Stichprobe enthalten[1].

2. Für *jede* Klasse I_i wird unter Verwendung der als *wahr angenommenen* Verteilungsfunktion $F_0(x)$ zunächst die Wahrscheinlichkeit p_i und daraus die Anzahl $n_i^* = n p_i$ der *theoretisch* erwarteten Stichprobenwerte berechnet (*hypothetische absolute Häufigkeit*; $i = 1, 2, \ldots, k$).

3. *Test-* oder *Prüfvariable* ist die Zufallsvariable

$$Z = \chi^2 = \sum_{i=1}^{k} \frac{(N_i - n_i^*)^2}{n_i^*} = \sum_{i=1}^{k} \frac{(N_i - n p_i)^2}{n p_i}$$

die der *Chi-Quadrat-Verteilung* mit $f = k - 1$ Freiheitsgraden genügt. Dabei bedeuten:

N_i: Zufallsvariable, die die *empirische absolute Häufigkeit* in der i-ten Klasse beschreibt

n_i^*: *Theoretisch erwartete absolute Klassenhäufigkeit*, berechnet unter Verwendung der als wahr *angenommenen* Verteilungsfunktion $F_0(x)$ der Grundgesamtheit ($n_i^* = n p_i$)

p_i: *Hypothetische Wahrscheinlichkeit* dafür, dass die Zufallsvariable X einen Wert aus der *i-ten* Klasse annimmt (berechnet mit der als wahr *angenommenen* Verteilungsfunktion $F_0(x)$)

n: *Umfang* der verwendeten Stichprobe

Dann wird anhand der vorgegebenen (und in k Klassen unterteilten) konkreten Stichprobe $x_1, x_2, \ldots, x_n$ der *Test-* oder *Prüfwert*

$$\hat{z} = \hat{\chi}^2 = \sum_{i=1}^{k} \frac{(n_i - n_i^*)^2}{n_i^*} = \sum_{i=1}^{k} \frac{(n_i - n p_i)^2}{n p_i}$$

der Testvariablen $Z = \chi^2$ berechnet.

4. Jetzt wähle man eine kleine *Signifikanzzahl (Irrtumswahrscheinlichkeit)* α (in der Praxis meist $\alpha = 0{,}05 = 5\%$ oder $\alpha = 0{,}01 = 1\%$) und bestimme die *kritische Grenze* c aus der Bedingung

$$P(Z \leq c)_{H_0} = 1 - \alpha$$

unter Verwendung von Tabelle 3 im Anhang, Teil B. Der *nichtkritische* Bereich *(Annahmebereich)* lautet dann:

$$z = \chi^2 \leq c$$

---

[1] Gegebenenfalls müssen nachträglich Klassen zusammengelegt werden.

5. **Testentscheidung:** Fällt der *Test-* oder *Prüfwert* $\hat{z} = \hat{\chi}^2$ in den *nichtkritischen Bereich (Annahmebereich)*, d. h. gilt

$$\hat{z} = \hat{\chi}^2 \leq c$$

so wird die Nullhypothese H_0: $F(x) = F_0(x)$ *beibehalten*, d. h. *nicht abgelehnt* und wir dürfen davon ausgehen, dass die untersuchte Grundgesamtheit einer Wahrscheinlichkeitsverteilung mit der Verteilungsfunktion $F_0(x)$ genügt (die Stichprobe steht in *keinem* Widerspruch zur Nullhypothese). Anderenfalls muss die Nullhypothese H_0 zugunsten der Alternativhypothese H_1: $F(x) \neq F_0(x)$ *abgelehnt* werden (siehe Bild).

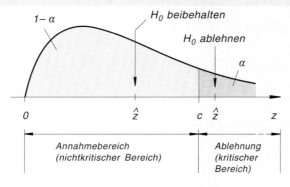

Anmerkungen

(1) Sind ein *oder* mehrere Parameter der als wahr angenommenen Verteilungsfunktion $F_0(x)$ *unbekannt*, so muss man zunächst für diese Parameter unter Verwendung der vorgegebenen konkreten Stichprobe *Näherungs-* oder *Schätzwerte* bestimmen. Die Anzahl der Freiheitsgrade *vermindert* sich dabei um die Anzahl der zu *schätzenden* Parameter.

(2) Bei einer *diskreten* Zufallsvariablen X sind die Klassen die möglichen Werte selbst.

■ **Beispiel**

Ein Würfel wurde 300-mal geworfen. Dabei ergab sich die folgende *Häufigkeitsverteilung* für die 6 möglichen Augenzahlen:

Augenzahl i	1	2	3	4	5	6
absolute Häufigkeit n_i	35	39	62	56	70	38

Durch einen *Chi-Quadrat-Test* soll auf dem Signifikanzniveau $\alpha = 1\%$ geprüft werden, ob die Zufallsstichprobe *gegen* eine Gleichverteilung der Augenzahlen spricht.

Nullhypothese H_0: $p_i = 1/6$
Alternativhypothese H_1: $p_i \neq 1/6$ $\quad (i = 1, 2, \ldots, 6)$

1. Schritt: *Klasseneinteilung*

$k = 6$ Klassen (sie entsprechen den 6 Augenzahlen, Spalte 1 der nachfolgenden Tabelle)

2. Schritt: *Theoretische Häufigkeitsverteilung*

Es wird vorausgesetzt, dass die Nullhypothese H_0 *zutrifft*:

$$n_i^* = n\,p_i = 300 \cdot \frac{1}{6} = 50 \qquad \text{(Spalte 4 der nachfolgenden Tabelle)}$$

Klasse (Augenzahl i)	n_i	p_i	$n_i^* = n\,p_i$	$\Delta n_i = n_i - n_i^*$	$\dfrac{(\Delta n_i)^2}{n_i^*}$
1	35	1/6	50	−15	225/50
2	39	1/6	50	−11	121/50
3	62	1/6	50	12	144/50
4	56	1/6	50	6	36/50
5	70	1/6	50	20	400/50
6	38	1/6	50	−12	144/50
Σ	300	1	300	0	1070/50

3. Schritt: *Berechnung des Testwertes*

Spalte 5 enthält die Differenzen $\Delta n_i = n_i - n_i^*$ (Abweichungen zwischen den beobachteten und den theoretischen absoluten Häufigkeiten), Spalte 6 die daraus berechneten „Abweichungsmaße" $(\Delta n_i)^2 / n_i^*$. Aufsummieren der letzten Spalte ergibt den gesuchten *Testwert*:

$$\hat{z} = \hat{\chi}^2 = \sum_{i=1}^{6} \frac{(n_i - n_i^*)^2}{n_i^*} = \sum_{i=1}^{6} \frac{(\Delta n_i)^2}{n_i^*} = \frac{1070}{50} = 21{,}4$$

4. Schritt: *Berechnung der kritischen Grenze und des nichtkritischen Bereiches*

$$P(Z \le c)_{H_0} = P(\chi^2 \le c)_{H_0} = 1 - \alpha = 1 - 0{,}01 = 0{,}99$$

Die Testvariable $Z = \chi^2$ genügt der *Chi-Quadrat-Verteilung* mit $f = k - 1 = 6 - 1 = 5$ Freiheitsgraden. Aus Tabelle 3 im Anhang, Teil B erhält man:

$$P(Z \le c)_{H_0} = F(c) = 0{,}99 \xrightarrow{\;f=5\;} c = z_{(0,99;\,5)} = 15{,}09$$

Nichtkritischer Bereich: $z = \chi^2 \le c \quad \Rightarrow \quad \boxed{z = \chi^2 \le 15{,}09}$

5. Schritt: *Testentscheidung*

Der Testwert $\hat{z} = \hat{\chi}^2 = 21{,}4$ fällt in den *kritischen Bereich* $z = \chi^2 > 15{,}09$. Die Nullhypothese H_0 wird daher *abgelehnt*. Wir dürfen davon ausgehen, dass der Würfel in irgendeiner Weise „verfälscht" ist.

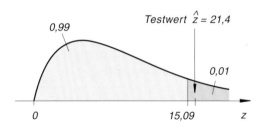

■

Anhang Teil A

Integraltafel

Diese *Integraltafel* enthält über 400 ausgewählte in den naturwissenschaftlich-technischen Anwendungen besonders häufig auftretende *unbestimmte Integrale*. Die Integrationskonstante wurde dabei aus Platzgründen stets weggelassen, muss also stets ergänzt werden.

Übersicht

1 Integrale mit $ax + b$ $(a \neq 0)$

Hinweis: Im Sonderfall $b = 0$ erhält man Integrale von *Potenzen*, die mit Hilfe der Potenzregel der Integralrechnung elementar lösbar sind.

(1) $\displaystyle\int (ax + b)^n \, dx = \frac{(ax + b)^{n+1}}{(n + 1)\, a}$ $\qquad (n \neq -1)$

Fall $n = -1$: siehe Integral (2)

(2) $\displaystyle\int \frac{dx}{ax + b} = \frac{1}{a} \cdot \ln |ax + b|$

(3) $\displaystyle\int x(ax + b)^n \, dx = \frac{(ax + b)^{n+2}}{(n + 2)\, a^2} - \frac{b(ax + b)^{n+1}}{(n + 1)\, a^2}$ $\qquad (n \neq -1, -2)$

Fall $n = -1, -2$: siehe Integral (4) bzw. (5)

(4) $\displaystyle\int \frac{x\, dx}{ax + b} = \frac{x}{a} - \frac{b}{a^2} \cdot \ln |ax + b|$

(5) $\displaystyle\int \frac{x\, dx}{(ax + b)^2} = \frac{b}{a^2(ax + b)} + \frac{1}{a^2} \cdot \ln |ax + b|$

(6) $\displaystyle\int \frac{x\, dx}{(ax + b)^n} = -\frac{1}{(n - 2)\, a^2 (ax + b)^{n-2}} + \frac{b}{(n - 1)\, a^2 (ax + b)^{n-1}}$ $\qquad (n \neq 1, 2)$

Fall $n = 1, 2$: siehe Integral (4) bzw. (5)

(7) $\displaystyle\int x^2 (ax + b)^n \, dx = \frac{(ax + b)^{n+3}}{(n + 3)\, a^3} - \frac{2b(ax + b)^{n+2}}{(n + 2)\, a^3} + \frac{b^2(ax + b)^{n+1}}{(n + 1)\, a^3}$ $\quad (n \neq -1, -2, -3)$

Fall $n = -1, -2, -3$: siehe Integral (8), (9) bzw. (10)

(8) $\displaystyle\int \frac{x^2\, dx}{ax + b} = \frac{(ax + b)^2}{2\, a^3} - \frac{2b(ax + b)}{a^3} + \frac{b^2}{a^3} \cdot \ln |ax + b|$

(9) $\displaystyle\int \frac{x^2\, dx}{(ax + b)^2} = \frac{ax + b}{a^3} - \frac{b^2}{a^3(ax + b)} - \frac{2b}{a^3} \cdot \ln |ax + b|$

(10) $\displaystyle\int \frac{x^2\, dx}{(ax + b)^3} = \frac{2b}{a^3(ax + b)} - \frac{b^2}{2\, a^3(ax + b)^2} + \frac{1}{a^3} \cdot \ln |ax + b|$

(11) $\displaystyle\int \frac{x^2\, dx}{(ax + b)^n} = -\frac{1}{(n - 3)\, a^3(ax + b)^{n-3}} + \frac{2b}{(n - 2)\, a^3(ax + b)^{n-2}} - \frac{b^2}{(n - 1)\, a^3(ax + b)^{n-1}}$

$(n \neq 1, 2, 3)$. Fall $n = 1, 2, 3$: siehe Integral (8), (9) bzw. (10)

(12) $\displaystyle\int \frac{dx}{x(ax + b)} = -\frac{1}{b} \cdot \ln \left| \frac{ax + b}{x} \right|$

(13) $\displaystyle\int \frac{dx}{x(ax + b)^2} = \frac{1}{b(ax + b)} - \frac{1}{b^2} \cdot \ln \left| \frac{ax + b}{x} \right|$

(14) $\displaystyle\int \frac{dx}{x\,(ax+b)^3} = \frac{a^2 x^2}{2\,b^3 (ax+b)^2} - \frac{2\,ax}{b^3 (ax+b)} - \frac{1}{b^3} \cdot \ln\left|\frac{ax+b}{x}\right|$

(15) $\displaystyle\int \frac{dx}{x^2 (ax+b)} = -\frac{1}{bx} + \frac{a}{b^2} \cdot \ln\left|\frac{ax+b}{x}\right|$

(16) $\displaystyle\int \frac{dx}{x^2 (ax+b)^2} = -\frac{a}{b^2 (ax+b)} - \frac{1}{b^2 x} + \frac{2\,a}{b^3} \cdot \ln\left|\frac{ax+b}{x}\right|$

(17) $\displaystyle\int \frac{dx}{x^3 (ax+b)} = -\frac{(ax+b)^2}{2\,b^3 x^2} + \frac{2\,a(ax+b)}{b^3 x} - \frac{a^2}{b^3} \cdot \ln\left|\frac{ax+b}{x}\right|$

(18) $\displaystyle\int \frac{dx}{x^3 (ax+b)^2} = -\frac{(ax+b)^2}{2\,b^4 x^2} + \frac{3\,a(ax+b)}{b^4 x} - \frac{a^3 x}{b^4 (ax+b)} - \frac{3\,a^2}{b^4} \cdot \ln\left|\frac{ax+b}{x}\right|$

(19) $\displaystyle\int x^m (ax+b)^n\,dx = \begin{cases} \dfrac{x^{m+1}(ax+b)^n}{m+n+1} + \dfrac{nb}{m+n+1} \cdot \displaystyle\int x^m (ax+b)^{n-1}\,dx & (m+n \neq -1) \\[3ex] \dfrac{x^m (ax+b)^{n+1}}{(m+n+1)\,a} - \dfrac{mb}{(m+n+1)\,a} \cdot \displaystyle\int x^{m-1}(ax+b)^n\,dx & (m+n \neq -1) \\[3ex] -\dfrac{x^{m+1}(ax+b)^{n+1}}{(n+1)\,b} + \dfrac{m+n+2}{(n+1)\,b} \cdot \displaystyle\int x^m (ax+b)^{n+1}\,dx & (n \neq -1) \end{cases}$

2 Integrale mit $ax+b$ und $px+q$ $(a, p \neq 0)$

Abkürzung: $\boxed{\Delta = bp - aq}$

Hinweis: Es wird stets $\Delta \neq 0$ vorausgesetzt. Für $\Delta = 0$ ist $px+q = \dfrac{q}{b}\,(ax+b)$.
Die Integrale entsprechen dann dem Integraltyp aus Abschnitt 1.

(20) $\displaystyle\int \frac{ax+b}{px+q}\,dx = \frac{ax}{p} + \frac{\Delta}{p^2} \cdot \ln|px+q|$

(21) $\displaystyle\int \frac{dx}{(ax+b)\,(px+q)} = \frac{1}{\Delta} \cdot \ln\left|\frac{px+q}{ax+b}\right|$

(22) $\displaystyle\int \frac{dx}{(ax+b)^2\,(px+q)} = \frac{1}{\Delta}\left[\frac{1}{ax+b} + \frac{p}{\Delta} \cdot \ln\left|\frac{px+q}{ax+b}\right|\right]$

(23) $\displaystyle\int \frac{dx}{(ax+b)^m\,(px+q)^n} = -\frac{1}{(n-1)\,\Delta}\left[\frac{1}{(ax+b)^{m-1}(px+q)^{n-1}} + \right.$

$\left. + (m+n-2)\,a \cdot \displaystyle\int \frac{dx}{(ax+b)^m\,(px+q)^{n-1}}\right]$ $(n \neq 1)$

Fall $n = 1$: siehe Integral (24)

(24) $\int \dfrac{(ax+b)^m}{px+q}\, dx = \dfrac{(ax+b)^m}{mp} + \dfrac{\Delta}{p} \cdot \int \dfrac{(ax+b)^{m-1}}{px+q}\, dx \qquad (m \neq 0)$

Fall $m = 0$: siehe Integral (2)

(25) $\int \dfrac{(ax+b)^m}{(px+q)^n}\, dx = -\dfrac{1}{(n-1)\,p} \left[\dfrac{(ax+b)^m}{(px+q)^{n-1}} - ma \cdot \int \dfrac{(ax+b)^{m-1}}{(px+q)^{n-1}}\, dx \right] \qquad (n \neq 1)$

Fall $n = 1$: siehe Integral (24)

(26) $\int \dfrac{x\, dx}{(ax+b)\,(px+q)} = \dfrac{1}{\Delta} \left[\dfrac{b}{a} \cdot \ln|ax+b| - \dfrac{q}{p} \cdot \ln|px+q| \right]$

(27) $\int \dfrac{x\, dx}{(ax+b)^2\,(px+q)} = \dfrac{1}{\Delta} \left[-\dfrac{b}{a\,(ax+b)} + \dfrac{q}{\Delta} \cdot \ln\left| \dfrac{ax+b}{px+q} \right| \right]$

(28) $\int \dfrac{x^2\, dx}{(ax+b)^2\,(px+q)} = \dfrac{b^2}{a^2\,\Delta\,(ax+b)} + \dfrac{1}{\Delta^2} \left[\dfrac{q^2}{p} \cdot \ln|px+q| + \dfrac{b\,(bp-2aq)}{a^2} \cdot \ln|ax+b| \right]$

3 Integrale mit $a^2 + x^2$ $(a > 0)$

(29) $\int \dfrac{dx}{a^2 + x^2} = \dfrac{1}{a} \cdot \arctan\left(\dfrac{x}{a} \right)$

(30) $\int \dfrac{dx}{(a^2 + x^2)^2} = \dfrac{x}{2\,a^2\,(a^2 + x^2)} + \dfrac{1}{2\,a^3} \cdot \arctan\left(\dfrac{x}{a} \right)$

(31) $\int \dfrac{dx}{(a^2 + x^2)^n} = \dfrac{x}{2\,(n-1)\,a^2\,(a^2 + x^2)^{n-1}} + \dfrac{2n-3}{2\,(n-1)\,a^2} \cdot \int \dfrac{dx}{(a^2 + x^2)^{n-1}} \qquad (n \neq 1)$

Fall $n = 1$: siehe Integral (29)

(32) $\int \dfrac{x\, dx}{a^2 + x^2} = \dfrac{1}{2} \cdot \ln(a^2 + x^2)$

(33) $\int \dfrac{x\, dx}{(a^2 + x^2)^2} = -\dfrac{1}{2\,(a^2 + x^2)}$

(34) $\int \dfrac{x\, dx}{(a^2 + x^2)^n} = -\dfrac{1}{2\,(n-1)\,(a^2 + x^2)^{n-1}} \qquad (n \neq 1)$

Fall $n = 1$: siehe Integral (32)

(35) $\int \dfrac{x^2\, dx}{a^2 + x^2} = x - a \cdot \arctan\left(\dfrac{x}{a} \right)$

(36) $\int \dfrac{x^2\, dx}{(a^2 + x^2)^2} = -\dfrac{x}{2\,(a^2 + x^2)} + \dfrac{1}{2a} \cdot \arctan\left(\dfrac{x}{a} \right)$

(37) $\int \dfrac{x^2\,dx}{(a^2+x^2)^n} = -\dfrac{x}{2\,(n-1)\,(x^2+a^2)^{n-1}} + \dfrac{1}{2\,(n-1)} \cdot \underbrace{\int \dfrac{dx}{(a^2+x^2)^{n-1}}}_{\text{Integral (31)}} \qquad (n \neq 1)$

Fall $n = 1$: siehe Integral (35)

(38) $\int \dfrac{dx}{x\,(a^2+x^2)} = -\dfrac{1}{2\,a^2} \cdot \ln\left(\dfrac{a^2+x^2}{x^2}\right)$

(39) $\int \dfrac{dx}{x\,(a^2+x^2)^2} = \dfrac{1}{2\,a^2\,(a^2+x^2)} - \dfrac{1}{2\,a^4} \cdot \ln\left(\dfrac{a^2+x^2}{x^2}\right)$

(40) $\int \dfrac{dx}{x^2\,(a^2+x^2)} = -\dfrac{1}{a^2\,x} - \dfrac{1}{a^3} \cdot \arctan\left(\dfrac{x}{a}\right)$

(41) $\int \dfrac{dx}{x^2\,(a^2+x^2)^2} = -\dfrac{1}{a^4\,x} - \dfrac{x}{2\,a^4\,(a^2+x^2)} - \dfrac{3}{2\,a^5} \cdot \arctan\left(\dfrac{x}{a}\right)$

(42) $\int \dfrac{x^m\,dx}{(a^2+x^2)^n} = \int \dfrac{x^{m-2}\,dx}{(a^2+x^2)^{n-1}} - a^2 \cdot \int \dfrac{x^{m-2}\,dx}{(a^2+x^2)^n}$

(43) $\int \dfrac{dx}{x^m\,(a^2+x^2)^n} = \dfrac{1}{a^2} \cdot \int \dfrac{dx}{x^m\,(a^2+x^2)^{n-1}} - \dfrac{1}{a^2} \cdot \int \dfrac{dx}{x^{m-2}\,(a^2+x^2)^n}$

(44) $\int \dfrac{dx}{(px+q)\,(a^2+x^2)} = \dfrac{1}{a^2 p^2+q^2}\left[\dfrac{p}{2} \cdot \ln\left(\dfrac{(px+q)^2}{a^2+x^2}\right) + \dfrac{q}{a} \cdot \arctan\left(\dfrac{x}{a}\right)\right] \quad (p \neq 0)$

(45) $\int \dfrac{x\,dx}{(px+q)\,(a^2+x^2)} = \dfrac{1}{2\,(a^2 p^2+q^2)}\left[q \cdot \ln\left(\dfrac{a^2+x^2}{(px+q)^2}\right) + 2\,a\,p \cdot \arctan\left(\dfrac{x}{a}\right)\right] \quad (p \neq 0)$

4 Integrale mit $a^2 - x^2$ $(a > 0)$

Hinweis: Die in den nachfolgenden Integralformeln auftretende *logarithmische* Funktion $\ln\left|\dfrac{a+x}{a-x}\right|$ kann auch wie folgt durch *Areafunktionen* ersetzt werden:

$$\ln\left|\dfrac{a+x}{a-x}\right| = \begin{cases} \ln\left(\dfrac{a+x}{a-x}\right) = 2 \cdot \operatorname{artanh}\left(\dfrac{x}{a}\right) & \text{für} \quad |x| < a \\[3mm] \ln\left(\dfrac{x+a}{x-a}\right) = 2 \cdot \operatorname{arcoth}\left(\dfrac{x}{a}\right) & \text{für} \quad |x| > a \end{cases}$$

(46) $\int \dfrac{dx}{a^2 - x^2} = \dfrac{1}{2a} \cdot \ln\left|\dfrac{a+x}{a-x}\right| = \begin{cases} \dfrac{1}{a} \cdot \operatorname{artanh}\left(\dfrac{x}{a}\right) & \text{für} \quad |x| < a \\[3mm] \dfrac{1}{a} \cdot \operatorname{arcoth}\left(\dfrac{x}{a}\right) & \text{für} \quad |x| > a \end{cases}$

(47) $\int \dfrac{dx}{(a^2 - x^2)^2} = \dfrac{x}{2\,a^2\,(a^2-x^2)} + \dfrac{1}{4\,a^3} \cdot \ln\left|\dfrac{a+x}{a-x}\right|$

(48) $\int \dfrac{dx}{(a^2 - x^2)^n} = \dfrac{x}{2(n-1)\,a^2\,(a^2 - x^2)^{n-1}} + \dfrac{2n-3}{2(n-1)\,a^2} \cdot \int \dfrac{dx}{(a^2 - x^2)^{n-1}}$ $(n \neq 1)$

Fall $n = 1$: siehe Integral (46)

(49) $\int \dfrac{x\,dx}{a^2 - x^2} = -\dfrac{1}{2} \cdot \ln |a^2 - x^2|$

(50) $\int \dfrac{x\,dx}{(a^2 - x^2)^2} = \dfrac{1}{2(a^2 - x^2)}$

(51) $\int \dfrac{x\,dx}{(a^2 - x^2)^n} = \dfrac{1}{2(n-1)\,(a^2 - x^2)^{n-1}}$ $(n \neq 1)$

Fall $n = 1$: siehe Integral (49)

(52) $\int \dfrac{x^2\,dx}{a^2 - x^2} = -x + \dfrac{a}{2} \cdot \ln \left| \dfrac{a+x}{a-x} \right|$

(53) $\int \dfrac{x^2\,dx}{(a^2 - x^2)^2} = \dfrac{x}{2(a^2 - x^2)} - \dfrac{1}{4a} \cdot \ln \left| \dfrac{a+x}{a-x} \right|$

(54) $\int \dfrac{x^2\,dx}{(a^2 - x^2)^n} = \dfrac{x}{2(n-1)\,(a^2 - x^2)^{n-1}} - \dfrac{1}{2(n-1)} \cdot \underbrace{\int \dfrac{dx}{(a^2 - x^2)^{n-1}}}_{\text{Integral (48)}}$ $(n \neq 1)$

Fall $n = 1$: siehe Integral (52)

(55) $\int \dfrac{dx}{x\,(a^2 - x^2)} = -\dfrac{1}{2a^2} \cdot \ln \left| \dfrac{a^2 - x^2}{x^2} \right|$

(56) $\int \dfrac{dx}{x\,(a^2 - x^2)^2} = \dfrac{1}{2a^2\,(a^2 - x^2)} - \dfrac{1}{2a^4} \cdot \ln \left| \dfrac{a^2 - x^2}{x^2} \right|$

(57) $\int \dfrac{dx}{x^2\,(a^2 - x^2)} = -\dfrac{1}{a^2 x} + \dfrac{1}{2a^3} \cdot \ln \left| \dfrac{a+x}{a-x} \right|$

(58) $\int \dfrac{dx}{x^2\,(a^2 - x^2)^2} = -\dfrac{1}{a^4 x} + \dfrac{x}{2a^4\,(a^2 - x^2)} + \dfrac{3}{4a^5} \cdot \ln \left| \dfrac{a+x}{a-x} \right|$

(59) $\int \dfrac{x^m\,dx}{(a^2 - x^2)^n} = a^2 \cdot \int \dfrac{x^{m-2}\,dx}{(a^2 - x^2)^n} - \int \dfrac{x^{m-2}\,dx}{(a^2 - x^2)^{n-1}}$

(60) $\int \dfrac{dx}{x^m\,(a^2 - x^2)^n} = \dfrac{1}{a^2} \cdot \int \dfrac{dx}{x^m\,(a^2 - x^2)^{n-1}} + \dfrac{1}{a^2} \cdot \int \dfrac{dx}{x^{m-2}\,(a^2 - x^2)^n}$

(61) $\int \dfrac{dx}{(px+q)\,(a^2 - x^2)} = \dfrac{1}{a^2 p^2 - q^2} \left[\dfrac{p}{2} \cdot \ln \left| \dfrac{(px+q)^2}{a^2 - x^2} \right| - \dfrac{q}{2a} \cdot \ln \left| \dfrac{a+x}{a-x} \right| \right]$ $(p \neq 0)$

(62) $\int \dfrac{x\,dx}{(px+q)\,(a^2 - x^2)} = \dfrac{1}{2(a^2 p^2 - q^2)} \left[q \cdot \ln \left| \dfrac{a^2 - x^2}{(px+q)^2} \right| + ap \cdot \ln \left| \dfrac{a+x}{a-x} \right| \right]$ $(p \neq 0)$

5 Integrale mit $ax^2 + bx + c$ $(a \neq 0)$

Abkürzung: $\boxed{\Delta = 4ac - b^2}$

Hinweis: Es wird stets $\Delta \neq 0$ vorausgesetzt. Für $\Delta = 0$ ist $ax^2 + bx + c = a\left(x + \dfrac{b}{2a}\right)^2$.
Die Integrale entsprechen dann dem Integraltyp aus Abschnitt 1.

(63) $\displaystyle\int \frac{dx}{ax^2 + bx + c} = \begin{cases} \dfrac{2}{\sqrt{\Delta}} \cdot \arctan\left(\dfrac{2ax + b}{\sqrt{\Delta}}\right) & \text{für } \Delta > 0 \\[4mm] \dfrac{1}{\sqrt{|\Delta|}} \cdot \ln\left|\dfrac{2ax + b - \sqrt{|\Delta|}}{2ax + b + \sqrt{|\Delta|}}\right| & \text{für } \Delta < 0 \end{cases}$

(64) $\displaystyle\int \frac{dx}{(ax^2 + bx + c)^2} = \frac{2ax + b}{\Delta(ax^2 + bx + c)} + \frac{2a}{\Delta} \cdot \underbrace{\int \frac{dx}{ax^2 + bx + c}}_{\text{Integral (63)}}$

(65) $\displaystyle\int \frac{dx}{(ax^2 + bx + c)^n} = \frac{2ax + b}{(n-1)\Delta(ax^2 + bx + c)^{n-1}} + \frac{2(2n-3)a}{(n-1)\Delta} \cdot \int \frac{dx}{(ax^2 + bx + c)^{n-1}}$ $(n \neq 1)$

Fall $n = 1$: siehe Integral (63)

(66) $\displaystyle\int \frac{x\,dx}{ax^2 + bx + c} = \frac{1}{2a} \cdot \ln|ax^2 + bx + c| - \frac{b}{2a} \cdot \underbrace{\int \frac{dx}{ax^2 + bx + c}}_{\text{Integral (63)}}$

(67) $\displaystyle\int \frac{x\,dx}{(ax^2 + bx + c)^2} = -\frac{bx + 2c}{\Delta(ax^2 + bx + c)} - \frac{b}{\Delta} \cdot \underbrace{\int \frac{dx}{ax^2 + bx + c}}_{\text{Integral (63)}}$

(68) $\displaystyle\int \frac{x\,dx}{(ax^2 + bx + c)^n} = -\frac{bx + 2c}{(n-1)\Delta(ax^2 + bx + c)^{n-1}} - \frac{(2n-3)b}{(n-1)\Delta} \cdot \underbrace{\int \frac{dx}{(ax^2 + bx + c)^{n-1}}}_{\text{Integral (65)}}$ $(n \neq 1)$

Fall $n = 1$: siehe Integral (66)

(69) $\displaystyle\int \frac{px + q}{ax^2 + bx + c}\,dx = \frac{p}{2a} \cdot \ln|ax^2 + bx + c| + \frac{2aq - bp}{2a} \cdot \underbrace{\int \frac{dx}{ax^2 + bx + c}}_{\text{Integral (63)}}$

(70) $\displaystyle\int \frac{px + q}{(ax^2 + bx + c)^n}\,dx = \frac{(2aq - bp)x + bq - 2cp}{(n-1)\Delta(ax^2 + bx + c)^{n-1}} +$

$\displaystyle\qquad\qquad + \frac{(2n-3)(2aq - bp)}{(n-1)\Delta} \cdot \underbrace{\int \frac{dx}{(ax^2 + bx + c)^{n-1}}}_{\text{Integral (65)}}$ $(n \neq 1)$

Fall $n = 1$: siehe Integral (69)

(71) $\displaystyle\int \frac{x^2\,dx}{ax^2 + bx + c} = \frac{x}{a} - \frac{b}{2a^2}\cdot\ln|ax^2 + bx + c| + \frac{b^2 - 2ac}{2a^2}\cdot\underbrace{\int\frac{dx}{ax^2 + bx + c}}_{\text{Integral (63)}}$

(72) $\displaystyle\int \frac{x^2\,dx}{(ax^2 + bx + c)^n} = -\frac{x}{(2n - 3)\,a\,(ax^2 + bx + c)^{n-1}} + \frac{c}{(2n - 3)\,a}\cdot\underbrace{\int\frac{dx}{(ax^2 + bx + c)^n}}_{\text{Integral (65)}} -$

$$-\frac{(n-2)\,b}{(2n-3)\,a}\cdot\underbrace{\int\frac{x\,dx}{(ax^2 + bx + c)^n}}_{\text{Integral (68)}}$$

(73) $\displaystyle\int \frac{dx}{x(ax^2 + bx + c)} = -\frac{1}{2c}\cdot\ln\left|\frac{ax^2 + bx + c}{x^2}\right| - \frac{b}{2c}\cdot\underbrace{\int\frac{dx}{ax^2 + bx + c}}_{\text{Integral (63)}} \qquad (c \neq 0)$

(74) $\displaystyle\int \frac{dx}{x(ax^2 + bx + c)^n} = \frac{1}{2(n-1)\,c\,(ax^2 + bx + c)^{n-1}} - \frac{b}{2c}\cdot\underbrace{\int\frac{dx}{(ax^2 + bx + c)^n}}_{\text{Integral (65)}} +$

$$+\frac{1}{c}\cdot\int\frac{dx}{x(ax^2 + bx + c)^{n-1}} \qquad (n \neq 1;\; c \neq 0)$$

Fall $n = 1$: siehe Integral (73)

(75) $\displaystyle\int \frac{x^m\,dx}{(ax^2 + bx + c)^n} = -\frac{x^{m-1}}{(2n - m - 1)\,a\,(ax^2 + bx + c)^{n-1}} +$

$$+\frac{(m-1)\,c}{(2n - m - 1)\,a}\cdot\int\frac{x^{m-2}\,dx}{(ax^2 + bx + c)^n} + \frac{(m-n)\,b}{(2n - m - 1)\,a}\cdot\int\frac{x^{m-1}\,dx}{(ax^2 + bx + c)^n} \qquad (m \neq 2n - 1)$$

Fall $m = 2n - 1$: siehe Integral (76)

(76) $\displaystyle\int \frac{x^{2n-1}\,dx}{(ax^2 + bx + c)^n} = \frac{1}{a}\cdot\int\frac{x^{2n-3}\,dx}{(ax^2 + bx + c)^{n-1}} -$

$$-\frac{c}{a}\cdot\int\frac{x^{2n-3}\,dx}{(ax^2 + bx + c)^n} - \frac{b}{a}\cdot\int\frac{x^{2n-2}\,dx}{(ax^2 + bx + c)^n}$$

(77) $\displaystyle\int \frac{dx}{x^m(ax^2 + bx + c)^n} = -\frac{1}{(m - 1)\,c\,x^{m-1}(ax^2 + bx + c)^{n-1}} -$

$$-\frac{(m + 2n - 3)\,a}{(m - 1)\,c}\cdot\int\frac{dx}{x^{m-2}(ax^2 + bx + c)^n} -$$

$$-\frac{(m + n - 2)\,b}{(m - 1)\,c}\cdot\int\frac{dx}{x^{m-1}(ax^2 + bx + c)^n}$$

$(m \neq 1;\; c \neq 0)$ Fall $m = 1$: siehe Integral (74)

(78) $\displaystyle\int \frac{dx}{(px+q)(ax^2+bx+c)} = \frac{1}{2(aq^2-bpq+cp^2)}\left[p\cdot\ln\left|\frac{(px+q)^2}{ax^2+bx+c}\right|+\right.$

$$\left. +(2aq-bp)\cdot\underbrace{\int\frac{dx}{ax^2+bx+c}}_{\text{Integral (63)}}\right] \quad (p\neq 0)$$

6   Integrale mit $a^3 \pm x^3$ $(a>0)$

Hinweis: Das *obere* Vorzeichen gilt für a^3+x^3, das *untere* Vorzeichen für a^3-x^3.

(79) $\displaystyle\int\frac{dx}{a^3\pm x^3} = \pm\frac{1}{6a^2}\cdot\ln\left|\frac{(a\pm x)^2}{a^2\mp ax+x^2}\right| + \frac{1}{a^2\sqrt{3}}\cdot\arctan\left(\frac{2x\mp a}{a\sqrt{3}}\right)$

(80) $\displaystyle\int\frac{dx}{(a^3\pm x^3)^2} = \frac{x}{3a^3(a^3\pm x^3)} \pm\frac{1}{9a^5}\cdot\ln\left|\frac{(a\pm x)^2}{a^2\mp ax+x^2}\right| + \frac{2}{3a^5\sqrt{3}}\cdot\arctan\left(\frac{2x\mp a}{a\sqrt{3}}\right)$

(81) $\displaystyle\int\frac{x\,dx}{a^3\pm x^3} = \frac{1}{6a}\cdot\ln\left|\frac{a^2\mp ax+x^2}{(a\pm x)^2}\right| \pm\frac{1}{a^2\sqrt{3}}\cdot\arctan\left(\frac{2x\mp a}{a\sqrt{3}}\right)$

(82) $\displaystyle\int\frac{x\,dx}{(a^3\pm x^3)^2} = \frac{x^2}{3a^3(a^3\pm x^3)} + \frac{1}{18a^4}\cdot\ln\left|\frac{a^2\mp ax+x^2}{(a\pm x)^2}\right| \pm\frac{1}{3a^4\sqrt{3}}\cdot\arctan\left(\frac{2x\mp a}{a\sqrt{3}}\right)$

(83) $\displaystyle\int\frac{dx}{x(a^3\pm x^3)} = \frac{1}{3a^3}\cdot\ln\left|\frac{x^3}{a^3\pm x^3}\right|$

7   Integrale mit a^4+x^4 $(a>0)$

(84) $\displaystyle\int\frac{dx}{a^4+x^4} = \frac{1}{4\sqrt{2}\,a^3}\cdot\ln\left|\frac{x^2+a\sqrt{2}\,x+a^2}{x^2-a\sqrt{2}\,x+a^2}\right| - \frac{1}{2\sqrt{2}\,a^3}\cdot\arctan\left(\frac{a\sqrt{2}\,x}{x^2-a^2}\right)$

(85) $\displaystyle\int\frac{x\,dx}{a^4+x^4} = \frac{1}{2a^2}\cdot\arctan\left(\frac{x^2}{a^2}\right)$

(86) $\displaystyle\int\frac{dx}{x(a^4+x^4)} = \frac{1}{4a^4}\cdot\ln\left(\frac{x^4}{a^4+x^4}\right)$

8   Integrale mit a^4-x^4 $(a>0)$

(87) $\displaystyle\int\frac{dx}{a^4-x^4} = \frac{1}{4a^3}\cdot\ln\left|\frac{a+x}{a-x}\right| + \frac{1}{2a^3}\cdot\arctan\left(\frac{x}{a}\right)$

(88) $\int \dfrac{x\,dx}{a^4 - x^4} = \dfrac{1}{4\,a^2} \cdot \ln\left|\dfrac{a^2 + x^2}{a^2 - x^2}\right|$

(89) $\int \dfrac{dx}{x\,(a^4 - x^4)} = -\dfrac{1}{4\,a^4} \cdot \ln\left|\dfrac{a^4 - x^4}{x^4}\right|$

9 Integrale mit $\sqrt{ax + b}$ $(a \neq 0)$

(90) $\int \sqrt{ax + b}\,dx = \dfrac{2}{3\,a}\,\sqrt{(ax + b)^3}$

(91) $\int x\sqrt{ax + b}\,dx = \dfrac{2\,(3\,ax - 2\,b)}{15\,a^2}\,\sqrt{(ax + b)^3}$

(92) $\int x^n\,\sqrt{ax + b}\,dx = \dfrac{2\,x^n}{(2\,n + 3)\,a}\,\sqrt{(ax + b)^3} - \dfrac{2\,n\,b}{(2\,n + 3)\,a} \cdot \int x^{n-1}\,\sqrt{ax + b}\,dx$

(93) $\int \dfrac{\sqrt{ax + b}}{x}\,dx = 2\sqrt{ax + b} + b \cdot \underbrace{\int \dfrac{dx}{x\,\sqrt{ax + b}}}_{\text{Integral (99)}}$

(94) $\int \dfrac{\sqrt{ax + b}}{x^2}\,dx = -\dfrac{\sqrt{ax + b}}{x} + \dfrac{a}{2} \cdot \underbrace{\int \dfrac{dx}{x\,\sqrt{ax + b}}}_{\text{Integral (99)}}$

(95) $\int \dfrac{\sqrt{ax + b}}{x^n}\,dx = -\dfrac{\sqrt{(ax + b)^3}}{(n - 1)\,b\,x^{n-1}} - \dfrac{(2\,n - 5)\,a}{2\,(n - 1)\,b} \cdot \int \dfrac{\sqrt{ax + b}}{x^{n-1}}\,dx$ $(n \neq 1; b \neq 0)$

Fall $n = 1$: siehe Integral (93)

(96) $\int \dfrac{dx}{\sqrt{ax + b}} = \dfrac{2}{a} \cdot \sqrt{ax + b}$

(97) $\int \dfrac{x\,dx}{\sqrt{ax + b}} = \dfrac{2\,(ax - 2\,b)}{3\,a^2} \cdot \sqrt{ax + b}$

(98) $\int \dfrac{x^n\,dx}{\sqrt{ax + b}} = \dfrac{2\,x^n\,\sqrt{ax + b}}{(2\,n + 1)\,a} - \dfrac{2\,n\,b}{(2\,n + 1)\,a} \cdot \int \dfrac{x^{n-1}\,dx}{\sqrt{ax + b}}$

(99) $\int \dfrac{dx}{x\,\sqrt{ax + b}} = \begin{cases} \dfrac{1}{\sqrt{b}} \cdot \ln\left|\dfrac{\sqrt{ax + b} - \sqrt{b}}{\sqrt{ax + b} + \sqrt{b}}\right| & \text{für } b > 0 \\[4mm] \dfrac{2}{\sqrt{|b|}} \cdot \arctan\left(\sqrt{\dfrac{ax + b}{|b|}}\right) & \text{für } b < 0 \end{cases}$

(100) $\displaystyle\int \frac{dx}{x^n \sqrt{ax+b}} = -\frac{\sqrt{ax+b}}{(n-1)\,bx^{n-1}} - \frac{(2n-3)\,a}{2\,(n-1)\,b} \cdot \int \frac{dx}{x^{n-1}\sqrt{ax+b}}$ $(n \neq 1;\; b \neq 0)$

Fall $n = 1$: siehe Integral (99)

(101) $\displaystyle\int \sqrt{(ax+b)^3}\,dx = \frac{2}{5\,a} \cdot \sqrt{(ax+b)^5}$

(102) $\displaystyle\int \sqrt{(ax+b)^n}\,dx = \frac{2\,\sqrt{(ax+b)^{n+2}}}{(n+2)\,a}$ $(n \neq -2)$

Fall $n = -2$: siehe Integral (2)

(103) $\displaystyle\int x\,\sqrt{(ax+b)^3}\,dx = \frac{2}{35\,a^2}\left[5\,\sqrt{(ax+b)^7} - 7b\,\sqrt{(ax+b)^5}\right]$

(104) $\displaystyle\int x\,\sqrt{(ax+b)^n}\,dx = \frac{2\,\sqrt{(ax+b)^{n+4}}}{(n+4)\,a^2} - \frac{2b\,\sqrt{(ax+b)^{n+2}}}{(n+2)\,a^2}$ $(n \neq -2,\,-4)$

Fall $n = -2,\,-4$: siehe Integral (4) bzw. (5)

(105) $\displaystyle\int \sqrt{\frac{(ax+b)^3}{x}}\,dx = \frac{2}{3}\,\sqrt{(ax+b)^3} + 2b\,\sqrt{ax+b} + b^2 \cdot \underbrace{\int \frac{dx}{x\,\sqrt{ax+b}}}_{\text{Integral (99)}}$

(106) $\displaystyle\int \frac{x}{\sqrt{(ax+b)^3}}\,dx = \frac{2}{a^2}\left[\sqrt{ax+b} + \frac{b}{\sqrt{ax+b}}\right] = \frac{2\,(ax+2b)}{a^2\,\sqrt{ax+b}}$

10 Integrale mit $\sqrt{ax+b}$ und $px+q$

Abkürzung: $\boxed{\Delta = bp - aq}$

Hinweis: Es wird stets $\Delta \neq 0$ vorausgesetzt. Für $\Delta = 0$ ist $px + q = \dfrac{q}{b}\,(ax+b)$. Die Integrale entsprechen dann dem Integraltyp aus Abschnitt 9.

(107) $\displaystyle\int \frac{\sqrt{ax+b}}{px+q}\,dx = \begin{cases} \dfrac{2\,\sqrt{ax+b}}{p} + \dfrac{\sqrt{\Delta}}{p\,\sqrt{p}} \cdot \ln\left|\dfrac{\sqrt{p\,(ax+b)} - \sqrt{\Delta}}{\sqrt{p\,(ax+b)} + \sqrt{\Delta}}\right| & \text{für } p > 0,\;\Delta > 0 \\[4mm] \dfrac{2\,\sqrt{ax+b}}{p} - \dfrac{2\,\sqrt{|\Delta|}}{p\,\sqrt{p}} \cdot \arctan\left(\sqrt{\dfrac{p\,(ax+b)}{|\Delta|}}\right) & \text{für } p > 0,\;\Delta < 0 \end{cases}$

(108) $\displaystyle\int \frac{\sqrt{ax+b}}{(px+q)^n}\,dx = -\frac{\sqrt{ax+b}}{(n-1)\,p\,(px+q)^{n-1}} + \frac{a}{2\,(n-1)\,p} \cdot \underbrace{\int \frac{dx}{(px+q)^{n-1}\,\sqrt{ax+b}}}_{\text{Integral (111)}}$ $(n \neq 1)$

Fall $n = 1$: siehe Integral (107)

(109) $\displaystyle\int \frac{px + q}{\sqrt{ax + b}}\, dx = \frac{2\,(apx + 3aq - 2bp)\,\sqrt{ax + b}}{3a^2}$

(110) $\displaystyle\int \frac{dx}{(px + q)\,\sqrt{ax + b}} = \begin{cases} \dfrac{1}{\sqrt{p\varDelta}} \cdot \ln\left|\dfrac{\sqrt{p\,(ax + b)} - \sqrt{\varDelta}}{\sqrt{p\,(ax + b)} + \sqrt{\varDelta}}\right| & \text{für} \quad \varDelta > 0,\ p > 0 \\[4mm] \dfrac{2}{\sqrt{p\,|\varDelta|}} \cdot \arctan\left(\sqrt{\dfrac{p\,(ax + b)}{|\varDelta|}}\right) & \text{für} \quad \varDelta < 0,\ p > 0 \end{cases}$

(111) $\displaystyle\int \frac{dx}{(px + q)^n\,\sqrt{ax + b}} = -\frac{\sqrt{ax + b}}{(n - 1)\,\varDelta\,(px + q)^{n-1}} -$

$$-\frac{(2n - 3)\,a}{2\,(n - 1)\,\varDelta} \cdot \int \frac{dx}{(px + q)^{n-1}\,\sqrt{ax + b}} \qquad (n \neq 1)$$

Fall $n = 1$: siehe Integral (110)

11 Integrale mit $\sqrt{ax + b}$ und $\sqrt{px + q}$ $(a, p \neq 0)$

Abkürzung: $\boxed{\varDelta = bp - aq}$

(112) $\displaystyle\int \sqrt{(ax + b)\,(px + q)}\, dx = \frac{[2a\,(px + q) + \varDelta]\,\sqrt{(ax + b)\,(px + q)}}{4ap} -$

$$-\frac{\varDelta^2}{8ap} \cdot \underbrace{\int \frac{dx}{\sqrt{(ax + b)\,(px + q)}}}_{\text{Integral (114)}}$$

(113) $\displaystyle\int \sqrt{\frac{px + q}{ax + b}}\, dx = \frac{\sqrt{(ax + b)\,(px + q)}}{a} - \frac{\varDelta}{2a} \cdot \underbrace{\int \frac{dx}{\sqrt{(ax + b)\,(px + q)}}}_{\text{Integral (114)}}$

(114) $\displaystyle\int \frac{dx}{\sqrt{(ax + b)\,(px + q)}} = \begin{cases} \dfrac{2}{\sqrt{ap}} \cdot \ln\left|\sqrt{a\,(px + q)} + \sqrt{p\,(ax + b)}\right| & \text{für} \quad ap > 0 \\[4mm] -\dfrac{2}{\sqrt{|ap|}} \cdot \arctan\left(\sqrt{-\dfrac{p\,(ax + b)}{a\,(px + q)}}\right) & \text{für} \quad ap < 0 \end{cases}$

(115) $\displaystyle\int \frac{x\, dx}{\sqrt{(ax + b)\,(px + q)}} = \frac{\sqrt{(ax + b)\,(px + q)}}{ap} - \frac{aq + bp}{2ap} \cdot \underbrace{\int \frac{dx}{\sqrt{(ax + b)\,(px + q)}}}_{\text{Integral (114)}}$

12 Integrale mit $\sqrt{a^2 + x^2}$ $\quad (a > 0)$

(116) $\displaystyle\int \sqrt{a^2 + x^2}\, dx = \frac{1}{2}\left[x\sqrt{a^2 + x^2} + a^2 \cdot \ln\left(x + \sqrt{a^2 + x^2}\right)\right] =$

$$= \frac{1}{2}\left[x\sqrt{a^2 + x^2} + a^2 \cdot \operatorname{arsinh}\left(\frac{x}{a}\right)\right]$$

(117) $\displaystyle\int x\sqrt{a^2 + x^2}\, dx = \frac{1}{3}\sqrt{(a^2 + x^2)^3}$

(118) $\displaystyle\int x^2 \sqrt{a^2 + x^2}\, dx = \frac{1}{4} x\sqrt{(a^2 + x^2)^3} - \frac{a^2}{8}\left[x\sqrt{a^2 + x^2} + a^2 \cdot \ln\left(x + \sqrt{a^2 + x^2}\right)\right] =$

$$= \frac{1}{4} x\sqrt{(a^2 + x^2)^3} - \frac{a^2}{8}\left[x\sqrt{a^2 + x^2} + a^2 \cdot \operatorname{arsinh}\left(\frac{x}{a}\right)\right]$$

(119) $\displaystyle\int x^3 \sqrt{a^2 + x^2}\, dx = \frac{1}{5}\sqrt{(a^2 + x^2)^5} - \frac{a^2}{3}\sqrt{(a^2 + x^2)^3}$

(120) $\displaystyle\int \frac{\sqrt{a^2 + x^2}}{x}\, dx = \sqrt{a^2 + x^2} - a\cdot \ln\left| \frac{a + \sqrt{a^2 + x^2}}{x}\right|$

(121) $\displaystyle\int \frac{\sqrt{a^2 + x^2}}{x^2}\, dx = -\frac{\sqrt{a^2 + x^2}}{x} + \ln\left(x + \sqrt{a^2 + x^2}\right) =$

$$= -\frac{\sqrt{a^2 + x^2}}{x} + \operatorname{arsinh}\left(\frac{x}{a}\right)$$

(122) $\displaystyle\int \frac{\sqrt{a^2 + x^2}}{x^3}\, dx = -\frac{\sqrt{a^2 + x^2}}{2x^2} - \frac{1}{2a}\cdot \ln\left| \frac{a + \sqrt{a^2 + x^2}}{x}\right|$

(123) $\displaystyle\int \frac{dx}{\sqrt{a^2 + x^2}} = \ln\left(x + \sqrt{a^2 + x^2}\right) = \operatorname{arsinh}\left(\frac{x}{a}\right)$

(124) $\displaystyle\int \frac{x\, dx}{\sqrt{a^2 + x^2}} = \sqrt{a^2 + x^2}$

(125) $\displaystyle\int \frac{x^2\, dx}{\sqrt{a^2 + x^2}} = \frac{1}{2} x\sqrt{a^2 + x^2} - \frac{a^2}{2}\cdot \ln\left(x + \sqrt{a^2 + x^2}\right) =$

$$= \frac{1}{2} x\sqrt{a^2 + x^2} - \frac{a^2}{2}\cdot \operatorname{arsinh}\left(\frac{x}{a}\right)$$

(126) $\displaystyle\int \frac{x^3\, dx}{\sqrt{a^2 + x^2}} = \frac{1}{3}\sqrt{(a^2 + x^2)^3} - a^2 \sqrt{a^2 + x^2}$

(127) $\displaystyle\int \frac{dx}{x\sqrt{a^2 + x^2}} = -\frac{1}{a}\cdot \ln\left| \frac{a + \sqrt{a^2 + x^2}}{x}\right|$

(128) $\displaystyle\int \frac{dx}{x^2\sqrt{a^2+x^2}} = -\frac{\sqrt{a^2+x^2}}{a^2x}$

(129) $\displaystyle\int \frac{dx}{x^3\sqrt{a^2+x^2}} = -\frac{\sqrt{a^2+x^2}}{2a^2x^2} + \frac{1}{2a^3}\cdot\ln\left|\frac{a+\sqrt{a^2+x^2}}{x}\right|$

(130) $\displaystyle\int \sqrt{(a^2+x^2)^3}\,dx = \frac{1}{4}\left[x\sqrt{(a^2+x^2)^3} + \frac{3}{2}a^2x\sqrt{a^2+x^2} + \frac{3}{2}a^4\cdot\ln\left(x+\sqrt{a^2+x^2}\right)\right] =$

$$= \frac{1}{4}\left[x\sqrt{(a^2+x^2)^3} + \frac{3}{2}a^2x\sqrt{a^2+x^2} + \frac{3}{2}a^4\cdot\operatorname{arsinh}\left(\frac{x}{a}\right)\right]$$

(131) $\displaystyle\int x\sqrt{(a^2+x^2)^3}\,dx = \frac{1}{5}\sqrt{(a^2+x^2)^5}$

(132) $\displaystyle\int x^2\sqrt{(a^2+x^2)^3}\,dx = \frac{1}{6}x\sqrt{(a^2+x^2)^5} - \frac{a^2}{24}x\sqrt{(a^2+x^2)^3} - \frac{a^4}{16}x\sqrt{a^2+x^2} -$

$$- \frac{a^6}{16}\cdot\ln\left(x+\sqrt{a^2+x^2}\right) =$$

$$= \frac{1}{6}x\sqrt{(a^2+x^2)^5} - \frac{a^2}{24}x\sqrt{(a^2+x^2)^3} - \frac{a^4}{16}x\sqrt{a^2+x^2} -$$

$$- \frac{a^6}{16}\cdot\operatorname{arsinh}\left(\frac{x}{a}\right)$$

(133) $\displaystyle\int \frac{\sqrt{(a^2+x^2)^3}}{x}\,dx = \frac{1}{3}\sqrt{(a^2+x^2)^3} + a^2\sqrt{a^2+x^2} - a^3\cdot\ln\left|\frac{a+\sqrt{a^2+x^2}}{x}\right|$

(134) $\displaystyle\int \frac{\sqrt{(a^2+x^2)^3}}{x^2}\,dx = -\frac{\sqrt{(a^2+x^2)^3}}{x} + \frac{3}{2}x\sqrt{a^2+x^2} + \frac{3}{2}a^2\cdot\ln\left(x+\sqrt{a^2+x^2}\right) =$

$$= -\frac{\sqrt{(a^2+x^2)^3}}{x} + \frac{3}{2}x\sqrt{a^2+x^2} + \frac{3}{2}a^2\cdot\operatorname{arsinh}\left(\frac{x}{a}\right)$$

(135) $\displaystyle\int \frac{dx}{\sqrt{(a^2+x^2)^3}} = \frac{x}{a^2\sqrt{a^2+x^2}}$

(136) $\displaystyle\int \frac{x\,dx}{\sqrt{(a^2+x^2)^3}} = -\frac{1}{\sqrt{a^2+x^2}}$

(137) $\displaystyle\int \frac{x^2\,dx}{\sqrt{(a^2+x^2)^3}} = -\frac{x}{\sqrt{a^2+x^2}} + \ln\left(x+\sqrt{a^2+x^2}\right) = -\frac{x}{\sqrt{a^2+x^2}} + \operatorname{arsinh}\left(\frac{x}{a}\right)$

(138) $\int \dfrac{dx}{x \sqrt{(a^2 + x^2)^3}} = \dfrac{1}{a^2 \sqrt{a^2 + x^2}} - \dfrac{1}{a^3} \cdot \ln \left| \dfrac{a + \sqrt{a^2 + x^2}}{x} \right|$

(139) $\int \dfrac{dx}{x^2 \sqrt{(a^2 + x^2)^3}} = -\dfrac{2x^2 + a^2}{a^4 x \sqrt{a^2 + x^2}}$

(140) $\int \dfrac{dx}{(px + q) \sqrt{a^2 + x^2}} = -\dfrac{1}{\sqrt{a^2 p^2 + q^2}} \cdot \ln \left| \dfrac{\sqrt{a^2 p^2 + q^2} \cdot \sqrt{a^2 + x^2} - qx + a^2 p}{px + q} \right|$

$(p \neq 0)$

13 Integrale mit $\sqrt{a^2 - x^2}$ $(a > 0;\ |x| < a)$

(141) $\int \sqrt{a^2 - x^2}\, dx = \dfrac{1}{2} \left[x \sqrt{a^2 - x^2} + a^2 \cdot \arcsin \left(\dfrac{x}{a} \right) \right]$

(142) $\int x \sqrt{a^2 - x^2}\, dx = -\dfrac{1}{3} \sqrt{(a^2 - x^2)^3}$

(143) $\int x^2 \sqrt{a^2 - x^2}\, dx = -\dfrac{1}{4} x \sqrt{(a^2 - x^2)^3} + \dfrac{a^2}{8} \left[x \sqrt{a^2 - x^2} + a^2 \cdot \arcsin \left(\dfrac{x}{a} \right) \right]$

(144) $\int x^3 \sqrt{a^2 - x^2}\, dx = \dfrac{1}{5} \sqrt{(a^2 - x^2)^5} - \dfrac{a^2}{3} \sqrt{(a^2 - x^2)^3}$

(145) $\int \dfrac{\sqrt{a^2 - x^2}}{x}\, dx = \sqrt{a^2 - x^2} - a \cdot \ln \left| \dfrac{a + \sqrt{a^2 - x^2}}{x} \right|$

(146) $\int \dfrac{\sqrt{a^2 - x^2}}{x^2}\, dx = -\dfrac{\sqrt{a^2 - x^2}}{x} - \arcsin \left(\dfrac{x}{a} \right)$

(147) $\int \dfrac{\sqrt{a^2 - x^2}}{x^3}\, dx = -\dfrac{\sqrt{a^2 - x^2}}{2x^2} + \dfrac{1}{2a} \cdot \ln \left| \dfrac{a + \sqrt{a^2 - x^2}}{x} \right|$

(148) $\int \dfrac{dx}{\sqrt{a^2 - x^2}} = \arcsin \left(\dfrac{x}{a} \right)$

(149) $\int \dfrac{x\, dx}{\sqrt{a^2 - x^2}} = -\sqrt{a^2 - x^2}$

(150) $\int \dfrac{x^2\, dx}{\sqrt{a^2 - x^2}} = -\dfrac{1}{2} x \sqrt{a^2 - x^2} + \dfrac{a^2}{2} \cdot \arcsin \left(\dfrac{x}{a} \right)$

(151) $\int \dfrac{x^3 \, dx}{\sqrt{a^2 - x^2}} = \dfrac{1}{3} \sqrt{(a^2 - x^2)^3} - a^2 \sqrt{a^2 - x^2}$

(152) $\int \dfrac{dx}{x \sqrt{a^2 - x^2}} = -\dfrac{1}{a} \cdot \ln \left| \dfrac{a + \sqrt{a^2 - x^2}}{x} \right|$

(153) $\int \dfrac{dx}{x^2 \sqrt{a^2 - x^2}} = -\dfrac{\sqrt{a^2 - x^2}}{a^2 x}$

(154) $\int \dfrac{dx}{x^3 \sqrt{a^2 - x^2}} = -\dfrac{\sqrt{a^2 - x^2}}{2 a^2 x^2} - \dfrac{1}{2 a^3} \cdot \ln \left| \dfrac{a + \sqrt{a^2 - x^2}}{x} \right|$

(155) $\int \sqrt{(a^2 - x^2)^3} \, dx = \dfrac{1}{4} \left[x \sqrt{(a^2 - x^2)^3} + \dfrac{3}{2} a^2 x \sqrt{a^2 - x^2} + \dfrac{3}{2} a^4 \cdot \arcsin \left(\dfrac{x}{a} \right) \right]$

(156) $\int x \sqrt{(a^2 - x^2)^3} \, dx = -\dfrac{1}{5} \sqrt{(a^2 - x^2)^5}$

(157) $\int x^2 \sqrt{(a^2 - x^2)^3} \, dx = -\dfrac{1}{6} x \sqrt{(a^2 - x^2)^5} + \dfrac{a^2}{24} x \sqrt{(a^2 - x^2)^3} + \dfrac{a^4}{16} x \sqrt{a^2 - x^2} +$

$$+ \dfrac{a^6}{16} \cdot \arcsin \left(\dfrac{x}{a} \right)$$

(158) $\int \dfrac{\sqrt{(a^2 - x^2)^3}}{x} \, dx = \dfrac{1}{3} \sqrt{(a^2 - x^2)^3} + a^2 \sqrt{a^2 - x^2} - a^3 \cdot \ln \left| \dfrac{a + \sqrt{a^2 - x^2}}{x} \right|$

(159) $\int \dfrac{\sqrt{(a^2 - x^2)^3}}{x^2} \, dx = -\dfrac{\sqrt{(a^2 - x^2)^3}}{x} - \dfrac{3}{2} x \sqrt{a^2 - x^2} - \dfrac{3}{2} a^2 \cdot \arcsin \left(\dfrac{x}{a} \right)$

(160) $\int \dfrac{dx}{\sqrt{(a^2 - x^2)^3}} = \dfrac{x}{a^2 \sqrt{a^2 - x^2}}$

(161) $\int \dfrac{x \, dx}{\sqrt{(a^2 - x^2)^3}} = \dfrac{1}{\sqrt{a^2 - x^2}}$

(162) $\int \dfrac{x^2 \, dx}{\sqrt{(a^2 - x^2)^3}} = \dfrac{x}{\sqrt{a^2 - x^2}} - \arcsin \left(\dfrac{x}{a} \right)$

(163) $\int \dfrac{dx}{x \sqrt{(a^2 - x^2)^3}} = \dfrac{1}{a^2 \sqrt{a^2 - x^2}} - \dfrac{1}{a^3} \cdot \ln \left| \dfrac{a + \sqrt{a^2 - x^2}}{x} \right|$

(164) $\displaystyle\int \frac{dx}{x^2 \sqrt{(a^2 - x^2)^3}} = \frac{2x^2 - a^2}{a^4 x \sqrt{a^2 - x^2}}$

14 Integrale mit $\sqrt{x^2 - a^2}$ $(a > 0; \ |x| > a)$

(165) $\displaystyle\int \sqrt{x^2 - a^2}\, dx = \frac{1}{2}\left[x\sqrt{x^2 - a^2} - a^2 \cdot \ln\left|x + \sqrt{x^2 - a^2}\right|\right]$

(166) $\displaystyle\int x\sqrt{x^2 - a^2}\, dx = \frac{1}{3}\sqrt{(x^2 - a^2)^3}$

(167) $\displaystyle\int x^2\sqrt{x^2 - a^2}\, dx = \frac{1}{4}x\sqrt{(x^2 - a^2)^3} + \frac{a^2}{8}\left[x\sqrt{x^2 - a^2} - a^2 \cdot \ln\left|x + \sqrt{x^2 - a^2}\right|\right]$

(168) $\displaystyle\int x^3\sqrt{x^2 - a^2}\, dx = \frac{1}{5}\sqrt{(x^2 - a^2)^5} + \frac{a^2}{3}\sqrt{(x^2 - a^2)^3}$

(169) $\displaystyle\int \frac{\sqrt{x^2 - a^2}}{x}\, dx = \sqrt{x^2 - a^2} - a \cdot \arccos\left|\frac{a}{x}\right|$

(170) $\displaystyle\int \frac{\sqrt{x^2 - a^2}}{x^2}\, dx = -\frac{\sqrt{x^2 - a^2}}{x} + \ln\left|x + \sqrt{x^2 - a^2}\right|$

(171) $\displaystyle\int \frac{\sqrt{x^2 - a^2}}{x^3}\, dx = -\frac{\sqrt{x^2 - a^2}}{2x^2} + \frac{1}{2a} \cdot \arccos\left|\frac{a}{x}\right|$

(172) $\displaystyle\int \frac{dx}{\sqrt{x^2 - a^2}} = \ln\left|x + \sqrt{x^2 - a^2}\right| = \operatorname{sgn}(x) \cdot \operatorname{arcosh}\left|\frac{x}{a}\right|$

(173) $\displaystyle\int \frac{x\, dx}{\sqrt{x^2 - a^2}} = \sqrt{x^2 - a^2}$

(174) $\displaystyle\int \frac{x^2\, dx}{\sqrt{x^2 - a^2}} = \frac{1}{2}x\sqrt{x^2 - a^2} + \frac{a^2}{2} \cdot \ln\left|x + \sqrt{x^2 - a^2}\right|$

(175) $\displaystyle\int \frac{x^3\, dx}{\sqrt{x^2 - a^2}} = \frac{1}{3}\sqrt{(x^2 - a^2)^3} + a^2\sqrt{x^2 - a^2}$

(176) $\displaystyle\int \frac{dx}{x\sqrt{x^2 - a^2}} = \frac{1}{a} \cdot \arccos\left|\frac{a}{x}\right|$

(177) $\displaystyle\int \frac{dx}{x^2 \sqrt{x^2 - a^2}} = \frac{\sqrt{x^2 - a^2}}{a^2 x}$

(178) $\displaystyle\int \frac{dx}{x^3 \sqrt{x^2 - a^2}} = \frac{\sqrt{x^2 - a^2}}{2a^2 x^2} + \frac{1}{2a^3} \cdot \arccos\left|\frac{a}{x}\right|$

(179) $\displaystyle\int \sqrt{(x^2 - a^2)^3}\, dx = \frac{1}{4}\left[x\sqrt{(x^2 - a^2)^3} - \frac{3}{2} a^2 x \sqrt{x^2 - a^2} + \frac{3}{2} a^4 \cdot \ln\left|x + \sqrt{x^2 - a^2}\right| \right]$

(180) $\displaystyle\int x\sqrt{(x^2 - a^2)^3}\, dx = \frac{1}{5}\sqrt{(x^2 - a^2)^5}$

(181) $\displaystyle\int x^2 \sqrt{(x^2 - a^2)^3}\, dx = \frac{1}{6} x \sqrt{(x^2 - a^2)^5} + \frac{a^2}{24} x \sqrt{(x^2 - a^2)^3} - \frac{a^4}{16} x\sqrt{x^2 - a^2} +$

$$+ \frac{a^6}{16} \cdot \ln\left|x + \sqrt{x^2 - a^2}\right|$$

(182) $\displaystyle\int \frac{\sqrt{(x^2 - a^2)^3}}{x}\, dx = \frac{1}{3}\sqrt{(x^2 - a^2)^3} - a^2 \sqrt{x^2 - a^2} + a^3 \cdot \arccos\left|\frac{a}{x}\right|$

(183) $\displaystyle\int \frac{\sqrt{(x^2 - a^2)^3}}{x^2}\, dx = - \frac{\sqrt{(x^2 - a^2)^3}}{x} + \frac{3}{2} x \sqrt{x^2 - a^2} - \frac{3}{2} a^2 \cdot \ln\left|x + \sqrt{x^2 - a^2}\right|$

(184) $\displaystyle\int \frac{dx}{\sqrt{(x^2 - a^2)^3}} = -\frac{x}{a^2 \sqrt{x^2 - a^2}}$

(185) $\displaystyle\int \frac{x\, dx}{\sqrt{(x^2 - a^2)^3}} = -\frac{1}{\sqrt{x^2 - a^2}}$

(186) $\displaystyle\int \frac{x^2\, dx}{\sqrt{(x^2 - a^2)^3}} = -\frac{x}{\sqrt{x^2 - a^2}} + \ln\left|x + \sqrt{x^2 - a^2}\right|$

(187) $\displaystyle\int \frac{dx}{x \sqrt{(x^2 - a^2)^3}} = -\frac{1}{a^2 \sqrt{x^2 - a^2}} - \frac{1}{a^3} \cdot \arccos\left|\frac{a}{x}\right|$

(188) $\displaystyle\int \frac{dx}{x^2 \sqrt{(x^2 - a^2)^3}} = \frac{a^2 - 2x^2}{a^4 x \sqrt{x^2 - a^2}}$

15 Integrale mit $\sqrt{ax^2 + bx + c}$ $(a \neq 0)$

Abkürzung: $\boxed{\Delta = 4ac - b^2}$

Hinweis: Es wird stets $\Delta \neq 0$ vorausgesetzt. Für $\Delta = 0$ ist $\sqrt{ax^2 + bx + c} = \sqrt{a}\left(x + \dfrac{b}{2a}\right)$.
Die Integrale entsprechen dann dem Integraltyp aus Abschnitt 1.

(189) $\displaystyle\int \sqrt{ax^2 + bx + c}\, dx = \frac{2ax + b}{4a}\, \sqrt{ax^2 + bx + c} + \frac{\Delta}{8a} \cdot \underbrace{\int \frac{dx}{\sqrt{ax^2 + bx + c}}}_{\text{Integral (194)}}$

(190) $\displaystyle\int x\,\sqrt{ax^2 + bx + c}\, dx = \frac{1}{3a} \cdot \sqrt{(ax^2 + bx + c)^3} - \frac{b(2ax + b)}{8a^2}\, \sqrt{ax^2 + bx + c} -$

$$- \frac{b\Delta}{16a^2} \cdot \underbrace{\int \frac{dx}{\sqrt{ax^2 + bx + c}}}_{\text{Integral (194)}}$$

(191) $\displaystyle\int x^2\,\sqrt{ax^2 + bx + c}\, dx = \frac{1}{24a^2}\, (6ax - 5b)\, \sqrt{(ax^2 + bx + c)^3} +$

$$+ \frac{5b^2 - 4ac}{16a^2} \cdot \underbrace{\int \sqrt{ax^2 + bx + c}\, dx}_{\text{Integral (189)}}$$

(192) $\displaystyle\int \frac{\sqrt{ax^2 + bx + c}}{x}\, dx = \sqrt{ax^2 + bx + c} + \frac{b}{2} \cdot \underbrace{\int \frac{dx}{\sqrt{ax^2 + bx + c}}}_{\text{Integral (194)}} + c \cdot \underbrace{\int \frac{dx}{x\,\sqrt{ax^2 + bx + c}}}_{\text{Integral (197)}}$

(193) $\displaystyle\int \frac{\sqrt{ax^2 + bx + c}}{x^2}\, dx = -\frac{\sqrt{ax^2 + bx + c}}{x} + a \cdot \underbrace{\int \frac{dx}{\sqrt{ax^2 + bx + c}}}_{\text{Integral (194)}} + \frac{b}{2} \cdot \underbrace{\int \frac{dx}{x\,\sqrt{ax^2 + bx + c}}}_{\text{Integral (197)}}$

(194) $\displaystyle\int \frac{dx}{\sqrt{ax^2 + bx + c}} = \begin{cases} \dfrac{1}{\sqrt{a}} \cdot \ln\left| 2\sqrt{a}\,\sqrt{ax^2 + bx + c} + 2ax + b \right| & \text{für } a > 0 \\[4mm] \dfrac{1}{\sqrt{a}} \cdot \operatorname{arsinh}\left(\dfrac{2ax + b}{\sqrt{\Delta}}\right) & \text{für } a > 0,\ \Delta > 0 \\[4mm] -\dfrac{1}{\sqrt{|a|}} \cdot \arcsin\left(\dfrac{2ax + b}{\sqrt{|\Delta|}}\right) & \text{für } a < 0,\ \Delta < 0 \end{cases}$

(195) $\displaystyle\int \frac{x\,dx}{\sqrt{ax^2+bx+c}} = \frac{\sqrt{ax^2+bx+c}}{a} - \frac{b}{2a}\cdot\underbrace{\int \frac{dx}{\sqrt{ax^2+bx+c}}}_{\text{Integral (194)}}$

(196) $\displaystyle\int \frac{x^2\,dx}{\sqrt{ax^2+bx+c}} = \frac{2ax-3b}{4a^2}\sqrt{ax^2+bx+c} + \frac{3b^2-4ac}{8a^2}\cdot\underbrace{\int \frac{dx}{\sqrt{ax^2+bx+c}}}_{\text{Integral (194)}}$

(197) $\displaystyle\int \frac{dx}{x\sqrt{ax^2+bx+c}} = \begin{cases} -\dfrac{1}{\sqrt{c}}\cdot\ln\left|\dfrac{2\sqrt{c}\,\sqrt{ax^2+bx+c}+bx+2c}{x}\right| & \text{für}\quad c>0 \\[3ex] -\dfrac{1}{\sqrt{c}}\cdot\operatorname{arsinh}\left(\dfrac{bx+2c}{\sqrt{\Delta}\,x}\right) & \text{für}\quad c>0,\ \Delta>0 \\[3ex] \dfrac{1}{\sqrt{|c|}}\cdot\arcsin\left(\dfrac{bx+2c}{\sqrt{|\Delta|}\,x}\right) & \text{für}\quad c<0,\ \Delta<0 \end{cases}$

(198) $\displaystyle\int \frac{dx}{x^2\sqrt{ax^2+bx+c}} = -\frac{\sqrt{ax^2+bx+c}}{cx} - \frac{b}{2c}\cdot\underbrace{\int \frac{dx}{x\sqrt{ax^2+bx+c}}}_{\text{Integral (197)}}$

(199) $\displaystyle\int \sqrt{(ax^2+bx+c)^3}\,dx = \frac{2ax+b}{8a}\sqrt{(ax^2+bx+c)^3} + \frac{3\Delta}{16a}\cdot\underbrace{\int \sqrt{ax^2+bx+c}\,dx}_{\text{Integral (189)}}$

(200) $\displaystyle\int x\sqrt{(ax^2+bx+c)^3}\,dx = \frac{1}{5a}\sqrt{(ax^2+bx+c)^5} - \frac{b}{2a}\cdot\underbrace{\int \sqrt{(ax^2+bx+c)^3}\,dx}_{\text{Integral (199)}}$

(201) $\displaystyle\int \frac{dx}{\sqrt{(ax^2+bx+c)^3}} = \frac{4ax+2b}{\Delta\sqrt{ax^2+bx+c}}$

(202) $\displaystyle\int \frac{x\,dx}{\sqrt{(ax^2+bx+c)^3}} = -\frac{2bx+4c}{\Delta\sqrt{ax^2+bx+c}}$

(203) $\displaystyle\int \frac{dx}{x\sqrt{(ax^2+bx+c)^3}} = \frac{1}{c\sqrt{ax^2+bx+c}} + \frac{1}{c}\cdot\underbrace{\int \frac{dx}{x\sqrt{ax^2+bx+c}}}_{\text{Integral (197)}} - \frac{b}{2c}\cdot\underbrace{\int \frac{dx}{\sqrt{(ax^2+bx+c)^3}}}_{\text{Integral (201)}}$

$(c\neq 0)$

16 Integrale mit $\sin (ax)$ $(a \neq 0)$

Hinweis: Integrale mit einer Sinusfunktion *und* einer
  – *Kosinusfunktion:* siehe Abschnitt 18
  – *Exponentialfunktion:* siehe Abschnitt 22
  – *Hyperbelfunktion:* siehe Abschnitt 24 und 25

(204) $\displaystyle\int \sin (ax)\, dx = -\frac{\cos (ax)}{a}$

(205) $\displaystyle\int \sin^2 (ax)\, dx = \frac{x}{2} - \frac{\sin (2ax)}{4a} = \frac{x}{2} - \frac{\sin (ax) \cdot \cos (ax)}{2a}$

(206) $\displaystyle\int \sin^3 (ax)\, dx = -\frac{\cos (ax)}{a} + \frac{\cos^3 (ax)}{3a}$

(207) $\displaystyle\int \sin^n (ax)\, dx = -\frac{\sin^{n-1}(ax) \cdot \cos (ax)}{na} + \frac{n-1}{n} \cdot \int \sin^{n-2}(ax)\, dx \qquad (n \neq 0)$

(208) $\displaystyle\int x \cdot \sin (ax)\, dx = \frac{\sin (ax)}{a^2} - \frac{x \cdot \cos (ax)}{a}$

(209) $\displaystyle\int x^2 \cdot \sin (ax)\, dx = \frac{2x \cdot \sin (ax)}{a^2} - \frac{(a^2 x^2 - 2) \cdot \cos (ax)}{a^3}$

(210) $\displaystyle\int x^n \cdot \sin (ax)\, dx = -\frac{x^n \cdot \cos (ax)}{a} + \frac{n \cdot x^{n-1} \cdot \sin (ax)}{a^2} - \frac{n(n-1)}{a^2} \cdot \int x^{n-2} \cdot \sin (ax)\, dx$

   $(n \geq 2)$

(211) $\displaystyle\int \frac{\sin (ax)}{x}\, dx = ax - \frac{(ax)^3}{3 \cdot 3!} + \frac{(ax)^5}{5 \cdot 5!} - + \dots$

   (Potenzreihenentwicklung: Konvergenz für $|x| < \infty$)

(212) $\displaystyle\int \frac{\sin (ax)}{x^2}\, dx = -\frac{\sin (ax)}{x} + a \cdot \underbrace{\int \frac{\cos (ax)}{x}\, dx}_{\text{Integral (235)}}$

(213) $\displaystyle\int \frac{\sin (ax)}{x^n}\, dx = -\frac{\sin (ax)}{(n-1)\, x^{n-1}} + \frac{a}{n-1} \cdot \underbrace{\int \frac{\cos (ax)}{x^{n-1}}\, dx}_{\text{Integral (237)}} \qquad (n \neq 1)$

   Fall $n = 1$: siehe Integral (211)

(214) $\displaystyle\int \frac{dx}{\sin (ax)} = \frac{1}{a} \cdot \ln \left| \tan \left(\frac{ax}{2} \right) \right|$

(215) $\displaystyle\int \frac{dx}{\sin^2(ax)} = -\frac{\cot(ax)}{a}$

(216) $\displaystyle\int \frac{dx}{\sin^n(ax)} = -\frac{\cos(ax)}{a(n-1)\cdot\sin^{n-1}(ax)} + \frac{n-2}{n-1}\cdot\int \frac{dx}{\sin^{n-2}(ax)}$ $(n>1)$

Fall $n=1$: siehe Integral (214)

(217) $\displaystyle\int x\cdot\sin^2(ax)\,dx = \frac{x^2}{4} - \frac{x\cdot\sin(2ax)}{4a} - \frac{\cos(2ax)}{8a^2}$

(218) $\displaystyle\int \frac{x\,dx}{\sin^2(ax)} = -\frac{x\cdot\cot(ax)}{a} + \frac{1}{a^2}\cdot\ln|\sin(ax)|$

(219) $\displaystyle\int \frac{dx}{1\pm\sin(ax)} = \mp\frac{1}{a}\cdot\tan\left(\frac{\pi}{4}\mp\frac{ax}{2}\right)$

(220) $\displaystyle\int \frac{dx}{p+q\cdot\sin(ax)} = \begin{cases} \dfrac{2}{a\sqrt{p^2-q^2}}\cdot\arctan\left(\dfrac{p\cdot\tan(ax/2)+q}{\sqrt{p^2-q^2}}\right) & \text{für } p^2>q^2 \\[4mm] \dfrac{1}{a\sqrt{q^2-p^2}}\cdot\ln\left|\dfrac{p\cdot\tan(ax/2)+q-\sqrt{q^2-p^2}}{p\cdot\tan(ax/2)+q+\sqrt{q^2-p^2}}\right| & \text{für } p^2<q^2 \end{cases}$

Fall $p^2=q^2$: siehe Integral (219)

(221) $\displaystyle\int \frac{x\,dx}{1+\sin(ax)} = -\frac{x}{a}\cdot\tan\left(\frac{\pi}{4}-\frac{ax}{2}\right) + \frac{2}{a^2}\cdot\ln\left|\cos\left(\frac{\pi}{4}-\frac{ax}{2}\right)\right|$

(222) $\displaystyle\int \frac{x\,dx}{1-\sin(ax)} = \frac{x}{a}\cdot\cot\left(\frac{\pi}{4}-\frac{ax}{2}\right) + \frac{2}{a^2}\cdot\ln\left|\sin\left(\frac{\pi}{4}-\frac{ax}{2}\right)\right|$

(223) $\displaystyle\int \frac{\sin(ax)\,dx}{1\pm\sin(ax)} = \pm x + \frac{1}{a}\cdot\tan\left(\frac{\pi}{4}\mp\frac{ax}{2}\right)$

(224) $\displaystyle\int \frac{\sin(ax)\,dx}{p+q\cdot\sin(ax)} = \frac{x}{q} - \frac{p}{q}\cdot\underbrace{\int \frac{dx}{p+q\cdot\sin(ax)}}_{\text{Integral (220)}}$ $(q\neq 0)$

(225) $\displaystyle\int \frac{dx}{\sin(ax)\,[p+q\cdot\sin(ax)]} = \frac{1}{ap}\cdot\ln\left|\tan\left(\frac{ax}{2}\right)\right| - \frac{q}{p}\cdot\underbrace{\int \frac{dx}{p+q\cdot\sin(ax)}}_{\text{Integral (220)}}$ $(p\neq 0)$

(226) $\displaystyle\int \sin(ax)\cdot\sin(bx)\,dx = \frac{\sin((a-b)x)}{2(a-b)} - \frac{\sin((a+b)x)}{2(a+b)}$ $(a^2\neq b^2)$

Fall $a^2=b^2$: siehe Integral (205)

(227) $\displaystyle\int \sin(ax)\cdot\sin(ax+b)\,dx = -\frac{1}{4a}\cdot\sin(2ax+b) + \frac{(\cos b)}{2}x$

17 Integrale mit $\cos(ax)$ $\quad(a \neq 0)$

Hinweis: Integrale mit einer Kosinusfunktion *und* einer
- *Sinusfunktion:* siehe Abschnitt 18
- *Exponentialfunktion:* siehe Abschnitt 22
- *Hyperbelfunktion:* siehe Abschnitt 24 und 25

(228) $\displaystyle\int \cos(ax)\,dx = \frac{\sin(ax)}{a}$

(229) $\displaystyle\int \cos^2(ax)\,dx = \frac{x}{2} + \frac{\sin(2ax)}{4a} = \frac{x}{2} + \frac{\sin(ax)\cdot\cos(ax)}{2a}$

(230) $\displaystyle\int \cos^3(ax)\,dx = \frac{\sin(ax)}{a} - \frac{\sin^3(ax)}{3a}$

(231) $\displaystyle\int \cos^n(ax)\,dx = \frac{\cos^{n-1}(ax)\cdot\sin(ax)}{na} + \frac{n-1}{n}\cdot\int \cos^{n-2}(ax)\,dx \qquad (n \neq 0)$

(232) $\displaystyle\int x\cdot\cos(ax)\,dx = \frac{\cos(ax)}{a^2} + \frac{x\cdot\sin(ax)}{a}$

(233) $\displaystyle\int x^2\cdot\cos(ax)\,dx = \frac{2x\cdot\cos(ax)}{a^2} + \frac{(a^2x^2-2)\cdot\sin(ax)}{a^3}$

(234) $\displaystyle\int x^n\cdot\cos(ax)\,dx = \frac{x^n\cdot\sin(ax)}{a} + \frac{n\cdot x^{n-1}\cdot\cos(ax)}{a^2} - \frac{n(n-1)}{a^2}\cdot\int x^{n-2}\cdot\cos(ax)\,dx$

$\quad(n \geq 2)$

(235) $\displaystyle\int \frac{\cos(ax)}{x}\,dx = \ln|ax| - \frac{(ax)^2}{2\cdot 2!} + \frac{(ax)^4}{4\cdot 4!} - \frac{(ax)^6}{6\cdot 6!} + - \cdots$

(Potenzreihenentwicklung: Konvergenz für $|x| > 0$)

(236) $\displaystyle\int \frac{\cos(ax)}{x^2}\,dx = -\frac{\cos(ax)}{x} - a\cdot\underbrace{\int \frac{\sin(ax)}{x}\,dx}_{\text{Integral (211)}}$

(237) $\displaystyle\int \frac{\cos(ax)}{x^n}\,dx = -\frac{\cos(ax)}{(n-1)x^{n-1}} - \frac{a}{n-1}\cdot\underbrace{\int \frac{\sin(ax)}{x^{n-1}}\,dx}_{\text{Integral (213)}} \qquad (n \neq 1)$

Fall $n = 1$: siehe Integral (235)

(238) $\displaystyle\int \frac{dx}{\cos(ax)} = \frac{1}{a}\cdot\ln\left|\tan\left(\frac{ax}{2} + \frac{\pi}{4}\right)\right|$

(239) $\displaystyle\int \frac{dx}{\cos^2(ax)} = \frac{\tan(ax)}{a}$

(240) $\displaystyle\int \frac{dx}{\cos^n(ax)} = \frac{\sin(ax)}{a(n-1)\cdot\cos^{n-1}(ax)} + \frac{n-2}{n-1}\cdot\int\frac{dx}{\cos^{n-2}(ax)}$ $(n>1)$

Fall $n=1$: siehe Integral (238)

(241) $\displaystyle\int x\cdot\cos^2(ax)\,dx = \frac{x^2}{4} + \frac{x\cdot\sin(2ax)}{4a} + \frac{\cos(2ax)}{8a^2}$

(242) $\displaystyle\int\frac{x\,dx}{\cos^2(ax)} = \frac{x\cdot\tan(ax)}{a} + \frac{1}{a^2}\cdot\ln|\cos(ax)|$

(243) $\displaystyle\int\frac{dx}{1+\cos(ax)} = \frac{1}{a}\cdot\tan\left(\frac{ax}{2}\right)$

(244) $\displaystyle\int\frac{dx}{1-\cos(ax)} = -\frac{1}{a}\cdot\cot\left(\frac{ax}{2}\right)$

(245) $\displaystyle\int\frac{dx}{p+q\cdot\cos(ax)} = \begin{cases} \dfrac{2}{a\sqrt{p^2-q^2}}\cdot\arctan\left(\dfrac{(p-q)\cdot\tan(ax/2)}{\sqrt{p^2-q^2}}\right) & \text{für } p^2>q^2 \\[3ex] \dfrac{1}{a\sqrt{q^2-p^2}}\cdot\ln\left|\dfrac{(q-p)\cdot\tan(ax/2)+\sqrt{q^2-p^2}}{(q-p)\cdot\tan(ax/2)-\sqrt{q^2-p^2}}\right| & \text{für } p^2<q^2 \end{cases}$

Fall $p^2=q^2$: siehe Integral (243) bzw. Integral (244)

(246) $\displaystyle\int\frac{x\,dx}{1+\cos(ax)} = \frac{x}{a}\cdot\tan\left(\frac{ax}{2}\right) + \frac{2}{a^2}\cdot\ln\left|\cos\left(\frac{ax}{2}\right)\right|$

(247) $\displaystyle\int\frac{x\,dx}{1-\cos(ax)} = -\frac{x}{a}\cdot\cot\left(\frac{ax}{2}\right) + \frac{2}{a^2}\cdot\ln\left|\sin\left(\frac{ax}{2}\right)\right|$

(248) $\displaystyle\int\frac{\cos(ax)\,dx}{1+\cos(ax)} = x - \frac{1}{a}\cdot\tan\left(\frac{ax}{2}\right)$

(249) $\displaystyle\int\frac{\cos(ax)\,dx}{1-\cos(ax)} = -x - \frac{1}{a}\cdot\cot\left(\frac{ax}{2}\right)$

(250) $\displaystyle\int\frac{\cos(ax)\,dx}{p+q\cdot\cos(ax)} = \frac{x}{q} - \frac{p}{q}\cdot\underbrace{\int\frac{dx}{p+q\cdot\cos(ax)}}_{\text{Integral (245)}}$ $(q\neq 0)$

(251) $\displaystyle\int\frac{dx}{\cos(ax)\,[p+q\cdot\cos(ax)]} = \frac{1}{ap}\cdot\ln\left|\tan\left(\frac{ax}{2}+\frac{\pi}{4}\right)\right| - \frac{q}{p}\cdot\underbrace{\int\frac{dx}{p+q\cdot\cos(ax)}}_{\text{Integral (245)}}$ $(p\neq 0)$

(252) $\displaystyle\int\cos(ax)\cdot\cos(bx)\,dx = \frac{\sin((a-b)x)}{2(a-b)} + \frac{\sin((a+b)x)}{2(a+b)}$ $(a^2\neq b^2)$

Fall $a^2=b^2$: siehe Integral (229)

(253) $\displaystyle\int\cos(ax)\cdot\cos(ax+b)\,dx = \frac{1}{4a}\cdot\sin(2ax+b) + \frac{(\cos b)}{2}x$

18 Integrale mit $\sin(ax)$ und $\cos(ax)$ $(a \neq 0)$

(254) $\displaystyle\int \sin(ax) \cdot \cos(ax)\, dx = \frac{\sin^2(ax)}{2a} = -\frac{1}{4a} \cdot \cos(2ax)$

(255) $\displaystyle\int \sin^n(ax) \cdot \cos(ax)\, dx = \frac{\sin^{n+1}(ax)}{(n+1)a}$ $\quad (n \neq -1)$

Fall $n = -1$: siehe Integral (293)

(256) $\displaystyle\int \sin(ax) \cdot \cos^n(ax)\, dx = -\frac{\cos^{n+1}(ax)}{(n+1)a}$ $\quad (n \neq -1)$

Fall $n = -1$: siehe Integral (286)

(257) $\displaystyle\int \sin^2(ax) \cdot \cos^2(ax)\, dx = \frac{x}{8} - \frac{\sin(4ax)}{32a}$

(258) $\displaystyle\int \sin^m(ax) \cdot \cos^n(ax)\, dx =$

$$= \begin{cases} -\dfrac{\sin^{m-1}(ax) \cdot \cos^{(n+1)}(ax)}{(m+n)a} + \dfrac{m-1}{m+n} \cdot \displaystyle\int \sin^{m-2}(ax) \cdot \cos^n(ax)\, dx \\[3mm] \dfrac{\sin^{m+1}(ax) \cdot \cos^{(n-1)}(ax)}{(m+n)a} + \dfrac{n-1}{m+n} \cdot \displaystyle\int \sin^m(ax) \cdot \cos^{n-2}(ax)\, dx \end{cases}$$

Beide Formeln gelten nur für $m \neq -n$. Fall $m = -n$: siehe Integral (289) bzw. (296)

(259) $\displaystyle\int \frac{dx}{\sin(ax) \cdot \cos(ax)} = \frac{1}{a} \cdot \ln|\tan(ax)|$

(260) $\displaystyle\int \frac{dx}{\sin^2(ax) \cdot \cos(ax)} = \frac{1}{a}\left[\ln\left|\tan\left(\frac{ax}{2} + \frac{\pi}{4}\right)\right| - \frac{1}{\sin(ax)}\right]$

(261) $\displaystyle\int \frac{dx}{\sin^m(ax) \cdot \cos(ax)} = -\frac{1}{(m-1)a \cdot \sin^{m-1}(ax)} + \int \frac{dx}{\sin^{m-2}(ax) \cdot \cos(ax)}$ $\quad (m \neq 1)$

Fall $m = 1$: siehe Integral (259)

(262) $\displaystyle\int \frac{dx}{\sin(ax) \cdot \cos^2(ax)} = \frac{1}{a}\left[\ln\left|\tan\left(\frac{ax}{2}\right)\right| + \frac{1}{\cos(ax)}\right]$

(263) $\displaystyle\int \frac{dx}{\sin(ax) \cdot \cos^n(ax)} = \frac{1}{(n-1)a \cdot \cos^{n-1}(ax)} + \int \frac{dx}{\sin(ax) \cdot \cos^{n-2}(ax)}$ $\quad (n \neq 1)$

Fall $n = 1$: siehe Integral (259)

(264) $\displaystyle\int \frac{dx}{\sin^m(ax) \cdot \cos^n(ax)} =$

$$= \begin{cases} \dfrac{1}{(n-1)\,a \cdot \sin^{m-1}(ax) \cdot \cos^{n-1}(ax)} + \dfrac{m+n-2}{n-1} \cdot \displaystyle\int \dfrac{dx}{\sin^m(ax) \cdot \cos^{n-2}(ax)} \\[3ex] -\dfrac{1}{(m-1)\,a \cdot \sin^{m-1}(ax) \cdot \cos^{n-1}(ax)} + \dfrac{m+n-2}{m-1} \cdot \displaystyle\int \dfrac{dx}{\sin^{m-2}(ax) \cdot \cos^n(ax)} \end{cases}$$

Obere Formel für $n \neq 1$, untere Formel für $m \neq 1$.

Fall $n = 1$: siehe Integral (261); Fall $m = 1$: siehe Integral (263)

(265) $\displaystyle\int \frac{\sin(ax)}{\cos(ax)}\,dx = \int \tan(ax)\,dx = -\frac{1}{a} \cdot \ln|\cos(ax)|$

(266) $\displaystyle\int \frac{\sin^2(ax)}{\cos(ax)}\,dx = -\frac{\sin(ax)}{a} + \frac{1}{a} \cdot \ln\left|\tan\left(\frac{ax}{2} + \frac{\pi}{4}\right)\right|$

(267) $\displaystyle\int \frac{\sin^m(ax)}{\cos(ax)}\,dx = -\frac{\sin^{m-1}(ax)}{(m-1)\,a} + \int \frac{\sin^{m-2}(ax)}{\cos(ax)}\,dx \qquad (m \neq 1)$

Fall $m = 1$: siehe Integral (265)

(268) $\displaystyle\int \frac{\sin(ax)}{\cos^2(ax)}\,dx = \frac{1}{a \cdot \cos(ax)}$

(269) $\displaystyle\int \frac{\sin(ax)}{\cos^n(ax)}\,dx = \frac{1}{(n-1)\,a \cdot \cos^{n-1}(ax)} \qquad (n \neq 1)$

Fall $n = 1$: siehe Integral (265)

(270) $\displaystyle\int \frac{\sin^2(ax)}{\cos^2(ax)}\,dx = \int \tan^2(ax)\,dx = \frac{\tan(ax)}{a} - x$

(271) $\displaystyle\int \frac{\sin^m(ax)}{\cos^n(ax)}\,dx = \begin{cases} \dfrac{\sin^{m-1}(ax)}{(n-1)\,a \cdot \cos^{n-1}(ax)} - \dfrac{m-1}{n-1} \cdot \displaystyle\int \dfrac{\sin^{m-2}(ax)}{\cos^{n-2}(ax)}\,dx & (n \neq 1) \\[3ex] \dfrac{\sin^{m+1}(ax)}{(n-1)\,a \cdot \cos^{n-1}(ax)} - \dfrac{m-n+2}{n-1} \cdot \displaystyle\int \dfrac{\sin^m(ax)}{\cos^{n-2}(ax)}\,dx & (n \neq 1) \\[3ex] -\dfrac{\sin^{m-1}(ax)}{(m-n)\,a \cdot \cos^{n-1}(ax)} + \dfrac{m-1}{m-n} \cdot \displaystyle\int \dfrac{\sin^{m-2}(ax)}{\cos^n(ax)}\,dx & (m \neq n) \end{cases}$

Fall $n = 1$: siehe Integral (267); Fall $m = n$: siehe Integral (289)

(272) $\displaystyle\int \frac{\cos(ax)}{\sin(ax)}\,dx = \int \cot(ax)\,dx = \frac{1}{a} \cdot \ln|\sin(ax)|$

(273) $\displaystyle\int \frac{\cos(ax)}{\sin^2(ax)}\,dx = -\frac{1}{a \cdot \sin(ax)}$

$$(274) \quad \int \frac{\cos(ax)}{\sin^n(ax)}\, dx = -\frac{1}{(n-1)\, a \cdot \sin^{n-1}(ax)} \qquad (n \neq 1)$$

Fall $n = 1$: siehe Integral (272) und (293)

$$(275) \quad \int \frac{\cos^2(ax)}{\sin(ax)}\, dx = \frac{1}{a} \left[\cos(ax) + \ln\left| \tan\left(\frac{ax}{2}\right) \right| \right]$$

$$(276) \quad \int \frac{\cos^m(ax)}{\sin(ax)}\, dx = \frac{\cos^{m-1}(ax)}{(m-1)\, a} + \int \frac{\cos^{m-2}(ax)}{\sin(ax)}\, dx \qquad (m \neq 1)$$

Fall $m = 1$: siehe Integral (272) und (293)

$$(277) \quad \int \frac{\cos^m(ax)}{\sin^n(ax)}\, dx = \begin{cases} -\dfrac{\cos^{m-1}(ax)}{(n-1)\, a \cdot \sin^{n-1}(ax)} - \dfrac{m-1}{n-1} \cdot \displaystyle\int \frac{\cos^{m-2}(ax)}{\sin^{n-2}(ax)}\, dx & (n \neq 1) \\[4mm] -\dfrac{\cos^{m+1}(ax)}{(n-1)\, a \cdot \sin^{n-1}(ax)} - \dfrac{m-n+2}{n-1} \cdot \displaystyle\int \frac{\cos^m(ax)}{\sin^{n-2}(ax)}\, dx & (n \neq 1) \\[4mm] \dfrac{\cos^{m-1}(ax)}{(m-n)\, a \cdot \sin^{n-1}(ax)} + \dfrac{m-1}{m-n} \cdot \displaystyle\int \frac{\cos^{m-2}(ax)}{\sin^n(ax)}\, dx & (m \neq n) \end{cases}$$

Fall $n = 1$: siehe Integral (276); Fall $m = n$: siehe Integral (296)

$$(278) \quad \int \frac{dx}{\sin(ax) \pm \cos(ax)} = \frac{1}{a\sqrt{2}} \cdot \ln\left| \tan\left(\frac{ax}{2} \pm \frac{\pi}{8}\right) \right|$$

$$(279) \quad \int \frac{\sin(ax)\, dx}{\sin(ax) \pm \cos(ax)} = \frac{x}{2} \mp \frac{1}{2a} \cdot \ln|\sin(ax) \pm \cos(ax)|$$

$$(280) \quad \int \frac{\cos(ax)\, dx}{\sin(ax) \pm \cos(ax)} = \pm \frac{x}{2} + \frac{1}{2a} \cdot \ln|\sin(ax) \pm \cos(ax)|$$

$$(281) \quad \int \frac{dx}{\sin(ax)\,[1 \pm \cos(ax)]} = \pm \frac{1}{2a\,[1 \pm \cos(ax)]} + \frac{1}{2a} \cdot \ln\left| \tan\left(\frac{ax}{2}\right) \right|$$

$$(282) \quad \int \frac{dx}{\cos(ax)\,[1 \pm \sin(ax)]} = \mp \frac{1}{2a\,[1 \pm \sin(ax)]} + \frac{1}{2a} \cdot \ln\left| \tan\left(\frac{ax}{2} + \frac{\pi}{4}\right) \right|$$

$$(283) \quad \int \frac{\sin(ax)\, dx}{\cos(ax)\,[1 \pm \cos(ax)]} = \frac{1}{a} \cdot \ln\left| \frac{1 \pm \cos(ax)}{\cos(ax)} \right|$$

$$(284) \quad \int \frac{\cos(ax)\, dx}{\sin(ax)\,[1 \pm \sin(ax)]} = -\frac{1}{a} \cdot \ln\left| \frac{1 \pm \sin(ax)}{\sin(ax)} \right|$$

$$(285) \quad \int \sin(ax) \cdot \cos(bx)\, dx = -\frac{\cos((a+b)x)}{2(a+b)} - \frac{\cos((a-b)x)}{2(a-b)} \qquad (a^2 \neq b^2)$$

Fall $a^2 = b^2$: siehe Integral (254)

19 Integrale mit $\tan(ax)$ $(a \neq 0)$

(286) $\displaystyle\int \tan(ax)\,dx = -\frac{1}{a}\cdot\ln|\cos(ax)|$

(287) $\displaystyle\int \tan^2(ax)\,dx = \frac{\tan(ax)}{a} - x$

(288) $\displaystyle\int \tan^3(ax)\,dx = \frac{\tan^2(ax)}{2a} + \frac{1}{a}\cdot\ln|\cos(ax)|$

(289) $\displaystyle\int \tan^n(ax)\,dx = \frac{\tan^{n-1}(ax)}{(n-1)a} - \int \tan^{n-2}(ax)\,dx \qquad (n \neq 1)$

Fall $n = 1$: siehe Integral (286)

(290) $\displaystyle\int \frac{dx}{\tan(ax)} = \int \cot(ax)\,dx = \frac{1}{a}\cdot\ln|\sin(ax)|$

(291) $\displaystyle\int \frac{\tan^n(ax)}{\cos^2(ax)}\,dx = \frac{\tan^{n+1}(ax)}{(n+1)a} \qquad (n \neq -1)$

Fall $n = -1$: siehe Integral (259)

(292) $\displaystyle\int \frac{dx}{p + q\cdot\tan(ax)} = \frac{apx + q\cdot\ln|q\cdot\sin(ax) + p\cdot\cos(ax)|}{a(p^2 + q^2)} \qquad (q \neq 0)$

20 Integrale mit $\cot(ax)$ $(a \neq 0)$

(293) $\displaystyle\int \cot(ax)\,dx = \frac{1}{a}\cdot\ln|\sin(ax)|$

(294) $\displaystyle\int \cot^2(ax)\,dx = -\frac{\cot(ax)}{a} - x$

(295) $\displaystyle\int \cot^3(ax)\,dx = -\frac{\cot^2(ax)}{2a} - \frac{1}{a}\cdot\ln|\sin(ax)|$

(296) $\displaystyle\int \cot^n(ax)\,dx = -\frac{\cot^{n-1}(ax)}{(n-1)a} - \int \cot^{n-2}(ax)\,dx \qquad (n \neq 1)$

Fall $n = 1$: siehe Integral (293)

(297) $\int \dfrac{dx}{\cot(ax)} = \int \tan(ax)\,dx = -\dfrac{1}{a} \cdot \ln|\cos(ax)|$

---

(298) $\int \dfrac{\cot^n(ax)}{\sin^2(ax)}\,dx = -\dfrac{\cot^{n+1}(ax)}{(n+1)\,a}$ $(n \neq -1)$

Fall $n = -1$: siehe Integral (259)

---

(299) $\int \dfrac{dx}{p + q \cdot \cot(ax)} = \dfrac{apx - q \cdot \ln|p \cdot \sin(ax) + q \cdot \cos(ax)|}{a(p^2 + q^2)}$ $(q \neq 0)$

21 Integrale mit einer Arkusfunktion $(a \neq 0)$

(300) $\int \arcsin\left(\dfrac{x}{a}\right) dx = x \cdot \arcsin\left(\dfrac{x}{a}\right) + \sqrt{a^2 - x^2}$

---

(301) $\int x \cdot \arcsin\left(\dfrac{x}{a}\right) dx = \left(\dfrac{2x^2 - a^2}{4}\right) \cdot \arcsin\left(\dfrac{x}{a}\right) + \dfrac{x}{4} \cdot \sqrt{a^2 - x^2}$

---

(302) $\int x^2 \cdot \arcsin\left(\dfrac{x}{a}\right) dx = \dfrac{x^3}{3} \cdot \arcsin\left(\dfrac{x}{a}\right) + \left(\dfrac{x^2 + 2a^2}{9}\right) \cdot \sqrt{a^2 - x^2}$

---

(303) $\int \arccos\left(\dfrac{x}{a}\right) dx = x \cdot \arccos\left(\dfrac{x}{a}\right) - \sqrt{a^2 - x^2}$

---

(304) $\int x \cdot \arccos\left(\dfrac{x}{a}\right) dx = \left(\dfrac{2x^2 - a^2}{4}\right) \cdot \arccos\left(\dfrac{x}{a}\right) - \dfrac{x}{4} \cdot \sqrt{a^2 - x^2}$

---

(305) $\int x^2 \cdot \arccos\left(\dfrac{x}{a}\right) dx = \dfrac{x^3}{3} \cdot \arccos\left(\dfrac{x}{a}\right) - \left(\dfrac{x^2 + 2a^2}{9}\right) \cdot \sqrt{a^2 - x^2}$

---

(306) $\int \arctan\left(\dfrac{x}{a}\right) dx = x \cdot \arctan\left(\dfrac{x}{a}\right) - \dfrac{a}{2} \cdot \ln(x^2 + a^2)$

---

(307) $\int x \cdot \arctan\left(\dfrac{x}{a}\right) dx = \dfrac{1}{2}(x^2 + a^2) \cdot \arctan\left(\dfrac{x}{a}\right) - \dfrac{ax}{2}$

---

(308) $\int x^2 \cdot \arctan\left(\dfrac{x}{a}\right) dx = \dfrac{x^3}{3} \cdot \arctan\left(\dfrac{x}{a}\right) - \dfrac{ax^2}{6} + \dfrac{a^3}{6} \cdot \ln(x^2 + a^2)$

---

(309) $\int \arccot\left(\dfrac{x}{a}\right) dx = x \cdot \arccot\left(\dfrac{x}{a}\right) + \dfrac{a}{2} \cdot \ln(x^2 + a^2)$

---

(310) $\int x \cdot \arccot\left(\dfrac{x}{a}\right) dx = \dfrac{1}{2}(x^2 + a^2) \cdot \arccot\left(\dfrac{x}{a}\right) + \dfrac{ax}{2}$

---

(311) $\int x^2 \cdot \arccot\left(\dfrac{x}{a}\right) dx = \dfrac{x^3}{3} \cdot \arccot\left(\dfrac{x}{a}\right) + \dfrac{ax^2}{6} - \dfrac{a^3}{6} \cdot \ln(x^2 + a^2)$

22 Integrale mit e^{ax} $(a \neq 0)$

(312) $\displaystyle\int e^{ax}\,dx = \frac{1}{a} \cdot e^{ax}$

(313) $\displaystyle\int x \cdot e^{ax}\,dx = \left(\frac{ax-1}{a^2}\right) \cdot e^{ax}$

(314) $\displaystyle\int x^2 \cdot e^{ax}\,dx = \left(\frac{a^2 x^2 - 2ax + 2}{a^3}\right) \cdot e^{ax}$

(315) $\displaystyle\int x^n \cdot e^{ax}\,dx = \frac{x^n \cdot e^{ax}}{a} - \frac{n}{a} \cdot \int x^{n-1} \cdot e^{ax}\,dx$

(316) $\displaystyle\int \frac{e^{ax}}{x}\,dx = \ln|ax| + \frac{ax}{1 \cdot 1!} + \frac{(ax)^2}{2 \cdot 2!} + \frac{(ax)^3}{3 \cdot 3!} + \cdots$

(Potenzreihenentwicklung; Konvergenz für $|x| > 0$)

(317) $\displaystyle\int \frac{e^{ax}}{x^n}\,dx = -\frac{e^{ax}}{(n-1)\,x^{n-1}} + \frac{a}{n-1} \cdot \int \frac{e^{ax}}{x^{n-1}}\,dx \qquad (n \neq 1)$

Fall $n = 1$: siehe Integral (316)

(318) $\displaystyle\int \frac{dx}{p + q \cdot e^{ax}} = \frac{x}{p} - \frac{1}{ap} \cdot \ln|p + q \cdot e^{ax}| \qquad (p \neq 0)$

(319) $\displaystyle\int \frac{e^{ax}\,dx}{p + q \cdot e^{ax}} = \frac{1}{aq} \cdot \ln|p + q \cdot e^{ax}| \qquad (q \neq 0)$

(320) $\displaystyle\int \frac{dx}{p \cdot e^{ax} + q \cdot e^{-ax}} = \begin{cases} \dfrac{1}{a\sqrt{pq}} \cdot \arctan\left(\sqrt{\dfrac{p}{q}} \cdot e^{ax}\right) & \text{für } pq > 0 \\[4mm] \dfrac{1}{2a\sqrt{|pq|}} \cdot \ln\left|\dfrac{q + \sqrt{|pq|} \cdot e^{ax}}{q - \sqrt{|pq|} \cdot e^{ax}}\right| & \text{für } pq < 0 \end{cases}$

(321) $\displaystyle\int e^{ax} \cdot \ln x\,dx = \frac{e^{ax} \cdot \ln|x|}{a} - \frac{1}{a} \cdot \underbrace{\int \frac{e^{ax}}{x}\,dx}_{\text{Integral (316)}}$

(322) $\displaystyle\int e^{ax} \cdot \sin(bx)\,dx = \frac{e^{ax}}{a^2 + b^2}\,[a \cdot \sin(bx) - b \cdot \cos(bx)]$

(323) $\displaystyle\int e^{ax} \cdot \sin^n(bx)\,dx = \frac{e^{ax} \cdot \sin^{n-1}(bx)}{a^2 + n^2 b^2}\,[a \cdot \sin(bx) - nb \cdot \cos(bx)] +$

$$+ \frac{n(n-1)\,b^2}{a^2 + n^2 b^2} \cdot \int e^{ax} \cdot \sin^{n-2}(bx)\,dx$$

(324) $\int e^{ax} \cdot \cos(bx)\,dx = \dfrac{e^{ax}}{a^2 + b^2}\,[a \cdot \cos(bx) + b \cdot \sin(bx)]$

(325) $\int e^{ax} \cdot \cos^n(bx)\,dx = \dfrac{e^{ax} \cdot \cos^{n-1}(bx)}{a^2 + n^2 b^2}\,[a \cdot \cos(bx) + nb \cdot \sin(bx)] +$

$$+ \dfrac{n(n-1)\,b^2}{a^2 + n^2 b^2} \cdot \int e^{ax} \cdot \cos^{n-2}(bx)\,dx$$

(326) $\int e^{ax} \cdot \sinh(ax)\,dx = \dfrac{e^{2ax}}{4a} - \dfrac{x}{2}$

(327) $\int e^{ax} \cdot \sinh(bx)\,dx = \dfrac{e^{ax}}{a^2 - b^2}\,[a \cdot \sinh(bx) - b \cdot \cosh(bx)] \qquad (a^2 \neq b^2)$

Fall $a^2 = b^2$: siehe Integral (326)

(328) $\int e^{ax} \cdot \cosh(ax)\,dx = \dfrac{e^{2ax}}{4a} + \dfrac{x}{2}$

(329) $\int e^{ax} \cdot \cosh(bx)\,dx = \dfrac{e^{ax}}{a^2 - b^2}\,[a \cdot \cosh(bx) - b \cdot \sinh(bx)] \qquad (a^2 \neq b^2)$

Fall $a^2 = b^2$: siehe Integral (328)

(330) $\int x \cdot e^{ax} \cdot \sin(bx)\,dx = \dfrac{x \cdot e^{ax}}{a^2 + b^2}\,[a \cdot \sin(bx) - b \cdot \cos(bx)] -$

$$- \dfrac{e^{ax}}{(a^2 + b^2)^2}\,[(a^2 - b^2) \cdot \sin(bx) - 2ab \cdot \cos(bx)]$$

(331) $\int x \cdot e^{ax} \cdot \cos(bx)\,dx = \dfrac{x \cdot e^{ax}}{a^2 + b^2}\,[a \cdot \cos(bx) + b \cdot \sin(bx)] -$

$$- \dfrac{e^{ax}}{(a^2 + b^2)^2}\,[(a^2 - b^2) \cdot \cos(bx) + 2ab \cdot \sin(bx)]$$

23 Integrale mit $\ln x \quad (x > 0)$

Hinweis: Integrale mit einer Logarithmus- *und* einer Exponentialfunktion: siehe Abschnitt 22.

(332) $\int \ln x\,dx = x \cdot \ln x - x = x(\ln x - 1)$

(333) $\int (\ln x)^2\,dx = x(\ln x)^2 - 2x \cdot \ln x + 2x = x[(\ln x)^2 - 2 \cdot \ln x + 2)]$

(334) $\int (\ln x)^3\,dx = x(\ln x)^3 - 3x(\ln x)^2 + 6x \cdot \ln x - 6x = x[(\ln x)^3 - 3(\ln x)^2 + 6 \cdot \ln x - 6]$

(335) $\int (\ln x)^n \, dx = x (\ln x)^n - n \cdot \int (\ln x)^{n-1} \, dx \qquad (n \neq -1)$

Fall $n = -1$: siehe Integral (336)

---

(336) $\int \dfrac{dx}{\ln x} = \ln |\ln x| + \dfrac{\ln x}{1 \cdot 1!} + \dfrac{(\ln x)^2}{2 \cdot 2!} + \dfrac{(\ln x)^3}{3 \cdot 3!} + \ldots \qquad (x \neq 1)$

---

(337) $\int x \cdot \ln x \, dx = \dfrac{1}{2} x^2 \left(\ln x - \dfrac{1}{2} \right)$

---

(338) $\int x^2 \cdot \ln x \, dx = \dfrac{1}{3} x^3 \left(\ln x - \dfrac{1}{3} \right)$

---

(339) $\int x^m \cdot \ln x \, dx = \dfrac{x^{m+1}}{m+1} \left(\ln x - \dfrac{1}{m+1} \right) \qquad (m \neq -1)$

Fall $m = -1$: siehe Integral (340)

---

(340) $\int \dfrac{\ln x}{x} \, dx = \dfrac{1}{2} (\ln x)^2$

---

(341) $\int \dfrac{\ln x}{x^m} \, dx = - \dfrac{\ln x}{(m-1) x^{m-1}} - \dfrac{1}{(m-1)^2 x^{m-1}} \qquad (m \neq 1)$

Fall $m = 1$: siehe Integral (340)

---

(342) $\int \dfrac{(\ln x)^n}{x} \, dx = \dfrac{(\ln x)^{n+1}}{n+1} \qquad (n \neq -1)$

Fall $n = -1$: siehe Integral (343)

---

(343) $\int \dfrac{dx}{x \cdot \ln x} = \ln |\ln x| \qquad (x \neq 1)$

---

(344) $\int \dfrac{x^m}{\ln x} \, dx = \ln |\ln x| + (m+1) \ln x + \dfrac{(m+1)^2}{2 \cdot 2!} (\ln x)^2 + \dfrac{(m+1)^3}{3 \cdot 3!} (\ln x)^3 + \ldots \qquad (x \neq 1)$

---

(345) $\int x^m \cdot (\ln x)^n \, dx = \dfrac{x^{m+1} \cdot (\ln x)^n}{m+1} - \dfrac{n}{m+1} \cdot \int x^m \cdot (\ln x)^{n-1} \, dx \qquad (m \neq -1)$

Fall $m = -1$: siehe Integral (342)

---

(346) $\int \dfrac{x^m}{(\ln x)^n} \, dx = - \dfrac{x^{m+1}}{(n-1)(\ln x)^{n-1}} + \dfrac{m+1}{n-1} \cdot \int \dfrac{x^m}{(\ln x)^{n-1}} \, dx \qquad (n \neq 1; \ x \neq 1)$

Fall $n = 1$: siehe Integral (344)

---

(347) $\int \ln (x^2 + a^2) \, dx = x \cdot \ln (x^2 + a^2) - 2x + 2a \cdot \arctan \left(\dfrac{x}{a} \right) \qquad (a \neq 0)$

---

(348) $\int \ln (x^2 - a^2) \, dx = x \cdot \ln (x^2 - a^2) - 2x + a \cdot \ln \left(\dfrac{x+a}{x-a} \right) \qquad (x^2 > a^2)$

24 Integrale mit $\sinh (ax)$ $(a \neq 0)$

Hinweis: Integrale mit einer hyperbolischen Sinusfunktion *und* einer
  − *hyperbolischen Kosinusfunktion:* siehe Abschnitt 26
  − *Exponentialfunktion:* siehe Abschnitt 22

(349) $\displaystyle \int \sinh (ax)\, dx = \frac{\cosh (ax)}{a}$

(350) $\displaystyle \int \sinh^2 (ax)\, dx = \frac{\sinh (2ax)}{4a} - \frac{x}{2}$

(351) $\displaystyle \int \sinh^n (ax)\, dx = \frac{\sinh^{n-1} (ax) \cdot \cosh (ax)}{na} - \frac{n-1}{n} \cdot \int \sinh^{n-2} (ax)\, dx$ $(n \neq 0)$

(352) $\displaystyle \int x \cdot \sinh (ax)\, dx = \frac{x \cdot \cosh (ax)}{a} - \frac{\sinh (ax)}{a^2}$

(353) $\displaystyle \int x^n \cdot \sinh (ax)\, dx = \frac{x^n \cdot \cosh (ax)}{a} - \frac{n \cdot x^{n-1} \cdot \sinh (ax)}{a^2} +$

$\displaystyle \qquad\qquad + \frac{n(n-1)}{a^2} \cdot \int x^{n-2} \cdot \sinh (ax)\, dx$ $(n \geq 2)$

(354) $\displaystyle \int \frac{\sinh (ax)}{x}\, dx = ax + \frac{(ax)^3}{3 \cdot 3!} + \frac{(ax)^5}{5 \cdot 5!} + \ldots$

(Potenzreihenentwicklung; Konvergenz für $|x| < \infty$)

(355) $\displaystyle \int \frac{\sinh (ax)}{x^n}\, dx = -\frac{\sinh (ax)}{(n-1)\, x^{n-1}} + \frac{a}{n-1} \cdot \underbrace{\int \frac{\cosh (ax)}{x^{n-1}}\, dx}_{\text{Integral (369)}}$ $(n \neq 1)$

Fall $n = 1$: siehe Integral (354)

(356) $\displaystyle \int \frac{dx}{\sinh (ax)} = \frac{1}{a} \cdot \ln \left| \tanh \left(\frac{ax}{2} \right) \right|$

(357) $\displaystyle \int \frac{dx}{\sinh^n (ax)} = -\frac{\cosh (ax)}{(n-1)\, a \cdot \sinh^{n-1} (ax)} - \frac{n-2}{n-1} \cdot \int \frac{dx}{\sinh^{n-2} (ax)}$ $(n \neq 1)$

Fall $n = 1$: siehe Integral (356)

(358) $\displaystyle \int \frac{dx}{p + q \cdot \sinh (ax)} = \frac{1}{a\sqrt{p^2 + q^2}} \cdot \ln \left| \frac{q \cdot e^{ax} + p - \sqrt{p^2 + q^2}}{q \cdot e^{ax} + p + \sqrt{p^2 + q^2}} \right|$ $(q \neq 0)$

(359) $\displaystyle \int \frac{\sinh (ax)\, dx}{p + q \cdot \sinh (ax)} = \frac{x}{q} - \frac{p}{q} \cdot \underbrace{\int \frac{dx}{p + q \cdot \sinh (ax)}}_{\text{Integral (358)}}$ $(q \neq 0)$

(360) $\displaystyle\int \sinh(ax) \cdot \sinh(bx)\,dx = \frac{\sinh((a+b)\,x)}{2(a+b)} - \frac{\sinh((a-b)\,x)}{2(a-b)}$ $(a^2 \neq b^2)$

Fall $a^2 = b^2$: siehe Integral (350)

(361) $\displaystyle\int \sinh(ax) \cdot \sin(bx)\,dx = \frac{a \cdot \cosh(ax) \cdot \sin(bx) - b \cdot \sinh(ax) \cdot \cos(bx)}{a^2 + b^2}$

(362) $\displaystyle\int \sinh(ax) \cdot \cos(bx)\,dx = \frac{a \cdot \cosh(ax) \cdot \cos(bx) + b \cdot \sinh(ax) \cdot \sin(bx)}{a^2 + b^2}$

25 Integrale mit $\cosh(ax)$ $(a \neq 0)$

Hinweis: Integrale mit einer hyperbolischen Kosinusfunktion *und* einer
  — *hyperbolischen Sinusfunktion:* siehe Abschnitt 26
  — *Exponentialfunktion:* siehe Abschnitt 22

(363) $\displaystyle\int \cosh(ax)\,dx = \frac{\sinh(ax)}{a}$

(364) $\displaystyle\int \cosh^2(ax)\,dx = \frac{\sinh(2ax)}{4a} + \frac{x}{2}$

(365) $\displaystyle\int \cosh^n(ax)\,dx = \frac{\cosh^{n-1}(ax) \cdot \sinh(ax)}{na} + \frac{n-1}{n} \cdot \int \cosh^{n-2}(ax)\,dx$ $(n \neq 0)$

(366) $\displaystyle\int x \cdot \cosh(ax)\,dx = \frac{x \cdot \sinh(ax)}{a} - \frac{\cosh(ax)}{a^2}$

(367) $\displaystyle\int x^n \cdot \cosh(ax)\,dx = \frac{x^n \cdot \sinh(ax)}{a} - \frac{n \cdot x^{n-1} \cdot \cosh(ax)}{a^2} +$

$\displaystyle\qquad\qquad + \frac{n(n-1)}{a^2} \cdot \int x^{n-2} \cdot \cosh(ax)\,dx$ $(n \geq 2)$

(368) $\displaystyle\int \frac{\cosh(ax)}{x}\,dx = \ln|ax| + \frac{(ax)^2}{2 \cdot 2!} + \frac{(ax)^4}{4 \cdot 4!} + \frac{(ax)^6}{6 \cdot 6!} + \cdots$

(Potenzreihenentwicklung; Konvergenz für $|x| > 0$)

(369) $\displaystyle\int \frac{\cosh(ax)}{x^n}\,dx = -\frac{\cosh(ax)}{(n-1)\,x^{n-1}} + \frac{a}{n-1} \cdot \underbrace{\int \frac{\sinh(ax)}{x^{n-1}}\,dx}_{\text{Integral (355)}}$ $(n \neq 1)$

Fall $n = 1$: siehe Integral (368)

(370) $\displaystyle\int \frac{dx}{\cosh(ax)} = \frac{2}{a} \cdot \arctan(e^{ax})$

(371) $\displaystyle\int \frac{dx}{\cosh^n (ax)} = \frac{\sinh (ax)}{(n-1)\,a \cdot \cosh^{n-1}(ax)} + \frac{n-2}{n-1} \cdot \int \frac{dx}{\cosh^{n-2}(ax)}$ $\qquad (n \neq 1)$

Fall $n = 1$: siehe Integral (370)

(372) $\displaystyle\int \frac{dx}{p + q \cdot \cosh (ax)} = \begin{cases} \dfrac{1}{a\sqrt{p^2 - q^2}} \cdot \ln\left|\dfrac{q \cdot e^{ax} + p - \sqrt{p^2 - q^2}}{q \cdot e^{ax} + p + \sqrt{p^2 - q^2}}\right| & \text{für} \quad q > 0,\, p^2 > q^2 \\[4mm] \dfrac{-2}{a(p + q \cdot e^{ax})} & \text{für} \quad p^2 = q^2 \neq 0 \\[4mm] \dfrac{2}{a\sqrt{q^2 - p^2}} \cdot \arctan\left(\dfrac{p + q \cdot e^{ax}}{\sqrt{q^2 - p^2}}\right) & \text{für} \quad p^2 < q^2 \end{cases}$

(373) $\displaystyle\int \frac{\cosh (ax)\,dx}{p + q \cdot \cosh (ax)} = \frac{x}{q} - \frac{p}{q} \cdot \underbrace{\int \frac{dx}{p + q \cdot \cosh (ax)}}_{\text{Integral (372)}}$ $\qquad (q \neq 0)$

(374) $\displaystyle\int \cosh (ax) \cdot \cosh (bx)\,dx = \frac{\sinh ((a+b)\,x)}{2\,(a+b)} + \frac{\sinh ((a-b)\,x)}{2\,(a-b)}$ $\qquad (a^2 \neq b^2)$

Fall $a^2 = b^2$: siehe Integral (364)

(375) $\displaystyle\int \cosh (ax) \cdot \sin (bx)\,dx = \frac{a \cdot \sinh (ax) \cdot \sin (bx) - b \cdot \cosh (ax) \cdot \cos (bx)}{a^2 + b^2}$

(376) $\displaystyle\int \cosh (ax) \cdot \cos (bx)\,dx = \frac{a \cdot \sinh (ax) \cdot \cos (bx) + b \cdot \cosh (ax) \cdot \sin (bx)}{a^2 + b^2}$

26 Integrale mit $\sinh (ax)$ und $\cosh (ax)$ $(a \neq 0)$

(377) $\displaystyle\int \sinh (ax) \cdot \cosh (ax)\,dx = \frac{\sinh^2 (ax)}{2a} = \frac{1}{4a} \cdot \cosh (2ax)$

(378) $\displaystyle\int \sinh (ax) \cdot \cosh (bx)\,dx = \frac{\cosh ((a+b)\,x)}{2\,(a+b)} + \frac{\cosh ((a-b)\,x)}{2\,(a-b)}$ $\qquad (a^2 \neq b^2)$

Fall $a^2 = b^2$: siehe Integral (377)

(379) $\displaystyle\int \sinh^n (ax) \cdot \cosh (ax)\,dx = \frac{\sinh^{n+1} (ax)}{(n+1)\,a}$ $\qquad (n \neq -1)$

Fall $n = -1$: siehe Integral (384)

(380) $\displaystyle\int \sinh (ax) \cdot \cosh^n (ax)\,dx = \frac{\cosh^{n+1} (ax)}{(n+1)\,a}$ $\qquad (n \neq -1)$

Fall $n = -1$: siehe Integral (382)

(381) $\displaystyle\int \sinh^2(ax) \cdot \cosh^2(ax)\, dx = \frac{\sinh(4ax)}{32a} - \frac{x}{8}$

(382) $\displaystyle\int \frac{\sinh(ax)}{\cosh(ax)}\, dx = \int \tanh(ax)\, dx = \frac{1}{a} \cdot \ln(\cosh(ax))$

(383) $\displaystyle\int \frac{\sinh^2(ax)}{\cosh(ax)}\, dx = \frac{\sinh(ax)}{a} - \frac{1}{a} \cdot \arctan(\sinh(ax))$

(384) $\displaystyle\int \frac{\cosh(ax)}{\sinh(ax)}\, dx = \int \coth(ax)\, dx = \frac{1}{a} \cdot \ln|\sinh(ax)|$

(385) $\displaystyle\int \frac{\cosh^2(ax)}{\sinh(ax)}\, dx = \frac{\cosh(ax)}{a} + \frac{1}{a} \cdot \ln\left|\tanh\left(\frac{ax}{2}\right)\right|$

(386) $\displaystyle\int \frac{dx}{\sinh(ax) \cdot \cosh(ax)} = \frac{1}{a} \cdot \ln|\tanh(ax)|$

27 Integrale mit $\tanh(ax)$ $(a \neq 0)$

(387) $\displaystyle\int \tanh(ax)\, dx = \frac{1}{a} \cdot \ln(\cosh(ax))$

(388) $\displaystyle\int \tanh^2(ax)\, dx = x - \frac{\tanh(ax)}{a}$

(389) $\displaystyle\int \tanh^n(ax)\, dx = -\frac{\tanh^{n-1}(ax)}{(n-1)a} + \int \tanh^{n-2}(ax)\, dx \qquad (n \neq 1)$

Fall $n = 1$: siehe Integral (387)

(390) $\displaystyle\int \frac{dx}{\tanh(ax)} = \int \coth(ax)\, dx = \frac{1}{a} \cdot \ln|\sinh(ax)|$

(391) $\displaystyle\int x \cdot \tanh^2(ax)\, dx = \frac{x^2}{2} - \frac{x \cdot \tanh(ax)}{a} + \frac{1}{a^2} \cdot \ln(\cosh(ax))$

28 Integrale mit $\coth(ax)$ $(a \neq 0)$

(392) $\displaystyle\int \coth(ax)\, dx = \frac{1}{a} \cdot \ln|\sinh(ax)|$

(393) $\displaystyle\int \coth^2(ax)\, dx = x - \frac{\coth(ax)}{a}$

(394) $\displaystyle\int \coth^n (ax)\, dx = -\frac{\coth^{n-1} (ax)}{(n-1)\, a} + \int \coth^{n-2} (ax)\, dx \qquad (n \neq 1)$

      Fall $n = 1$: siehe Integral (392)

(395) $\displaystyle\int \frac{dx}{\coth (ax)} = \int \tanh (ax)\, dx = \frac{1}{a} \cdot \ln (\cosh (ax))$

(396) $\displaystyle\int x \cdot \coth^2 (ax)\, dx = \frac{x^2}{2} - \frac{x \cdot \coth (ax)}{a} + \frac{1}{a^2} \cdot \ln |\sinh (ax)|$

29 Integrale mit einer Areafunktion $(a \neq 0)$

(397) $\displaystyle\int \operatorname{arsinh}\left(\frac{x}{a}\right) dx = x \cdot \operatorname{arsinh}\left(\frac{x}{a}\right) - \sqrt{x^2 + a^2}$

(398) $\displaystyle\int x \cdot \operatorname{arsinh}\left(\frac{x}{a}\right) dx = \left(\frac{2x^2 + a^2}{4}\right) \cdot \operatorname{arsinh}\left(\frac{x}{a}\right) - \frac{x}{4} \cdot \sqrt{x^2 + a^2}$

(399) $\displaystyle\int \operatorname{arcosh}\left(\frac{x}{a}\right) dx = x \cdot \operatorname{arcosh}\left(\frac{x}{a}\right) - \sqrt{x^2 - a^2}$

(400) $\displaystyle\int x \cdot \operatorname{arcosh}\left(\frac{x}{a}\right) dx = \left(\frac{2x^2 - a^2}{4}\right) \cdot \operatorname{arcosh}\left(\frac{x}{a}\right) - \frac{x}{4} \cdot \sqrt{x^2 - a^2}$

(401) $\displaystyle\int \operatorname{artanh}\left(\frac{x}{a}\right) dx = x \cdot \operatorname{artanh}\left(\frac{x}{a}\right) + \frac{a}{2} \cdot \ln |a^2 - x^2|$

(402) $\displaystyle\int x \cdot \operatorname{artanh}\left(\frac{x}{a}\right) dx = \frac{ax}{2} + \left(\frac{x^2 - a^2}{2}\right) \cdot \operatorname{artanh}\left(\frac{x}{a}\right)$

(403) $\displaystyle\int \operatorname{arcoth}\left(\frac{x}{a}\right) dx = x \cdot \operatorname{arcoth}\left(\frac{x}{a}\right) + \frac{a}{2} \cdot \ln |x^2 - a^2|$

(404) $\displaystyle\int x \cdot \operatorname{arcoth}\left(\frac{x}{a}\right) dx = \frac{ax}{2} + \left(\frac{x^2 - a^2}{2}\right) \cdot \operatorname{arcoth}\left(\frac{x}{a}\right)$

Anhang Teil B

Tabellen zur Wahrscheinlichkeitsrechnung und Statistik

Übersicht

Tabelle 1: Verteilungsfunktion $\phi(u)$ der Standardnormalverteilung

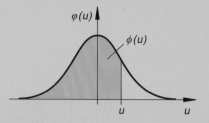

Schrittweite: $\Delta u = 0{,}01$

Für *negative* Argumente verwende man die Formel

$$\phi(-u) = 1 - \phi(u) \qquad (u > 0)$$

Für $u \geq 4$ ist $\phi(u) \approx 1$.

u	0	1	2	3	4	5	6	7	8	9
0,0	0,5000	0,5040	0,5080	0,5120	0,5160	0,5199	0,5239	0,5279	0,5319	0,5359
0,1	0,5398	0,5438	0,5478	0,5517	0,5557	0,5596	0,5639	0,5675	0,5714	0,5754
0,2	0,5793	0,5832	0,5871	0,5910	0,5948	0,5987	0,6026	0,6064	0,6103	0,6141
0,3	0,6179	0,6217	0,6255	0,6293	0,6331	0,6368	0,6406	0,6443	0,6480	0,6517
0,4	0,6554	0,6591	0,6628	0,6664	0,6700	0,6736	0,6772	0,6808	0,6844	0,6879
0,5	0,6915	0,6950	0,6985	0,7019	0,7054	0,7088	0,7123	0,7157	0,7190	0,7224
0,6	0,7258	0,7291	0,7324	0,7357	0,7389	0,7422	0,7454	0,7486	0,7518	0,7549
0,7	0,7580	0,7612	0,7642	0,7673	0,7704	0,7734	0,7764	0,7794	0,7823	0,7852
0,8	0,7881	0,7910	0,7939	0,7967	0,7996	0,8023	0,8051	0,8078	0,8106	0,8133
0,9	0,8159	0,8186	0,8212	0,8238	0,8264	0,8289	0,8315	0,8340	0,8365	0,8398
1,0	0,8413	0,8438	0,8461	0,8485	0,8508	0,8531	0,8554	0,8577	0,8599	0,8621
1,1	0,8643	0,8665	0,8686	0,8708	0,8729	0,8749	0,8770	0,8790	0,8810	0,8830
1,2	0,8849	0,8869	0,8888	0,8907	0,8925	0,8944	0,8962	0,8980	0,8997	0,9015
1,3	0,9032	0,9049	0,9066	0,9082	0,9099	0,9115	0,9131	0,9147	0,9162	0,9177
1,4	0,9192	0,9207	0,9222	0,9236	0,9251	0,9265	0,9279	0,9292	0,9306	0,9319
1,5	0,9332	0,9345	0,9357	0,9370	0,9382	0,9394	0,9406	0,9418	0,9429	0,9441
1,6	0,9452	0,9463	0,9474	0,9484	0,9495	0,9505	0,9515	0,9525	0,9535	0,9545
1,7	0,9554	0,9564	0,9573	0,9582	0,9591	0,9599	0,9608	0,9616	0,9625	0,9633
1,8	0,9641	0,9649	0,9656	0,9664	0,9671	0,9678	0,9686	0,9693	0,9699	0,9706
1,9	0,9713	0,9719	0,9726	0,9732	0,9738	0,9744	0,9750	0,9756	0,9761	0,9767
2,0	0,9772	0,9778	0,9783	0,9788	0,9793	0,9798	0,9803	0,9808	0,9812	0,9817
2,1	0,9821	0,9826	0,9830	0,9834	0,9838	0,9842	0,9846	0,9850	0,9854	0,9857
2,2	0,9861	0,9864	0,9868	0,9871	0,9875	0,9878	0,9881	0,9884	0,9887	0,9890
2,3	0,9893	0,9896	0,9898	0,9901	0,9904	0,9906	0,9909	0,9911	0,9913	0,9916
2,4	0,9918	0,9920	0,9922	0,9925	0,9927	0,9929	0,9931	0,9932	0,9934	0,9936
2,5	0,9938	0,9940	0,9941	0,9943	0,9945	0,9946	0,9948	0,9949	0,9951	0,9952
2,6	0,9953	0,9955	0,9956	0,9957	0,9959	0,9960	0,9961	0,9962	0,9963	0,9964
2,7	0,9965	0,9966	0,9967	0,9968	0,9969	0,9970	0,9971	0,9972	0,9973	0,9974
2,8	0,9974	0,9975	0,9976	0,9977	0,9977	0,9978	0,9979	0,9979	0,9980	0,9981
2,9	0,9981	0,9982	0,9982	0,9983	0,9984	9,9984	0,9985	0,9985	0,9986	0,9986
3,0	0,9987	0,9987	0,9987	0,9988	0,9988	0,9989	0,9989	0,9989	0,9990	0,9990
3,1	0,9990	0,9991	0,9991	0,9991	0,9992	0,9992	0,9992	0,9992	0,9993	0,9993
3,2	0,9993	0,9993	0,9994	0,9994	0,9994	0,9994	0,9994	0,9995	0,9995	0,9995
3,3	0,9995	0,9995	0,9995	0,9996	0,9996	0,9996	0,9996	0,9996	0,9996	0,9997
3,4	0,9997	0,9997	0,9997	0,9997	0,9997	0,9997	0,9997	0,9997	0,9997	0,9998
3,5	0,9998	0,9998	0,9998	0,9998	0,9998	0,9998	0,9998	0,9998	0,9998	0,9998
3,6	0,9998	0,9998	0,9999	0,9999	0,9999	0,9999	0,9999	0,9999	0,9999	0,9999
3,7	0,9999	0,9999	0,9999	0,9999	0,9999	0,9999	0,9999	0,9999	0,9999	0,9999
3,8	0,9999	0,9999	0,9999	0,9999	0,9999	0,9999	0,9999	0,9999	0,9999	0,9999
3,9	1,0000	1,0000	1,0000	1,0000	1,0000	1,0000	1,0000	1,0000	1,0000	1,0000

Zahlenbeispiele

(1) $\phi(1{,}32) = 0{,}9066$

(2) $\phi(1{,}855) = 0{,}9682$ (durch lineare Interpolation)

(3) $\phi(-2{,}36) = 1 - \phi(2{,}36) = 1 - 0{,}9909 = 0{,}0091$

Formeln zur Berechnung von Wahrscheinlichkeiten

(1) *Einseitige* Abgrenzung nach *oben*

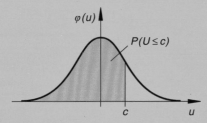

$$P(U \leq c) = \phi(c)$$

(2) *Einseitige* Abgrenzung nach *unten*

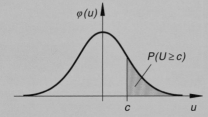

$$P(U \geq c) = 1 - P(U \leq c) = 1 - \phi(c)$$

(3) *Zweiseitige* (unsymmetrische) Abgrenzung

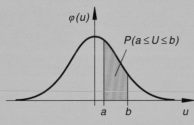

$$P(a \leq U \leq b) = \phi(b) - \phi(a)$$

(4) *Zweiseitige* (symmetrische) Abgrenzung

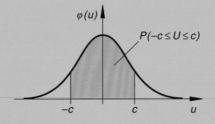

$$P(-c \leq U \leq c) = P(|U| \leq c) =$$
$$= 2 \cdot \phi(c) - 1$$

Tabelle 2: Quantile der Standardnormalverteilung

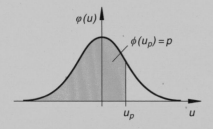

p: Vorgegebene Wahrscheinlichkeit
$(0 < p < 1)$

u_p: Zur Wahrscheinlichkeit p
gehöriges Quantil
(*obere* Schranke)

Die Tabelle enthält für spezielle Werte von p das jeweils zugehörige Quantil u_p (*einseitige Abgrenzung nach oben*).

p	u_p	p	u_p
0,90	1,282	0,1	$-1{,}282$
0,95	1,645	0,05	$-1{,}645$
0,975	1,960	0,025	$-1{,}960$
0,99	2,326	0,01	$-2{,}326$
0,995	2,576	0,005	$-2{,}576$
0,999	3,090	0,001	$-3{,}090$

Formeln:

$$u_{1-p} = -u_p$$

$$u_p = -u_{1-p}$$

Formeln zur Berechnung von Quantilen

(1) *Einseitige* Abgrenzung nach *oben*

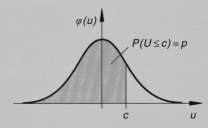

$$P(U \leq c) = \phi(c) = p$$

$$\phi(c) = p \rightarrow c = u_p$$

Zahlenbeispiel:

$$P(U \leq c) = \phi(c) = 0{,}90 \rightarrow c = u_{0,90} = 1{,}282$$

(2) *Einseitige* Abgrenzung nach *unten*

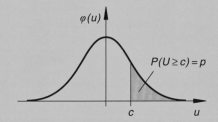

$$P(U \geq c) = 1 - P(U \leq c) =$$
$$= 1 - \phi(c) = p$$

$$\phi(c) = 1 - p \rightarrow c = u_{1-p}$$

Zahlenbeispiel:

$$P(U \geq c) = 1 - P(U \leq c) = 1 - \phi(c) = 0{,}90$$

$$\phi(c) = 1 - 0{,}90 = 0{,}10 \rightarrow c = u_{0,1} = -1{,}282$$

(3) *Zweiseitige* (symmetrische) Abgrenzung

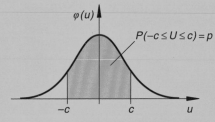

$$P(-c \leq U \leq c) = 2 \cdot \phi(c) - 1 = p$$

$$\phi(c) = \frac{1}{2}(1 + p) \rightarrow c = u_{(1+p)/2}$$

Zahlenbeispiel:

$$P(-c \leq U \leq c) = 2 \cdot \phi(c) - 1 = 0{,}90$$

$$\phi(c) = \frac{1}{2}(1 + 0{,}90) = 0{,}95 \rightarrow c = u_{0,95} = 1{,}645$$

Tabelle 3: Quantile der Chi-Quadrat-Verteilung

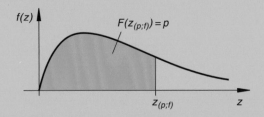

p: Vorgegebene Wahrscheinlichkeit $(0 < p < 1)$

f: Anzahl der Freiheitsgrade

$z_{(p;f)}$: Zur Wahrscheinlichkeit p gehöriges Quantil bei f Freiheitsgraden (*obere* Schranke)

Die Tabelle enthält für spezielle Werte von p das jeweils zugehörige Quantil $z_{(p;f)}$ in Abhängigkeit vom Freiheitsgrad f (*einseitige* Abgrenzung nach *oben*).

f	0,005	0,01	0,025	0,05	0,10	0,90	0,95	0,975	0,99	0,995
1	0,000	0,000	0,001	0,004	0,016	2,71	3,84	5,02	6,63	7,88
2	0,01	0,020	0,051	0,103	0,211	4,61	5,99	7,38	9,21	10,60
3	0,07	0,115	0,216	0,352	0,584	6,25	7,81	9,35	11,35	12,84
4	0,21	0,297	0,484	0,711	1,064	7,78	9,49	11,14	13,28	14,86
5	0,41	0,554	0,831	1,15	1,16	9,24	11,07	12,83	15,09	16,75
6	0,68	0,872	1,24	1,64	2,20	10,64	12,59	14,45	16,81	18,55
7	0,99	1,24	1,69	2,17	2,83	12,02	14,06	16,01	18,48	20,28
8	1,34	1,65	2,18	2,73	3,49	13,36	15,51	17,53	20,09	21,96
9	1,73	2,09	2,70	3,33	4,17	14,68	16,92	19,02	21,67	23,59
10	2,16	2,56	3,25	3,94	4,87	15,99	18,31	20,48	23,21	25,19
11	2,60	3,05	3,82	4,57	5,58	17,28	19,67	21,92	24,73	26,76
12	3,07	3,57	4,40	5,23	6,30	18,55	21,03	23,34	26,22	28,30
13	3,57	4,11	5,01	5,89	7,04	19,81	22,36	24,74	27,69	29,82
14	4,07	4,66	5,63	6,57	7,79	21,06	23,68	26,12	29,14	31,32
15	4,60	5,23	6,26	7,26	8,55	22,31	25,00	27,49	30,58	32,80
16	5,14	5,81	6,91	7,96	9,31	23,54	26,30	28,85	32,00	34,27
17	5,70	6,41	7,56	8,67	10,09	24,77	27,59	30,19	33,41	35,72
18	6,26	7,01	8,23	9,39	10,86	25,99	28,87	31,53	34,81	37,16
19	6,84	7,63	8,91	10,12	11,65	27,20	30,14	32,85	36,19	38,58
20	7,43	8,26	9,59	10,85	12,44	28,41	31,41	34,17	37,57	40,00
22	8,6	9,5	11,0	12,3	14,0	30,8	33,9	36,8	40,3	42,8
24	9,9	10,9	12,4	13,8	15,7	33,2	36,4	39,4	43,0	45,6
26	11,2	12,2	13,8	15,4	17,3	35,6	38,9	41,9	45,6	48,3
28	12,5	13,6	15,3	16,9	18,9	37,9	41,3	44,5	48,3	51,0
30	13,8	15,0	16,8	18,5	20,6	40,3	43,8	47,0	50,9	53,7
40	20,7	22,2	24,4	26,5	29,1	51,8	55,8	59,3	63,7	66,8
50	28,0	29,7	32,4	34,8	37,7	63,2	67,5	71,4	76,2	79,5
60	35,5	37,5	40,5	43,2	46,5	74,4	79,1	83,3	88,4	92,0
70	43,3	45,4	48,8	51,7	55,3	85,5	90,5	95,0	100,4	104,2
80	51,2	53,5	57,2	60,4	64,3	96,6	101,9	106,6	112,3	116,3
90	59,2	61,8	65,6	69,1	73,3	107,6	113,1	118,1	124,1	128,3
100	67,3	70,1	74,2	77,9	82,4	118,5	124,3	129,6	135,8	140,2

Formeln zur Berechnung von Quantilen

(1) *Einseitige* Abgrenzung nach *oben*

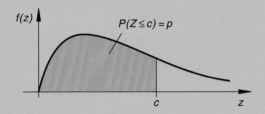

$$P(Z \leq c) = F(c) = p$$

$$F(c) = p \rightarrow c = z_{(p;f)}$$

Zahlenbeispiel (bei $f = 10$ Freiheitsgraden):

$$P(Z \leq c) = F(c) = 0{,}90 \xrightarrow{\;f=10\;} c = z_{(0,9;\,10)} = 15{,}99$$

(2) *Zweiseitige* (symmetrische) Abgrenzung

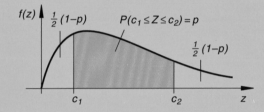

$$P(c_1 \leq Z \leq c_2) = p$$

$$P(Z \leq c_1) = F(c_1) = \frac{1}{2}(1 - p)$$

$$F(c_1) = \frac{1}{2}(1 - p) \rightarrow c_1 = z_{((1-p)/2;\,f)}$$

$$P(Z \geq c_2) = 1 - P(Z \leq c_2) = 1 - F(c_2) = \frac{1}{2}(1 - p)$$

$$F(c_2) = \frac{1}{2}(1 + p) \rightarrow c_2 = z_{((1+p)/2;\,f)}$$

Zahlenbeispiel (bei $f = 10$ Freiheitsgraden):

$$P(c_1 \leq Z \leq c_2) = 0{,}90$$

$$P(Z \leq c_1) = F(c_1) = \frac{1}{2}(1 - 0{,}90) = 0{,}05$$

$$F(c_1) = 0{,}05 \xrightarrow{\;f=10\;} c_1 = z_{(0,05;\,10)} = 3{,}94$$

$$P(Z \geq c_2) = 1 - P(Z \leq c_2) = 1 - F(c_2) = \frac{1}{2}(1 - 0{,}90) = 0{,}05$$

$$F(c_2) = \frac{1}{2}(1 + 0{,}90) = 0{,}95 \xrightarrow{\;f=10\;} c_2 = z_{(0,95;\,10)} = 18{,}31$$

Tabelle 4: Quantile der t-Verteilung von „Student"

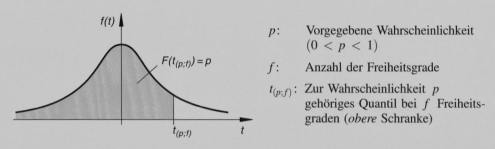

p: Vorgegebene Wahrscheinlichkeit
        $(0 < p < 1)$

f: Anzahl der Freiheitsgrade

$t_{(p;f)}$: Zur Wahrscheinlichkeit p
        gehöriges Quantil bei f Freiheits-
        graden (*obere* Schranke)

Die Tabelle enthält für spezielle Werte von p das jeweils zugehörige Quantil $t_{(p;f)}$ in Abhängigkeit vom Freiheitsgrad f (*einseitige* Abgrenzung nach *oben*).

f	p				
	0,90	0,95	0,975	0,99	0,995
1	3,078	6,314	12,707	31,820	63,654
2	1,886	2,920	4,303	6,965	9,925
3	1,638	2,353	3,182	4,541	5,841
4	1,533	2,132	2,776	3,747	4,604
5	1,476	2,015	2,571	3,365	4,032
6	1,440	1,943	2,447	3,143	3,707
7	1,415	1,895	2,365	2,998	3,499
8	1,397	1,860	2,306	2,896	3,355
9	1,383	1,833	2,262	2,821	3,250
10	1,372	1,812	2,228	2,764	3,169
11	1,363	1,796	2,201	2,718	3,106
12	1,356	1,782	2,179	2,681	3,055
13	1,350	1,771	2,160	2,650	3,012
14	1,345	1,761	2,145	2,624	2,977
15	1,341	1,753	2,131	2,602	2,947
16	1,337	1,746	2,120	2,583	2,921
17	1,333	1,740	2,110	2,567	2,898
18	1,330	1,734	2,101	2,552	2,878
19	1,328	1,729	2,093	2,539	2,861
20	1,325	1,725	2,086	2,528	2,845
22	1,321	1,717	2,074	2,508	2,819
24	1,318	1,711	2,064	2,492	2,797
26	1,315	1,706	2,056	2,479	2,779
28	1,313	1,701	2,048	2,467	2,763
30	1,310	1,697	2,042	2,457	2,750
40	1,303	1,684	2,021	2,423	2,704
50	1,299	1,676	2,009	2,403	2,678
60	1,296	1,671	2,000	2,390	2,660
100	1,290	1,660	1,984	2,364	2,626
200	1,286	1,653	1,972	2,345	2,601
500	1,283	1,648	1,965	2,334	2,586
⋮	⋮	⋮	⋮	⋮	⋮
∞	1,282	1,645	1,960	2,326	2,576

Formeln:

$$t_{(1-p;f)} = -t_{(p;f)}$$

$$t_{(p;f)} = -t_{(1-p;f)}$$

Formeln zur Berechnung von Quantilen

(1) *Einseitige* Abgrenzung nach *oben*

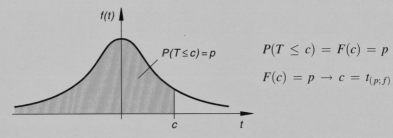

$$P(T \leq c) = F(c) = p$$

$$F(c) = p \rightarrow c = t_{(p;f)}$$

Zahlenbeispiel (bei $f = 10$ Freiheitsgraden):

$$P(T \leq c) = F(c) = 0,90 \xrightarrow{f=10} c = t_{(0,90;\,10)} = 1,372$$

(2) *Einseitige* Abgrenzung nach *unten*

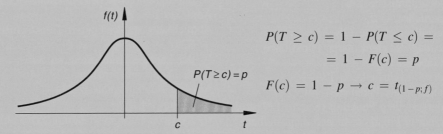

$$P(T \geq c) = 1 - P(T \leq c) =$$
$$= 1 - F(c) = p$$

$$F(c) = 1 - p \rightarrow c = t_{(1-p;f)}$$

Zahlenbeispiel (bei $f = 10$ Freiheitsgraden):

$$P(T \geq c) = 1 - P(T \leq c) = 1 - F(c) = 0,90$$

$$F(c) = 1 - 0,90 = 0,10 \xrightarrow{f=10} c = t_{(0,10;\,10)} = -t_{(0,90;\,10)} = -1,372$$

(3) *Zweiseitige* (symmetrische) Abgrenzung

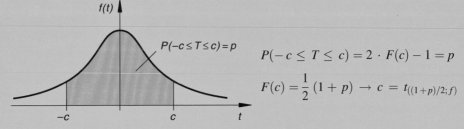

$$P(-c \leq T \leq c) = 2 \cdot F(c) - 1 = p$$

$$F(c) = \frac{1}{2}(1 + p) \rightarrow c = t_{((1+p)/2;f)}$$

Zahlenbeispiel (bei $f = 10$ Freiheitsgraden):

$$P(-c \leq T \leq c) = 2 \cdot F(c) - 1 = 0,90$$

$$F(c) = \frac{1}{2}(1 + 0,90) = 0,95 \xrightarrow{f=10} c = t_{(0,95;\,10)} = 1,812$$

Sachwortverzeichnis

A

abgeschlossenes Intervall 8
abhängige Stichproben 460
— Variable 67, 243
— Veränderliche 67, 243
Abklingfunktion 105
Abklingkonstante 292, 294 f.
Ableitung 130
—, äußere 134
—, höhere 131
—, implizite 137
—, innere 134
—, logarithmische 136
—, partielle 247 ff.
—, verallgemeinerte 328, 349
Ableitung der elementaren Funktionen
    (Tabelle) 132
— der Umkehrfunktion 136
— einer in der Parameterform
    dargestellten Funktion (Kurve) 137
— einer in Polarkoordinaten dargestellten
    Kurve 138
— einer Vektorfunktion 369
Ableitungsfunktion 130
Ableitungsregeln 133 ff.
— für Vektorfunktionen 369 f.
Ableitungssätze der Fourier-Transformation
    332 f.
— der Laplace-Transformation 348 ff.
absolute Häufigkeit 407
— — eines Stichprobenwertes 437
absolut konvergente Reihe 178, 181
Abspaltung eines Linearfaktores 79
Abstand einer Geraden von einer Ebene 63
— eines Punktes von einer Ebene 62
— eines Punktes von einer Geraden 58, 77
— zweier paralleler Ebenen 64
— zweier paralleler Geraden 58
— zweier windschiefer Geraden 59
Abszisse eines Punktes 41
Achsenabschnitte 76 f.
Achsenabschnittsform einer Geraden 77
Addition komplexer Zahlen 231
— von Brüchen 9

— von Matrizen 203
— von Vektoren 50, 198
— von Zahlen 6
Additionssatz für beliebige Ereignisse 408
— für Mittelwerte 430 f.
— für sich gegenseitig ausschließende
    Ereignisse 408
— für Varianzen 430 f.
Additionssätze für Linearkombinationen
    von Zufallsvariablen 430
Additionstheoreme der Areafunktionen 115
— der Hyperbelfunktionen 239
— der trigonometrischen Funktionen 95, 239
Adjunkte 206, 211
Ähnlichkeitssatz der Fourier-Transformation
    329 f.
— der Laplace-Transformation 346
Ähnlichkeitstransformation 329, 346
Algebra, Fundamentalsatz 234
—, lineare 198 ff.
algebraische Form einer komplexen Zahl
    228
— Gleichungen n-ten Grades 17 ff.
algebraisches Komplement 206, 211
Algorithmus, Gaußscher 218 f.
allgemeine Binomische Reihe 186
— Exponentialfunktion 104
— Kosinusfunktion 98
— Logarithmusfunktion 107
— Lösung der homogenen linearen Diffe-
    rentialgleichung 1. Ordnung 274
— Lösung der homogenen linearen Diffe-
    rentialgleichung 2. Ordnung 284 f.
— Lösung der homogenen linearen Diffe-
    rentialgleichung n-ter Ordnung 297
— Lösung einer Differentialgleichung 270
— Sinusfunktion 98
allgemeines Kriterium für einen relativen
    Extremwert 143
Alternativhypothese 456
Amplitude 99
Amplitudendichte, spektrale 319
analytische Darstellung einer Funktion 67,
    243